# 空調設備

蕭明哲、沈志秋　編著

全華圖書股份有限公司

國家圖書館出版品預行編目資料

空調設備 / 蕭明哲, 沈志秋編著. -- 四版. -- 新北市 : 全華圖書股份有限公司, 2021.09
面； 公分
ISBN 978-986-503-884-7(平裝)

1.CST: 空調設備 2.CST: 空調工程

446.73 110015050

# 空調設備

作者 / 蕭明哲、沈志秋
發行人 / 陳本源
執行編輯 / 葉書瑋
封面設計 / 戴巧耘
出版者 / 全華圖書股份有限公司
郵政帳號 / 0100836-1 號
印刷者 / 宏懋打字印刷股份有限公司
圖書編號 / 0199703
四版二刷 / 2023 年 8 月
定價 / 新台幣 480 元
ISBN / 978-986-503-884-7
全華圖書 / www.chwa.com.tw
全華網路書店 Open Tech / www.opentech.com.tw
若您對本書有任何問題，歡迎來信指導 book@chwa.com.tw

**臺北總公司(北區營業處)**
地址：23671 新北市土城區忠義路 21 號
電話：(02) 2262-5666
傳真：(02) 6637-3695、6637-3696

**南區營業處**
地址：80769 高雄市三民區應安街 12 號
電話：(07) 381-1377
傳真：(07) 862-5562

**中區營業處**
地址：40256 臺中市南區樹義一巷 26 號
電話：(04) 2261-8485
傳真：(04) 3600-9806(高中職)
(04) 3601-8600(大專)

作者小傳
蕭明哲
民國36年出生
台灣省南投縣人

學歷：美國密蘇里州立中央大學科學技術碩士
國立台灣師範大學工業教育系教育學士
國立台灣工業技術學院自動化研究所班進修
國立成功大學電機工程系進修
國立台北工專電機工程科冷凍組畢業
省立台中高工電工科畢業

執照：高考冷凍空調工程技師
建築物公共安全檢查技師
消防設備安全檢查技師
甲級冷凍空調技術士
乙級冷凍空調技術士
乙級室內配線技術士
冷凍空調技術士技能檢定監評委員
工業配線技術士技能檢定監評委員
室內配線技術士技能檢定監評委員

經歷：台中高工冷凍空調科教師兼科主任
南開技術學院電機工程科兼任講師
勤益技術學院冷凍空調系兼任講師
蕭明哲冷凍空調技師事務所技師
中華民國第八屆十大技術楷模

現任：南開技術學院電機工程系教授

作者小傳
沈志秋
民國56年出生
台灣省彰化縣人

學歷：國立台灣師範大學工教系
冷凍組畢業
國立中興大學機械研究所碩士
國立中興大學機械研究所博士班
證照：高考冷凍空調技師
甲、乙、丙級冷凍空調技術士
經歷：國立台中高工冷凍空調科主任
現任：國立台中高工冷凍空調科教師

# 編輯部序

「系統編輯」是我們的編輯方針，我們所提供給您的，絕不只是一本書，而是關於這門學問的所有知識，它們由淺入深，循序漸進。

本書是依據作者累積廿餘年來從事冷凍空調實務與教學經驗，並參考各相關書籍作有系統之整理所編著而成。內容由「冷凍空調概論」到「空調水管系統」，並包含窗型、箱型冷暖氣機和小型中央空調系統等等，各章節均詳細講解說明，文字淺顯易懂，使讀者瞭解各種空調設備之動作原理及開機、維護定期保養的方法。本書適合科大、技術學院電機及冷凍空調系之「空調設備」課程使用，亦可作為從事冷凍空調專業人員之參考用書。

同時，為了使您能有系統且循序漸進研習相關方面的叢書，我們以流程圖方式，列出各有關圖書的閱讀順序，以減少您研習此門學問的摸索時間，並能對這門學問有完整的知識。若您在這方面有任何問題，歡迎來函連繫，我們將竭誠為您服務。

## 相關叢書介紹

書號：03469
書名：冷凍空調概論(含丙級學術科解析)
編著：李居芳

書號：03812
書名：冷凍空調實務(含乙級學術科解析)
編著：李居芳

書號：06081
書名：無塵室技術－設計、測試及運轉
編譯：王輔仁

書號：04839
書名：丙級冷凍空調技能檢定學術科題庫解析(附學科測驗卷)
編著：亞瓦特工作室.顧哲綸.鍾育昇

書號：05269
書名：基本冷凍空調實務
編著：尤金柱

書號：08401
書名：冷凍空調原理與工程(合訂本)
編著：許守平

書號：05729
書名：高科技廠務
編著：顏登通

## 流程圖

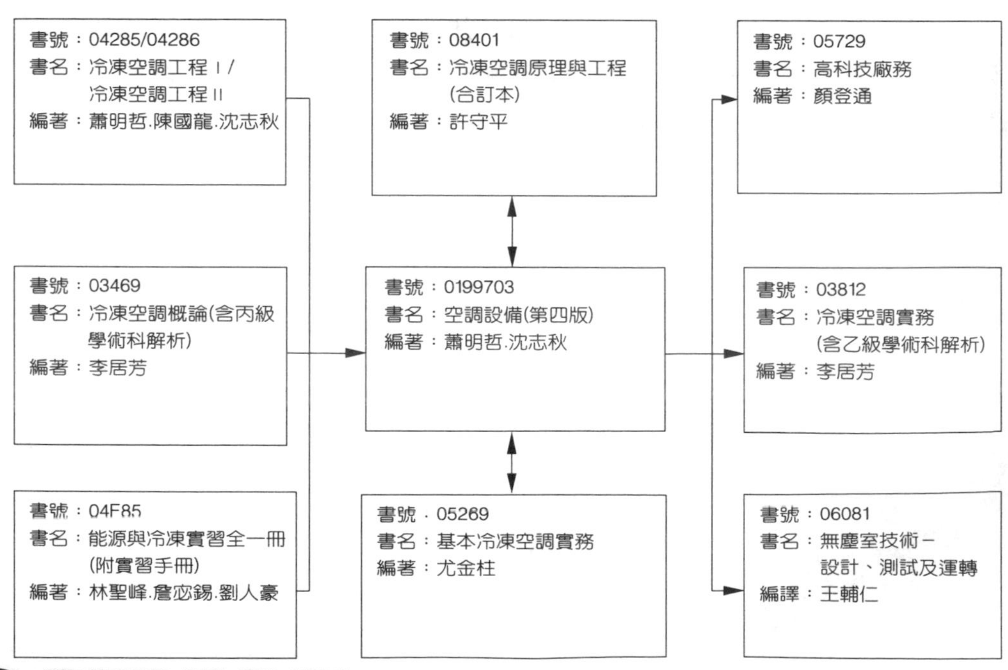

目 錄

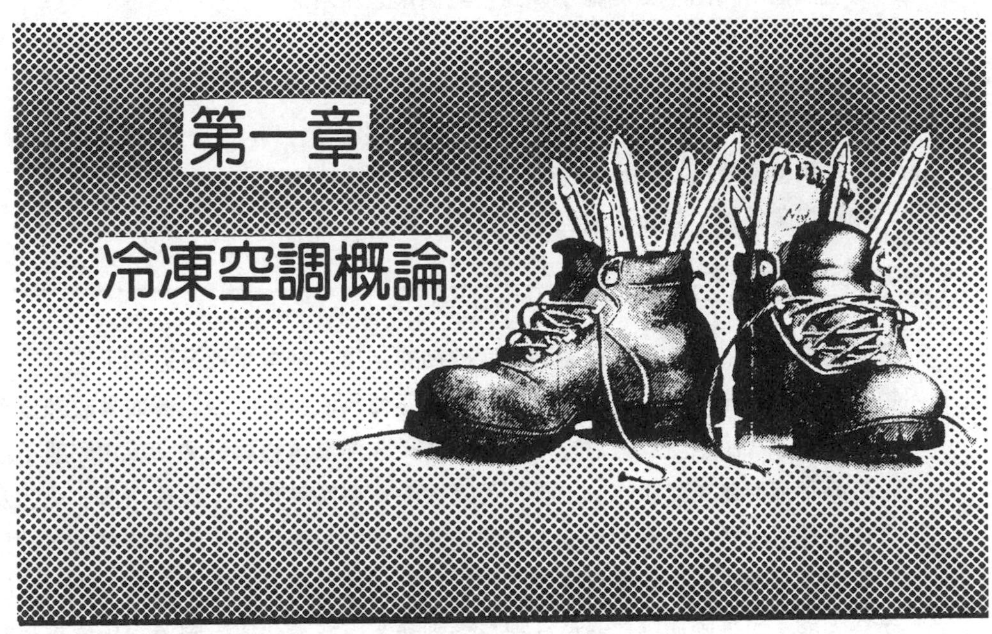


## 1.1 冷凍與空調之意義

### 1.1-1 冷凍

冷凍可定義為將某物質或空間的熱搬移至他處排放，則該物質或空間將因失熱而降低溫度，稱為冷凍。因此冷凍包括了凍結、冷卻與空調。

(1) 凍結（freezing）：將物質的溫度降低至冰點以下，如水之冰點為0°C（32°F），或稱狹義之冷凍。

(2) 冷卻（cooling）：將物質或空間溫度降低至冰點以上，使水份不凍結之低溫，稱為冷卻或冷藏。

### 1.1-2 空氣調節

空氣調節是指將空氣的溫度、濕度、清淨度及氣流等予以控制，使達到最適合於人或物之條件。

1. 空氣調節的內容

(1) 溫度調節：如冷卻或加熱。

(2) 濕度調節：如除濕或加濕。

(3) 清淨度調節：如過濾、換氣及殺菌、除臭等。

(4) 氣流調節：調節空氣流動，達到空氣循環之作用。

2. 空氣調節的對象

(1) 保健用空氣調節（comfort air conditioning）
調節對象爲人，提高人們生活空間之舒爽度。

(2) 工業用空氣調節（industrial air conditioning）
調節對象爲物，調節工業生產、製造、儲存、輸送所需之空氣條件。

## 1.2 冷凍空調基本原理

冷凍空調皆利用搬移熱量以達到溫度控制的作用，基本原理分述如下：

1. 物質有三態，即固態、液態及氣態，當固態變爲液態時，因熔解而吸收熱量稱爲熔解熱。當液態變爲氣態時，因蒸發而吸收熱量稱爲蒸發熱。或由固態不經由液態，直接變爲氣態時，因昇華而吸收熱量稱爲昇華熱，這些熔解、蒸發及昇華過程皆會吸收熱量而降低物質或空間的溫度，產生冷凍、冷藏或冷氣效果。反之，若物質由氣態變爲液態，因液化而排放熱量，稱爲液化熱。或由液態變爲固態，因凝固而排放熱量，稱爲凝固熱，這些液化或凝固過程皆會排放熱量而提高物質或空間溫度，產生加熱或暖氣效果。

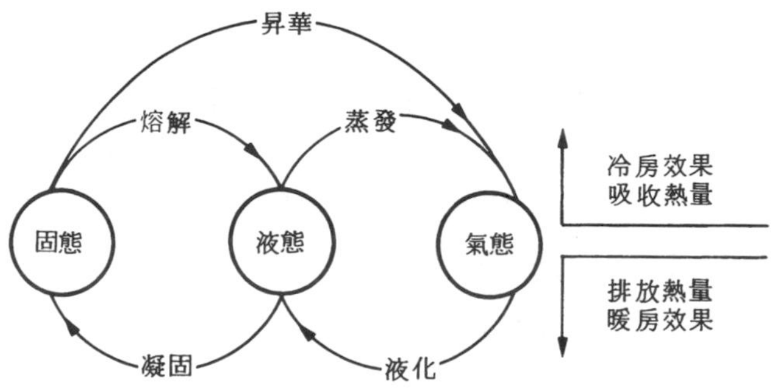


圖 1.1 物質三態之變化

2. 熱量的傳遞，藉由傳導、對流及輻射三方式，由高溫處往低溫處流動，若需要將低溫處之熱量往高溫處搬移，則需輸入外力以作功，如冷凍循環系統需由壓縮機作功，將低溫處之熱量搬移至高溫處散熱。

3. 能量不滅而且可以轉換，熱是一種能量，冷凍空調系統利用溫度差作熱交換，熱量的變化與物質的特性、比熱、比容、接觸面積及溫度差有關。

## 1.3 冷凍方法

冷凍方法有下列分類

**1.** 非機械方法

(1) 利用天然的冰或雪熔解的方式。

(2) 利用天然或人造冰與食鹽混合，起寒劑之製冷方式。

(3) 利用乾冰（固態二氧化碳）昇華方式。

(4) 使用液體蒸發的方式，如水之蒸發。

(5) 利用氣體膨脹的冷却方式。

**2.** 利用機械裝置之方式

(1) 壓縮式冷凍系統（compression refrigeration system）。

(2) 吸收式冷凍系統（absorption refrigeration system）。

(3) 熱電式冷凍系統（thermo electric refrigeration system）。

(4) 蒸氣噴射式冷凍系統（steam jet refrigeration system）。

(5) 磁性冷凍系統（magnetic refrigeration system）。

(6) 漩渦管冷暖氣系統（vertex tube cool and warm air system）。

(7) 消耗性冷媒冷凍系統（expenable refrigerant cooling system）。

**3.** 機械壓縮式冷凍系統由壓縮機分類：

(1) 往復式壓縮機（reciprocating compressor）。

(2) 迴轉式壓縮機（rotary compressor）。

(3) 螺旋式壓縮機（screw compressor）。

(4) 離心式壓縮機（centrifugal compressor）。

(5) 渦卷式壓縮機（scroll compressor）。

## 1.4 冷凍應用

目前冷凍應用之範圍很廣，大致可分類如下：

**1.** 日常生活之應用

日常生活中，利用電冰箱、冰櫃、冷藏或冷凍庫保存食品。

**2.** 製冰工業之應用

遠洋漁船及工商業所需之冰塊，大部份使用氨冷凍機。

**3.** 食品工業之應用

對於食品之加工、製造、儲存、運輸、陳列及販賣皆需冷凍方式之處理。如牛乳、飲料、冰淇淋之加工，冷凍食品、濃縮食品之製造，生鮮超市之陳列及販賣，更有冷凍眞空乾燥設備或急速冷凍設備。對於食品之長期保存，抑制酵素之作用及新鮮度、營養成份、風味之保存，皆有良好的成效。

**4.** 金屬工業之應用

金屬之低溫處理以獲得精密加工尺寸、品質及硬度要求，鋼鐵工業之急速冷却皆需仰賴冷凍系統。

**5.** 化學工業之應用

乾燥空氣之製造、化學工業加工過程之除濕、氣體分離、凝結液化、液體之凝固、工業原料之儲存、化學反應之控制。

**6.** 特殊應用

特殊材料如超導體之研究試驗及製造、火藥生產製造過程中之溫濕度控制，水壩混凝土凝結溫度之强度控制及溜冰場等。

**7.** 空氣調節之應用

家庭住宅及辦公室、學校、百貨公司等公共場所皆需要家用或商用冷暖氣機，用以改善居住環境。紡織工廠、電子工廠、製藥工廠、造紙工廠等工業用之溫度、濕度控制，以提高工業產品之品質。尤以製藥工廠之無塵無菌室之控制，醫院手術室環境控制等，皆需依賴空氣調節裝置。

## 習題1

*1.1* 說明冷凍與空調之意義？

*1.2* 利用機械裝置之冷凍方法有那幾種？

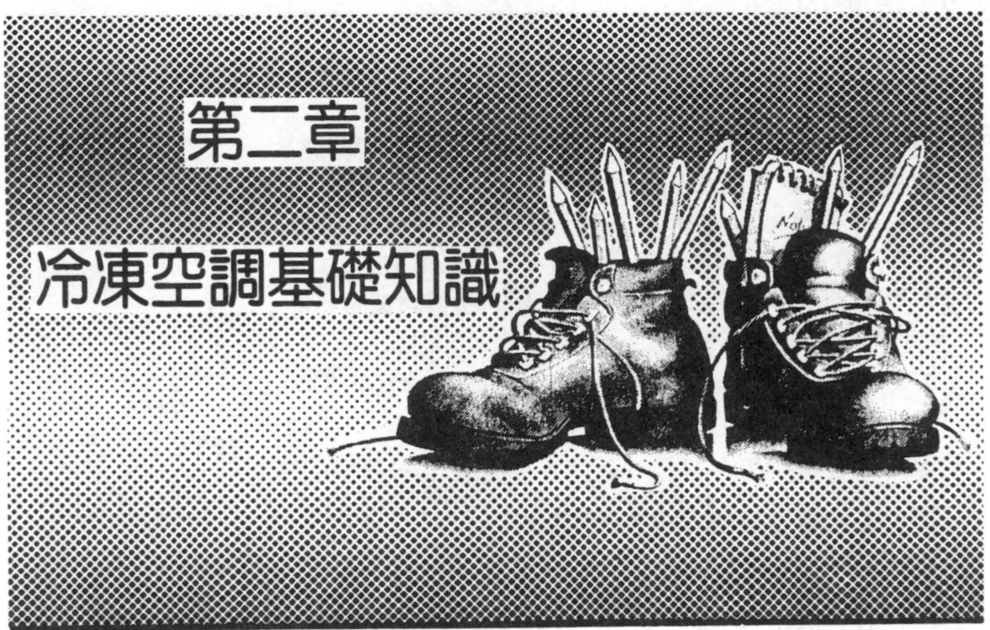


## 2.1 熱與溫度

熱又稱爲熱能，它可以轉換成其他形式的能，其他形式的能也可以轉變成熱能，因此熱是能的一種形態。自熱力學（thermodynamic）的觀點而言，熱量可以定義爲：「兩物質之間由溫度差使能量轉移的效應」。

物質皆由無數的分子組合而成，這些分子快速不停的運動，彼此碰撞、摩擦及震動而生熱，因此熱是「分子運動產生的效應，既不能創造也不能摧毀，只能藉其他能量轉換而成熱能」。

溫度是用來表示物體冷熱程度的指標，但不表示實際熱能的多寡。溫度之高低表示分子運動速率之快慢。溫度愈高表示物質分子運動愈快、震動、碰撞、摩擦的機會也多。溫度高並非表示熱量大，而且熱量是由高溫處往低溫處移動。

在絕對零度（−273.16°C）時，物質的分子運動完全停止，此時熱量完全消失。

例如一塊0°C，重量100 kg的冰塊，其所含之熱量很可能比一塊30°C，重量1 kg的金屬所含的熱量高，當冰塊與金屬接觸在一起時，30°C的金屬熱量逐漸往0°C的冰塊移動至溫度相等爲止。

## 2.2 熱量的單位

熱量的單位有SI制熱量單位、公制熱量單位及英制熱量單位三種。

1. SI制熱量單位：仟焦耳(kj)

   1kj爲使1kg的水溫度變化1/4.186°C所需增減的熱量。

2. 公制熱量單位：仟卡(kcal)

   1 kcal爲使1 kg的水，溫度變化1°C所需增減的熱量。

3. 英制熱量單位：BTU(British Thermal Unit)

   1 BTU爲使1 lb的水，溫度變化1°F所需增減的熱量。

由熱傳導公式：$H=M\cdot S\cdot \Delta T$

$$1\ \text{kcal} = 1\ \text{kg} \times 1\frac{\text{kcal}}{\text{kg}\cdot{}^\circ\text{C}} \times 1^\circ\text{C} \qquad \text{水比熱}\ S = 1\frac{\text{kcal}}{\text{kg}\cdot{}^\circ\text{C}}$$

$$1\ \text{BTU} = 1\ \text{lb} \times 1\frac{\text{BTU}}{\text{lb}\cdot{}^\circ\text{F}} \times 1^\circ\text{F} \qquad \text{水比熱}\ S = \frac{1\text{BTU}}{\text{lb}\cdot{}^\circ\text{F}}$$

英熱單位與公制熱量單位換算值如下：

$$1\ \text{BTU} = 0.252\ \text{kcal} \qquad 1\ \text{kcal} = 4.186\ \text{kj}$$

$$1\ \text{kcal} = 2.2\ \text{lb} \times 1\frac{\text{BTU}}{\text{lb}\cdot{}^\circ\text{F}} \times 1.8^\circ\text{F} = 3.96\ \text{BTU} \doteqdot 4\ \text{BTU}$$

## 2.3 溫度

### 2.3-1 溫度的單位

測量溫度的單位有公制及英制兩種。公制使用攝氏°C爲單位，英制使用華氏°F爲單位，攝氏的絕對溫度爲凱氏溫度 K，華氏的絕對溫度爲藍氏溫度 R。如圖2.1所示。

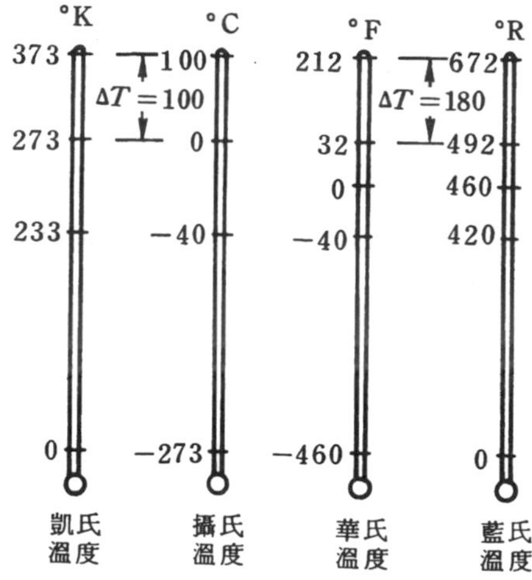


圖2.1 四種溫度之表示

**1.** 攝氏溫度 °C（Centigrade or Celsius）

攝氏溫度是將一標準大氣壓下純水之冰點定爲 0 °C，沸點定爲 100 °C，冰點與沸點間分成 100 等分，每格表示 1 °C。

**2.** 華氏溫度 °F（Fahrenheit）

華氏溫度是將一標準大氣壓下純水之冰點定爲 32 °F，沸點定爲 212 °F，冰點與沸點間分成 180 等分，每格 1 °F。

**3.** 凱氏溫度 K（Kelvin）

攝氏之絕對溫度單位爲凱氏溫度，凱爾文將 −273 °C 定爲絕對零度 0 K，在絕對零度時，分子運動全部停止，因此熱量亦等於零。

**4.** 藍氏溫度 R（Rankine）

華氏之絕對溫度單位爲藍氏溫度，將 −460 °F 定爲絕對零度 0 R。

## 2.3-2 溫度的換算

(1) 攝氏溫度 $$°C = (°F - 32) \times \frac{5}{9} \tag{2.1}$$

(2) 華氏溫度 $$°F = \left(°C \times \frac{9}{5}\right) + 32 \tag{2.2}$$

(3) 凱氏溫度 $$K = °C + 273 \tag{2.3}$$

$$K = R \times \frac{5}{9} \tag{2.4}$$

(4) 藍氏溫度 $$R = °F + 460 \tag{2.5}$$

$$R = K \times \frac{9}{5} \tag{2.6}$$

---

**【例題 2.1】**

攝氏 100 °C 等於華氏、凱氏、藍氏若干度？

**解**：(1)華氏：$\left(100 \times \frac{9}{5}\right) + 32 = 212$ °F

(2)凱氏：$100 + 273 = 373$ K　或　$373 \times 1.8 \fallingdotseq 672$ R

(3)藍氏：$212 + 460 = 672$ R　或　$672 \div 1.8 \fallingdotseq 373$ K

---

表 2.1　溫度換算表　　°C ↔ °F

例：　15表示15°C＝59°F，或15°F＝−9.4°C

| °C | ⬇ | °F | °C | ⬇ | °F | °C | ⬇ | °F | °C | ⬇ | °F | °C | ⬇ | °F |
|---|---|---|---|---|---|---|---|---|---|---|---|---|---|---|
| −101.1 | −150 | −238.0 | −37.2 | −35 | −31.0 | −23.3 | −10 | 14.0 | −9.4 | 15 | 59.0 | 4.4 | 40 | 104.0 |
| − 95.6 | −140 | −220.0 | −36.7 | −34 | −29.2 | −22.8 | − 9 | 15.8 | −8.9 | 16 | 60.8 | 5.0 | 41 | 105.8 |
| − 84.0 | −130 | −202.0 | −36.1 | −33 | −27.4 | −22.2 | − 8 | 17.6 | −8.3 | 17 | 62.6 | 5.6 | 42 | 106.6 |
| − 84.4 | −120 | −184.0 | −35.6 | −32 | −25.6 | −21.7 | − 7 | 19.4 | −7.8 | 18 | 64.4 | 6.1 | 43 | 109.4 |
| − 78.9 | −110 | −166.0 | −35.0 | −31 | −23.8 | −21.1 | − 6 | 21.2 | −7.2 | 19 | 66.2 | 6.7 | 44 | 111.2 |
| − 73.3 | −100 | −148.0 | −34.4 | −30 | −22.0 | −20.6 | − 5 | 23.0 | −6.7 | 20 | 68.0 | 7.2 | 45 | 113.0 |
| − 67.8 | − 90 | −130.0 | −33.9 | −29 | −20.2 | −20.0 | − 4 | 24.8 | −6.1 | 21 | 69.8 | 7.8 | 46 | 114.8 |
| − 62.2 | − 80 | −112.0 | −33.3 | −28 | −18.4 | −19.4 | − 3 | 26.6 | −5.6 | 22 | 71.6 | 8.3 | 47 | 116.6 |
| − 56.7 | − 70 | − 94.0 | −32.8 | −27 | −16.6 | −18.9 | − 2 | 28.4 | −5.0 | 23 | 73.4 | 8.9 | 48 | 118.4 |
| − 51.1 | − 60 | − 76.0 | −32.2 | −26 | −14.8 | −18.3 | − 1 | 30.2 | −4.4 | 24 | 75.2 | 9.4 | 49 | 120.2 |
| − 45.6 | − 50 | − 58.0 | −31.7 | −25 | −13.0 | −17.8 | 0 | 32.0 | −3.9 | 25 | 77.0 | 10.0 | 50 | 122.0 |
| − 45.0 | − 49 | − 56.2 | −31.1 | −24 | −11.2 | −17.2 | 1 | 33.8 | −3.3 | 26 | 78.8 | 10.6 | 51 | 123.8 |
| − 44.4 | − 48 | − 54.4 | −30.6 | −23 | − 9.4 | −16.7 | 2 | 35.6 | −2.8 | 27 | 80.6 | 11.1 | 52 | 125.6 |
| − 43.8 | − 47 | − 52.6 | −30.0 | −22 | − 7.6 | −16.1 | 3 | 37.4 | −2.2 | 28 | 82.4 | 11.7 | 53 | 127.4 |
| − 43.3 | − 46 | − 50.8 | −29.4 | −21 | − 5.8 | −15.6 | 4 | 39.2 | −1.7 | 29 | 84.2 | 12.2 | 54 | 129.2 |
| − 42.8 | − 45 | − 49.0 | −28.9 | −20 | − 4.0 | −15.0 | 5 | 41.0 | −1.1 | 30 | 86.0 | 12.8 | 55 | 131.0 |
| − 42.2 | − 44 | − 47.2 | −28.3 | −19 | − 2.2 | −14.4 | 6 | 42.8 | −0.6 | 31 | 87.8 | 13.3 | 56 | 132.8 |
| − 41.7 | − 43 | − 45.4 | −27.8 | −18 | − 0.4 | −13.9 | 7 | 44.6 | 0 | 32 | 89.6 | 13.9 | 57 | 134.6 |
| − 41.1 | − 42 | − 43.6 | −27.2 | −17 | 1.4 | −13.3 | 8 | 46.4 | 0.6 | 33 | 91.4 | 14.4 | 58 | 136.4 |
| − 40.6 | − 41 | − 41.8 | −26.7 | −16 | 3.2 | −12.8 | 9 | 48.2 | 1.1 | 34 | 93.2 | 15.0 | 59 | 138.2 |
| − 40.0 | − 40 | − 40.0 | −26.1 | −15 | 5.0 | −12.2 | 10 | 50.0 | 1.7 | 35 | 95.0 | 15.6 | 60 | 140.0 |
| − 39.4 | − 39 | − 38.2 | −25.6 | −14 | 6.8 | −11.7 | 11 | 51.8 | 2.2 | 36 | 96.8 | 21.1 | 70 | 158.0 |
| − 38.9 | − 38 | − 36.4 | −25.0 | −13 | 8.6 | −11.1 | 12 | 53.6 | 2.8 | 37 | 98.6 | 26.7 | 80 | 176.0 |
| − 38.3 | − 37 | − 34.6 | −24.4 | −12 | 10.4 | −10.6 | 13 | 55.4 | 3.3 | 38 | 100.4 | 32.2 | 90 | 194.0 |
| − 37.8 | − 36 | − 32.8 | −23.9 | −11 | 12.2 | −10.0 | 14 | 57.2 | 3.9 | 39 | 102.2 | 37.8 | 100 | 212.0 |

**【例題2.2】**

凱氏溫度233 K等於攝氏、華氏、藍氏各若干度？

**解**：(1)攝氏：$233-273=-40\ °C$

(2)華氏：$\left(-40\times\dfrac{9}{5}\right)+32=-40\ °F$

(3)藍氏：$-40+460=420\ R$　或　$233\times\dfrac{9}{5}\fallingdotseq 420\ R$

## 2.3-3　溫度差的換算

冷凍空調設備皆利用溫度差作熱交換，溫度差並非溫度，我們說攝氏100 °C等於華氏212 °F，這屬於溫度換算如表2.1 所示。但由冰點至沸點之溫度差，攝氏為$100-0=100\ °C$溫度差，而華氏為$212-32=180\ °F$溫度差。亦即攝氏溫度差$\Delta T=100\ °C$等於華氏溫度差$\Delta T=180\ °F$，如表2.2所示。

溫度差換算公式

$$\Delta T：°F=\frac{5}{9}\ °C=\frac{1}{1.8}\ °C \tag{2.7}$$

$$\Delta T：°C=\frac{9}{5}\ °F=1.8\ °F \tag{2.8}$$

表2.2　溫度差的換算 $\Delta T$ °C ↔ $\Delta T$ °F

例：0.56 °C ↔ 1 °F 或 1 °C = 1.8 °F

| C | ⬇ | F |
|---|---|---|
| 0.056 | 0.1 | 0.18 |
| 0.111 | 0.2 | 0.36 |
| 0.278 | 0.5 | 0.90 |
| 0.56 | 1 | 1.8 |
| 1.11 | 2 | 3.6 |
| 1.67 | 3 | 5.4 |
| 2.22 | 4 | 7.2 |
| 2.78 | 5 | 9.0 |

| C | ⬇ | F |
|---|---|---|
| 3.33 | 6 | 10.8 |
| 3.89 | 7 | 12.6 |
| 4.44 | 8 | 14.4 |
| 5.00 | 9 | 16.2 |
| 5.56 | 10 | 18.0 |
| 6.11 | 11 | 19.8 |
| 6.67 | 12 | 21.6 |
| 8.33 | 15 | 27.0 |

【例題2.3】

5噸水冷式箱型冷氣機，冷却水循環量4000 kg/hr，冷却水出入口溫度差9°F，求排熱量若干kcal/hr？

解：由熱傳導公式$H=M\cdot S\cdot \Delta T$

$$Q=4000\times 1\times\left(9\times\frac{5}{9}\right)$$

$$=4000\times 5=20000\ \text{kcal/hr}$$

## 2.4 熱的傳遞

物質由於溫度差，亦即由於分子間運動速度不一，因此產生熱的傳遞，熱恒由高溫側流向低溫側，直到兩側溫度相同時方停傳遞。

### 2.4-1 熱傳遞方式

熱由高溫處往低溫處傳遞，其方法有傳導、對流、輻射三種。

**1.** 熱的傳導（heat conduction）

熱的傳導以固態物質爲媒介，藉物體之接觸，由高溫側傳遞至低溫側。例如夏天冷氣開放的場所，外界的高溫熱空氣經由牆壁、天花板、地板等材料傳遞進入低溫的室內。

**2.** 熱的對流（heat convection）

熱的對流係以流體（液體或氣體）爲媒介，可分爲自然對流及強迫對流。自然對流是指液體或氣體受熱時，體積膨脹、密度減小、比重變輕而往上升。溫度較低的液體或氣體則因密度大、比重大而往下降，如此交替循環而形成熱的自然對流，使熱由高溫處往低溫處傳遞。強迫對流則是利用泵或電扇使流體強迫流動，以加強熱傳遞。例如冷氣口裝在天花板，冷氣由上往下吹，暖氣口裝在地板，暖氣由下往上吹，可產生熱之自然對流，而加強空氣循環效果。

**3.** 熱的輻射（heat radiation）

凡熱不依賴任何物質爲媒介而傳遞的現象，稱爲輻射。輻射是藉電磁波的型態形成能量的傳輸。一般而言，明亮的顏色及光滑的表面對輻射有較大的反射作用，亦即放射率較小。反之，暗色及粗糙的表面則會吸收大量的輻射熱，亦即放射率較大，反射率較小，如圖2.2所示。

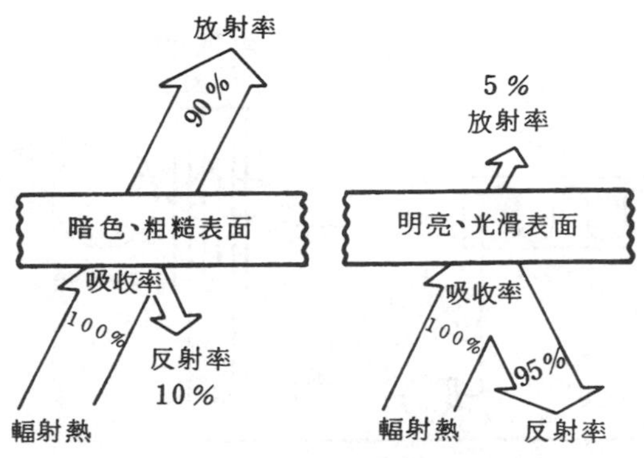


圖2.2　輻射熱、吸收、反射、放射之關係

## 2.4-2　熱能傳遞的控制

冷凍空調設備在進行熱交換的時候，我們希望熱傳遞的速度要快，但在冷暖氣開放的場所，我們希望阻止熱的傳遞，因此熱的傳遞需要加以控制。

**1.** 熱傳導的控制

由熱傳導公式$H=U \cdot A \cdot \Delta T$可知，影響熱傳導之因素有①熱傳導率$U$之大小，②接觸面積$A$之大小，③溫度差 $\Delta T$之高低，④熱傳導厚度或距離之大小，因爲$U=K/X$，厚度$X$愈大則$U$值愈小。式中$K$值爲單位熱傳導率。

**2.** 熱對流的控制

熱對流的方式有強迫對流及自然對流兩種，由熱對流公式$H=M \cdot S \cdot \Delta T$ 可知，影響對流之因素有①對流之流量$M$，②對流之流速$V$，因爲流量與流速成正比，③流體之比熱$S$，④溫度差 $\Delta T$ 之大小。

圖2.3表示中央空調系統熱傳遞方式，利用冰水泵浦與送風機強迫循環冰水與空氣，再利用冷媒與冰水熱交換產生低溫冰水，而後低溫冰水再與空氣熱交換產生冷氣，以進行熱傳導的作用。

**3.** 熱輻射的控制

影響熱輻射的因素有①物質本身的透明程度，②物質表面的光滑或粗糙度，③物質表面顏色的深淺。

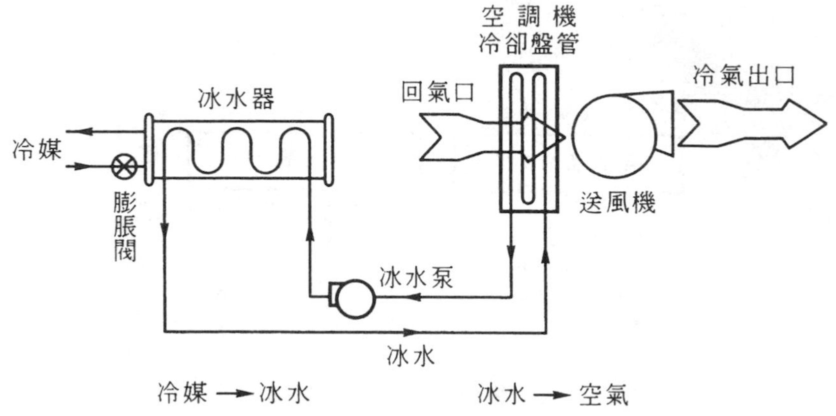


圖2.3 強迫對流、冷媒→冰水→空氣熱交換方式

## 2.5 物質三態的變化

### 2.5-1 熔解、蒸發、昇華、凝結、凝固

**1.** 熔解（melting）

凡物質由固態變成液態的過程，稱爲熔解。每熔解 1 kg 的冰可吸收 79.68 kcal 的熱量，或熔解 1 lb 的冰可吸收 144 BTU的熱量。

**2.** 蒸發（vaporization or evaporation）

凡物質由液態變氣態的過程，稱爲蒸發。在一大氣壓力下，水在 100 °C 蒸發變成水蒸氣，可吸收 539 kcal/kg 或 970 BTU/lb 之蒸發潛熱。

**3.** 昇華（sublimation）

物質由固態直接變爲氣態的現象，稱爲昇華。例如乾冰爲固態之 $CO_2$，吸熱後不經液態而直接變成氣態。乾冰（dry ice）在一大氣壓下，沸點爲 −78.5 °C（−109.4 °F），其昇華潛熱爲 136.8 kcal/kg（246.3 BTU/lb）。

**4.** 凝結或液化（condensation or liquefaction）

物質由氣體變爲液體的現象，稱爲凝結。凝結過程會排出熱量，凝結潛熱與蒸發潛熱相等，水蒸氣在 **100 °C** 之凝結潛熱爲 **539 kcal / kg（970 BTU/ lb)**。

**5.** 凝固（solidification）

物質由液態變固態之現象，稱爲凝固。大氣壓下水要變成冰需要抽走 **79.68 kcal / kg（144 BTU/ lb)**之凝固潛熱。

水的三態變化與潛熱、顯熱如圖 2.4 所示。

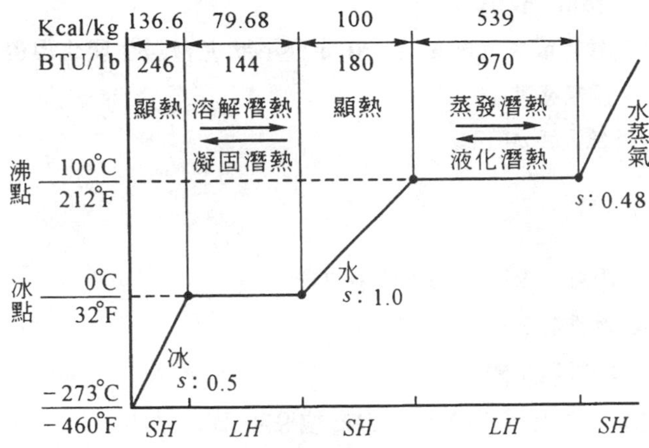


圖 **2.4**　水三態之變化與顯熱、潛熱變化過程

## 2.5-2　比熱與比熱比

比熱是單位質量之物質改變其溫度一度所需的熱。**SI** 制的單位為 **kj / kg · k**，公制的單位為 **kcal / kg · °C**，英制單位為 **BTU/ lb · °F**。比熱值無論 **SI** 制、公制、英制大小皆相同。水的比熱：**1.0**，冰的比熱：**0.5**，水蒸氣比熱：**0.48**。

比熱是表達物質升降溫度的難易程度，二個相同質量的物質施加相同熱量則比熱大的物質溫升小，而比熱小的溫升大。

$$\text{比熱比} = \frac{\text{單位質量之物質改變其溫度一度所需的熱}}{\text{單位質量之水改變其溫度一度所需的熱}}$$

比熱比無單位只有大小而已，其大小與比熱值相同。

## 2.5-3　顯熱與潛熱

**1.** 顯熱（**sensible heat**）

當物質在獲得或失去熱量時，溫度會改變但狀態不改變者，稱為顯熱 **S.H**，又稱有感熱。

顯熱的計算公式如下：

$$H_S = M \cdot S \cdot \Delta T \tag{2.9}$$

式中　$H_S$ = 顯熱，**kj**、**kcal** 或 **BTU**

$M$ = 物質重量，**kg** 或 **lb**

$S$ ： 物質比熱。冰：**0.5**，水：**1.0**，水蒸氣：**0.48**

$\Delta T$ ： 溫度差，**°C** 或 **°F**

**2.** 潛熱（latent heat）

當物質在獲得或失去熱量時，在定壓下狀態會發生變化但溫度不變者，稱爲潛熱L.H，又稱無感熱。

潛熱的計算公式如下：

$$H_L = M \cdot i_L \tag{2.10}$$

式中 $H_L$：潛熱，kj、kcal 或 BTU

$M$：物質重量，kg 或 lb

$i_L$：物質形態變化之潛熱

例如：水之蒸發潛熱爲 539 kcal/kg 或 970 BTU/lb。

冰之溶解潛熱爲 79.68 kcal/kg 或 144 BTU/lb。

---

**例題 2.4**

有一節約能源儲冰系統，如圖 2.5 所示，欲將 10000 kg，30 °C 的水利用夜間離峯用電時間 6 hr，凝固爲 −5 °C 之冰，求儲存之熱量若干？該冷凍機每小時之冷凍能力若干？

**解：**

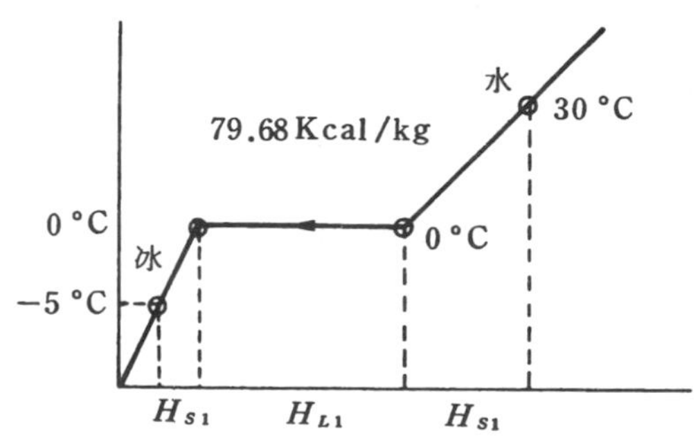


圖 2.5　儲冰系統之熱量變化

(1)將 30 °C 的水冷却爲 0 °C 的水之顯熱（水比熱 $S = 1$）

$$H_{S1} = M \cdot S \cdot \Delta T = 10000 \times 1 \times (30 - 0) = 300000 \text{ kcal}$$

(2)將 0 °C 的水凝固爲 0 °C 的冰之潛熱

$$H_{L1} = M \cdot i_L = 10000 \times 79.68 = 796800 \text{ kcal}$$

(3)將 0 °C 的冰冷凍爲 −5 °C 的冰之顯熱（冰比熱 $S = 0.5$）

$$H_{S2} = M \cdot S \cdot \Delta T = 10000 \times 0.5 \times [0 - (-5)] = 25000 \text{ kcal}$$

(4)儲存之總熱量

$$H = H_{S1} + H_{L1} + H_{S2}$$

$$= 300000 + 796800 + 25000 = 1121800 \text{ kcal}$$

(5)冷凍機每小時之冷凍能力

$$1121800 \div 6 = 186966 \text{ kcal/hr}$$

---

**例題2.5**

有一暖氣用鍋爐，如圖2.6，欲將0°F的冰塊500 lb，加熱爲250°F之水蒸氣，求該鍋爐之加熱量爲多少BTU？

**解：**

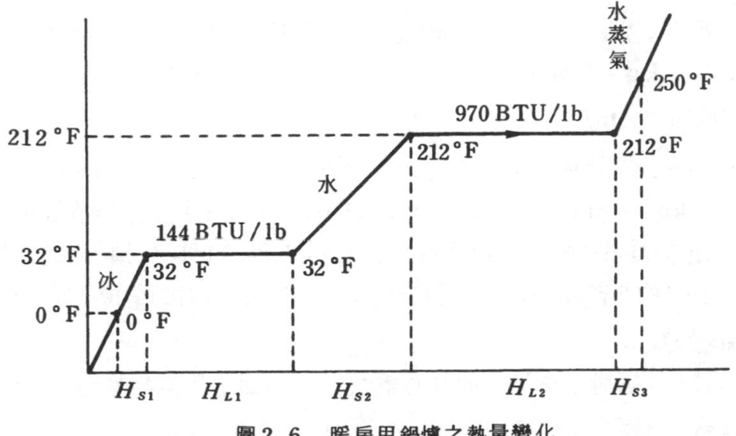


圖2.6　暖房用鍋爐之熱量變化

(1)將0°F冰塊加熱爲32°F冰塊之顯熱（冰比熱$S = 0.5$）

$$H_{S1} = M \cdot S \cdot \Delta T = 500 \times 0.5 \times (32 - 0) = 8000 \text{ BTU}$$

(2)將32°F冰塊加熱溶解爲32°F水之潛熱

$$H_{L1} = M \cdot i_L = 500 \times 144 = 72000 \text{ BTU}$$

(3)將32°F的水加熱爲212°F的水之顯熱（水比熱$S = 1.0$）

$$H_{S2} = M \cdot S \cdot \Delta T = 500 \times 1 \times (212 - 32) = 90000 \text{ BTU}$$

(4)將212°F的水加熱氣化爲212°F的水蒸氣之潛熱

$$H_{L2} = M \cdot i_L = 500 \times 970 = 485000 \text{ BTU}$$

(5)將212°F水蒸氣再加熱爲250°F水蒸氣之顯熱（水蒸氣比熱$S = 0.48$）

$$H_{S3} = M \cdot S \cdot \Delta T = 500 \times 0.48 \times (250 - 212)$$

$$= 9120 \text{ BTU}$$

(6)鍋爐總加熱量

$$H = H_{S1} + H_{L1} + H_{S2} + H_{L2} + H_{S3}$$
$$= 8000 + 72000 + 90000 + 485000 + 9120$$
$$= 664120 \text{ BTU}$$

## 2.6 壓力

物體在單位面積上，所承受的力稱爲壓力或壓力强度。

$$P = \frac{F}{A} \tag{2.11}$$

$P$：壓力，**Pa**、**kg - f / cm²** 或 psi（lb/in²）

$F$：力，**kg－f** 或 lb

$A$：面積，cm² 或 in²

壓力有 **SI** 制、公制及英制壓力單位，**SI** 制壓力單位爲 **Pascal ( Pa ) = N/m²**，公制壓力單位爲 **kg - f/cm²**，英制壓力單位爲 **lb/in² ( psi )**，**kg** 是質量單位，**kg－f** 是表示單位 **kg** 的質量在動力場所受的力，**1kg－f** 等於 **9.8** 牛頓。爲簡化起見，以下皆將 **kg - f/cm²** 的 f 省略，但讀者應知 **kg/cm²** 之 **kg** 爲力的單位，而非質量單位。

### 2.6-1 大氣壓力

因受地心引力的影響，空氣因而具有重量，故地面上任何物體均受空氣的壓力，此種壓力稱爲大氣壓力。

一標準大氣壓力係在海平面以氣壓計（barometer）測量而得，大氣壓力有下述表示方式：

(1) 以水銀柱高度表示

76 cmHg 或 29.92 inHg

(2) 以絕對壓力表示

1.033 kg/cm² abs 或 14.696 lb/in² abs（psia）

(3) 以表壓力表示

0 kg/cm² g 或 0 lb/in² g（psig）

(4) 以水柱高度表示

10.33 mAq 或 33.9 ftAq

壓力換算值如下

$$1 \text{ inHg} = 14.696/29.92 = 0.491 \text{ psi (lb/in}^2\text{)} \tag{2.12}$$

$$1\ \text{cmHg} = 1.033/76 = 0.0135\ \text{kg/cm}^2 \quad (2.13)$$

$$1\ \text{kg/cm}^2 = 14.696/1.033 = 14.2\ \text{lb/in}^2\ (\text{psi}) \quad (2.14)$$

## 2.6-2 表壓力與絕對壓力(gauge and absolute pressure)(參考圖2.7)

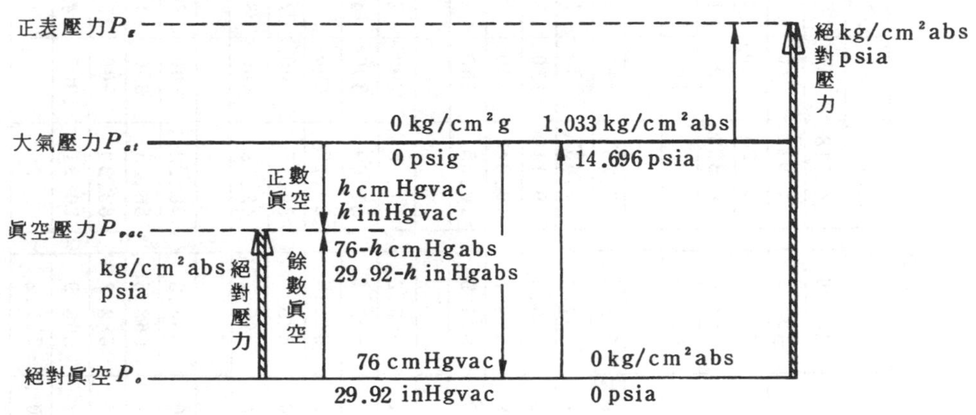


圖2.7　表壓力、大氣壓力與絕對壓力之關係

**1.** 表壓力

壓力以壓力表測量，而且以大氣壓力為零做基準，所測得之壓力稱為表壓力，表壓力有下列三種讀值：

(1) 正值：表壓力大於大氣壓力，單位為kg/cm² g或psig。

(2) 零值：表壓力等於大氣壓力。

(3) 負值：表壓力小於大氣壓力，亦即真空壓力(vacuum)，單位為cmHgvac或inHgvac。

**2.** 絕對壓力

冷媒之飽和壓力，如圖2.8所示。皆以絕對壓力表示，表壓力與絕對壓力之換算如下：

(1) 表壓力為正值，亦即大於大氣壓力

絕對壓力＝大氣壓力＋表壓力

$$P_{abs} = P_{atm} + P_g \quad (2.15)$$

(2) 表壓力為負值，亦即真空壓力

表 2.3　壓力換算表　　kg/cm² ↔ psi

例：1 kg/cm² = 14.22 psi ，1 psi = 0.0703 kg/cm²

| kg/cm² | ⬇ | psi | kg/cm² | ⬇ | psi | kg/cm² | ⬇ | psi | kg/cm² | ⬇ | psi |
|---|---|---|---|---|---|---|---|---|---|---|---|
| 0 | 0 | 0 | 0.733 | 11 | 156.5 | 2.180 | 31 | 440.9 | 4.218 | 60 | 853.4 |
| 0.0070 | 0.1 | 1.422 | 0.844 | 12 | 170.8 | 2.250 | 32 | 455.2 | 4.922 | 70 | 995.6 |
| 0.0141 | 0.2 | 2.845 | 0.914 | 13 | 184.9 | 2.320 | 33 | 469.4 | 5.625 | 80 | 1137.9 |
| 0.0211 | 0.3 | 4.267 | 0.984 | 14 | 199.1 | 2.390 | 34 | 483.6 | 6.328 | 90 | 1280.1 |
| 0.0281 | 0.4 | 5.689 | 1.055 | 15 | 213.4 | 2.461 | 35 | 497.8 | 7.031 | 100 | 1422.3 |
| | | | | | | | | | | | |
| 0.0352 | 0.5 | 7.112 | 1.125 | 16 | 227.6 | 2.531 | 36 | 512.0 | 7.734 | 110 | 1564.5 |
| 0.0422 | 0.6 | 8.534 | 1.195 | 17 | 241.8 | 2.601 | 37 | 526.3 | 8.437 | 120 | 1706.8 |
| 0.0492 | 0.7 | 9.956 | 1.266 | 18 | 256.0 | 2.672 | 38 | 540.5 | 9.140 | 130 | 1849.0 |
| 0.0562 | 0.8 | 11.379 | 1.336 | 19 | 270.2 | 2.742 | 39 | 554.7 | 9.843 | 140 | 1991.2 |
| 0.0633 | 0.9 | 12.801 | 1.406 | 20 | 284.5 | 2.812 | 40 | 568.9 | 10.55 | 150 | 2133.5 |
| | | | | | | | | | | | |
| 0.0703 | 1 | 14.22 | 1.477 | 21 | 298.7 | 2.883 | 41 | 583.2 | 14.06 | 200 | 2844.6 |
| 0.1406 | 2 | 28.45 | 1.547 | 22 | 312.9 | 2.953 | 42 | 597.4 | 21.09 | 300 | 4266.9 |
| 0.2109 | 3 | 42.67 | 1.617 | 23 | 327.1 | 3.023 | 43 | 611.6 | 28.12 | 400 | 5689.2 |
| 0.2812 | 4 | 56.89 | 1.687 | 24 | 341.4 | 3.094 | 44 | 625.8 | 35.15 | 500 | 7111.5 |
| 0.3515 | 5 | 71.12 | 1.758 | 25 | 355.6 | 3.164 | 45 | 640.1 | 42.18 | 600 | 8533.8 |
| | | | | | | | | | | | |
| 0.4218 | 6 | 85.34 | 1.828 | 26 | 369.8 | 3.234 | 46 | 654.3 | 49.22 | 700 | 9956.1 |
| 0.4922 | 7 | 99.56 | 1.898 | 27 | 384.0 | 3.304 | 47 | 668.5 | 56.25 | 800 | 11378.4 |
| 0.5625 | 8 | 133.79 | 1.969 | 28 | 398.3 | 3.375 | 48 | 682.7 | 63.30 | 900 | 12800.7 |
| 0.6328 | 9 | 128.01 | 2.039 | 29 | 412.5 | 3.445 | 49 | 696.9 | 70.31 | 1000 | 14223.0 |
| 0.7031 | 10 | 142.22 | 2.109 | 30 | 426.7 | 3.515 | 50 | 711.2 | | | |

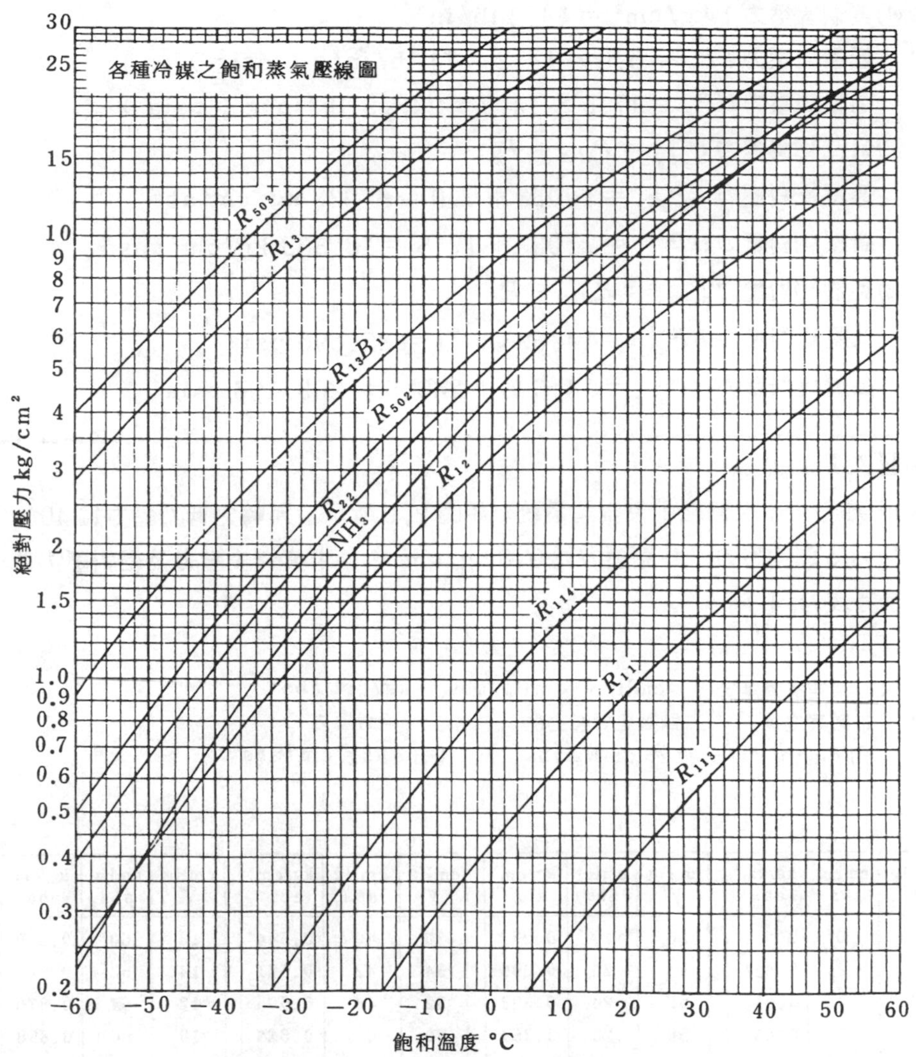


圖2.8　各種冷媒之飽和蒸氣壓線圖

絕對壓力＝大氣壓力－眞空壓力（負表壓力）

$$P_{abs} = P_{atm} - P_g \tag{2.16}$$

**【例題2.6】**

窗型冷氣機之運轉低壓表壓力 5.0 kg/cm²g，高壓表壓力 17.5 kg/cm²g，求英制表壓力及絕對壓力若干？（參考表 2.3）

**解**：(1)英制表壓力 1 $kg/cm^2$ = 14.2 $lb/in^2$

低壓表壓力 $LP_g = 5.0 \times 14.2 = 71\ lb/in^2g$ ( psig )

高壓表壓力 $HP_g = 17.5 \times 14.2 = 248.5\ lb/in^2g$ ( psig )

(2)公制絕對壓力 $P_{abs} = P_{atm} + P_g$

低壓絕對壓力 $LP_{abs} = 1.033 + 5.0 = 6.033\ kg/cm^2abs$

高壓絕對壓力 $HP_{abs} = 1.033 + 17.5 = 18.533\ kg/cm^2abs$

(3)英制絕對壓力 $P_{abs} = P_{atm} + P_g$

低壓絕對壓力 $LP_{abs} = 14.696 + 71 = 85.696$ psia

高壓絕對壓力 $HP_{abs} = 14.696 + 248.5 = 263.196$ psia

---

**【例題2.7】**

某R11離心式冰水機組中央空調系統，如圖2.9所示。運轉之低壓壓力為40 cmHgvac眞空壓力，高壓壓力為0.8 $kg/cm^2g$ ，求英制表壓力及絕對壓力若干？（參考表2.4）

表2.4　眞空度換算表　　cmHg ↔ cmHg abs ↔ $kg/cm^2abs$

例：　正數眞空度　　餘數絕對眞空度　　絕對壓力

50 cmHg V　↔　26 cmHg abs　↔　0.354 $kg/cm^2abs$

| cmHg V | cmHg abs | $kg/cm^2$ abs | cmHg V | cmHg abs | $kg/cm^2$ abs | cmHg V | cmHg abs | $kg/cm^2$ abs | cmHg V | cmHg abs | $kg/cm^2$ abs |
|---|---|---|---|---|---|---|---|---|---|---|---|
| 76 | 0 | 0 | 56 | 20 | 0.272 | 36 | 40 | 0.544 | 16 | 60 | 0.816 |
| 74 | 2 | 0.027 | 54 | 22 | 0.299 | 34 | 42 | 0.571 | 14 | 62 | 0.843 |
| 72 | 4 | 0.054 | 52 | 24 | 0.326 | 32 | 44 | 0.598 | 12 | 64 | 0.870 |
| 70 | 6 | 0.082 | 50 | 26 | 0.354 | 30 | 46 | 0.626 | 10 | 66 | 0.898 |
| 68 | 8 | 0.109 | 48 | 28 | 0.381 | 28 | 48 | 0.653 | 8 | 68 | 0.925 |
| 66 | 10 | 0.136 | 46 | 30 | 0.408 | 26 | 50 | 0.680 | 6 | 70 | 0.952 |
| 64 | 12 | 0.163 | 44 | 32 | 0.435 | 24 | 52 | 0.707 | 4 | 72 | 0.979 |
| 62 | 14 | 0.190 | 42 | 34 | 0.462 | 22 | 54 | 0.734 | 2 | 74 | 1.006 |
| 60 | 16 | 0.218 | 40 | 36 | 0.490 | 20 | 56 | 0.762 | 0 | 76 | 1.034 |
| 58 | 18 | 0.245 | 38 | 38 | 0.517 | 18 | 58 | 0.789 | | | |

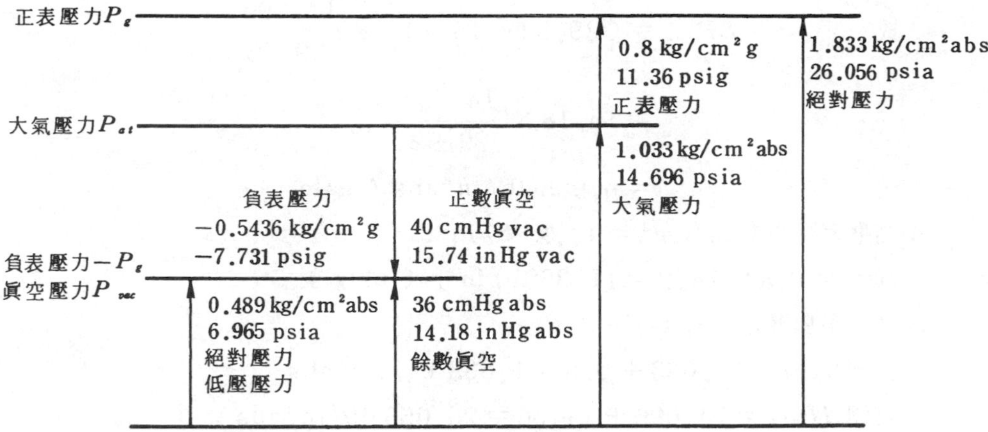


圖2.9　離心式冰水機之壓力指示值

**解**：(1)低壓眞空壓力以正數眞空度表示

公制 $LP_{vac} = 40$ cmHgvac

英制 $LP_{vac} = 40/2.54 = 15.74$ inHgvac

(2)低壓眞空壓力以餘數眞空度表示

公制 $LP_{abs} = 76 - 40 = 36$ cmHgabs

英制 $LP_{abs} = 29.92 - 15.74 = 14.18$ inHgabs

(3)低壓眞空壓力以絕對壓力表示 $P_{abs} = P_{at} - P_g$

$$\text{公制絕對壓力}\ LP_{abs} = 1.033 - 40 \times \left(\frac{1.033}{76}\right)$$
$$= 1.033 - 40 \times 0.0135$$
$$= 1.033 - 0.5436$$
$$= 0.4894\ \text{kg/cm}^2\ \text{abs}$$

或
$$LP_{abs} = (76 - 40) \times \frac{1.033}{76} = 36 \times \frac{1.033}{76}$$
$$= 36 \times 0.01359 = 0.489\ \text{kg/cm}^2\ \text{abs}$$

$$\text{英制絕對壓力}\ LP_{abs} = 14.696 - 15.74 \times \left(\frac{14.696}{29.92}\right)$$
$$= 14.696 - 7.731$$
$$= 6.965\ \text{lb/in}^2\ \text{abs (psia)}$$

或 $LP_{abs} = (29.92 - 15.74) \times \dfrac{14.696}{29.92}$

$= 14.18 \times \dfrac{14.696}{29.92}$

$= 6.965\ lb/in^2 abs$ ( psia )

(4)高壓表壓力 1 $kg/cm^2 = 14.2\ lb/in^2$

$HP_g = 0.8 \times 14.2 = 11.36\ lb/in^2 g$ ( psig )

(5)高壓絕對壓力 $P_{abs} = P_{at} + P_g$

公制 $HP_{abs} = 1.033 + 0.8 = 1.833\ kg/cm^2 abs$

英制 $HP_{abs} = 14.696 + 11.36 = 26.056\ lb/in^2 abs$

## 2.6-3 臨界溫度與臨界壓力

**1.** 臨界溫度 ( critical temperature )

氣體受壓力可以凝結成液態的最高溫度，稱爲臨界溫度，超過此溫度限值則無論施加多大壓力，均無法使之凝結，如圖 2.10 所示。

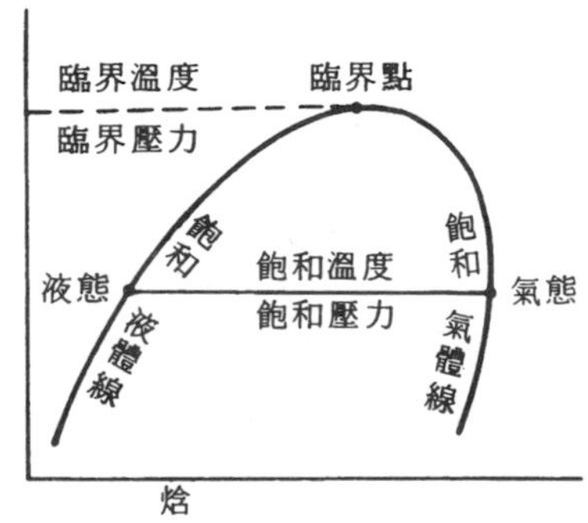


圖 2.10 臨界溫度、壓力與飽和溫度、壓力

**2.** 臨界壓力 ( critical pressure )

在臨界溫度情況下，能夠使氣體液化之最低壓力，稱爲該氣體之臨界壓力。低於此壓力限值則無論冷卻之溫度有多低，均無法使之液化。

**3.** 臨界點 ( critical point )

臨界溫度與臨界壓力之交點，稱爲臨界點。

### 2.6-4 飽和溫度與飽和壓力

**1.** 飽和溫度（saturated temperature）

某氣體或液體在一定壓力下，因吸熱或放熱而改變形態，此時該溫度稱為飽和溫度。

**2.** 飽和壓力（saturated pressure）

某氣體或液體在一定溫度下，因吸熱或放熱而改變形態，此時該壓力稱為飽和壓力。

例如在一大氣壓下，水之沸點為 100 °C，即表示水變為水蒸氣之飽和壓力為一大氣壓力，飽和溫度為 100 °C。

## 2.7 熱力學有關定律

### 2.7-1 熱力學第一定律（the first law of thermodynamics）

熱力學第一定律稱為能量不滅定律，功與熱都是能量，但以不同形態存在，而且可以互相變換。二者之關係如下：

$$H = A \cdot W \tag{2.17}$$

$$W = J \cdot H \tag{2.18}$$

式中　$A$：功熱當量（1/427 kcal/kg－M）

$J$：熱功當量（427 kg・M/kcal）

$H$：熱量（kcal）

$W$：功（kg－M）

**【例題 2.9】**

用 100 kg 之力推動一物體，使之移動 20 M，作的功為多少？其熱當量多少？

**解**：(1)作功

$$W = F \times D \tag{2.19}$$

式中 $W$：功（kg－M）

$F$：力（kg）

$D$：距離（M）

$W = 100\text{ kg} \times 20\text{ M} = 2000\text{ kg-M}$

⑵熱當量

$$H = A \cdot W$$

$$= \frac{1}{427} \text{ kcal/kg - M} \times 2000 \text{ kg - M}$$

$$= 4.68 \text{ kcal}$$

## 2.7-2 熱力學第二定律(the second law of thermodynamics)

熱力學第二定律是指大自然中萬物之流動有一定的方向，如圖2.11所示。其流動的方向若相反則必有能量的消耗。例如抽蓄發電廠，白天水由高水位處往低水位處下冲，則可以推動發電機產生電能，晚上則利用剩餘之電力使發電機變成抽水機，消耗電力，將低水位之水抽到高水位以儲能。

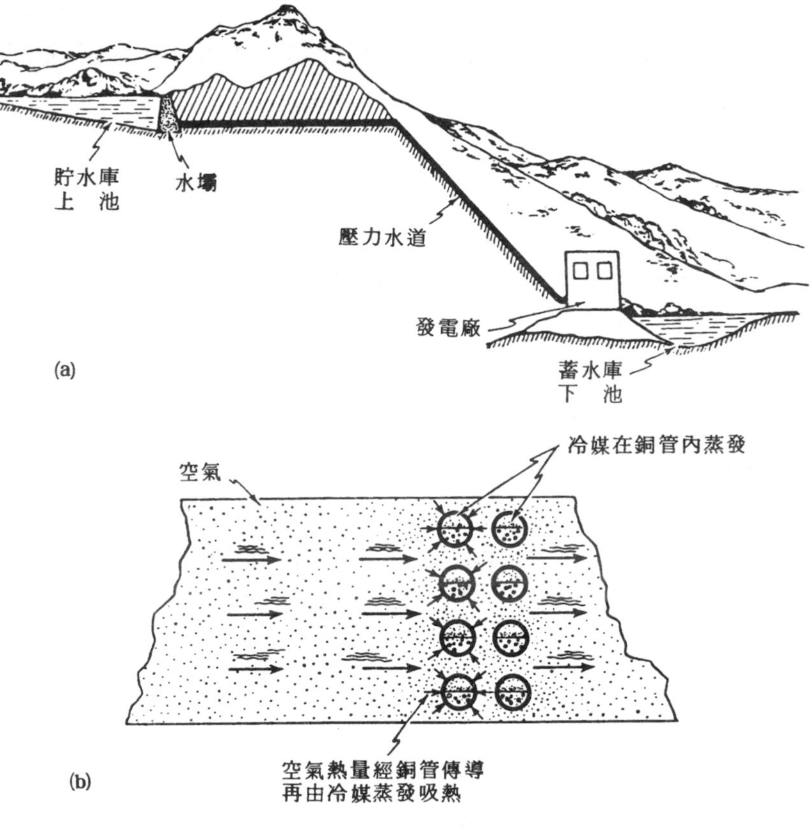


圖2.11 熱流及水流之流動方向

### 2.7-3　道爾登定律

道爾登定律：任何多種氣體混合之總壓力等於各組成氣體分壓力之和。

$$P = P_1 + P_2 + P_3 + \cdots\cdots \qquad (2.20)$$

在一般冷凍循環系統中，若未完全抽眞空，則此系統除了正常之冷媒壓力外，還包含空氣及水蒸氣壓力，因此機器運轉後，其高壓壓力必較正常壓力高，引起散熱不良、冷凍能力降低及浪費電、效率低之現象。

### 2.7-4　波義耳定律

波義耳定律：氣體溫度保持一定時，氣體之體積與壓力成反比。

$$T = C \qquad P_1V_1 = P_2V_2 \qquad (2.21)$$

式中　$T$：溫度

$P_1$、$P_2$：絕對壓力，kg/cm$^2$ abs 或 psia

$V_1$、$V_2$：體積：m$^3$ 或 ft$^3$

---

**【例題2.10】**

體積爲 1 m$^3$ 之容器內，存放某氣體，其絕對壓力爲 50 kg/cm$^2$ abs，若將此氣體加以壓縮使其絕對壓力提高爲 100 kg/cm$^2$ abs，設氣體溫度保持一定，則該氣體被壓縮後之體積爲若干？

**解**：依波義耳定律

當 $T = C$ 時，則 $P_1V_1 = P_2V_2$

$50 \times 1 = 100 \times V_2$

$\therefore \quad V_2 = 0.5 \text{ m}^3$

---

### 2.7-5　查理定律

查理定律：⑴當壓力不變時，氣體的體積與溫度成正比。⑵當體積不變時，氣體的壓力與溫度成正比。

$$P = C \qquad V_1T_2 = V_2T_1 \quad 或 \quad V_1/V_2 = T_1/T_2 \qquad (2.22)$$

$$V=C \qquad P_1T_2=P_2T_1 \quad 或 \quad P_1/P_2=T_1/T_2 \tag{2.23}$$

式中　$P_1$、$P_2$：絕對壓力，$kg/cm^2$ abs 或 psia

$V_1$、$V_2$：體積，$m^3$ 或 $ft^3$

$T_1$、$T_2$：絕對溫度，°K或°R

---

**【例題2.11】**

某氣體之體積爲 $10\ m^3$，若壓力保持不變，溫度由25°C升高至50°C，則氣體之體積爲若干？

**解**：已知 $P=C$，$V_1=10\ m^3$，

$T_1=25+273=298$ K　，　$T_2=50+273=323$ K

由查理定律

$$P=C \qquad V_1T_2=V_2T_1$$

$$\frac{V_1}{T_1}=\frac{V_2}{T_2} \qquad \therefore \quad \frac{10}{298}=\frac{V_2}{323}$$

$$V_2=323\times 10/298=10.83\ m^3$$

---

## 2.7-6　理想氣體定律

所謂理想氣體即氣體內之分子與分子間無任何作用，完全自由獨立而不受其他分子的影響。因此實際上，應不存在符合理想氣體條件之氣體存在。所以在一般壓力及溫度下，視空氣、氮、氫、氧等氣體爲理想氣體。由波義耳定律及查理定律可得理想氣體定律：

$$\frac{P_1V_1}{T_1}=\frac{P_2V_2}{T_2}=R \tag{2.24}$$

$$P\cdot V=R\cdot T \tag{2.25}$$

若氣體之重量爲 $G$ kg 或 lb時，

則

$$P\cdot V=G\cdot R\cdot T \tag{2.26}$$

式中　$P$：絕對壓力，$kg/m^2$ abs 或 psia

$V$：體積，$m^3$ 或 $ft^3$

表 2.5　理想氣體常數 $R$ 值

| 氣體名稱 | 公制 $\frac{kg-m}{kg\ K}$ | 英制 $\frac{ft-lb}{lb\ R}$ |
|---|---|---|
| 空　氣 | 29.27 | 53.35 |
| 氧　氣 | 26.49 | 48.25 |
| 氫　氣 | 420.3 | 765.36 |
| 氮　氣 | 30.26 | 55.0 |
| 氨　氣 | 49.78 | 123.24 |
| 二氧化碳 | 19.25 | 35.1 |
| 水蒸氣 | 47.06 | 85.7 |

$T$：絕對溫度， K或 R

$R$：氣體常數，kg-m/kg－ K或 ft-lb/lb－ R

**【例題2.12】**

氧氣 15 kg 裝於 1 $m^3$ 之容器內，若其壓力為 12 kg/$cm^2$ abs，則其溫度為多少？

**解**：氧氣之 $R$ 值為 26.49 kg-m/kg· K，由理想氣體定律

$$PV = GRT$$

已知 $G = 15\,kg$，$V = 1\ m^3$，

$$P = 12\ kg/cm^2 = 120000\ kg/m^2$$

$$120000 \times 1 = 15 \times 26.49 \times T$$

$$T = 120000/15 \times 26.49 = 302\ \ K$$

$$= 302 - 273 = 29\ °C$$

## 2.8 冷凍能力與冷凍噸

冷凍能力為冷凍空調設備每單位時間移除熱量的能力，其單位為 **kw**、**kcal/hr** 或 **BTUH ( BTU/hr )**。

### 2.8-1 冷凍噸之意義

**1.** 一噸（1000 kg）0 °C的水在 24 小時內凝固為 0 °C的冰所需吸收的熱量稱為一日本冷凍噸或公制冷凍噸。

∴　一公制（日本）冷凍噸

$$1\ \text{RT} = \frac{1000 \times 79.68}{24} = 3320\ \text{kcal/hr}$$

式中水之凝固熱爲 79.68 kcal/kg 。

**2.** 一噸（ 2000 lb ） 32 °F的水在 24 小時內凝結爲 32 °F 的冰所需吸收的熱稱爲一美國冷凍噸或美制冷凍噸。

∴ 一美制（美國）冷凍噸

$$1\ \text{USRT} = \frac{2000 \times 144}{24} = 12000\ \text{BTU/hr}$$

$$= 200\ \text{BTU/min}$$

式中水之凝固熱爲 144 BTU/ lb 。

## 2.8-2 冷凍能力比較

**1.** 單位之換算

**1 kcal = 4.186 kj**

1 kcal = 3.968 BTU

1 USRT = 12000 BTU/hr

$$= \frac{12000}{3.968} = 3024\ \text{kcal/hr}$$

**1 kw = 860 kcal/hr**

**2.** 冷凍噸比較表

| 單　位 | Kcal/hr | BTU/hr | BTU/min |
|---|---|---|---|
| 日本冷凍噸 | 3320 | 13174 | 219.6 |
| 美國冷凍噸 | 3024 | 12000 | 200 |

目前冷凍空調界所使用之冷凍噸皆爲美國冷凍噸。

1 USRT = 12000 BTUH = 200 BTU/min = 3024 kcal/hr

---

**【例題2.13】**

窗型冷氣機冷房能力 2500 kcal/hr ，等於若干USRT？

**解**：冷凍噸＝$\dfrac{2500}{3024}$＝0.826 USRT

---

**【例題2.14】**

5噸箱型冷氣機之冷房能力爲若干？（美國冷凍噸）

**解**：冷房能力＝5 × 3024＝15120 kcal/hr

或＝5 × 12000＝60000 BTUH

---

## 習題2

**2.1** 解釋名詞

(1) kcal　(2) BTU

(3)顯熱　(4)潛熱

(5)波義耳定律　(6)查理定律

(7)理想氣體定律　(8)道爾登定律

(9)熱傳遞的方式　(10)飽和溫度

**2.2** 填充

(1)冷房能力 3000 kcal/hr 之冷氣機約爲________BTUH（BTU/hr）。

(2) 30 °C＝________°F＝________K＝________R。

(3) 300 K＝________R＝________°C＝________°F。

(4) 15 $kg/cm^2$ g＝________psig＝________psia＝________$kg/cm^2$ abs。

(5) 50 cmHgvac＝________cmHgabs＝________$kg/cm^2$ abs。

**2.3** 10噸水冷式箱型冷氣機之散熱能力爲 39000 kcal/hr，冷却水進出口溫度差 $\Delta T$＝5 °C，求冷却水循環量若干kg/hr？

**2.4** 有一儲冰空調系統，欲將 2000 lb，10 °F的冰溶解爲 60 °F的水，求可產生若干BTU之冷凍能力？

**2.5** 有一空氣原有之體積爲 0.2 $m^3$，壓力爲 10 $kg/cm^2$，當溫度爲 30 °C時，求空氣重量？（空氣 $R$ 值爲 29.27 kg-m/kg・°K）

**2.6** 7.5 USRT之冷房能力爲若干 kcal/hr 或BTUH？

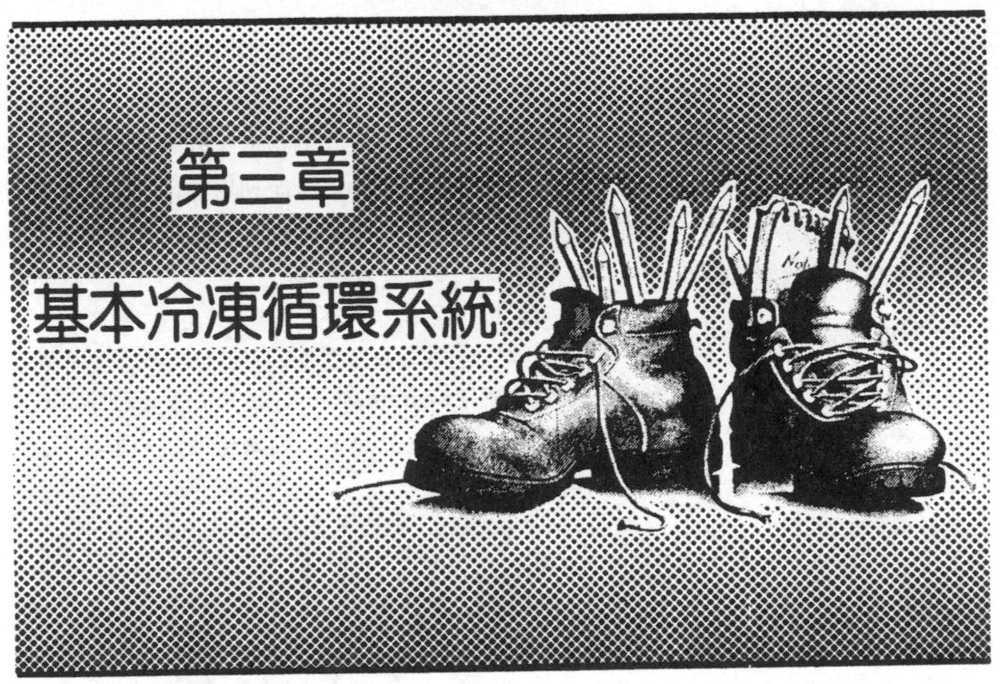


冷凍循環系統主要是靠著冷媒（refrigerant）在系統內部循環，利用冷媒在高壓氣態時容易散熱冷卻為液態，及在低壓液態時容易吸熱蒸發為氣態的相態變化特性，在冷凍系統中不斷的循環，如圖 3.1 所示。冷媒由氣態變成液態，稱為液化，會排放大量的液化潛熱，產生暖房效果，由液態變氣態，稱為蒸發，會吸收大量的蒸發潛熱，產生冷凍效果。

冷凍能力的獲得可利用汽化低沸點的液態冷媒，例如液態氮、液態氧。這些冷媒若使用一次後即排放於大氣中，稱之為消耗性冷媒。由於消耗性冷媒的成本較高，因此一般冷凍系統多採用冷媒重複使用的冷凍循環系統。

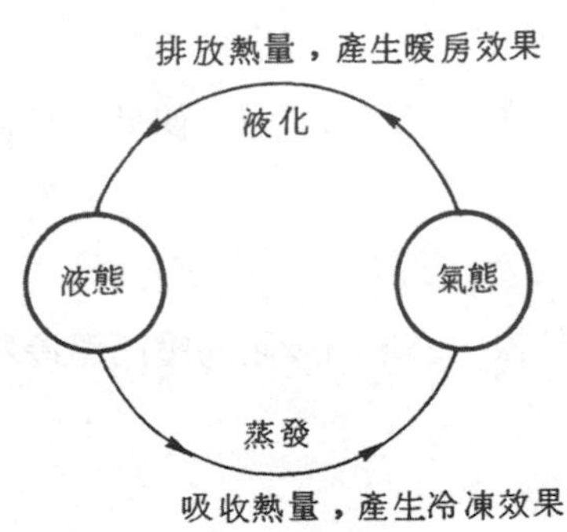


圖 3.1　液態及氣態之循環變化

## 3.1 冷凍循環系統

在冷凍系統中，須有一部能產生高壓和低壓的機構，又稱為冷凍系統之心臟，假如使用壓縮機當冷凍系統之心臟，以機械能來產生冷媒高壓和低壓的變化，則該系統稱為機械式冷凍循環系統，假如不利用機械能來產生變化，而利用熱傳遞、水蒸氣噴射、電能或磁能等特性產生冷凍效果者稱為非機械式冷凍系統。因此冷凍循環系統可分成二大類：①機械式冷凍系統，②非機械式冷凍系統。

### 3.1-1 機械式冷凍系統

機械式冷凍系統，又稱壓縮式循環系統（compression system），它利用壓縮機產生系統之高、低壓力，很容易的讓冷媒一面液化散熱，一面氣化吸熱，循環不已，因此冷凍循環系統有四大主件，如圖 3.2 所示。

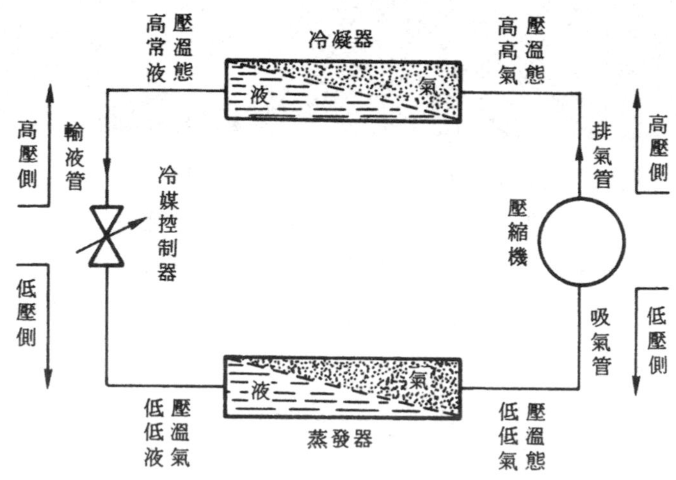


圖 3.2 冷凍循環系統四大主件

**1.** 壓縮機（compressor）

壓縮氣態冷媒，促使冷媒在系統內部循環，使低壓低溫氣態冷媒經壓縮後變為高壓高溫氣態冷媒。

**2.** 冷凝器（condenser）

冷凝器又稱凝縮器或散熱器，將壓縮後之高壓高溫冷媒，利用水或空氣之散熱冷卻為高壓常溫之液態冷媒。

**3.** 冷媒控制器（refrigerant controller）

冷媒控制器有毛細管（capillary tube）或膨脹閥（expansion valve）等種類，其作用是將高壓常溫液態冷媒經冷媒控制器之降壓節流後，成為低壓低溫之液氣冷媒。

**4.** 蒸發器（evaporator）

蒸發器的作用是讓經過膨脹後的低壓低溫液氣冷媒在蒸發器內蒸發吸收大量蒸發潛熱，產生冷凍效果，而後成為低壓低溫之氣態冷媒。

## 3.1-2　冷凍循環系統之狀態變化

如圖 3.3 所示。

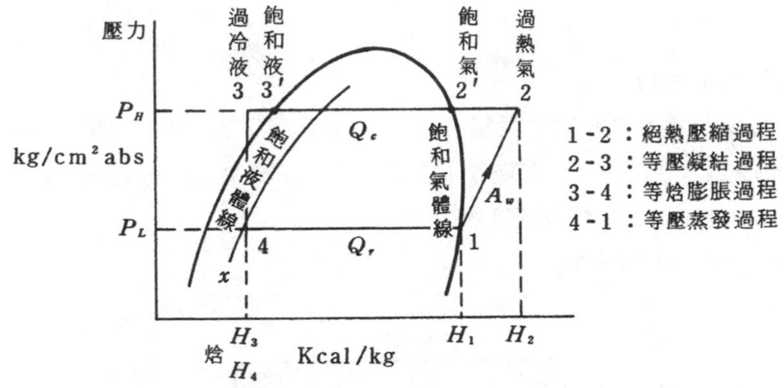


圖 3.3　冷凍循環系統之壓力－焓變化

冷凍循環系統有四個循環過程：

**1.** 1-2 等熵絕熱壓縮過程

將 1 點之低壓（$P_L$）低溫氣態冷媒，經過壓縮變為 2 點之高壓（$P_H$）高溫過熱氣冷媒，其所產生之壓縮熱

$$A_w = H_2 - H_1 \text{ kcal/kg} \tag{3.1}$$

**2.** 2-3 等壓凝結過程

冷凝器利用水或空氣散熱之凝結過程，先將 2 點之過熱氣態冷媒（super heat vapor）排出顯熱冷卻為 2′ 點之飽和氣態冷媒（saturated vapor），再繼續排出凝結潛熱（$H_2' - H_3'$）為 3′ 點之飽和液態冷媒（saturated liquid），而後繼續排出顯熱再冷卻為過冷卻液態冷媒（sub-cooled liquid）。其排出之凝結熱

$$Q_c = H_2 - H_3 \text{ kcal/kg} \tag{3.2}$$
$$= (H_2 - H_1) + (H_1 - H_4)$$
$$= A_w + Q_r$$
$$\fallingdotseq 1.3Q_r$$

散熱能力 $Q_c$ 約為 1.3 倍之冷凍能力 $Q_r$。

**3.** 3-4 等焓膨脹過程

3 點之高壓（$P_H$）常溫過冷卻液態冷媒，降壓節流膨脹時其焓值不變，稱為等焓膨脹，因此 $H_3 = H_4$，膨脹後壓力下降，部份冷媒蒸發變為氣態，蒸發量為 $x$，大部份未蒸發的液體則被冷卻為低溫冷媒，因此 4 點變為低壓（$P_L$）低溫液氣混合冷媒。此點之 $x$ 若為 0.2 其意義為有 20% 之冷媒蒸發為氣態冷媒，仍有 80% 維持原來之液態冷媒。

**4.** 4-1 等壓蒸發過程

4 點為有 $x$ % 蒸發為氣態之低壓（$P_L$）低溫液氣混合冷媒，冷媒在蒸發器內部繼續吸收蒸發潛熱，循環不已，如圖 3.4 所示。冷媒在蒸發器所吸收之熱稱為冷凍效果（refrigeration effect）或稱為蒸發熱：

$$Q_r = H_1 - H_4 \text{ kcal/kg} \tag{3.3}$$

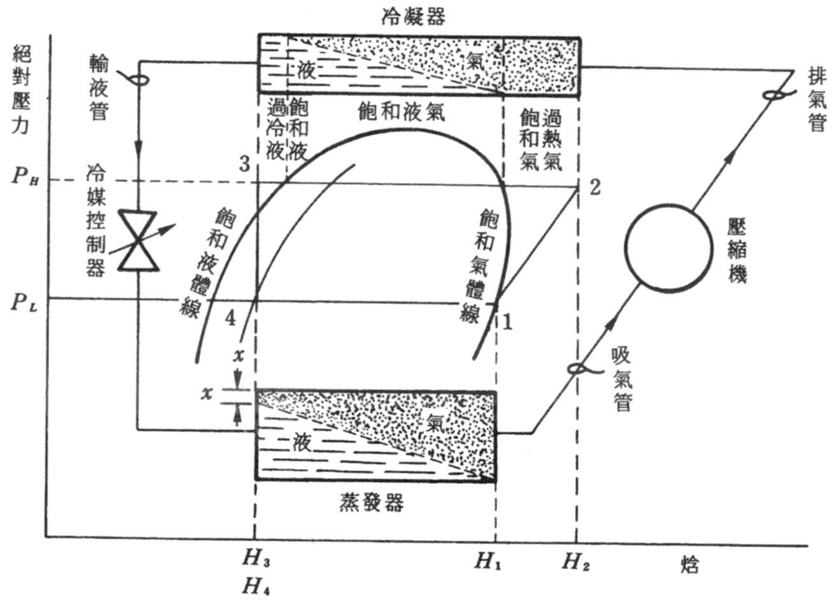


圖 3.4 冷凍循環系統與壓力、焓之變化過程

### 3.1-3　以冷卻方式之分類

壓縮式冷凍循環系統以冷卻方式分類可分為氣冷式及水冷式兩大類。

**1.** 氣冷式（air cooled）

窗型冷暖氣機為氣冷式冷凍循環系統，如圖 3.5 所示。使用 R-22 冷媒，系統運轉高壓壓力約 17.5 kg/cm$^2$g，系統運轉低壓壓力約 4.5 ～ 5.0 kg/cm$^2$g。

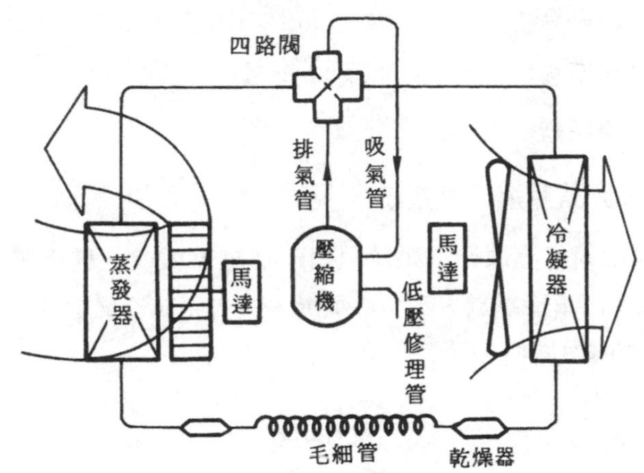


圖 3.5　窗型冷暖氣機、氣冷式冷凍循環系統

**2.** 水冷式（water cooled）

大部份箱型冷氣機為水冷式冷凍循環系統，如圖 3.6 所示。使用 R-22 冷媒，系統運轉高壓壓力約 15 kg/cm$^2$g，系統運轉低壓壓力約 4.5 ～ 5.0 kg/cm$^2$g。

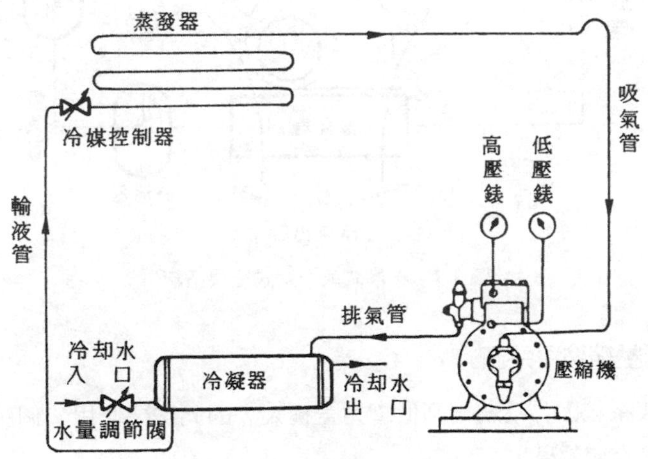


圖 3.6　水冷式冷凍循環系統

## 3.2 壓縮式冷凍系統

壓縮式冷凍循環系統可分為下列方式：

(1)一段式壓縮冷凍系統

(2)二段式壓縮冷凍系統

(3)多段式壓縮冷凍系統

(4)一元式壓縮冷凍系統

(5)二元式壓縮冷凍系統

(6)多元式壓縮冷凍系統

### 3.2-1 一段式或一元式壓縮冷凍系統

一般冷凍空調設備，冷凍循環系統只用一個壓縮機或一種冷媒即可達到冷凍效果，如窗型冷氣機、汽車冷氣機、箱型冷氣機、中央系統冷氣機等，稱為一段或一元壓縮式冷凍系統，如圖 3.7 所示。

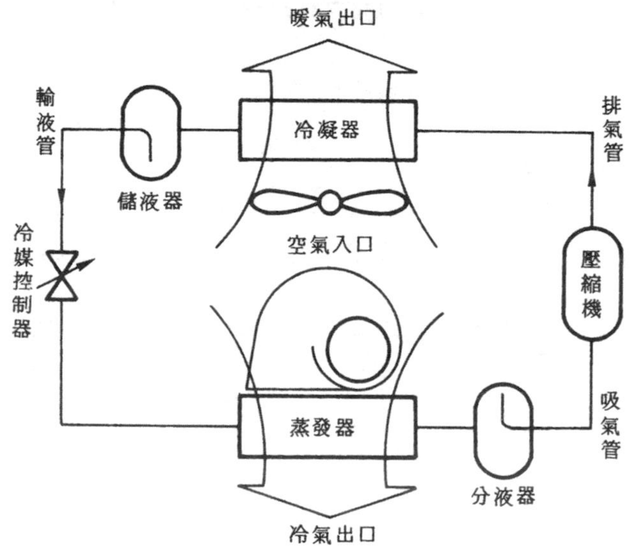


圖 3.7 一段式或一元式冷凍系統

### 3.2-2 二段式壓縮冷凍系統

超低溫冷凍系統因為系統之高低壓力差極大，因此需要使用二個壓縮機降低其壓縮比，以提高其冷凍效果。

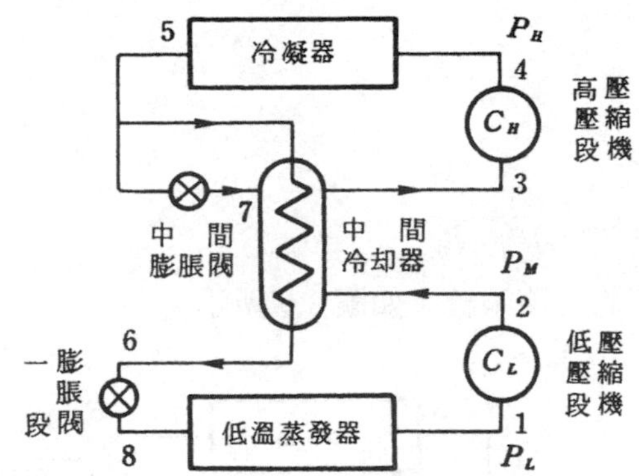


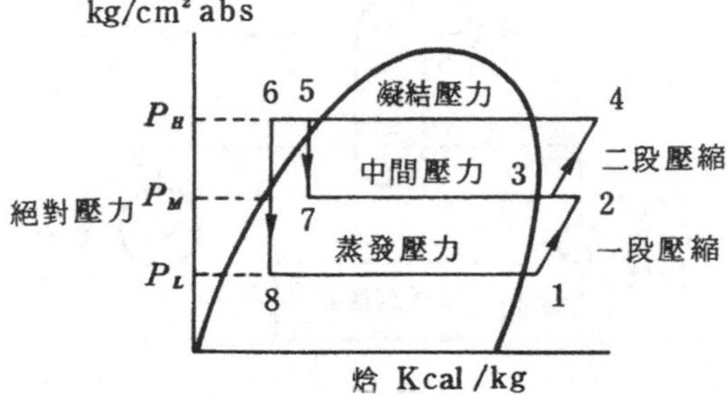


圖 3.8　二段壓縮一段膨脹冷凍系統

**1.** 二段壓縮一段膨脹冷凍系統（如圖 3.8）

壓縮比（compression ratio）為高壓絕對壓力與低壓絕對壓力之比值。

⑴高壓段壓縮比

$$r_H = \frac{P_H}{P_M} \tag{3.4}$$

⑵低壓段壓縮比

$$r_L = \frac{P_M}{P_L} \tag{3.5}$$

⑶總壓縮比

$$r = r_H \times r_L = \frac{P_H}{P_M} \times \frac{P_M}{P_L} = \frac{P_H}{P_L} \tag{3.6}$$

二段壓縮時，高壓段之壓縮比應等於低壓段壓縮比，否則會燒毀壓縮機。

$$r_H = r_L$$

$$\frac{P_H}{P_M} = \frac{P_M}{P_L}$$

$$P_M{}^2 = P_H \times P_L$$

$$\therefore \text{中間壓力 } P_M = \sqrt{P_H \times P_L} \quad (3.7)$$

**2.** 二段壓縮二段膨脹冷凍系統（如圖 3.9 所示）

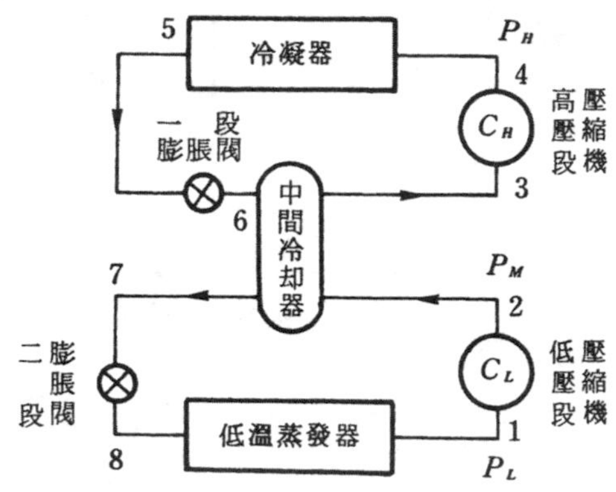


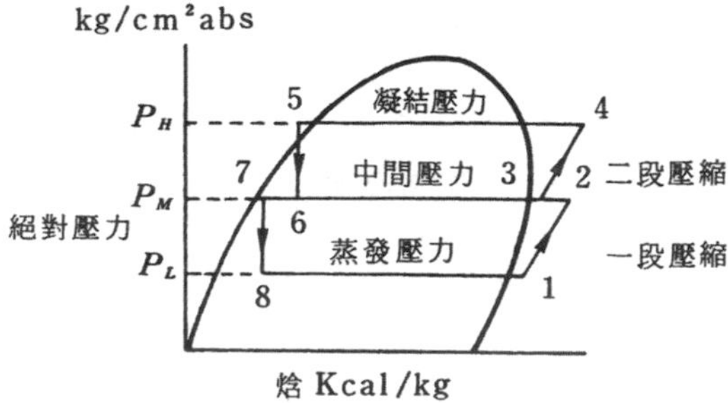


圖 3.9 二段壓縮二段膨脹冷凍系統

**【例題 3.1】**

有一 R-22 二段壓縮超低溫冷凍系統，凝結溫度 35℃時之凝結壓力為 12.785 kg/$cm^2$g，蒸發溫度 – 50℃時之蒸發壓力為 27.58 cmHgvac，求中間壓力為若干？壓縮比若干？

**解：**由中間壓力公式

$$P_M = \sqrt{P_H \times P_L}$$

(1) 凝結溫度 35℃時之凝結壓力 12.785 kg/cm$^2$g（表壓力）

$P_H$ = 12.875 + 1.033 = 13.908 kg/cm$^2$abs（絕對壓力）

(2) 蒸發溫度 – 50℃時之蒸發壓力為 27.58 cmHgvac（真空表壓力）

$$P_L = P_{at} - P_g$$

$$= 1.033 - 27.58 \times \frac{1.033}{76}$$

$$= 1.033 - 0.375$$

= 0.658 kg/cm$^2$abs（絕對壓力）

(3) 中間壓力

$$P_M = \sqrt{P_H \times P_L}$$

= $\sqrt{13.908 \times 0.658}$ = 3.025 kg/cm$^2$abs（絕對壓力）

= 3.025 – 1.033 = 1.992 kg/cm$^2$g（表壓力）

(4) 壓縮比

①高壓段壓縮比 $r_H = \frac{P_H}{P_M} = \frac{13.908}{3.025} = 4.597$

②低壓段壓縮比

③總壓縮比 $r = r_H \times r_L$

$$= \frac{P_H}{P_M} \times \frac{P_M}{P_L} = \frac{P_H}{P_L}$$

$$= 4.597 \times 4.597 = 21.136$$

---

**3.** 單機二段壓縮冷凍系統（如圖 3.10 所示）

### 3.2-3　三段式壓縮冷凍系統（如圖 3.11 所示）

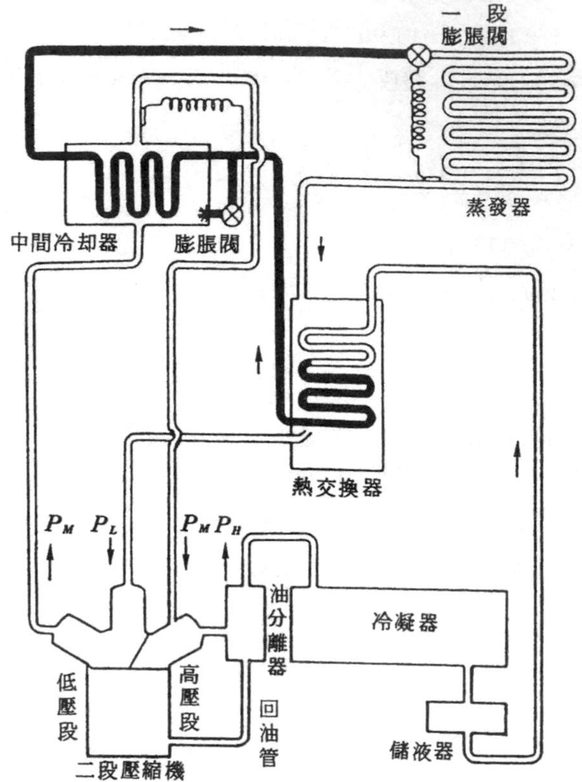


圖 3.10 單機二段壓縮一段膨脹冷凍系統

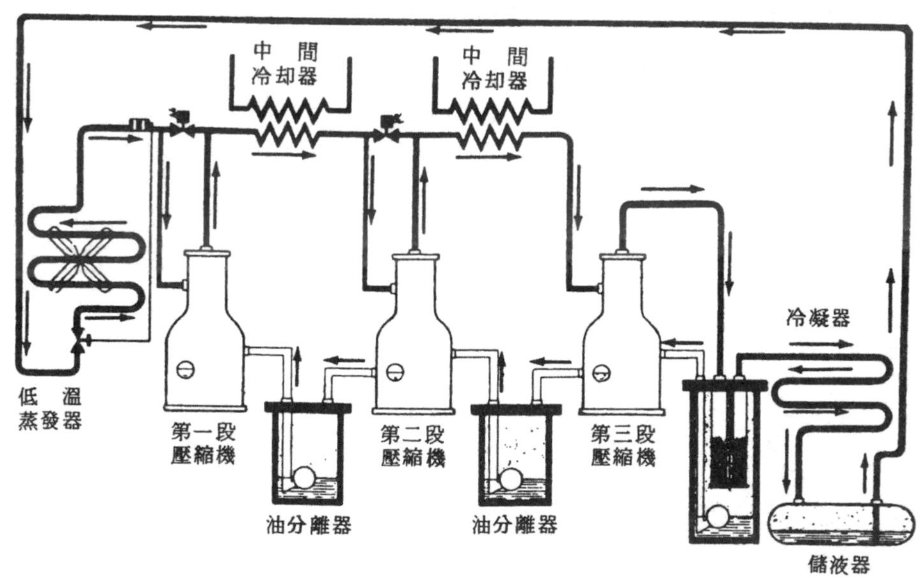


圖 3.11 三段壓縮冷凍系統

### 3.2-4　二元冷凍系統

二元冷凍系統又名串級冷凍系統，如圖 3.12 所示。它是由二個或二個以上之獨立系統組合而成，它的中間冷卻器就是高壓段的蒸發器用以冷卻低壓段的冷凝器，以達到低溫蒸發之目的，其蒸發溫度一般可達 –50℃以下。

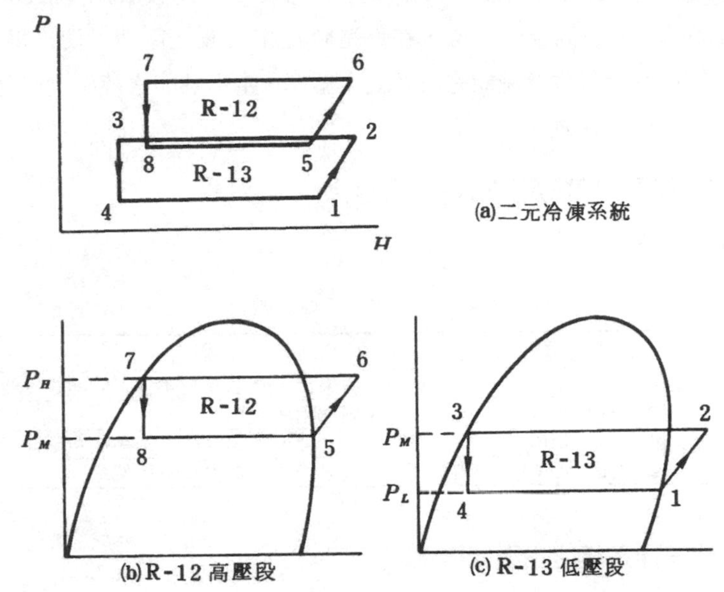


圖 3.12　二元冷凍系統之壓焓圖

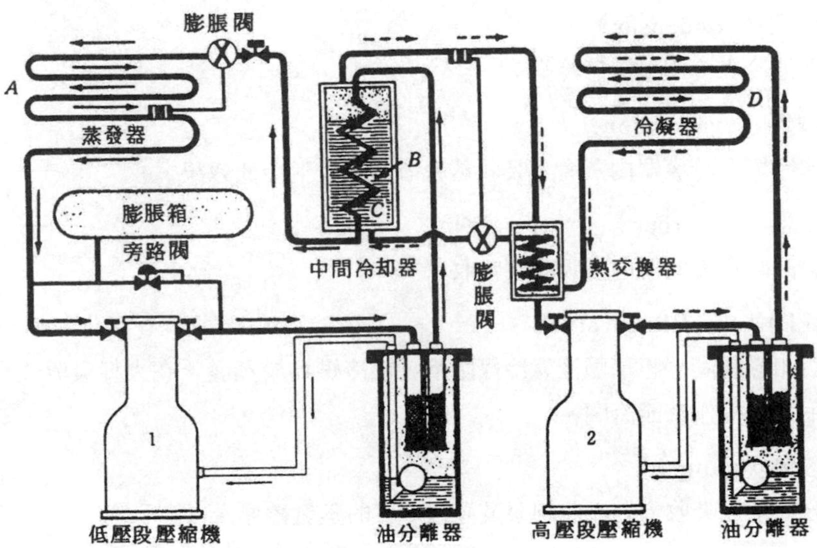


圖 3.13　二元冷凍系統

二元冷凍系統使用之冷媒，如圖3.12(a)所示。高溫段使用R-12或R-22，如圖3.12(b)。低溫段使用 R-13 或 R-503，如圖 3.1 (c)所示。

## 3.3 吸收式冷凍系統

吸收式冷凍系統是利用兩種具有親和性的物質，一為吸收劑（absorbent），一為冷媒（refrigerant）在高溫時分離，在低溫時互相吸收之原理，使冷媒蒸發，達到冷凍的目的，它以熱能代替機械能完成系統之循環，產生熱能之能源有天然氣、瓦斯、煤油、電熱、蒸氣及太陽能。

### 3.3-1 吸收式冷凍系統冷媒與吸收劑之組合

如表 3.1 所示。

表 3.1 吸收劑與冷媒之組合

| 冷媒 | 吸收劑 | 說明 |
|---|---|---|
| 氨（$NH_3$） | 水（$H_2O$） | 價格低廉，效果佳，唯氨具有毒性、刺激性、爆炸性 |
| 酒精 | 水（$H_2O$） | 安全，為家庭冰箱所使用 |
| 水（$H_2O$） | 溴化鋰（LiBr） | 效果略差，但安全、穩定性高，常用於空氣調節系統 |
| 氨（$NH_3$） | 氯化銀（AgCl） | 價格高昂，效果最佳，為實驗室所使用 |

### 3.3-2 吸收式冷凍系統之主要結構

(1)發生器（generator）

將吸收劑加熱，使冷劑分離成氣態。

(2)冷凝器（condenser）

將氣態冷媒冷卻為液態冷媒。

(3)蒸發器（evaporator）

液態冷媒在蒸發器內蒸發，吸收蒸發潛熱，產生冷凍效果。

(4)吸收器（absorber）

氣態冷媒在吸收器內被吸收劑吸收。

(5)節流閥（throttling valve）

功能如膨脹閥，將高壓液態冷媒降壓，使冷媒易於蒸發。在大型吸收式冷凍系統多用孔口板作為節流閥。

(6)溶液泵（pump）

可分為泵送吸收劑的吸收劑泵及泵送冷媒的蒸發器泵。

### 3.3-3　氨、水吸收式冷凍系統

氨水吸收式冷凍系統，以氨為冷媒，水為吸收劑，氫氣為分壓劑，如圖3.14所示。

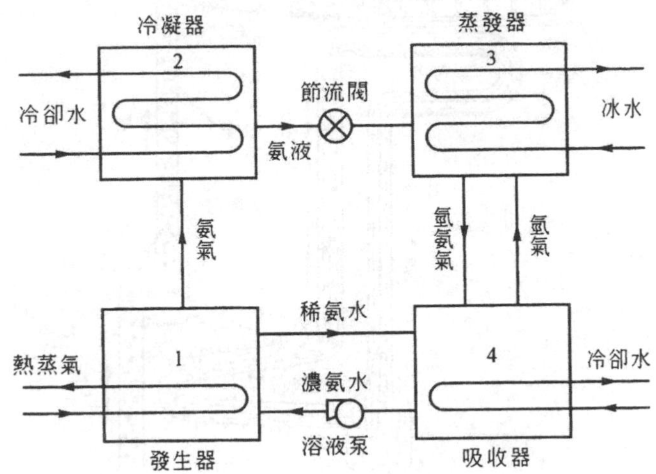


圖 3.14　以氫為分壓劑之氨水吸收式冷凍機

**1.** 氨水吸收式冷凍循環系統

圖 3.15 所示為氨水吸收式冷凍機，由二個逆止閥（check valves）將系統分隔為高壓側及低壓側，高壓側壓力約 200 ～ 300 psig，低壓側壓力約 40 ～ 60 psig。

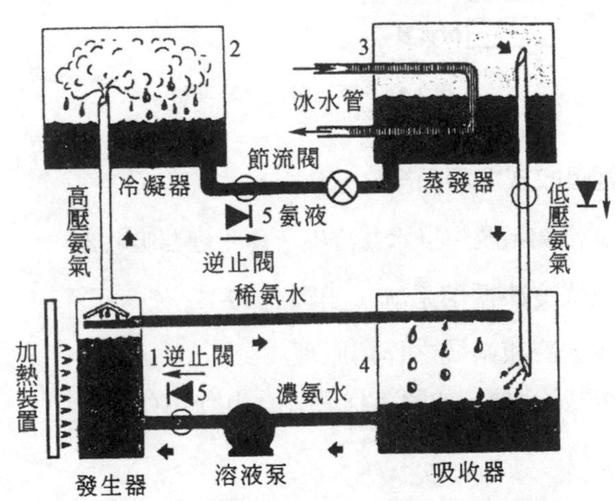


圖 3.15　氨水吸收式冷凍機

**2.** 實際氨水吸收式冷凍機（如圖 3.16）

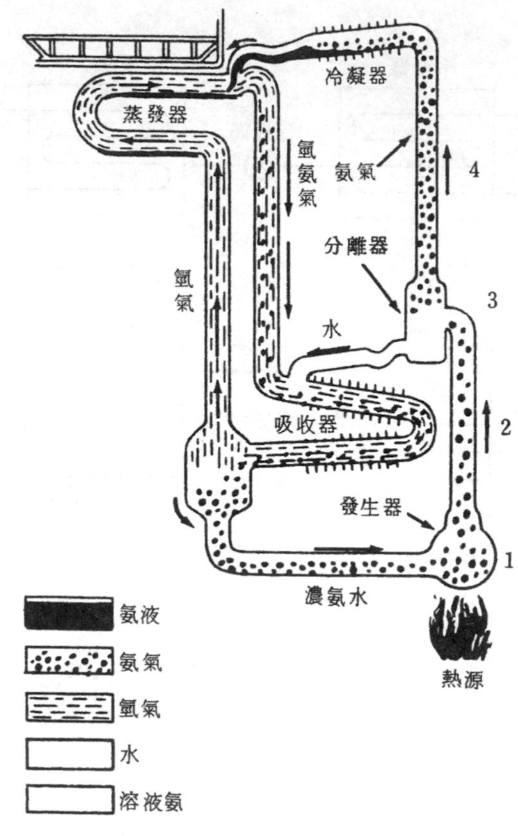


圖 3.16 氨水吸收式冷凍機

## 3.3-4 水、溴化鋰吸收式冷凍系統

水溴化鋰吸收式冷凍系統，以水為冷媒，溴化鋰為吸收劑。

**1.** 水 - 溴化鋰吸收式冷凍循環系統（如圖 3.17）

**2.** 水 - 溴化鋰吸收式冷凍系統之作用原理

水 - 溴化鋰吸收式冷凍機，如圖 3.18 所示，其作用如下：

(1)冷媒：水（$H_2O$）

(2)吸收劑：溴化鋰（LiBr）

(3)發生器：以熱蒸氣將溴化鋰水溶液加熱。

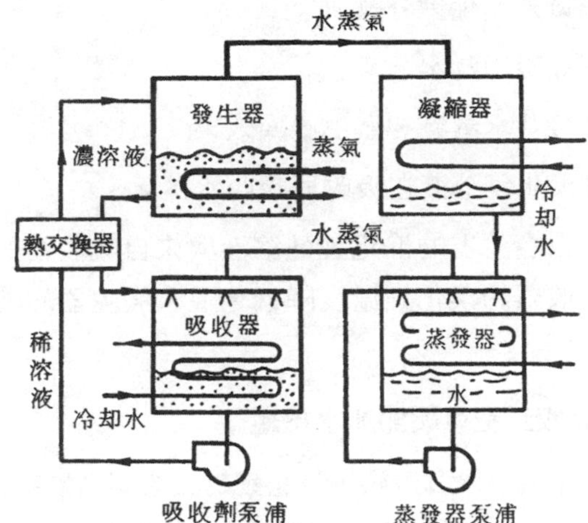


圖 3.17　水 - 溴化鋰吸收式冷凍循環系統

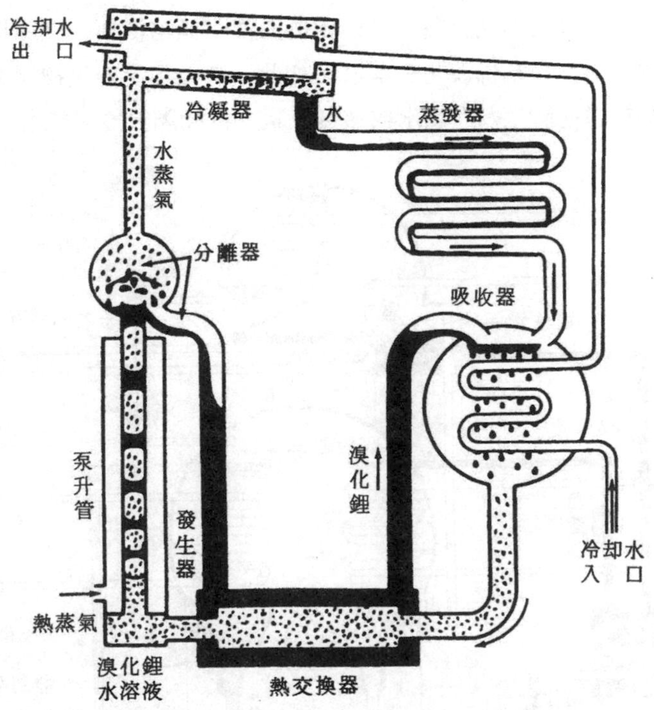


圖 3.18　水 - 溴化鋰吸收式冷凍機

(4)分離器：將水蒸氣及溴化鋰分離。

(5)冷凝器：將水蒸氣冷卻為水。

(6)蒸發器：將水蒸發為水蒸氣，產生冷凍效果。

(7)吸收器：吸收劑溴化鋰溶液在吸收器吸收水蒸氣。

(8)熱交換器：將來自發生器的溴化鋰熱溶液與來自吸收器的冷溴化鋰水溶液熱交換，使進入吸收器的溴化鋰溫度降低，進入發生器的溴化鋰水溶液溫度升高。

## 3.3-5 水、溴化鋰吸收式空氣調節冰水機組

如圖 3.19 吸收式系統以水為冷媒，溴化鋰為吸收劑，本系統在結構上有二個大鋼桶，上部較小的鋼桶為冷凝器及發生器部份，底部較大的鋼桶為吸收器及蒸發器部份。泵浦有二個，一為冷媒泵供循環水之用，強迫水在蒸發器內蒸發，製造空調用之低溫冰水。一為溶液泵浦，將稀的溴化鋰溶液經熱交換器加熱送至發生器再加熱，水蒸發為水蒸氣上升至冷凝器液化為水，殘留的濃溴化鋰溶液再將熱交換器冷卻後，送入吸收器吸收水蒸氣又成為稀溴化鋰溶液，如此不斷循環。容量控制閥能依據冷房冰水溫度，自動調節送進發生器之熱水或熱蒸氣量，自動調節冷房能力之大小。

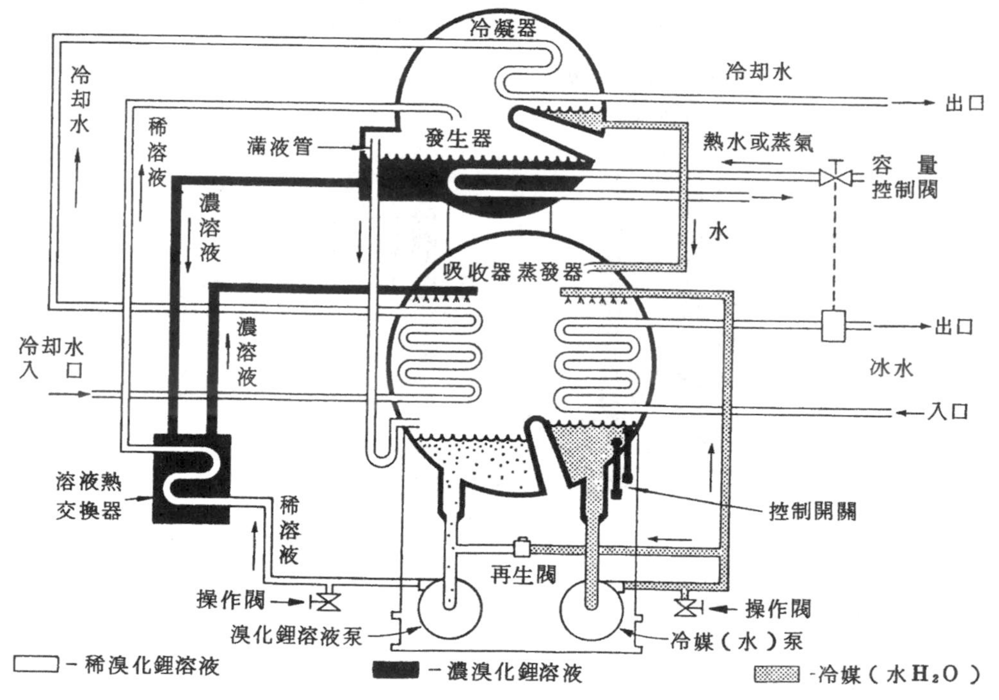


圖 3.19 水溴化鋰吸收式系統

### 3.3-6 吸收式系統之優劣點

**1.** 吸收式系統之優點

⑴夏天需供應冷氣，冬天需供應暖氣之全年候空氣調節地區最適合使用吸收式系統，目前美國、日本之中央空調系統，吸收式約佔 80% 以上。

⑵吸收式系統運轉安靜、可減少磨損至最少，除了液體泵浦運轉外，因此故障較少，維護簡單。

⑶吸收式不依賴電力，在天然氣、地熱、太陽能等熱源充足之地區，使用吸收式系統最經濟實用。

⑷吸收式容量控制容易，僅需控制發生器之熱源即可。

⑸吸收式系統安全性高，不爆炸。

⑹吸收式系統滿載和輕載效果相同，當負載改變時，變化液體循環量及供應發生器之熱源即可。

⑺當蒸發溫度及壓力減低時，吸收式容量僅有限度之減少，運轉穩定。

**2.** 吸收式系統之缺點

⑴以水為冷媒時，無法獲得較低之溫度，因為水之冰點為 0℃。

⑵操作不當時，溴化鋰易生結晶。

## 習題 3

***3.1*** 繪圖說明機械冷凍循環系統四大主件之作用？

***3.2*** 繪圖說明冷凍循環系統與壓力、焓之變化過程？

***3.3*** 繪圖說明二段壓縮一段膨脹冷凍系統？

***3.4*** 某二段壓縮冷凍系統，運轉高壓壓力 14.5 $kg/cm^2g$，低壓壓力 40 cmHgvac，求中間壓力及壓縮比各若干？

***3.5*** 繪圖說明氨水吸收式冷凍系統四大主件之作用？

***3.6*** 繪圖說明水、溴化鋰吸收式冷凍系統之作用原理？

***3.7*** 吸收式冷凍系統有何優點？

## 4.1 一般常用之冷媒

### 4.1-1 一般常用冷媒的分類

依冷媒的組成可分為純質冷媒及混合冷媒。純質冷媒有單一的組成及分子式，例如 R-32 或 R-134a。而混合冷媒則是按比例混合二種或二種以上的冷媒，故無法以單一分子式表達。混合冷媒依各組成冷媒的沸點相近與否，可分為共沸冷媒、近似共沸冷媒、非共沸冷媒。共沸冷媒是指組成的各冷媒其沸點相同，氣體及液體的組成是相同的，在冷凍循環中組成也不會產生變化，因此可視為純質冷媒來使用。在分類上，R-500、R-502 等 500 系列的冷媒即屬共沸冷媒。近似共沸冷媒是指溫度滑落（temperature glide）在 10 ℉ 以內，在實際應用中可視為共沸冷媒，例如 400 系列中的 R-410A。非共沸冷媒葫落溫度在 10 ℉ 以上，在氣液兩相的組成有很大的差異，尤其在系統洩漏時會造成組成的變動而影響系統性能，其代表性冷媒為 400 系列中的 R-407C 冷媒。近似共沸與非共沸冷媒的編號皆為 400 系列。

依冷媒物質屬性，冷媒可分為自然冷媒及合成冷媒。自然冷媒是指普遍存在自然界中，不考慮其毒性與可燃性下洩漏時對環境影響較小，例如氨、碳氫冷媒。合成冷媒是指利用化學方法合成，其穩定性高，故其生命週期長，洩漏時對環境的影響也較大。冷媒對環境破壞的評估指標有二個：(1) ODP（Ozone Depletion Potential）臭氧層破壞潛勢 (2) GWP（Global Warming Potential）地球溫暖化潛勢。

(1)ODP：

臭氧層存在於離地面 10 ～ 50 公里的平流層頂部，因含有臭氧全量的 90% 而得名。臭氧層能吸收太陽光中對生物有害的紫外線，避免人類罹患皮膚癌、白內障及免疫機能受損，也能避免農作物受紫外線侵害。臭氧是由氧分子經高能量太陽光照射而分解成氧原子，而氧原子與另一氧分子結合而成。臭氧也會和氧原子合成而生成氧分子。臭氧層就在這樣生成、分解中維持動態平衡，屏障地球生物直到 CFCs 的排放而改變這個平衡。

表 4.1　CFC 品種及其用途應用領域

| 用途別 | 品名 | 應用產品 |
|---|---|---|
| 冷媒 | CFC-11 | 離心式中央空調系統 |
| | CFC-12 | 電冰箱、汽車冷氣 |
| 發泡劑 | CFC-11 | PU 硬發泡 |
| | CFC-12 | PS 發泡 |
| | CFC-114 | LDPE 發泡 |
| 洗淨劑 | CFC-113 | 印刷電路板、半導體零件、馬達、高爾夫球頭、光學產品 |
| 噴霧劑 | CFC-11 | 化妝品 |
| | CFC-12 | 化妝品 |

其中 ODP 最主要是評估含氯原子的冷媒被排放至大氣時，使氧原子與臭氧分子結合成氧分子，因而減少臭氧的總量。其化學反應式為：

CFCs ＋紫外線 → 分解產生氯 Cl ＋ $O_3$ → ClO ＋ $O_2$

ClO ＋ O → Cl ＋ $O_2$

在這個反應中，氯原子不斷反應與生成，它只是擔任觸媒的角色，故在氯原子活性消失前約可消耗數萬個臭氧分子。

其影響是破壞臭氧層使大量紫外線直接照射至地球，因而造成皮膚癌、白內障罹患率的提高。而 GWP 是由二氧化碳、甲烷、氟氯碳化物、氫氟碳化物等造成，它們可讓短波輻射通過，但吸收長波輻射，因而提高大氣溫度，使全球氣候變遷、海平面上升、淹沒低窪陸地，造成生態環境的改變。

(2)GWP：

長久以來，太陽光輻射至地球，為地球帶來光和熱，而這些熱也向外太空輻射出去，因而使地球維持在一個動態平衡的溫度。但人類大量使用石化能源，使空氣中的二氧化碳（$CO_2$）、甲烷（$CH_4$）、氟氯碳化物（CFCs）、氫氟碳化物（HFCs）等等氣體的濃度不斷提高，這些氣體能讓太陽光的短波輻射通過而進入地球，卻會反射來自地球表面的長波輻射，導致大氣層內的溫度提高，這就是溫室效應，而這些氣體稱為溫室氣體。溫室效應導致以下的變化：

一、全球氣候變遷。

二、地球暖化、冰山融化、海平面上升、淹沒低窪陸地。

三、土地沙漠化、生態環境改變。

溫室氣體導致地球溫度上升的影響度就稱為GWP，而以二氧化碳為基準（1.0），取同重量的溫室氣體、同時期（100年）的各種溫室氣體就能互相比較其影響能力。

表4.2　數種CFCs、HCFCs and HFCs安全性與環保指標值

| | 冷媒編號 | 組成 | 成份重量比 | 大氣中生命週期（年） | ODP | GWP | 毒性ppm | 可燃性 |
|---|---|---|---|---|---|---|---|---|
| CFCs 氟氯碳化物 | R-11 | — | — | 50 | 1.0 | 4000 | 1000 | no(A1) |
| | R-12 | — | — | 102 | 1.0 | 8500 | 1000 | no(A1) |
| | R-502 | R-22/115 | 48.8/51.2 | — | 0.334 | 560 | 1000 | no(A1) |
| HCFCs 氫氟氯碳化物 | R-123 | — | — | 1.4 | 0.02 | 93 | 10～30 | no(B1) |
| | R-22 | — | — | 13.3 | 0.055 | 1700 | 1000 | no(A1) |
| HFCs 氫氟碳化物 | R-23 | — | — | 264 | 0 | 11700 | 1000 | no(A1) |
| | R-32 | — | — | 5.6 | 0 | 650 | 1000 | yes(A2) |
| | R-125 | — | — | 32.6 | 0 | 2800 | 1000 | no(A1) |
| | R-134a | — | — | 14.6 | 0 | 1300 | 1000 | no(A1) |
| | R-143a | — | — | 48.3 | 0 | 3800 | 1000 | yes(A2) |
| HFC 氫氟碳混合冷媒 | R-404A | R-125/143a/134a | 44/52/4 | — | 0 | 3300 | 1000 | no(A1/A1) |
| | R-407A | R-32/125/134a | 20/40/40 | — | 0 | 1920 | 1000 | no(A1/A1) |
| | R-407C | R-32/125/134a | 23/25/52 | — | 0 | 1500 | 1000 | no(A1/A1) |
| | R-410A | R-32/125 | 50/50 | — | 0 | 1700 | 1000 | no(A1/A1) |
| | R-507A | R-125/143a | 50/50 | — | 0 | 3800 | 1000 | no(A1/A1) |
| | R-508A | R-23/116 | 39/61 | — | 0 | | 1000 | no(A1/A1) |
| | R-508B | R-23/116 | 46/54 | — | 0 | | 1000 | no(A1/A1) |
| HCs 碳氫冷媒 | R-290 | — | — | months | 0 | 3 | 1000 | yes(A3) |
| | R-600a | — | | weeks | 0 | 3 | 1000 | yes(A3) |
| NH3 氨 | R-717 | — | | 14 | 0 | 1 | 25 | yes(B2) |

冷媒又可分為無機冷媒、碳氫冷媒及氟系冷媒。無機冷媒包含水、二氧化碳、氨、空氣等700系列冷媒，例如氨為R-717，其中百位的7代表無機冷媒，而十位位的17代表該冷媒的分子量。碳氫冷媒包含R-290（丙烷propane）R-600a（異丁烷），這些冷媒都有可燃性。氟系冷媒包括：Chlorofluorocarbons簡稱CFCs，中文為氟氯碳化物，其次為Hydrochlorofluorocarbons簡稱HCFCs，中文為氫氟氯碳化物，再其

次為 Hydrofluorocarbons 簡稱 HFCs 中文為氫氟碳化物。CFCs 系列冷媒包括 R-11、R-12、R-113、R-114、R-115，因其嚴重破壞臭氧層，已被禁止生產。HCFCs 系列冷媒包括 R-22 及用於離心機的 R-123，因其仍具破壞臭氧層的能力，因此最終乃將被淘汰。HFCs 系列冷媒是為替代 CFCs 及 HCFCs 而開發出來的冷媒，其 ODP 值為 0，故不會破壞臭氧層，但因其 GWP 值仍大，最終仍會面臨檢討存廢的問題。HFCs 的代表性冷媒為 R-134a。有關 CFCs、HCFCs 及 HFCs 更詳細的資料請參考表 4.2。

### 4.1-2 一般常用冷媒的種類

**1.** 氟氯烷（Freon）冷媒

(1) R-11：用於離心式中央系統冰水機，已禁止生產。部份機組改用 R-134a。

(2) R-12：用於電冰箱、汽車冷氣機或二元壓縮冷凍系統，已禁止生產，而由 R-134a 替代。

(3) R-22：用於窗型冷氣、箱型冷氣、往復式或螺旋式中央系統冰水機，即將被淘汰，替代冷媒有 R-404A、R-407C、R-410A 等。

(4) R-123：離心式壓縮機的過渡期使用冷媒，須有良好的安全防護措施。

**2.** 氫氟碳（HFCs）冷媒

(1) R-23：超低溫常用冷媒，一大氣壓下沸點為 –80℃。

(2) R-32：微可燃冷媒，GWP 為 650，一大氣壓下沸點為 –52℃，多用於分離式冷氣。

(3) R-125：純質冷媒，有較低的室溫效應，具微可燃性，一大氣壓下沸點為 –51.7℃。

(4) R-134a：替代 R-12 廣泛用於電冰箱、汽車冷氣及部份離心式壓縮機。

(5) R-404A：為 R-125、R-143a、R-134a 依重量百分比 44 比 52 比 4 混合而成，沸點為 –46.5℃，多用於冷凍庫。

(6) R-407C：為 R-32、R-125、R-134a 依重量百分比 23 比 25 比 52 混合而成，沸點為 –43.7℃，用於大型空調機以取代 R-22。

(7) R-410A：為 R-32、R-125 依重量百分比 50 比 50 混合而成，用於家用小型空調機，用與取代 R-22，惟飽和壓力為 R-22 的 1.5 倍，故系統與壓縮機皆須重新設計。

**3.** 共沸混合冷媒

(1) R-500：由 R-12 佔 73.8% 的重量，R-152 佔 26.2% 的重量混合而成，用於冰淇淋或霜淇淋機，已禁止生產。

(2) R-502：由 R-22 佔 48.8% 的重量，R-115 佔 51.2% 的重量混合而成，用於霜淇淋機等低溫冷凍系統，已禁止生產。

(3) R-503：由 R-23 佔 40.1% 的重量，R-13 佔 59.9% 的重量混合而成，大氣壓力下沸點為－ 88.7℃，適用於二元超低溫冷凍系統，已禁止生產。

(4) R-507：由 R-125 及 R-143a 各 50% 組成，GWP3800，多用於冷凍系統。

**4.** 無機化合物（inorganic compounds）冷媒

(1) 水（$H_2O$）：在低壓時，水可以在低溫下蒸發產生冰水，用於蒸發式空調。

(2) 空氣：利用壓縮後之高壓空氣，使之膨脹，可產生冷凍效果，用於飛機上的空調。

(3) 氨（$NH_3$）：氨用於製冰機、大型冷凍庫及吸收式冷凍機，若安全措施妥當亦可用於冰水機組取代 R-22。

(4) 二氧化碳：臨界溫度低（31.1℃），臨界壓力高（73.8 $kgf/cm^2$）適用於熱泵系統。

5. 碳氫冷媒 HCs

(1) R-290：丙烷，一大氣壓下沸點為－ 42℃，屬自然冷媒，GWP 為 3，具燃燒性與爆炸性，蒸發潛熱較 R-410A 大，多用於中央空調、熱泵系統。

(2) R-600a：異丁烷，一大氣壓下沸點為－ 12℃，屬自然冷媒，GWP 為 3，具燃燒性與爆炸性，蒸發潛熱較 R-134a 大，多用於家用冰箱。

### 4.1-3　冷媒瓶之顏色

裝冷媒之鋼瓶不能對換使用，為避免混淆，各種冷媒都漆有不同顏色，以資識別，如表 4.3 所示。

表 4.3　冷媒瓶之顏色

| 冷媒編號 | 冷媒名稱 | 顏色標誌 |
|---|---|---|
| R-12 | 冷媒 12 | 白色 |
| R-22 | 冷媒 22 | 綠色 |
| R-113 | 冷媒 113 | 紫色 |
| R-500 | 冷媒 500 | 紅色 |
| R-502 | 冷媒 502 | 紫羅蘭色 |
| R-764 | 二氧化硫 | 黑色 |
| R-11 | 冷媒 11 | 黃色 |
| R-134a | 冷媒 134a | 淺藍色 |
| R-404A | 冷媒 404A | 羅蘭橘色 |
| R-407C | 冷媒 407C | 橘色 |
| R-410A | 冷媒 410A | 粉紅色 |
| R-23 | 冷媒 23 | 灰色 |
| R-32 | 冷媒 32 | 淺藍綠色 |

## 4.2 冷媒之特性

冷媒係在冷凍循環系統內之動作流體，具有搬運熱量之作用，因此必須具備下列特性：

### 4.2-1 冷媒之物理特性

**1.** 蒸發壓力要高

由查理定律可知，蒸發溫度愈低，則蒸發壓力亦低，若冷媒之蒸發壓力低於大氣壓力時，則空氣易侵入系統，因此希望冷媒在低溫蒸發時，其蒸發壓力應高於大氣壓力。

**2.** 蒸發潛熱要大

冷媒之蒸發潛熱大，即表示使用較少的冷媒便可以吸收大量的熱量。

**3.** 臨界溫度要高

臨界溫度高，即表示凝結溫度高，則可以用常溫的空氣或水來冷卻冷媒而達到凝結液化的作用。

**4.** 凝結壓力要低

凝結壓力低，表示用較低之壓力，冷媒即可液化，若蒸發壓力也高，則高低壓力差較小，壓縮比小，可節省壓縮機之馬力。

**5.** 凝固溫度要低

冷媒之結冰點要低，否則冷媒會在蒸發器內凍結而無法繼續循環。

**6.** 氣體冷媒之比容積要小

氣體冷媒之比容積愈小愈好，則吸氣管及排氣管可以用較小的冷媒配管。

**7.** 液體冷媒之密度要高

液體冷媒之密度愈高，則輸液管可用較小的配管。

**8.** 可溶於冷凍油，則系統不必裝油分離器，如氟系冷媒系統。

**9.** 若含有水份時，不影響其性質，如氨冷凍系統，不必裝乾燥器。

**10.** 絕緣性要高。

表 4.4　冷媒、冷凍油與水之互溶性

| 冷媒 | 冷凍油 | 水 | 說明 |
|---|---|---|---|
| R-12 | 稍溶 | 不溶 | 不溶於水，因此輸液管要裝乾燥器 |
| R-22 | 稍溶 | 不溶 | 不溶於水，因此輸液管要裝乾燥器 |
| 氨 NH3 | 不溶 | 可溶 | 不溶於油，因此排氣管要裝油分離器 |

### 4.2-2　冷媒之化學特性

**1.** 化學性質穩定

在冷凍循環系統中，冷媒只有物理變化，而無化學變化，不起分解作用。

**2.** 無腐蝕性

對銅及金屬無腐蝕性，絕緣性要好，氨對銅具有腐蝕性，因此氨冷凍系統不得使用銅管配管，亦不得使用密閉式壓縮機，否則會破壞壓縮機馬達之絕緣。

**3.** 無環境污染性

氟氯烷系冷媒中之 R-11（$CC_3F$）及 R-12（$CCl_2F_2$）為全鹵化的碳化合物，它吸收了陽光中的高能量輻射能，分解而放出氯原子，連串的離子反應，逐漸耗竭而摧毀了臭氧層，因為臭氧層被破壞，使得有害的紫外光輻射線直接照射到地球表面，導致人易得皮膚癌，人體免疫系統失調，同時影響全球氣候、海洋生態及食物鏈的循環，因此全世界已立法禁止 R-12（$CCl_2F_2$）在噴霧劑中的使用，冷凍空調設備也使用代替品，禁用 R-11 及 R-12 冷媒。

**4.** 無毒性、無刺激性。

**5.** 不燃燒、不爆炸。

## 4.3 氨冷媒

**1.** 氨冷媒的優點

(1)價格低廉，為最經濟的冷媒之一。

(2)蒸發潛熱大，在一大氣壓下，其蒸發潛熱值高達 327 kCal/kg。

(3)洩漏時有臭味，很容易找到洩漏地點。

(4)易溶於水，故系統中稍有水份時，不影響其運轉。

(5)在常溫低壓中，其化學性質很穩定。

**2.** 氨冷媒之缺點

(1)有毒性及有可燃性。

(2)對銅具有腐蝕性，故只能用鋼或鐵管配管。而且會劣化馬達線圈之絕緣，因此要採用開放式壓縮機。

(3)不溶於冷凍油，因此高壓排氣管要裝油分離器。

(4)與空氣混合之容積比約 16 ～ 27% 時容易產生爆炸。

氨冷媒之特性請參考表 4.5。

## 4.4 氟氯烷系冷媒

### 4.4-1 氟氯烷冷系冷媒之特性

**1.** 氟氯烷冷媒之優點

(1)安全性高，無可燃性，無爆炸性，無毒性。

(2)無腐蝕性，電絕緣性良好，不劣化電線絕緣，故可採用密閉式或半密閉式壓縮機。

**2.** 氟氯烷冷媒之缺點

(1)不溶於水，系統有水分時會在膨脹閥處凍結而阻塞冷凍系統。

(2)與水分作用引起分解，產生酸性物而腐蝕金屬材料，當拆開系統與大氣中之水蒸氣接觸時，在鐵質表面立即生銹，因此配管宜用銅管。

(3)蒸發潛熱小，與氨相比較時，須循環更多的冷媒量，因此配管必須較粗大。

(4)能溶於油中，以致系統低壓側會流入冷凍油，導致壓縮機失油，因此配管時應考慮回油之問題。

表 4.5　氨之飽和表（R-717，$NH_3$）

| 溫度 (℃) | 壓力 (kgf/cm²)·(表真空 cmHg) | | 密度 (kg/m³) | | 焓 (kCal/kg) | | 蒸發熱 (kCal/kg) | 熵 (kCal/kg·K) | |
|---|---|---|---|---|---|---|---|---|---|
| | 絕對 | 表 | 液 | 氣 | 液 | 氣 | | 液 | 氣 |
| − 50 | 0.41662 | 45.36 | 702.02 | 0.38066 | 46.469 | 384.752 | 338.283 | 0.78432 | 2.30026 |
| − 48 | 0.46839 | 41.55 | 699.61 | 0.42470 | 48.551 | 385.547 | 336.995 | 0.79360 | 2.29036 |
| − 46 | 0.52536 | 37.36 | 697.18 | 0.47278 | 50.637 | 386.332 | 335.695 | 0.80282 | 2.28067 |
| − 44 | 0.58792 | 32.75 | 694.75 | 0.52518 | 52.728 | 387.108 | 334.380 | 0.81197 | 2.27119 |
| − 42 | 0.65647 | 27.71 | 692.31 | 0.58219 | 54.822 | 387.874 | 333.052 | 0.82106 | 2.26191 |
| − 40 | 0.73144 | 22.20 | 689.86 | 0.64410 | 56.921 | 388.631 | 331.709 | 0.83009 | 2.25282 |
| − 38 | 0.81326 | 16.18 | 687.40 | 0.71120 | 59.025 | 389.377 | 330.352 | 0.83906 | 2.24392 |
| − 36 | 0.90240 | 9.62 | 684.94 | 0.78381 | 61.134 | 390.114 | 328.979 | 0.84798 | 2.23520 |
| − 34 | 0.99932 | 2.49<br>(cmHg) | 682.46 | 0.86225 | 63.248 | 390.839 | 327.591 | 0.85685 | 2.22666 |
| − 33.337 | 1.03323 | 0.000<br>(kgf/cm²) | 681.64 | 0.88958 | 63.950 | 391.078 | 327.128 | 0.85977 | 2.22387 |
| − 32 | 1.1045 | 0.071 | 679.98 | 0.94687 | 65.367 | 391.555 | 326.187 | 0.86565 | 2.21829 |
| − 30 | 1.2185 | 0.185 | 677.49 | 1.0380 | 67.491 | 392.259 | 324.768 | 0.87441 | 2.21008 |
| − 28 | 1.3418 | 0.309 | 674.98 | 1.1260 | 69.621 | 392.952 | 323.331 | 0.88311 | 2.20203 |
| − 26 | 1.4750 | 0.442 | 672.47 | 1.2412 | 71.755 | 393.634 | 321.879 | 0.89177 | 2.19413 |
| − 24 | 1.6186 | 0.585 | 669.95 | 1.3541 | 73.895 | 394.305 | 320.410 | 0.90037 | 2.18638 |
| − 22 | 1.7732 | 0.740 | 667.42 | 1.4750 | 76.040 | 394.964 | 318.924 | 0.90892 | 2.17878 |
| − 20 | 1.9394 | 0.906 | 664.87 | 1.6043 | 78.190 | 395.611 | 317.420 | 0.91743 | 2.17131 |
| − 18 | 2.1177 | 1.085 | 662.32 | 1.7424 | 80.346 | 396.246 | 315.900 | 0.92568 | 2.16398 |
| − 16 | 2.3089 | 1.276 | 659.75 | 1.8897 | 82.507 | 396.868 | 314.361 | 0.93430 | 2.15678 |
| − 14 | 2.5136 | 1.480 | 657.16 | 2.0468 | 84.674 | 397.479 | 312.805 | 0.94266 | 2.14970 |
| − 12 | 2.7324 | 1.699 | 654.57 | 2.2140 | 86.846 | 398.076 | 311.230 | 0.95098 | 2.14275 |
| − 10 | 2.9660 | 1.933 | 651.95 | 2.3919 | 89.024 | 398.661 | 309.637 | 0.95925 | 2.13591 |
| − 8 | 3.2150 | 2.182 | 649.32 | 2.5808 | 91.207 | 399.232 | 308.025 | 0.96749 | 2.12919 |
| − 6 | 3.4803 | 2.447 | 646.68 | 2.7814 | 93.396 | 399.790 | 306.393 | 0.97568 | 2.12257 |
| − 4 | 3.7624 | 2.729 | 644.01 | 2.9940 | 95.592 | 400.334 | 304.742 | 0.98382 | 2.11606 |
| − 2 | 4.0621 | 3.029 | 641.33 | 3.2193 | 97.793 | 400.864 | 303.071 | 0.99193 | 2.10966 |
| 0 | 4.3802 | 3.347 | 638.63 | 3.4578 | 100.000 | 401.379 | 301.379 | 1.00000 | 2.10335 |
| 2 | 4.7175 | 3.684 | 635.91 | 3.7100 | 102.214 | 401.881 | 299.667 | 1.00803 | 2.09713 |
| 4 | 5.0746 | 4.041 | 633.17 | 3.9766 | 104.433 | 402.367 | 297.933 | 1.01602 | 2.09101 |
| 6 | 5.4524 | 4.419 | 630.40 | 4.2581 | 106.660 | 402.837 | 296.178 | 1.02397 | 2.08497 |
| 8 | 5.8516 | 4.818 | 627.62 | 4.5551 | 108.893 | 403.292 | 294.400 | 1.03189 | 2.07902 |
| 10 | 6.2731 | 5.240 | 624.81 | 4.8683 | 111.132 | 403.731 | 292.599 | 1.03977 | 2.07314 |
| 12 | 6.7178 | 5.685 | 621.98 | 5.1984 | 113.379 | 404.154 | 290.775 | 1.04762 | 2.06735 |
| 14 | 7.1863 | 6.153 | 619.13 | 5.5460 | 115.632 | 404.560 | 288.928 | 1.05543 | 2.06162 |
| 16 | 7.6797 | 6.646 | 616.25 | 5.9119 | 117.893 | 404.948 | 287.055 | 1.06321 | 2.05597 |
| 18 | 8.1976 | 7.165 | 613.35 | 6.2968 | 120.160 | 405.319 | 285.158 | 1.07096 | 2.05038 |
| 20 | 8.7441 | 7.711 | 610.42 | 6.7014 | 122.435 | 405.671 | 283.236 | 1.07868 | 2.04486 |
| 25 | 10.229 | 9.196 | 602.98 | 7.8048 | 128.157 | 406.469 | 278.312 | 1.09783 | 2.03130 |
| 30 | 11.900 | 10.867 | 595.37 | 9.0503 | 133.928 | 407.142 | 273.213 | 1.11681 | 2.01806 |
| 35 | 13.770 | 12.737 | 587.56 | 10.453 | 139.753 | 470.680 | 267.927 | 1.13563 | 2.00510 |
| 40 | 15.856 | 14.822 | 579.56 | 12.029 | 145.634 | 408.073 | 262.439 | 1.15429 | 1.99235 |
| 45 | 18.171 | 17.138 | 571.34 | 13.798 | 151.578 | 408.311 | 256.733 | 1.17282 | 1.97878 |
| 50 | 20.732 | 19.699 | 562.89 | 15.780 | 157.589 | 408.380 | 250.792 | 1.19124 | 1.96732 |

### 4.4-2 氟氯烷系冷媒之編號

**1.** 氟氯烷系冷媒之化學分子式

$C_k$、$H_l$、$Cl_m$、$F_n$ 為基準化學式，式中原子數有下列關係

$$2k + 2 = l + m + n \tag{4.1}$$

**2.** 氟氯烷系冷媒之編號

氟氯烷系冷媒 R 字母後有三位數，如 R-011、R-012、R-022，其關係如下：

$$百位數 = k - 1 \tag{4.2}$$

$$十位數 = l + 1 \tag{4.3}$$

$$個位數 = n \tag{4.4}$$

**【例題 4.1】**

氟氯烷系冷媒之化學分子式為 $CCl_2F_2$，求冷媒編號？

**解：**氟氯烷系冷媒之基準化學式為 $C_k$、$H_l$、$Cl_m$、$F_n$

得知 $k = 1$，$l = 0$，$m = 2$，$n = 2$

由公式 4.2　百位數 $= k - 1 = 1 - 1 = 0$

公式 4.3　十位數 $= k + 1 = 0 + 1 = 1$

公式 4.4　個位數 $= n = 2$

因此 $CCl_2F_2$ 為冷媒 R-012 亦即 R-12。

**【例題 4.2】**

求 R-22 冷媒之化學分子式？

**解：**R-22 冷媒即 R-022，

由公式 4.2　百位數：$k - 1 = 0$　$\therefore k = 1$

公式 4.3　十位數：$l + 1 = 0$　$\therefore l = 1$

公式 4.4　個位數：$n = 2$

公式 4.1　$2k + 2 = l + m + n$

$2 \times 1 + 2 = 1 + m + 2$

$\therefore m = 4 - 3 = 1$

由基準化學式 $C_kH_lCl_mF_n$ 可知 R-22 冷媒之化學分子式為 $CHClF_2$。

### 4.4-3　常用氟系冷媒之性質

**1.** R-22（$CHClF_2$）

R-22 冷媒為目前冷凍空調設備使用最廣的冷媒，如窗型冷暖氣機、箱型冷氣機、巴士冷氣機、往復式中央系統冰水機等皆使用 R-22 冷媒，其工作壓力與氨相近，性質穩定、安全性高、無毒性、無燃燒、亦無爆炸性，因此有「無毒氨」之稱。其蒸發壓力較高，在一大氣壓時，蒸發溫度為－ 40.8℃，因此運轉之低壓壓力高於大氣壓力，沒有空氣侵入系統之顧慮，最適合於冷凍空調設備使用。

蒸發潛熱比 R-12 高，在 0℃蒸發時之蒸發潛熱為 48.89 kCal/kg。但對水之溶解性比 R-12 高，因此系統中稍有水份時，極易侵蝕橡皮製品、墊料及導線絕緣等，故冷凍系統除了應完全抽真空外，並應於輸液管上裝置乾燥器，並得定期更換乾燥劑。

R-22 之特性請參考表 4.6。

**2.** R-123（$CHCl_2CF_3$）

離心式壓縮機的過渡期使用冷媒，須有良好的安全防護措施。

**3.** R-23（$CHF_3$）

超低溫常用冷媒，一大氣壓下沸點為－ 82℃。

**4.** R-134a（$CH_2FCF_3$）

替代 R-12 冷媒廣泛用於電冰箱、汽車冷氣、冰水機組及離心式壓縮機，一大氣壓下沸點為－ 26℃。

**5.** R-32（$CH_2F_2$）

為純質冷媒，是 R-410A 的組成之一。有較低的溫室效應，但具微可燃性，溫度壓力特性與 R-410A 相近，一大氣壓下沸點為－ 51.7℃。

**6.** R-125（$CHF_2CF_3$）

為純質冷媒，是 R-410A 的另一組成。有較高的溫室效應，與 R-32 混合可降低 R-32 的可燃性，一大氣壓下沸點為－ 48℃。

表 4.6　R-22 之飽和表（R-22，$CHClF_2$）

| 溫度 (℃) | 壓力 (kgf/cm²) (表真空 cmHg) | | 密度 (kg/m³) | | 焓 (kCal/kg) | | 蒸發熱 (kCal/kg) | 熵 (kCal/kg·K) | |
|---|---|---|---|---|---|---|---|---|---|
| | 絕對 | 表 | 液 | 氣 | 液 | 氣 | | 液 | 氣 |
| −50 | 0.65821 | 27.58 | 1435.2 | 3.0931 | 86.679 | 143.845 | 57.166 | 0.94649 | 1.20266 |
| −48 | 0.72880 | 22.39 | 1429.5 | 3.4014 | 87.206 | 144.068 | 56.862 | 0.94883 | 1.20138 |
| −46 | 0.80528 | 16.77 | 1423.8 | 3.7333 | 87.732 | 144.289 | 56.557 | 0.95115 | 1.20014 |
| −44 | 0.88797 | 10.68 | 1418.1 | 4.0899 | 88.258 | 144.510 | 56.252 | 0.95345 | 1.19893 |
| −42 | 0.97723 | 4.12<br>(cmHg) | 1412.3 | 4.4727 | 88.783 | 144.729 | 55.946 | 0.95572 | 1.19776 |
| −40.818 | 1.03323 | 0.000<br>(kgf/cm²) | 1408.9 | 4.7118 | 89.093 | 144.858 | 55.765 | 0.95706 | 1.19708 |
| −40 | 1.0734 | 0.040 | 1406.5 | 4.8829 | 89.308 | 144.947 | 55.639 | 0.95798 | 1.19662 |
| −38 | 1.1769 | 0.144 | 1400.7 | 5.3219 | 89.833 | 145.163 | 55.330 | 0.96021 | 1.19551 |
| −36 | 1.2881 | 0.255 | 1394.8 | 5.7910 | 90.358 | 145.378 | 55.020 | 0.96243 | 1.19444 |
| −34 | 1.4073 | 0.374 | 1388.9 | 6.2917 | 90.883 | 145.591 | 54.708 | 0.96463 | 1.19339 |
| −32 | 1.5350 | 0.502 | 1382.9 | 6.8256 | 91.409 | 145.803 | 54.394 | 0.96681 | 1.19237 |
| −30 | 1.6715 | 0.638 | 1376.9 | 7.3940 | 91.936 | 146.013 | 54.077 | 0.96897 | 1.19137 |
| −28 | 1.8172 | 0.784 | 1370.9 | 7.9987 | 92.463 | 146.221 | 53.758 | 0.97112 | 1.19041 |
| −26 | 1.9727 | 0.939 | 1364.8 | 8.6411 | 92.991 | 146.427 | 53.436 | 0.97326 | 1.18947 |
| −24 | 2.1383 | 1.105 | 1358.7 | 9.3231 | 93.520 | 146.631 | 53.112 | 0.97538 | 1.18855 |
| −22 | 2.3144 | 1.281 | 1352.6 | 10.046 | 94.050 | 146.833 | 52.784 | 0.97748 | 1.18765 |
| −20 | 2.5014 | 1.468 | 1346.4 | 10.812 | 94.581 | 147.033 | 52.452 | 0.97958 | 1.18678 |
| −18 | 2.699 | 1.667 | 1340.1 | 11.623 | 95.114 | 147.231 | 52.117 | 0.98166 | 1.18592 |
| −16 | 2.9103 | 1.877 | 1333.8 | 12.481 | 95.649 | 147.427 | 51.778 | 0.98373 | 1.18509 |
| −14 | 3.1330 | 2.100 | 1327.5 | 13.387 | 96.185 | 147.620 | 51.435 | 0.98580 | 1.18427 |
| −12 | 3.3685 | 2.335 | 1321.1 | 14.344 | 96.723 | 147.811 | 51.088 | 0.98785 | 1.18347 |
| −10 | 3.6173 | 2.584 | 1314.6 | 15.354 | 97.264 | 147.999 | 50.736 | 0.98989 | 1.18269 |
| −8 | 3.8799 | 2.847 | 1308.1 | 16.419 | 97.806 | 148.185 | 50.379 | 0.99193 | 1.18193 |
| −6 | 4.1567 | 3.123 | 1301.5 | 17.541 | 98.351 | 148.368 | 50.017 | 0.99396 | 1.18188 |
| −4 | 4.4482 | 3.415 | 1294.9 | 18.723 | 98.898 | 148.548 | 49.650 | 0.99598 | 1.18045 |
| −2 | 4.7549 | 3.722 | 1288.2 | 19.967 | 99.448 | 148.725 | 49.277 | 0.99799 | 1.17973 |
| 0 | 5.0774 | 4.044 | 1281.5 | 21.276 | 100.000 | 148.899 | 48.899 | 1.00000 | 1.17902 |
| 2 | 5.4161 | 4.383 | 1274.7 | 22.652 | 100.555 | 149.070 | 48.515 | 1.00200 | 1.17832 |
| 4 | 5.7715 | 4.738 | 1267.8 | 24.098 | 101.113 | 149.237 | 48.124 | 1.00400 | 1.17764 |
| 6 | 6.1442 | 5.111 | 1260.8 | 25.617 | 101.675 | 149.402 | 47.727 | 1.00599 | 1.17697 |
| 8 | 6.5349 | 5.501 | 1253.8 | 27.213 | 102.239 | 149.562 | 47.323 | 1.00789 | 1.17630 |
| 10 | 6.9434 | 5.910 | 1246.7 | 28.888 | 102.807 | 149.719 | 46.912 | 1.00997 | 1.17565 |
| 12 | 7.3710 | 6.338 | 1239.5 | 30.645 | 103.378 | 149.872 | 46.494 | 1.01195 | 1.17500 |
| 14 | 7.8179 | 6.785 | 1232.3 | 32.489 | 103.953 | 150.022 | 46.069 | 1.01393 | 1.17436 |
| 16 | 8.2848 | 7.252 | 1224.9 | 34.423 | 104.531 | 150.167 | 45.635 | 1.01590 | 1.17373 |
| 18 | 8.7721 | 7.739 | 1217.5 | 36.451 | 105.114 | 150.307 | 45.194 | 1.01788 | 1.17310 |
| 20 | 9.2804 | 8.247 | 1210.0 | 38.577 | 105.700 | 150.444 | 44.744 | 1.01985 | 1.17248 |
| 25 | 10.647 | 9.613 | 1190.7 | 44.353 | 107.183 | 150.764 | 43.580 | 1.02478 | 1.17095 |
| 30 | 12.156 | 11.123 | 1170.8 | 50.850 | 108.694 | 151.051 | 42.357 | 1.02971 | 1.16943 |
| 35 | 13.819 | 12.785 | 1150.1 | 58.162 | 110.235 | 151.301 | 41.067 | 1.03464 | 1.16790 |
| 40 | 15.643 | 14.609 | 1128.6 | 66.401 | 111.807 | 151.510 | 39.703 | 1.03958 | 1.16636 |
| 45 | 17.638 | 16.605 | 1106.0 | 75.706 | 113.415 | 151.672 | 38.257 | 1.04454 | 1.16479 |
| 50 | 19.815 | 18.782 | 1182.3 | 86.249 | 115.063 | 151.779 | 36.716 | 1.04953 | 1.16315 |

表 4.7　R-125 之飽和表（R-12，$CCl_2F_2$）

| 溫度 (℃) | 壓力 ($kgf/cm^2$)·(表真空 cmHg) | | 密度 ($kg/m^3$) | | 焓 (kCal/kg) | | 蒸發熱 (kCal/kg) | 熵 (kCal/kg·K) | |
|---|---|---|---|---|---|---|---|---|---|
| | 絕對 | 表 | 液 | 氣 | 液 | 氣 | | 液 | 氣 |
| − 50 | 0.39886 | 46.66 | 1543.9 | 2.6031 | 89.287 | 130.926 | 41.639 | 0.95692 | 1.14351 |
| − 48 | 0.44214 | 43.48 | 1538.3 | 2.8644 | 89.700 | 131.150 | 41.450 | 0.95876 | 1.14286 |
| − 46 | 0.48910 | 40.02 | 1532.7 | 3.1458 | 90.115 | 131.375 | 41.260 | 0.96059 | 1.14223 |
| − 44 | 0.53994 | 36.28 | 1527.1 | 3.4484 | 90.530 | 131.599 | 41.069 | 0.96240 | 1.14163 |
| − 42 | 0.59488 | 32.24 | 1521.4 | 3.7732 | 90.946 | 131.823 | 40.877 | 0.96421 | 1.14105 |
| − 40 | 0.65417 | 27.88 | 1515.7 | 4.1213 | 91.363 | 132.047 | 40.684 | 0.96600 | 1.14050 |
| − 38 | 0.71803 | 23.18 | 1510.0 | 4.4940 | 91.782 | 132.271 | 40.489 | 0.96778 | 1.13997 |
| − 36 | 0.78670 | 18.13 | 1504.3 | 4.8922 | 92.201 | 132.495 | 40.293 | 0.96956 | 1.13946 |
| − 34 | 0.86043 | 12.71 | 1498.5 | 5.3173 | 92.622 | 132.718 | 40.096 | 0.97132 | 1.13898 |
| − 32 | 0.93947 | 6.90 | 1492.8 | 5.7704 | 93.044 | 132.941 | 39.897 | 0.97307 | 1.13852 |
| − 30 | 1.0241 | 0.67 (cmHg) | 1486.9 | 6.2528 | 93.468 | 133.164 | 39.697 | 0.97481 | 1.13807 |
| − 29.792 | 1.03323 | 0.000 ($kgf/cm^2$) | 1486.3 | 6.3049 | 93.512 | 133.187 | 39.676 | 0.97499 | 1.13803 |
| − 28 | 1.1145 | 0.081 | 1481.1 | 6.7658 | 93.892 | 133.387 | 39.494 | 0.97655 | 1.13765 |
| − 26 | 1.2110 | 0.178 | 1475.2 | 7.3106 | 94.318 | 133.609 | 39.290 | 0.97827 | 1.13725 |
| − 24 | 1.3139 | 0.281 | 1469.3 | 7.8887 | 94.746 | 133.830 | 39.084 | 0.97999 | 1.13686 |
| − 22 | 1.4235 | 0.390 | 1463.4 | 8.5013 | 95.175 | 134.051 | 38.877 | 0.98170 | 1.13649 |
| − 20 | 1.5399 | 0.507 | 1457.4 | 9.1498 | 95.605 | 134.272 | 38.667 | 0.98340 | 1.13614 |
| 18 | 1.6636 | 0.630 | 1451.4 | 9.8358 | 96.037 | 134.492 | 38.454 | 0.98509 | 1.13580 |
| − 16 | 1.7947 | 0.761 | 1445.4 | 10.561 | 96.471 | 134.711 | 38.240 | 0.98677 | 1.13548 |
| − 14 | 1.9337 | 0.900 | 1439.3 | 11.326 | 96.906 | 134.929 | 38.023 | 0.98845 | 1.13517 |
| − 12 | 2.0807 | 1.047 | 1433.2 | 12.133 | 97.343 | 135.147 | 37.804 | 0.99012 | 1.13488 |
| − 10 | 2.2361 | 1.203 | 1427.1 | 12.984 | 97.781 | 135.364 | 37.583 | 0.99178 | 1.13460 |
| − 8 | 2.4001 | 1.367 | 1420.9 | 13.880 | 98.221 | 135.580 | 37.359 | 0.99344 | 1.13433 |
| − 6 | 2.5732 | 1.540 | 1414.6 | 14.823 | 98.663 | 135.795 | 37.132 | 0.99509 | 1.13408 |
| − 4 | 2.7556 | 1.722 | 1408.4 | 15.814 | 99.107 | 136.009 | 36.902 | 0.99673 | 1.13384 |
| − 2 | 2.9475 | 1.914 | 1402.0 | 16.856 | 99.553 | 136.222 | 36.669 | 0.99837 | 1.13361 |
| 0 | 3.1494 | 2.116 | 1395.6 | 17.951 | 100.000 | 136.434 | 36.434 | 1.0000 | 1.13338 |
| 2 | 3.3616 | 2.328 | 1389.2 | 19.099 | 100.449 | 136.645 | 36.195 | 1.00163 | 1.13317 |
| 4 | 3.5843 | 2.551 | 1382.7 | 20.304 | 100.901 | 136.854 | 35.954 | 1.00325 | 1.13297 |
| 6 | 3.8179 | 2.785 | 1376.2 | 21.567 | 101.354 | 137.062 | 35.709 | 1.00486 | 1.13278 |
| 8 | 4.0627 | 3.029 | 1369.6 | 22.890 | 101.809 | 137.269 | 35.460 | 1.00647 | 1.13260 |
| 10 | 4.3191 | 3.286 | 1363.0 | 24.277 | 102.266 | 137.474 | 35.208 | 1.00808 | 1.13242 |
| 12 | 4.5873 | 3.554 | 1356.2 | 25.728 | 102.725 | 137.678 | 34.953 | 1.00968 | 1.13225 |
| 14 | 4.8678 | 3.835 | 1349.5 | 27.246 | 103.187 | 137.880 | 34.693 | 1.01127 | 1.13209 |
| 16 | 5.1608 | 4.128 | 1342.6 | 28.835 | 103.650 | 138.080 | 34.430 | 1.01286 | 1.13194 |
| 18 | 5.4667 | 4.434 | 1335.7 | 30.496 | 104.116 | 138.279 | 34.163 | 1.01445 | 1.13179 |
| 20 | 5.7859 | 4.753 | 1328.7 | 32.233 | 104.584 | 138.476 | 33.892 | 1.01603 | 1.13164 |
| 25 | 6.6440 | 5.611 | 1310.9 | 36.923 | 105.763 | 138.958 | 33.195 | 1.01997 | 1.13130 |
| 30 | 7.5925 | 6.559 | 1292.5 | 42.153 | 106.957 | 139.427 | 32.470 | 1.02388 | 1.13099 |
| 35 | 8.6371 | 7.604 | 1273.6 | 47.979 | 108.166 | 139.879 | 31.713 | 1.02777 | 1.13069 |
| 40 | 9.7836 | 8.750 | 1253.9 | 54.467 | 109.391 | 140.312 | 30.922 | 1.03165 | 1.13039 |
| 45 | 11.038 | 10.005 | 1233.5 | 61.694 | 110.633 | 140.725 | 30.052 | 1.03551 | 1.13009 |
| 50 | 12.406 | 11.373 | 1212.2 | 69.752 | 111.894 | 141.114 | 29.220 | 1.03936 | 1.12978 |

## 4.5 二次冷媒

二次冷媒俗稱不凍液、鹽丹水或中間冷卻劑，係介於蒸發器與冷凍負荷間傳熱作用之液體。冷媒由熱交換的方式可分為

**1.** 直接膨脹型 DX（direct expansion）

冷媒在蒸發器內蒸發時直接吸收冷凍負荷的熱量，如箱型冷氣機使用之 R-22 冷媒，稱為直接膨脹式一次冷媒，簡稱為 DX，如圖 4.1 所示。

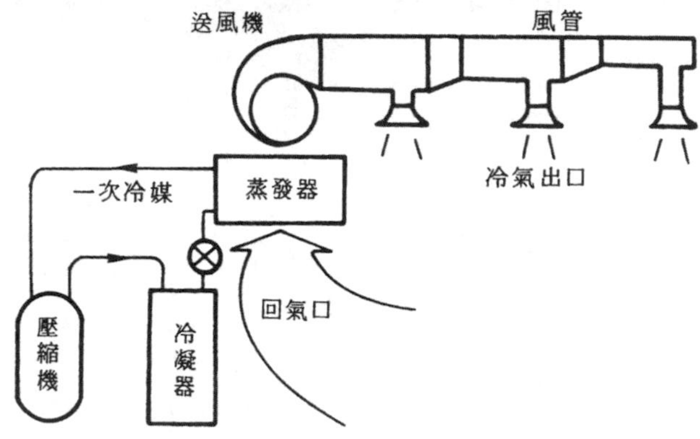


圖 4.1 直接膨脹型，冷媒 → 空氣熱交換

**2.** 間接膨脹型 IDX（Indirect expansion）

間接膨脹型係一次冷媒先在冰水器（chiller）內蒸發吸收二次冷媒之熱量，再由二次冷媒吸收冷凍負荷的熱量，如中央空調系統冰水機組，使用一次冷媒 R-22 先在冰水器內蒸發製造低溫冰水，而後利用低溫冰水再吸收冷房熱負荷，稱為間接膨脹，簡稱 IDX，如圖 4.2 所示。系統中之一次冷媒為 R-22，二次冷媒為冰水。

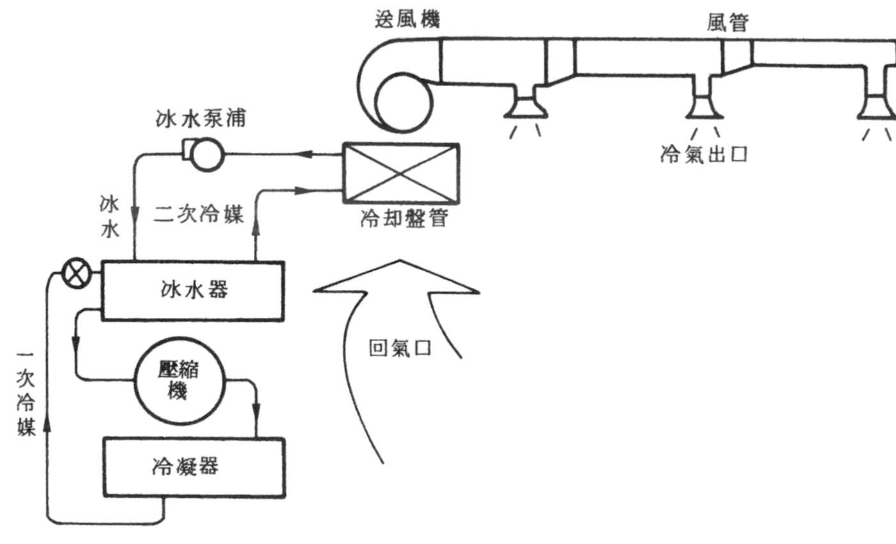


圖 4.2 間接膨脹型，冷媒 → 冰水 → 空氣熱交換

### 4.5-1　二次冷媒使用之場所

間接膨脹式冷凍系統使用二次冷媒之場所為

(1)冷房空間與冷凍機距離太遠時，如中央空調系統。

(2)冷房空調房間數量很多之場所。

(3)冷房與冷凍主機垂直距離太長之場所。

(4)冷凍負荷太大或負荷變化大之場合。

二次冷媒一般使用於中央空調系統冰水機、氨冷凍機、製冰機、溜冰場及酒廠之低溫發酵槽等。

### 4.5-2　二次冷媒之優缺點

**1.** 二次冷媒之優點

(1)溫度控制容易

只要控制二次冷媒的溫度即可控制冷凍負荷的溫度。

(2)容量調節方便

可同時供應多數之冷凍空間，容量調整方便，只要調節二次冷媒之流量即可達到容量控制的目的。

(3)安全性高

二次冷媒無毒、無可燃性、無爆炸性，萬一發生洩漏時，對於食物、人體及其他物體無傷害性。

(4)可供應遠距離之冷凍空間使用

只要泵浦之揚程足夠，且保溫工程做好，冷凍系統與冷凍空間距離很遠亦可使用。

(5)冷凍系統運轉操作，維護保養容易

由於冷凍系統之冷媒管路不直接配到冷凍空間，因此冷媒管路短、冷媒需要量少，損失降低，壓縮機效率較高而且省電，減少運轉操作及維護保養之費用。

(6)可平衡尖峰電力負荷

蓄冰水式或蓄冰式空調系統（如圖 4.3 所示）可利用電力公司之離峰用電時段，運轉冷凍機，將二次冷媒（水）之熱量帶走，使冷卻為低溫之冰水或結為冰，儲存能量，等到尖峰用電時段，冷凍機停止運轉或部份運轉，利用儲存之冰水供應冷房負荷，有效的平衡電力負荷。

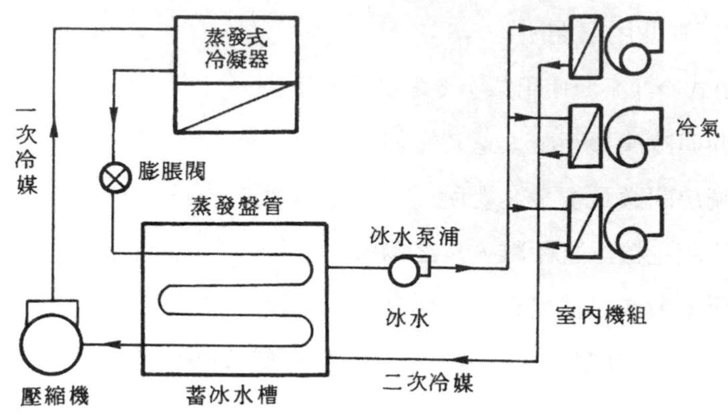


圖 4.3 蓄冰水式中央空調系統

### 4.5-3 二次冷媒的種類

目前被採用的二次冷媒如下：

**1.** 無機鹽水溶液

(1)氯化鈣（$CaCl_2$）：製冰、冷凍、冷藏。

(2)氯化鈉（NaCl）：亦即食鹽水，直接與食品接觸使用。

(3)氯化鎂（$MgCl_2$）：不普遍。

(4)水（$H_2O$）：使用於 0℃以上之中央空調冷氣系統。

**2.** 有機質

(1)甲醇（$CH_3OH$）：工業酒精或木精。

(2)乙醇（$C_2H_5OH$）：酒精。

(3)甘油（$C_3H_5O_3$）：使用於啤酒廠之低溫冷凍系統。

(4)乙二醇（$HOCH_2CH_2OH$）：使用於儲冰式空調系統。

### 4.5-4 常用二次冷媒的性質

**1.** 氯化鈣水溶液

氯化鈣水溶液係將氯化鈣之結晶體溶解於水中所形成之溶液，多用於冷藏或製冰之冷凍機。氯化鈣溶液之共晶點（eutetic point）即溶液之凍結溫度為濃度達 29.9% 時最低，其溫度為 − 55℃，請參考圖 4.4 及表 4.8。氯化鈣在水中所佔百分比在 29.9% 以內時愈濃其凍結點愈低，而超過 29.9% 以上，則愈濃其凍結溫度又漸升高，如圖 4.4 所示。

共晶點以前凍結時呈冰塊狀，濃度過了共晶點後凍結，則呈氯化鈣的結晶。氯化鈣溶液會吸收空氣中的水份，因而使二次冷媒的濃度變淡，如表 4.8 所示。故經常要測定其比重補充氯化鈣以維持一定的濃度。

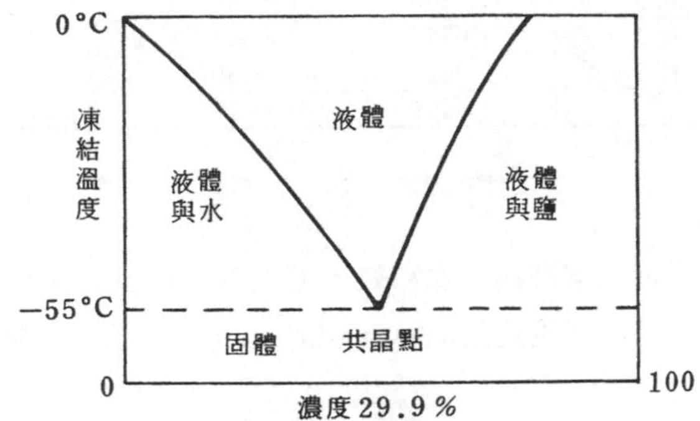


圖 4.4　氯化鈣濃度與凍結溫度之關係

表 4.8　氯化鈣水溶液之特性

| 比重 | 波美度 (BAUME) | 溶液中氯化鈣含量 % | 水 100 時氯化鈣含量 (%) | 凍結點 | | 溶液之比熱 | | | |
|---|---|---|---|---|---|---|---|---|---|
| 15℃ | | | | ℃ | ℉ | − 30℃ | − 20℃ | − 10℃ | 0℃ |
| 1.00 | 1.0 | 0 | 0 | 0 | 32 | | | | 1.003 |
| 1.05 | 7.0 | 5.9 | 6.3 | − 3.0 | 26.6 | | | | 0.915 |
| 1.10 | 13.2 | 11.5 | 13.0 | − 7.1 | 19 | | | | 0.836 |
| 1.12 | 15.6 | 13.7 | 15.9 | − 9.1 | 15.8 | | | | 0.808 |
| 1.14 | 17.8 | 15.8 | 18.5 | − 11.4 | 11 | | | 0.776 | 0.782 |
| 1.15 | 18.9 | 16.8 | 20.2 | − 12.7 | 9 | | | 0.764 | 0.770 |
| 1.16 | 20.0 | 17.8 | 21.7 | − 14.2 | 6 | | | 0.753 | 0.758 |
| 1.17 | 21.1 | 18.9 | 23.3 | − 15.7 | 4 | | | 0.742 | 0.747 |
| 1.18 | 22.1 | 19.9 | 24.9 | − 17.4 | 0 | | | 0.731 | 0.737 |
| 1.19 | 23.1 | 20.9 | 26.5 | − 19.2 | − 3 | | | 0.721 | 0.727 |
| 1.20 | 24.2 | 21.9 | 28.0 | − 21.2 | − 6 | | 0.705 | 0.711 | 0.719 |
| 1.21 | 25.1 | 22.8 | 29.6 | − 23.3 | − 10 | | 0.695 | 0.702 | 0.708 |
| 1.22 | 26.1 | 23.8 | 31.2 | − 25.7 | − 14 | | 0.688 | 0.694 | 0.700 |
| 1.23 | 27.1 | 24.7 | 32.9 | − 28.3 | − 19 | | 0.680 | 0.686 | 0.692 |
| 1.24 | 28.0 | 25.7 | 34.6 | − 31.2 | − 24.9 | 0.667 | 0.673 | 0.679 | 0.685 |
| 1.26 | 29.9 | 27.5 | 37.9 | − 38.6 | − 37.5 | 0.653 | 0.659 | 0.665 | 0.671 |
| 1.28 | 31.7 | 29.4 | 41.6 | − 50.1 | − 59 | 0.640 | 0.646 | 0.652 | 0.658 |
| 1.286 | 32.2 | 29.9 | 42.7 | − 55.0 | − 67 | 0.636 | 0.642 | 0.648 | 0.654 |
| 1.30 | 33.4 | 31.2 | 45.4 | − 41.6 | − 43 | 0.627 | 0.633 | 0.639 | 0.645 |
| 1.35 | 37.5 | 35.6 | 55.3 | − 10.2 | 14 | | | 0.609 | 0.616 |
| 1.37 | 39.1 | 37.3 | 59.5 | 0.0 | 32 | | | | 0.604 |

表 4.9　乙二醇水溶液凍結點與重量百分比的關係

| 凍結溫度 ℃ | 重量百分比 | 密度 $g/cm^3$ | 凍結溫度 ℃ | 重量百分比 | 密度 $g/cm^3$ |
|---|---|---|---|---|---|
| − 10 | 28.4 | 1.0340 | − 40 | 54 | 1.0713 |
| − 15 | 32.8 | 1.0426 | − 45 | 57 | 1.0746 |
| − 20 | 38.5 | 1.0506 | − 50 | 59 | 1.0786 |
| − 25 | 45.3 | 1.0586 | − 45 | 80 | 1.0958 |
| − 30 | 47.8 | 1.0627 | − 30 | 85 | 1.1001 |
| − 35 | 50 | 1.0671 | − 13 | 100 | 1.1130 |

**【例題 4.3】**

一氨冷凍機使用氯化鈣水溶液為二次冷媒，進入蒸發器前不凍液溫度為－ 10℃，出來時溫度為－ 20℃，不凍液流量為 1000 kg/hr，試求冷凍機之冷凍能力？（已知氯化鈣水溶液比重 1.2）

**解：**由顯熱公式 $H = M \cdot S \cdot \Delta T$

已知比重 1.2 時，－ 10℃不凍液之比熱為 0.711，故冷凍能力

$$H = 1000 \times 0.711 \times [-10-(-20)] = 7110 \text{ kCal/hr}$$

**2.　蓄冰水能力**

蓄冰水式中央空調系統，係利用夜間離峰用電時刻，將水冷卻為 5℃以下之低溫冰水，白天尖峰用電時刻則停止或部份使用冷凍機，利用低溫冰水以達冷房效果。

**【例題 4.4】**

有一蓄冰水中央空調系統，冰水槽之大小為 $4^m \times 10^m \times 8^m$ 利用深夜 0 時至清晨 6 時離峰時刻蓄冰水，水溫由 30℃冷卻為 5℃，求冷凍能力及冷凍機所需之冷凍噸？

**解：**蓄冰水量

$$M = 4^m \times 10^m \times 8^m = 320^{m^3} = 320000\text{kg}$$

蓄冰水冷凍能力

$$H = M \cdot S \cdot \Delta T = 320000 \times 1 \times (30-5) = 8000000 \text{ kCal}$$

每小時之冷凍能力

$$H = 8000000 \div 6 = 1333333 \text{ kCal/hr}$$

冷凍機所需冷凍噸

$$RT = \frac{1333333}{3024} = 440.9 \text{ USRT}$$

**3.** 蓄冰能力

蓄冰水式中央空調系統係以儲存冰水之顯熱方式儲存熱能，而蓄冰式中央空調系統則利用將水結成冰之潛熱方式儲存熱能，如圖 4.5 所示。因此所需蓄冰槽之容積比冰水槽之容積小。

**【例題 4.5】**

有一蓄冰式中央空調系統，欲將 10000 kg、30℃的水冷凍為 0℃的冰，求蓄冰之冷凍能力若干？

**解：**(1) 顯熱冷凍能力

$$H_S = M \cdot S \cdot \Delta T$$
$$= 10000 \times 1 \times (30 - 0)$$
$$= 300000 \text{ kCal}$$

(2) 潛熱冷凍能力

$$H_L = M \cdot i_L$$
$$= 10000 \times 79.68$$
$$= 796800 \text{ kCal}$$

(3) 總儲存之冷凍能力

$$H = H_S + H_L$$
$$= 300000 + 796800$$
$$=1096800 \text{ kCal}$$

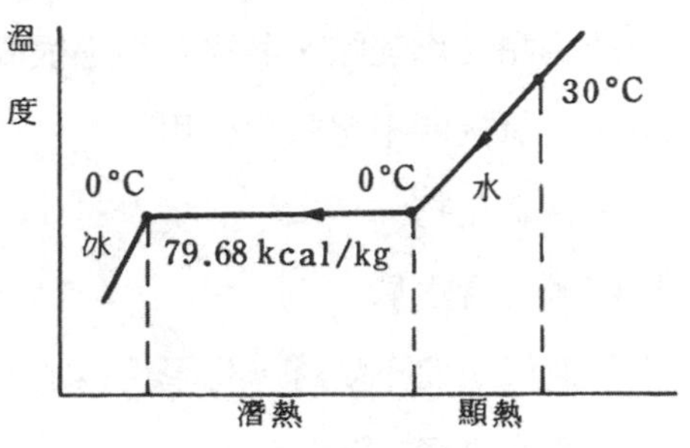

圖 4.5　蓄冰之熱量變化

## 4.6 冷凍機油

### 4.6-1 冷凍機油的特性

冷凍壓縮機內使用之潤滑油稱之為冷凍油。冷凍油在冷凍系統中可能流經壓縮機之高熱區及蒸發區之低溫區，因此需視冷媒之種類及壓縮機之運轉情形而選擇適當之冷凍油，其規格請參考表 4.10。

**1.** 冷凍油必須具備之特性

⑴在高溫時須保持良好的潤滑性，在低溫時須具有良好之流動性。

⑵流動點須低、凝固點在－ 20℃以下。

⑶系統運轉中，接觸任何熱表面不產生碳質沉澱。

⑷系統運轉中，遇極低溫不產生蠟質沉澱。

⑸無腐蝕性。

⑹抗電性大絕緣電阻高，耐壓在 25 ～ 30kV。

⑺揮發點、燃燒點、著火點均應很高。

⑻與空氣接觸不起氧化作用。

⑼不含硫化物。

⑽乾燥不含水氣。

⑾長期使用而不變質，化學性穩定。

⑿不使冷媒發生溶解作用。

**2.** 冷凍油與冷媒之相互溶解性

⑴R-22、R-502 可稍溶於冷凍油。

⑵R-11、R-12、R-21、R-113、R-500 極易溶於冷凍油。

⑶R-13、R-14 不溶於冷凍油。

### 4.6-2 HFCs 冷凍機油

一般的冷凍機油可分為礦物油（Mineral Oil）及合成油（Synthetic）。礦物油普遍用於 CFCs（例如 R-12）及 HCFCs（例如 R-22）系列冷媒，且特性良好。但 HFCs 系列冷媒與礦物油不相容，因此必須採用合成油，R-134a 常用的合成油有 PAG（Polyalkylene Glycol）及酯類合成油 POE（Polyol Ester）。PAG 油電氣絕緣特性不佳，因此只能用在開放式系統，例如汽車冷氣。而密閉式系統例如冰相多用酯類合成油 POE。合成油有很強烈的吸濕性，例如 PAG 約為 10000 ～ 20000 ppm，Ester 油約為 2000 ～ 3000 ppm，而礦物油僅為 50 ppm，這代表 HFCs 冷媒系統的水份管理要更嚴謹，系統處理時打開系統不可超過 15 分鐘，並應採用高吸濕的分子篩乾燥器，以避免冷媒及冷凍油的酸化與劣化、腐蝕機件、鍍銅現象及阻塞系統。

表 4.10　冷凍油規格表（JIS）

| 項目 ＼ 黏度等級 | ISO VG 10 | ISO VG 15 | | ISO VG 22 | | ISO VG 32 | | ISO VG 46 | | ISO VG 68 | | ISO VG 100 | VG 38 | | VG 38 | | 試驗法 JIS |
|---|---|---|---|---|---|---|---|---|---|---|---|---|---|---|---|---|---|
| | 1 種 | 1 種 | 2 種 | 1 種 | 2 種 | 1 種 | 2 種 | 1 種 | 2 種 | 1 種 | 2 種 | 2 種 | 1 種 | 2 種 | 1 種 | 2 種 | |
| 動黏度 (40℃) cast ($mm^2/s$) | 9.00 ～ 11.00 | 13.5 ～ 16.5 | | 19.8 ～ 24.2 | | 28.8 ～ 35.2 | | 41.4 ～ 50.6 | | 61.2 ～ 74.8 | | 90.0 ～ 110 | 35.2 ～ 41.4 未滿 | | 50.6 ～ 61.2 未滿 | | K2283 |
| 顏色 (ASTM) | 1.0 以下 | 2.0 以下 | | 2.5 以下 | | 2.5 以下 | | 3.0 以下 | | 3.5 以下 | | 3.5 以下 | 3.0 以下 | | 3.0 以下 | | K2580 |
| 引火點 (℃) | 140 以上 | 145 以上 | | 155 以上 | | 160 以上 | | 165 以上 | | 165 以上 | | 180 以上 | 160 以上 | | 165 以上 | | K2265 |
| 流動點 (℃) | − 40 以下 | − 35 以下 | | − 27.5 以下 | | − 27.5 以下 | | − 27.5 以下 | | − 25 以下 | | − 27.5 以下 | − 27.5 以下 | | − 25 以下 | | K2269 |
| 全酸價 (mgKOH/g) | 0.05 以下 | 0.05 以下 | − | 0.05 以下 | − | 0.05 以下 | − | 0.05 以下 | − | 0.05 以下 | − | − | 0.05 以下 | − | 0.05 以下 | − | K2501 |
| 銅板腐蝕 (100℃，3h) | 1 以下 | 1 以下 | | 1 以下 | | 1 以下 | | 1 以下 | | 1 以下 | | 1 以下 | 1 以下 | | 1 以下 | | K2513 |
| 絕緣破壞電壓 (kV) | − | − | 25 以上 | − | 25 以上 | − | 25 以上 | − | 25 以上 | − | 25 以上 | 25 以上 | − | 25 以上 | − | 25 以上 | C2101 |
| 水分 (ppm) | − | − | 50 以下 | − | 50 以下 | − | 50 以下 | − | 50 以下 | − | 50 以下 | 50 以下 | − | 50 以下 | − | 50 以下 | K22114.9 |

註：低速單氣缸冷凍機，在比較低負荷運轉場合，流動點最好在 − 22.5℃以下。

## 4.7 莫理爾線圖

莫理爾線圖之縱座標為壓力，橫座標為焓熱量，故又稱為壓焓圖（pressure-enthalpy chart），它與冷媒之飽和特性表相似，可以得到冷媒變化之有關特性，莫理爾線圖包括了壓力、溫度、焓、比容、熵及乾度等曲線。

### 4.7-1 莫理爾線圖之基本結構

莫理爾線圖有飽和液體線及飽和氣體線，在某一固定壓力（$P$）下，將冷媒加熱由過冷卻液體變為飽和液體，其焓值稱為飽和液體焓 $i_f$，繼續加熱變為飽和液氣混合體，混合液氣焓值為 $i_{fg}$，再繼續加熱則變為飽和氣體，其焓值為飽和氣體焓 $i_g$，若再繼續加熱則變為過熱氣體，飽和氣體焓與飽和液體焓之焓差稱為蒸發潛熱，如圖 4.6 所示。

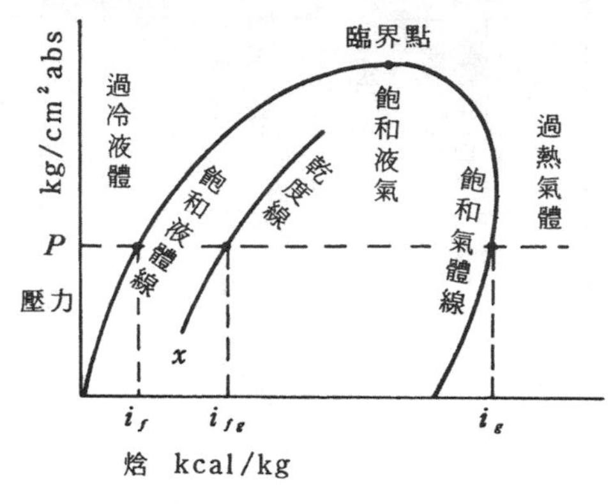


圖 4.6 莫理爾線圖之基本結構

蒸發潛熱 = 飽和氣體焓 − 飽和液體焓

$$i = i_g - i_f \text{ kCal/kg} \tag{4.5}$$

冷媒在飽和液體線以左之區域時，其乾度 $x = 0$，在飽和氣體線以右之區域時乾度 $x = 1$，飽和液氣區內之冷媒乾度 $x$ 則表示氣態冷媒所佔之百分比。

$$\text{乾度 } x = \frac{i_{fg} - i_f}{i_g - i_f} \tag{4.6}$$

---

**【例題 4.6】**

由表 4.9 R-22 冷媒在 20℃時之壓力為 9.28 kg/cm² abs，液體焓 $i_f$ = 105.7 kCal/kg，氣體焓 $i_g$ = 150.44 kCal/kg，求蒸發熱？若飽和液體焓 $i_{fg}$ 為 120.3 kCal/kg，求冷媒乾度？

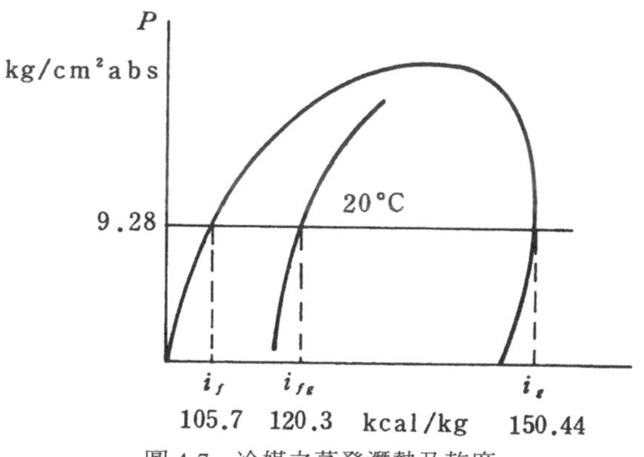


圖 4.7 冷媒之蒸發潛熱及乾度

**解**：蒸發潛熱

$$i = i_g - i_f$$
$$= 150.44 - 105.7 = 44.74 \text{ kCal/kg}$$

冷媒乾度

$$x = \frac{i_{fg} - i_f}{i_g - i_f}$$
$$= \frac{120.3 - 105.7}{150.44 - 105.7} = \frac{14.6}{44.74} = 0.326$$

$x = 0.326$ 即表示有 32.6% 蒸發為氣態冷媒，67.4% 仍為液態冷媒。

## 4.7-2　莫理爾線圖之等值線

莫理爾線圖有八條等值線，其相關位置如圖 4.8。

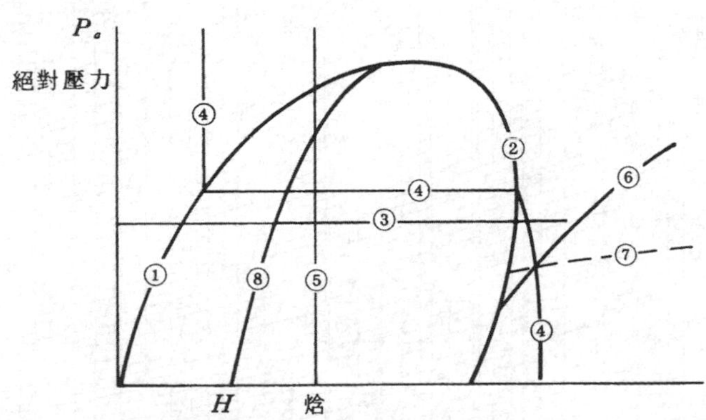


圖 4.8　莫理爾線圖各等值線相關位置

(1)飽和液體線（saturated liquid curve）

(2)飽和氣體線（saturated vapor curve）

(3)等壓線（constant pressure line）

(4)等溫線（constant temperature line）

(5)等焓線（constant enthalpy line）

(6)等熵線（constant entropy line）

(7)等容線（constant volume line）

(8)等質線（constant quality line）或稱乾度線

## 4.7-3 常用冷媒之莫理爾線圖

(1)氨 $NH_3$、R-717 冷媒之莫理爾線圖，請參考圖 4.9。

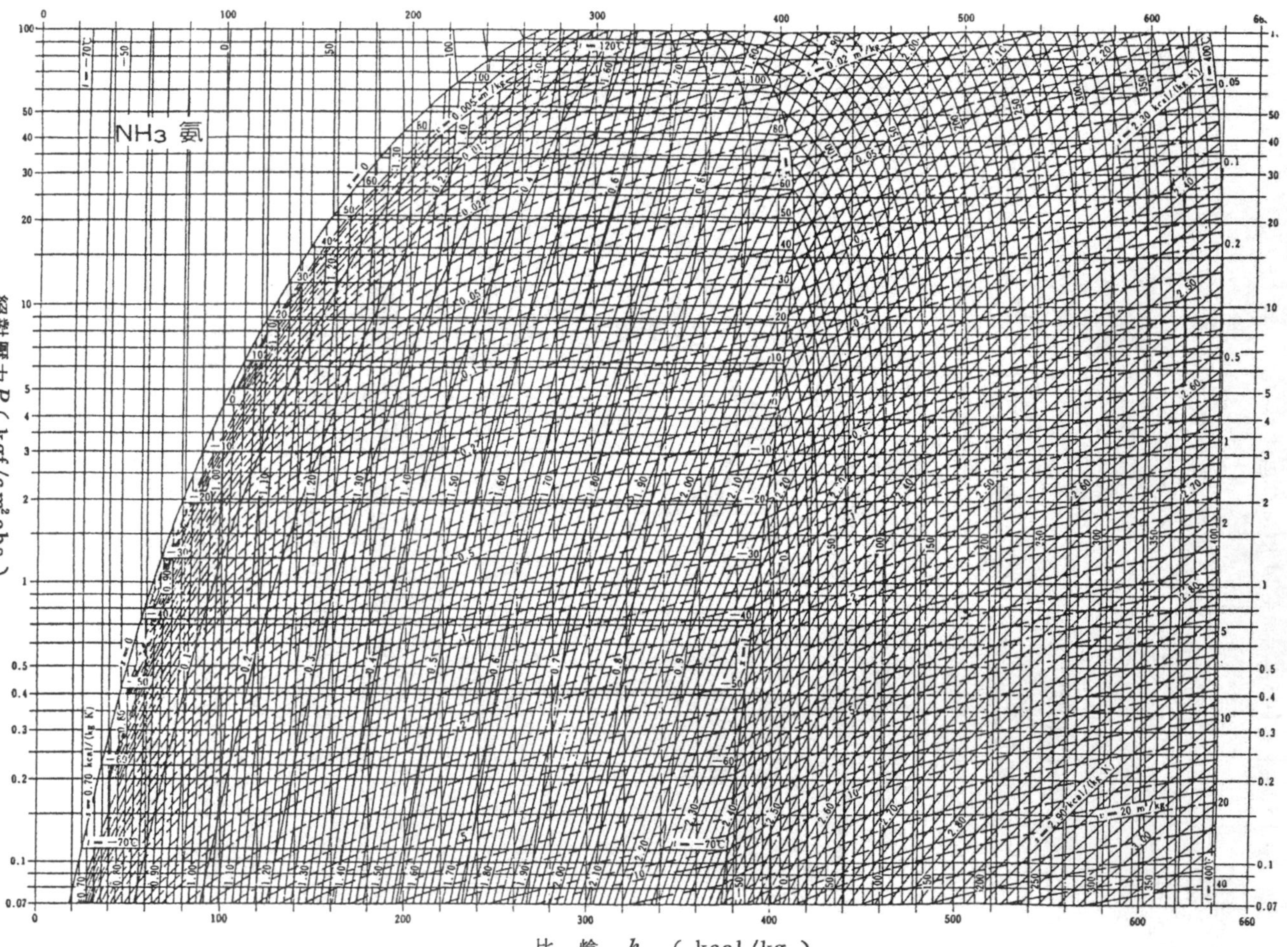


圖 4.9 氨 $NH_3$，R-717 冷媒莫理爾線圖

(2) R-22冷媒之莫理爾線圖，請參考圖4.10。

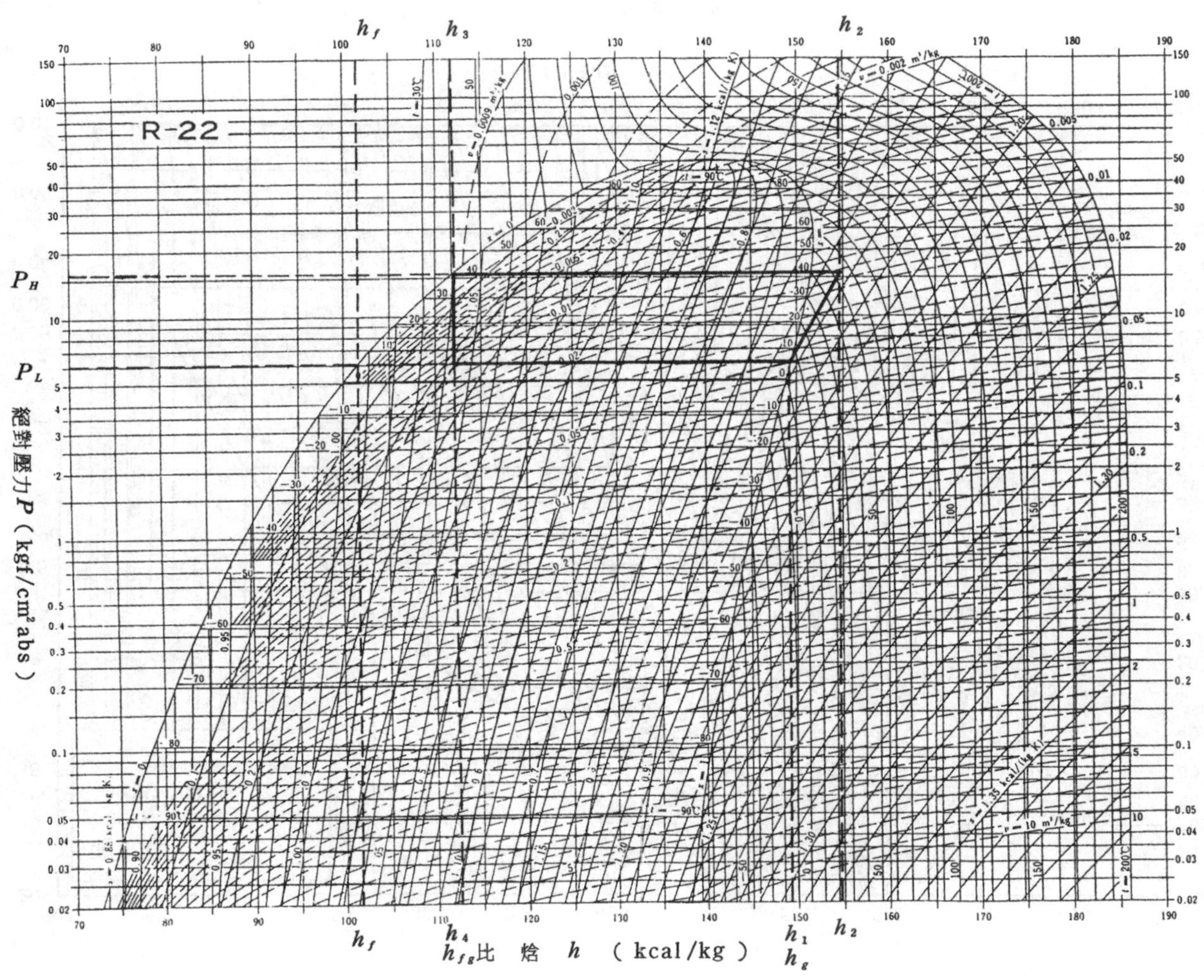


圖4.10　R-22冷媒莫理爾線圖

(3) R-134a 之莫理爾線圖，請參考圖 4.11。

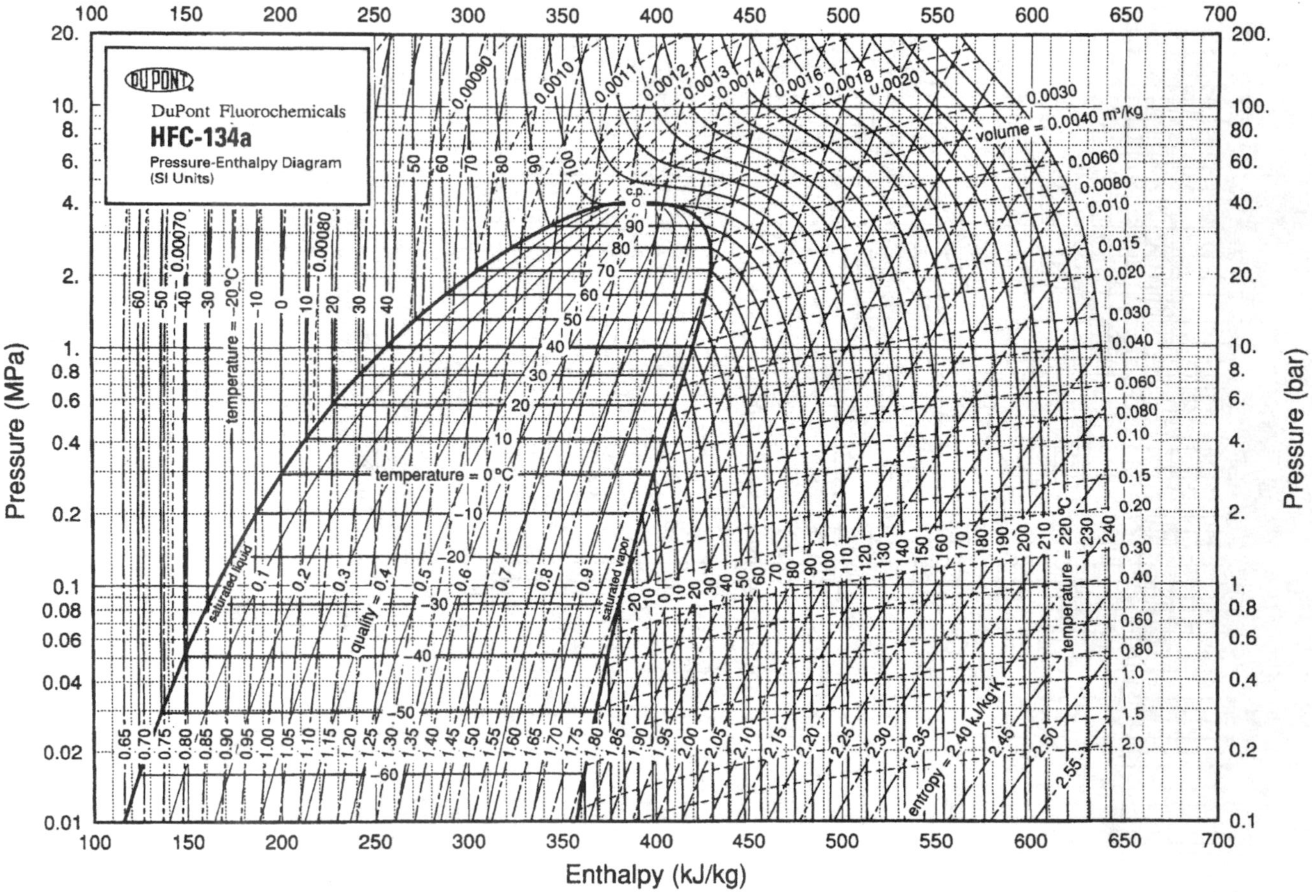

圖 4.11　R-134a 冷媒莫理爾線圖

(4) R-407C 之莫理爾線圖，請參考圖 4.12。

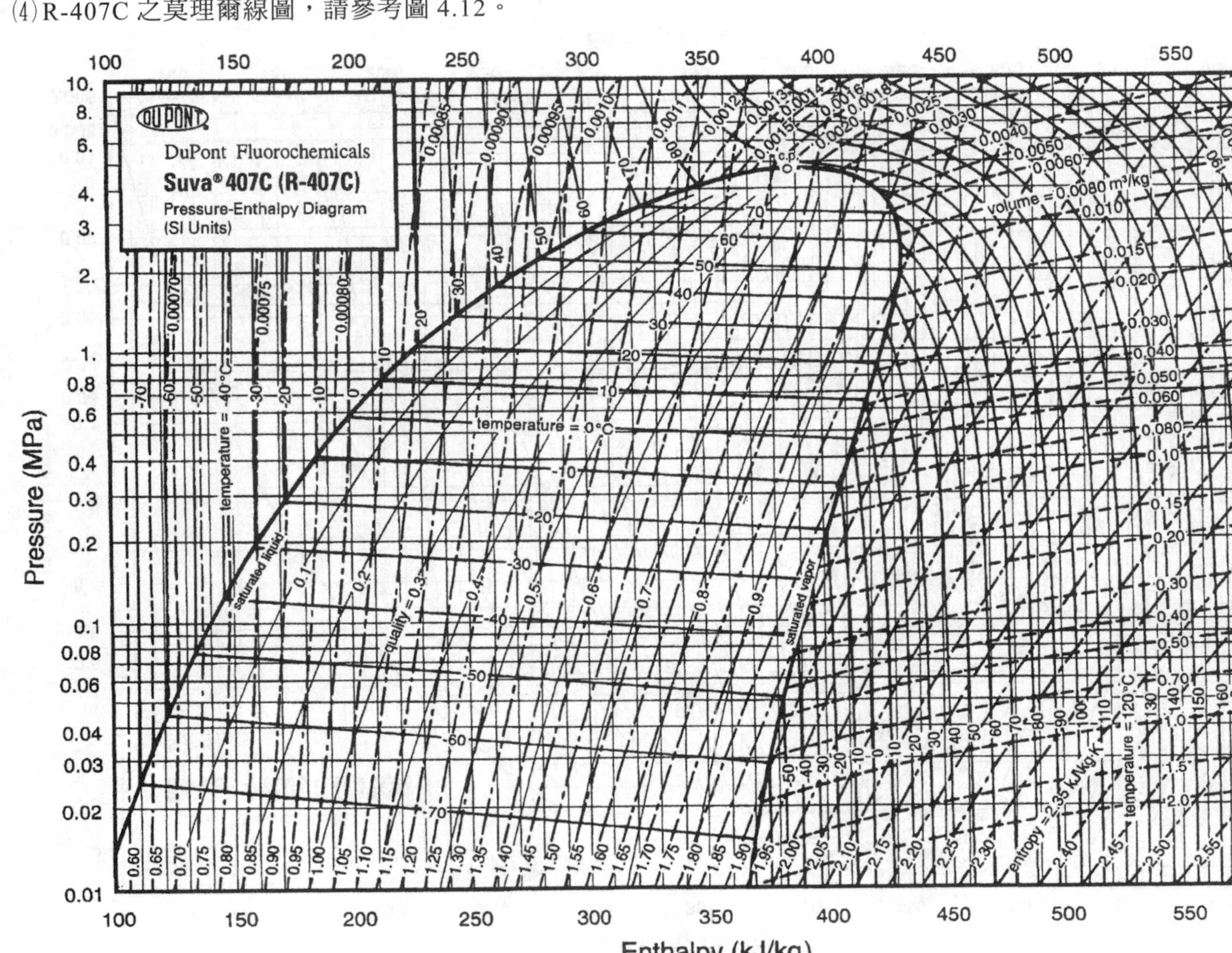


圖 4.12　R-407C 冷媒莫理爾線圖

(5) R-410A 之莫理爾線圖，請參考圖 4.13。

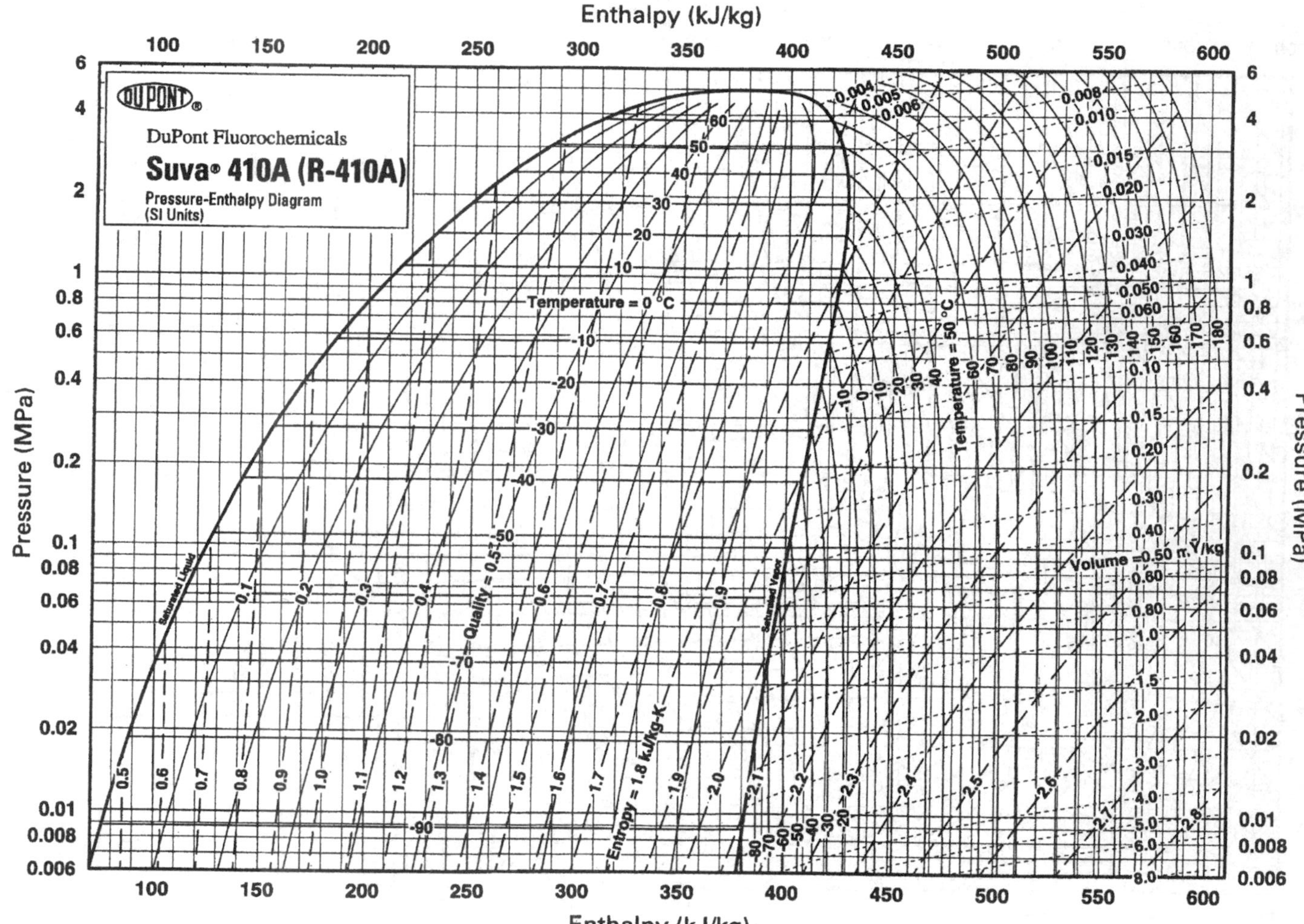


圖 4.13 R-410A 冷媒莫理爾線圖

(6) R-404A 之莫理爾線圖，請參考圖 4.14。

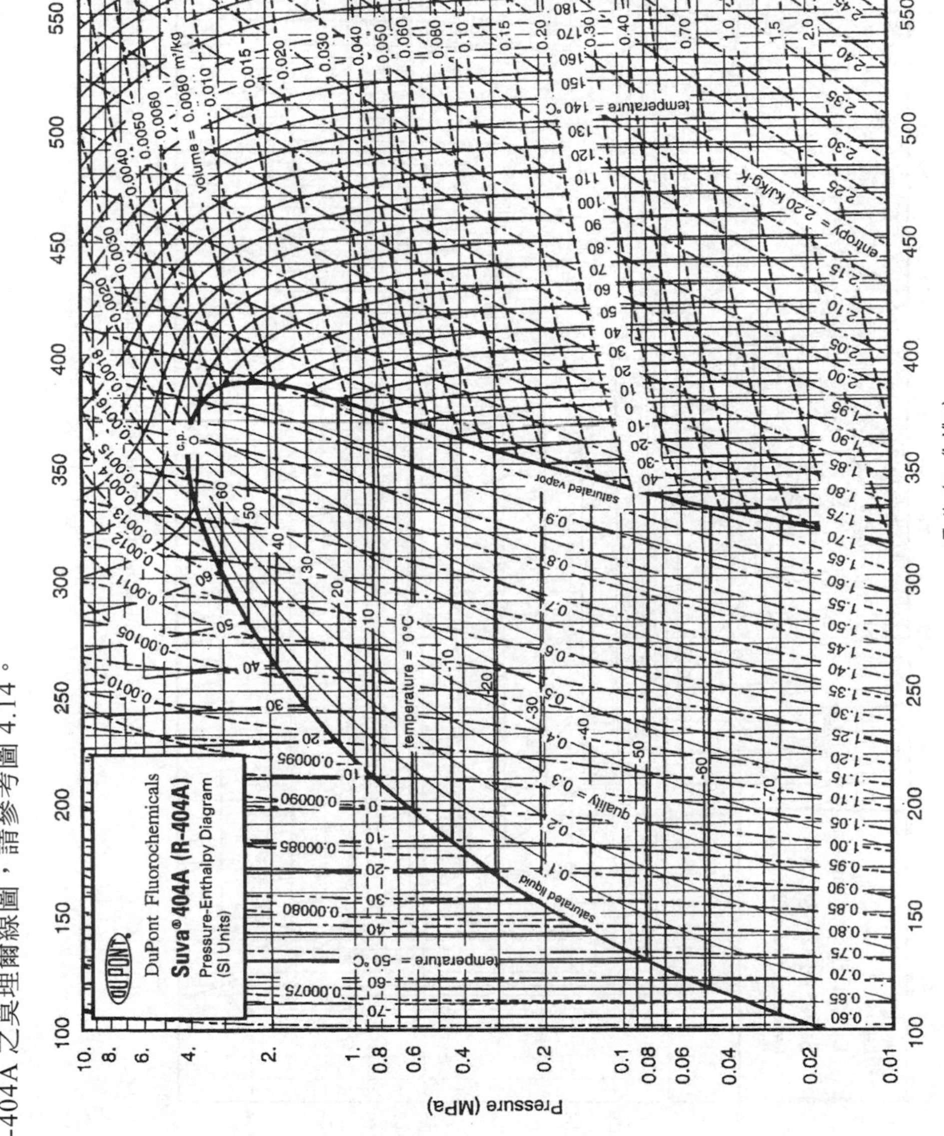


圖 4.14　R-404A 冷媒莫理爾線圖

(7) R-507A 之莫理爾線圖，請參考圖 4.15。

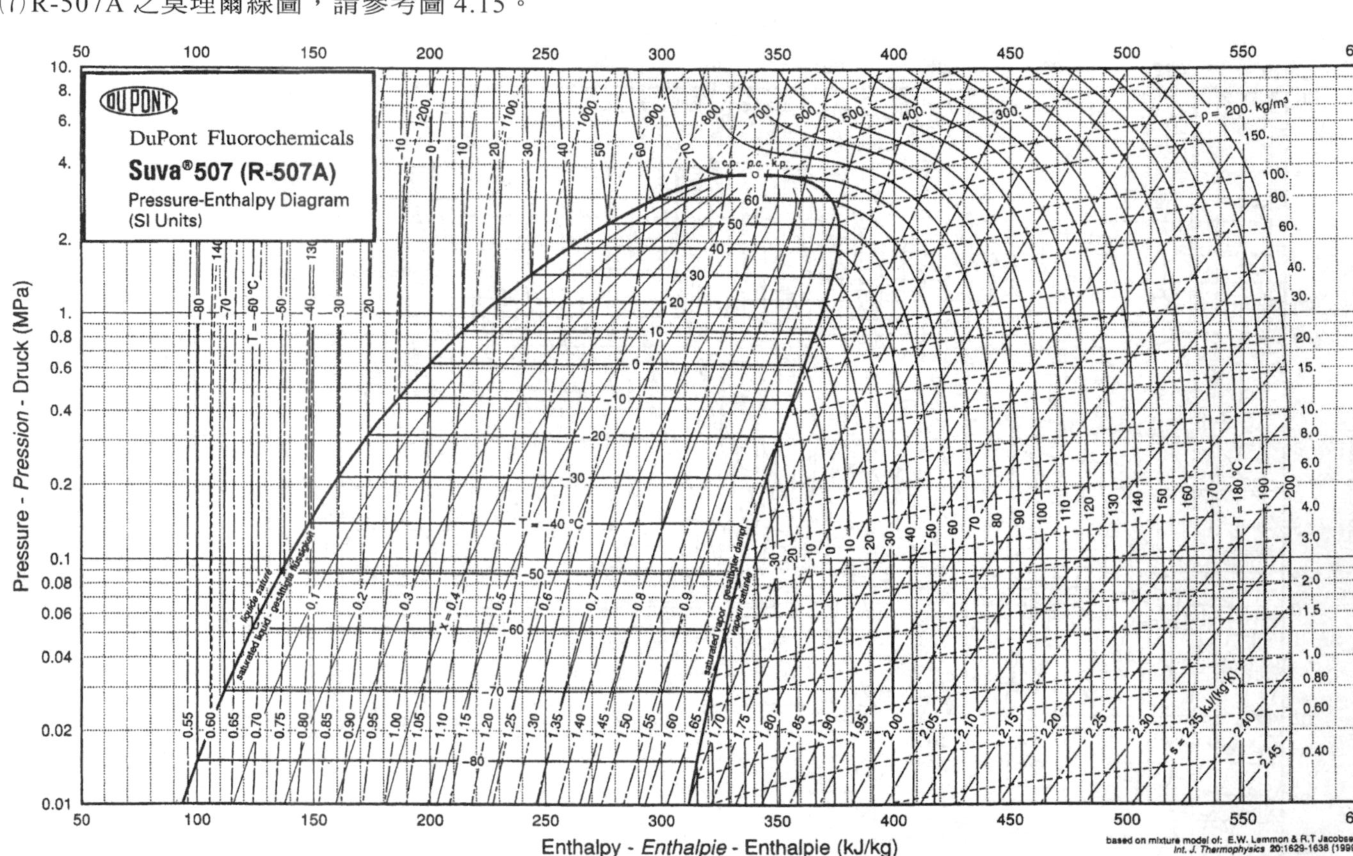


圖 4.15　R-507A 冷媒莫理爾線圖

(8) R-32 之莫理爾線圖，請參考圖 4.16。

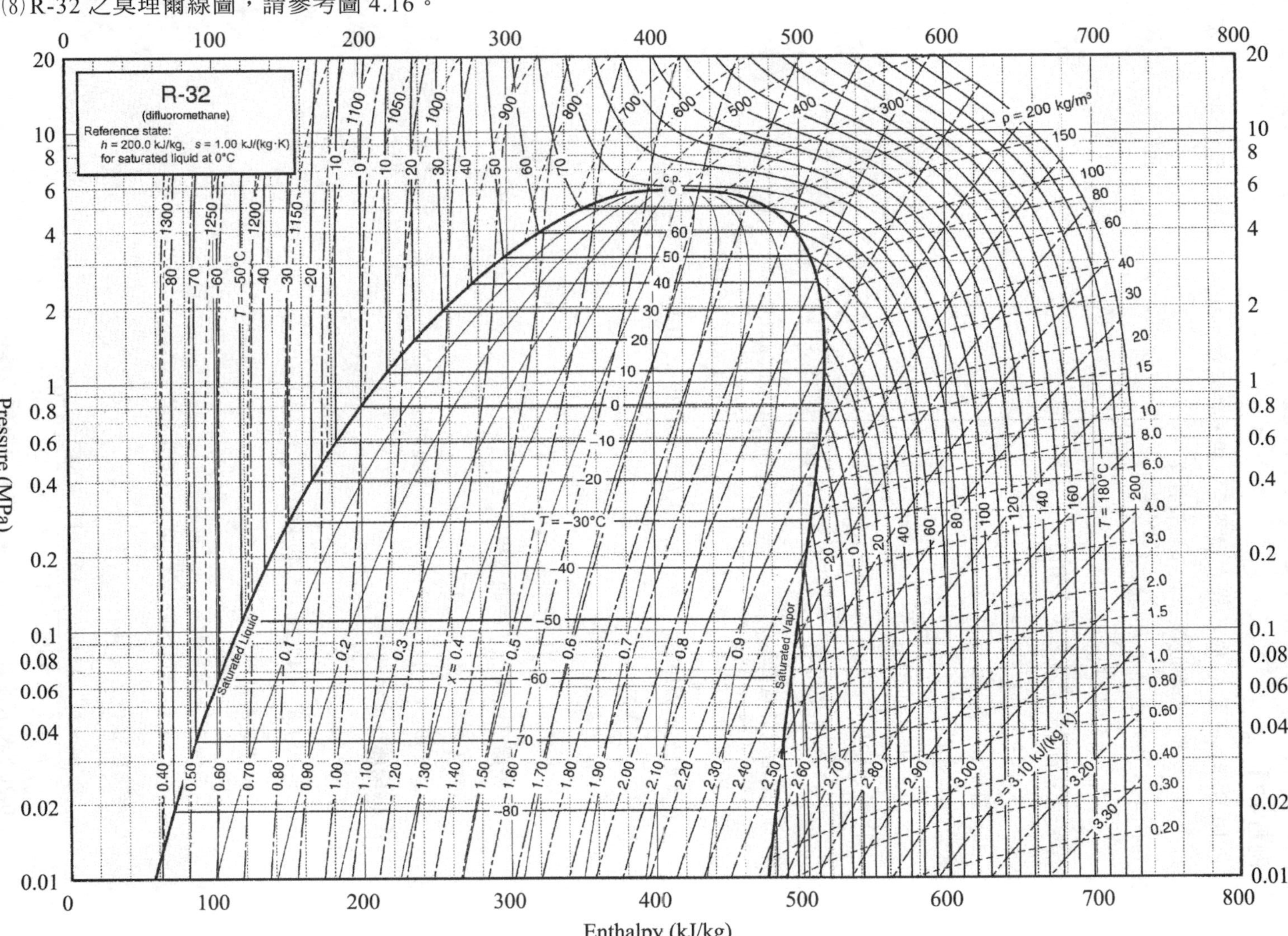


圖 4.16　R-32 冷媒莫理爾線圖

**【例題 4.7】**

有一 10 USRT 使用 R-22 冷媒之箱型冷氣機，參考圖 4.10。冷媒凝結溫度 40℃，蒸發溫度 5℃，求在標準狀況下之系統特性？

**解：**(1) 40℃凝結溫度時之凝結壓力

$P_H = 15.643\ \text{kg/cm}^2\ \text{abs}$

(2) 5℃蒸發溫度時之蒸發壓力

$P_L = 6.01\ \text{kg/cm}^2\ \text{abs}$

(3) 壓縮比

$$R = \frac{P_H}{P_L} = \frac{15.643}{6.01} = 2.6$$

(4) 冷媒焓值

① 5℃飽和氣體焓　$h_1\ (h_g) = 149.31\ \text{kCal/kg}$

②壓縮過熱氣體焓　$h_2 = 154.8\ \text{kCal/kg}$

③ 40 飽和液體焓　$h_3\ (h_4) = 111.807\ \text{kCal/kg}$

④ 5 飽和液體焓　$h_f = 101.39\ \text{kCal/kg}$

(5) 5℃之蒸發潛熱

$i = h_g - h_f$

$= 149.31 - 101.39 = 47.92\ \text{kCal/kg}$

(6) 蒸發器之蒸發熱（冷凍效果）

$i_e = h_1 - h_4$

$= 149.31 - 111.807 = 37.503\ \text{kCal/kg}$

(7) 壓縮機之壓縮熱

$i_a = h_2 - h_1$

$= 154.8 - 149.31 = 5.49\ \text{kCal/kg}$

(8) 冷凝器之凝結熱

$i_c = h_2 - h_3$

$= 154.8 - 111.807 = 42.993\ \text{kCal/kg}$

(9) 冷媒膨脹後之乾度

$$x = \frac{h_{fg} - h_f}{h_g - h_f} = \frac{111.807 - 101.39}{149.31 - 101.39} = \frac{9.68}{47.92} = 0.202$$

$x = 0.202$ 表示有 20.2% 之冷媒蒸發變為氣態冷媒。

⑽ 冷凍循環量

冷凍能力 = 冷媒循環量 × 冷凍效果

$Q_r = G \times i_e$　　　　　　1 USRT = 3024 kCal/hr

冷媒量 $G = \dfrac{Q_r}{i_e} = \dfrac{10 \times 3024}{37.503} = 806.33$ kg/hr

⑾ 總壓縮熱

$Q_a = G \cdot i_a$

$= 806.33 \times 5.49 = 4426.75$ kCal/hr

⑿ 總散熱量

$Q_c = G \cdot i_c$

$= 806.33 \times 42.993 = 34666.54$ kCal/hr

## 習題 4

**4.1** 試述常用之冷媒種類，使用於何種冷凍空調設備？

**4.2** 試述冷媒應具備哪些物理特性？

**4.3** 氨冷媒有哪些優點？

**4.4** 求 R-11 冷媒之化學分子式？

**4.5** 何謂間接膨脹型冷凍系統？

**4.6** 二次冷媒有哪些優點？

**4.7** 有一蓄冰式中央空調系統，欲將 30℃的水 2000 kg 凝固為 0℃的冰，求蓄冰之冷凍能力？

**4.8** 求 R-22 冷媒在 5℃時之飽和液體焓、飽和氣體焓及飽和壓力各若干？若冷媒乾度 $x = 0.2$ 時，求冷媒之焓值？

**4.9** 繪出莫理爾線圖各等值線相關位置？

**4.10** 有一 5 USRT 使用 R-22 冷媒之小型中央系統冷氣機，冷媒凝結溫度 50℃，蒸發溫度 0℃，求在標準冷凍循環狀況下之系統特性？（參考例題 4.7）

## 5.1 空氣調節之意義

空氣調節係利用空調設備來調節特定場所之溫度、濕度、清淨度及氣流，使保持最合適的空氣狀態符合其使用目的者稱爲空氣調節（air conditioning）。

### 5.1-1 空氣調節的四個基本要素

(1) 乾球溫度之調節：包括空氣之冷卻與加熱。

(2) 相對濕度之調節：包括空氣之除濕與加濕。

(3) 清淨度之調節：包括空氣之淨化與新鮮空氣之換氣。

(4) 氣流之調節：包括空氣之分配，流速之調節及室內正、負氣壓之控制。

**1.** 乾球溫度之調節

(1) 冷却：夏天利用冷媒直接膨脹或二次冷媒（冰水）間接膨脹的方式在冷却盤管C.C（cooling coil）完成冷却的目的。夏天最舒爽的乾球溫度（dry bulb temperature）爲25～27°C DBT。

(2) 加熱：冬天利用鍋爐產生的熱水或蒸氣在加熱盤管H.C（heating coil）完成加熱的目的，亦可利用電熱加熱。冬天最舒爽的乾球溫度爲20～22°C DBT。

無論冷却或加熱，就舒適空調而言，室內外溫度差不能太大，最好在5～7°C以內。

**2.** 相對濕度之調節

相對濕度之調整係指空氣之除濕與加濕。影響人體舒適的因素並非只有乾球溫度而已，另有相對濕度之配合，夏天濕度愈高，身體表面的水分愈不能蒸發，則愈感覺悶熱，多天濕度愈低則感覺乾冷、皮膚乾裂。

(1) 除濕：空調裝置利用表面溫度低於露點溫度的冷却盤管C.C，使空氣通過盤管時，同時降低乾球溫度並使水份凝結而除濕，因此冷却盤管具有冷却除濕的功能，如圖5.1所示。

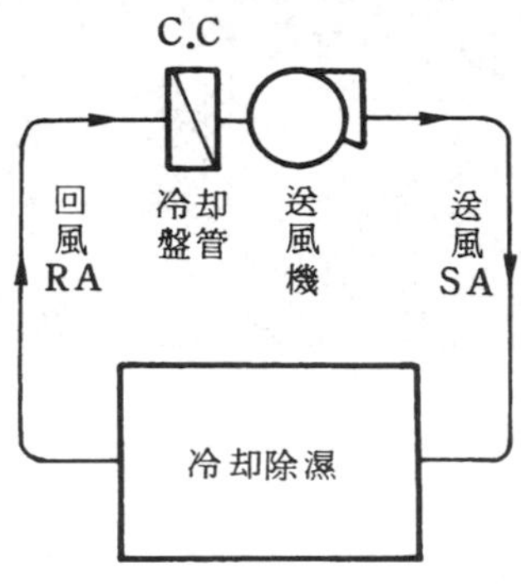


圖5.1 冷却盤管具有冷却除濕功能

(2) 加濕：對循環空氣噴以霧狀的熱水或蒸氣，使水份與空氣混合，則空氣離開噴霧室時，濕球溫度及含水量均較進氣條件高，稱爲加濕，如圖5.2所示。室內最舒爽之相對濕度約爲45～55%RH。

**3.** 清淨度之調節

利用空氣過濾器與換氣的方式可以提高空氣之清淨度，換氣方式有二：

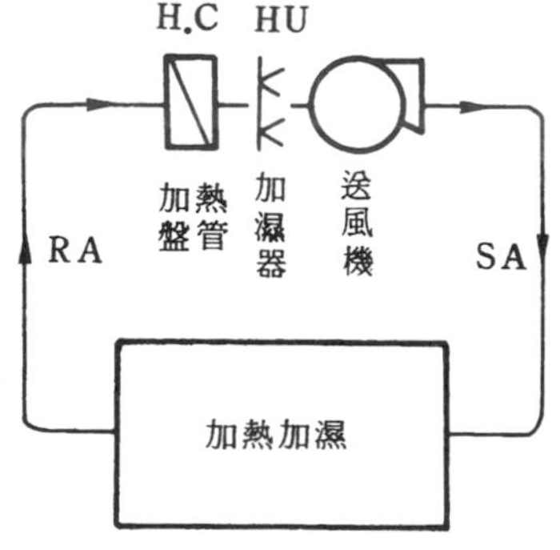


圖5.2 加熱盤管與加濕器具有加熱加濕功能

(1) 進氣換氣：利用回風進氣口吸進新鮮外氣，以達換氣之效果，室內壓力為高於室外大氣壓力之正壓力，室內空氣將由門、窗等間隙往外洩漏，如圖5.3(a)所示。

(2) 排氣換氣：利用送風排氣口排出部份室內污濁空氣，此時室內壓力將低於室外之大氣壓力為負壓力，室外新鮮空氣將由門、窗等間隙往室內滲入。如圖5.3(b)所示。

一般舒適用空調場所要求之空氣清淨度如下：

(1) 浮游粉塵含量：每1 $m^3$ 空氣中含量在0.15 mg以下。

(2) 一氧化碳（CO）的含有率：10 ppm以下。ppm＝$10^{-6}$。

(3) 二氧化碳（$CO_2$）的含有率：1000 ppm以下。

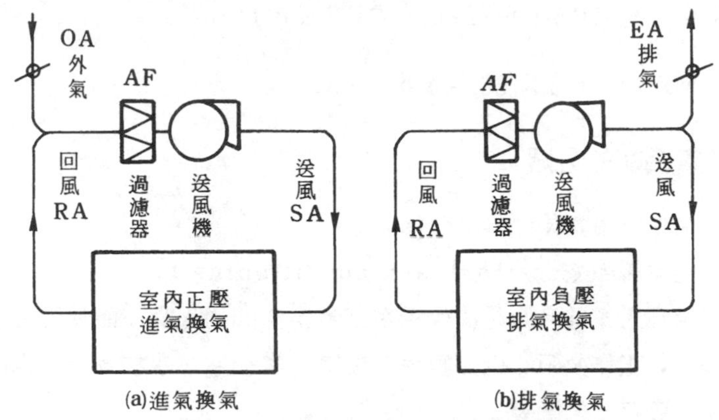


(a)進氣換氣　(b)排氣換氣

圖5.3　利用過濾與換氣方式提高空氣之清淨度

**4. 氣流之調節**

空氣流速之調節亦可改變空調之舒爽度，在同一乾球溫度 DBT 及同一相對濕度 RH 之條件下，強速會比低速的空氣循環感覺更冷，靜止的空氣則比空氣流動時的感覺較熱。

空調設備利用送風機、送風管、出風口及回風管使室內維持適當的流速，良好的空氣分佈及均勻的室內溫度，需考慮下列因素：（如圖5.4所示）

(1) 室內空間形狀。

(2) 出風口的型式。

(3) 風速。

(4) 出風溫度與室內空氣之溫差。

(5) 出風口與回風口之相對位置。

一般舒爽的空氣流速應維持在7.5～12.5 cm/sec或15～25 FPM的範圍

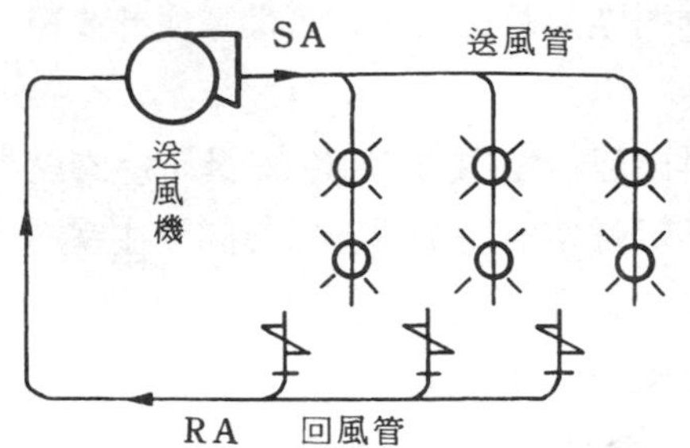


圖 5.4　氣流之調節與分佈

最適宜。

風速的單位為MPS（m/sec）或FPM（ft/min）

$$1\ \text{MPS} = 3.3 \times 60 = 198\ \text{FPM}$$

## 5.1-2　空氣調節的分類

空氣調節由使用對象分類可分為

**1.** 保健用空氣調節（comfort air conditioning）

調節對象為人，其目的是使生活在某特定空間的人員，能獲得健康衛生的舒適條件，並提高其工作效率。例如應用於住宅、辦公室、學校及公共場所如百貨店、商店、旅館、戲院、舞廳等。

**2.** 工業用空氣調節（industrial air conditioning）

調節對象為物，調節空氣的條件使配合工業界製造及貯存等過程之需要，控制並確保產品之品質。例如電子工廠、紡織工廠、化學纖維工廠、電機工廠、印刷工廠、製藥廠、煙酒工廠……等，可謂現代各種製造工廠，無論在製造過程或原料貯存，成品之貯藏均可應用空調設備以改善其工作效率及提高產品品質。

## 5.1-3　空氣調節裝置

一年四季，空氣調節各有不同方式：

(1) 夏季：冷氣包括冷却除濕功能。

(2) 冬季：暖氣包括加熱加濕功能。

(3) 春季及秋季：利用適溫之外氣，換氣循環，達到自然冷氣（free cooling）舒爽又省電之效果。

空調裝置包括製造冰水之冰水機組，製造蒸氣或熱水之鍋爐，將空氣冷卻、加熱、除濕或加濕的熱交換設備，除塵及換氣，輸送空氣及水等流體的裝置等，如圖5.5。

**1.** 熱源設備

(1) 冷凍機（refrigerating machine）

(2) 鍋爐（boiler）

**2.** 熱交換器

(1) 冷却盤管C.C（cooling coil）

(2) 加熱盤管H.C（heating coil）或電熱器。

(3) 除濕器DH（dehumidifier）

(4) 加濕器HU（humidifier）

**3.** 熱輸送裝置

(1) 送風機$F$（fan或blower）

(2) 風管（duct）

① 送風S.A（supply air）

② 回風R.A（return air）

③ 排氣E.A（exhaust air）

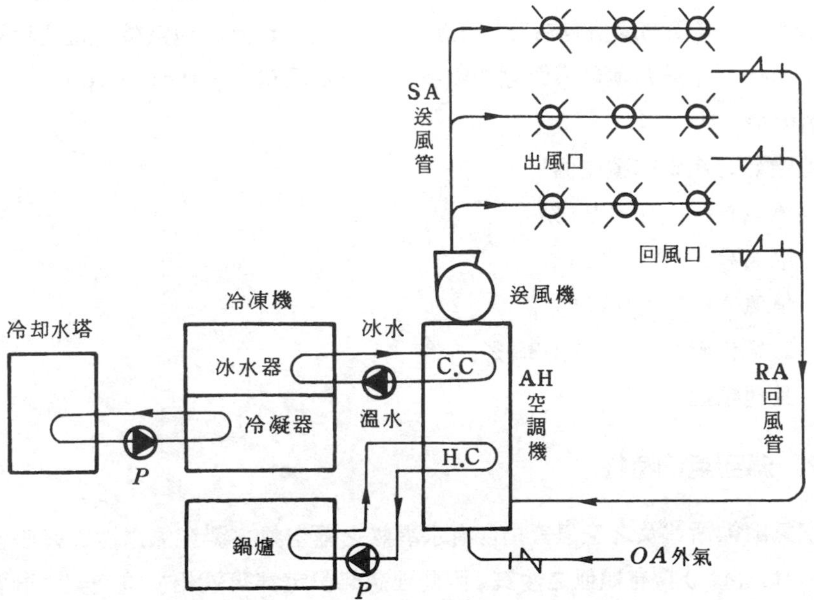


圖5.5　空氣調節裝置

④ 外氣O.A（outside air）或FA（fresh air）

⑶ 管路系統（piping system）

① 冷却水管路（cooling water piping）

② 冰水管路（chilling water piping）

⑷ 泵浦P（pump）或水泵浦WP（water pump）

① 冷却水泵浦CO.WP（cooling water pump）

② 冰水泵浦CH.WP（chilling water pump）

⑸ 冷却水塔C.T（cooling tower）

**4.** 過濾裝置

⑴ 空氣過濾器A.F（air filter）

**5.** 熱交換裝置

⑴ 空氣調節機A.H（air handling）

⑵ 室內機組F.C（fan coil unit）

## 5.2 空氣的特性

### 5.2-1 空氣的組成與性質

環繞地球的大氣層，其組成要素中以氮（nitrogen）的含量最多，其次爲氧（oxygen），其餘的成份包括二氧化碳$CO_2$，氬Ar及其他氣體，這些稱爲乾空氣（dry air），通常地球表面之空氣多少含有水蒸氣（water vapor），稱爲濕空氣（moist air）。

乾空氣之組成容積比例

⑴ 氮氣$N_2$：78.084％

⑵ 氧氣$O_2$：20.746％

⑶ 氬氣Ar：0.934％

⑷ 二氧化碳$CO_2$：0.033％

⑸ 其他氣體

### 5.2-2 濕空氣的特性

空氣調節所述及之空氣皆指含有水蒸氣之濕空氣，濕空氣之性質與理想氣體（perfect gas）具有類似之性質，因此理想氣體定律可適用於濕空氣之計算。

**1.** 大氣壓力

大氣壓力是由於空氣的重量所產生，一般有下述表示方式：

(1) 絕對壓力表示

標準大氣壓力＝1.033 kg/cm² abs

＝14.696 lb/in² abs（psia）

(2) 水銀柱高度表示

標準大氣壓力＝76 cmHg

＝29.92 inHg

(3) 水柱高度表示

標準大氣壓力＝10.33 mAq　　　Aq＝aqua＝water（水柱）

＝33.9 ftAq

(4) 其他表示

標準大氣壓力＝101.3 kPa（kilopascals）

＝$1.013\times10^5$ Pa（Pascals）

＝1.013 bar（巴）

＝1013 millibar（毫巴）

(5) 壓力換算

1 kg/cm² ＝98.0667 kPa＝0.980667 bar

1 micron＝1 $\mu$＝$10^{-6}$ mHg＝$10^{-3}$ mmHg

1 torr＝1 mmHg

**2.** 分壓定律

由多種氣體混合組成的氣體，其總壓力爲各組成氣體分壓力的和，謂之道爾頓定律又稱分壓定律。

(1) 濕空氣之壓力等於乾空氣分壓力及水蒸氣分壓力之和。

$$P=P_a+P_v \tag{5.1}$$

$P$：濕空氣全壓力，mmHg

$P_a$：乾空氣分壓力，mmHg

$P_v$：水蒸氣分壓力，mmHg

(2) 濕空氣之重量爲乾空氣重量及水蒸氣重量之和。

$$m=m_a+m_v \tag{5.2}$$

∴濕空氣重量＝單位重量之乾空氣 1 kg＋$x$ kg 水蒸氣重量

＝（1＋$x$）kg

### 5.2-3 濕空氣的相關術語

1. 乾球溫度DBT（dry bulb temperature）

用普通溫度計所測得之空氣溫度。

2. 濕球溫度WBT（wet bulb temperature）

以濕布、濕棉紗包著溫度計之感溫球，在絕熱狀態下所測得之空氣溫度稱爲濕球溫度。

空氣愈乾燥，則濕布水份蒸發愈快，濕球溫度指示値愈低。反之，空氣愈潮濕，則濕布水份蒸發少，因此濕球溫度指示値較高。可知乾燥空氣其乾濕球溫度差大，潮濕空氣其乾濕球溫度差小。

3. 露點溫度DPT（dew point temperature）

當空氣被冷却，空氣中的水份開始凝結成水滴時之溫度。

4. 相對濕度RH（relative humidity）：代號$\phi$

在同一溫度條件下，實際空氣之水蒸氣壓力與飽和水蒸氣壓力之比值。

$$\phi = \frac{h}{h_s} 100\% \qquad (5.3)$$

$$RH = \frac{\text{同一溫度時實際濕空氣的水蒸氣分壓力 } h \text{ mmHg}}{\text{同一溫度時飽和濕空氣的水蒸氣分壓力 } h_s \text{ mmHg}} 100\%$$

5. 飽和度SD（saturated degree）代號$\psi$

$$\psi = \frac{x}{x_s} 100\%$$

$$S.D = \frac{\text{同一溫度條件下實際濕空氣之絕對濕度 } x \text{ kg/kg}}{\text{同一溫度條件下飽和空氣之絕對濕度 } x_s \text{ kg/kg}} 100\%$$

6. 絕對濕度$x$（absolute humidity）

在任一狀況下，每單位重量之乾空氣中，實際含有之水蒸氣重量。其單位爲kg/kg（乾空氣）。亦即濕空氣重量爲1 kg乾空氣＋$x$ kg水蒸氣。絕對濕度英制單位爲grains/lb。

其單位換算

1 lb＝7000 grains（喱）

1 kg＝2.2 lb＝15400 grains（喱）

### 5.2-4 濕空氣之焓

濕空氣重量＝1 kg 乾空氣＋ $x$ kg 水蒸氣

∴ 濕空氣之焓＝$C_a t + i_w$　　kcal/kg

$$= 0.24\,t + (597.3 + 0.441\,t)\,x \qquad (5.5)$$

式中　$C_a$：乾空氣比熱，0.24

$t$：濕空氣之溫度，°C

$i_w$：$t$ °C水蒸氣 $x$ kg之熱量，kcal/kg

0 °C 水之蒸發潛熱：597.3 kcal/kg

水蒸氣比熱：0.441

$x$：水蒸氣之含水量，kg/kg

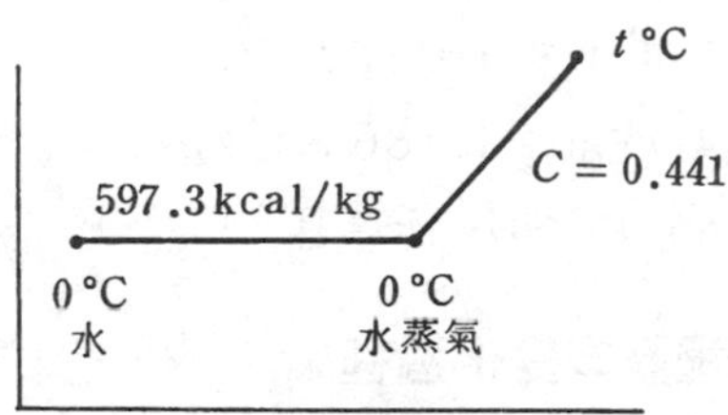


圖 5.6　水蒸氣的焓

## 5.3 空氣線圖

### 5.3-1 空氣線圖之特性與結構

空氣線圖係在一定大氣壓下表示濕空氣之性質於一線圖者，如圖5.7所示。空氣性質有下列等值線：

(1) 乾球溫度DB ( dry bulb temperature )

(2) 濕球溫度WB ( wet bulb temperature )

(3) 相對濕度RH ( relative humidity )

(4) 露點溫度DP ( dew point temperature )

(5) 絕對濕度 $x$ ( absolute humidity )

(6) 焓 $H$ ( enthalpy )

(7) 比容Sp.V ( specific volume )

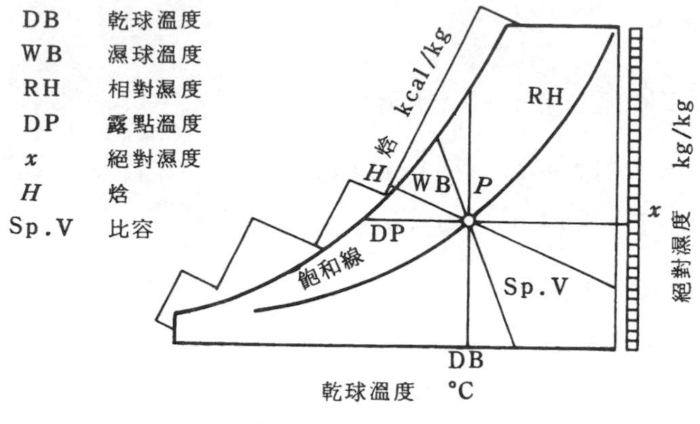


圖 5.7 空氣線圖基本結構

空氣線圖有公制及國際標準SI制，如圖5.8、5.9所示。其單位換算為

(1) 大氣壓力 760 mmHg = 101.325 kPa

(2) 焓 1 kcal/kg = 4.186 KJ/kg

KJ：Kilojoule 仟焦耳

## 5.3-2 空氣調節的八種基本變化過程

空氣調節的各種過程包括冷卻、加熱、加濕、減濕及空氣的混合，均可在空氣線圖表示，如圖5.10所示。

**1.** *OA*：等溫加濕過程

乾球溫度不變，絕對濕度增加。

**2.** *OB*：加熱加濕過程

在空氣中噴射熱水或熱蒸氣、乾球溫度及絕對濕度均增加。

**3.** *OC*：顯熱加熱過程

用加熱器加熱，則乾球溫度增加，絕對濕度不變。

**4.** *OD*：加熱減濕過程

化學除濕時，吸濕材料吸收空氣中的水蒸氣凝結成水滴，排出凝結潛熱，空氣乾球溫度增加，絕對濕度減少。

**5.** *OE*：等溫減濕過程

機械除濕機除濕時，乾球溫度不變，絕對濕度減少。

**6.** *OF*：冷卻除濕過程

冷氣機之冷卻盤管具有冷卻除濕功能，乾球溫度及絕對濕度均減少。

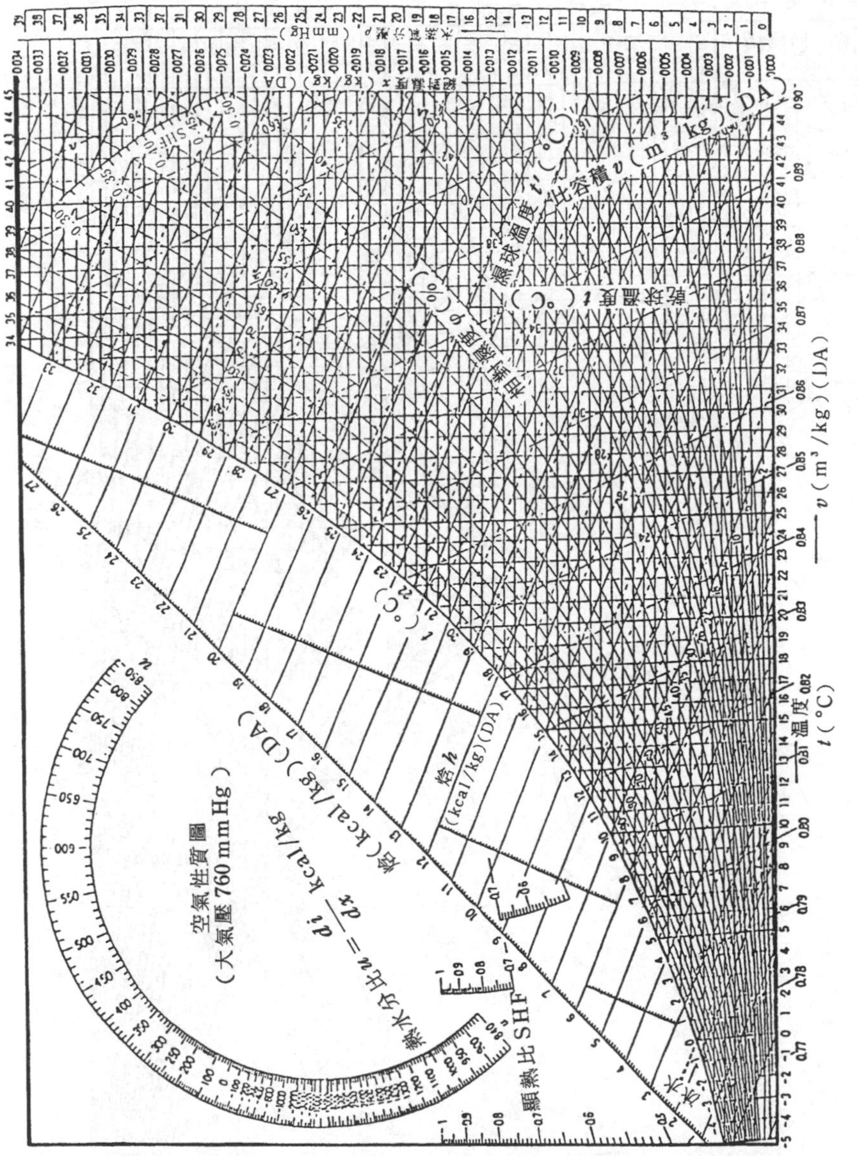
空氣性質圖
(大氣壓 760 mmHg)
顯熱比 SHF
熱水分比 $u = \frac{di}{dx}$ kcal/kg
焓 (kcal/kg)(DA)
相對濕度 φ (%)
濕球溫度 t' (°C)
比容積 v (m³/kg)(DA)
乾球溫度 t (°C)
溫度 t (°C)
v (m³/kg)(DA)

圖 5.8　空氣線圖（公制）

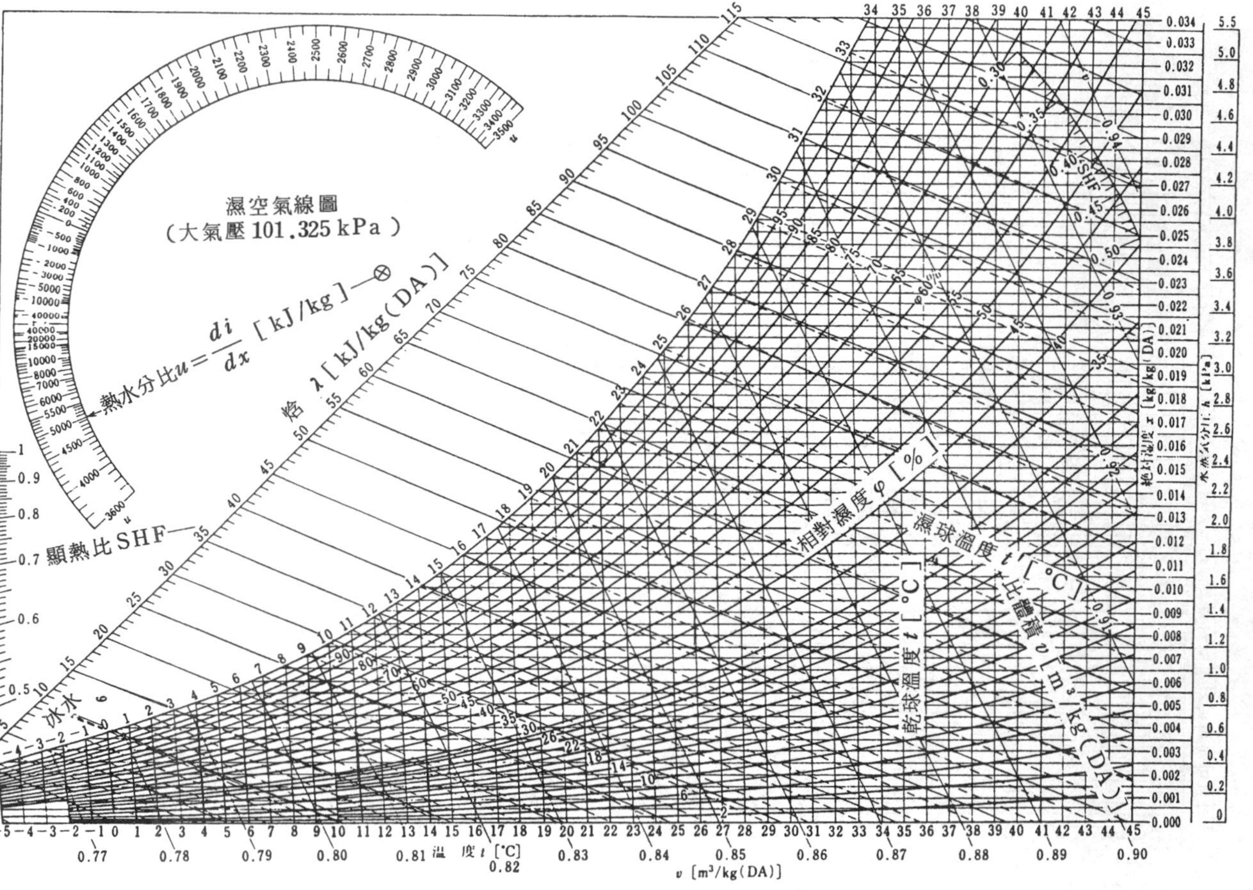
濕空氣線圖
（大氣壓 101.325 kPa）
熱水分比 $u = \frac{di}{dx}$ [kJ/kg]
焓 $\lambda$ [kJ/kg(DA)]
顯熱比 SHF
冰水
相對濕度 $\varphi$ [%]
濕球溫度 $t'$ [°C]
比體積 $v$ [m³/kg(DA)]
乾球溫度 $t$ [°C]
溫度 $t$ [°C]
$v$ [m³/kg(DA)]

圖 5.9 空氣線圖（SI 制）

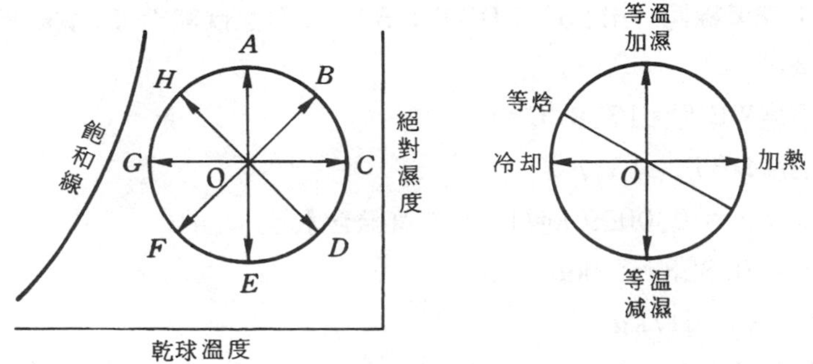


圖 5.10　空氣調節基本變化過程

7. *OG*：顯熱冷却過程

以露點溫度之冷却盤管冷却空氣，乾球溫度減少，絕對濕度不變。

8. *OH*：蒸發冷却過程

以濕球溫度之冰水噴射於空氣中具有蒸發冷却的功能，乾球溫度減少，絕對濕度增加。

## 5.3-3 空氣線圖的用法

若已知空氣之任意兩性質，即可在空氣線圖上定出該狀態點，並據以查出空氣的其他性質，如圖 5.11 所示。

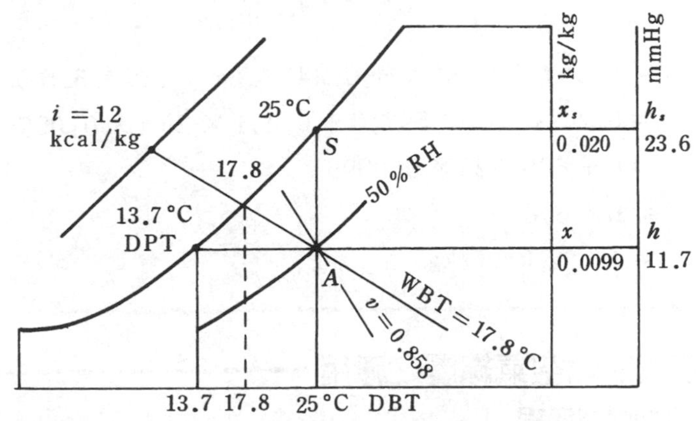


圖 5.11　空氣線圖之應用

【例題 5.1】

已知空氣乾球溫度 25 °C DBT，相對濕度 50 % RH，試求此狀態之空氣其他性質。

**解**：由圖 5.8 空氣線圖定出 25 °C DBT ，50％ RH之狀態點 $A$，其餘性質可由空氣線圖查得：

(1)濕球溫度WBT＝17.8 °C

(2)露點溫度DPT＝13.7 °C

(3)絕對濕度 $x=0.0099$ kg/kg （實際含水量）

(4)比容 $v=0.858\ m^3/kg$

(5)焓 $i=12$ kcal/kg

(6)水蒸氣分壓力 $h=11.7$ mmHg

(7)飽和含水量 $x_s=0.020$ kg/kg

(8)飽和水蒸氣分壓力 $h_s=23.6$ mmHg

證明：

(1)相對濕度 $\phi=\dfrac{h}{h_s}\ 100\%$ （公式 5.3）

$$=\frac{11.7}{23.6}\ 100\%=49.58\%$$

(2)飽和度 $\psi=\dfrac{x}{x_s}\ 100\%$ （公式 5.4）

$$=\frac{0.0099}{0.020}\ 100\%=49.5\%$$

(3)焓 $i=0.24\,t+(597.3+0.441\,t)\,x$ （公式 5.5）

$$=0.24\times25+(597.3+0.441\times25)\times0.0099$$
$$=6+608.325\times0.0099$$
$$=6+6.02$$
$$=12.02\ \text{kcal/kg}$$

## 5.4 空調設備空氣線圖之應用

### 5.4-1 冷卻除濕過程

使用一次冷媒直接膨脹的冷卻盤管，或二次冷媒間接膨脹的冷卻盤管，當空氣經過冷卻盤管冷卻除濕後，其空氣狀態變化如圖 5.12 。

若已知空氣循環量 $m^3/hr$ 或CMH（cubic meter per hour）或由計算求空氣循環量

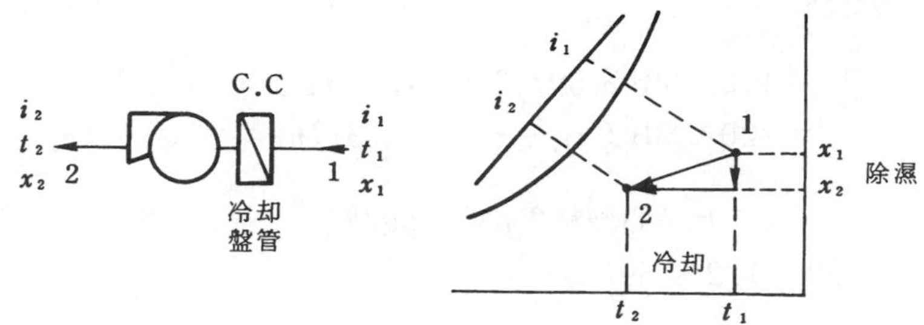


圖 5.12　冷却除濕狀態變化

$$\text{CMH} = 60\, v_a \times A \quad \text{m}^3/\text{hr} \tag{5.6}$$

式中　$v_a$：空氣平均風速，m/sec

**1.** 空氣循環重量

$$G_a = \frac{\text{CMH}}{v} = \frac{\text{CMH}}{0.83} = 1.2\ \text{CMH} \quad \text{kg/hr} \tag{5.7}$$

$G_a$：空氣循環重量，kg/hr

CMH：空氣循環風量，$m^3/hr$

$v$：空氣在常溫時之平均比體積，0.83 $m^3/kg$

**2.** 冷氣能力

$$Q_r = 1.2\ \text{CMH}\,(i_1 - i_2) \quad \text{kcal/hr} \tag{5.8}$$

$i_1$、$i_2$：出入口空氣焓，kcal/kg

**3.** 除濕能力

$$W = 1.2\ \text{CMH}\,(x_1 - x_2) \quad \text{kg/hr} \tag{5.9}$$

$x_1$、$x_2$：出入口空氣含水量，kg/kg

**4.** 冷房顯熱

$$\begin{aligned} Q_s &= 1.2\ \text{CMH} \times 0.24 \times (t_1 - t_2) \\ &= 0.29\ \text{CMH}\,(t_1 - t_2) \quad \text{kcal/hr} \end{aligned} \tag{5.10}$$

$t_1$、$t_2$＝出入口空氣溫度，°C DBT

$0.29 \fallingdotseq 1.2 \times 0.24$

**5.** 冷房潛熱

$$Q_L = 1.2\ \text{CMH} \times 597.3 \times (x_1 - x_2)$$
$$= 720\ \text{CMH}(x_1 - x_2) \quad \text{kcal/hr} \qquad (5.11)$$

$x_1$、$x_2$：出入口空氣含水量，kg/kg

$720 \fallingdotseq 1.2 \times 597.3$

---

**【例題5.2】**

冷氣機空氣循環量爲 3000 CMH（$m^3$/hr），入口空氣狀態 27 °C DBT 50% RH，出口空氣狀態 18 °C DBT，15 °C WBT求冷氣機冷却除濕之各項能力特性，如圖 5.13所示。

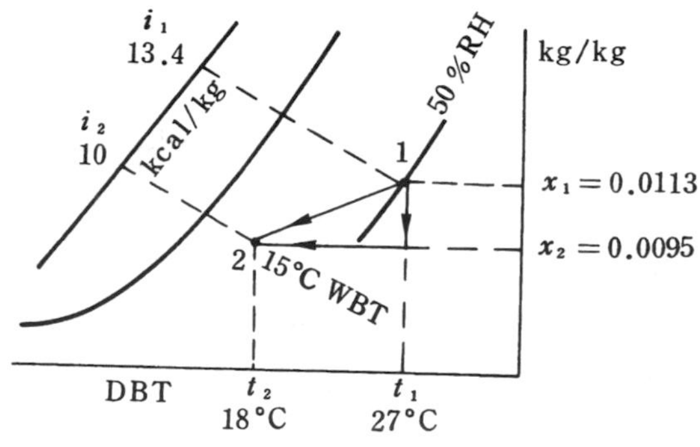


圖5.13 冷氣機冷却除濕的功能

解：已知空氣循環量 3000 CMH

(1)空氣循環重量

$$G_a = 1.2\ \text{CMH} = 1.2 \times 3000 = 3600\ \text{kg/hr}$$

(2)冷氣能力

$$Q_r = 1.2\ \text{CMH}(i_1 - i_2) = 1.2 \times 3000 \times (13.4 - 10)$$
$$= 12240\ \text{kcal/hr}$$

(3)除濕能力

$$W = 1.2\ \text{CMH}(x_1 - x_2) = 1.2 \times 3000 \times (0.0113 - 0.0095)$$
$$= 6.48\ \text{kg/hr}$$

⑷冷房顯熱

$$Q_S = 0.29\ \text{CMH}\ (t_1 - t_2) = 0.29 \times 3000 \times (27 - 18)$$
$$= 9396\ \text{kcal/hr}$$

⑸冷房潛熱

$$Q_L = 720\ \text{CMH}\ (x_1 - x_2) = 720 \times 3600 \times (0.0113 - 0.0095)$$
$$= 4665.6\ \text{kcal/hr}$$

## 5.4-2　顯熱加熱過程

顯熱加熱過程如圖 5.14 所示，將加熱媒體與冷空氣做熱交換，則出口空氣絕對濕度不變，乾球溫度增加，加熱媒體有電熱器或使用熱水、熱蒸氣之加熱盤管以及使用高壓高溫熱氣冷媒之熱泵式暖氣盤管。

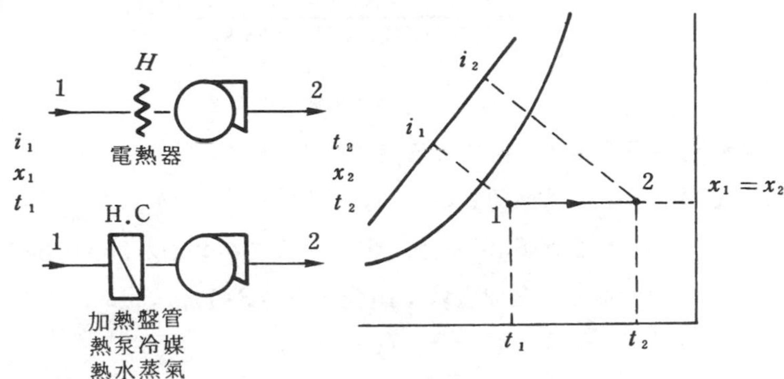


圖 5.14　顯熱加熱過程

顯熱加熱過程若已知空氣循環量為 CMH（$m^3$/hr），則加熱能力

(1)　$$Q = 1.2\ \text{CMH}\ (i_2 - i_1)\quad \text{kcal/hr} \tag{5.12}$$

或用計算可得，已知濕空氣重量為（$1 + x$）kg 。

則乾燥空氣 1 kg 顯熱 $Q_1 = M \cdot S \cdot \Delta T$

$$= 1 \times 0.24 \times (t_2 - t_1) = 0.24\Delta t$$

水蒸氣 $x$ kg 顯熱 $Q_2 = M \cdot S \cdot \Delta T$

$$= x \times 0.441 \times (t_2 - t_1) = 0.441 \cdot \Delta t \cdot x$$

因此濕空氣（$1 + x$）kg 之顯熱

$$q_S = 0.24\,\Delta t + 0.441\,\Delta t \cdot x$$

$$= (0.24 + 0.441\,x)\Delta t \quad \text{kcal/kg} \qquad (5.13\text{-}1)$$

(2) $\therefore Q = 1.2\ \text{CMH}\,(0.24 + 0.44\,x) \cdot (t_2 - t_1)$ kcal/kg (5.13-2)

**【例題 5.3】**

已知空氣循環量 600 CMH ( $m^3$/hr ) ，進入加熱盤管前空氣狀態爲 10 °C DBT 、4 °C WBT ，欲將空氣加熱至 25 °C DBT ，如圖 5.15 所示，求加熱能力若干?

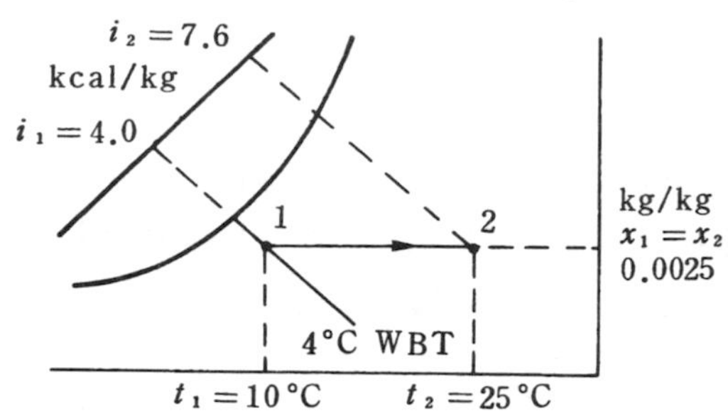


圖 5.15　空氣加熱狀態變化

**解**：已知風量爲 600 CMH ，由公式 5.12

(1)加熱能力 $Q = 1.2\ \text{CMH}\,(i_2 - i_1)$

$$= 1.2 \times 600 \times (7.6 - 4.0) = 2592\ \text{kcal/hr}$$

(2) $(1 + x)$ kg 濕空氣之加熱量，由公式 5.13-1

$$q_S = (0.24 + 0.441\,x)(t_2 - t_1)$$

$$= (0.24 + 0.441 \times 0.0025)(25 - 10)$$

$$= 3.616\ \text{kcal/kg}$$

(3)由公式 5.13-2 計算之加熱能力

$$Q = 1.2\ \text{CMH}\,(0.24 + 0.441\,x)(t_2 - t_1)$$

$$= 1.2 \times 600 \times 3.616 = 2603.5\ \text{kcal/hr}$$

## 5.4-3　加熱加濕過程與熱水份比値

加熱加濕過程如圖 5.16 所示。冬天暖氣，空氣除了用加熱器加熱升溫之外，仍需用水加濕，設空氣循環量爲 $G$ kg/hr ，加熱器加熱量爲 $Q_0$ kcal/hr ，加濕量爲 $W$ kg/hr ，加濕的水焓熱爲 $i_w$ kcal/kg ，由空氣線圖可知空氣由狀態點 1 加熱至狀態 2 ，再加濕至狀態點 3 。

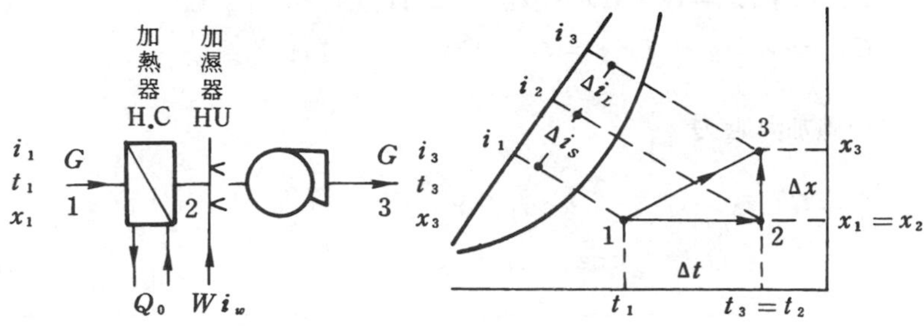


圖 5.16　加熱加濕過程

(1)　由熱平衡關係可求得

$$G i_1 + Q_0 + W i_w = G i_3 \tag{5.14-1}$$

$$G(i_3 - i_1) = Q_0 + W i_w \tag{5.14-2}$$

(2)　由含水量質量平衡關係可求得

$$G x_1 + W = G x_3 \tag{5.15-1}$$

$$G(x_3 - x_1) = W \tag{5.15-2}$$

(3)　$u$ 值又稱爲熱水份比值（moisture ratio）

$$u = \frac{G(i_3 - i_1)}{G(x_3 - x_1)} = \frac{Q_0 + W i_w}{W}$$

$$u = \frac{di}{dx} = \frac{i_3 - i_1}{x_3 - x_1} = \frac{Q_0 + W i_w}{W} \quad \text{kcal/kg} \tag{5.16}$$

(4)　加熱能力

$$Q_0 = G(i_2 - i_1) = G \cdot \Delta i_S \quad \text{kcal/hr} \tag{5.17-1}$$

$$Q_0 = G(0.24 + 0.441 x_1)(t_2 - t_1) \quad \text{kcal/hr} \tag{5.17-2}$$

(5)　加濕量

$$W = G(x_3 - x_2) = G \cdot \Delta x \quad \text{kg/hr} \tag{5.18}$$

(6)　加濕能力

$$Q_L = W i_w = G \cdot \Delta x \cdot i_w \quad \text{kcal/hr} \tag{5.19-1}$$

$$Q_L = G(i_3 - i_2) = G \cdot \Delta i_L \quad \text{kcal/hr} \tag{5.19-2}$$

(7) 總加熱加濕能力

$$Q = G(i_3 - i_1) \quad \text{kcal/hr} \tag{5.20-1}$$

$$Q = Q_0 + Q_L \quad \text{kcal/hr} \tag{5.20-2}$$

---

**【例題 5.4】**

已知某加熱加濕暖氣系統，空氣循環量 5000 CMH，入口空氣狀態爲 15 °C DBT，5 °C WBT，欲加熱加濕爲 22 °C DBT，12 °C WBT，求加熱量及加濕量？

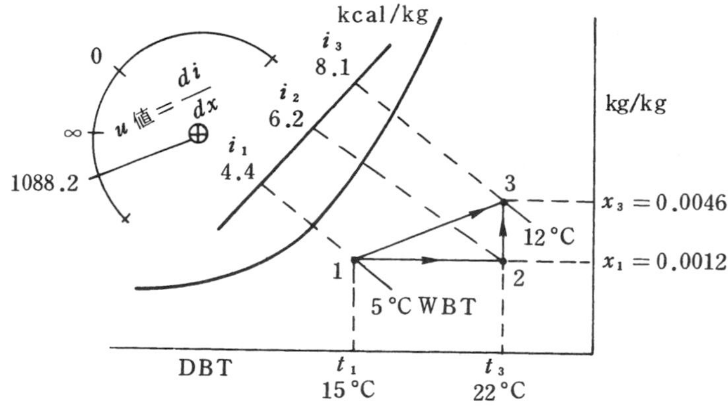


圖 5.17 加熱加濕暖氣系統空氣狀態變化，1-3 與 $u$ 值線平行

**解**：已知空氣循環量爲 5000 CMH

(1)空氣循環風量

$$G = \frac{\text{CMH}}{v} = \frac{\text{CMH}}{0.83} = 1.2\ \text{CMH} = 1.2 \times 5000 = 6000\ \text{kg/hr}$$

$v$ ：平均空氣比容 0.83 $m^3$/kg

(2)總加熱加濕能力（公式 5.20-1）

$$Q = G(i_3 - i_1) = 6000 \times (8.1 - 4.4) = 22200\ \text{kcal/hr}$$

(3)加熱能力（公式 5.17-1）

$$Q_0 = G(i_2 - i_1) = 6000 \times (6.2 - 4.4) = 10800\ \text{kcal/hr}$$

(4)加濕能力（公式 5.19-2）

$$Q_L = G(i_3 - i_2) = 6000 \times (8.1 - 6.2) = 11400 \text{ kcal/hr}$$

(5)加濕量（公式 5.15-2）

$$W = G(x_3 - x_1) = 6000 \times (0.0046 - 0.0012) = 20.4 \text{ kg/hr}$$

(6)熱水份比 $u$ 值

$$u = \frac{i_3 - i_1}{x_3 - x_1} = \frac{8.1 - 4.4}{0.0046 - 0.0012} = \frac{3.7}{0.0034} = 1088.2 \text{ kcal/kg}$$

$$\text{或} \; u = \frac{Q_0 + W i_w}{W} = \frac{Q_0 + Q_L}{W} = \frac{10800 + 11400}{20.4}$$

$$= 1088.2 \text{ kcal/kg}$$

由例題5.4可知由所要求之出入口空氣狀態可設計出所需的加熱量和加濕量，並計算出 $u$ 值。反之適當的控制加熱量及加濕量，則可控制 $u$ 值，亦即可穩定的控制出口空氣狀態。

控制 $u$ 值即可控制出口空氣狀態，亦即空氣狀態變化線1-3與通過 $u$ 值基點⊕爲一平行線，如圖5.17所示。

## 5.4-4 空氣的混合

外氣 $OA$ 與室內回氣 $RA$ 的混合，或雙導管系統冷風與熱風的混合，若在混合過程無熱的出入即是斷熱混合過程，如圖5.18所示。混合空氣狀態點必在外氣與室內回氣狀態點之連線上。

若外氣 $OA$ 之風量爲 $m_1$，回氣 $RA$ 之風量爲 $m_2$，則混合氣 $MA$ 之風量爲 $m_3 = m_1 + m_2$。

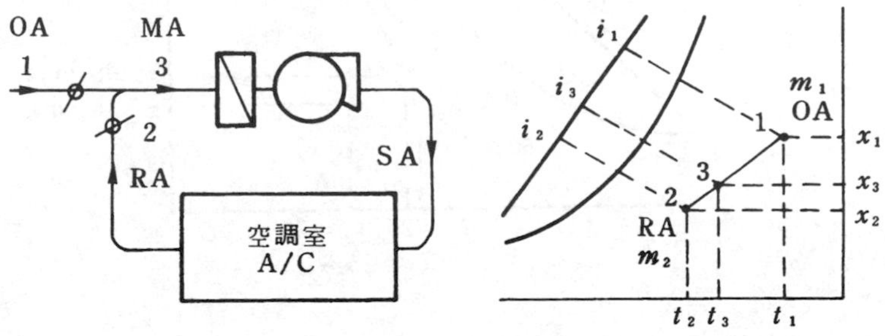


圖5.18　空氣的混合過程

點 1 爲外氣狀態點，點 2 爲回氣狀態點，混合氣的狀態點 3 如下列公式所示。

混合空氣量　$m_3 = m_1 + m_2$　(5.21)

混合氣乾球溫度　$m_1 t_1 + m_2 t_2 = m_3 t_3$

$$t_3 = \frac{m_1 t_1 + m_2 t_2}{m_3} = \frac{m_1 t_1 + m_2 t_2}{m_1 + m_2} \tag{5.22}$$

混合氣絕對濕度　$m_1 x_1 + m_2 x_2 = m_3 x_3$

$$x_3 = \frac{m_1 x_1 + m_2 x_2}{m_3} = \frac{m_1 x_1 + m_2 x_2}{m_1 + m_2} \tag{5.23}$$

混合氣焓　$m_1 i_1 + m_2 i_2 = m_3 i_3$

$$i_3 = \frac{m_1 i_1 + m_2 i_2}{m_3} = \frac{m_1 i_1 + m_2 i_2}{m_1 + m_2} \tag{5.24}$$

風量之單位有下列表示方式：

(1)　CMM ( Cubic Meter Per Minute )：$m^3/min$

(2)　CMH ( Cubic Meter Per Hour )：$m^3/hr$

(3)　CFM ( Cubic Foot Per Minute )：ft/min

---

**【例題5.5】**

室內回氣 25 °C DBT，50 % RH，風量 50 CMM，與外氣 30 °C DBT，80 % RH，空氣量 10 CMM相混合，試求混合空氣狀態？

**解：**

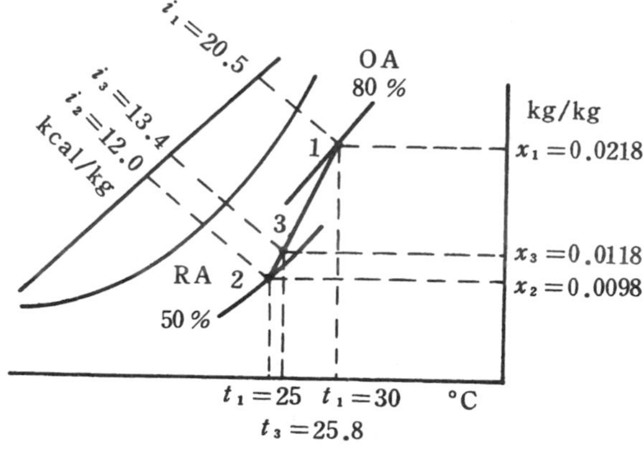


圖 5.19　空氣混合狀態變化

已知外氣 $OA$，$m_1 = 10$ CMM，$t_1 = 30\,°\mathrm{C}$ DBT，$\phi_1 = 80\%$ RH

$i_1 = 20.5$ kcal/kg，$x_1 = 0.0218$ kg/kg

回氣 $RA$，$m_2 = 50$ CMM，$t_2 = 25\,°\mathrm{C}$ DBT，$\phi_2 = 50\%$ RH

$i_2 = 12.0$ kcal/kg，$x_2 = 0.0098$ kg/kg

(1)混合空氣量（公式 5.21）

$$m_3 = m_1 + m_2 = 10 + 50 = 60 \text{ CMM}$$

(2)混合氣乾球溫度（公式 5.22）

$$t_3 = \frac{m_1 t_1 + m_2 t_2}{m_3} = \frac{10 \times 30 + 50 \times 25}{60} = 25.8\,°\mathrm{C}\text{ DBT}$$

(3)混合氣絕對濕度（公式 5.23）

$$x_3 = \frac{m_1 x_1 + m_2 x_2}{m_3} = \frac{10 \times 0.0218 + 50 \times 0.0098}{60}$$

$$= 0.0118 \text{ kg/kg}$$

(4)混合氣焓（公式5.24）

$$i_3 = \frac{m_1 i_1 + m_2 i_2}{m_3} = \frac{10 \times 20.5 + 50 \times 12}{60} = 13.41 \text{ kcal/kg}$$

---

## 5.4-5　顯熱比、裝置露點溫度與旁路係數

在空氣混合、冷却除濕過程中，空氣調節室之冷房熱負荷包括顯熱負荷 $Q_S$ 及潛熱負荷 $Q_L$，分述如下。

**1.** 顯熱負荷 $Q_S$（sensible heat load）

(1) 輻射熱負荷：玻璃輻射熱

(2) 傳導熱負荷：

① 玻璃傳導熱

② 牆壁傳導熱（外壁）

③ 天地板傳導熱

④ 地板傳導熱

⑤ 隔牆傳導熱

(3) 人員熱負荷

(4) 器具、燈力熱負荷

(5) 洩漏氣熱負荷

⑹ 換氣熱負荷

**2.** 潛熱負荷$Q_L$（latent heat load）

⑴ 人員潛熱負荷

⑵ 洩漏氣潛熱負荷

⑶ 換氣潛熱負荷

⑷ 其他潛熱負荷，如茶、咖啡、湯等。

**3.** 顯熱比SHF（sensible heat factor）

空氣調節熱負荷顯熱比為顯熱負荷與總熱負荷之比值。

$$SHF = \frac{Q_S}{Q_T} = \frac{Q_S}{Q_S + Q_L} \qquad (5.25)$$

$Q_S$：顯熱負荷，kcal

$Q_L$：潛熱負荷，kcal

$Q_T$：總熱負荷，kcal

**4.** 裝置露點溫度ADPT（apparatus dew point temperature）

空調箱內與空氣接觸的盤管（coil）表面各點溫度並不相同。但在理論上可假定有一均勻的表面溫度，當空氣通過此均勻表面溫度的盤管時，空氣與盤管作熱交換，熱交換量必定相同，即空氣排出減少的熱量必定是盤管所吸收的熱量，此有效表面溫度又稱為裝置露點溫度（apparatus dew point temperature）ADPT。

在冷却除濕過程上，裝置露點溫度ADPT即是顯熱比線SHF與飽和線之交點。

若已知SHF值，則先畫一條通過基點⊕之SHF參考線，再畫一條通過混合氣MA狀態點與SHF參考線相平行的線與飽和線之交點即可求得ADPT，如圖5.20所示。

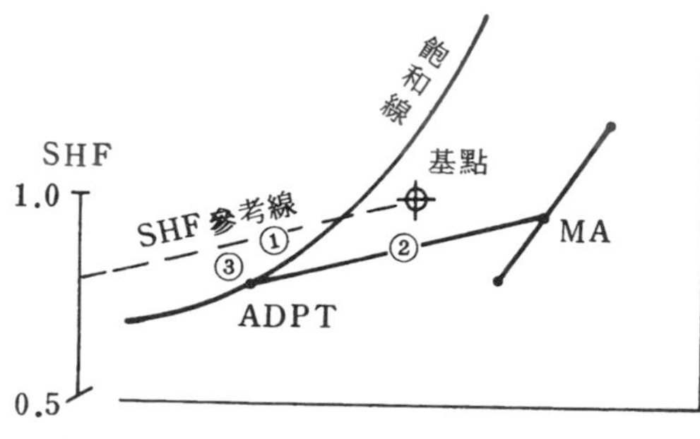


步驟：
⑴先畫SHF參考線
⑵再畫通過MA點之平行線
⑶與飽和線之交點即為ADPT

圖5.20 裝置露點溫度ADPT求法

**5.** 旁路係數BF（by-pass factor）

當混合氣MA通過冷卻盤管CC，因其熱交換之效率必小於1，因此有部份空氣不與盤管表面接觸，而旁路直接進入室內，如圖5.21所示，影響旁路係數的因素有：

(1) 盤管熱交換鰭片之間隙密度。

(2) 盤管之排數。

(3) 通過盤管之風速。

由圖5.21可求得盤管熱交換之：

(1) 旁路係數BF（by-pass factor）

$$BF=\frac{t_s-t_a}{t_m-t_a} \tag{5.26}$$

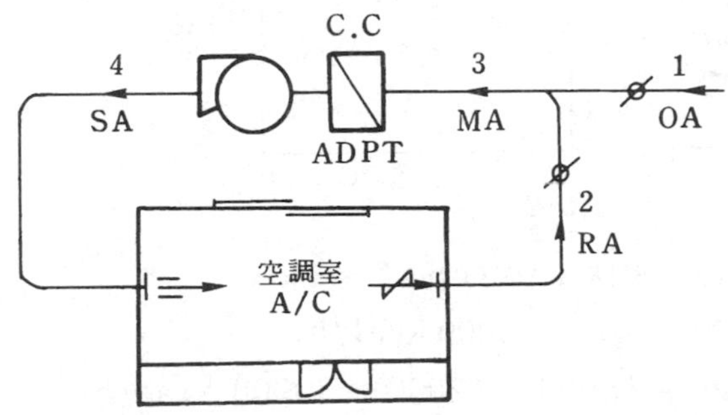


| | |
|---|---|
| OA | ：外　氣 |
| RA | ：回　氣 |
| MA | ：混合氣 |
| SA | ：送　氣 |
| CC | ：冷卻盤管 |
| ADPT | ：裝置露點溫度 |
| BF | ：旁路係數 |
| 1-BF | ：接觸係數 |
| SHF | ：顯熱比 |
| A/C | ：空氣調節 |

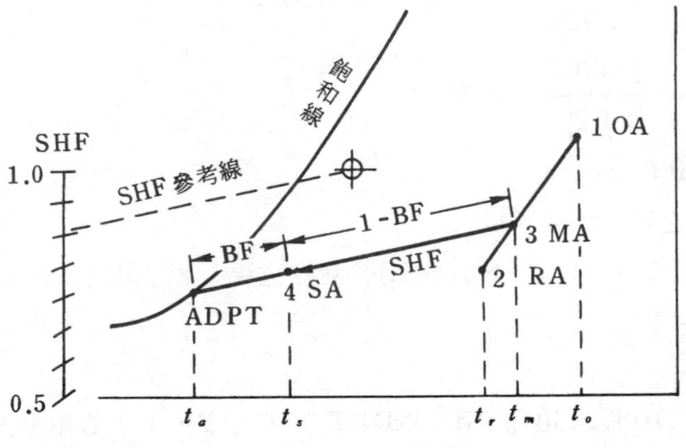


圖5.21　空氣混合、冷卻除濕過程

⑵ 接觸係數CF（contact factor）

$$CF = 1 - BF = \frac{t_m - t_s}{t_m - t_a} \tag{5.27}$$

---

【例題5.6】

有一空調系統，冷房顯熱負荷爲18000 kcal/hr，潛熱負荷爲12000 kcal/hr，進入盤管之空氣狀態爲27 °C DBT，50％RH，盤管之旁路係數0.3，如圖5.22所示。求所需冷凍噸，裝置露點溫度及出口空氣狀態。

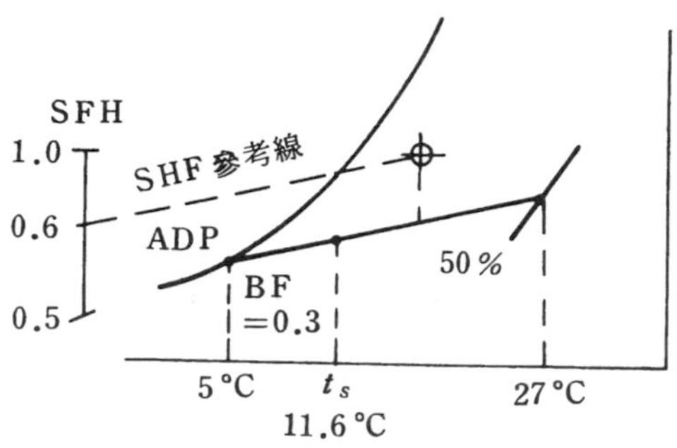


圖5.22 SHF、ADPT及BF之作用

**解**：已知$Q_S$ = 18000 kcal/hr，$Q_L$ = 12000 kcal/hr

⑴總熱負荷 $Q_T = Q_S + Q_L = 18000 + 12000 = 30000$ kcal/hr

⑵冷凍噸 $RT = \frac{Q}{3024} = \frac{30000}{3024} = 9.92 \fallingdotseq 10$ USRT

⑶顯熱比 $SHF = \frac{Q_S}{Q_T} = \frac{18000}{30000} = 0.6$

⑷求裝置露點溫度ADPT

①先畫SHF＝0.6之顯熱比參考線

②再畫通過27 °C DBT、50％RH與SHF參考線之平行線，與飽和線之交點，即爲ADPT＝5 °C。

⑸求出口空氣狀態

已知入口空氣27 °C DBT，50％RH，ADPT 5 °C，BF＝0.3由公式5.26

$$BF = \frac{t_s - t_a}{t_m - t_a}$$

$$0.3 = \frac{t_s - t_a}{t_m - t_a} = \frac{t_s - 5}{27 - 5} = \frac{t_s - 5}{22}$$

$$t_s - 5 = 22 \times 0.3 = 6.6$$

$$t_s = 6.6 + 5 = 11.6 \text{ °C}$$

## 習題5

**5.1** 空調術語解釋

| | | |
|---|---|---|
| (1) CC | (2) HC | (3) AH |
| (4) FC | (5) DH | (6) SA |
| (7) RA | (8) EA | (9) MA |
| (10) WP | (11) CT | (12) SHF |
| (13) ADPT | (14) CMM | (15) CFM |

**5.2** 空調設備包括那些裝置，簡述之。

**5.3** 大氣壓力有那幾種表示方法？

**5.4** 查空氣線圖求 30 °C DBT，80% RH 時之空氣性質，並求$\phi$、$\psi$及$i$值？

**5.5** 繪簡圖表示空氣線圖各等值線相關位置。

**5.6** 繪圖說明空氣調節八種基本變化過程。

**5.7** 將 1000 CMH、5 °C DBT、4 °C WBT 之低溫濕空氣導入空調箱加熱盤管加熱後，空氣溫度上升至 30 °C DBT，試求加熱量？

**5.8** 外氣 70 CMM、35 °C DBT、23 °C WBT，室內回氣 180 CMM、25 °C DBT、50% RH，求混合後之空氣狀態。

空氣調節應採用何種方式較適當，一般而言，應考慮下列因素再作決定。①裝置目的，②使用場所、用途，③設備費，④運轉及維護費，⑤管理及控制方式，⑥建築結構，⑦地區環境條件。

## 6.1 冷房負荷

### 6.1-1 冷房負荷的種類

冷房負荷如圖6.1所示，包括顯熱 $q_S$ 及潛熱 $q_L$ ，請參考表6.1 。

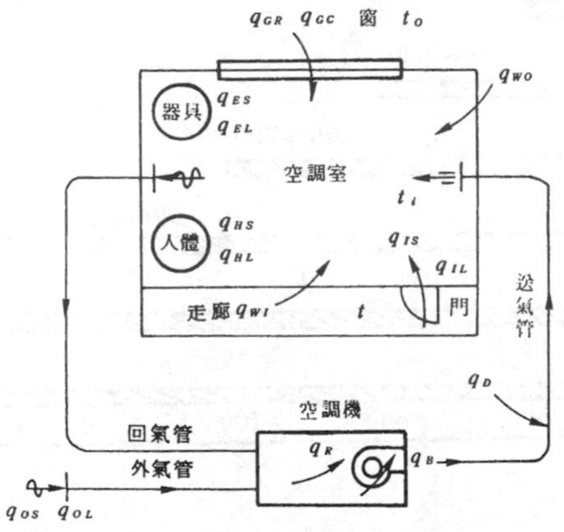


圖6.1　冷房負荷構成要素

表6.1 冷房負荷構成要素

| 種 類 | 內 容 | 顯熱 | 潛熱 |
|---|---|---|---|
| 室內取得熱負荷 | 外壁、屋頂傳導熱 | $q_{WO}$ | — |
| | 內壁、地板傳導熱 | $q_{WI}$ | — |
| | 窗傳導熱 | $q_{GR}$ | — |
| | 窗輻射熱 | $q_{GC}$ | — |
| | 洩漏氣 | $q_{IS}$ | $q_{IL}$ |
| | 人 體 | $q_{HS}$ | $q_{HL}$ |
| | 器 具 | $q_{ES}$ | $q_{EL}$ |
| 機器取得熱負荷 | 送風機 | $q_B$ | — |
| | 導風管 | $q_D$ | — |
| 再熱負荷 | 再熱器 | $q_R$ | — |
| 外氣負荷 | 換 氣 | $q_{OS}$ | $q_{OL}$ |

## 6.1-2 冷房負荷概估

空氣調節由於使用的場所不一樣，而且房子的高度也不一樣，因此每坪地板面積所需之冷房能力也不一樣，請參考圖6.2。

**1.** 地板面積

地板面積以$M^2$為單位，也可換算成坪數。

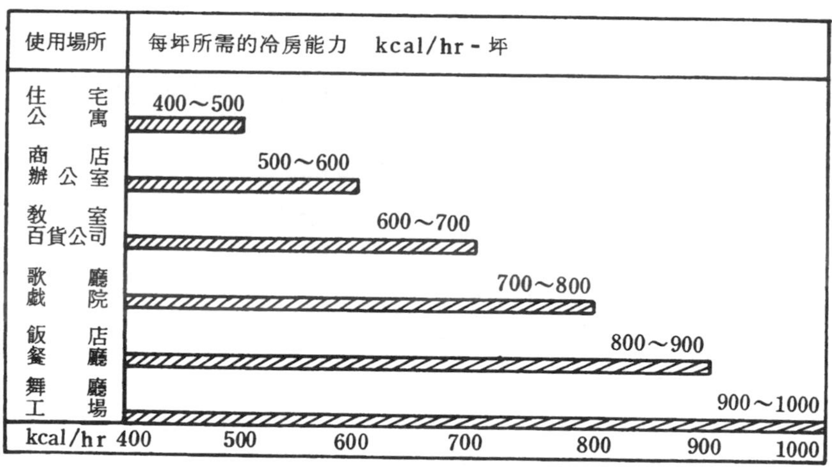


圖6.2 地板面積每坪所需的冷房能力

$1\ M^2 = 0.3025$ 坪

1坪 $= 3.3\ M^2$

**2.** 冷房能力概估

由圖6.2所示，一般住宅每坪所需之冷房能力約爲400～500 kcal/hr 或1600～2000 BTU/hr 。

1 kcal = 3.968 BTU ≒ 4 BTU

---

**【例題6.1】**

某家庭住宅臥室，面積爲5 M× 4 M，求應裝多大冷房能力之冷氣機？

**解**：臥室面積＝5 M× 4 M＝ $20\ M^2$

＝20 × 0.3025 ＝6.05坪

冷氣機所需之冷房能力每坪約400～500 kcal/hr

冷房能力：

6.05 × 400 ＝2420　kcal/hr ，選用2500 kcal/hr

6.05 × 450 ＝2722.5 kcal/hr ，選用3000 kcal/hr

6.05 × 500 ＝3025　kcal/hr ，選用3200 kcal/hr

6坪臥室如室內熱負荷少，不抽煙換氣量少，屋頂、牆壁日曬少，冷氣洩漏量少時可選用2500 kcal/hr 冷房能力的冷氣機，否則應選用3000 kcal/hr 或3200 kcal/hr 之冷氣機。

---

**例題6.2**

窗型冷氣機之冷房能力爲2500 kcal/hr ，可適用於多大坪數之家庭住宅？

**解**：家庭住宅所需之冷房能力約爲400～500 kcal/hr

表6.2　窗型冷氣機適用之坪數

| 冷房能力 | 每坪所需之冷房能力 | | | 適用坪數 |
|---|---|---|---|---|
| | 400 kcal/hr | 450 kcal/hr | 500 kcal/hr | |
| 2000 kcal/hr | 5　坪 | 4.5坪 | 4坪 | 4～5　坪 |
| 2500 kcal/hr | 6.25坪 | 5.5坪 | 5坪 | 5～6　坪 |
| 3000 kcal/hr | 7.5　坪 | 6.6坪 | 6坪 | 6～7.5坪 |
| 3500 kcal/hr | 8.7　坪 | 7.7坪 | 7坪 | 7～8.5坪 |

由表 6.2 可知，冷房能力 2500 kcal/hr 之窗型冷氣機，適用範圍 4～5 坪，冷房負荷較大時，只適用 4 坪房間使用，冷房負荷較小時，適用 5 坪房間使用。

---

**【例題 6.3】**

某教室面積爲 10M 長，8M 寬，學生人數約 50 人，估算所需之冷房能力及冷凍噸?

**解：** 學生 50 人之教室，屬於熱負荷偏大的冷房，由圖 6.2 可知，教室所需之冷房能力約 600～700 kcal/hr - 坪，假設選用 700 kcal/hr 。

(1)教室面積爲

$10\,M\times 8\,M = 80\,M^2$ （$1\,M^2 = 0.3025$ 坪）

$80 \times 0.3025 = 24.2$ 坪

(2)冷房能力 $= 24.2 \times 700 = 16940$ kcal/hr

(3)冷凍噸 $= 16940/3024 = 5.6$ USRT （1 USRT = 3024 kcal/hr）

---

## 6.2 空氣調節的方式

空氣調節有下列方式：

**1.** 依據熱媒搬送的方式分類

(1) 全空氣方式

(2) 水 - 空氣方式

(3) 全水方式

(4) 冷媒方式

**2.** 由空氣調節機設置方式分類

(1) 中央系統方式

(2) 個別方式

① 箱型冷暖氣機 ③ 分離式冷暖氣機

② 窗型冷暖氣機

**3.** 由熱源供給方式分類

(1) 單熱源方式：如冰水機組 。

(2) 複熱源方式：如冰水機組和鍋爐 。

## 6.3 空氣調節由熱媒搬送方式之分類

空氣調節由熱媒搬送方式可分爲：

**1.** 全空氣方式（all air system）

(1) 固定風量系統CAV（constant air volume system）

① 單一導管系統（single duct system）

② 多區域系統（multi zone unit system）

(2) 可變風量系統VAV（variable air volume system）

(3) 雙導管系統（dual duct system）

**2.** 水－空氣方式（air-water system）

(1) 多層個別式（separated floor unit system）

(2) 誘導式（induction unit system）

**3.** 全水方式（all water system）

(1) 送風機組方式FC（fan coil unit system）

**4.** 冷媒方式（refrigerant system）

(1) 直接膨脹型中央空調系統（direct expansion system）

(2) 箱型冷氣機（packaged type air conditioner）

(3) 窗型冷暖氣機（window type air conditioner）

(4) 分離式冷暖氣機　(5) 熱泵方式（heat pump system）

## 6.4 全空氣方式

**1.** 全空氣方式之熱源有二：

(1) 冰水機組（chilling unit）：製造冷房用低溫冰水。

(2) 鍋爐（boiler）：製造暖房用高溫熱水。

**2.** 熱媒輸送裝置

(1) 水泵浦（water pump）：輸送冰水或熱水至空調箱盤管與空氣熱交換。

(2) 送風機（blower）：强迫空氣循環與盤管內之冰水或熱水熱交換，產生冷氣或暖氣。

**3.** 空調裝置

(1) 空氣調節機AH（air handling）

空調機內有送風機（blower），熱交換盤管（coil），空氣過濾器（air filter）及節氣板（dampers）。

(2) 風管（duct）

① 送氣導管SA（supply air duct）

② 回氣導管RA（return air duct）

③ 排氣導管EA（exhaust air duct）

④ 外氣導管OA（outside air duct）

全空氣方式表示在空氣調節室內，冷暖氣的供氣及循環，完全由風管方式供應，稱爲全空氣方式，如圖6.3所示。

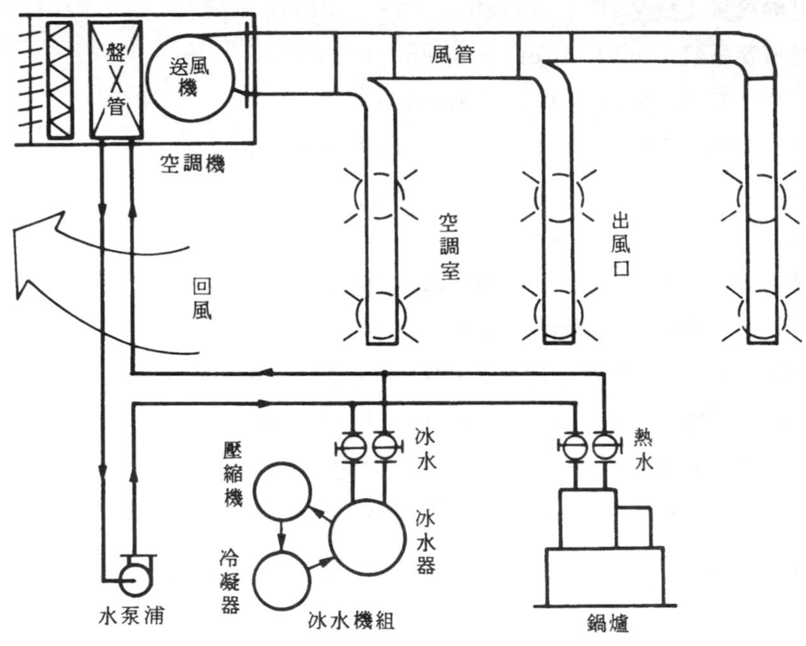


圖6.3 全空氣方式空調系統

## 6.4-1 固定風量系統

1. 單導管（single duct）：係指由送風管至出風口，無論幹管或分歧管，每一出風口送出的空氣條件皆相同者。
2. 固定風量（constant air volume）：係指由風管及出風口所送出之空氣量固定不變者。

全氣式單一導管固定風量系統請參考圖6.4所示。

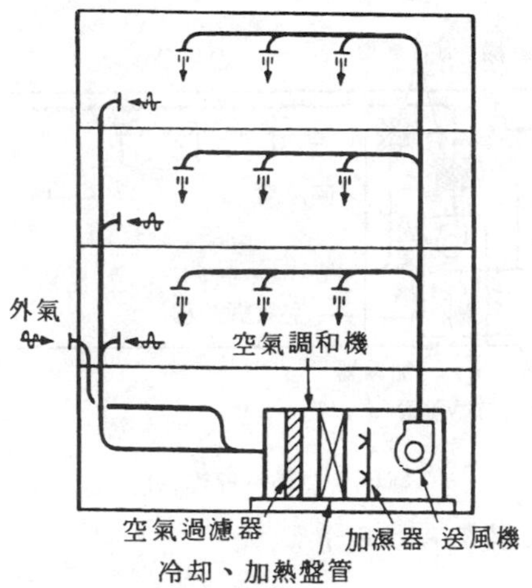


圖 6.4　全氣式單一導管 固定風量系統

## 6.4-2 單一導管系統

(1) 單一導管冷暖氣系統，請參考圖 6.5 。

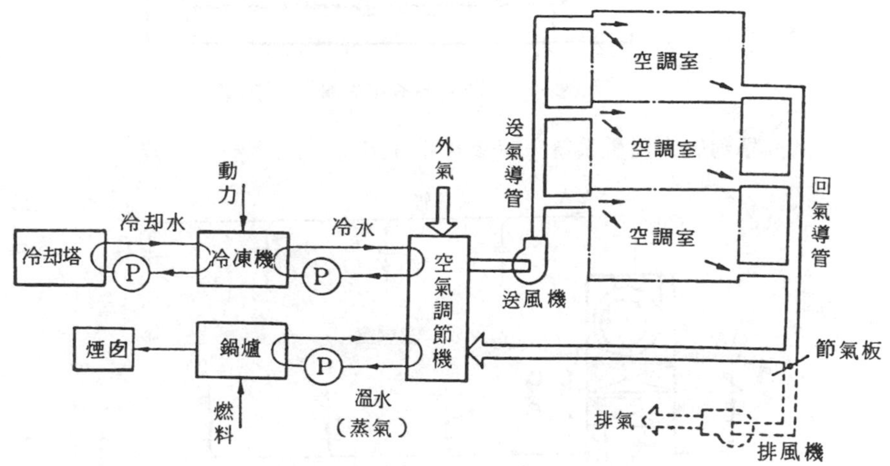


圖 6.5　單一導管冷暖氣系統

(2) 單一導管系統，請參考圖 6.6 。

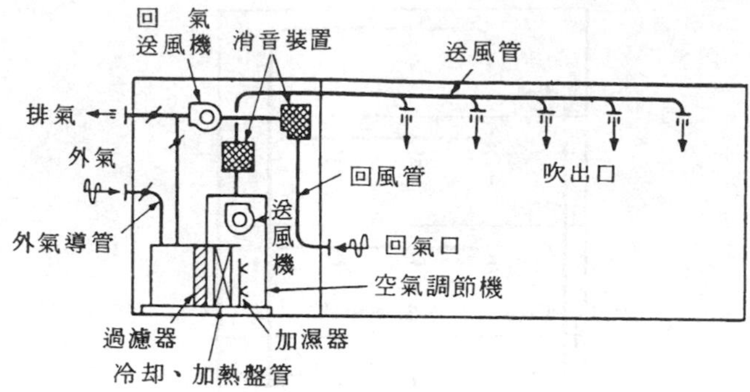


圖6.6 單一導管系統

(3) 單一導管平面圖，請參考圖6.7。

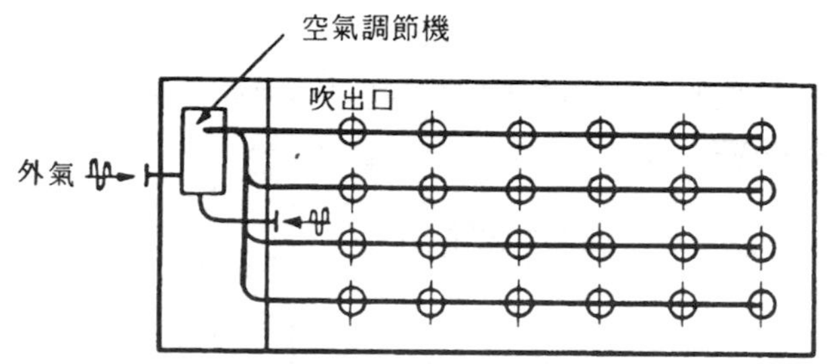


圖6.7 單一導管平面圖

(4) 全氣式單導管定風量系統，請參考圖6.8。

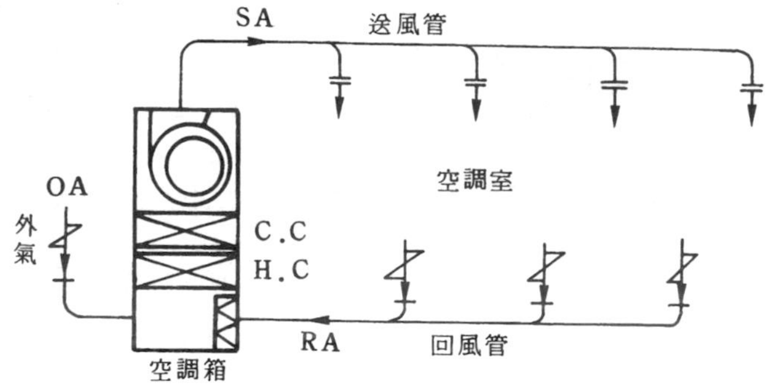


圖6.8 全氣式單導管定風量系統

(5) 使用回風機之單導管定風量系統，請參考圖6.9。

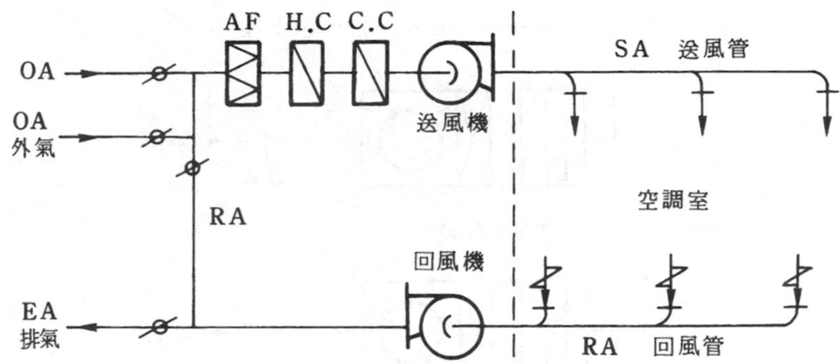


圖 6.9　使用回風機之單導管定風量系統

## 6.4-3 多區域系統

在同一建築物之空氣調節，由於方位之不同，東、西、南、北區每一區域所得到的太陽輻射熱皆不相同，或同一層建築物，如百貨公司，由於使用情況不盡相同，有熱食區、冷飲區等，每一區域所需之空氣條件亦不相同，因此需要分成多區域從事空氣調節，稱爲區域空氣調節方式，如圖 6.10 所示。

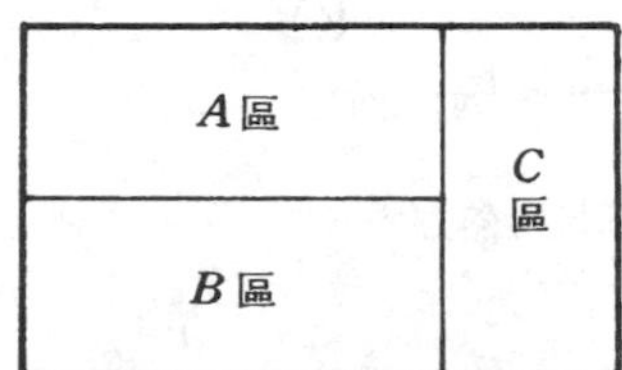


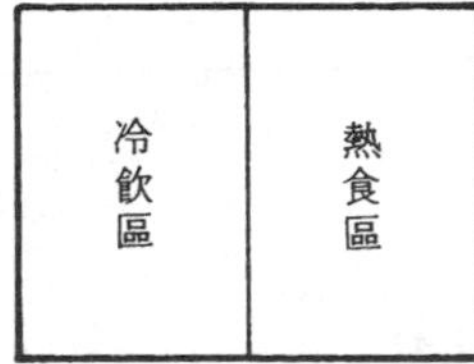


圖 6.10　分區調節方式

**1.** 區域個別調節方式

每一區域由一獨立之空氣調節機分別控制其所需要之溫度及濕度，如圖 6.11 所示。

**2.** 區域再熱方式

區域再熱方式，如圖 6.12 所示。爲在每一區之分歧送風管上，使用一再熱器將空氣再熱，如圖 6.13 所示。因此每一區之溫度、濕度條件各不相同。

**3.** 空氣混合區域調節方式

在空調機內，冷却盤管與加熱盤管並列設置產生冷風與溫風，利用送風管混合節氣風門（damper）調節各區所需之空氣，如圖 6.14、6.15 所示。

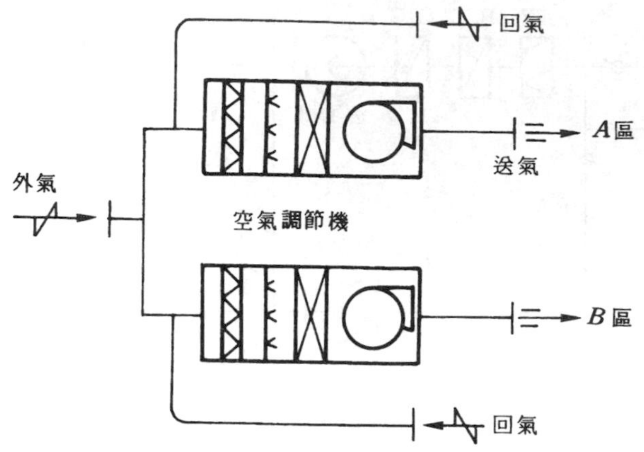


圖 6.11　區域個別調節方式

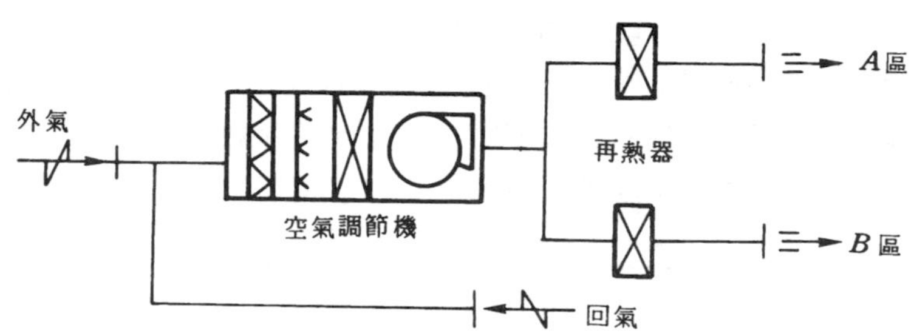


圖 6.12　區域再熱方式

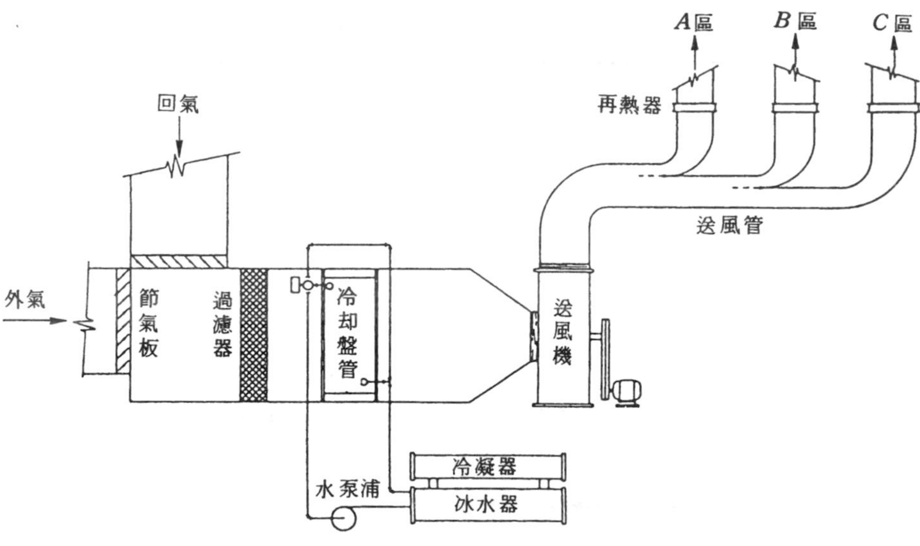


圖 6.13　區域再熱方式

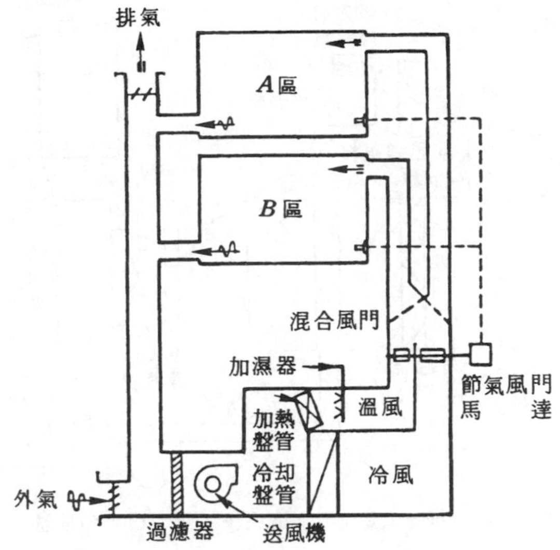


圖6.14　空氣混合區域調節方式

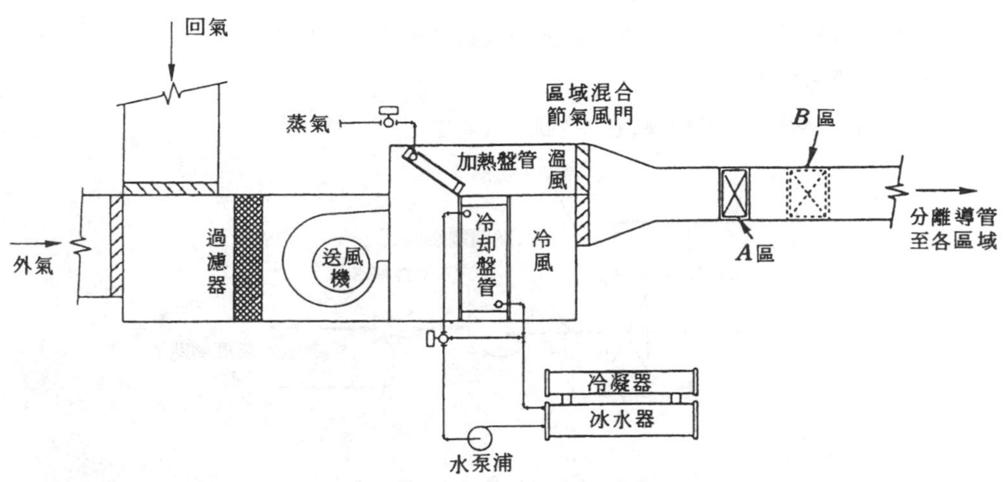


圖6.15　空氣混合區域調節方式

## 6.4-4　可變風量系統

空調空間熱負荷變動時，應用改變風量方式，維持送風溫度一定，則可提高人員舒爽度，亦可節省能源。在全空氣式空調系統，可變風量方式是一種有效常用的節約能源方式。

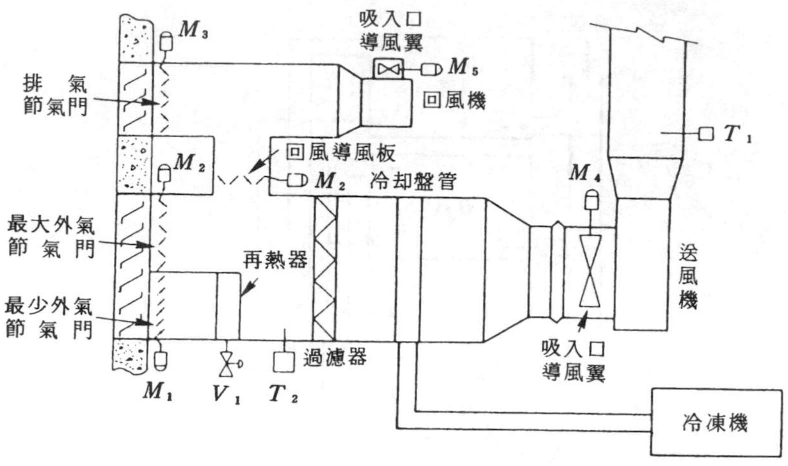


圖 6.16 可變風量定溫空調系統，吸入口可變風量

一般冷氣用離心式送風機，送風馬力數與風量的三次方成正比。

**1.** 吸入口導風翼控制風量方式

圖 6.16 為可變風量定溫空調系統吸入口可變風量的控制方式。

**2.** 送氣口風量控制方式

圖 6.17 為送氣口可變風量的控制方式。

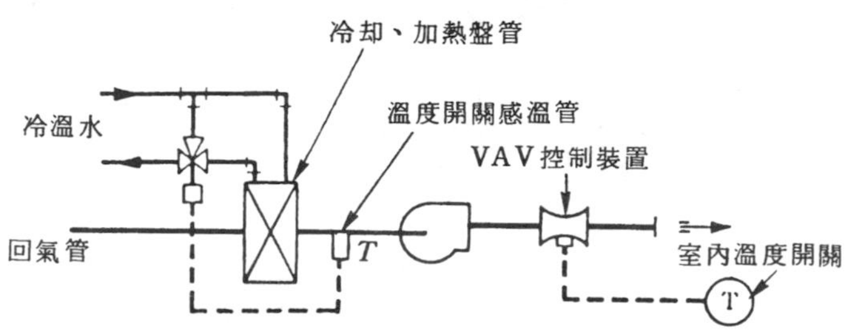


圖 6.17 送氣口可變風量方式

## 6.4-5 雙導管系統

在冷房熱負荷不同或室內空氣條件要求不同之區域空氣調節系統，單一導管空調並無法達到其需求條件，雙導管系統可滿足此要求。

所謂雙導管係有二送風管，一為冷風管，一為暖風管，再利用空氣混合箱（mixture box）混合冷風及暖風，即可控制各個不同之空氣條件。

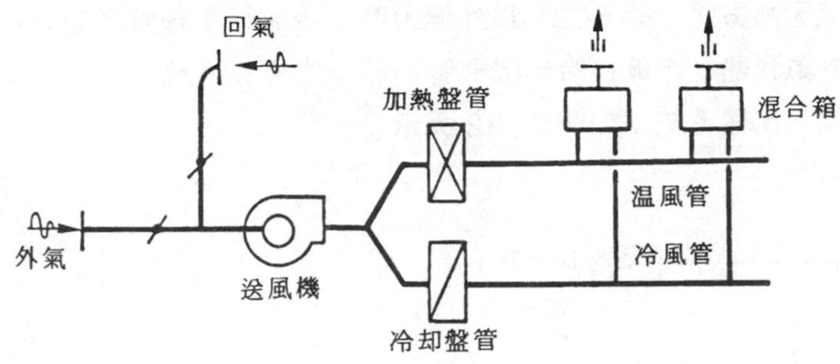


(a)直接外氣

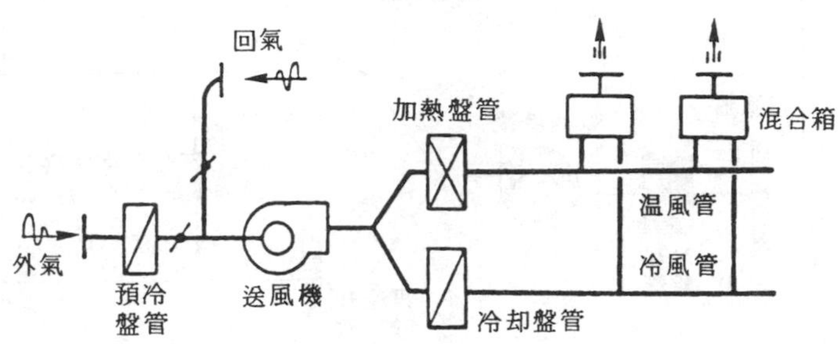


(b)外氣預冷

圖 6.18　雙導管單送風機，無回風機方式

**1. 雙導管單送風機系統**

(1) 無回風機方式，如圖 6.18所示。

(2) 回風機方式

① 直接外氣方式，如圖6.19所示。

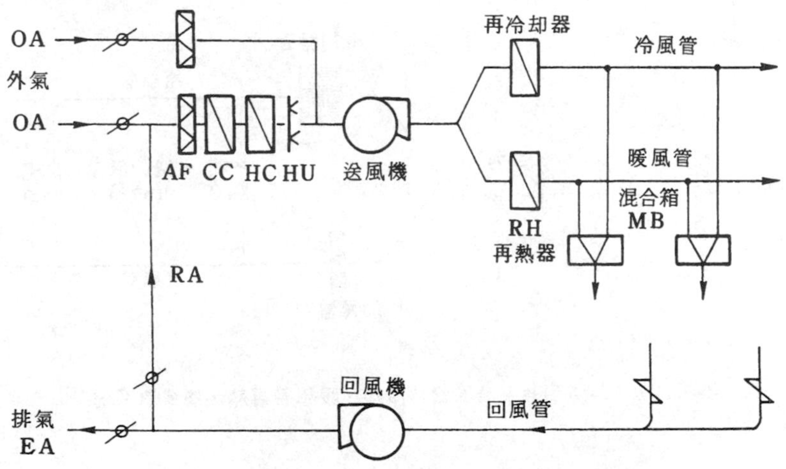


圖6.19　直接外氣、雙導管、單送風機、單回風機

② 外氣預熱方式，圖 6.20 爲外氣預熱，冷風再冷卻雙導管系統，圖 6.21 爲外氣預熱，冷風再冷卻暖風管再熱，雙導管系統。

**2.** 雙導管雙送風機系統，如圖 6.22 所示。

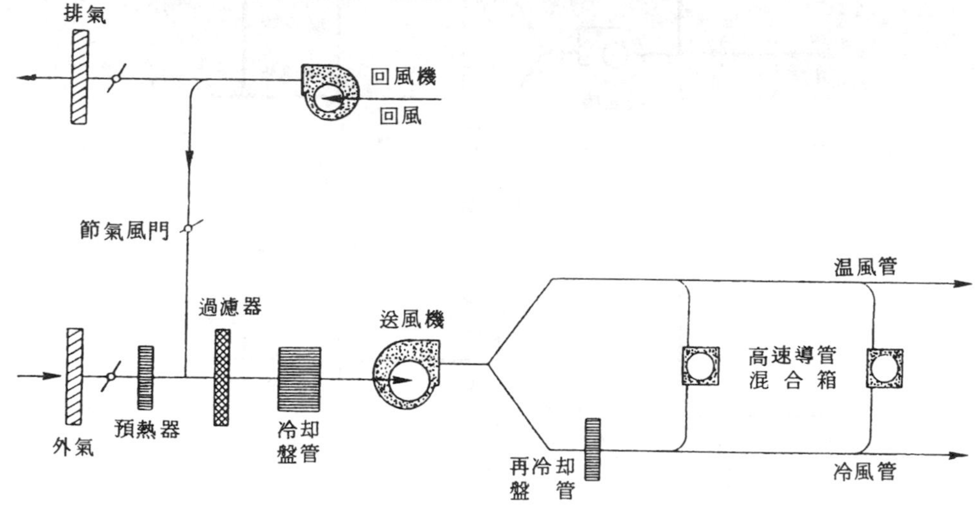


圖 6.20　外氣預熱、冷風再冷卻、雙導管系統

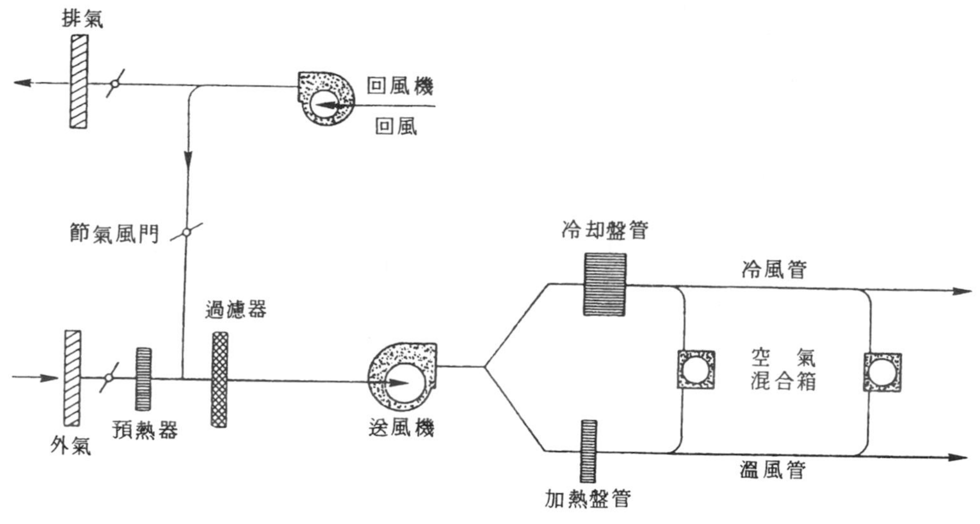


圖 6.21　外氣預熱、冷風管再冷卻、暖風管再熱、雙導管系統

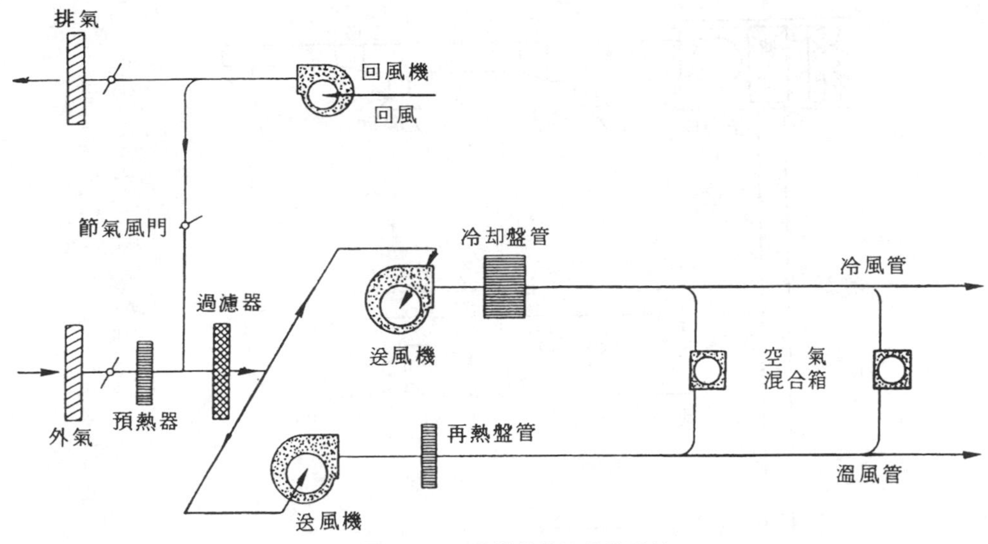


圖6.22　雙導管雙送風機系統

## 6.5　水、空氣方式

水、空氣方式空調系統，如圖 6.23所示。係表示空調室內之冷暖氣使用二種設備同時供應，一為空調機 AH 配合風管，一為室內送風盤管機組 FCU 直接吹出者，故稱為水、空氣式。（圖見下頁）

### 6.5-1　一次空氣與二次空氣混合式

**1.** 一次空氣（primary air）

空調室內換氣所需之新鮮外氣 OA 經過空氣調節機之預冷却或預熱後，再經由風管分配外氣至每一空調室，此種外氣稱為一次空氣，空調機即稱為一次空氣調節機。

**2.** 二次空氣（secondary air）

室內回氣RA，經過室內機組FCU之後再冷却RC或再熱RH而後送入空調室，此種室內回氣稱為二次空氣，與二次空氣熱交換的設備稱為二次空氣調節機。

### 6.5-2　分層個別式

每一層樓皆有一獨立之回氣用二次空氣調節機，外氣由一次空氣調節機統一供給者，稱為分層個別式。

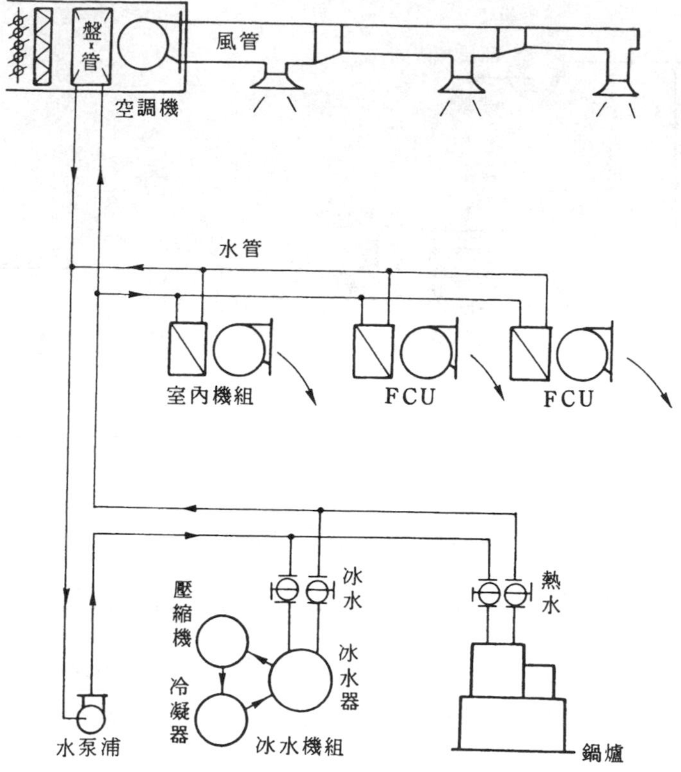


圖 6.23 水、空氣式空調系統

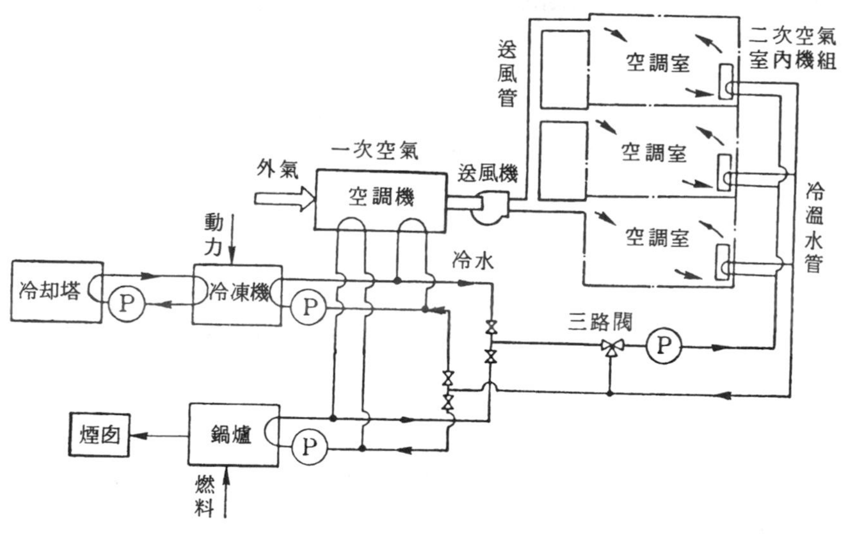


圖 6.24 一次空氣與二次空氣混合之水、空氣式

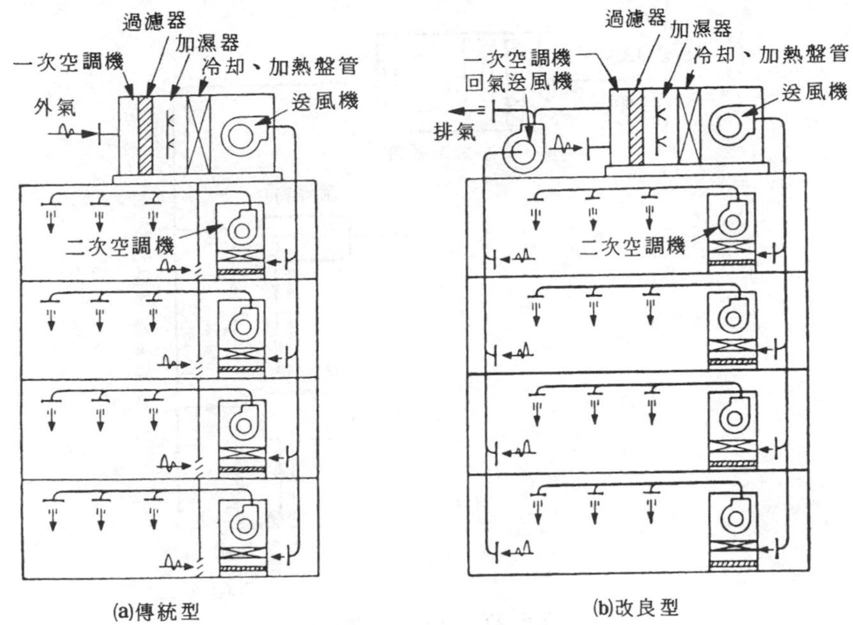


圖 6.25　分層個別式

1. 傳統型（無回風機）如圖 6.25(a)所示。
2. 改良型（有回風機）如圖 6.25(b)所示。

## 6.5-3 誘導式

誘導式係利用空氣誘導原理，如圖 6.26所示。當高速空氣從噴嘴噴出時，周

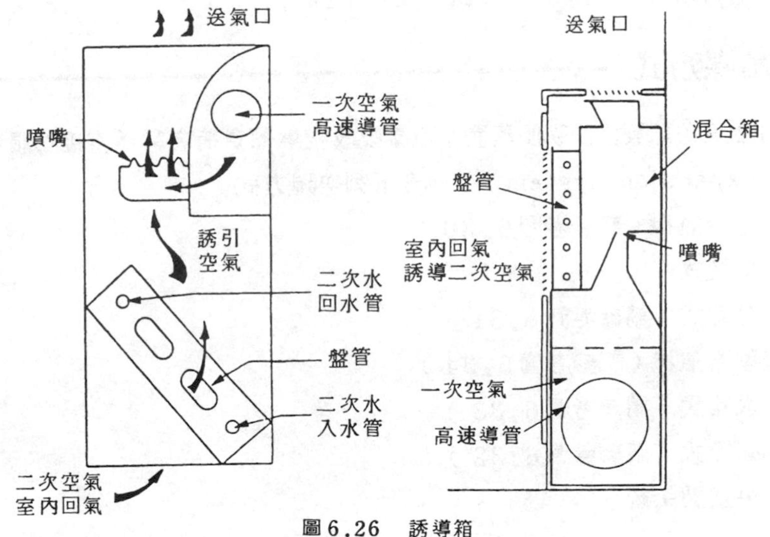


圖 6.26　誘導箱

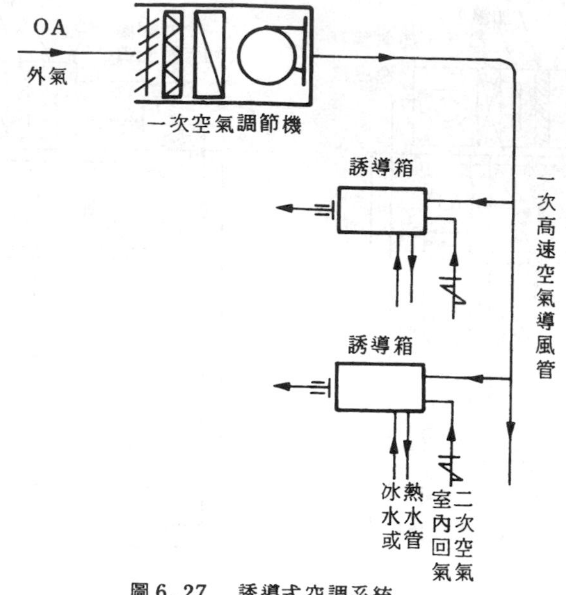


圖6.27 誘導式空調系統

圍氣壓下降，由於壓力差之關係，可誘引較大的空氣量，請參考圖6.27，誘引風量的比例是12～20：1。

## 6.6 全水方式

室內空氣調節全部以冰水管或熱水管配管，再使用室內機組FCU熱交換者稱爲全水式空調系統，請參考圖6.28、圖6.29。

## 6.7 冷媒方式

利用冷媒在蒸發器內膨脹蒸發，直接吸收空氣熱負荷者稱爲直接膨脹型(direct expansion system)，包含下列空調方式：

(1) 窗型冷氣機(請參考圖6.30)
  ① 傳統式
  ② 分離式(請參考圖6.31)
(2) 箱型冷氣機(請參考圖6.34)
  ① 水冷式(請參考圖6.33)
  ② 氣冷式(請參考圖6.32)
(3) 中央空調系統

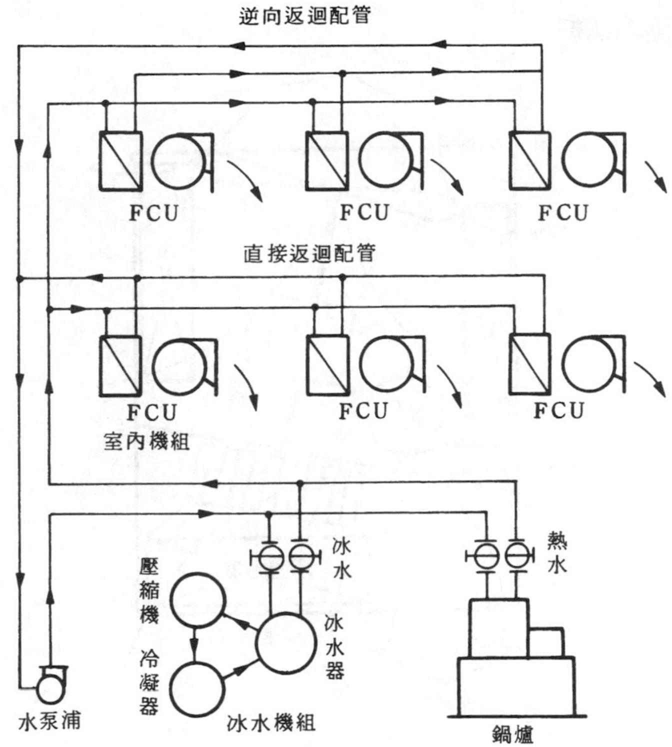


圖 6.28　全水式空調系統

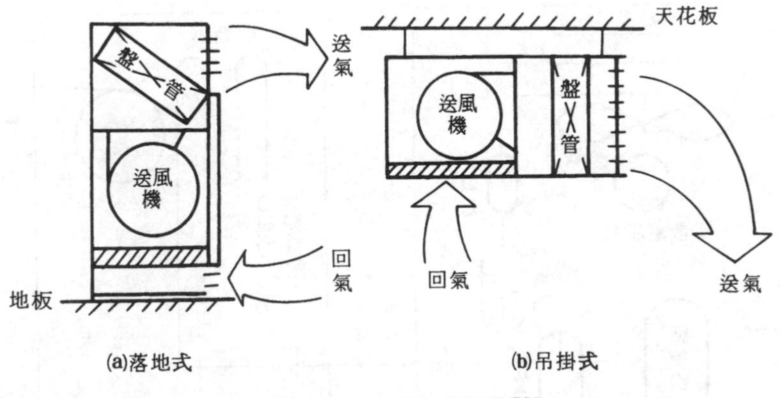


圖 6.29　室內機組FCU

## 6.7-1 窗型冷氣機

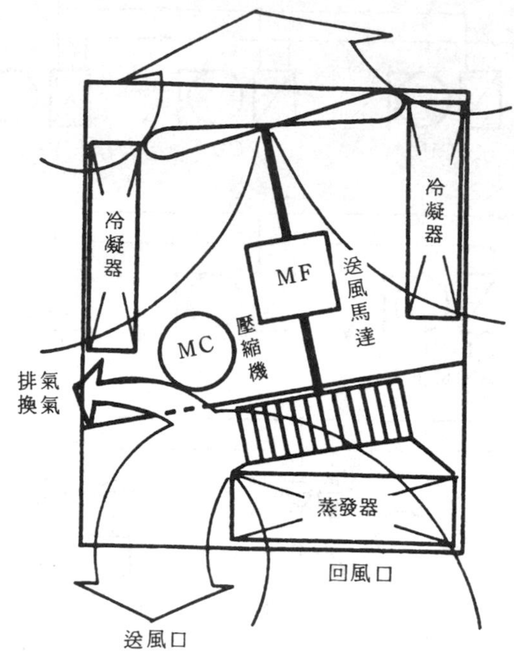


圖6.30 窗型冷氣機

## 6.7-2 分離式冷氣機

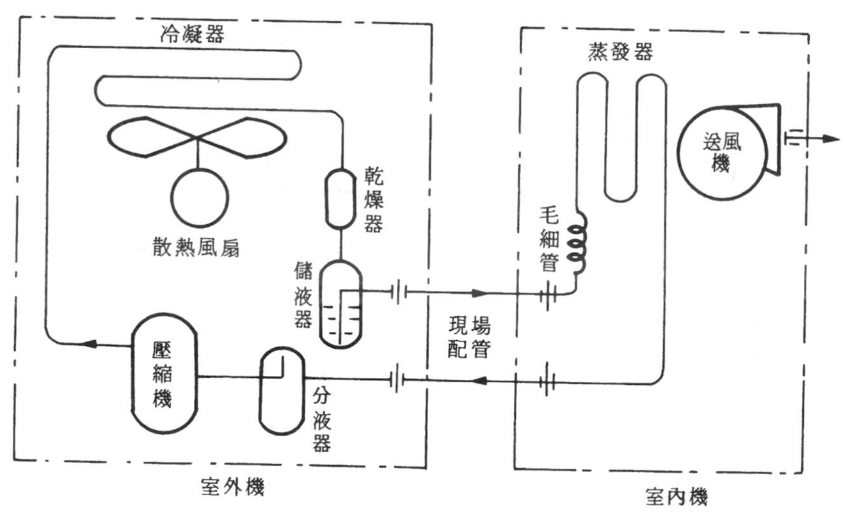


圖6.31 分離式冷氣機

## 6.7-3 氣冷式箱型冷氣機

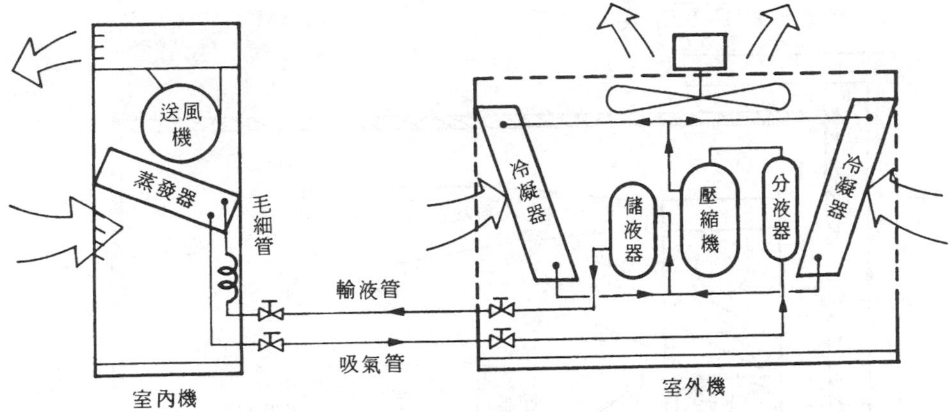


圖 6.32　氣冷式箱型冷氣機

## 6.7-4 水冷式箱型冷氣機

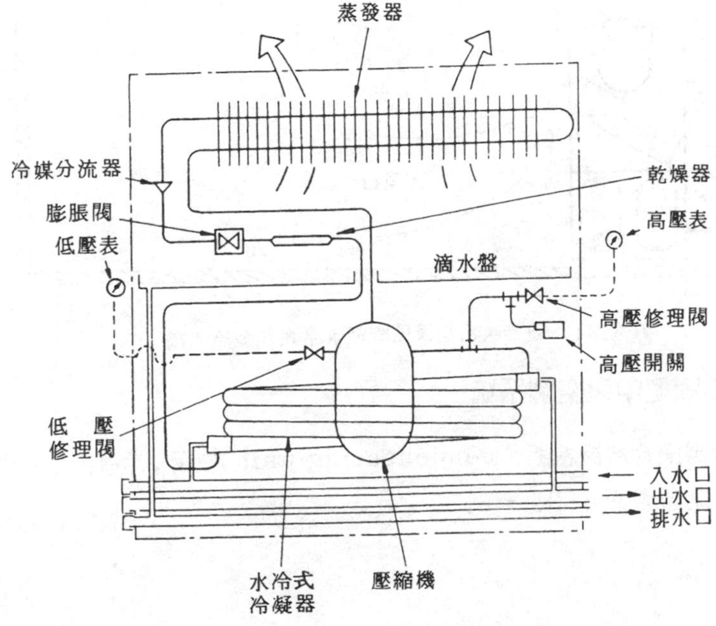


圖 6.33　水冷式箱型冷氣機

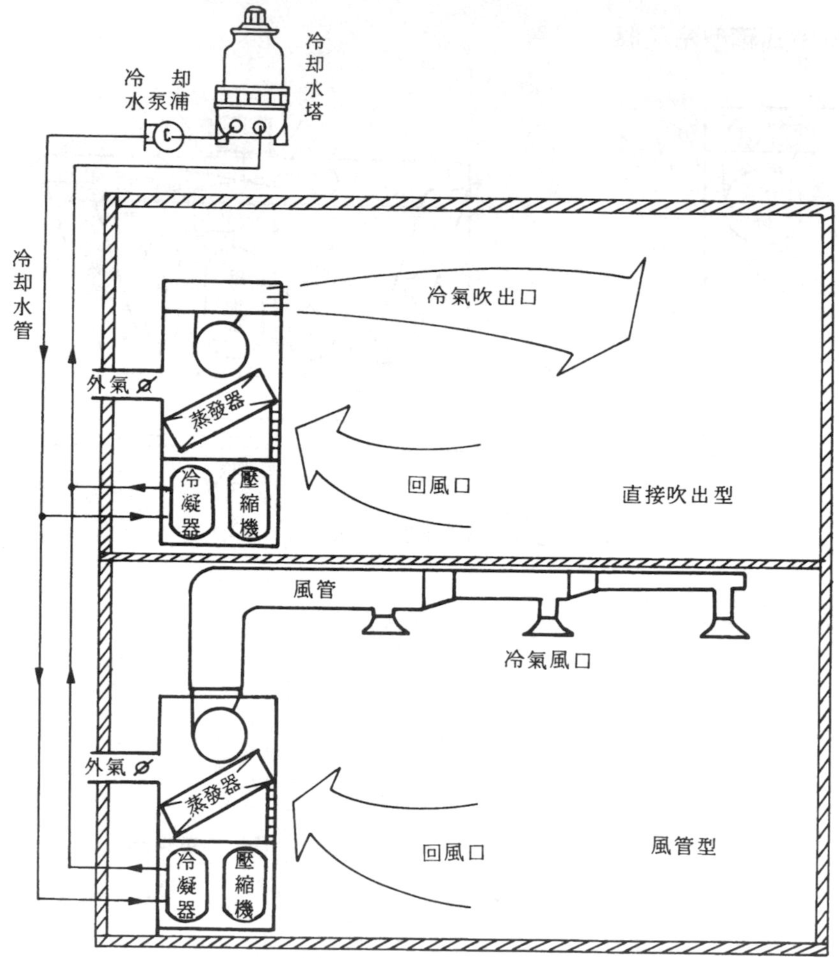


圖 6.34　直接吹出型及風管型水冷式箱型冷氣機

## 6.7-5　直接膨脹型中央空調系統

直接膨脹型需配合冷凝機組（condensering unit）使用，冷凝機組為壓縮機與冷凝器之組合。請參考圖 6.35、6.36。

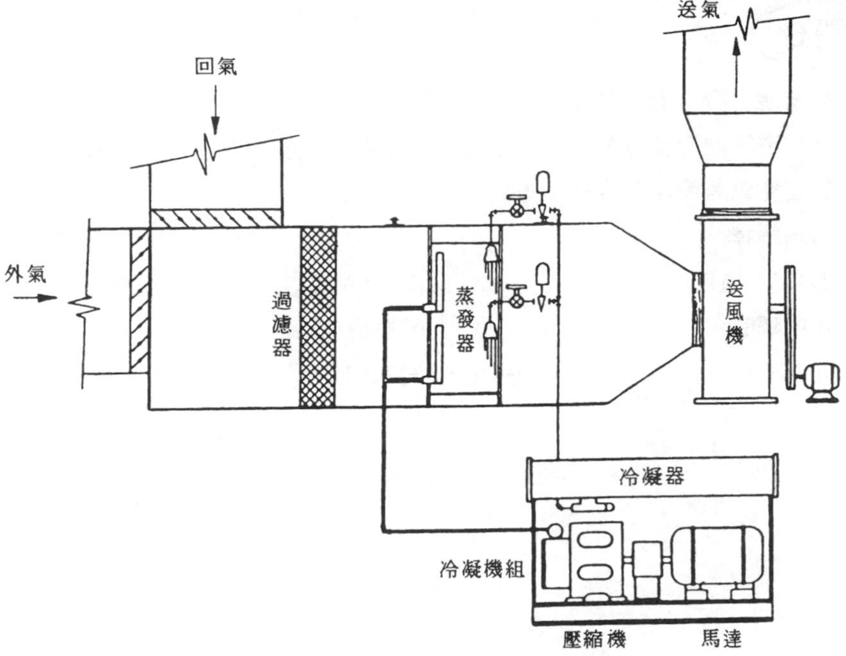


圖 6.35　直接膨脹型中央空調系統，空氣混合、冷却、除濕

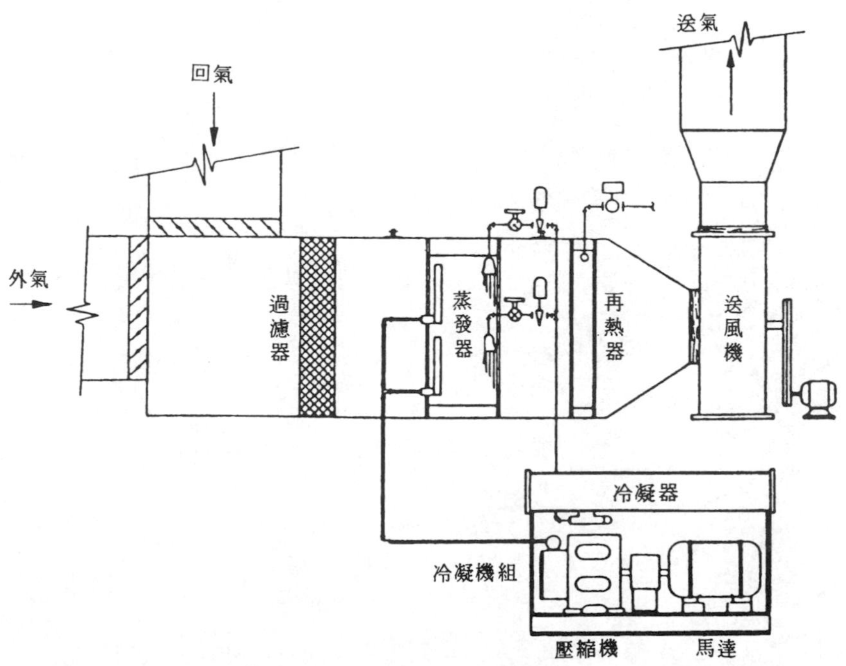


圖 6.36　直接膨脹型中央空調系統、空氣混合、冷却、除濕、再熱

## 習題6

**6.1** 簡要說明冷房負荷構成之要素？

**6.2** 某住宅客廳面積５Ｍ×６Ｍ，應使用多大冷房能力之窗型冷氣機？

**6.3** 試述空氣調節由熱媒搬運方式之分類？

**6.4** 名詞解釋

(1) CAV系統

(2) VAV系統

(3) 單導管

(4) 雙導管

(5) AH

(6) FCU

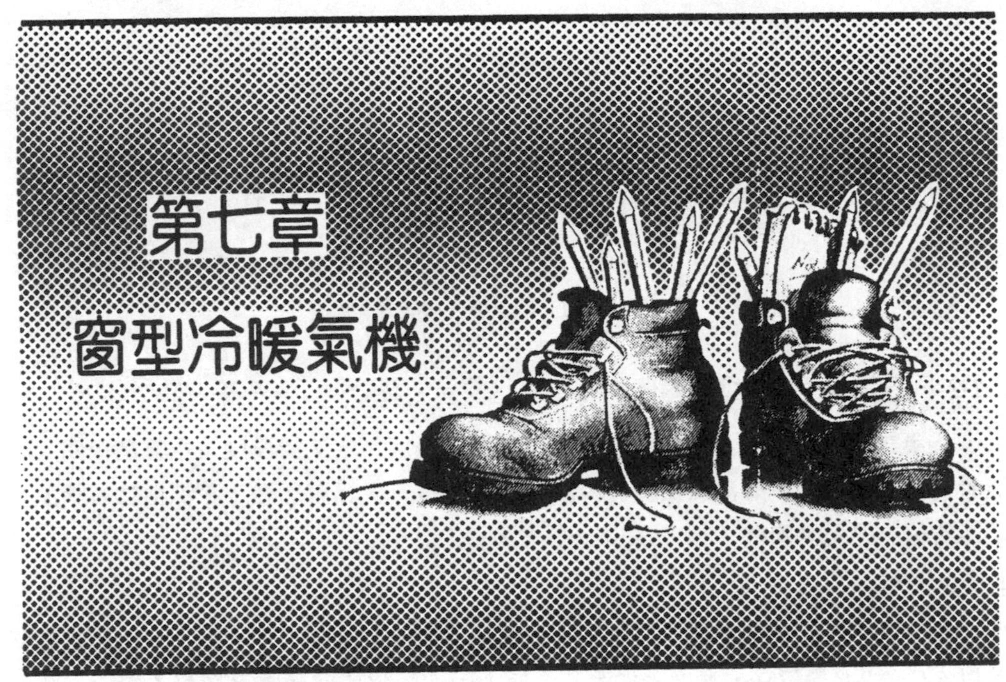


## 7.1 窗型冷暖氣機之認識

### 7.1-1 窗型冷氣機之功能

1. 溫度調節：冷氣機室內側之蒸發器，利用冷媒之不斷蒸發、吸收室內之熱量，而使室內之溫度降低，本省夏季最節省能源及舒爽之乾球溫度為 25 ～ 27℃ DBT。
2. 濕度調節：室內空氣中之蒸氣，接觸到低溫之蒸發器後，會凝結成為水滴，而後排除至室外達到除濕之效果，本省夏季舒爽之相對濕度為 50 ～ 60% RH。
3. 空氣循環：在同一室內溫度條件下，空氣流動速度愈快，則人對冷熱感覺愈冷，反之，空氣流動速度減緩，則感覺不冷，因此冷氣機利用室內空氣循環風扇之運轉，來強迫室內空氣之循環，達到冷房之效果。
4. 空氣清淨：利用冷氣回風口之空氣過濾網，過濾空氣中之塵埃、雜質，並且配合冷氣機進氣或排氣、換氣風門之操作，補充室外新鮮空氣或排除室內髒空氣，以維持室內空氣之清淨度。

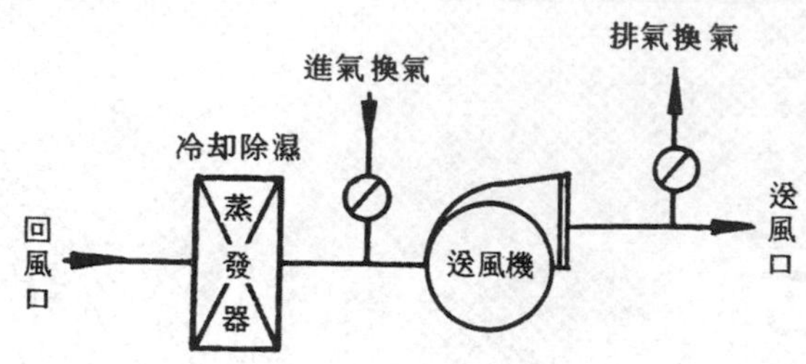


圖 7.1 冷氣機之功能

## 7.1-2 空氣調節之舒爽室內條件

空氣調節的意義是具有調節空氣溫度、空氣濕度、空氣清淨度及空氣循環四大功能者稱為空氣調節，如冷氣機具有冷卻、除濕。暖氣機具有加熱。除濕機具有除濕等功能皆稱為空氣調節機（air conditioner）。

### 1. 夏季室內條件

夏季室內溫度及濕度之舒爽條件隨外界溫度而改變如表 7.1 所示，室內外之溫度差以 5℃～ 8℃最適宜，溫度差過大時，使人因冷衝擊或熱衝擊而感覺不舒服，即所謂冷氣病，在本省夏季室內條件選擇乾球溫度 25 ～ 27℃ DBT，相對濕度 50 ～ 55% RH。

表 7.1 夏季室內條件

| 外氣溫度 DBT（℃） | 室內條件 | |
|---|---|---|
| | DBT（℃） | RH% |
| 35 | 27 | 45 ～ 50 |
| | 26 | 55 ～ 65 |
| 32 | 27 | 35 ～ 40 |
| | 26 | 50 ～ 55 |
| 29 | 26 | 35 ～ 40 |
| | 25 | 45 ～ 50 |
| 27 | 25 | 40 ～ 45 |
| | 24 | 50 ～ 60 |

### 2. 冬季室內條件

本省冬季並非十分嚴寒，一般設計之舒爽條件為乾球溫度 19 ～ 20℃ DBT，相對濕度 45 ～ 50% RH。

無論夏季或冬季，吹達人體之風速在 5 ～ 8 M/min 時人體所感覺之舒爽度最高。

## 7.1-3　窗型冷氣機之冷凍循環系統

窗型冷氣機的冷凍循環系統有四大主件，使用之冷媒為 R-22：

**1.** 壓縮機

壓縮機的主要功能係用於壓縮氣態冷媒，促進冷媒循環，產生冷凍系統之高低壓力。將來自蒸發器的低壓低溫過熱氣態冷媒（super heat gas），經過壓縮後，形成高壓高溫的過熱氣體冷媒，由於係將低溫冷媒之熱量搬運之高溫處，因此需要消耗能源，目前窗型冷氣機所使用之壓縮機，大部份為迴轉式壓縮機（rotary compressor）。

**2.** 冷凝器（condenser）

冷凝器的主要功能為散熱，促使冷媒液化，將高壓高溫的過熱氣體冷媒經過冷凝器的冷卻而後成為高壓常溫的過冷卻液態冷媒（sub-cooling liquid），散熱方式有氣冷式（air cooled）、水冷式（water cooled）及蒸發式（evaporative cooled）三種，窗型冷氣機雖有二重冷卻滴水冷氣機及三重冷卻不滴水冷氣機，但主要仍以氣冷式為主。

**3.** 毛細管（capillary tube）

經過冷凝器冷卻後之高壓常溫過冷卻液態冷媒，流經毛細管產生降壓及限流兩種功能，使冷媒成為低壓低溫之飽和液氣冷媒。

**4.** 蒸發器（evaporator）

將毛細管降壓節流後之低壓低溫霧狀冷媒噴入蒸發器，利用冷媒在蒸發器內之蒸發而後吸收大量之蒸發潛熱（latent heat），使循環通過蒸發器的空氣產生冷卻及除濕的空氣調節功能。

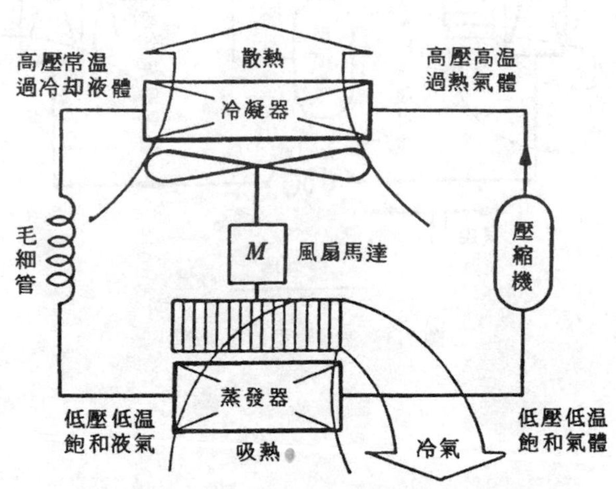


圖 7.2　窗型冷氣機之冷凍循環系統

## 7.1-4 熱泵窗型冷暖氣機

窗型冷暖氣機產生暖氣的方式有二，一為電熱暖氣，一為熱泵暖氣，電熱暖氣的效率偏低已甚少使用，目前皆使用熱泵暖氣方式。如圖 7.3 所示。

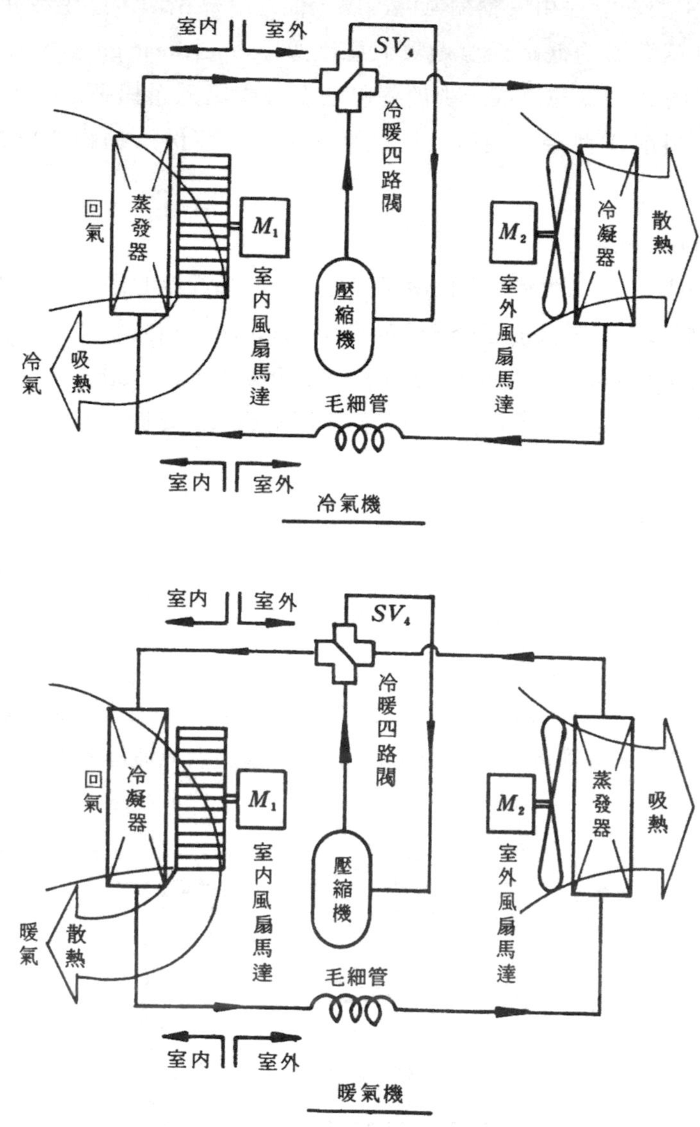


圖 7.3 熱泵窗型冷暖氣體

冷媒在蒸發器內蒸發，會吸收大量的蒸發潛熱，產生冷房效果，若在冷凝器內凝結會排除大量的凝結潛熱，產生暖房效果，因此，夏天冷媒在室內蒸發，在室外凝結，即為冷氣機。到了冬天，利用四路電磁閥之操作，使冷媒在室外蒸發，在室內凝結，即為暖氣機。

### 7.1-5　窗型冷暖氣機熱交換方式與換氣方式

**1.** 窗型冷暖氣機以熱交換方式可分為

(1)進氣口熱交換

將蒸發器置於循環風扇之進氣口（或稱回風口），進行熱交換的方式稱為進氣口熱交換。由於回風口的風速較送風口的風速低，因此熱交換的時間較長，接觸係數（contact factor）較高，熱交換效率亦高，目前之窗型冷暖氣機皆使用進氣口熱交換方式。

(2)排氣口熱交換

將蒸發器置於循環風扇之排氣口（或稱送風口），進行熱交換的方式稱為排氣口熱交換。由於排氣口的風速比回風口大，因此旁路係數（by pass factor）大，熱交換效率較低，而且灰塵、雜質容易聚集在蒸發器內側，保養較難，此種熱交換方式已較少使用。

**2.** 窗型冷暖氣機以換氣方式可分為

(1)進氣換氣

利用進氣回風口吸進新鮮外氣，進行換氣工作，如此，室內空氣壓力將大於室外大氣壓力稱為室內正壓，室內冷氣將由門隙或窗縫外洩。春秋二季或外氣溫度較低時，亦可利用進氣換氣方式，不用壓縮機即可達自然冷氣（free cooling）之效果。

(2)排氣換氣

利用排氣口排出室內髒空氣，進行換氣工作，如此，室內空氣壓力將小於室外大氣壓力，室外新鮮空氣可由門縫等間隙滲入室內，有傳染細菌之空調場所，如醫院應使用排氣換氣方式，只要在排風口加裝殺菌設備，可減少細菌之擴散，然而在排氣換氣過程中，可能排出部份冷氣，減少冷房效果。

**3.** 熱交換與換氣方式之組合

(1)進氣口熱交換與進氣換氣

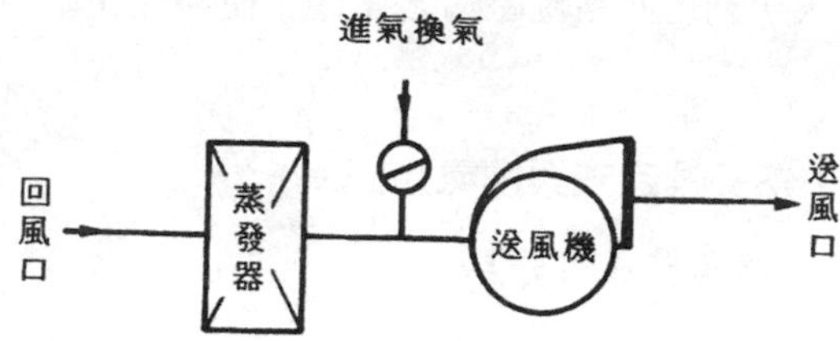


圖 7.4 進氣口熱交換與進氣換氣

(2)排氣口熱交換與排氣換氣

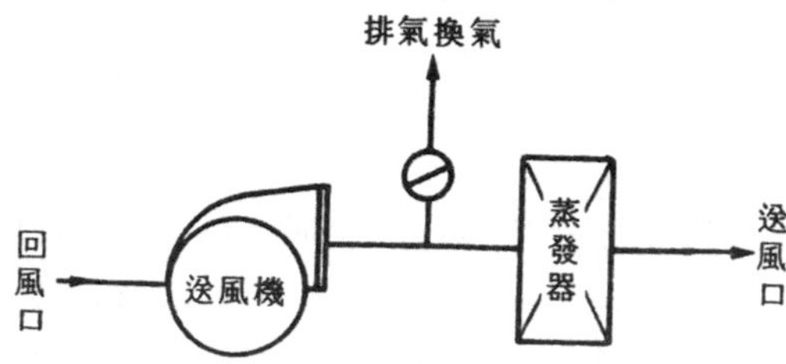


圖 7.5 排氣口熱交換與排氣換氣

(3)排氣口熱交換與排氣換氣

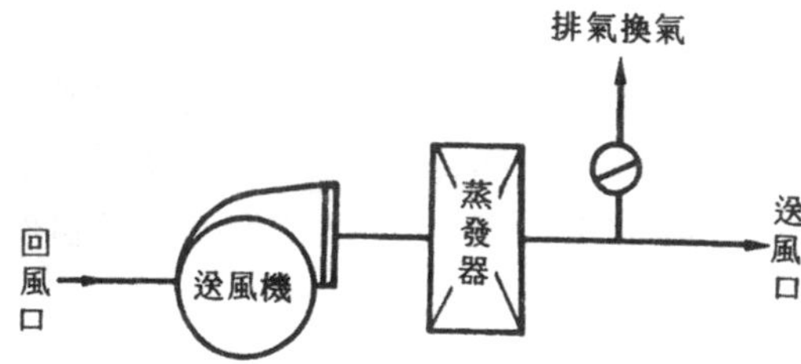


圖 7.6 排氣口熱交換與排氣換氣

(4)排氣口熱交換與進氣換氣

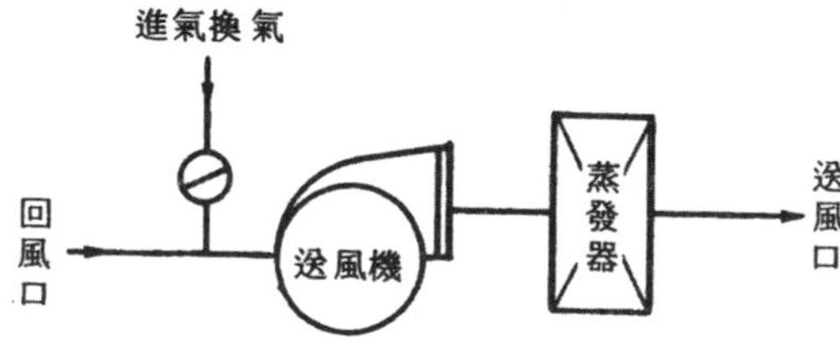


圖 7.7 排氣口熱交換與進氣換氣

⑸進氣口熱交換與排氣換氣

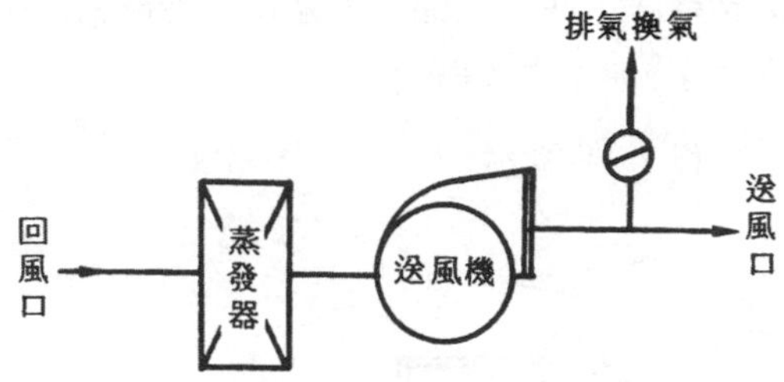


圖 7.8　進氣口熱交換與排氣換氣

⑹進氣口熱交換與進氣排氣換氣

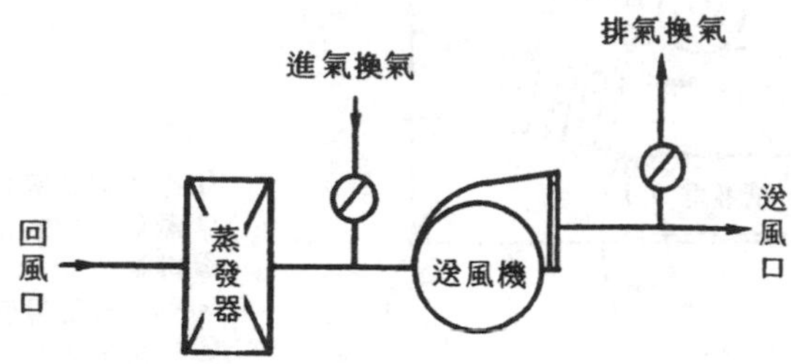


圖 7.9　進氣口熱交換與進氣排氣換氣

⑺排氣口熱交換與進氣、排氣換氣

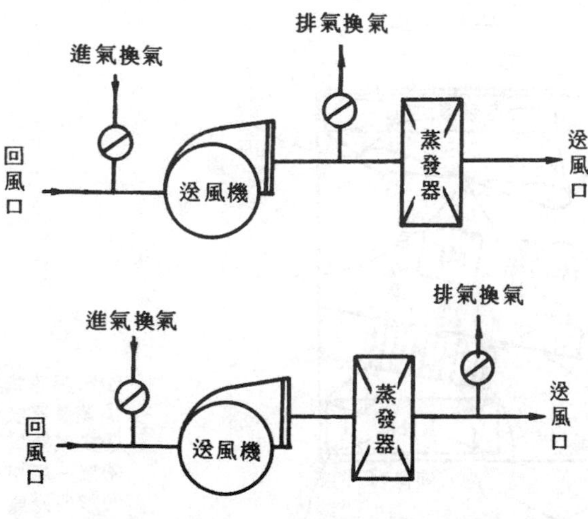


圖 7.10　排氣口熱交換與進氣排氣換氣

## 7.1-6 窗型冷氣機之內部結構

窗型冷氣機之內部結構除了四大主件：壓縮機、冷凝器、毛細管、蒸發器之外，尚有循環風扇馬達及葉片等，其結構如下：

⑴結構方式(一)：如圖 7.11 所示。

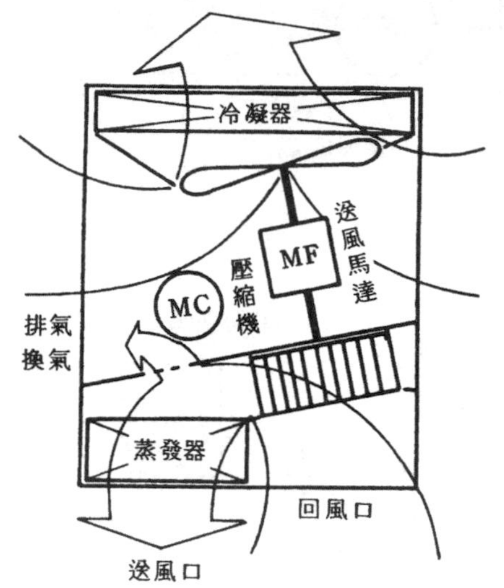


圖 7.11 冷氣機之結構(一)

⑵結構方式(二)：如圖 7.12 所示。

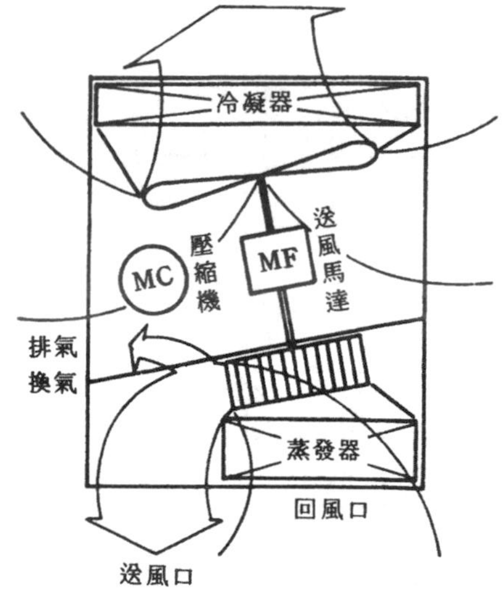


圖 7.12 冷氣機之結構(二)

⑶結構方式(三)：如圖 7.13 所示。

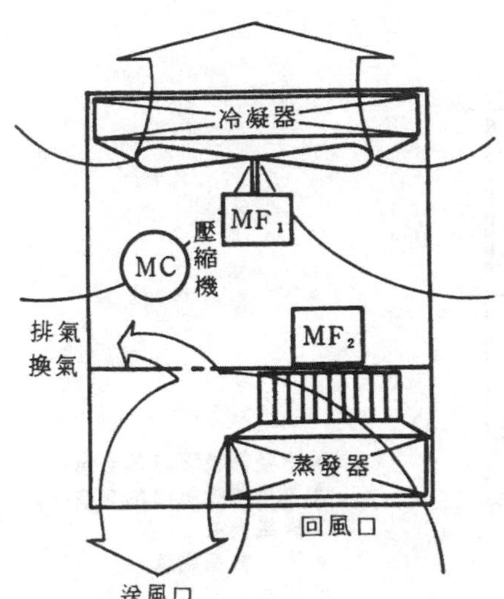


圖 7.13　冷氣機之結構(三)

⑷結構方式(四)：如圖 7.14 所示。

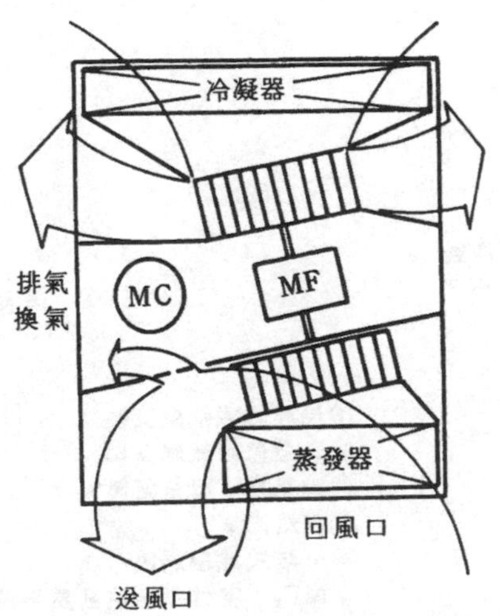


圖 7.14　冷氣機結構(四)

⑸結構方式（五）：如圖 7.15 所示。

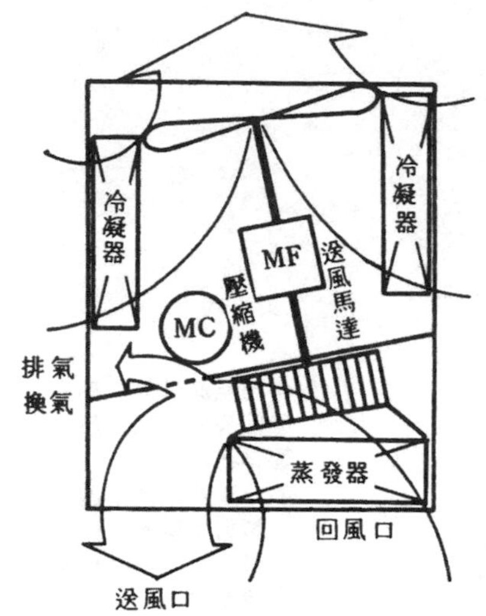


圖 7.15 冷氣機結構（五）

⑹結構方式（六）：如圖 7.16 所示。

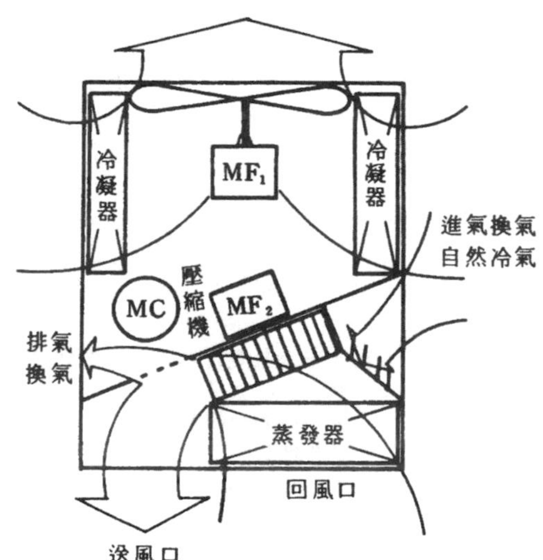


圖 7.16 冷氣機結構

### 7.1-7　窗型冷氣機之散熱方式

**1.** 冷氣機水滴（drain water）之由來

室內空氣經過冷氣機之蒸發器後，產生冷卻及除濕之效果，其除濕量由前述 $W = 1.2V_o(x_1 - x_2)$ kg/hr，台灣屬於海島型氣候地區，溫熱、潮濕是亞熱帶海島型氣候的特徵，全年月平均相對濕度都超過 75% RH 如圖 7.17 所示，至於雨季，單日濕度更有高達 100% RH 的，因此在夏天，一台一冷凍噸（冷房能力 3024 kcal/hr）冷氣機，每小時之除濕排水量約為 1 kg，亦即除濕之潛熱能力為 600 kcal/hr，約佔總冷氣能力之 20%。

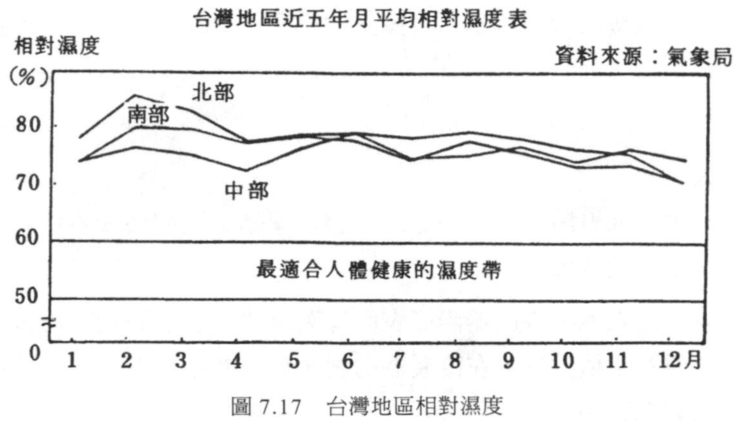


圖 7.17　台灣地區相對濕度

**2.** 不滴水冷氣機

目前由美國進口之窗型冷氣機或與美國技術合作生產製造之窗型冷氣機皆為不滴水冷氣機，不滴水冷氣機是將濕空氣通過蒸發器所凝結之水滴，再讓其蒸發利用其蒸發潛熱以提高冷氣機之散熱能力，因此可利用凝結水來冷卻高壓排氣管，剩餘的水再用冷凝器散熱風扇強迫打成霧狀水花，噴濺於冷凝器表面，產生霧冷之效果。如此利用氣冷、水冷及霧冷的方式稱為三重冷卻不滴水冷氣機。如圖 7.18 所示。

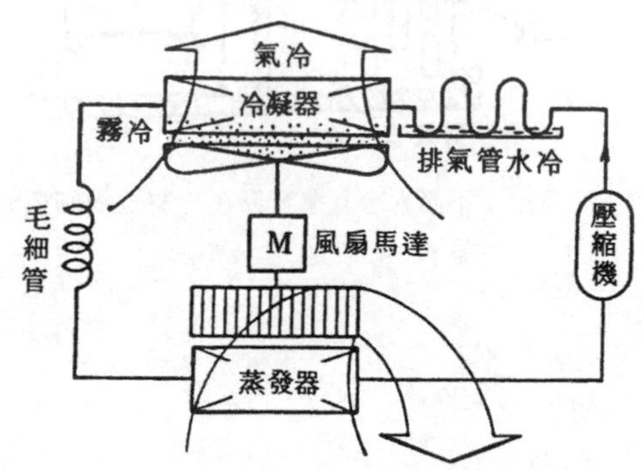


圖 7.18　三重冷卻～氣冷、水冷、寒冷，不滴水冷氣機

**3.** 三重冷卻不滴水冷氣機之優缺點分析

⑴優點

① 能源再利用

利用冷氣機運轉除濕所排出之凝結水再蒸發，用於吸收冷凝器之熱量，提高冷凝器之散熱效果。

② 提高散熱能力

由於利用氣冷、水冷、霧冷三重冷卻散熱方式，散熱能力較高。

③ 減少環境污染

不滴水冷氣機由於不滴水，可減少一般滴水冷氣機由於排水所造成之污染與不便。

⑵缺點

① 噪音大

由於利用室外風扇葉片，強迫將底盤之凝結水濺起而成霧狀水花，因此濺水所產生之噪音大。

② 由於霧冷之因素，冷凝器內側表面是潮濕的，容易將通過冷凝器空氣中之灰塵、雜質聚積，黏著在冷凝器內側，形成塵垢或泥垢，嚴重影響散熱效果。如圖 7.19 所示。

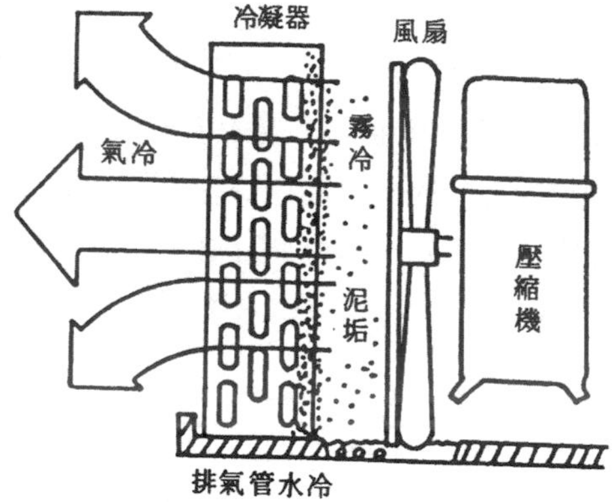


圖 7.19　三重冷卻不滴水冷氣機容易在冷凝器內側積泥垢

③ 散熱能力易受外氣濕度之影響

三重冷卻不滴水冷氣機，因為係利用水之蒸發而提高其散熱能力，但水蒸發之能力受外界濕球溫度之影響，外界濕球溫度愈高，則水不容易蒸發，因此散熱能力降低。

④ 冷凝器散熱片容易受潮腐蝕。

**4.** 滴水冷氣機

由於三重冷卻不滴水冷氣機之霧冷方式具有產生噪音，容易積泥垢以及易受外界濕球溫度而影響散熱能力之缺點，因此捨棄霧冷之散熱方式而形成氣冷及水冷之二重冷卻冷氣機，由於凝結水無法完全利用，仍有大量之凝結水排出，因此稱為會滴水冷氣機。如圖 7.20 所示。

**5.** 二重冷卻會滴水冷氣機之優缺點分析

(1)優點

① 噪音小

由於沒有霧冷之濺水聲，故噪音較小。

② 冷凝器比較不容易髒

二重冷卻之冷凝器表面是乾燥的，比較不會聚積泥垢，散熱能力較穩定。

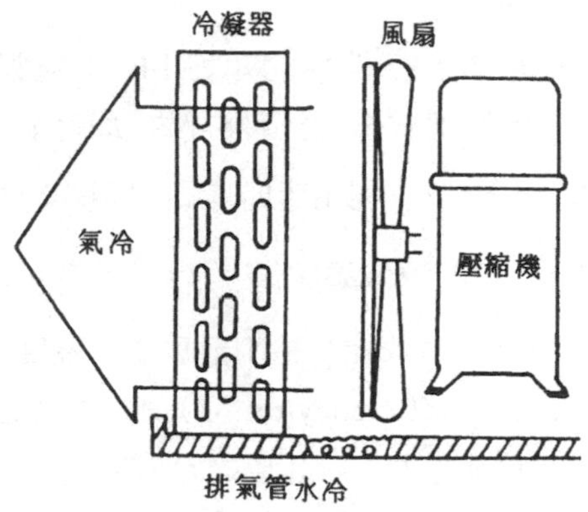

圖 7.20　二重冷卻、氣冷、水冷會滴水冷氣機

③ 冷凝器散熱鋁片不易腐蝕

散熱鋁片不濺水花，因此不易腐蝕。

(2)缺點

① 凝結水無法完全有效的利用

冷氣機消耗能源而排出之凝結水無法完全有效運用，亦為能源之浪費。

② 滴水造成環境污染

冷氣機由除濕所排出機外之凝結水，容易造成環境污染，影響公共衛生。

## 7.2 窗型冷暖氣機之特性

### 7.2-1 窗型冷暖氣機之形式

1. 變頻型：傳統式壓縮機轉速固定，只能藉間歇啟動來改變室溫，因此產生噪音大及震動等缺點，另一方面，由於壓縮機之啟動電流是正常運轉電流的 6 倍，所以間歇啟動也比較費電。變頻式壓縮機可依室溫需要自動改變轉速，只需啟動一次，即保持連續可變速之運轉，因此沒有傳統式壓縮機之缺點，並可省電。
2. 全功能型：四季全能型空調機，具有冷氣、暖氣、換氣、除濕及除塵功能。
3. 超薄直立型：冷氣機厚度約 16cm，安裝容易，室外不必鋸鐵窗，室內不佔空間。
4. 電腦遙控型：早期使用 IC 微電腦控制，目前已採用 LSI 全電腦控制系統，薄膜按鍵式控制，輕輕觸摸即可全自動運轉，並有數位顯示室溫及運轉狀況。
5. 定時型：利用定時開關可預約冷氣機何時開啟運轉，何時停機使用。

### 7.2-2 能源效率比值

冷氣機效能檢驗中最重要的項目為能源效率比值（EER）之檢驗。所謂 EER 值（energy efficiency ratios）即一瓦特之電力功能供給冷氣機運轉一小時所能吸收之熱量（冷凍能力）kcal 值之大小。

為了避免電力之無謂浪費，提高能源使用效率，各型冷氣機之能源效率比值政府皆有規定須達最低標準始准生產銷售。表 7.2 為 91 年 1 月後實施之標準。EER 的表示方法有二種，公制以 kcal/h-W 表示，其冷房能力單位為 kcal/hr，SI 制則是以 W/W 表示，其冷房能力以 kW 為單位。

因為 1kW = 860 kcal/hr，所以 1 W/W = 0.86 kcal/h-W，亦即 EER 值以 W/W 表示時，其值會比 1 kcal/h-W 表示法大了 16.3%。

表 7.2　氣冷式冷氣機節能標章能源效率比值對照表

| 冷氣機種類 | 型式 | 總冷氣能力（kcal/hr） | 91.01.01 法規最低標準 EER（kcal/h·W） | 節能標章能源效率基準（kcal/h） | 總冷氣能力（kW） | 91.01.01 法規最低標準 EER（W/W） | 節能標章能源效率基準（W/W） |
|---|---|---|---|---|---|---|---|
| 單體式 | 一般型式 變頻 60 Hz | 低於 2000 | 2.33 | ≥ 2.56 法規 × 1.10 | 低於 2.3 kW | 2.71 | ≥ 2.98 法規 × 1.10 |
| | 一般型式 變型 60 Hz | 2000 以上 3550 以下 | 2.38 | ≥ 2.62 法規 × 1.10 | 2.3 kW 以上 4.1 kW 以下 | 2.77 | ≥ 3.05 法規 × 1.10 |
| | 一般型式 變頻 60 Hz | 高於 3550 | 2.24 | ≥ 2.46 法規 × 1.1 | 高於 4.1 kW | 2.60 | ≥ 2.86 法規 × 1.10 |
| | 一般型式 60 Hz | 3550 以下 | 2.55 | ≥ 2.93 法規 × 1.15 | 4.1 kW 以下 | 2.97 | ≥ 3.42 法規 × 1.15 |
| | 變頻式 60 Hz | | 2.38 | ≥ 2.74 法規 × 1.15 | | 2.77 | ≥ 3.19 法規 × 1.15 |
| | 一般型式 變頻 60 Hz | 高於 3550 | 2.35 | ≥ 2.70 法規 × 1.15 | 高於 4.1 kW | 2.73 | ≥ 3.14 法規 × 1.15 |

表 7.2（續）　空調系統冰水主機能源效率標準

| 執行階段 | | | 第一階段 | | 第二階段 | |
|---|---|---|---|---|---|---|
| 實施日期 | | | 民國九十二年一月一日 | | 民國九十四年一月一日 | |
| 型式 | | 冷卻能力等級 | 能源效率比值（EER）kcal/h-W | 性能係數（COP） | 能源效率比值（EER）kcal/h-W | 性能係數（COP） |
| 水冷式 | 容積式壓縮機 | < 150 RT | 3.50 | 4.07 | 3.83 | 4.45 |
| | | ≥ 150 RT ≤ 500 RT | 3.60 | 4.19 | 4.21 | 4.90 |
| | | > 500 RT | 4.00 | 4.65 | 4.73 | 5.50 |
| | 離心式壓縮機 | < 150 RT | 4.30 | 5.00 | 4.30 | 5.00 |
| | | ≥ 150 RT < 300 RT | 4.77 | 5.55 | 4.77 | 5.55 |
| | | ≥ 300 RT | 4.77 | 5.55 | 5.25 | 6.10 |
| 氣冷式 | 全機種 | | 2.40 | 2.79 | 2.40 | 2.79 |

**【例題 7.1】**

某窗型冷氣機之冷氣能力為 3150 kcal/hr，其 EER 值為 2.25 kcal/w-hr，求冷氣機之耗電量？

**解：** EER：2.25 kcal/w-hr 表示冷氣機消耗 1 W 之電力運轉 1 hr 所吸收之熱量為 2.25 kcal。

$$耗電量 = \frac{3150}{2.25} = 1400\ (\mathrm{W})$$

### 7.2-3 電源、運轉電流及消耗電力

窗型冷氣機所使用之電源皆為單相 110 V 或 220 V、60 Hz，而且最大消耗電力限制在 3 kW 以下，確保用電安全。在同一消耗電力狀況下，使用電壓愈低則運轉電流愈大，因此裝設窗型冷暖氣機最好使用 220 V 電源。

**【例題 7.2】**

冷氣機之冷氣能力為 2500 kcal/hr，EER 值為 2.17 kcal/w-hr，求消耗電路？若使用 $1\phi10$V 電源時其運轉電流若干？若使用 $1\phi220$V 電源時運轉電流若干呢？

**解：** (1) 求消耗電力

$$P = \frac{2500}{2.17} = 1152\ (\mathrm{W})$$

(2) 求運轉電流

由電功率公式：

$$P = EI\cos\theta \tag{7.1}$$

$P$：消耗功率（W）

$E$：電源電壓（V）

$I$：運轉電流（I）

$\cos\theta$：功率因數約 0.97

①電源電壓為 110 V 時 $I = \dfrac{P}{E\cos\theta} = \dfrac{1152}{110 \times 0.97} = 10.8\ (\mathrm{A})$

②電源電壓為 220 V 時 $I = \dfrac{P}{E\cos\theta} = \dfrac{1152}{220 \times 0.97} = 5.4\ (\mathrm{A})$

由本例題可知，裝設 2 台以上窗型冷氣機之場所絕不可使用單相 110 V 電源，否則導線安全電流將不足，輕微者電源將產生線路損耗而發熱，嚴重者將產生電線走火之意外生命、財產損失。

## 7.2-4　冷氣能力

窗型冷氣機之冷氣能力以 kcal/hr 或 BTU/H 為單位。1 kcal = 3.968 BTU，目前最小的窗型冷氣機約 1400 kcal/hr 或 5600 BTU/H，最大的窗型冷氣機約 7100 kcal/hr 或 28400 BTU/H，最常用之冷氣機能力有 2000、2500、3200、3600 及 4500 kcal/hr 之冷氣機，因其最適合 4 ～ 10 坪之冷房使用。一般 4 ～ 10 坪之冷房每坪所需之冷房能力約 400 ～ 500 kcal/hr。

表 7.3　窗型冷氣機適用坪數表

| 冷氣能力（kcal/hr） | 2000 | 2500 | 3200 | 3600 | 4500 |
|---|---|---|---|---|---|
| 適用坪數（坪） | 4 ～ 5 | 5 ～ 6 | 6 ～ 8 | 7 ～ 9 | 9 ～ 11 |

## 7.2-5　熱交換器

為了提高 EER 值，窗型冷氣機之蒸發器及冷凝器目前皆採用內螺紋銅管（spiral groove tube）與旋風散熱片（super slit fin）所組成之旋風鰭片強制通風熱交換器，其熱交換效果比傳統式提高了 48%。

表 7.4　銅管、散熱片對傳熱係數的影響

| 熱交換器 | 總傳熱係數比 |
|---|---|
| 平滑銅管＋波浪式散熱片 | 100% |
| 平滑銅管＋多縫式散熱片 | 118% |
| 內螺紋銅管＋旋風散熱片 | 148% |

圖 7.21　由內螺紋銅管與旋風散熱片所組成之熱交換器

### 7.2-6 循環風扇

**1.** 風扇馬達

窗型冷氣機之風扇馬達為冷凝器的散熱風扇及蒸發器的吸熱風扇旋轉之用，因此可設計成單一式風扇馬達及分離式風扇馬達。

**2.** 室外散熱風扇

室外散熱風扇採用軸流式旋葉風扇比輻流式百葉風扇較佳，旋葉風扇具有大風量、低靜壓之特性，適合於短距離排放熱氣之功能。

**3.** 室內吸熱風扇

室內吸熱風扇採用輻流式百葉風扇較佳，它具有大風量、高靜壓、遠距離吹射冷氣之功能。

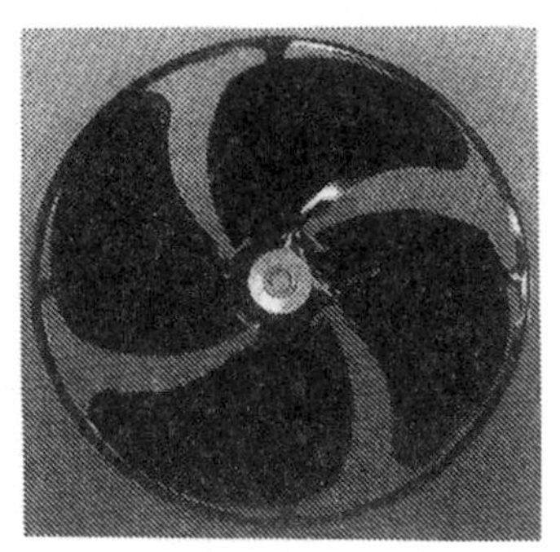

圖 7.22 軸流式旋葉風扇－近距離排放熱氣

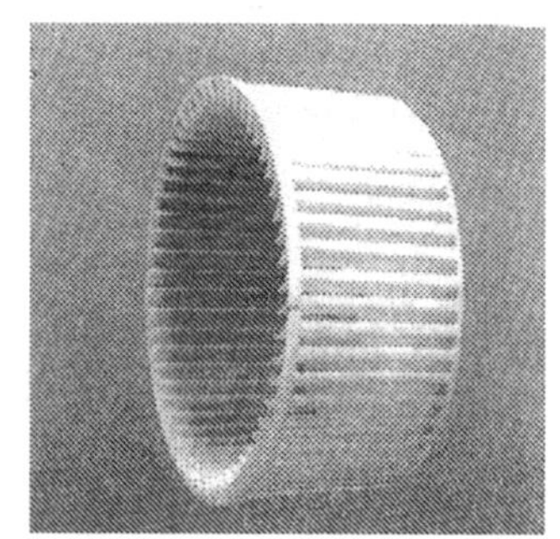

圖 7.23 輻流式百葉風扇－遠距離吹射冷氣

## 7.3 窗型冷暖氣機之控制電路及電路元件

### 7.3-1 迴轉式壓縮機

窗型冷暖氣機之壓縮機目前大多使用迴轉式壓縮機，它具有摩擦損耗小、震動小及容易啟動等特性。

(1) 迴轉式壓縮機

迴轉式壓縮機可分為固定葉片式迴轉式壓縮機及旋轉葉片式迴轉式壓縮機兩種。目前皆使用固定葉片式迴轉式壓縮機。

圖 7.24　迴轉式壓縮機

① 固定葉片式迴轉式壓縮機

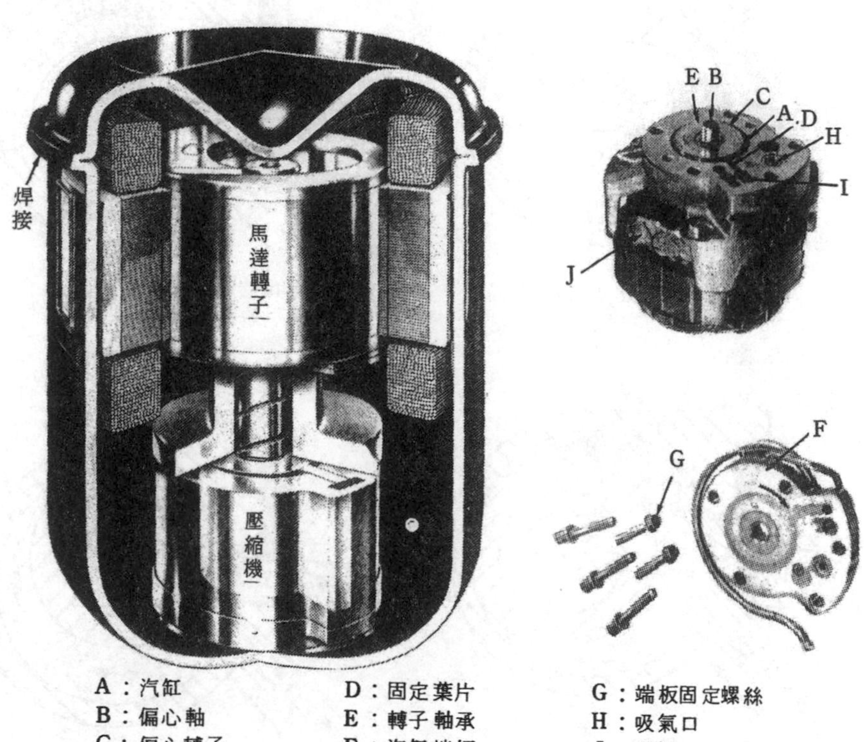


圖 7.25　密閉式固定葉片式迴轉式壓縮機

外殼
排氣口
氣缸
偏心轉子
固定葉片
滾動轉子
轉子軸
吸氣口

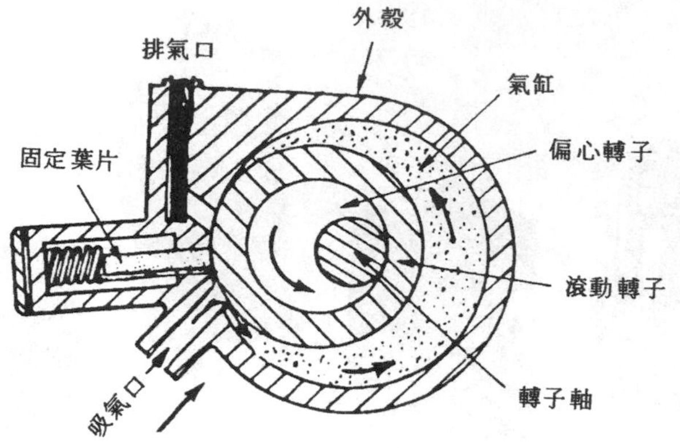

圖 7.26 固定葉片迴轉式壓縮機

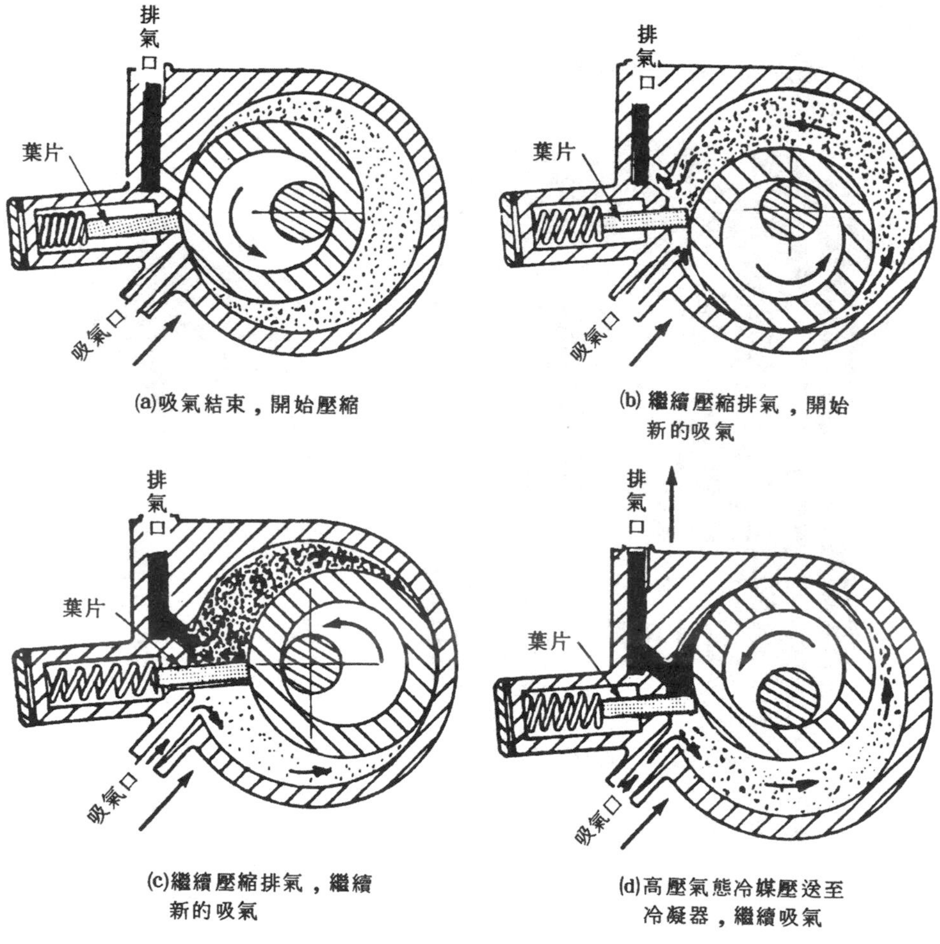

排氣口
葉片
吸氣口
(a)吸氣結束，開始壓縮
排氣口
葉片
吸氣口
(b) 繼續壓縮排氣，開始新的吸氣
排氣口
葉片
吸氣口
(c)繼續壓縮排氣，繼續新的吸氣
排氣口
葉片
吸氣口
(d)高壓氣態冷媒壓送至冷凝器，繼續吸氣

圖 7.27 固定葉片式迴轉壓縮機之壓縮過程

② 旋轉葉片式迴轉式壓縮機

圖 7.28　旋轉葉片式迴轉式壓縮機

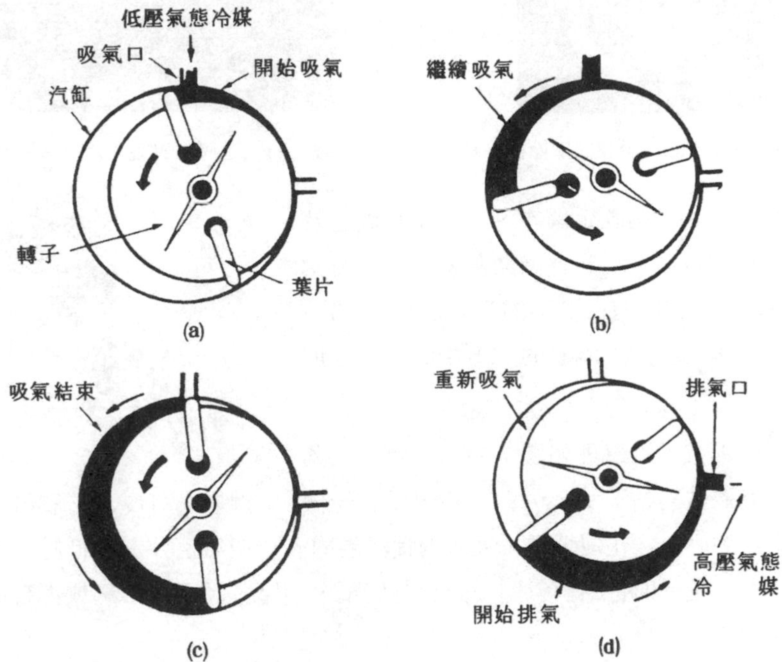


圖 7.29　旋轉葉片式迴轉式壓縮機之壓縮過程

## 7.3-2 渦卷式壓縮機

渦卷式壓縮機號稱為第五代壓縮機，和往復式及迴轉式壓縮機相較具有動件少、噪音小、震動小、效率高，但因加工精度要求高，故製造成本也高。

渦卷式壓縮機的外形如圖 7.30 及 7.31。

圖 7.30 Trane 渦卷式壓縮機

圖 7.31 工研院研製之渦卷式壓縮機

其主要結構為一個固定渦卷、一個繞動渦卷及一個防自轉的歐丹環。渦卷為漸開線型，嚙合時由外而內進行壓縮，同時有三個壓縮室：低壓、中壓、高壓。高壓吐出口在固定渦卷的上方中間。其分解如圖 7.32。

圖 7.32 日立渦卷壓縮機分解圖

渦卷式壓縮機壓縮原理如圖 7.33，相鄰二個圖形間表示繞動渦卷繞動了 90°，每 360° 表示有一個氣室完成排氣的動作。在運轉中，吸入過程渦卷內有三個氣室分別為低壓、中壓、高壓，而在非吸入過程則有四個氣室，分別為低壓、中壓、高壓、排氣或再膨脹壓力，如圖 7.34。

往復式壓縮機外殼內為低壓、迴轉壓縮機為高壓，而渦卷式壓縮機可分低壓外殼與高壓外殼二種型式。低壓外殼的優點為：

一、低壓緩衝區大，可減少吸氣脈動及噪音、避免液壓縮。

二、外殼強度、馬達散熱、元件耐久性皆較佳。

三、低溫低壓下，機件的磨耗較少。

而高壓外殼的優點為：

一、高壓緩衝區大，可減少排氣脈動及噪音傳至管路。

二、冷媒直接進入壓縮室，可減少吸氣過熱而避免循環量的下降。

三、具有油分離器的效果。

渦卷式壓縮機的容量從 1 kW 到 30 kW，可用於窗型機、分離式冷氣、箱型機及小型中央空調冰水機組。

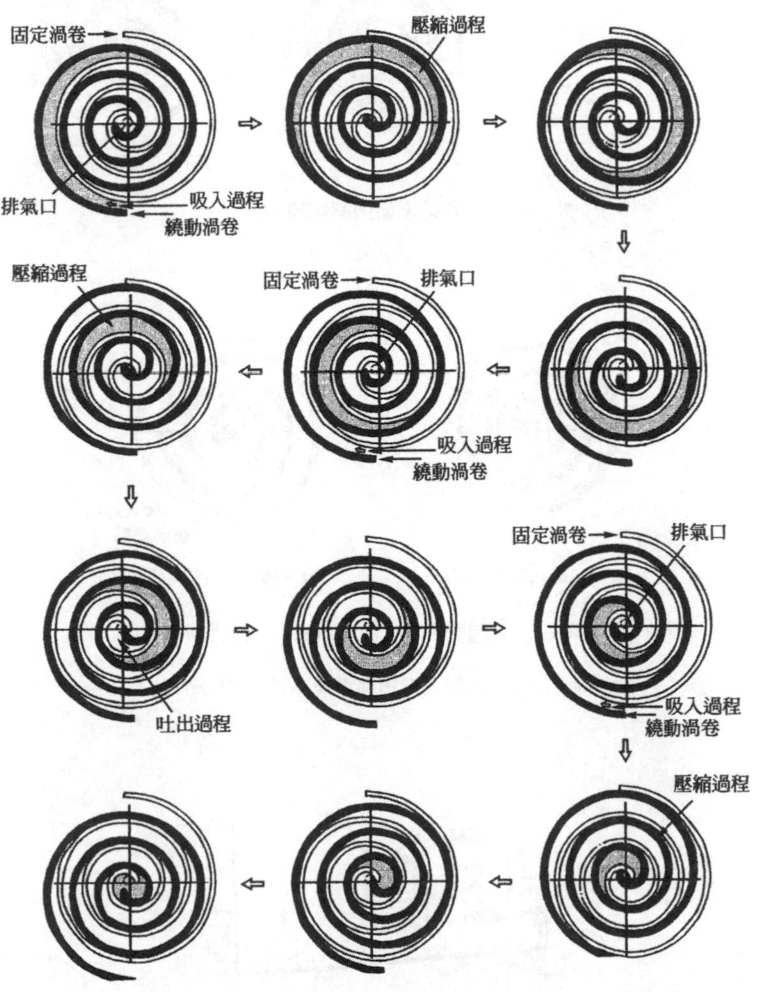


圖 7.33　渦卷式壓縮機壓縮原理圖

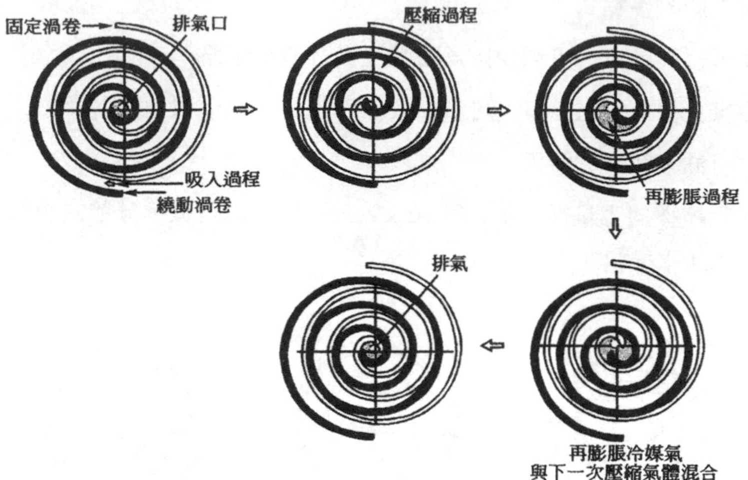


圖 7.33 渦卷式壓縮機壓縮原理圖（續）

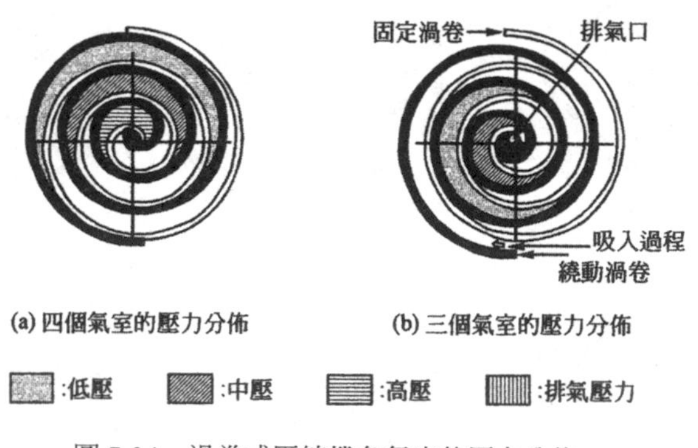


圖 7.34 渦卷式壓縮機各氣室的壓力分佈

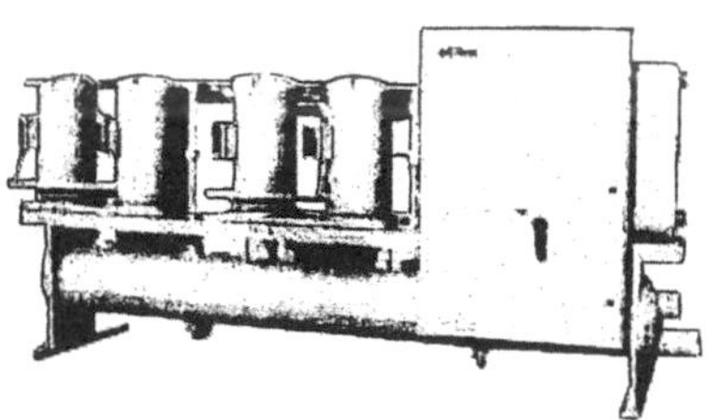

圖 7.35 McQuay 渦卷式冰水機組

早期渦卷壓縮機皆為全密閉式，不易維修，現已有廠商開發半密閉式，便於維修。

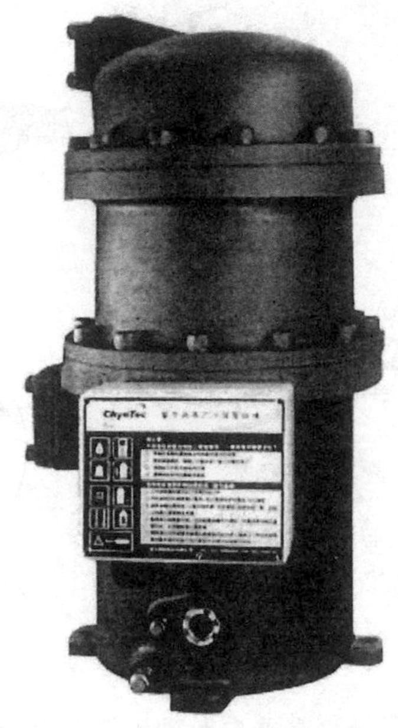

圖 7.36　擎宇半密閉渦卷式壓縮機

## 7.3-3　壓縮機之啓動

窗型冷氣機由於皆使用毛細管控制冷媒流量，因此每次停機壓縮機停止運轉，系統之高壓側及低壓側經 3 分鐘即趨於壓力平衡狀態，當壓縮機再度啟動時，只需較小之啟動力矩即可啟動壓縮機，其啟動方式採用運轉電容式啟動即可。

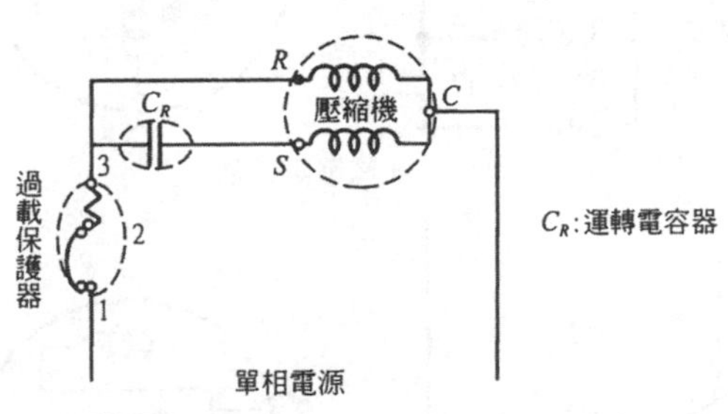


圖 7.37　運轉電容式壓縮機電路

(a)運轉電容器

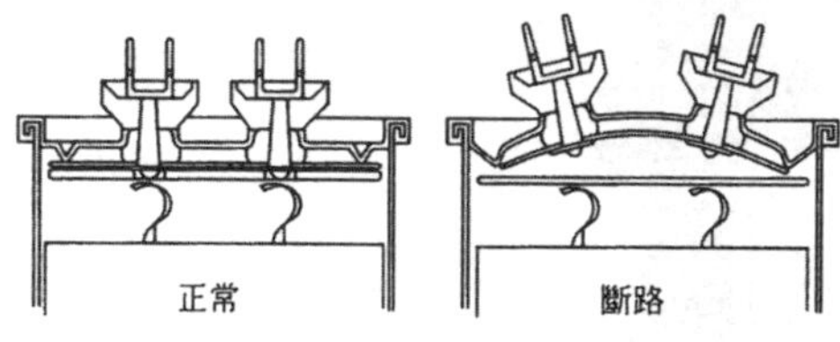


(b)有保護裝置之運轉電容器

圖 7.38 運轉電容器

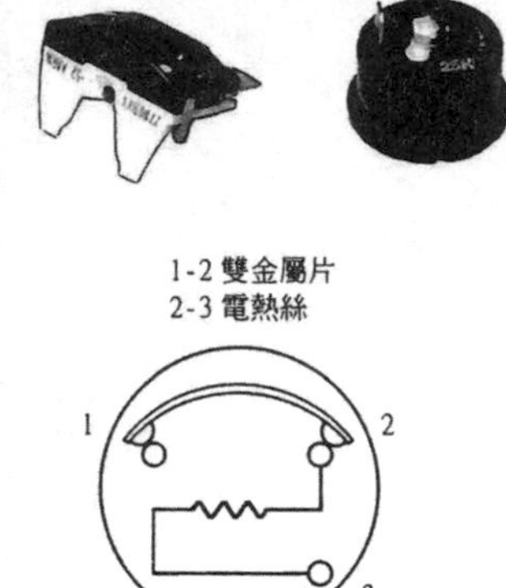


圖 7.39 過載保護器

## 7.3-4 風扇馬達

窗型冷氣機之風扇馬達聯結冷凝器之散熱風扇及蒸發器之吸熱風扇，它具有變速功能，如選擇強風、適風、弱風等三段變速，若配合壓縮機則可選擇強冷、適冷、弱冷等冷氣功能。

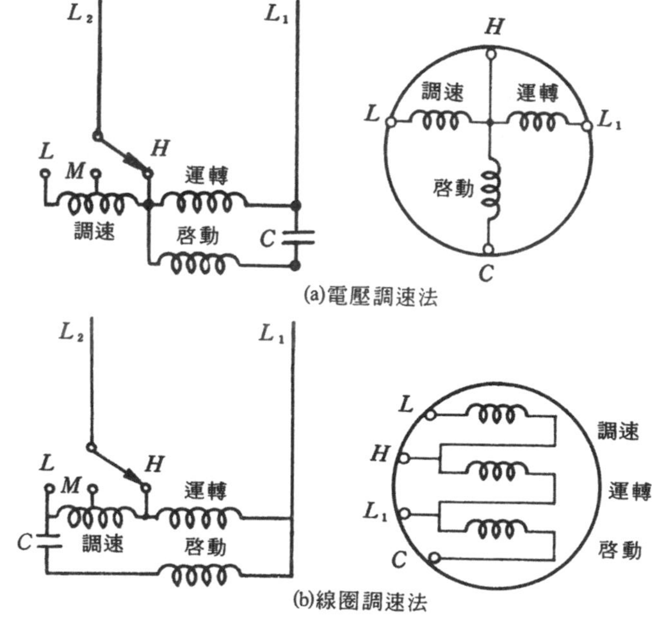


圖 7.40 變速風扇馬達

## 7.3-5　切換開關

切換開關可供選擇停止、強風、弱風、強冷、適冷、弱冷及暖氣等功能。

在同一室內溫度條件下，空氣流速較快則感覺較冷，若風速減速則感覺上比較不冷，因此切換開關之選擇功能如下：

1. 強冷：壓縮機恆速運轉，風扇馬達高速運轉，感覺強冷。
2. 弱冷：壓縮機恆速運轉，風扇馬達低速運轉，感覺弱冷。
3. 暖氣：壓縮機熱泵運轉，風扇馬達運轉。

⑴ 旋鈕式（rotary switches）

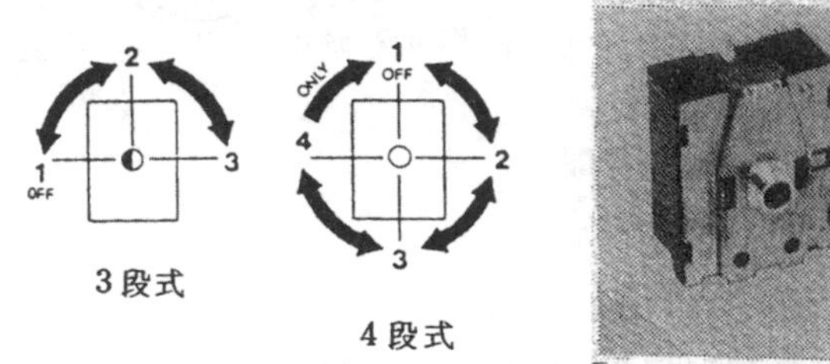


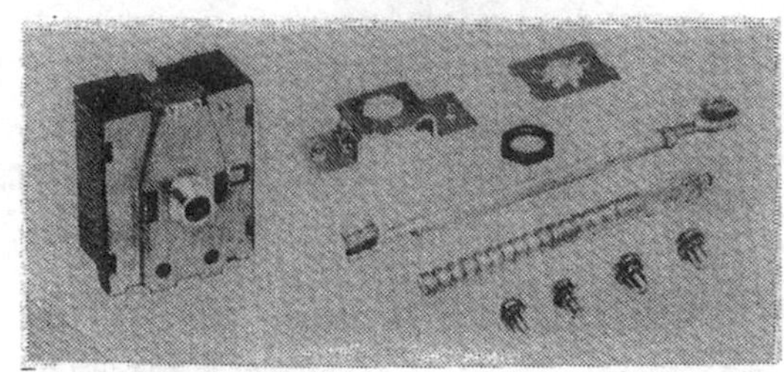

圖 7.41　旋鈕式切換開關

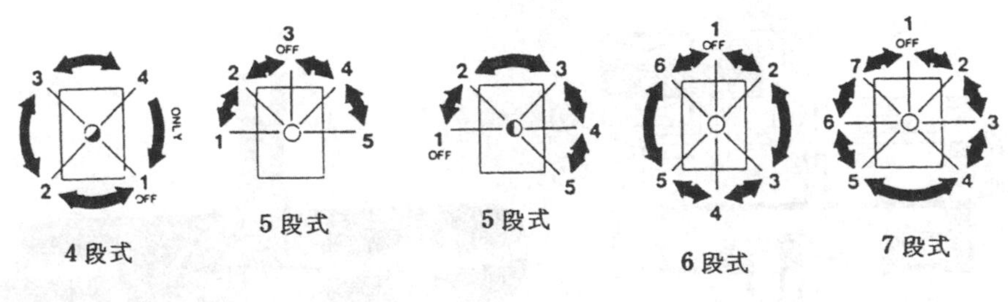


圖 7.42

⑵ 按鍵式（push buttom switches）

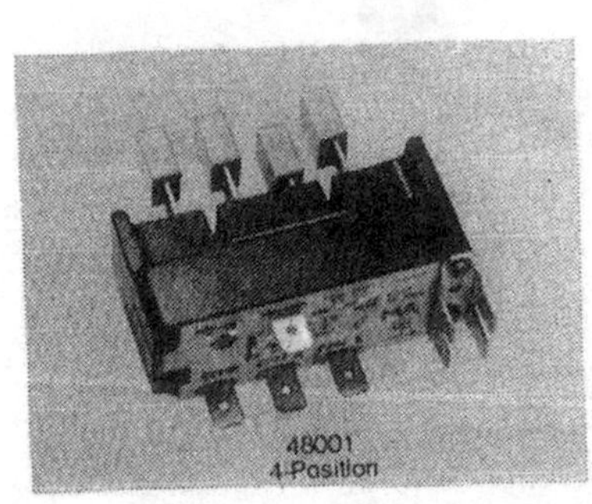


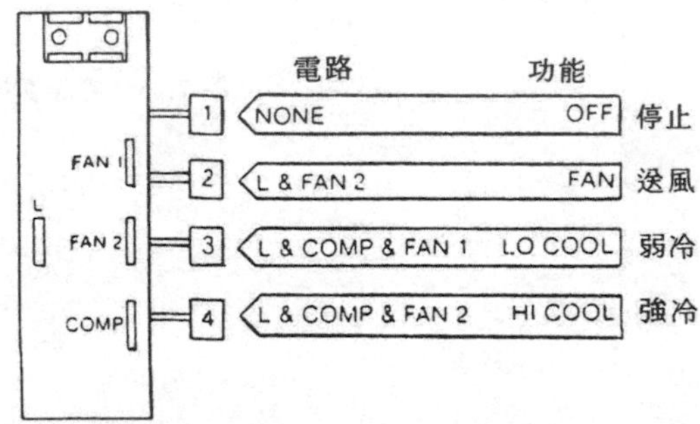


圖 7.43　按鍵式切換開關

## 7.3-6 溫度開關

溫度開關控制冷暖氣房之室內回風溫度，當溫度達設定溫度值時，溫度開關即切換度作。如圖 7.44 所示。

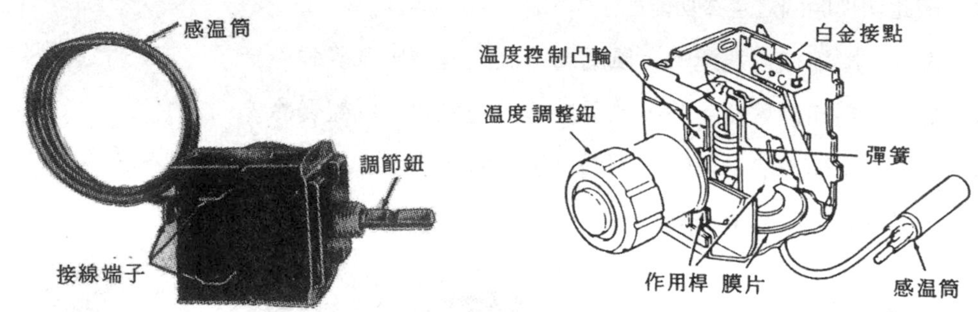


圖 7.44 溫度開關

## 7.3-7 冷暖氣切換四路閥

熱泵（heat pump）式冷暖氣需使用 4 路閥，使冷媒系統逆循環，將室內之蒸發器變成冷凝器，室外之冷凝器變為蒸發器。如圖 7.45 所示。

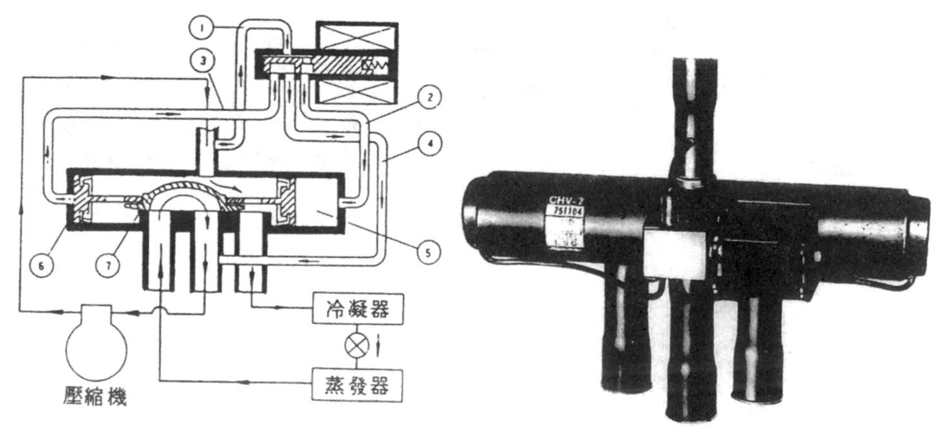


圖 7.45 冷暖切換 4 路閥

### 7.3-8 冷暖氣控制電路

窗型冷暖氣機產生暖氣的方式有二：

**1.** 電熱暖氣

由電熱所產生之暖氣熱效率很低，應儘少使用，消耗 1 kW 之電力 1 小時僅產生 860 kcal 之熱量，因此其 EER 值 860 / 1000 = 0.86 kcal/w-hr。

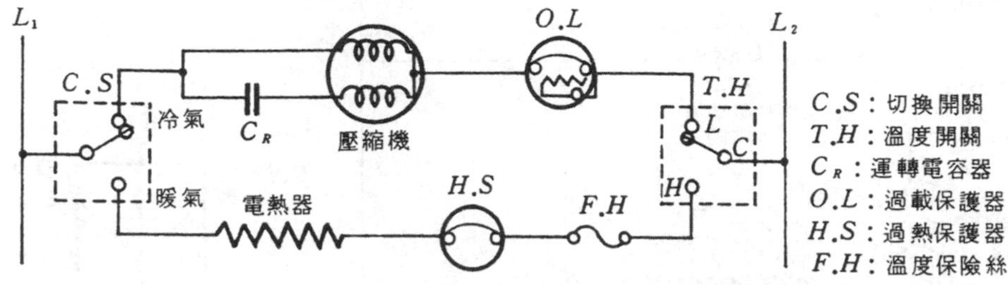


圖 7.46　電熱暖氣控制回路

**2.** 熱泵暖氣

由熱泵產生之暖氣比電熱暖氣之效率更高，例如暖房能力 3800 kcal/hr 之熱泵暖氣其消耗電力為 1854 W，其能源效率比值 EER 為 3800 / 1854 = 2.05 kcal/w-hr。熱泵暖氣比電熱暖氣之效率高（2.05 / 0.86 = 2.38 倍）。

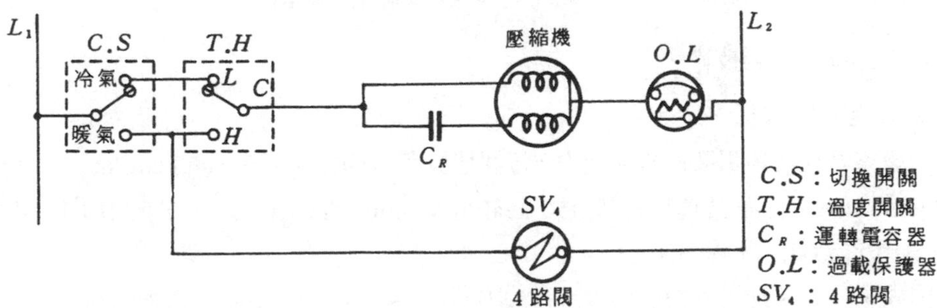


圖 7.47　熱泵暖氣控制回路

### 7.3-9 窗型冷暖氣機控制回路

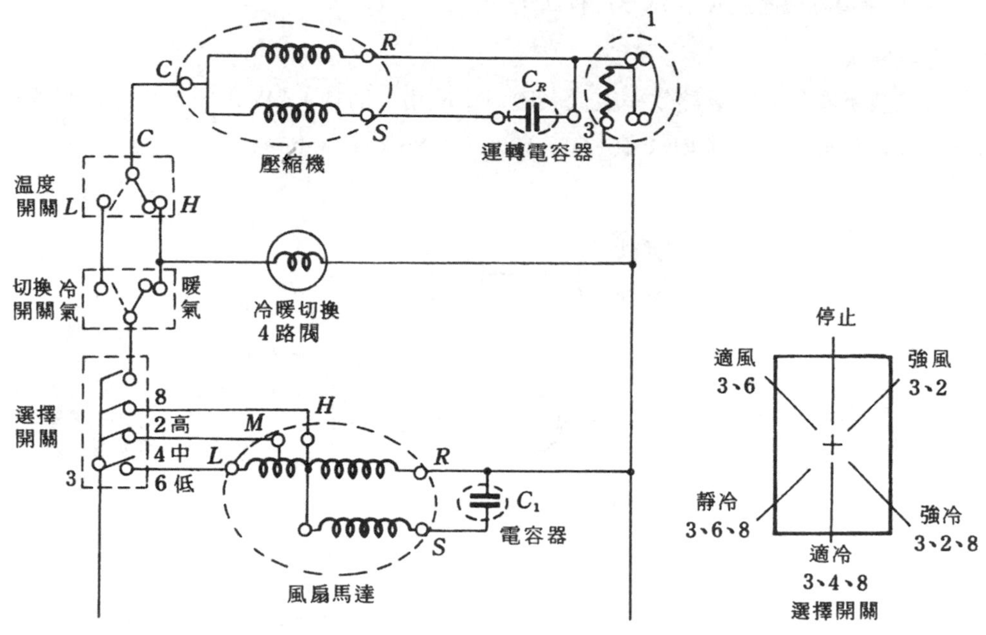


圖 7.48 窗型冷暖氣機控制電路

## 7.4 窗型冷暖氣機之工事設計、安裝及維護保養

### 7.4-1 工事設計與技術

**1.** 冷氣能力與機種之選定

一般家庭住宅所需要的冷氣能力，每坪地板面積約需 400 ～ 500 kcal/hr（16000 ～ 20000 BTU/H），正常情況每坪 450 kcal/hr（1800 BTU/H）即可。所謂 1 坪即 3.3 $m^2$ 之地板面積或 1 $m^2$ = 0.3025 坪。

因此，一間 5 坪大之房間約需冷氣能力 2000 ～ 2500 kcal/hr 之窗型冷氣機一台，若房間隔熱良好，熱負荷較小，則採用 2000 kcal/hr，否則應採用 2500 kcal/hr 之冷氣機一台。

除家庭住宅以外，或有其他不同熱負荷之場所則需依下列情況選擇幾種：

(1)根據負荷大小選擇幾種。

(2)根據場所之配合選擇幾種。

(3)根據經濟觀點選擇幾種。

**2.** 冷房負荷之計算

首先要了解室外侵入的熱量及室內產生熱量的多寡，以便選擇最適當的機種，才能發揮最大的經濟效益及舒爽度。

⑴室外侵入的熱量

① 傳導熱：由牆壁、天花板、地板、玻璃等因溫度差傳入之熱量。

② 對流熱：因換氣或洩漏空氣滲透進入室內的空氣。

③ 輻射熱：由玻璃、門窗所吸收的太陽輻射熱。

⑵室內發生的熱量

① 由電器製品發生的熱量，如電視、音響、電燈、電熱器、瓦斯爐等發生的熱量。

② 由人體產生的熱量。

## 7.4-2　配電工程

**1.** 單台配電工程

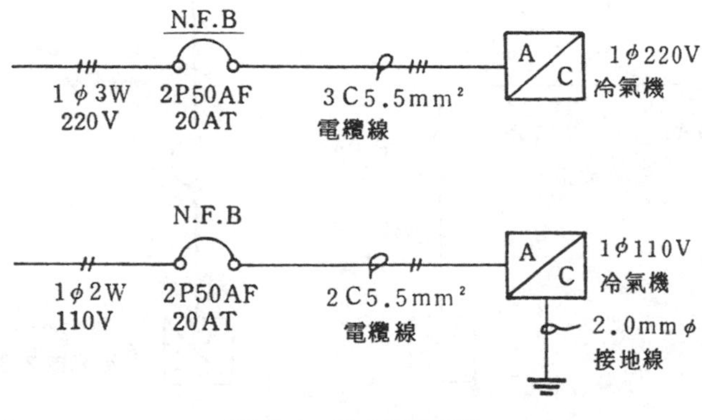


圖 7.49　單台配電工程

⑴ $1\phi220$V 冷氣機，使用 $1\phi23$W 式電源。

冷氣機之接地線直接接於電源之中性線上，因此使用 2P 無熔絲開關。

⑵ $1\phi2110$V 冷氣機，使用 $1\phi22$W110V 電源。

冷氣機電源插頭處之接地線以 2.0 mm² PVC 導線直接接地。

冷氣機電源線插頭應配合接地型三孔插座。

**2.** 多台配電工程

⑴共同幹線配電

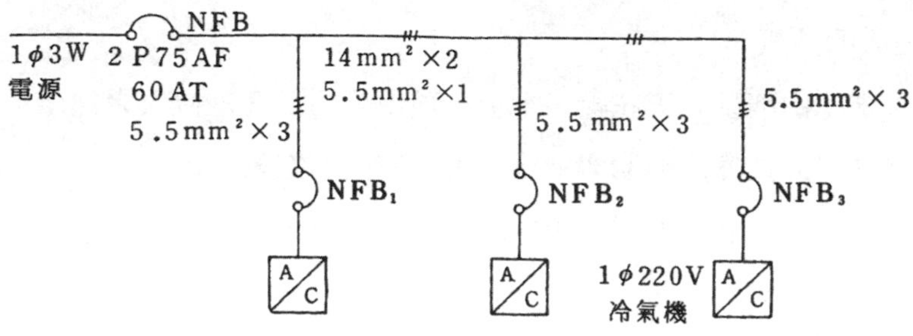


圖 7.50　共同幹線配線

⑵分路設備配電

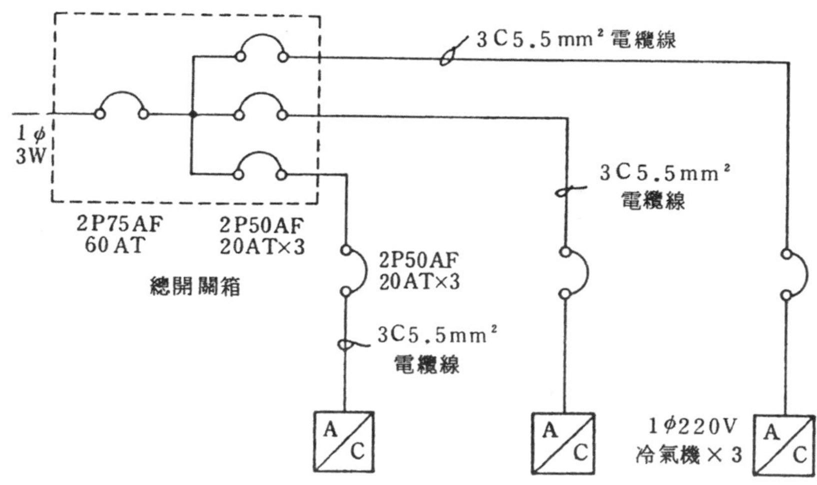


圖 7.51　分路設備配線

## 7.4-3　冷氣機安裝

有正確的冷房熱負荷計算，適當的機種選擇之後，冷氣機更應有正確而穩固的安裝，若安裝不良，會產生室內冷度不均、不冷、振動、噪音、漏水、妨害公共安全及公共衛生等問題，要發揮冷氣機的效率，良好的安裝是很重要的。

## 1. 安裝位置之選擇

⑴安裝方位

① 安裝位置應選擇日光直射不到之位置，最好選擇南北向，以免冷氣機受日光直接照射，影響性能，若安裝於日光直射得到的位置時，應裝設遮日棚，如圖 7.52 所示。

② 冷氣吹出口前面不能有障礙物，宜選冷風能送出到室內各角落之位置。

③ 若冷氣機之設計為左側回風口、右側出風口時，則冷氣機應裝在房間之左側，空氣才能夠在室內大循環，否則冷空氣會產生短路循環的現象，房間不冷而且冷氣機運轉後不久即可能停機，如圖 7.53 所示。

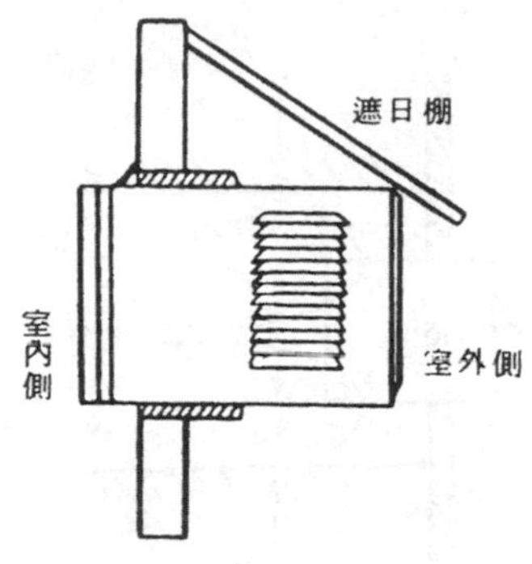


圖 7.52　裝設遮日棚

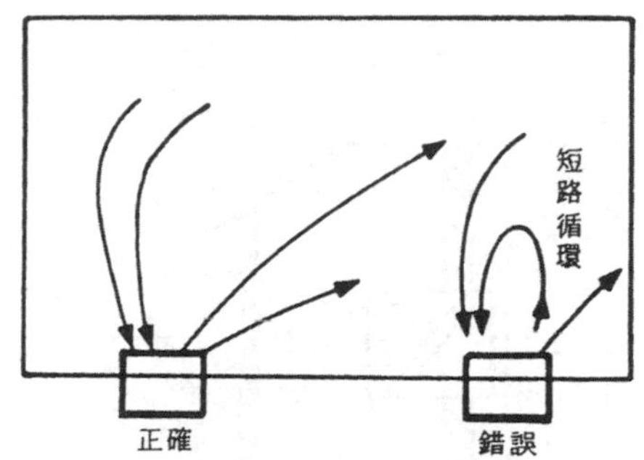


圖 7.53　冷氣機吹出口在右側時應按裝在房間之左側

⑵安裝高度

安裝高度以冷氣機底座離地最小 75 公分以上，以免因太低而吸入灰塵及冷氣吹出距離太短而影響效率。最好高度為 1.5 公尺高，最好不要太高，太高時，室內頂部之熱負荷將是一種無效率之冷房負荷，冷氣機不容易達到預期之冷房效果，如圖 7.54 所示。

⑶前後通風不受阻擋

① 冷氣機背面若受阻擋時，其最小距離應在 60 公分以上，以免熱空氣無法吹出而散熱不良，如圖 7.55 所示。

② 冷氣機背面儘量避免裝於強風逆向吹襲或灰塵多的方向，以免散熱不良。

③ 若因建築關係，需裝於室內時，則室外牆壁應裝抽風機或風管排除熱氣。如圖 7.56 所示。

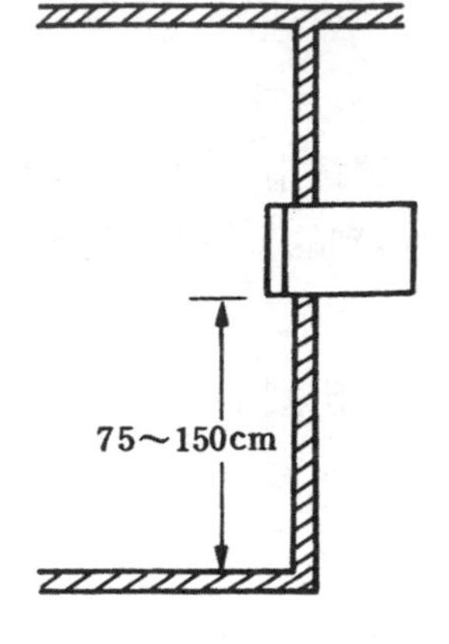


圖 7.54　安裝高度

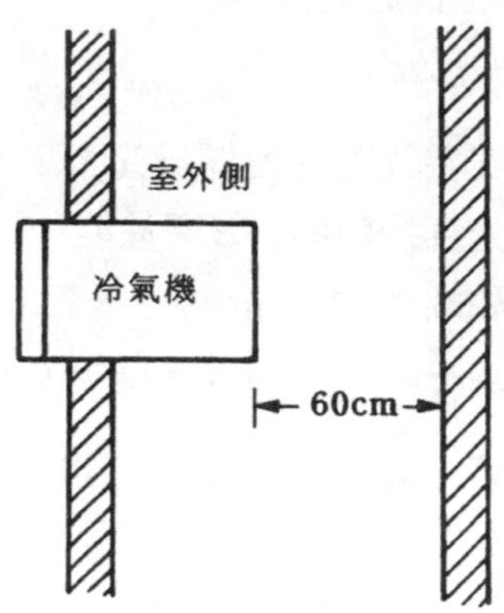


圖 7.55　背面受阻之最小距離

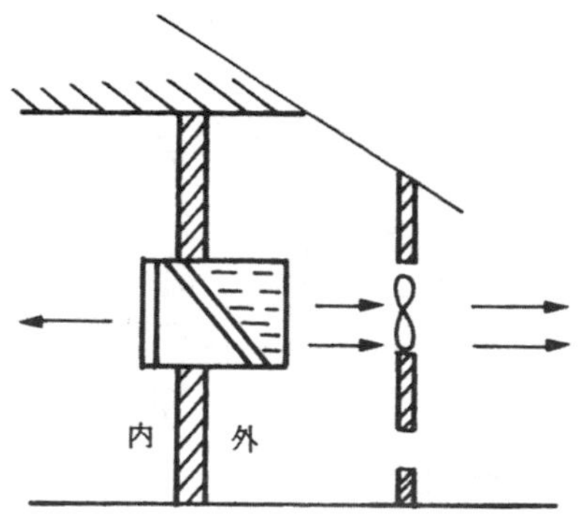


圖 7.56　背面在室內時之抽風

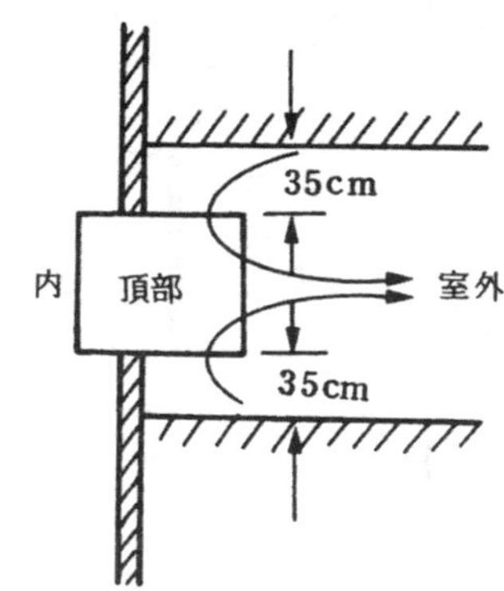


圖 7.57　側面回風受阻擋之最小距離（頂視圖）

④ 避免接近瓦斯器具及電熱器等發生熱源之地方。

⑤ 室外之側面回風若受阻擋，其最小距離應在 35 公分以上，如圖 7.57 所示。

⑷安裝位置之強度及振動之防止

冷氣機有相當重量，輕者數十公斤，重者達七、八十公斤以上，啟動及停止瞬間在正常情況下都會有少許振動，因此應注意安裝場所之強度。

**2.** 安裝注意事項

⑴冷氣機應向後傾，以利排水。安裝時室外側要比室內側低 5 ～ 8 mm，或 5 ～ 10 度之傾斜度，以利排水，如圖 7.58 所示。

⑵若因受鐵捲門之影響，冷氣機必須整台裝於室內時，則兩側之室外回風部份應做回風管，回風管可以白鐵皮製作，如圖 7.59 所示。

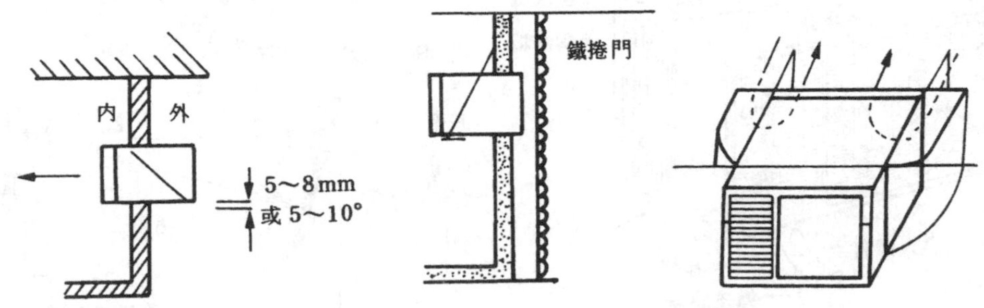


圖 7.58　冷氣機向後傾斜 5 ～ 10 度

圖 7.59　有鐵捲門時之回風管

**3.** 安全事項

⑴冷氣機要做接地工事，以避免發生火災或感電事故。

⑵冷氣機不要和建築物之金屬部份接觸。

⑶注意安裝架之強度，冷氣機標準安裝架若不合用時，應以 1¼" × ⅛" t 之角鐵或 1½" × ⅛" t 之萬能角鋼妥為製成安裝架，以免冷氣機掉落。

⑷冷氣機應使用冷氣專用回路電源。

**4.** 冷氣機之安裝

⑴拉出窗型冷氣機之內部主體

① 取下前蓋板。

② 旋退冷氣機外殼與內部主機之固定螺絲。

③ 拉出冷氣機內部主機。

(2)安裝冷氣機外殼

① 將冷氣機外殼之底座框架固定於窗台或冷氣孔上，如圖 7.61 所示。

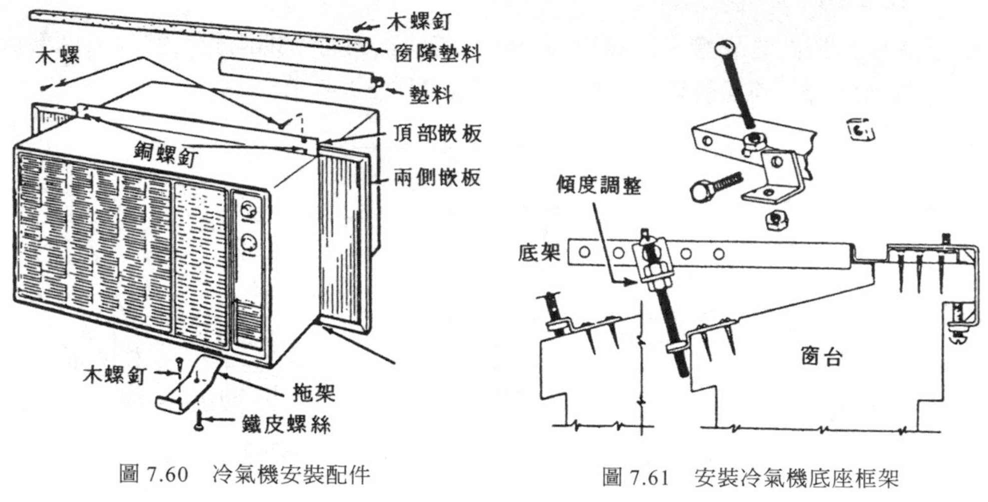


圖 7.60　冷氣機安裝配件

圖 7.61　安裝冷氣機底座框架

② 安裝冷氣機外殼應固定於底座上，如圖 7.62 所示。

③ 將窗戶兩側之間隙以嵌板或墊料封閉，防止冷氣外洩，如圖 7.63 所示。

④ 調整底座傾斜度。

(3)套入冷氣機內部主機

① 以 2 ～ 3 人，2 人在左右兩側，1 人在後，將冷氣機抬高並套入外殼內。

② 覆上冷氣機前蓋板。

(4)機外配線

① 由冷氣專用分路開關起，配 5.5 $mm^2$ 3 芯電纜線至機旁開關者。

② 開關箱內應裝無熔絲開關及冷氣專用插座。

③ 接地線處理。

(5)送電試機

① 以伏特表測量電源電壓是否正常。

② 以夾式電流表測量運轉電流是否正常。

③ 判斷冷氣機是否正常運轉。

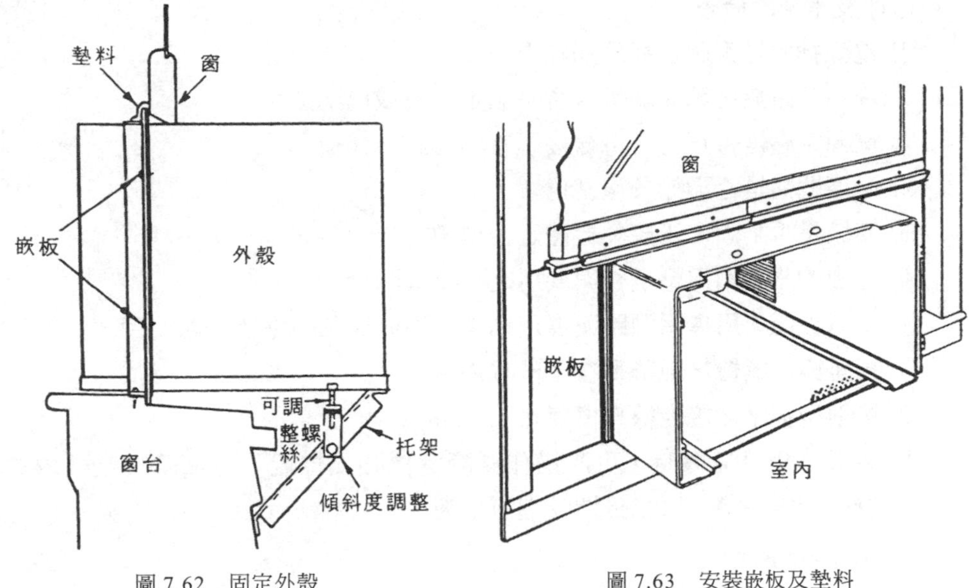


圖 7.62　固定外殼

圖 7.63　安裝嵌板及墊料

## 7.4-4　維護保養

### 1. 保養與檢查

(1)空氣過濾網的清洗

淨化室內空氣是冷氣機的重要功能之一，而濾氣網可將室內空氣的灰塵或棉絮過濾、淨化，保持空氣新鮮，因此每週必須清洗一次，塵埃較多之場所次數宜增加，以免灰塵堵塞濾氣網而阻礙空氣流通，降低冷氣效果。

(2)定期保養

冷氣機運轉後，每年最少需定期保養一次，清洗冷氣機底盤、水槽、冷凝器、蒸發器之污泥、塵埃等雜物，否則阻礙空氣流通、散熱不良，降低散熱效果也降低冷房效果。清洗保養時，應將風扇馬達及控制元件以塑膠布包覆，防止水氣浸入而漏電，清洗後曬乾，或將操作開關選擇強風位置，使風扇馬達運轉吹乾水氣，之後添加風扇馬達軸承潤滑油。

(3)冷暖度不能發揮最大效率時

① 空氣過濾網是否有塵埃阻塞。

② 是否陽光直接照射於冷氣機上。

③ 冷氣機的室內側是否有窗簾或其他妨礙氣流的物體擋住，外側與障礙物最好應有 1 m 以上的距離。

④ 門窗是否關閉，換氣開關是否開著，溫度開關調節位置是否適當？

⑷機件及電源的檢查

① 電源插頭是否確實插於插座上。

② 專用分路無熔絲開關是否合乎額定容量或已切斷。

③ 電源電壓是否正常，電線接頭有無鬆脫。

④ 溫度開關是否調節於適當位置。

⑤ 安裝是否牢固、正確，機體是否稍微向外傾斜。

⑥ 電源的相數和電壓是否與裝用之冷氣機配合。

⑦ 冷氣機應使用專用迴路與專用插座，不能與其他電器一起使用。

⑧ 插座與冷氣機之距離須在 1 m 以內。

⑨ 接地型插座之接地線直徑應在 2.0 mm 以上。

⑩ 冬天不用冷氣機時，可將操作開關選擇強風位置，用風扇吹乾機內的水份，而後停機，以免長期受潮而生鏽。

**2.** 定期保養的方法

⑴取出冷氣機內部主機

① 拆下前蓋板，取出空氣過濾網。

② 以二～三人合力拉出並取下冷氣機內部主機。

⑵清洗冷氣機

① 拆除冷氣機之上蓋板。

② 將風扇馬達及控制箱電路元件以塑膠套包覆，防止濺水漏電。

③ 以高壓水泵浦，噴濺清洗冷凝器及蒸發器散熱片上之塵垢，並清洗底部水盤之泥垢。

④ 清洗空氣過濾網。

⑤ 風乾。

⑶試機

① 測量運轉電流是否正常。

② 測量冷度是否正常。

③ 檢查有無異音。

# 7.5　莫理爾線圖與空氣線圖之應用

## 7.5-1　窗型冷氣機之運轉特性

窗型冷氣機所使用之冷媒為 R-22，其特性如表 7.5 所示。

表 7.5　窗型冷氣機運轉特性

| 冷媒 R-22 | 運轉高壓 | 運轉低壓 | 靜止壓力 |
|---|---|---|---|
| 飽和壓力 $kg/cm^2g$ | 16.6 | 4.97 | 11.22 |
| 飽和溫度℃ | 45 | 5 | 30 |

## 7.5-2　莫理爾線圖之應用

莫理爾線圖又稱為壓力 - 焓熱圖（P-H chart），窗型冷氣機在理想狀況下如圖 7.64 所示。

1 ～ 2 線段為等熵壓縮過程：將低壓低溫飽和氣體冷媒壓縮成高壓高溫過熱氣體冷媒。

2 ～ 3 線段為等壓凝結過程：將高壓高溫過熱氣體冷媒冷卻為高壓常溫過冷卻液體冷媒。

3 ～ 4 線段為等焓膨脹過程：將高壓常溫之過冷卻液體冷媒經過降壓節流後成為低壓低溫飽和液氣冷媒。

4 ～ 1 線段為等壓蒸發過程：將低壓低溫液氣冷媒在蒸發器內蒸發吸收熱量形成低壓低溫飽和氣體冷媒。

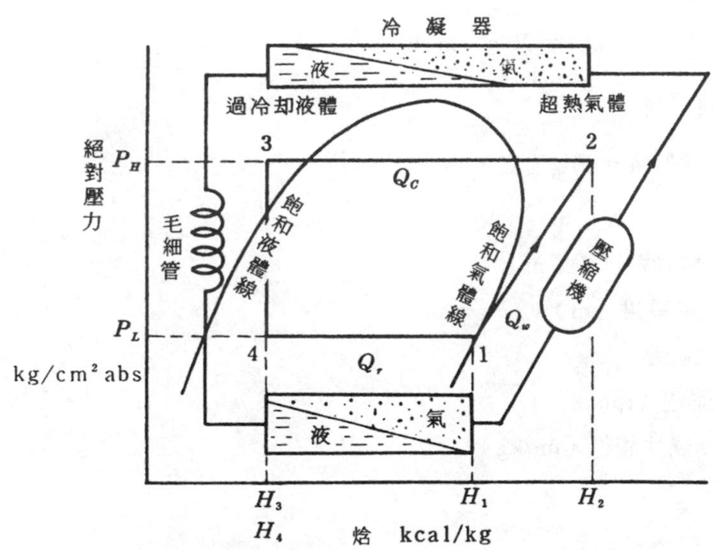


圖 7.64　窗型冷氣機之莫理爾線圖，壓 - 焓變化狀態

由莫理爾線圖分析可得下列計算式。

**1.** 往復式壓縮機冷媒循環量

(1)冷媒排出量

$$V_1=\frac{\pi D^2}{4}\cdot L\cdot N\cdot n\cdot \eta_v\cdot 60$$
$$=15\pi D^2\cdot L\cdot N\cdot n\cdot \eta_v\ \ (\mathrm{m^3/hr}) \qquad (7.2)$$

(2)冷媒循環重量

$$G_1=\frac{\pi D^2}{4v}\cdot L\cdot N\cdot n\cdot \eta_v\cdot 60$$
$$=15\pi D^2\cdot L\cdot N\cdot n\cdot \eta_v/v\ \ (\mathrm{kg/hr}) \qquad (7.3)$$

$D$：汽缸直徑（m）

$L$：汽缸行程（m）

$N$：轉速（rpm）

$n$：汽缸數

$\eta_v$：體積效率

$v$：冷媒比體積（$\mathrm{m^3/kg}$）

**2.** 固定葉片迴轉式壓縮機冷媒循環量

(1)冷媒排出量

$$V_2=\frac{\pi}{4}(D_1^{\ 2}-D_2^{\ 2})\cdot t\cdot 60\cdot N\cdot n$$
$$=15\pi(D_1^2-D_2^2)\cdot t\cdot N\cdot n\ \ (\mathrm{m^3/hr}) \qquad (7.4)$$

(2)冷媒循環重量

$$G_2=15\pi(D_1^{\ 2}-D_2^{\ 2})\cdot t\cdot N\cdot n/v\ (\mathrm{kg/hr}) \qquad (7.5)$$

$D_1$：汽缸直徑（m）

$D_2$：轉動輪直徑（m）

$t$：汽缸厚度（m）

$n$：汽缸數

$N$：轉速（rpm）

$v$：冷媒比體積（$\mathrm{m^3/kg}$）

**3.** 冷凍效果（refrigeration effective）

$$RE = H_1 - H_3 = H_1 - H_4 \ (\text{kcal/kg}) \tag{7.6}$$

**4.** 冷凍能力（蒸發器）

$$Q_r = G \times RE = G(H_1 - H_4) \ (\text{kcal/hr}) \tag{7.7}$$

$G$：冷媒循環量（kg/hr）

**5.** 壓縮機之壓縮熱

$$Q_W = G(H_2 - H_1) \ (\text{kcal/hr}) \tag{7.8}$$

**6.** 散熱能力（冷凝器）

$$Q_C = G(H_2 - H_3) \ (\text{kcal/hr}) \tag{7.9}$$

$$Q_C = Q_r + Q_W$$

$$Q_C \fallingdotseq 1.2 \sim 1.3Q_r$$

**7.** 壓縮機所需之耗電量

$$K_W = \frac{Q_W}{860 \cdot \eta_m \cdot \eta_c} K_W \tag{7.10}$$

$$\text{HP} = \frac{Q_W}{860 \times 0.746 \cdot \eta_m \cdot \eta_C} = \frac{Q_W}{642 \cdot \eta_m \cdot \eta_C} \text{HP} \tag{7.11}$$

$Q_W$：壓縮熱（kcal/hr）

$\eta_m$：機械效率

$\eta_C$：壓縮效率

$1\ K_W = 860$ kcal

$1$ HP $= 0.746\ K_W$

**8.** 功效係數（coeficient of performance）

$$\text{COP} = \frac{Q_r}{Q_W} = \frac{G(H_1 - H_4)}{G(H_2 - H_1)} = \frac{H_1 - H_4}{H_2 - H_1} \tag{7.12}$$

**9.** 能源效率比值（energy efficiency ratio）

$$\text{EER} = \frac{Q_r}{W} = \frac{G(H_1 - H_4)}{W} \ (\text{kcal/W-hr}) \tag{7.13}$$

**10.** 壓縮比（compression ratio）

$$\text{CR} = \frac{P_H}{P_L} \tag{7.14}$$

$P_H$、$P_L$：冷凍系統高低壓力（絕對壓力）（$\text{kg/cm}^2\text{abs}$）

## 7.5-3 空氣線圖之應用

室內循環空氣經過蒸發器之熱交換後，產生冷卻及除濕兩種功能，由空氣線圖分析可得下列計算式。如圖 7.65 所示。

**1.** 冷氣能力

$$Q_r = \frac{V_o}{v}(i_1 - i_2) = 1.2V_o(i_1 - i_2) \text{ (kcal/hr)} \tag{7.15}$$

$V_o$：空氣循環風量（$m^3$/hr）

$v$：空氣比體積 0.83（$m^3$/kg）

$i_1$、$i_2$：出入口空氣焓（kcal/kg）

$$1.2 = \frac{1}{0.83}$$

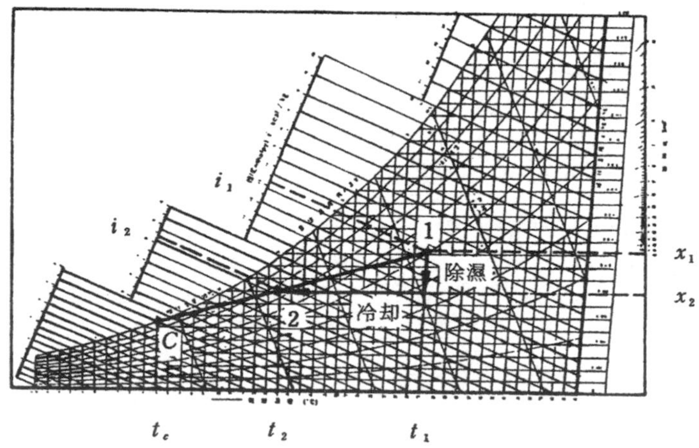


圖 7.65 空氣線圖之分析

**2.** 排除顯熱能力

$$Q_S = \frac{V_o}{v} \times 0.24 \times (t_1 - t_2)$$
$$= 0.29V_o(t_1 - t_2) \text{（kcal/hr）} \quad \textbf{(7.16)}$$

空氣比熱：0.24 kcal/kg-℃

$t_1$、$t_2$：出入口空氣乾球溫度（℃ DBT）

$$0.29 = \frac{0.24}{0.83}$$

**3.** 排除潛熱能力

$$Q_L = \frac{V_o}{v}(x_1 - x_2) \times 597.3 = 720V_o(x_1 - x_2) \text{（kcal/hr）} \quad \textbf{(7.17)}$$

水之蒸發潛熱：597.3 kcal/kg

$x_1$、$x_2$：出口空氣之絕對濕度（kg/kg）

$$720 = \frac{597.3}{0.83}$$

**4.** 除濕能力

$$W = \frac{V_o}{v}(x_1 - x_2) = 1.2V_o(x_1 - x_2) \text{（kg/hr）} \quad \textbf{(7.18)}$$

$x_1$、$x_2$：出入口空氣絕對濕度（kg/kg）

$$1.2 = \frac{1}{0.83}$$

**5.** 旁路係數（by pass factor）

$$\text{BF} = \frac{t_2 - t_C}{t_1 - t_C} \quad \textbf{(7.19)}$$

**6.** 接觸係數（contact factor）

$$\text{CF} = \frac{t_1 - t_2}{t_1 - t_C} \quad \textbf{(7.20)}$$

## 7.6 認識分離式冷氣

**1.** 分離式冷氣機之分類

分離式冷氣機是將冷氣機分成兩部份，一為室外機，一為室內機，由冷媒配管連接室外機與室內機，室外機內有壓縮機、散熱冷凝器、散熱風扇及冷媒控制器，而室內機內有吸熱蒸發器及吸熱風扇。

(1)依室內機裝置位置可分為四類

① 吊掛型：Ceiling Suspended

② 壁掛型：Wall Mounted

③ 落地型：Floor Standing

④ 天井嵌入型：Centrally Located In Ceiling System

(2)依室內機裝配數量可分為三類

① 1 對 1 型：1 室外主機配 1 室內機。

② 1 對 2 型：1 個或 2 個壓縮機裝於一室外主機配 2 組室內機。

③ 多聯系統型：為 1 室外主機配多組室內機。

(3)依壓縮機控制電路可分為

① 一般型：壓縮機使用單相馬達，控制電路為傳統結線，轉速不能任意改變。

② 變頻式：壓縮機馬達轉速可以電子電路改變其轉速，調整容量隨負荷變化而改變。又可分交流變頻與直流變頻。

(4)依冷媒膨脹位置可分為

① 室內膨脹型：毛細管或冷媒控制器裝置於室內機中，輸液管為高壓管路。

② 室外膨脹型：毛細管或冷媒控制器裝置於室外機內，輸液管為低壓管路。

**2.** 吊掛型分離式冷氣機

(1)特點

① 冷氣可由前面，左右側及底部送氣。

② 四方冷流導流板可提高室內空氣舒爽度。

③ 外氣吸氣換氣裝置可提高室內空氣之清淨度。

⑵室內機之結構

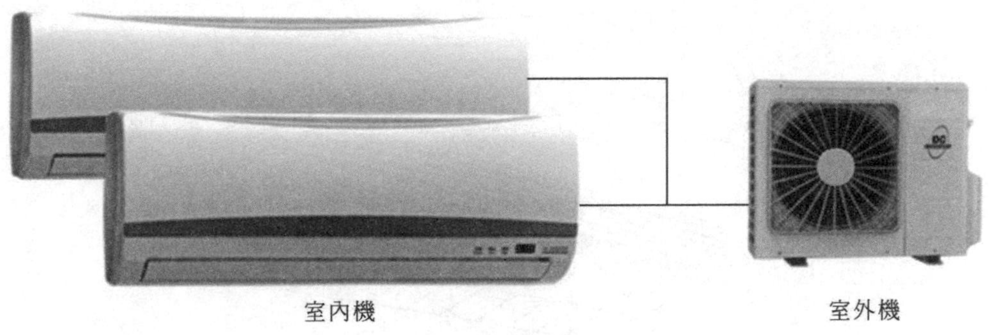


圖 7.66　分離式冷氣

① 箱架

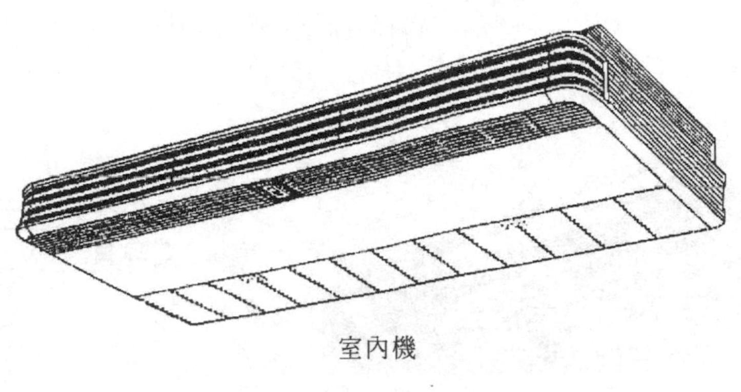


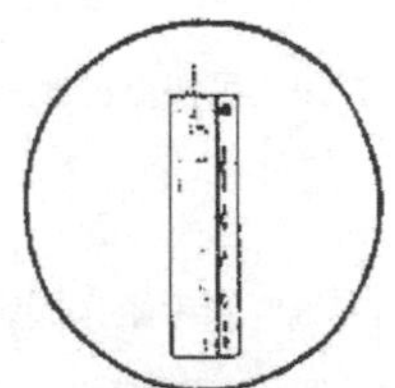

遙控器

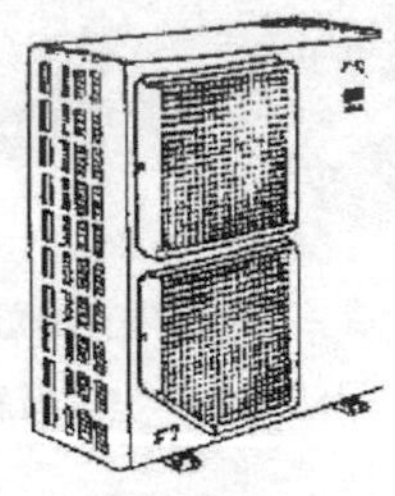

室外機

圖 7.67　室內機之箱架

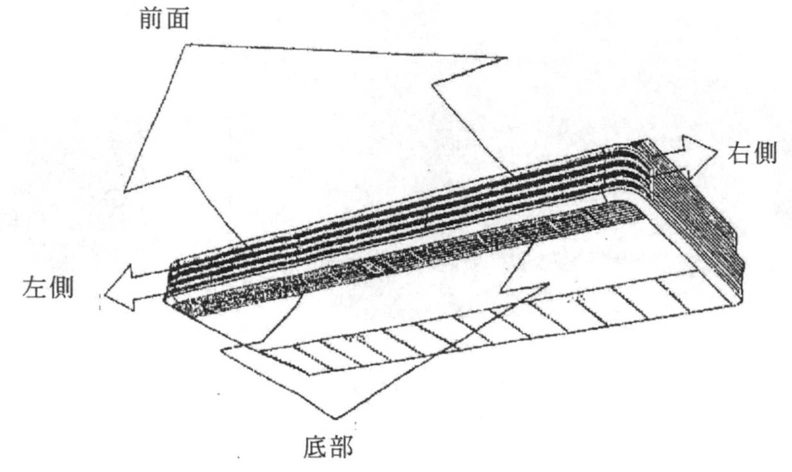


圖 7.68 1 對 4 壁掛型分離式冷氣機

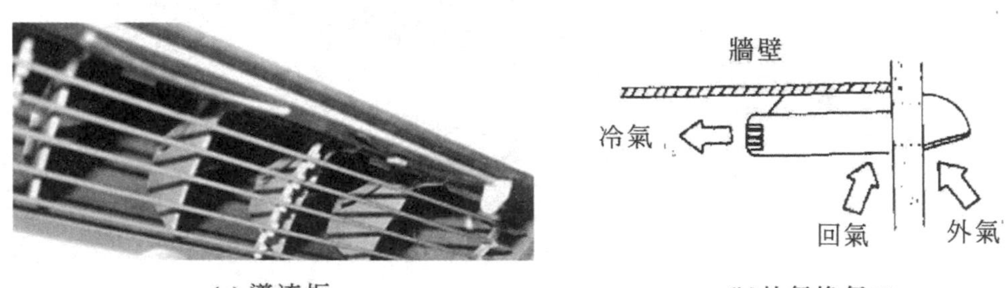


(a) 導流板　　(b)外氣換氣口

圖 7.69 吊掛型分離式冷氣機

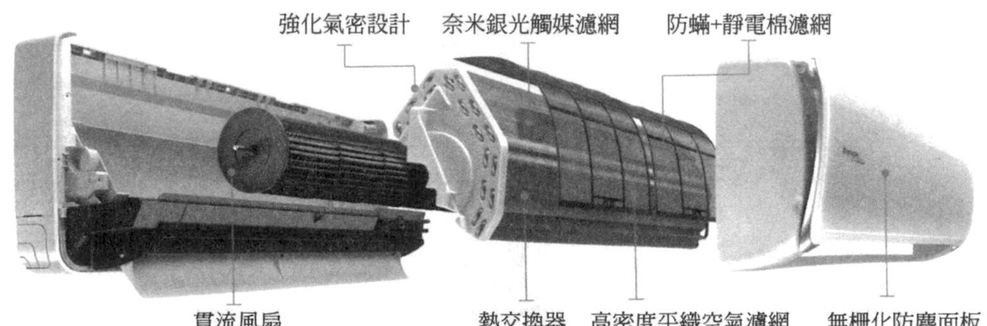


圖 7.70 室內機結構

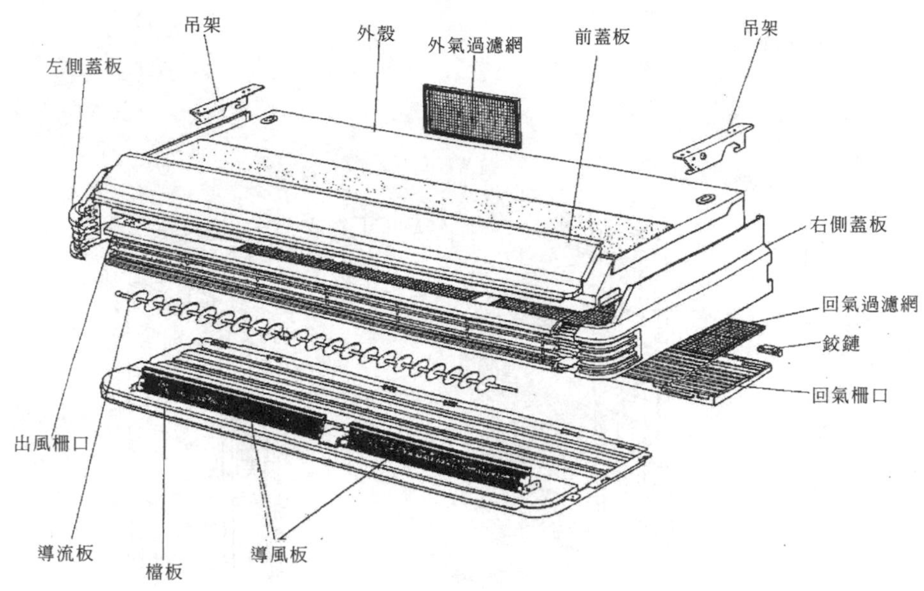


圖 7.71　室內機分解圖

② 送風機及盤管

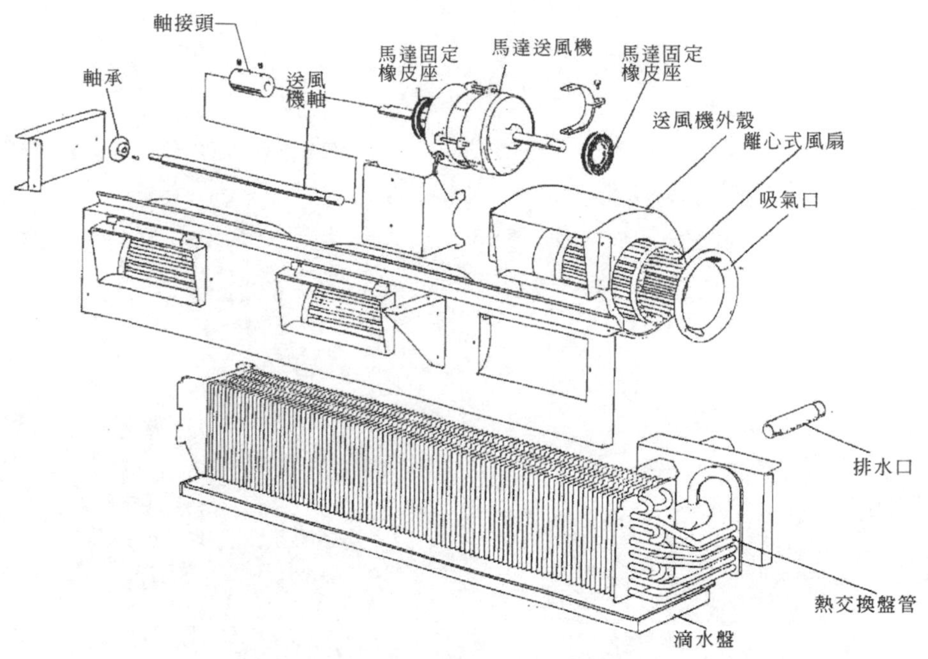


圖 7.72　送風機之盤管

(3)室外機之結構

① 室外機外殼

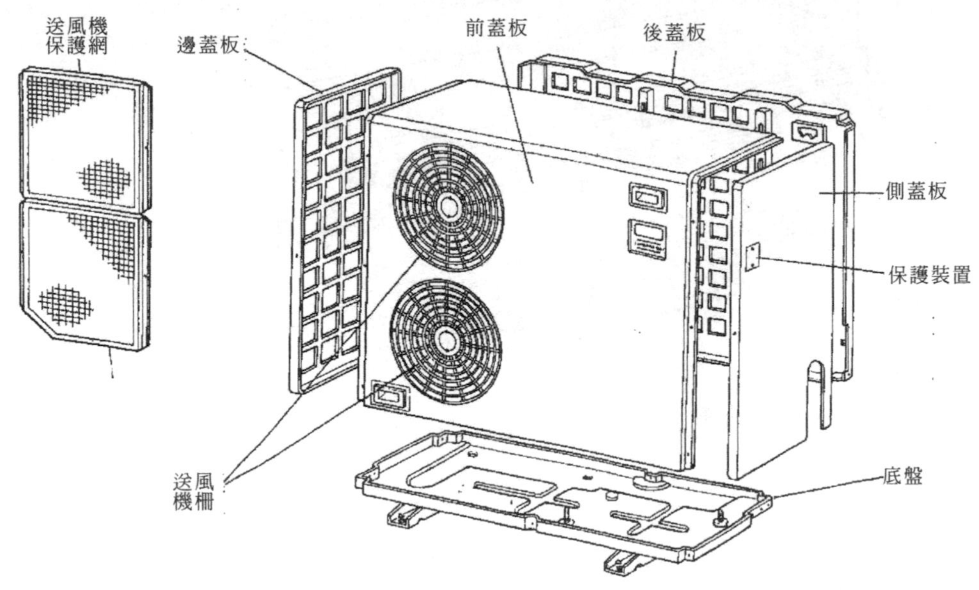


圖 7.73 室外機外殼

② 室外機內部主機裝置

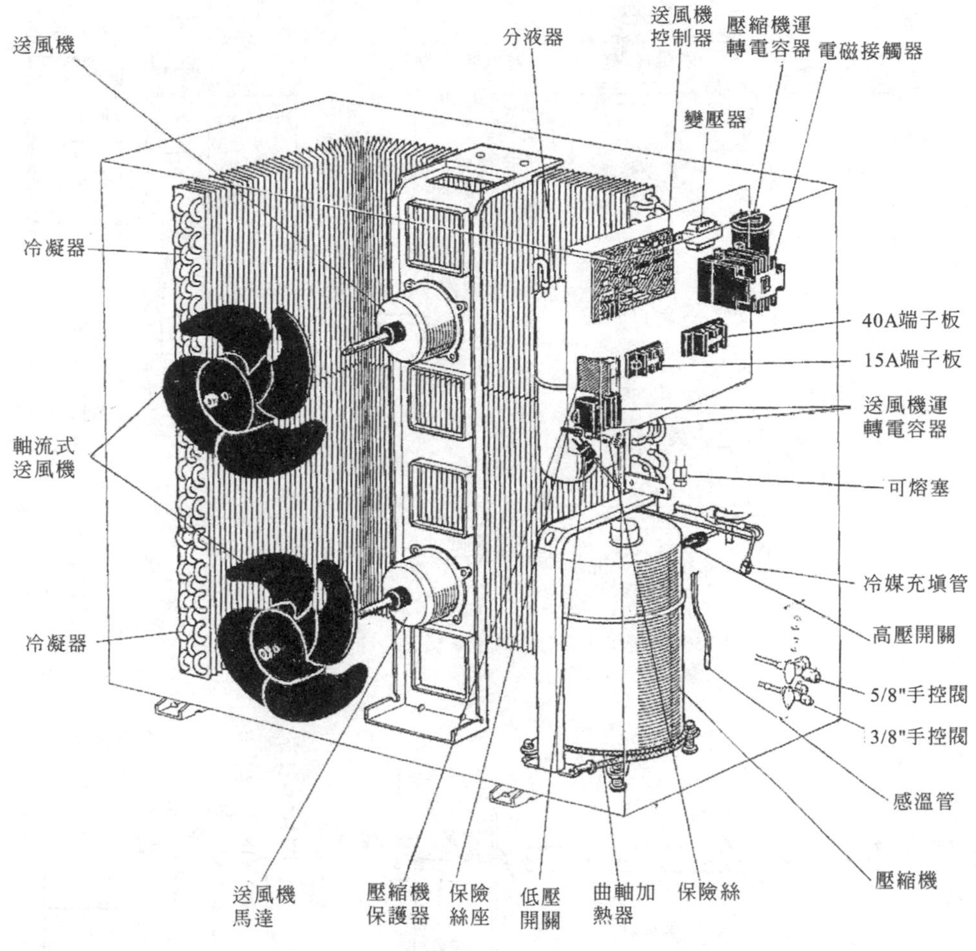


圖 7.74　室外機內部主機

⑷冷凍循環系統

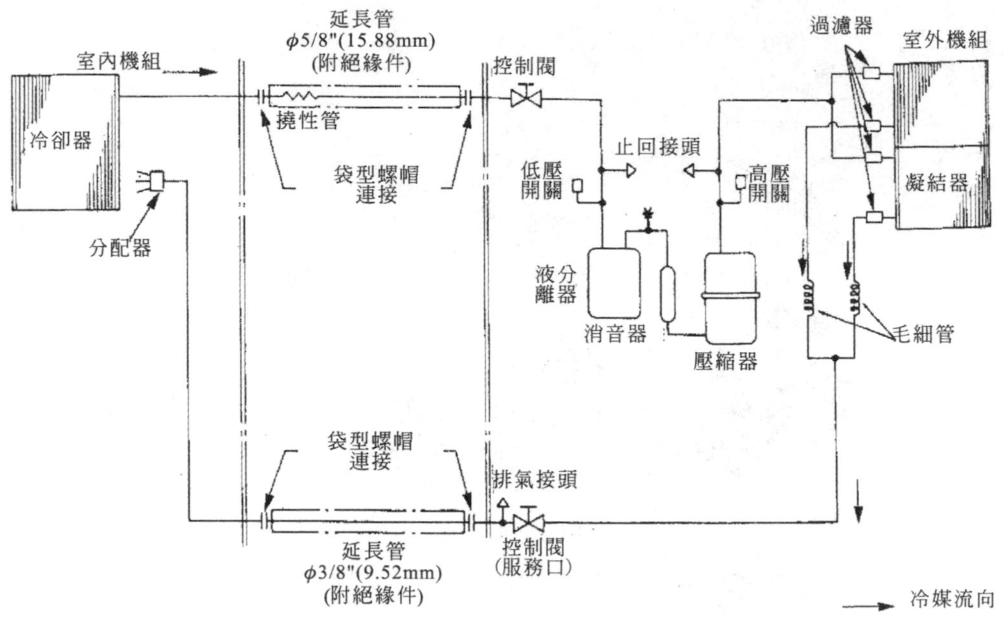


圖 7.75 三菱吊掛型分離式冷氣機之冷凍循環系統

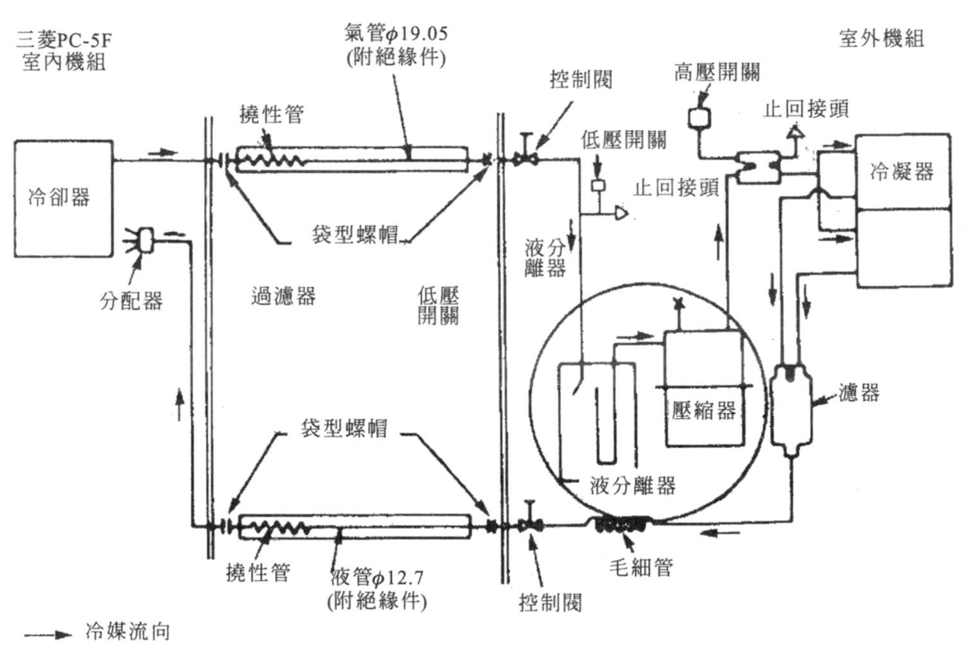


圖 7.76 冷凍循環系統

### ⑸控制回路

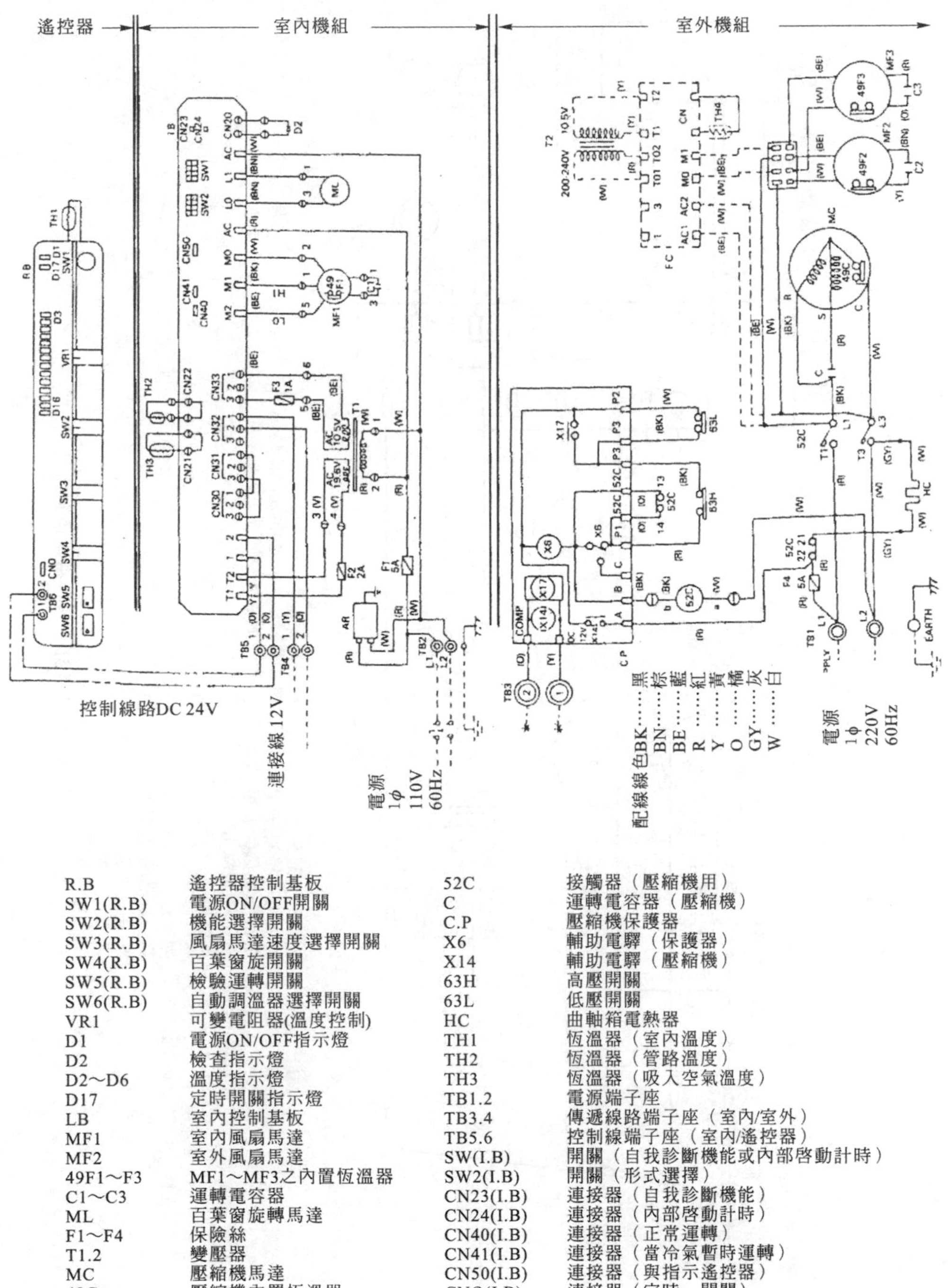


| | | | |
|---|---|---|---|
| R.B | 遙控器控制基板 | 52C | 接觸器（壓縮機用） |
| SW1(R.B) | 電源ON/OFF開關 | C | 運轉電容器（壓縮機） |
| SW2(R.B) | 機能選擇開關 | C.P | 壓縮機保護器 |
| SW3(R.B) | 風扇馬達速度選擇開關 | X6 | 輔助電驛（保護器） |
| SW4(R.B) | 百葉窗旋開關 | X14 | 輔助電驛（壓縮機） |
| SW5(R.B) | 檢驗運轉開關 | 63H | 高壓開關 |
| SW6(R.B) | 自動調溫器選擇開關 | 63L | 低壓開關 |
| VR1 | 可變電阻器(溫度控制) | HC | 曲軸箱電熱器 |
| D1 | 電源ON/OFF指示燈 | TH1 | 恆溫器（室內溫度） |
| D2 | 檢查指示燈 | TH2 | 恆溫器（管路溫度） |
| D2～D6 | 溫度指示燈 | TH3 | 恆溫器（吸入空氣溫度） |
| D17 | 定時開關指示燈 | TB1.2 | 電源端子座 |
| LB | 室內控制基板 | TB3.4 | 傳遞線路端子座（室內/室外） |
| MF1 | 室內風扇馬達 | TB5.6 | 控制線端子座（室內/遙控器） |
| MF2 | 室外風扇馬達 | SW(I.B) | 開關（自我診斷機能或內部啓動計時） |
| 49F1～F3 | MF1～MF3之內置恆溫器 | SW2(I.B) | 開關（形式選擇） |
| C1～C3 | 運轉電容器 | CN23(I.B) | 連接器（自我診斷機能） |
| ML | 百葉窗旋轉馬達 | CN24(I.B) | 連接器（內部啓動計時） |
| F1～F4 | 保險絲 | CN40(I.B) | 連接器（正常運轉） |
| T1.2 | 變壓器 | CN41(I.B) | 連接器（當冷氣暫時運轉） |
| MC | 壓縮機馬達 | CN50(I.B) | 連接器（與指示遙控器） |
| 49C | 壓縮機內置恆溫器 | CNO(I.B) | 連接器（定時－開關） |

圖 7.77　吊掛型分離式冷氣機控制回路

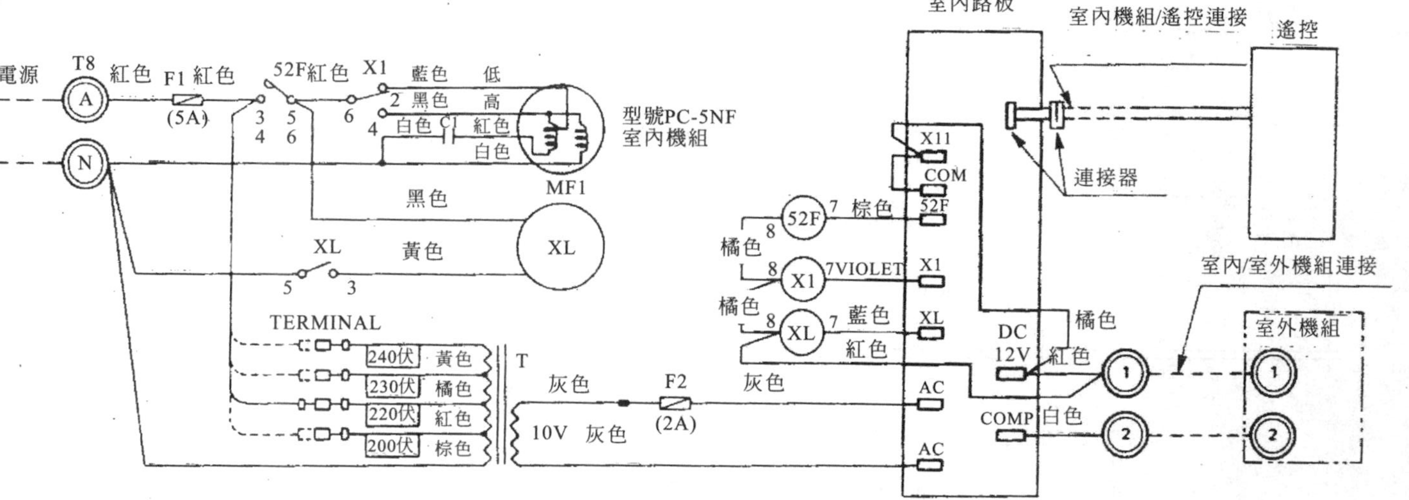


| | |
|---|---|
| MFI | 室內側送風馬達 |
| 52F | 送風機用接觸器 |
| X1 | 繼電器(風扇轉速用) |
| C1 | 電容器(送風馬達用) |
| F12 | 保險絲 |
| T | 變壓器 |
| TB① ② | 端子座 |
| ML | 電動機(導葉旋轉用) |
| XL | ML用繼電器 |

檢查電源電壓
如果電壓是200、230或240伏特，即把控制電路變壓器連接到該電源端子。

圖 7.78 三菱 PC-5NE 室內機組控制回路

## 3. 壁掛型分離式冷氣機

圖 7.79　壁掛型分離式冷氣機

### (1)結構

#### ① 室內機

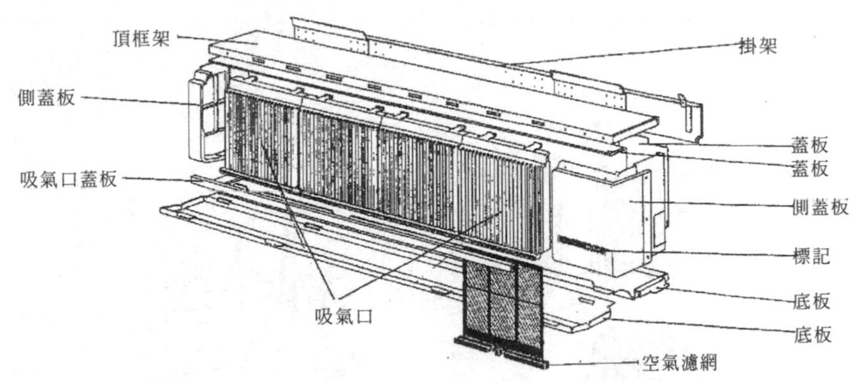


圖 7.80　壁掛型室內機

#### ② 控制箱

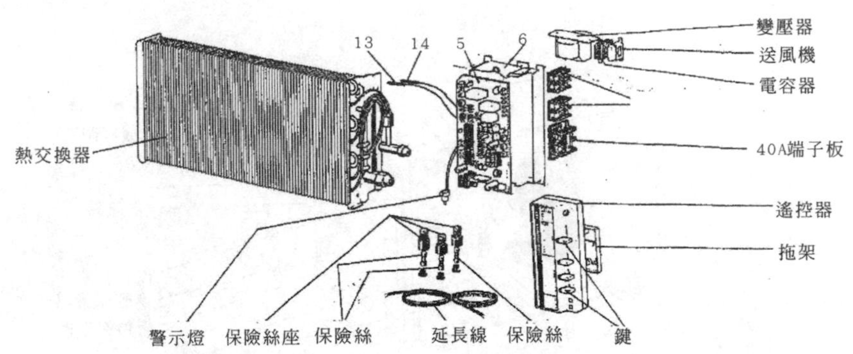


圖 7.81 控制箱

③ 送風機

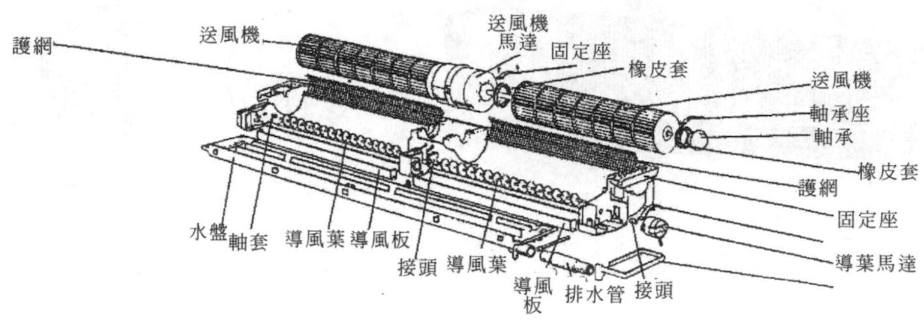


圖 7.82　室內送風機

④ 室外機：三菱 PU-12G、18G

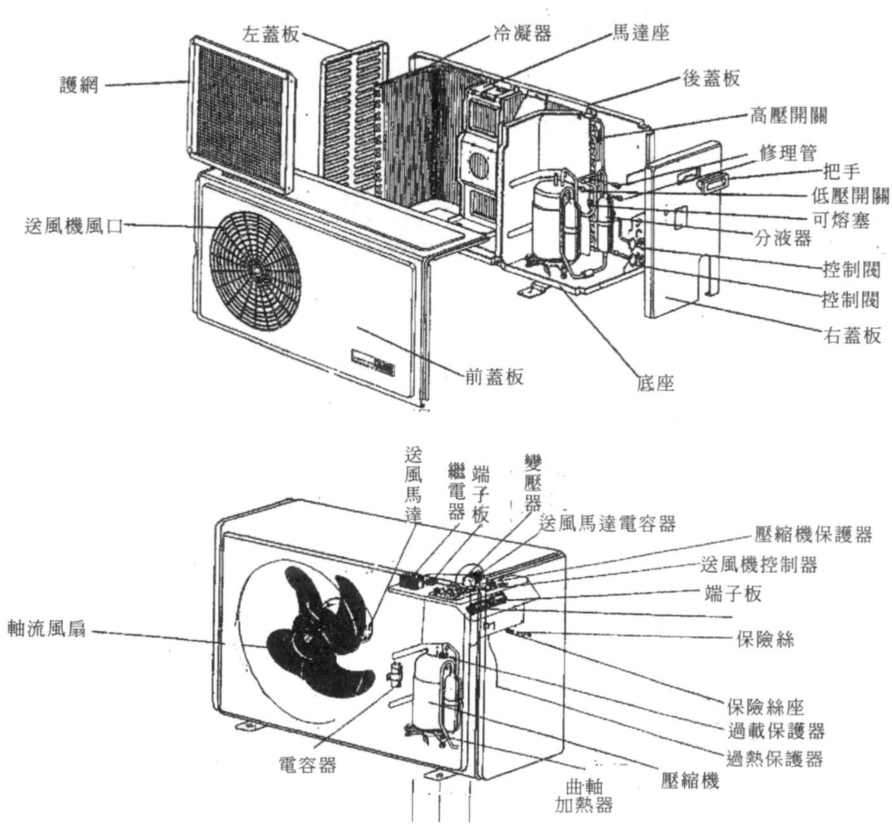


圖 7.83　室外機

## (2)冷媒循環系統

三菱PK-24AG.US/PU-24G.US

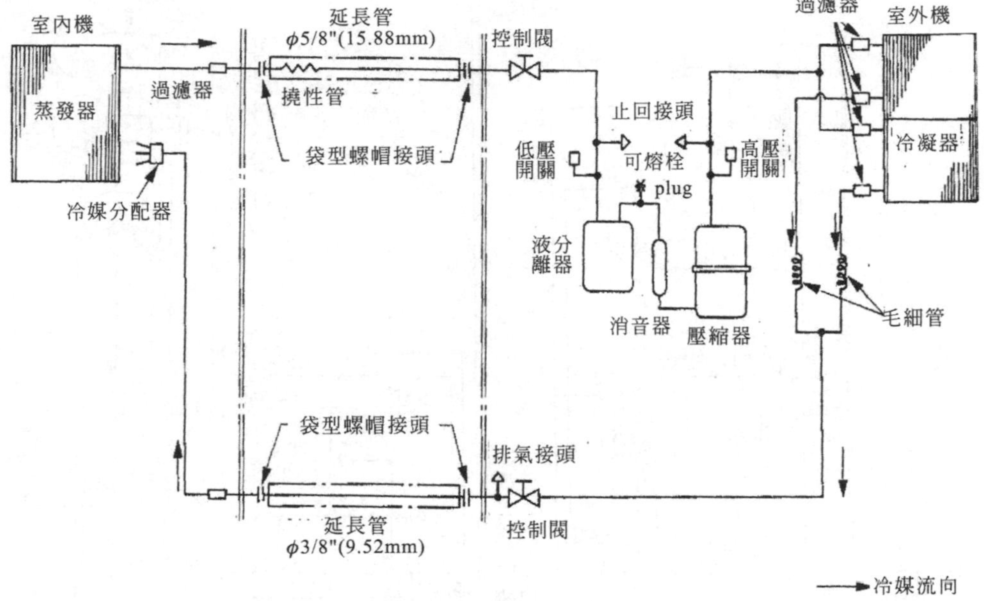


圖 7.84　冷媒循環系統

## (3)控制回路

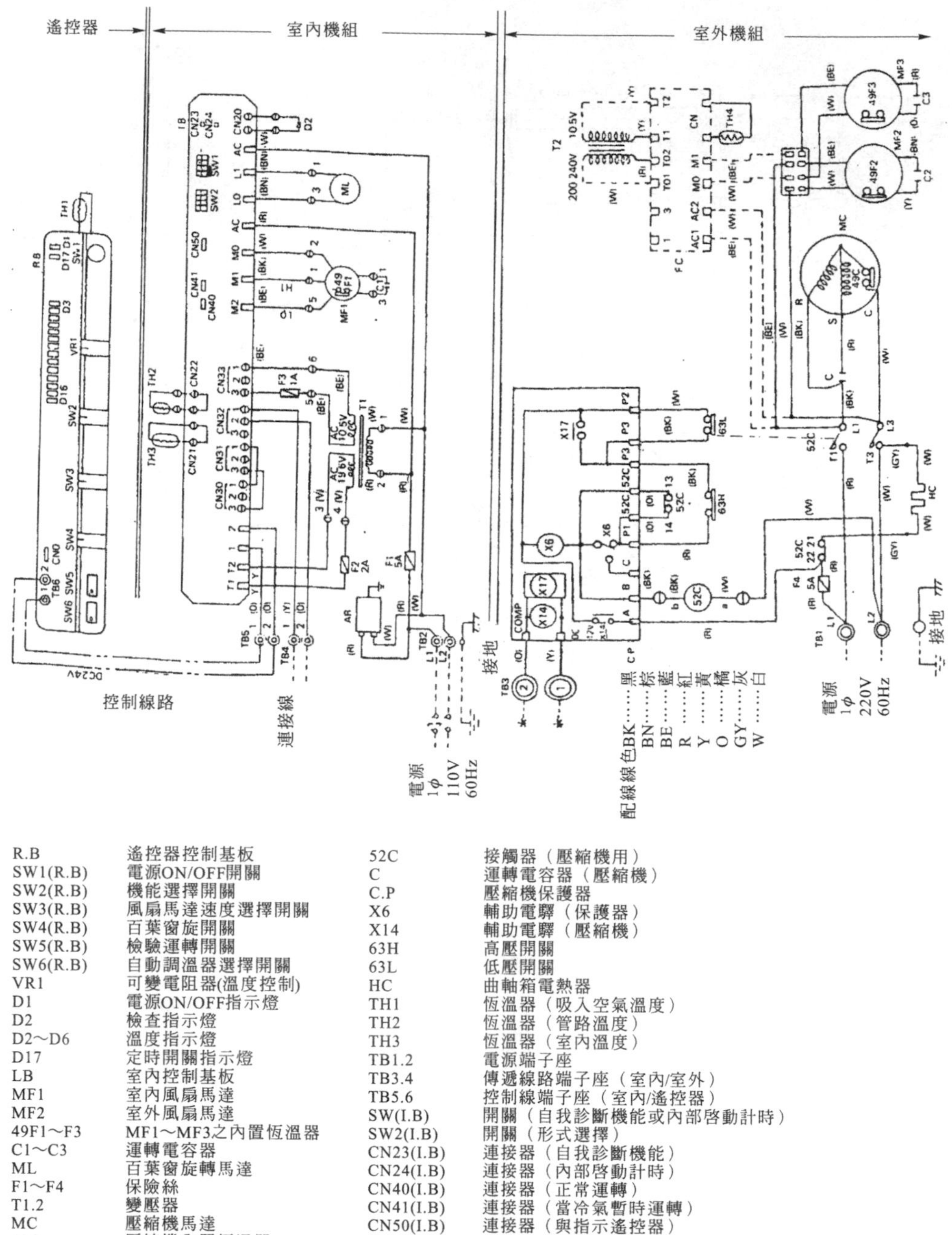


| | |
|---|---|
| R.B | 遙控器控制基板 |
| SW1(R.B) | 電源ON/OFF開關 |
| SW2(R.B) | 機能選擇開關 |
| SW3(R.B) | 風扇馬達速度選擇開關 |
| SW4(R.B) | 百葉窗旋開關 |
| SW5(R.B) | 檢驗運轉開關 |
| SW6(R.B) | 自動調溫器選擇開關 |
| VR1 | 可變電阻器(溫度控制) |
| D1 | 電源ON/OFF指示燈 |
| D2 | 檢查指示燈 |
| D2～D6 | 溫度指示燈 |
| D17 | 定時開關指示燈 |
| LB | 室內控制基板 |
| MF1 | 室內風扇馬達 |
| MF2 | 室外風扇馬達 |
| 49F1～F3 | MF1～MF3之內置恆溫器 |
| C1～C3 | 運轉電容器 |
| ML | 百葉窗旋轉馬達 |
| F1～F4 | 保險絲 |
| T1.2 | 變壓器 |
| MC | 壓縮機馬達 |
| 49C | 壓縮機內置恆溫器 |

| | |
|---|---|
| 52C | 接觸器（壓縮機用） |
| C | 運轉電容器（壓縮機） |
| C.P | 壓縮機保護器 |
| X6 | 輔助電驛（保護器） |
| X14 | 輔助電驛（壓縮機） |
| 63H | 高壓開關 |
| 63L | 低壓開關 |
| HC | 曲軸箱電熱器 |
| TH1 | 恆溫器（吸入空氣溫度） |
| TH2 | 恆溫器（管路溫度） |
| TH3 | 恆溫器（室內溫度） |
| TB1.2 | 電源端子座 |
| TB3.4 | 傳遞線路端子座（室內/室外） |
| TB5.6 | 控制線端子座（室內/遙控器） |
| SW(I.B) | 開關（自我診斷機能或內部啓動計時） |
| SW2(I.B) | 開關（形式選擇） |
| CN23(I.B) | 連接器（自我診斷機能） |
| CN24(I.B) | 連接器（內部啓動計時） |
| CN40(I.B) | 連接器（正常運轉） |
| CN41(I.B) | 連接器（當冷氣暫時運轉） |
| CN50(I.B) | 連接器（與指示遙控器） |
| CNO(I.B) | 連接器（定時－開關） |

圖 7.85　壁掛型分離式冷氣機控制回路

## 4. 天井嵌入型分離式冷氣機

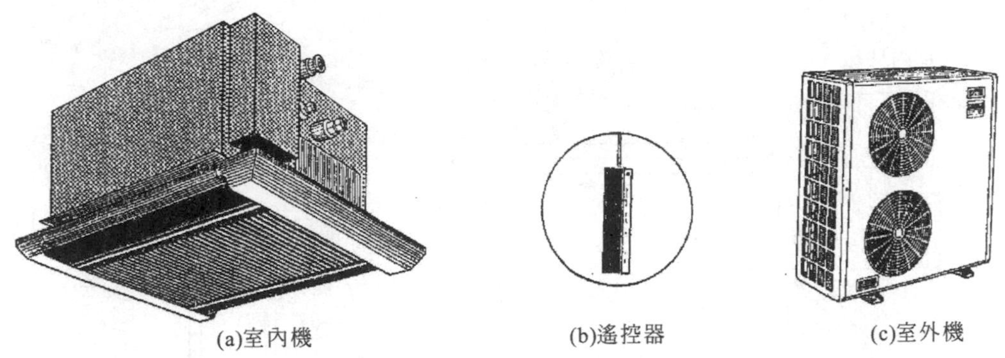

(a)室內機　　(b)遙控器　　(c)室外機

圖 7.86　天井嵌入型分離式冷氣機

### (1)結構

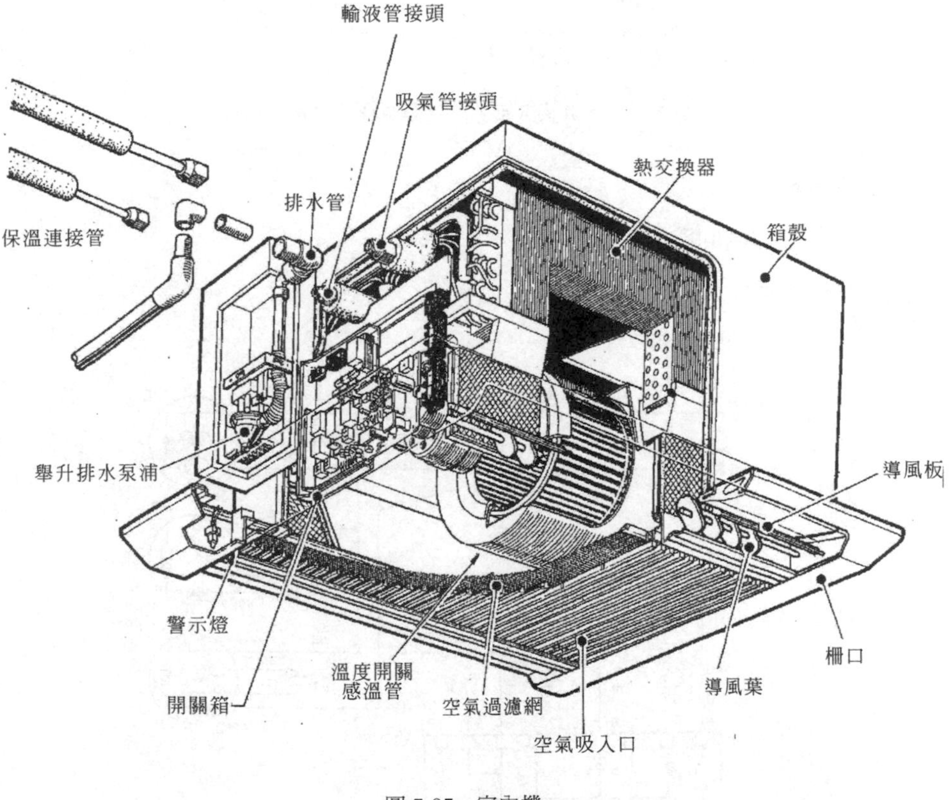

圖 7.87　室內機

(2)冷媒循環系統

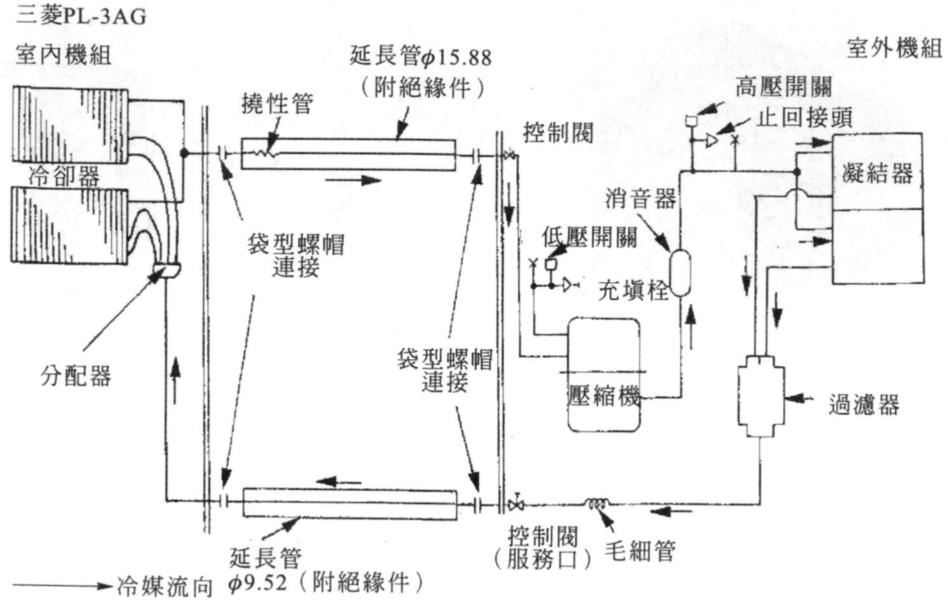


圖 7.88　天井嵌入型分離式冷氣機冷媒循環系統

(3)控制回路

① 室內機控制回路

② 室外機控制回路

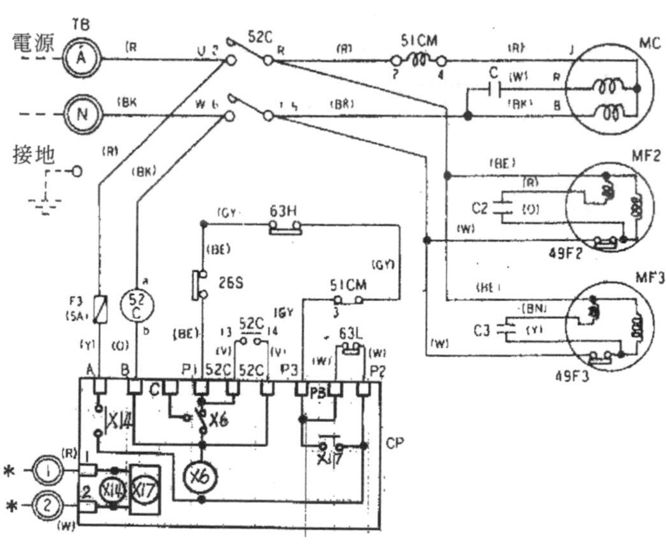


圖 7.89　天井嵌入型室外機控制回路

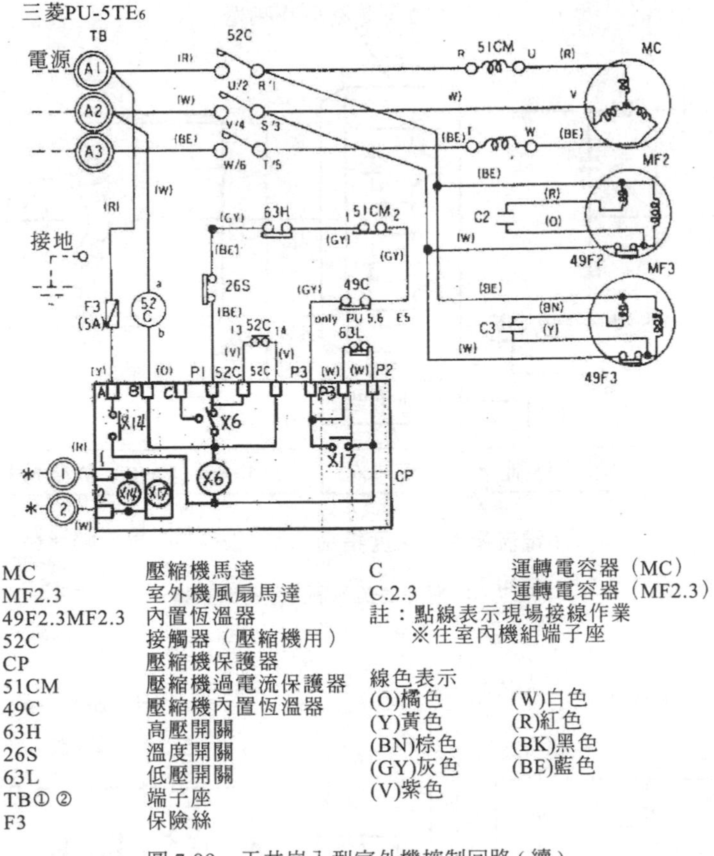


圖 7.89　天井嵌入型室外機控制回路(續)

## 7.7　變頻分離式冷暖氣機

**1.** 變頻空調的種類

變頻式冷暖氣機是利用改變電壓或改變頻率的方式來調節壓縮機的轉速，進而改變冷房能力。

(1)依使用電動機方式來分類：

① 直流方式：使用直流無刷馬達驅動壓縮機，經由直流電流檢測來控制電流變頻器，使用微處理機來做速度檢測和控制。

② 交流方式：使用 3 相感應電動機來驅動壓縮機，改變電動機之電源頻率，來控制轉速，進而調節負載容量。而三相感應馬達之轉速控制公式為

$$N=\frac{120f(1-s)}{p}$$

$N$：轉速 r.p.m，$f$：頻率，$s$：轉差率，$p$：極數

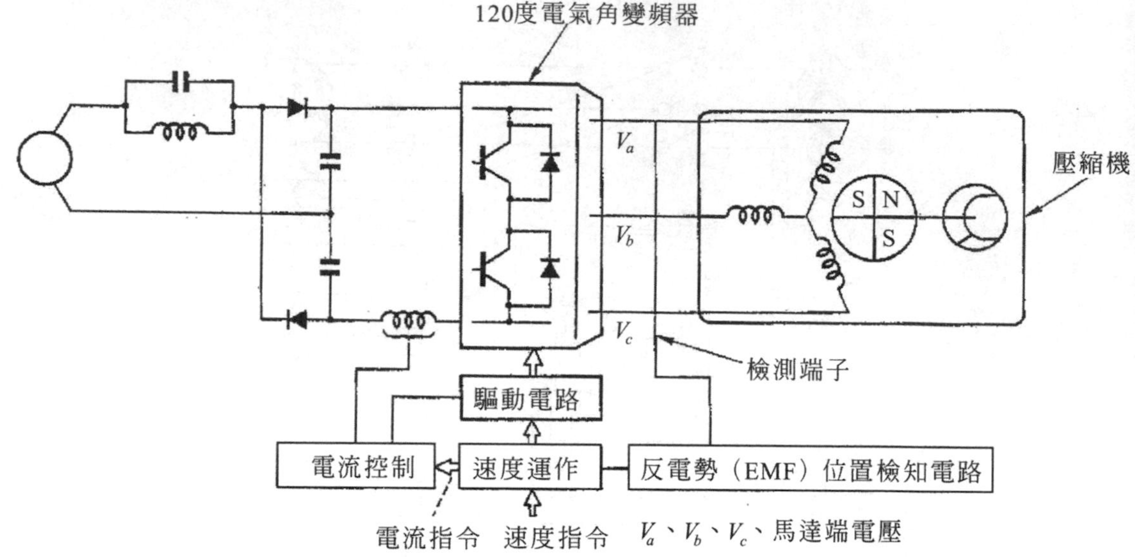


圖 7.90 使用直流無刷馬達電路架構

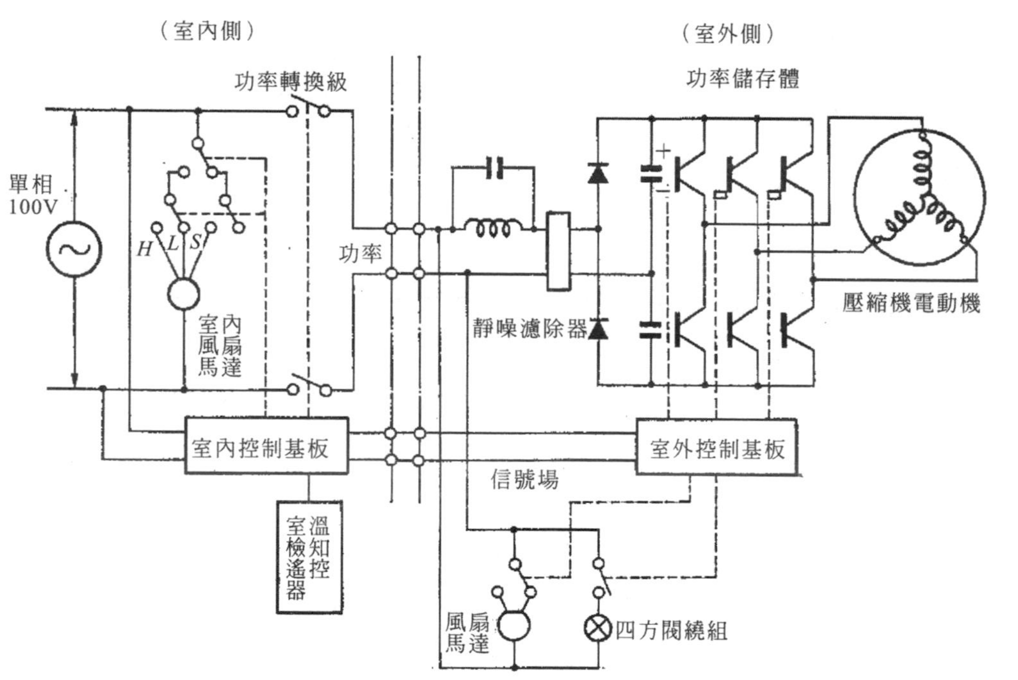


圖 7.91 使用三相感應電動機電路架構

⑵依變頻器控制頻率的方式又可分為電流形與電壓形變頻器。而電壓形變頻器又分為：

① PAM 控制 ( 脈波振幅調變控制 )：係將電源經由變流器將交流換為可變的直流電壓，供給變頻器使輸出電壓改變。其控制方式又可分為
截波器控制。
相位角控制。

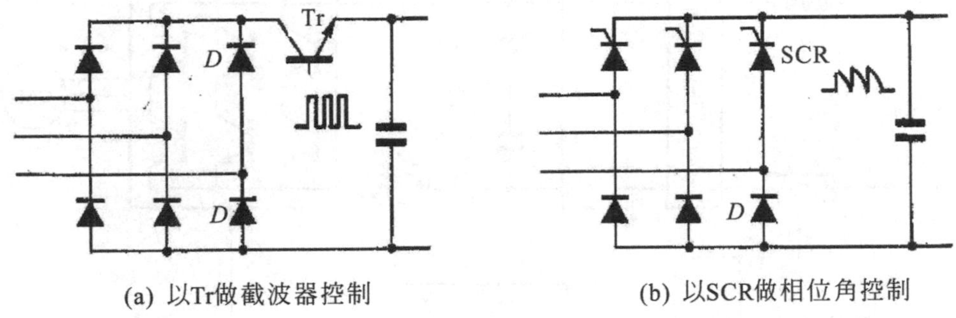


圖 7.92　PAM 控制

② PWM 控制 ( 脈波寬度調變控制 )：係將電源經變流器換成固定直流電壓，經變頻器中之功率晶體改變頻率再由高頻之截波使輸出電壓改變。如圖 7.93 所示。其又分為，不等脈波寬度控制及等脈波寬度控制。

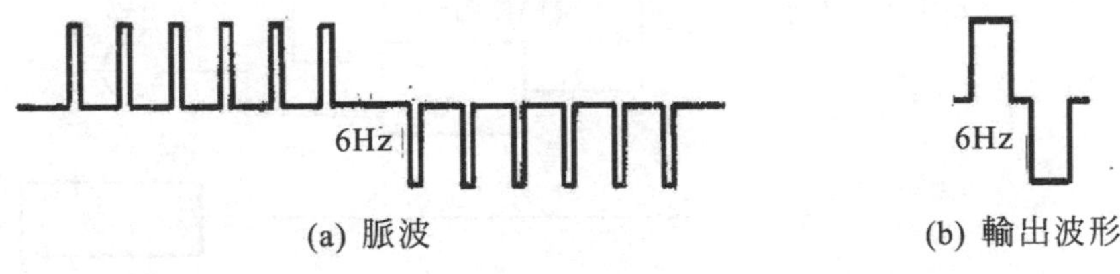


圖 7.93

**2.** 電路系統方塊圖

典型之變頻冷暖氣機電路系統方塊圖，如圖 7.94 所示，將交流電源經過濾波器濾除雜訊，再經由整流及倍壓電路，將穩定直流電源送至功率晶體模組，分流電阻做電流訊號檢知，送至微處理機運作。而微處理機之功能有：

⑴控制風扇繼電器、電磁閥、電子式膨脹閥及四路閥之開閉。

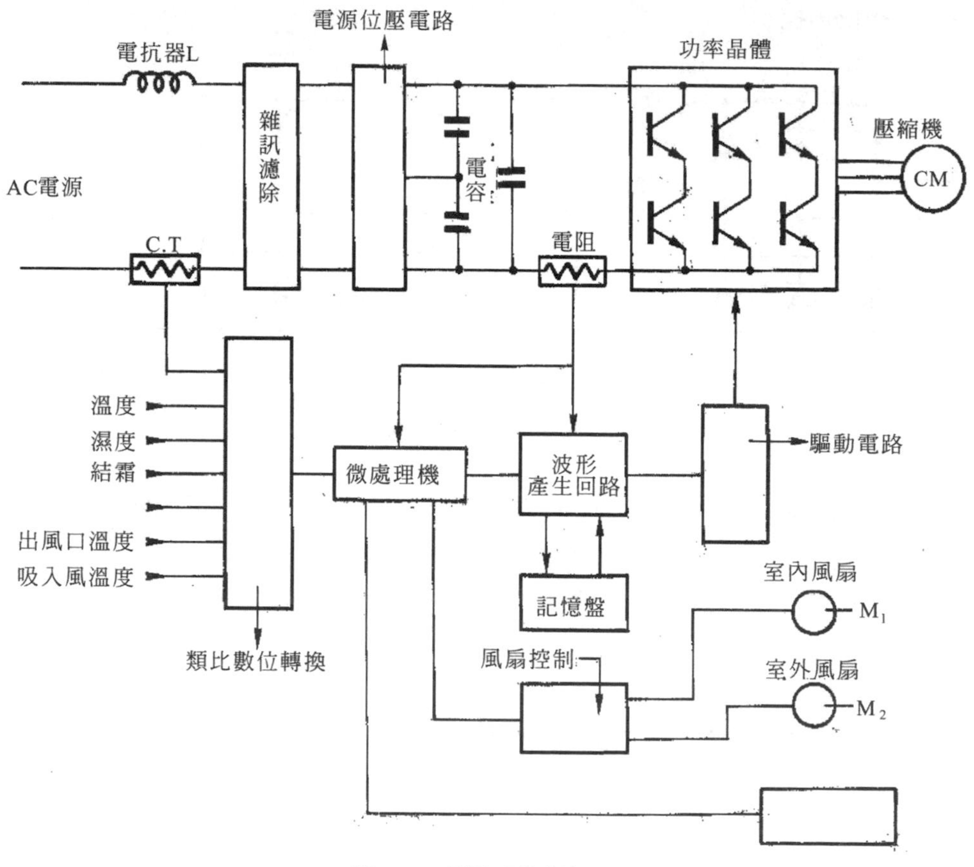


圖 7.94 電路系統方塊圖

⑵產生脈波信號波形，經驅動電路，使功率晶體動作，使輸出波形近似正弦波。

⑶將溫度、濕度、輻射感知器所產生之類比訊號，經處理研判，來控制壓縮機轉速，調節負載大小。

**3.** 冷媒回路

變頻式冷暖氣機因為能力變化大，為適應不同負載變化及為了節省能源，其迴路設計須使壓縮機啟動次數減少，及啟動時高低壓力能平衡，降低啟動轉矩負荷。所以，其迴路由壓縮機、高低壓旁路管、電磁閥、逆止閥、四路閥、可逆膨脹閥、冷凝器及蒸發器所組成，如圖 7.95 所示。

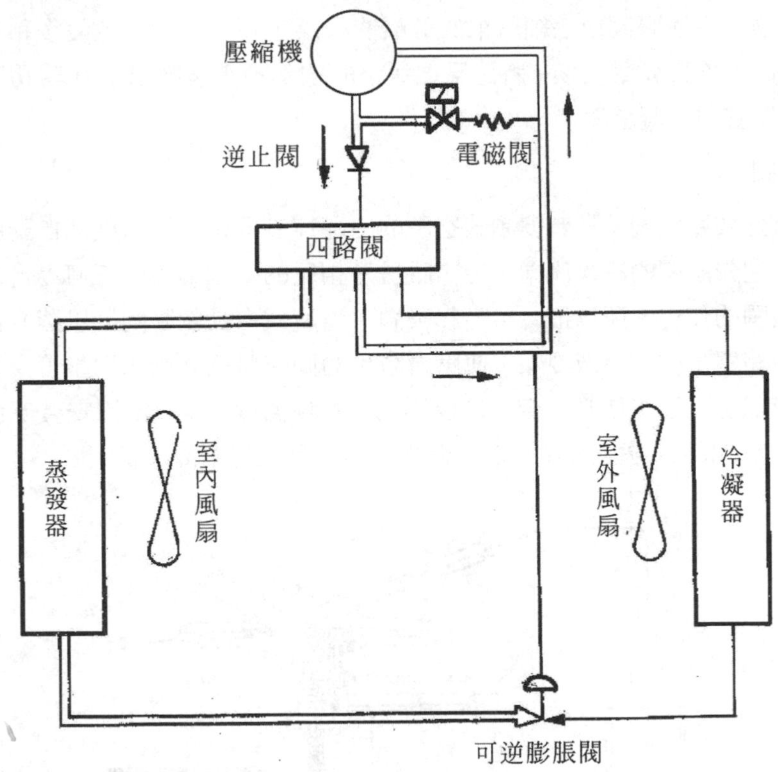


圖 7.95　冷媒回路簡圖

主要配件

**1.** 冷媒回路

(1) 壓縮機：壓縮機是以蒸發器蒸發的低溫低壓的冷媒氣體，經壓縮後變為高溫高壓的冷媒氣體後，由冷凝器送出，使冷媒循環作用在室內空調中，電動機和壓縮機收納到一個完全密閉式的容器 ( 殼 ) 中，目前使用密閉迴轉式及渦卷式居多。

⑵冷凝器：冷凝器是使由壓縮機吐出的高溫高壓、冷媒氣體、冷卻凝縮(液化)的熱交換器，在氣冷式凝縮器中，冷卻管(包含銅管和鋁質鰭鱗片)內的冷媒，被送風機送來的空氣冷卻(將通過冷凝管之空氣吹出放熱)，凝縮為高壓常溫的液態冷媒。(暖房時，此熱交換器就變成蒸發器)

⑶蒸發器：蒸發器與冷凝器相同，是由冷卻管(包含銅管和鋁鰭片)構成的熱交換器，由膨脹閥或毛細管來的低壓液冷媒，在冷卻管內蒸發後和通過冷卻管之間的空氣做熱交換(將送風機送來的空氣冷卻後吹出)。(暖房時，此熱交換器就變為凝縮器)

⑷膨脹閥

① 可逆式膨脹閥：做為變頻式空調的冷媒控制器是一種溫度式自動膨脹閥，可逆膨脹閥的冷媒流向，冷、暖房是相反的，因為不管任何場合都可行膨脹閥的作用，所以稱為可逆膨脹閥。溫度式自動膨脹閥，以蒸發器蒸發由凝縮器來的高壓液冷媒，使壓力減少的同時將感溫筒和均壓管安裝在吸入管部份，為了使吸入管上冷媒壓力(飽和溫度)及感溫筒安裝部溫度的溫度差(deg)(過熱度)一定，對照負荷變動來控制冷媒量。

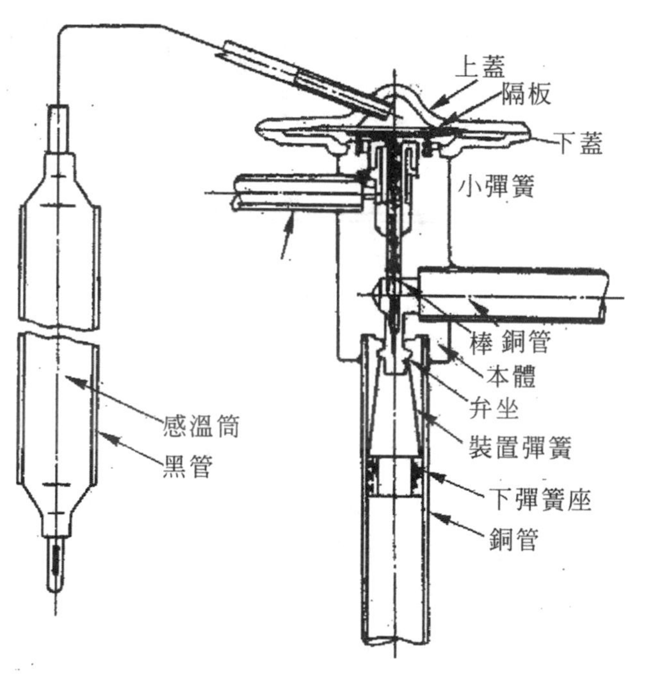


圖 7.96 可逆式膨脹閥內部構造

② 電子控制式膨脹閥：變頻式空調機為了更精密地控制冷媒流量，而採用電子控制式膨脹閥(脈波馬達驅動方式)，這種方式是以齒輪減速脈波馬達後，變更通過驅動桿的閥開度來控制冷媒流量，此要點大致如同圖 7.97 所示。

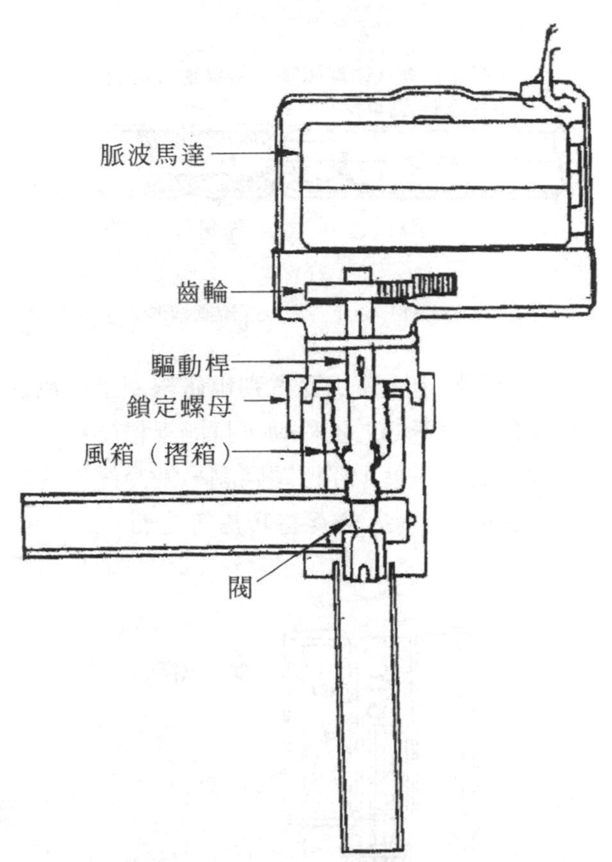


圖 7.97　電子控制式膨脹閥構造圖

(5) 四路閥：四方閥是按照熱泵式空調的冷、暖房運轉來切換冷媒回路，電磁閥的應用切換閥是依電磁閥線圈通電和不通電，來控制四方閥本體內的滑動閥移動到左側或右側來切換冷媒回路。

(6) 逆止閥：安裝在冷媒回路上，限定冷媒往特定方向流動。在圖 7.98 冷媒回路圖中，以(—▷—)表示，冷媒由右向左流動，不以逆方向流動，逆止閥在空調機能中，是用在保持暖房或逆止回路上。

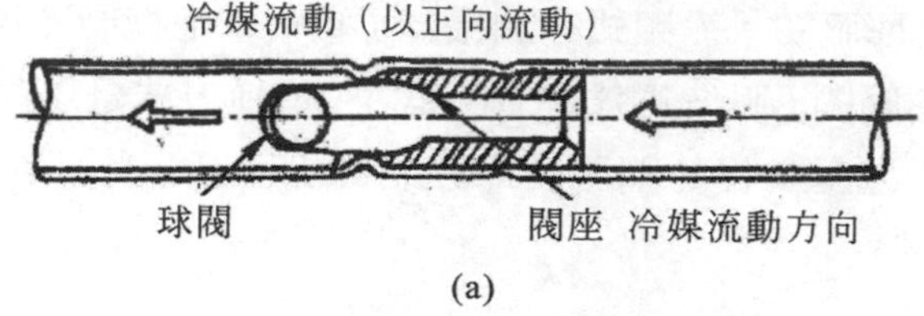


(a)

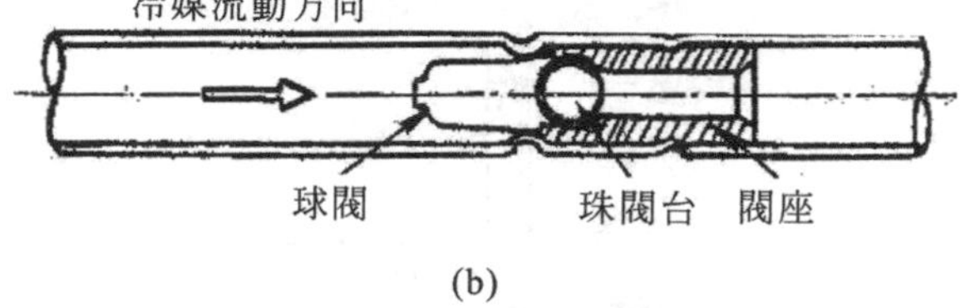


(b)

圖 7.98　逆止閥之冷媒流動情形

(7)電磁閥：安裝在冷媒回路上，藉由通電到電磁線圈上以電磁力，將指針吸到上方，浮標和浮標閥以彈簧的力量移動，打開浮標閥和閥座，使冷媒流動，若不通電，彈簧將指針往下壓，浮標閥關閉，則冷媒不流動。是一種自動閥裝置。電磁閥在空調機中，使用在保持暖房等方面。

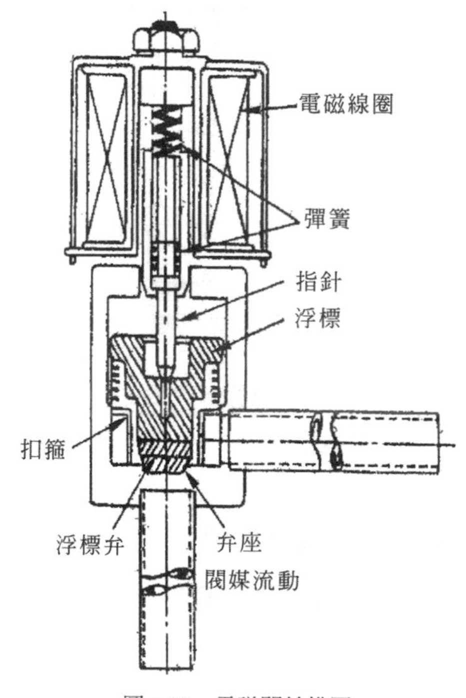


圖 7.99　電磁閥結構圖

(8)斷流閥：室內、外機間的冷媒配管接續安裝在喇叭口式的室外機冷媒配管部份，由室內機來的冷媒配管接續到斷流閥上構成冷媒回路，圖 7.100 中服務口和本體的弁開閉沒有關係，藉由壓下充氣端子打開冷媒通路。

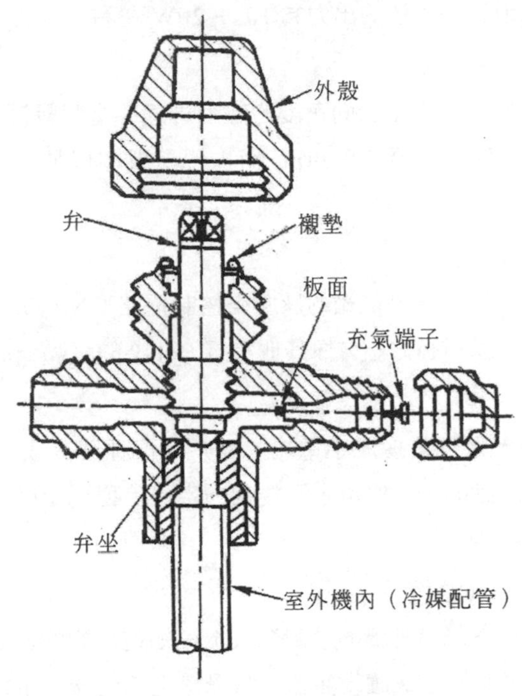


圖 7.100　斷流閥內部構圖

**2.** 電氣回路

(1)壓縮機馬達

變頻式空調用壓縮機電動機，由變頻器來的輸出，以擬似三相交流供電到壓縮機電動機。

因此，電動機使用三相感應式電動機，迴轉數的控制以擬似三相交流的周數變化，變頻器部份的輸出 ( 供電到壓縮機電動機 ) 以可變頻率 ( 約 30 ～ 150Hz) 和頻率上平衡的電壓 ( 約 84 ～ 162V) 擬似三相交流供電，再者，變化平衡頻率的電壓可得最大轉矩 ( 迴轉力 )。

(2)啟動反應器

壓縮機電動機啟動時的電流一變大，電壓下降也大，對於其他的電氣器具有不良的影響，因此電源單相 110V 的壓縮機用電動機啟動時，暫時地和電動機主線圈串接至啟動完後，由啟動繼電器放開，限制啟動電流在一定值以內的裝置。

一般來說，線圈纏繞在積層鐵心上，啟動轉矩不落下，但啟動電流受限使保持在一定限制值以下。

⑶風扇馬達

風扇馬達之作用為驅動風扇，使空氣循環，發揮熱交換器排熱或吸熱之功能。

一般室內機用風扇馬達的出力為 10 ～ 20W 左右，室外機用為 20 ～ 30W。

⑷導風板馬達

是一種變化室內機吹出風向角度的驅動馬達，當齒輪減速馬達 ( 出力 2W 左右 ) 出力軸側的回轉數減至 5 ～ 6rpm 時，導風板即移動。風向依運轉狀態轉到一定的角度。

⑸光半導體繼電器 (SSR)

所謂光半導體繼電器是依光的感應來控制電路 ON、OFF 的無接點繼電器，因為沒有接點，所以不必擔心會像其他電氣 Relay 的接點一般的熔毀、燒損等。

⑹比流器 (CT)

比流器是將大電流變換成小電流。變頻式機種將其安裝在室外機控制基板上，檢知室外機流動的一次電流，當達到一定電流值以上時，即進行壓縮機的運轉周波數降下的動作。

⑺直流電流檢知器 (DCCT)

安裝在變頻式空調室外機的控制機板上檢知電晶體的母線電流，當電晶體模塊上有過電流流動時為了保護變頻器，當母線電流到達一定電流值以上時，電晶體模塊的基準電流 Cut OFF 使輸出停止一定的時間。

圖 7.101　直流電流檢知器的外觀

⑻電子式溫度調節機構 (IC 恆溫器 )

電子式 IC 恆溫器是由室溫感知檢知器 ( 熱敏電阻 ) 和冷、暖房時的室溫自動控制微電腦構成的溫度調節機構。

由室溫感知熱敏電阻感知室溫的變化，微電腦比較室溫和設定的溫度 ( 固定藉遙控器的溫度調節 SW，設定的溫度 ) 通過繼電器進行壓縮機的 ON、OFF。

① 檢知器：所謂檢知器是由測定或觀測對象取出信號的元件，對象是機械量 ( 長度、厚度等 ) 電磁量 ( 電壓、電流等 ) 溫度、濕度、光等等，檢知器主要是感應其中一值，然後變換為電氣信號。

感溫檢知器：溫感檢知器，和室溫熱敏電阻皆內藏在室內機本體的顯示部附近，室溫熱敏電阻以人的溫熱感覺為室溫，將溫感檢知器受熱板上之輻射熱和氣流感更改為電氣信號，傳送到微電腦，成為運轉控制的一要素。

濕度檢知器：安裝在室內機的溫感檢知器附近感知室內空氣的濕度、變更為電氣信號，輸入到微電腦，做為運轉控制的要素。

② 熱敏電阻 (RT)：所謂熱敏電阻是上述檢知器中的一種，是將溫度的變化變更為電氣信號的半導體元件，對於溫度來說，抵抗值 ( 電氣的 ) 變化很大是其特徵 ( 如特性表 )，空調時，熱敏電阻將各種溫度變更為電氣信號傳送到微電腦，以利於進行運轉控制。

室溫感知熱敏電阻：室溫感知熱敏電阻用於室內溫度調節，為了檢知室溫 ( 室內空氣溫度 ) 所以安裝在室內機或遙控器上。

除霜熱敏電阻：冷暖房兼用空調機暖房運轉時，如果室外熱交換器上有霜時，則必需要除霜。

因此檢知室外熱交換器的管溫，即成為除霜運轉控制的要素，另外，在空調機的部份控制中亦使用除霜溫度開閉器 ( 除霜恆溫器 )。

外氣溫度熱敏電阻：感知變頻式機種的室外機吸入空氣溫度，做為外氣修正控制的要素。

冷房外氣修正控制是健康空調的目的，自動變化室內溫度，使室內外的溫度不會相差太大。

暖房外氣修正控制是對照外氣溫度的變化來調節 ( 上昇方向 ) 室內設定溫度。

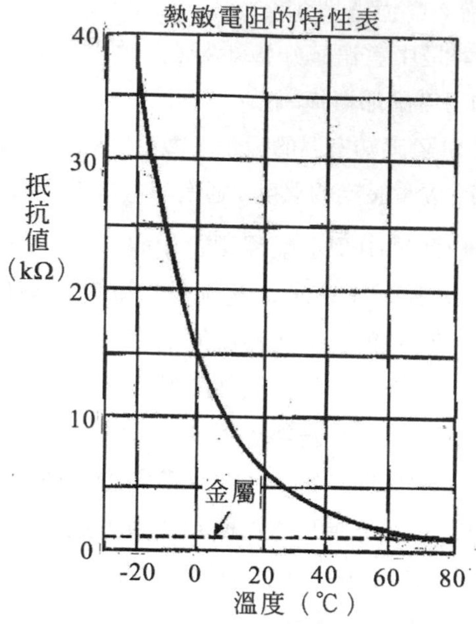


圖 7.102 熱敏電阻的特性表

(9)溫度開關

溫度開關器就是在一定的溫度時 ON 或 OFF 的開關，其構造有雙金屬式恆溫器 ( 構造類 ) 熱控簧片 SW 等，依使用目的而有種種的方式。

熱控簧片 SW 是以感溫鐵氧體和簧片 SW 和磁石組合而成的溫度感知 SW，此 SW 以感溫鐵氧體控制由磁石發生的磁束，變更簧片 SW 上流動的磁石之強、弱分布，以事先設定的溫度進行簧片 SW 的 ON、OFF。

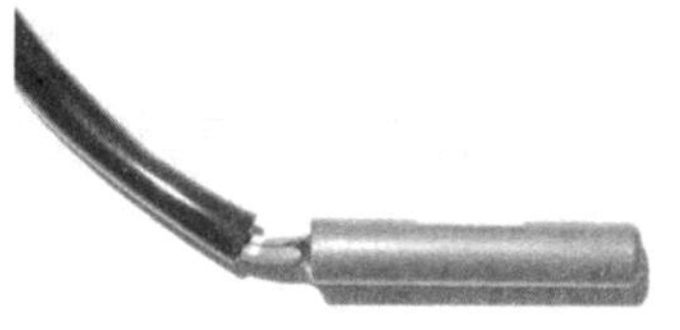

(a) 外觀圖

圖 7.103 溫度感測器與開關

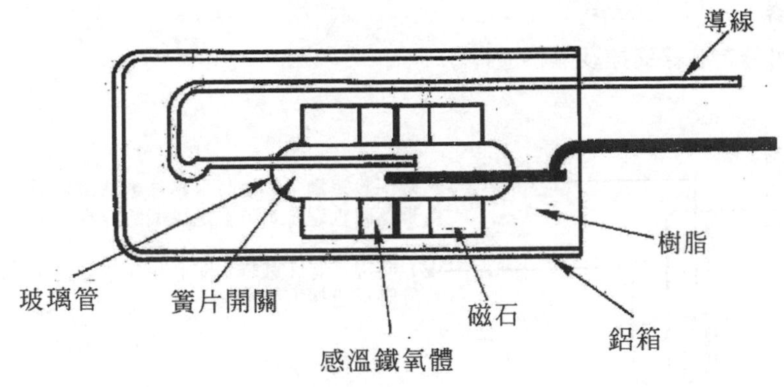


(b) 熱控簧片開關內部結構

圖 7.103　溫度感測器與開關 ( 續 )

⑽ 電子控制產板

電子控制基板是由電晶體、二極體、IC ( 集成電路 ) 等組成的基板，其中包含微電腦可分為室內控制基板，遙控器基板和室外控制基板等等。

其所擁有的元件具有很多的處理功能，可進行細微的控制，主要的控制說明如下：

① 顯示功能：溫濕度、時間、運轉狀態等的顯示。

② 運轉操作功能：運轉和停止運轉切換、室溫上下調節、風速切換、自動回路等。

③ 自動控制回路：溫濕度控制、風扇控制、運轉自動切換 ( 冷房、暖房、除濕 ) 各種的保護 (3 分鐘再起動、過熱防止、凍結防止等 )。

⑾ 變頻器控制基板

是電子控制基板的一種，安裝在變頻式控調機之室外機側，以此控制基板和安裝在附近的變頻器 ( 整流和電容 ) 及功率晶體，將單相交流變換成擬似三相交流。

首先以變頻器將供給到室外機的電源整流為直流 ( 約 280V) 後，供給到功率晶體，在控制基板中，依據微電腦的指示，頻率可改變 (30 ～ 150Hz) 並且作為功率晶體開關用的控制信號。

功率晶體是以用開關作用將疑似三相交流電之電源供給壓縮機使用。

⑿遙控器

可分為有線遙控及無線遙控

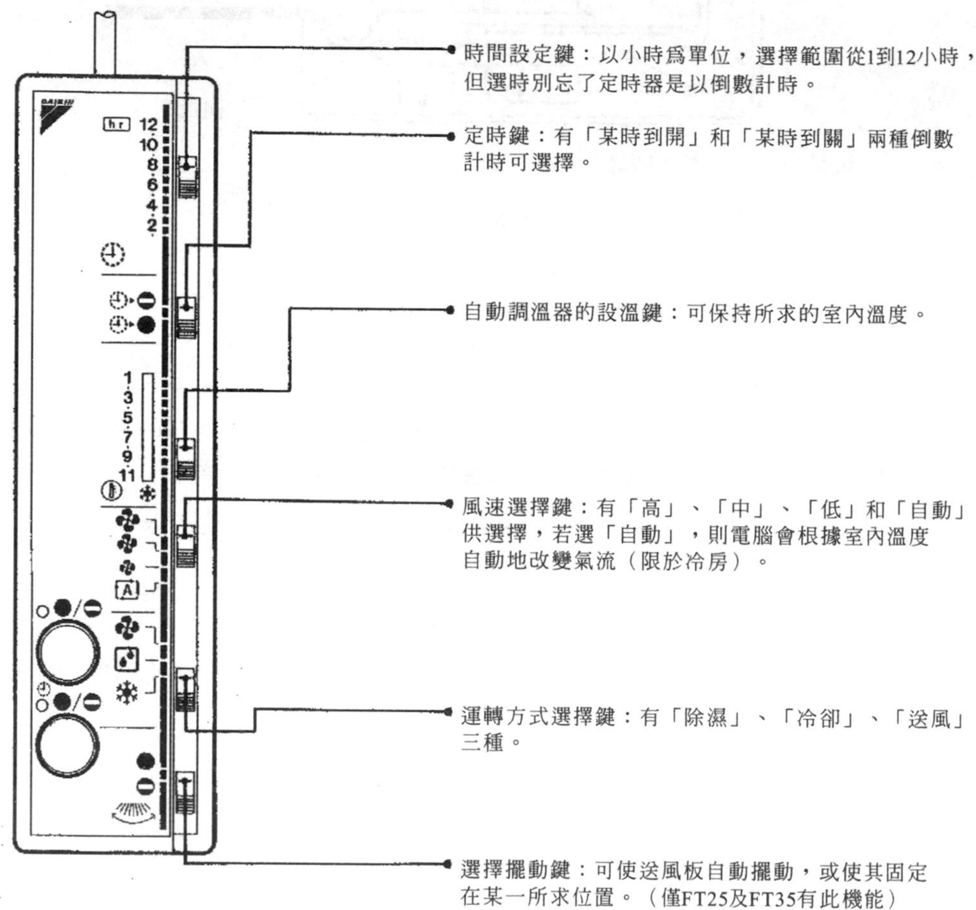

時間設定鍵：以小時為單位，選擇範圍從1到12小時，但選時別忘了定時器是以倒數計時。
定時鍵：有「某時到開」和「某時到關」兩種倒數計時可選擇。
自動調溫器的設溫鍵：可保持所求的室內溫度。
風速選擇鍵：有「高」、「中」、「低」和「自動」供選擇，若選「自動」，則電腦會根據室內溫度自動地改變氣流（限於冷房）。
運轉方式選擇鍵：有「除濕」、「冷卻」、「送風」三種。
選擇擺動鍵：可使送風板自動擺動，或使其固定在某一所求位置。（僅FT25及FT35有此機能）
hr
12
10
8
6
4
2
1
3
5
7
9
11


圖 7.104　有線遙控器

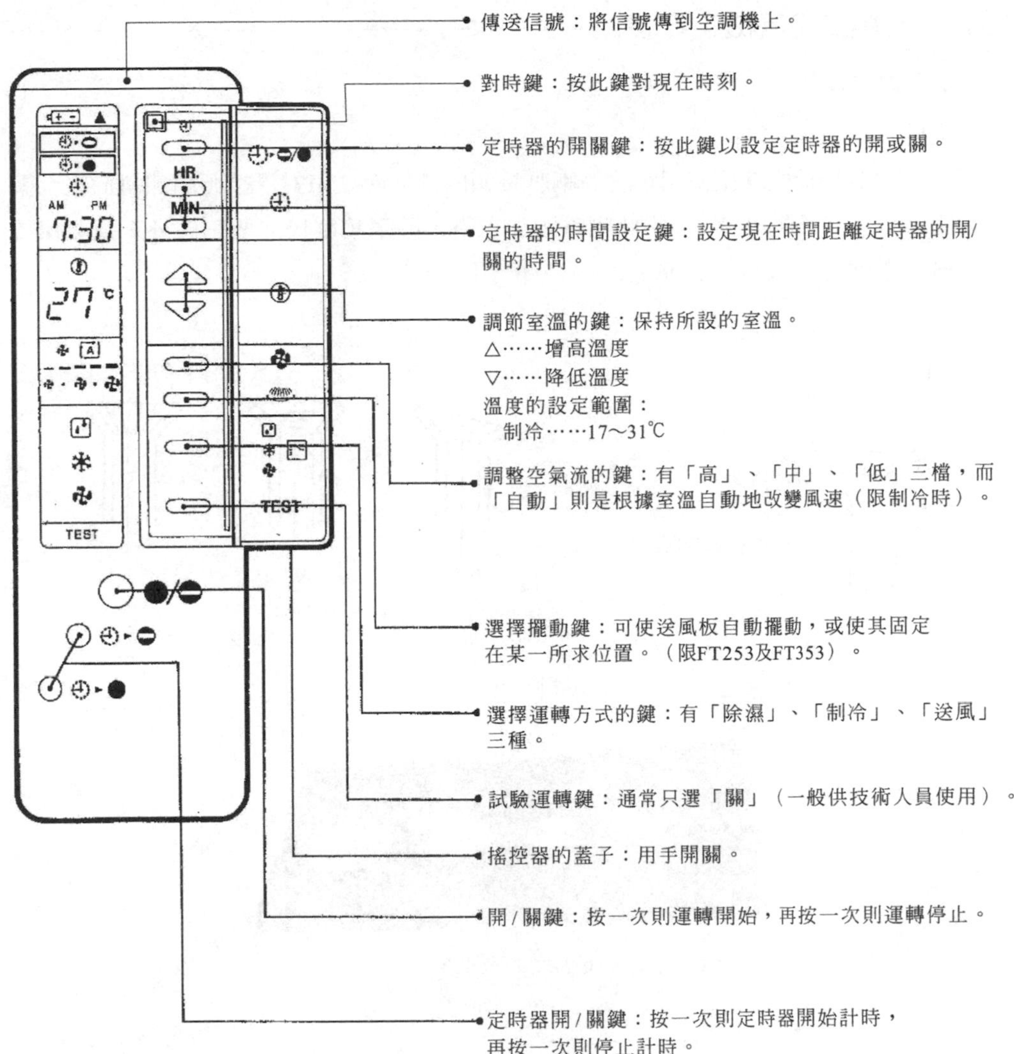

HR.
MIN.
AM PM
7:30
27 ℃
TEST
TEST
傳送信號：將信號傳到空調機上。
對時鍵：按此鍵對現在時刻。
定時器的開關鍵：按此鍵以設定定時器的開或關。
定時器的時間設定鍵：設定現在時間距離定時器的開/關的時間。
調節室溫的鍵：保持所設的室溫。
△……增高溫度
▽……降低溫度
溫度的設定範圍：
制冷……17～31℃
調整空氣流的鍵：有「高」、「中」、「低」三檔，而「自動」則是根據室溫自動地改變風速（限制冷時）。
選擇擺動鍵：可使送風板自動擺動，或使其固定在某一所求位置。（限FT253及FT353）。
選擇運轉方式的鍵：有「除濕」、「制冷」、「送風」三種。
試驗運轉鍵：通常只選「關」（一般供技術人員使用）。
搖控器的蓋子：用手開關。
開/關鍵：按一次則運轉開始，再按一次則運轉停止。
定時器開/關鍵：按一次則定時器開始計時，再按一次則停止計時。


圖 7.105　無線遙控器

## 7.8 分離式冷氣機之安裝

### 1. 冷媒管路操作

(1)喇叭口加工

喇叭口接頭就是使用銅管的喇叭接頭內側斜面，和對邊接頭端部斜面完全緊密，以防止冷媒外洩。(因此喇叭頭加工時，除了角度尺寸要正確外，還要保持銅的柔軟度)，如圖 7.106。

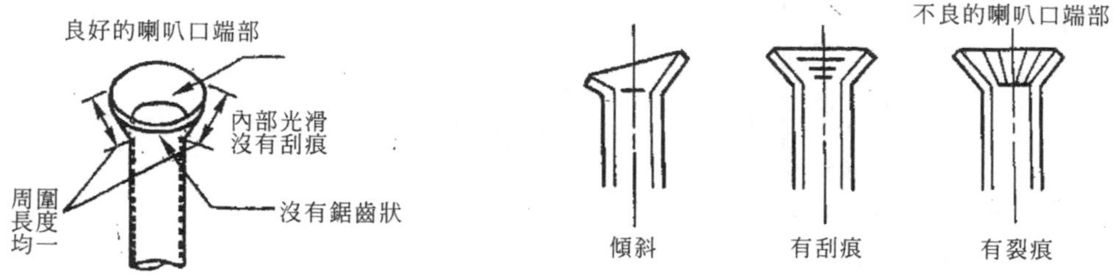


(a) 喇叭口的製作

(b) 喇叭口高度規

圖 7.106 喇叭口

⑵喇叭口接續之基本要領

① 除去表面的灰塵、異物，要特別注意配管中不可有灰塵、銅管的銅屑水份砂等，以免毛細管阻塞無法運轉，如圖 7.107。

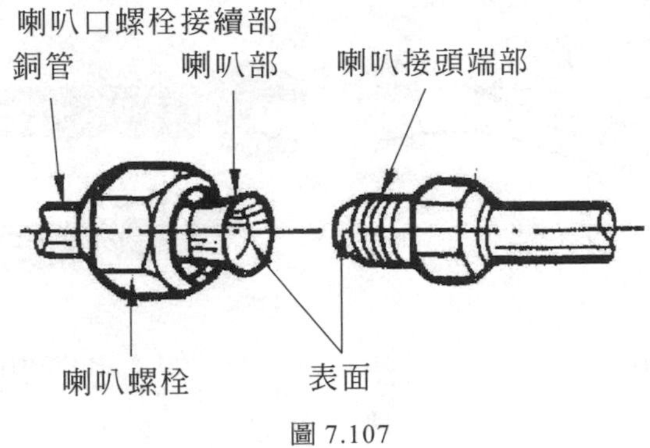


圖 7.107

② 要鎖緊螺栓之前，喇叭口端部和接頭表面先要塗上冷凍機油，如圖 7.108。

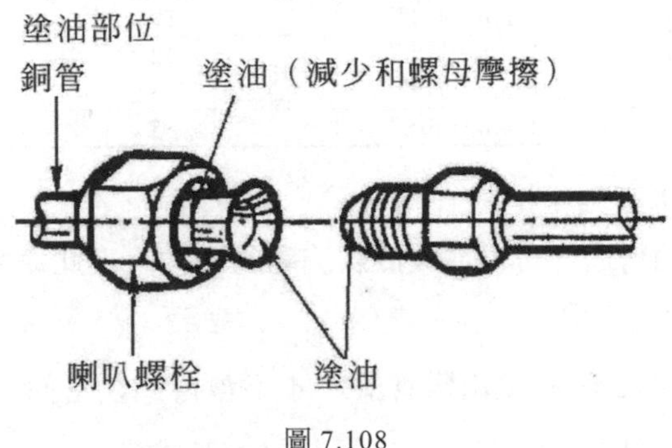


圖 7.108

③ 先用手鎖住，若不好鎖時即是沒有對準，重頭再鎖一次，減少鎖緊時的摩擦與提高密封效態，如圖 7.109。

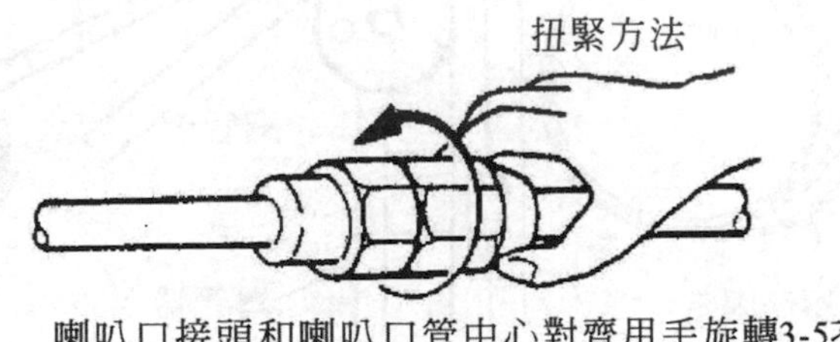


喇叭口接頭和喇叭口管中心對齊用手旋轉3-5次

圖 7.109

④ 再用扭力扳手鎖好，不可用力過猛，而是採用雙扳手方式。鎖緊要領與扭力扳手如圖 7.110(a)(b)，適當轉矩值如下：

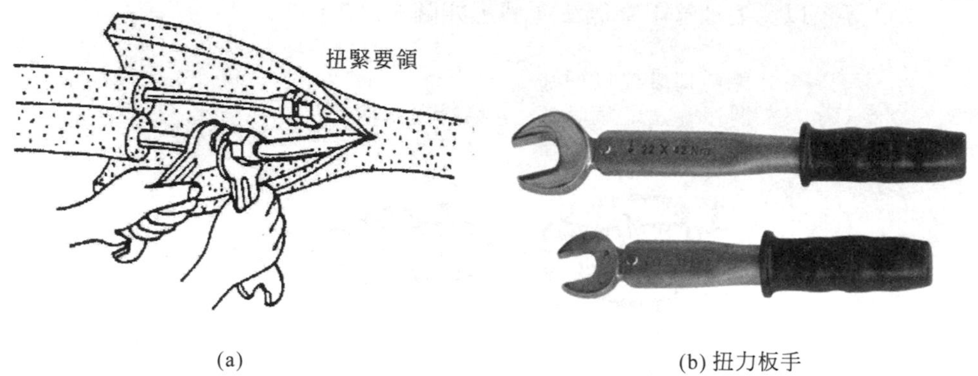


(a)　　(b) 扭力板手

圖 7.110

參考值

| 銅管口徑 | 扭緊轉矩 (N · m) |
|---|---|
| $\phi$ 6.35 mm、1/4″ | 18 |
| $\phi$ 9.52 mm、3/8″ | 42 |
| $\phi$ 12.7 mm、1/2″ | 55 |
| $\phi$ 15.88 mm、5/8″ | 65 |

(3)彎管加工之基本要領：

冷媒配管的彎曲部份會造成冷媒流動的阻力，因此彎曲數要少而且半徑要大，當然不可有所損傷。

① 配管之彎管加工時必須用彎管器。才不會傷到銅管而且能夠正確的把握彎度，如圖 7.111。

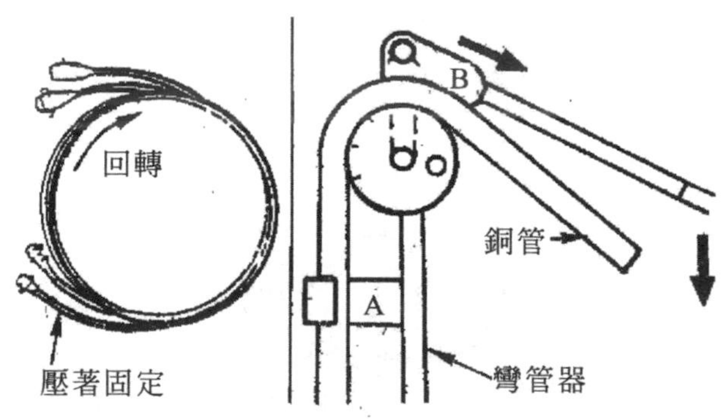


圖 7.111

② 沒有彎管器時，可用大姆指頂住銅管，儘可能彎曲，半徑要大一點才會折斷，如圖 7.112。

③ 用手彎管時，冷媒配管的彎曲半徑請在 100 mm 以上。

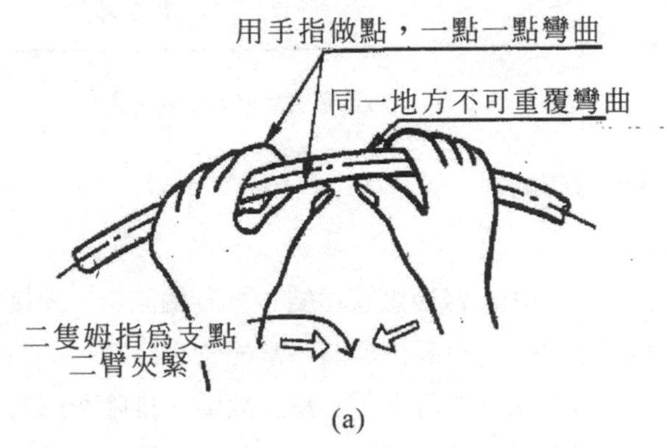
用手指做點，一點一點彎曲
同一地方不可重覆彎曲
二隻姆指為支點
二臂夾緊

(a)

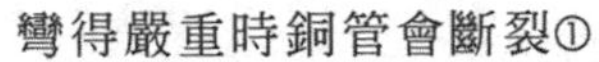
彎得嚴重時銅管會斷裂①

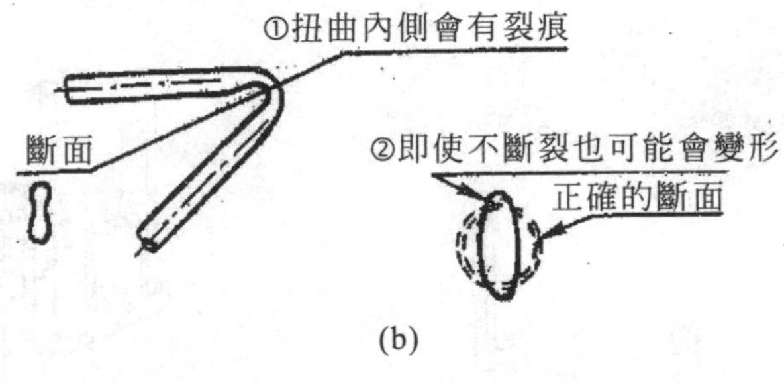
①扭曲內側會有裂痕
斷面
②即使不斷裂也可能會變形
正確的斷面

(b)

圖 7.112

(4) 冷媒配管的限制

① 室內機和室外機的安裝位置上下之高低差在 5 m 以下。

② 室內室外之冷媒配管延長以市面出售延長配管一支為限。

③ 室外、室內的彎管數在 10 個以內。

④ 冷媒配管的出口處應裝上套頭以防塵埃及濕氣進入。

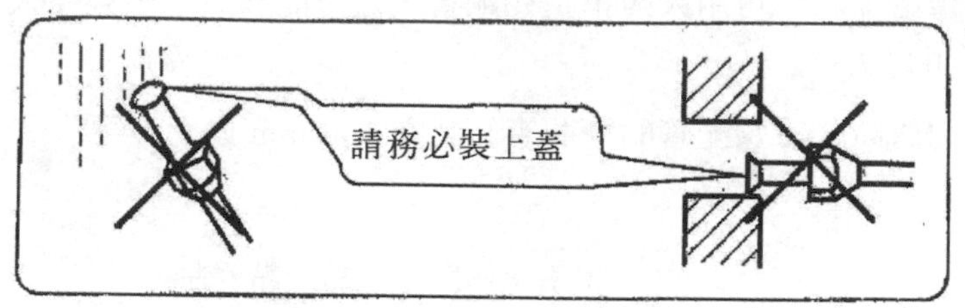


圖 7.113　防止塵埃及濕氣進入

⑤ 管徑大小不可選擇錯誤。

⑸冷媒配管排氣

室內機和室外機間由二條冷媒管連結，一為輸液管，連接室外機的斷流閥，一為吸氣管連接室外機上的三通修理閥，當配管完成時，必須清除冷媒配管及室內機內之空氣，否則冷房能力降低，且易生故障。排除空氣的方法有下列三種，但基於減少冷媒排放對環境的影響，以使用真空泵排氣為最佳，同時搭配四閥式綜合壓力錶，可完全避免利用冷媒進行排氣。

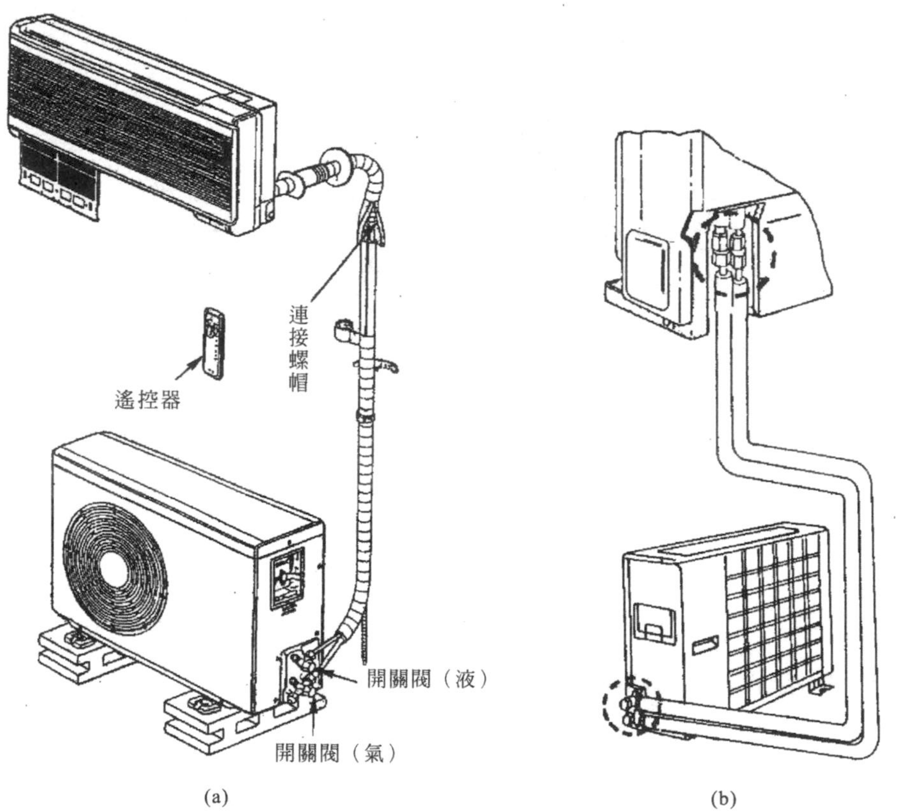


圖 7.114　分離式冷氣機冷媒配管

① 利用室外機冷媒排氣

將配管上的連接螺帽旋緊，此時輸液管及吸氣管之斷流閥皆處於前位，在關閉的位置。

連接綜合壓力錶低壓軟管於服務口，連接時應注意，軟管上附有頂針之肘型接頭應接在逆止接頭上，打開綜合壓力錶低壓手控閥。

將輸液管斷流閥打開 1/4 轉約 10 秒以上，此時冷媒壓力將空氣排擠，從綜合壓力錶側排出。

空氣排出後，關閉壓力錶手控閥，打開吸氣管三通修理閥於中位。

關閉輸液管斷流閥，進行站壓和洩漏測試。

② 使用抽真空泵排氣

先確認配管接頭是否確實接好，確認斷流閥為全閉。

將綜合壓力錶低壓軟管接於三通修理閥之服務口上，連接時應注意軟管上附有頂針之肘型接頭應接於逆止接頭上。

連接綜合壓力錶黃色軟管於抽真空泵後，打開低壓手控閥，啟動抽真空泵。

當抽真空 15 分鐘以上時，低壓壓力達 76 cmHg VAC 或 29.9 in-Hg VAC 時。

抽真空結束，把綜合壓力錶手控閥全閉，再停止抽真空泵運轉。

室外機之斷流閥 (2 方閥及 3 方閥 ) 打至後位全開位置。

拆除綜合壓力錶組，服務口鎖上螺帽，進行洩漏測試。

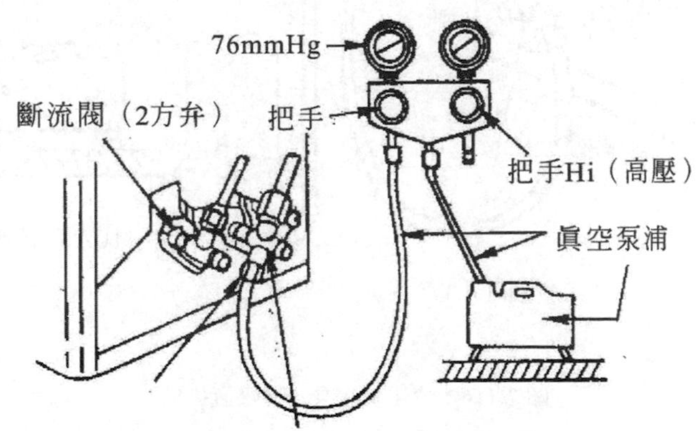


圖 7.115　使用抽真空泵排氣

③ 使用冷媒瓶排氣

將配管接頭連接好，並確認斷流閥為關閉。

將綜合壓力錶黃色軟管連接於冷媒瓶，低壓軟管連接於三通修理閥之服務口。

將輸液管之連接螺帽放鬆，打開冷媒瓶之瓶閥，使瓶內之冷媒壓力，排擠配管內之空氣由輸液管接頭排出。

排氣至少 10 秒以上，將輸液管螺帽鎖緊後，關閉冷媒瓶閥。

打開室外機之斷流閥 (2 路閥、3 路閥 ) 於後位，作洩漏測試。

(6)正確充填冷媒的方法

① 將冷媒瓶置於電子磅秤上，用以指示冷媒灌充重量。

② 以冷媒充填軟管連接冷媒瓶閥接頭，及吸氣管上之冷媒充填逆止接頭。

③ 排氣：以氣態冷媒排除軟管內部空氣。若以圖 7.116 方法抽真空時則不需排氣。

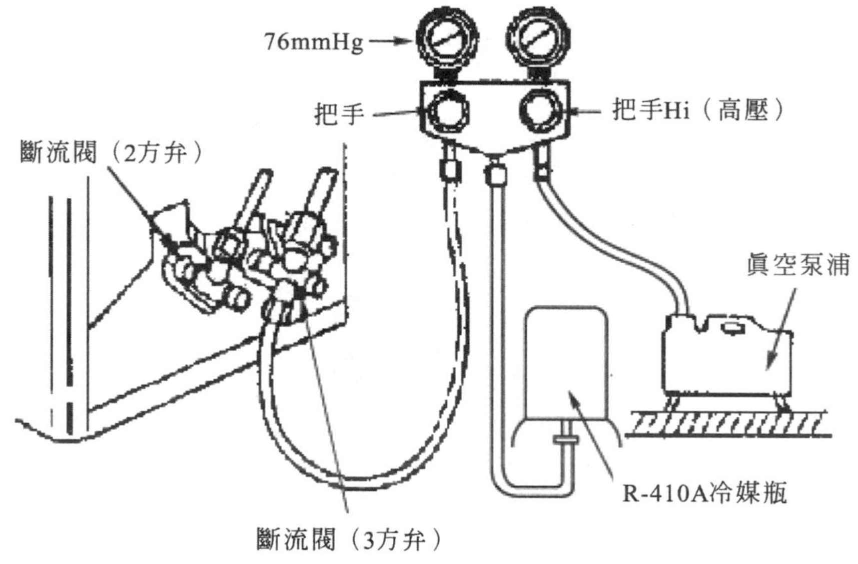


圖 7.116　使用真空泵為冷媒瓶排氣

④ 啟動運轉壓縮機，由低壓側冷媒充填接頭充入氣態冷媒至正常運轉狀態。由於 R-410A 為近似共沸冷媒，以氣態充填會造成組成改變影響性能。故須以液態緩慢充填才不會造成液壓縮。

⑤ 關閉冷媒瓶閥，拆除冷瓶充填軟管。

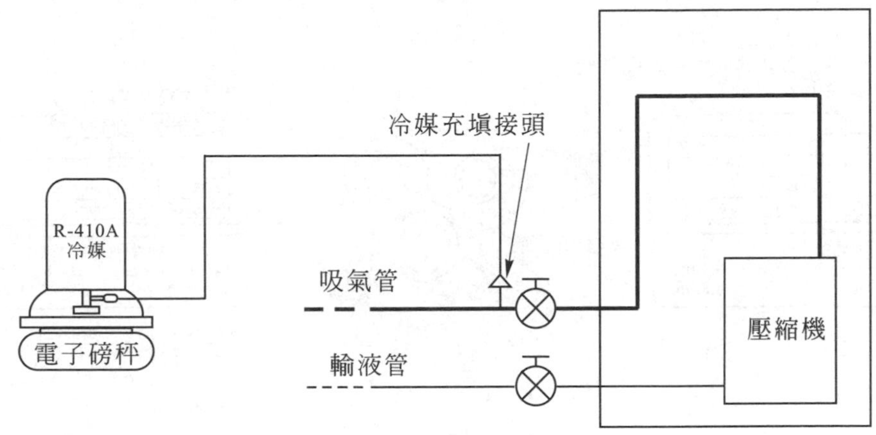


圖 7.117 正確充填冷媒

⑥ 正常運轉狀態如下表所示。

定頻式壓縮機運轉時系統溫度、壓力如下表所示。變頻式壓縮機由於頻率變化範圍 30 ～ 90 Hz，因此轉速變化極大，導致低壓的變化可達 50% 以上。

| R-410A 冷媒<br>運轉狀態 | 高壓外殼<br>渦卷式壓縮機<br>迴轉式壓縮機 | 低壓外殼<br>渦卷式壓縮機 |
|---|---|---|
| 機殼表面溫度 | 90 ～ 100℃ | 40 ～ 50℃ |
| 機殼內部壓力 | 3 MPa | 0.98 MPa |
| 排氣管溫度 | 90 ～ 100℃ | |
| 吸氣管溫度 | 5 ～ 10℃ | |
| 高壓壓力 | 2.6 ～ 3 MPa | |
| 低壓壓力 | 0.9 ～ 1.05 MPa | |

(7) 選擇銅管及隔熱

冷媒銅管管徑大小依其冷房能力大小決定使用，不可任意匹配，否則冷房能力不足或產生回油不易之故障，其配管之完工圖，如圖 7.118 所示，其中冷媒配管需要保溫絕緣，其步驟如下：

① 將接續配管分離成 2 根再隔熱或使用包覆銅管。

② 以管罩覆蓋接續部配管。

③ 室外側至閥部份確實隔熱。

④ 隔熱完成後再將排水管與連結線一同合併，用膠帶捆綁如圖 7.118 所示。

■選擇銅管及熱絕緣材料

●當使用一般銷售的銅管及配件時，請參照下表：

氣體用配管

| | 外徑 | 管壁厚度 |
|---|---|---|
| R25 | 9.5mm | 0.8mm |
| R35 | 12.7mm | |
| R45, 60 | 15.9mm | 1.0mm |

氣體用配管

外徑……6.4mm

管壁厚度……0.8mm

連接線

氣體用配管

液體用配管

排水管

完工用膠帶

●絕緣材料的尺寸

氣體用配管絕緣材料

| | 內徑 | 管壁厚度 |
|---|---|---|
| R25 | 12~15mm | 8~10mm |
| R35 | 14~16mm | |
| R45, 60 | 16~20mm | |

氣體用配管絕緣材料

內徑……8~10mm

管壁厚度……7~10mm

●絕緣材料

聚乙烯發泡性材料傳熱速率：0.035~0.045 kcal/mh℃

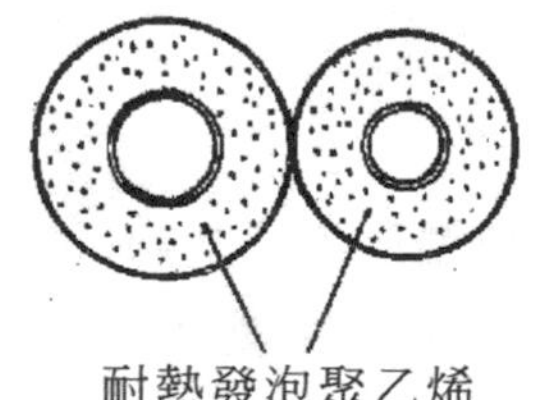


圖 7.118 配管之選擇與完工圖

(8)排水配管技術

① 選擇排水管道方向，採用向後、右側或左側。

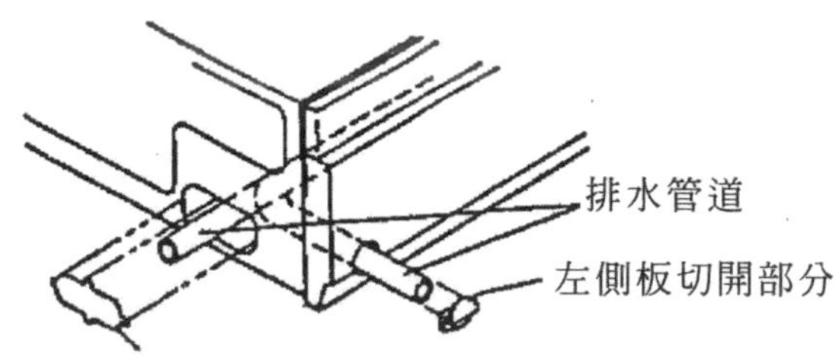


圖 7.119 選擇排水管道方向

② 使用附帶之排水管，並用軟管帶擰緊，不要使其以鬆動狀態處於空調機中。

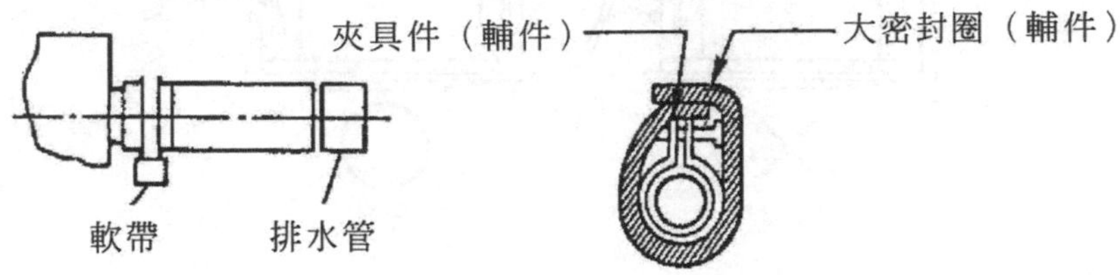


圖 7.120

③ 室內排水管道施加絕緣保溫。

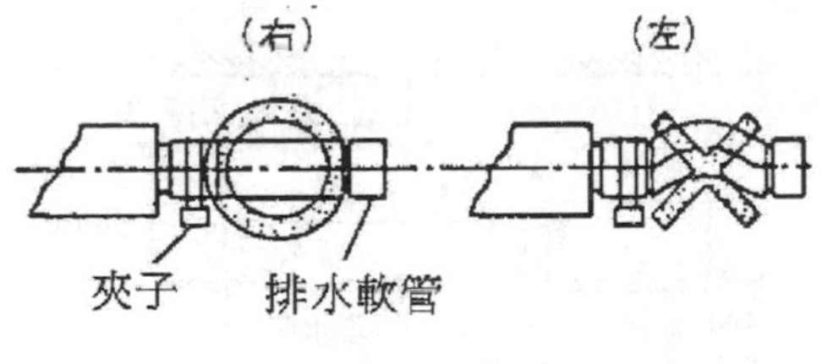


圖 7.121

④ 排水軟管連接完後，用輔助的排水管夾具固定排水管，防止其因鬆動而完全向下傾斜。

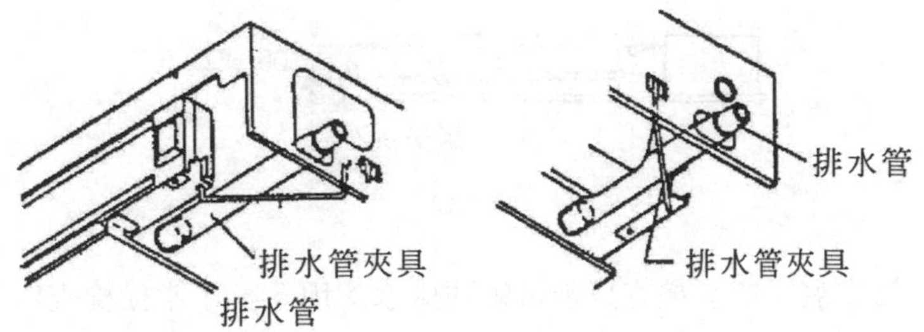


圖 7.122

⑤ 所供排水管應儘可能短，並且向下傾斜。

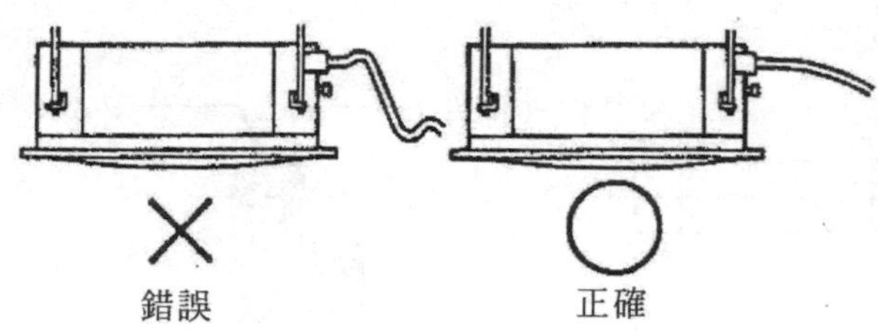


圖 7.123

⑥ 排水管斜度不夠時，應提供向上排水管道，例如加裝排水提升器。為保證向下的傾斜度 1/100 以上，應注意使支持件的空間保持 1.5 至 2 m。

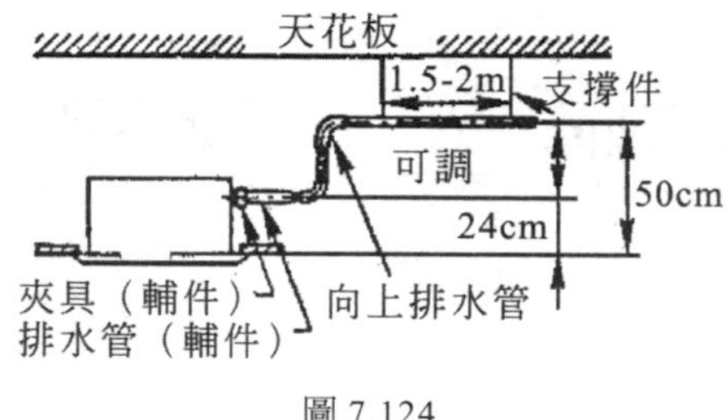


圖 7.124

⑦ 多台併接之排水管應向下傾斜，以利排水。

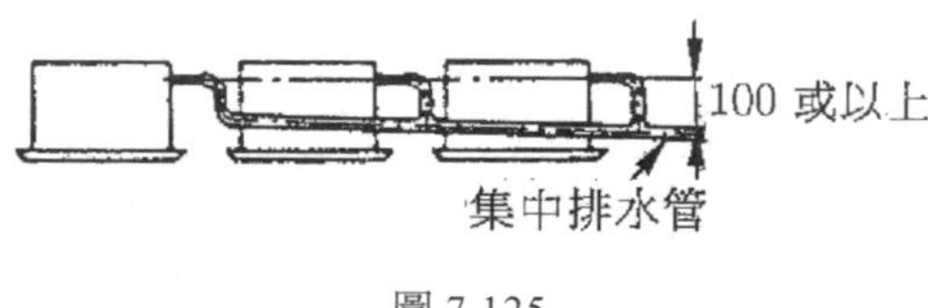


圖 7.125

⑧ 排水管安裝完成後檢查是否可順利排水：用一杯子水從檢查口向排水箱中注入，看其排水情況。

將其向下傾斜
不要在此將其提起
管端沒入水中

圖 7.126

(9)配線操作

① 電源線與接線端子板之接續，應特別注意是否旋緊。

② 電源線不可直接接於遙控器之控制線上。

③ 室內機與室外機之電源線不可直接連接。

④ 迴轉式或渦卷式壓縮機之電源不可反相序，不可逆向運轉。

⑤ 安裝電路斷路器，保證安全。

⑥ 不得與其他設備共用一個電源。

⑦ 室內機與室外機均需接地，以防感電。

⑧ 供電源之前，用電壓計測量電壓，檢查電壓是否在名稱板所示額定電壓 10% 之內。

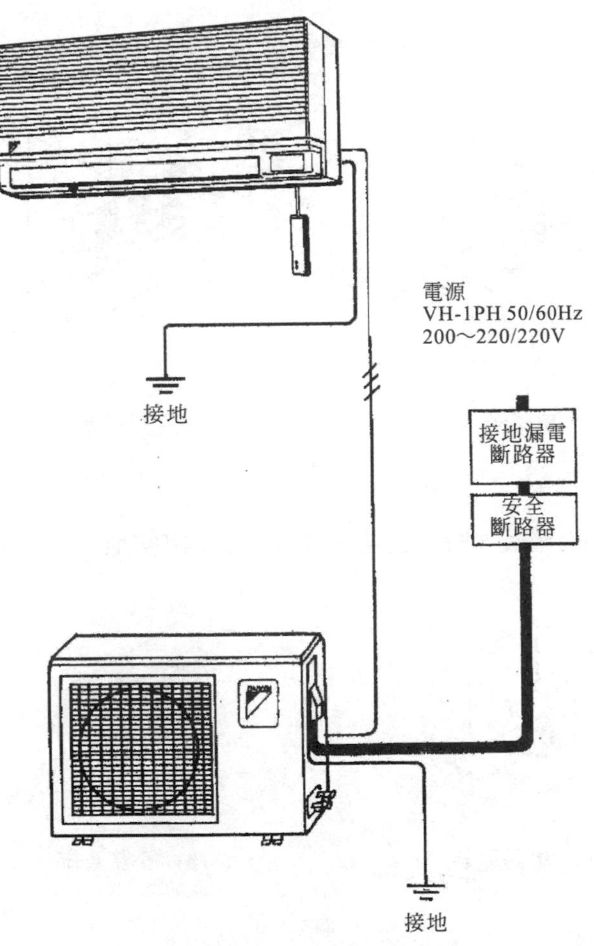


圖 7.127　現場配線圖例

⑽安裝技術

① 室外機之安裝位置之選擇

空氣吸入側有阻礙物時，請在左側和右側留出空地。

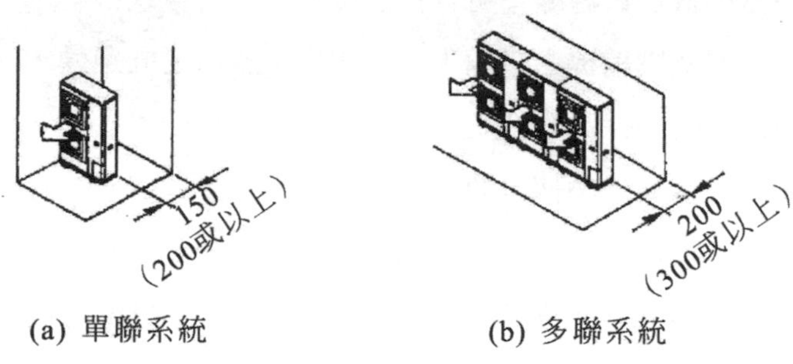


(a) 單聯系統　　(b) 多聯系統

圖 7.128

空氣吸入口和吸入口上側有阻礙物時，請在左側和右側留出空地。

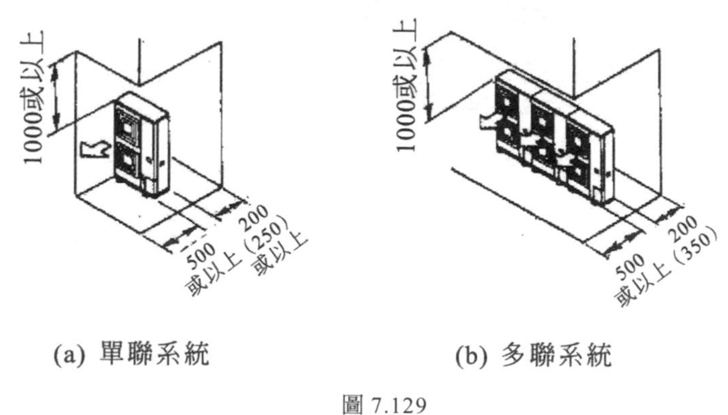


(a) 單聯系統　　(b) 多聯系統

圖 7.129

排氣口側有阻礙物時，請在左側和右側留出空地。

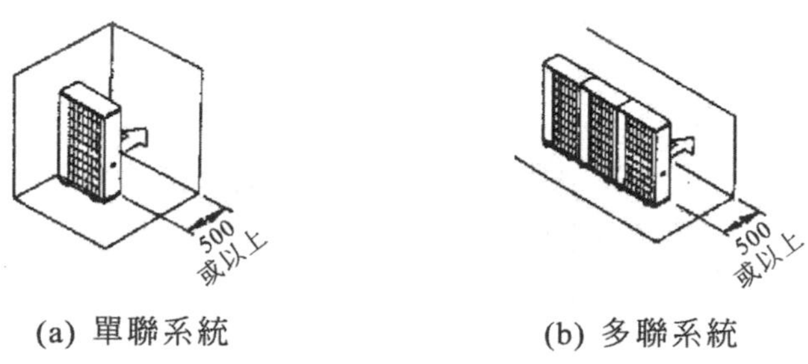


(a) 單聯系統　　(b) 多聯系統

圖 7.130

排氣口及其上側有阻礙時，請在空調機左側和右側留出空地。

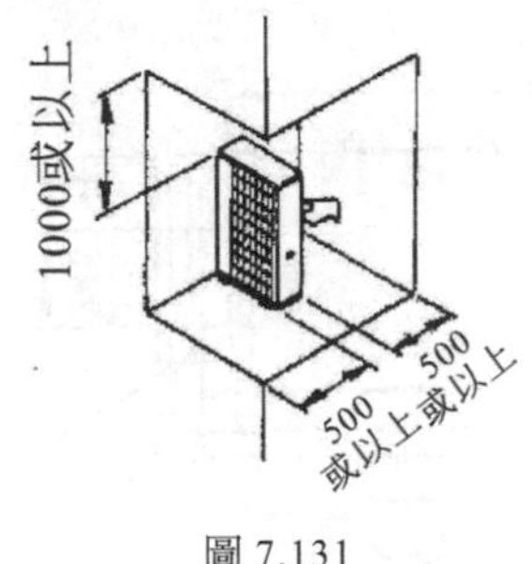


圖 7.131

吸入口及排氣口均有阻礙時，請在排氣口側，附接一空氣流向調整儀。

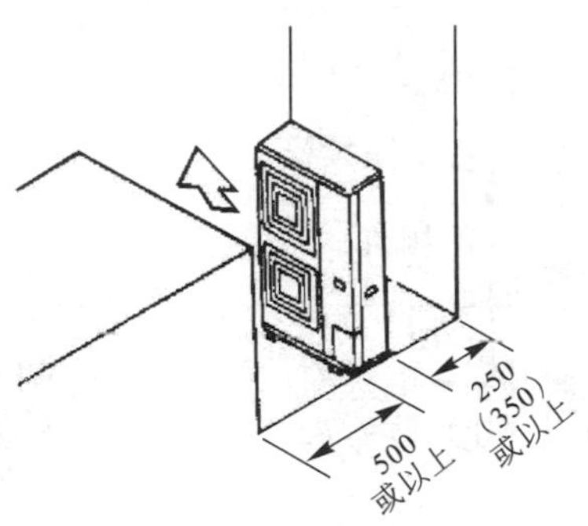


圖 7.132

室外機之排氣不受外氣強風之影響，若外氣強風時，可面向牆壁排氣，但最小應有 30 公分以上之距離。

兩台以上之室外機，裝設時應注意排出之熱氣不可短路循環，以免影響散熱能力。

掛在牆壁上之室外機應注意牢固及排水。

② 室內機之安裝

**選擇安裝位置**

- 冷氣可均勻分散至房間各處。
- 空調機進出氣口無阻礙。
- 可將冷凝水排至室外。
- 足以承受空調機的重量。
- 有足夠的空間做服務工作。

**利用架設板或紙型樣確定螺栓固定的位置，以固定室內機支撐架。**

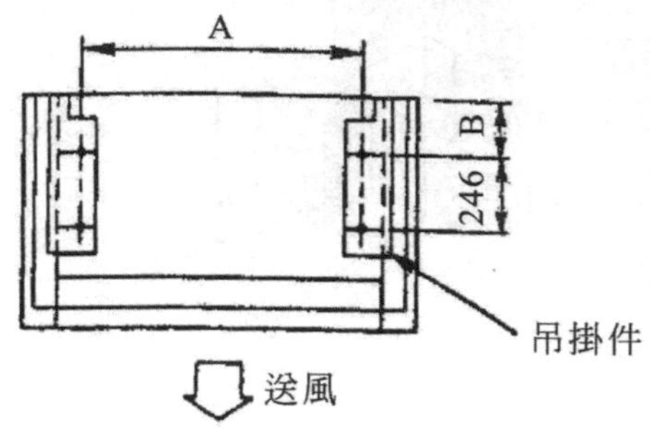


圖 7.133 紙型樣

**固定螺栓**

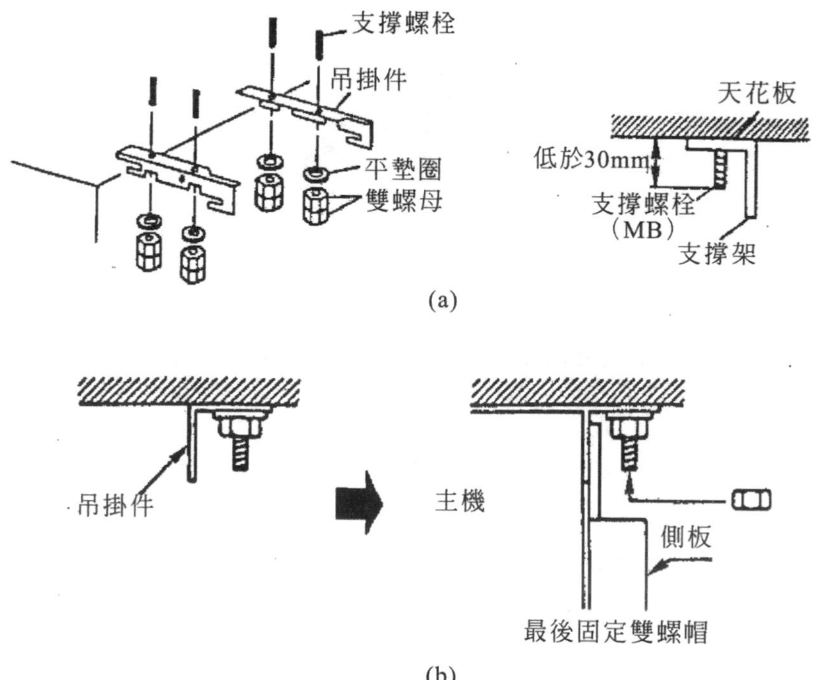


圖 7.134 安裝螺栓 ( 懸吊式 )

**裝上室內機**

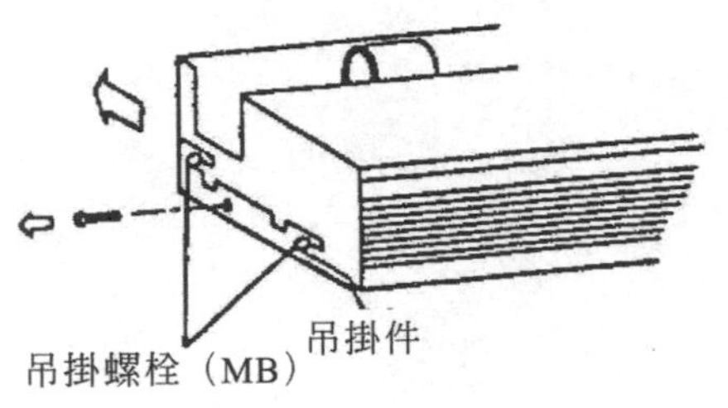


圖 7.135　懸吊型室內機安裝

**安裝冷媒管及排水管**

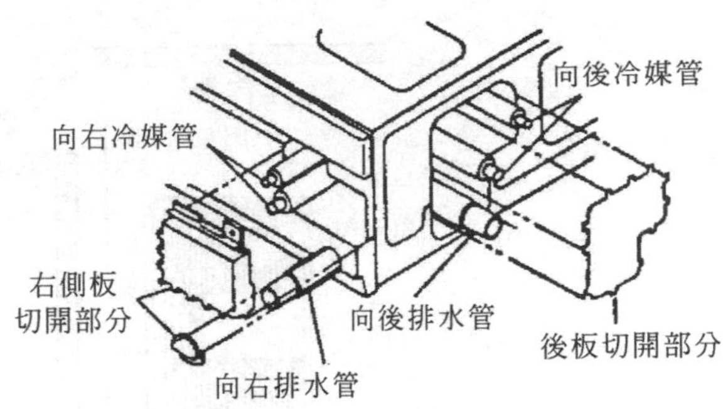


圖 7.136　懸吊型室內機管路位置圖

(11) 安裝完工圖例

① 壁掛型

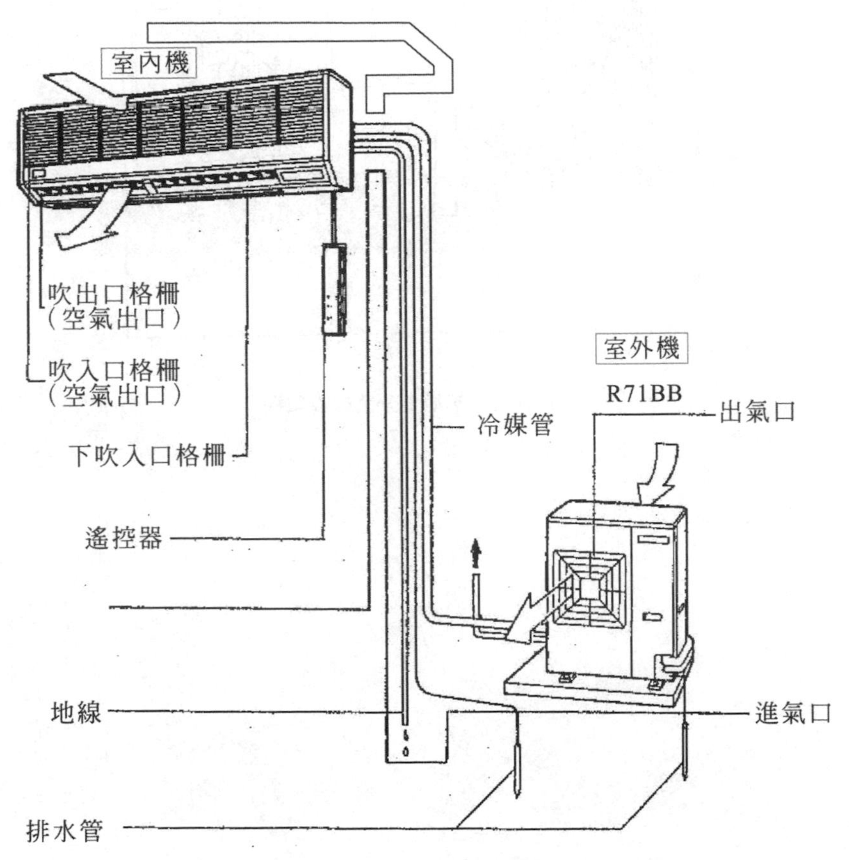


圖 7.137　壁掛型分離式冷氣機

② 落地型

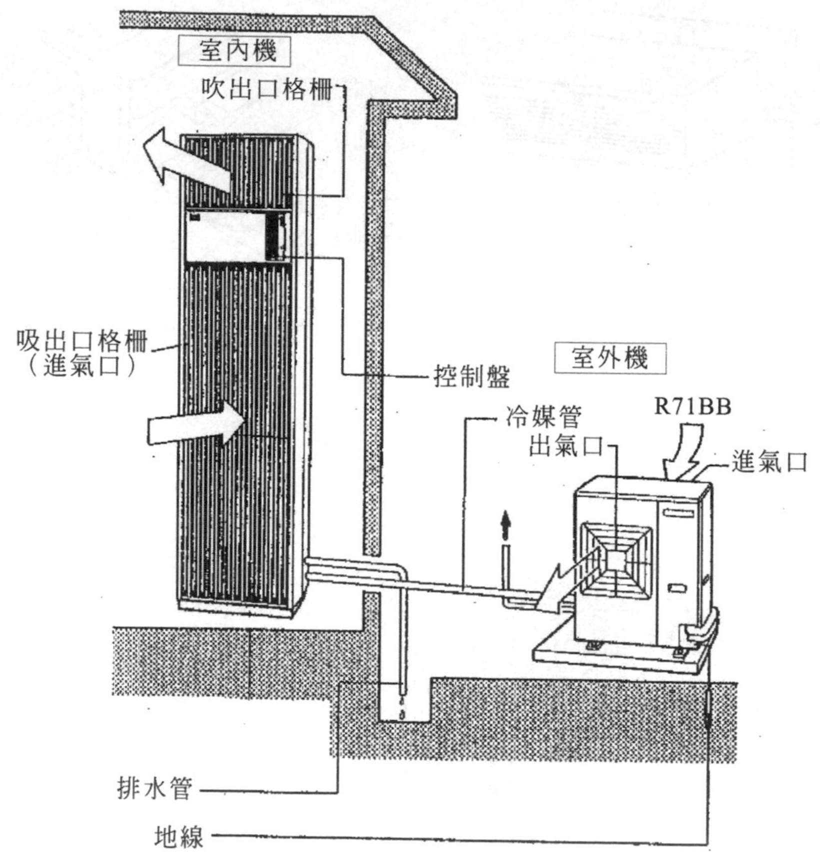


圖 7.138　落地型分離式冷氣機

③ 懸吊型

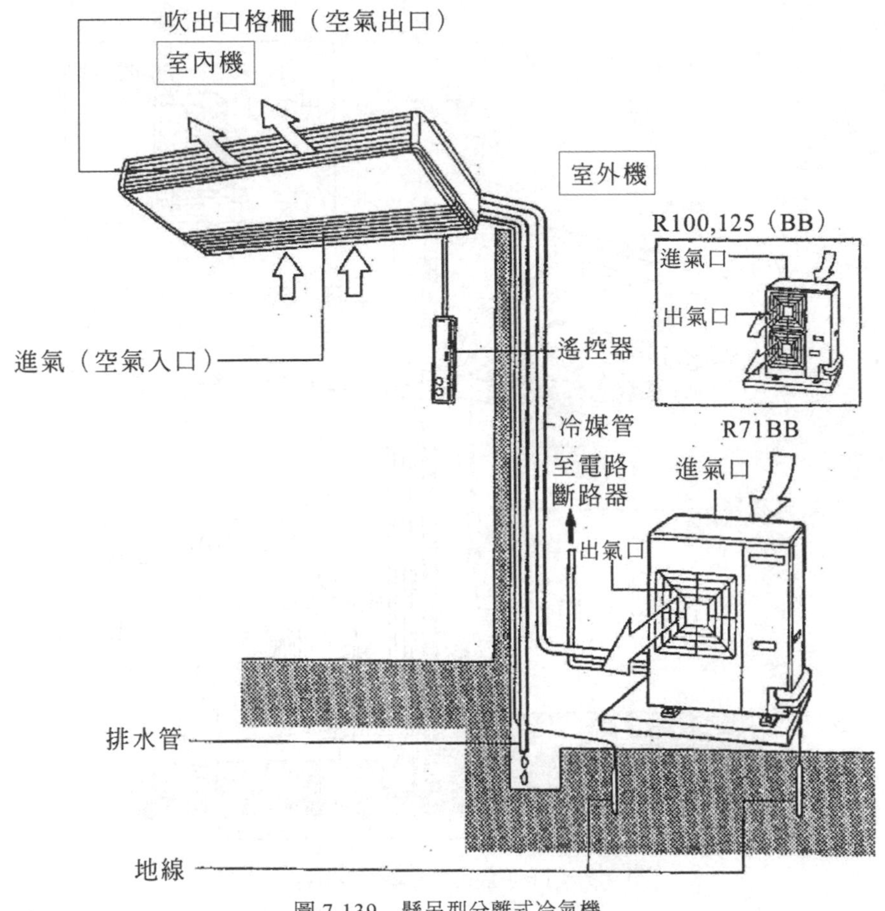


圖 7.139　懸吊型分離式冷氣機

④ 嵌入型

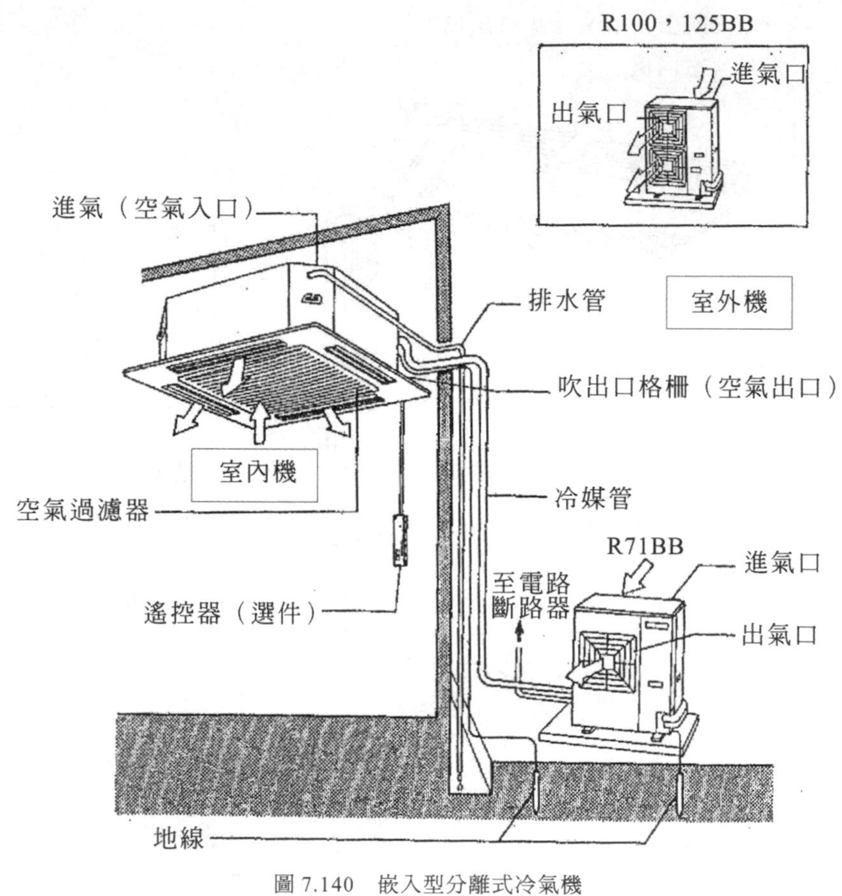


圖 7.140　嵌入型分離式冷氣機

## 7.9　分離式冷暖氣機之故障診斷及排除

冷暖氣機故障的原因有很多，也有可能是幾個原因重複的發生，因此，如何判定和處理，需要有相當的知識和經驗，故障診斷時，唯有充份的調查測量，才會有正確的結論。一般而言，故障的種類大致可分為：

(1)電氣系問題。

(2)冷媒系問題。

(3)負荷問題。

(4)機構系統操作問題。

## 1. 一般性故障診斷

| 症狀 | | 原因 | 處置及其檢查位置 |
|---|---|---|---|
| 冷房、暖房、共通 | 1. 風扇、壓縮機不轉 | (1) 保險絲、無熔絲開關是否斷路<br>(2) 電源插頭是否鬆開<br>(3) 電源線是否斷線 | (1) 交換保險絲，把無熔絲開關“入”<br>(2) 把插頭插好<br>(3) 更換指定之電源線 |
| | 2. 室內風扇會轉壓縮機不動 | (1) 冷暖切換開關不良或部品不良<br>(2) 恆溫器設定位置不良<br>(3) 恆溫器不良<br>(4) 高壓壓力開關的動作<br>(5) 壓縮機不良 ( 束心、斷線 )<br>(6) 電壓太低 | (1) 「冷」或「暖」切換確認部品交換<br>(2) 變更設定位置<br>(3) 更換恆溫器<br>(4) 找出原因，解決<br>(5) 更換壓縮機<br>(6) 調查後，向電力公司提出改善申請 |
| 冷房、暖房、共通 | 3. 一運轉、高壓壓力開關即動作 | (1) 過濾網太髒 ( 暖房時 )<br>(2) 吸入口、吹出口阻塞 | (1) 清洗過濾網<br>(2) 消除阻塞現象 |
| | 4. 運轉時，過電流繼電器即動作 | (1) 電壓太低<br>(2) 壓縮機不良<br>(3) 散熱不良 | (1) 配線改善<br>(2) 更換壓縮機<br>(3) 除去妨礙物 |
| | 5. 運轉時，熱動溫度器開關動作 | | |
| | 6. 可以運轉，但冷暖房效果不良 | (1) 恆溫器位置設定不當<br>(2) 室內外熱交換器髒<br>(3) 過濾網阻塞<br>(4) 冷暖房負荷太大<br>(5) 冷媒不足 | (1) 變更設定位置<br>(2) 消除髒物<br>(3) 洗清過濾網<br>(4) 減少負荷或更換為大機型<br>(5) 補充冷媒 |
| | 7. 漏水 | (1) 排水管阻塞<br>(2) 排水管比滴水盤高<br>(3) 排水管呈上下蛇行<br>(4) 低壓管隔熱不良 | (1) 排除排水管阻塞或更換<br>(2) 調整位置<br>(3) 修正蛇行，使成斜面<br>(4) 隔熱改良 |
| | 8. 異音 | (1) 安裝工程不良<br>(2) 電壓下降、散熱妨礙、冷媒不足造成過電流繼電器或熱動溫度開關器動作<br>(3) 風扇碰到外殼<br>(4) 螺絲鬆 | (1) 安裝工程之改良<br>(2) 配線之再確認、散熱之再改善<br>(3) 變更風扇位置<br>(4) 更換馬達<br>(5) 重新鎖好 |

**2.** 主要電氣系元件之測量

⑴繼電器類

大電流不能直接「入(ON)」「切(OFF)」或用另外系統電源開閉電源回路時，使用繼電器。有時會有熔接不良或斷線，必須用導通測試或接觸確認。

⑵四方閥、其他電磁線圈

用線圈導線的二端做導通測試確認是否導通。

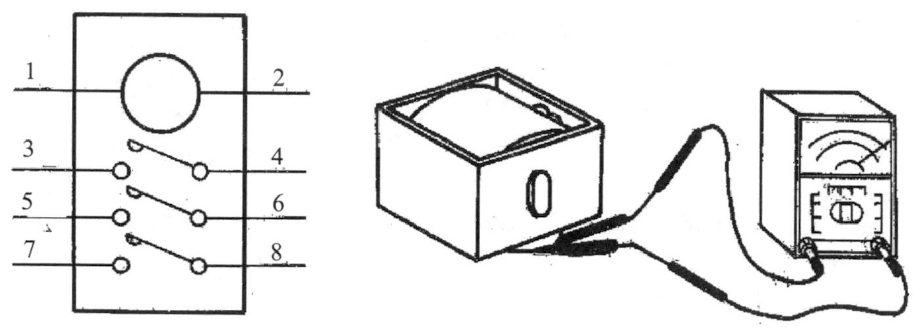


圖 7.141 繼電器

圖 7.142 四路閥及其他磁線圈

⑶過載保護器(雙金屬片式)

用導通測試做確認，有時候會因接點熔著而產生動作不良。

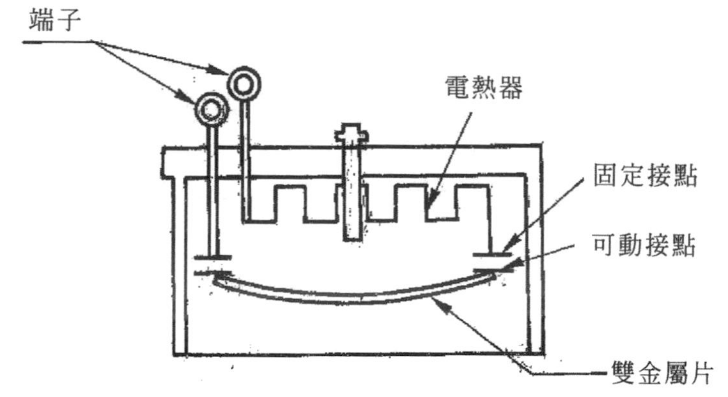


圖 7.143 雙金屬片式過載保護器

⑷水銀式過電流繼電器

軸承成垂直狀態再做電極間導通測試。正常情形為導通。無導通即為不良。線圈若無導通即為不良。

(5)壓力開關

壓力上昇時，接點會打開。開閉絕對不可弄錯，動作壓力之確認為冷氣機在過負荷運轉狀態下，使壓力上昇確認動作壓力及解除過負荷狀態測定其回復壓力。

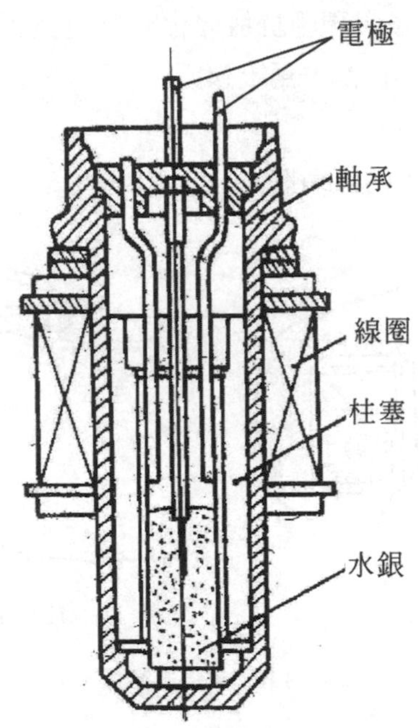


圖 7.144 水銀式過電流繼電器

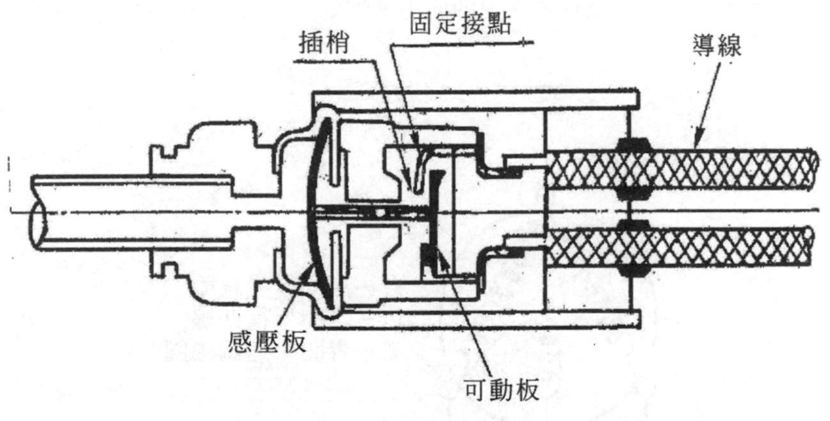


圖 7.145　壓力開關

(6)電容器

① 端子和本體間的絕緣確認，若無導通則為正常。

② 容量確認

拆下電容器兩端子的導線用端子線的導線短路放掉殘留電荷。再用三用電表 R × 1k 檔測量端子，視阻抗值變化來判定良否。

指針只有瞬間振動：正常，馬上還原。

指針完全不動：斷路。

指針不會歸回原位：內部短路。

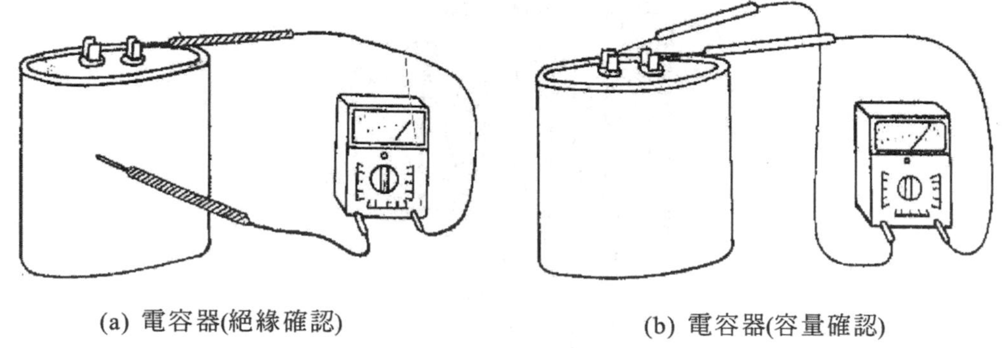

(a) 電容器(絕緣確認)　(b) 電容器(容量確認)

圖 7.146　電容器測量

(7)馬達類

拆下各回路導線，確認馬達線圈各端子線之抗阻。

送風機有時因為扇片碰到東西而不會轉動，或軸承不良所致，可用手轉動測試。

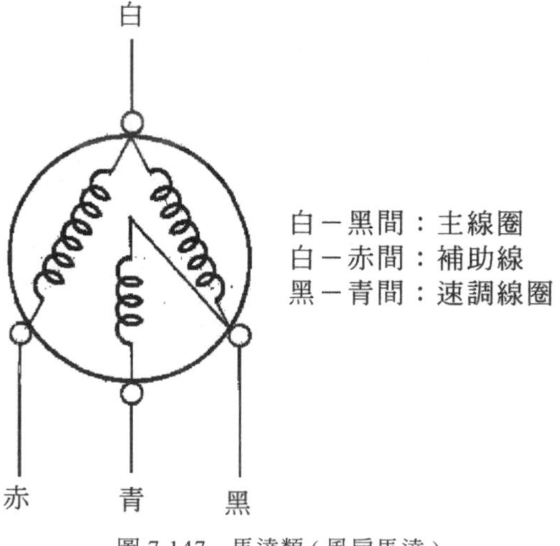


圖 7.147　馬達類(風扇馬達)

(8) 電子控制回路部品

① 目視印刷基板，各接頭有無鬆脫，基板有無燒損變色、剝離、短路？

② 用測試器測定印刷基板入出入系統 ( 熱敏電阻、變壓器、繼電器 ) 之電壓、導通、抵抗變化。

③ 測定電子控制基板各測試點的電壓判定良否？

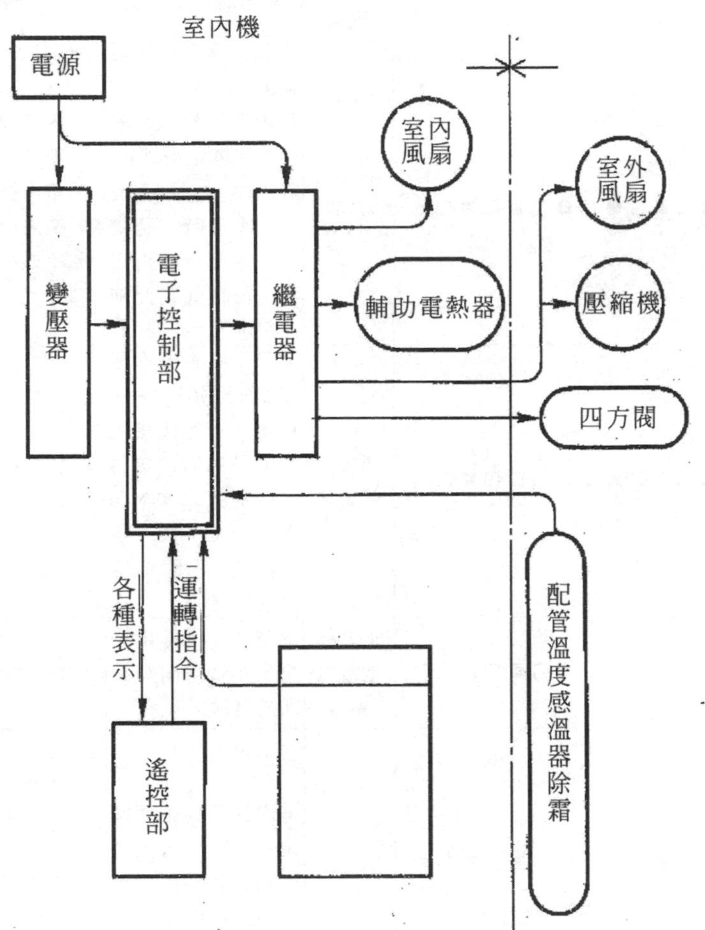


圖 7.148　電子控制回路方塊圖

(9) 熱敏電阻

① 室溫熱敏電阻。

② 管溫熱敏電阻。

拆下端子測量阻值 ( 周圍溫度 10℃～ 30℃ )

| 正常 | 異常 |
|---|---|
| 8 kΩ ～ 20 kΩ | 短路或開路 |

### 3. 變頻式冷氣機故障診斷

變頻式冷氣機其控制電路精密複雜，有別於一般傳統型冷氣機電路設計及保護方法，故其故障檢修多依賴其自我故障診斷，以其主板之 LED 訊號顯示故障現象，再經由連接線與測量點之測量作判斷。

以三菱 MSZ-2222XS 系列為例：

| No. | 現象 | LED 顯示 | 異常模式 | 異常之檢出方決 | 確認要點 |
|---|---|---|---|---|---|
| 1 | 室外機不運轉 | 每隔一秒連續閃爍<br>-■-□-■-□-■-□-■-□-■-□-■-□-■-□ | 誤配線異常 | 從第一次 X10 繼電器 ON 開始後，10 秒內無法接收到室外機的連接信號時。<br>註：連接信號有異常時，將總電源切掉再確認時就有此顯示。 | (1) 內外連接線誤配線或斷線<br>(2) 室內控制基板<br>(3) 室內繼電器基板<br>(4) 室外控制基板 |
| 2 | 室外機不運轉 | 閃爍一次<br>-■-□ □ □ □ □-■-□ □ □ □ □-■-□ □<br>5秒熄燈 | 連接信號異常 | 從第一次 X10 繼電器 ON 開始後經 10 秒鐘後，無法接收到室外機的連接信號時從第二次 X10 繼電器 ON 後，無法接到室外機的連接信號時。 | 參考連接信號異常確認方法 |
| 3 | 室外機不運轉 | 閃爍二次<br>-■-□-■-□ □ □ □ □-■-□-■-□ □ □ □<br>5秒熄燈 | 管溫熱敏電阻異常 | 平時每 2 秒檢出一次，熱敏電阻短路即為異常。 | 參考管溫熱敏電阻特性 |
| 4 | 室內風扇 5 秒運轉 30 秒停止一直重複 | 閃爍三次<br>-■-□-■-□-■-□ □ □ □ □-■-□-■-□-■-<br>5秒熄燈 | 室內風扇馬達異常 | 室內風扇馬達運轉後在 5 秒以內無發生回轉數回授信號時即為異常。 | (1) 測試端子 CN211 外殼部白－黑線間有無 37Ω ～ 48Ω，黑 - 赤線間有無 47Ω ～ 56Ω ？<br>(2) 室內基板 |

(續前表)

| No. | 現象 | LED 顯示 | 異常模式 | 異常之檢出方決 | 確認要點 |
|---|---|---|---|---|---|
| 5 | 室外機不運轉(室外機停止) | 閃爍五次<br>-■-□-■-□-■-□-■-□-■-□□□□□□-■-□<br>5秒熄燈 | 室外動力異常 | 壓縮機運轉開始後一分鐘以內，過電流保護停止動作連續發生3次時。 | (1) 壓縮機<br>(2) 功率晶體<br>(3) 室外基板 |
| 6 |  | 閃爍六次<br>-■-□-■-□-■-□-■-□-■-□-■-□□□□□□-■-□<br>5秒熄燈 | 室外熱敏電阻系異常(吐出溫熱敏電阻)(鰭片溫熱敏電阻) | (熱敏電阻短路)<br>壓縮機運轉開始後，熱敏電阻短路即為異常。<br>(熱敏電阻開路)<br>壓縮機運轉開始10分鐘之後熱敏電阻開路時即為異常。 | (1) 冷媒不足<br>(2) 參考吐出溫熱敏電阻特性<br>(3) 室外基板 |

※ 即使異常排除了，但異常顯示也要將顯示周期完全顯示完畢後才消失。

(1)室內機故障診斷處置

① 依運轉顯示燈的閃爍模式，推測故障不良位置。

② 正常時，運轉顯示燈亮。

③ 檢出異常時，會不斷重複 5 秒熄燈→閃爍 (1 秒 ON/1 秒 OFF) 但是，有誤配線異常時不會熄燈 5 秒而一直閃爍 (1 秒 ON/1 秒 OFF)。

(2)室外機之診斷

檢查步驟：

① 取下室外機周圍的蓋板，並拉開壓縮機導線。

② 打開機組之主電源。

③ 設定緊急運轉(冷氣或暖氣)。
三分鐘後室外機以固定頻率持續運轉 30 分鐘，室外風扇運轉之後 5 秒，壓縮機電路之電壓輸出。

④ 室外風扇起動運轉 2 分鐘後，測量壓縮機導線電晶體側之三相電壓，若檢查之電壓在範圍之內，此時室外控制基板上的 LE851 和 LE853 會亮，此現象並非故障，而是由於壓縮機未連接之過載保護。

⑤ 假使檢查顯示無電壓，欠相或相位不平衡，請更換室外控制基板和電晶體檢查完後，正確地接回壓縮機導線。

三菱 MXZ-32AV 室外機自我診斷表

●燈亮　閃爍　○燈滅

<table>
<tr><th rowspan="2">No.</th><th rowspan="2">異常點</th><th colspan="3">燈號顯示</th><th rowspan="2">症狀</th><th rowspan="2">檢知方法</th><th rowspan="2">檢查點</th></tr>
<tr><th>LE851</th><th>LE852</th><th>LE853</th></tr>
<tr><td>1.</td><td>正常</td><td>●</td><td>●</td><td>●</td><td>正常</td><td></td><td>LED 亮，不受運轉 ON/OFF 之限制</td></tr>
<tr><td>2.</td><td>連續信號</td><td></td><td></td><td></td><td rowspan="2">室外機不運轉</td><td>當室外控制基板沒有接收到從界面基板傳來的信號達 30 秒，壓縮機停止。</td><td>(1) 檢查室外控制基板<br>(2) 檢查端子座<br>(3) 檢查變頻器主要迴路</td></tr>
<tr><td>3.</td><td>吐出 / 鰭片溫度檢知器</td><td></td><td>○</td><td></td><td>壓縮機 ON 期間，當吐出或鰭片溫度檢知器短或開路，壓縮機停止且三分鐘後再起動。</td><td>(1) 檢查吐出溫度檢知器<br>(2) 檢查室外控制基板<br>(3) 檢查鰭片溫度檢知器</td></tr>
<tr><td>4.</td><td>過電流</td><td>○</td><td></td><td>○</td><td rowspan="5">重複壓縮機停止和三分鐘後起動</td><td>當 45A 之電流流進功率晶體，壓縮機停止且三分鐘後再起動。</td><td>(1) 檢查電晶體<br>(2) 檢查壓縮機<br>(3) 檢查室外控制基板</td></tr>
<tr><td>5.</td><td>鰭片溫度</td><td>○</td><td>○</td><td></td><td>當鰭片溫度上升超過 90℃，壓縮機停止，且三分鐘後再起動。</td><td>(1) 檢查室外機四周<br>(2) 檢查空氣循環<br>(3) 檢查室外風扇</td></tr>
<tr><td>6.</td><td>吐出溫度</td><td>○</td><td></td><td></td><td>當吐出管溫度上升超過 120℃，壓縮機停止，且三分鐘後再起動，吐出管溫度降 80℃以下保護解除。</td><td>(1) 檢查吐出溫度檢知器<br>(2) 檢查冷媒量<br>(3) 檢查冷媒迴路</td></tr>
<tr><td>7.</td><td>出口之電流</td><td>○</td><td></td><td>○</td><td>當出口之電流超過 22.5A，雖然頻率低至 40Hz，壓縮機停且三分鐘後再起動。</td><td>(1) 檢查電晶體<br>(2) 檢查壓縮機<br>(3) 檢查室外控制基板</td></tr>
<tr><td>8.</td><td>吐出壓力</td><td>○</td><td>○</td><td>●</td><td>因吐出壓力上升，當高壓開關 ON，且頻率被降至低於最小頻率壓縮機停止。</td><td></td></tr>
<tr><td>9.</td><td>出口之電流</td><td>○</td><td>●</td><td>●</td><td rowspan="5">室外機以低頻率運轉</td><td>當出口之電流超過 22.5A，壓縮機頻率降低。</td><td rowspan="5">機組正常，但檢查下列各點：<br>(1) 室內空氣濾網是否阻塞<br>(2) 冷媒是否不足<br>(3) 室外機出風口是否短循環</td></tr>
<tr><td>10.</td><td>壓縮機負載</td><td>●</td><td>○</td><td>●</td><td>當壓縮機負載超過限制，壓縮機頻率降低。</td></tr>
<tr><td>11.</td><td>高壓</td><td>●</td><td>●</td><td>○</td><td>暖氣時當冷媒管溫度超過 50℃壓縮機頻率降低。</td></tr>
<tr><td>12.</td><td>吐出管溫度</td><td>●</td><td>○</td><td>○</td><td>當吐出管溫度超過 115℃壓縮機頻率降低。</td></tr>
<tr><td>13.</td><td>吐出壓力</td><td>○</td><td>○</td><td>●</td><td>因吐出壓力上升當高壓開關 ON 壓縮機頻率降低。</td></tr>
<tr><td>14.</td><td>除霜檢知器</td><td>○</td><td>●</td><td>○</td><td>其他</td><td>當除霜檢知器短或開路壓縮機持續運轉。</td><td>(1) 檢查除霜檢知器<br>(2) 檢查室外控制基板</td></tr>
</table>

介面基板的自我診斷表

介面基板上的 LED　●燈亮　閃爍　○燈滅

| No. | 異常點 | 燈號顯示 | | 症狀 | 檢知方法 | 檢查點 |
|---|---|---|---|---|---|---|
| | | LE971 | LE972 | | | |
| 1. | 正常 | ● | ● | 正常 | | LED 亮，不受運轉 ON/OFF 之限制 |
| 2. | 連續信號 | | | 室外機不運轉 | 當介面基板沒有接收到從室外控制基板傳來的信號達 4 秒鐘。 | 檢查室外控制基板 |
| 3. | LEV 微電腦 | ○ | | | 當介面基板不能接收從 LEV 微電腦傳來的信號。 | 檢查介面基板 |
| 4. | 吸入 / 蒸發溫度檢知器 | ● | | 重複室外機停止和三分鐘後起動 | 當吸入或蒸發溫度檢知器短路或開路，壓縮機停止且三分鐘後再起動。 | (1) 檢查吸入 / 蒸發溫度檢知器<br>(2) 檢查介面基板 |
| 5. | 吸入過熱度修正 | | ○ | | 冷氣時，當不運轉之機組的液管溫度為 10℃或以下，或當其低於運轉機組中液管溫度最高者 10℃或更多，此時運轉持續。 ① | (1) 檢查膨脹閥<br>(2) 檢查冷媒量 |
| 6. | 膨脹閥 | | ● | | 當吸入過熱度為 2 度或低於 2 度且吐出溫度 10℃或以下達 30 分鐘，壓縮機停止，三分鐘後再起動。 ② | (1) 檢查介面基板<br>(2) 檢查膨脹閥 |
| 7. | 運轉機組總能力 | ○ | ● | | 運轉機組之總能力數字超過“10”的限制。 | 檢查運轉機組之總能力 |
| 8. | 液管溫度檢知器 | ● | ○ | 其他 | 冷氣時，當 1 組液管溫度檢知器短或開路，壓縮機停止 (暖氣時，壓縮機持續運轉) | (1) 檢查液管溫度檢知器<br>(2) 檢查介面基板 |

(3) 欠相之檢查

① 準備類比伏特計。

② 拉開壓縮機導線。

③ 將伏特計設置在導線三點之間。

④ 按緊急運轉開關起動暖氣運轉。

⑤ 室外風扇起動運轉超過 1 分鐘之後測量三點間之 AC 電壓。

⑥ 判斷

電壓平衡←正常 ( 圖 (a)) 電壓不平衡←欠相 ( 圖 (b)) 因過電流、電壓遮斷←短路。

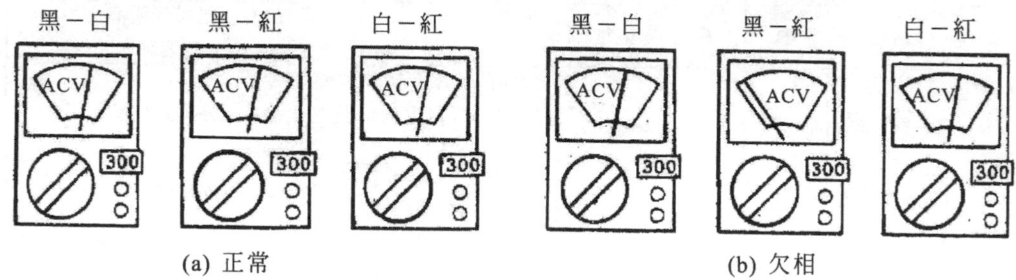


圖 7.149 壓縮機三相電壓之檢查

(4)電晶體之檢查

① 準備歐姆計。

② 拉開壓縮機導線。

③ 測量電晶體端子之間的電阻值，因端子有極性，請檢查以下6點，黑－白，白－黑，黑－紅，紅－黑，白－紅，紅－白。

④ 判斷 ( 參考圖 7.150) －電阻值無限大←正常，電阻值為 0 ～ 2 指幅間的字←短路。

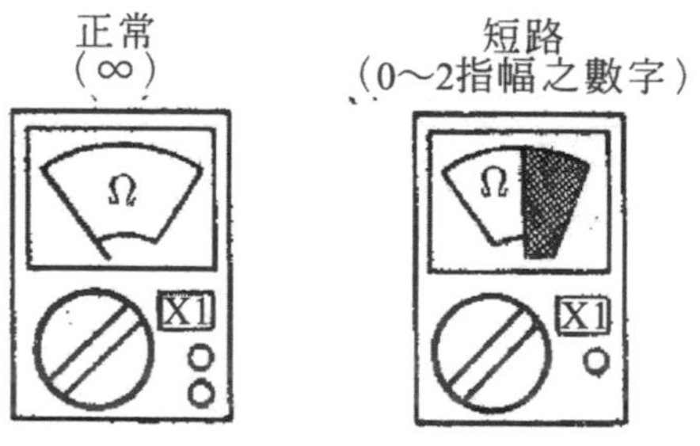


圖 7.150 電晶體測量

### (5)壓縮機線圈電阻之檢查

檢查步驟：

① 準備歐姆計。

② 拉開壓縮機導線。

③ 將歐姆計歸零。

④ 測量導線三點間之電阻值
黑－白，黑－紅，白－紅。

⑤ 當周圍溫度在－ 10℃、40℃之間。
電阻值 0.6 ～ 0.73Ω ←正常　電阻值 0Ω ←短路　電阻值無限大←開路
(註：線圈電阻值在 20℃時為 0.68Ω)

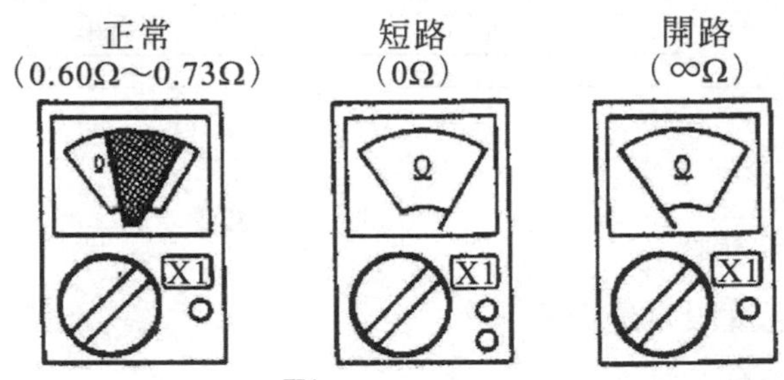


圖 7.151　壓縮機線圈電阻檢查

### (6)主要零件檢查參考表

<table>
<tr><th>零件名稱</th><th></th></tr>
<tr><td>除霜檢知器<br>蒸發溫度檢知器<br>吸入溫度檢知器<br>液管溫度檢知器</td><td>檢查以歐姆計測量(周圍溫度範圍－ 10 ～ 40℃)阻值<table><tr><td>8kΩ ～ 20kΩ</td><td>正常</td></tr><tr><td>其他</td><td>開路或短路</td></tr></table></td></tr>
<tr><td>吐出溫度檢知器</td><td>以歐姆計測量(周圍溫度範圍 20 ～ 40℃)(測量前用手握住檢知器使其溫度上升)阻值<table><tr><td>100Ω ～ 250Ω</td><td>正常</td></tr><tr><td>其他</td><td>開路或短路</td></tr></table></td></tr>
<tr><td>壓縮機</td><td>以歐姆計測量(周圍溫度範圍－ 10 ～ 40℃)阻值<table><tr><td>0.60Ω ～ 0.73Ω(每一相)</td><td>正常</td></tr><tr><td>其他</td><td>開路或短路</td></tr></table></td></tr>
</table>

(續前表)

<table>
<tr><td>零件名稱</td><td></td></tr>
<tr><td>室外風扇馬達</td><td>測量導線之間的阻值(周圍溫度範圍 −10 ～ 30℃)
<table>
<tr><th>導線</th><th>正常</th><th>異常</th></tr>
<tr><td>$R_1 \sim C$</td><td>51Ω ～ 60Ω</td><td rowspan="3">開路或短路</td></tr>
<tr><td>$S \sim C$</td><td>106Ω ～ 125Ω</td></tr>
<tr><td>$S \sim R_1$</td><td>157Ω ～ 185Ω</td></tr>
<tr><td>$R_2 \sim R_1$</td><td>0Ω</td><td>−</td></tr>
</table></td></tr>
<tr><td>四路閥線圈(R.V)</td><td>測量端子之間的阻值(周圍溫度範圍 −10℃ ～ 40℃)
<table>
<tr><td>1323Ω ～ 1618Ω</td><td>正常</td></tr>
<tr><td>其他</td><td>開路或短路</td></tr>
</table></td></tr>
<tr><td>旁通閥線圈(B.V)</td><td>測量端子之間的阻值(周圍溫度範圍 −10 ～ 40℃)
<table>
<tr><td>990Ω ～ 1210Ω</td><td>正常</td></tr>
<tr><td>其他</td><td>開路或短路</td></tr>
</table></td></tr>
</table>

## 4. 冷媒系之故障診斷及處置

### (1)冷媒系之故障診斷

① 恆溫器之溫度設定是否適當？

② 空氣過濾網是否阻塞？

③ 室內外風扇是否在弱位置？

④ 換氣開關是否在「開」？

⑤ 室內外機，吸入、吹出口是否阻塞？

⑥ 熱交換器是否髒污？

⑦ 負荷(人員房間窗戶)是否增加。

以上若正常的話，將冷氣轉至「強」位置運轉 15 分以上，再做下項確認。

⑵回風、出風空氣溫差和電流診斷表

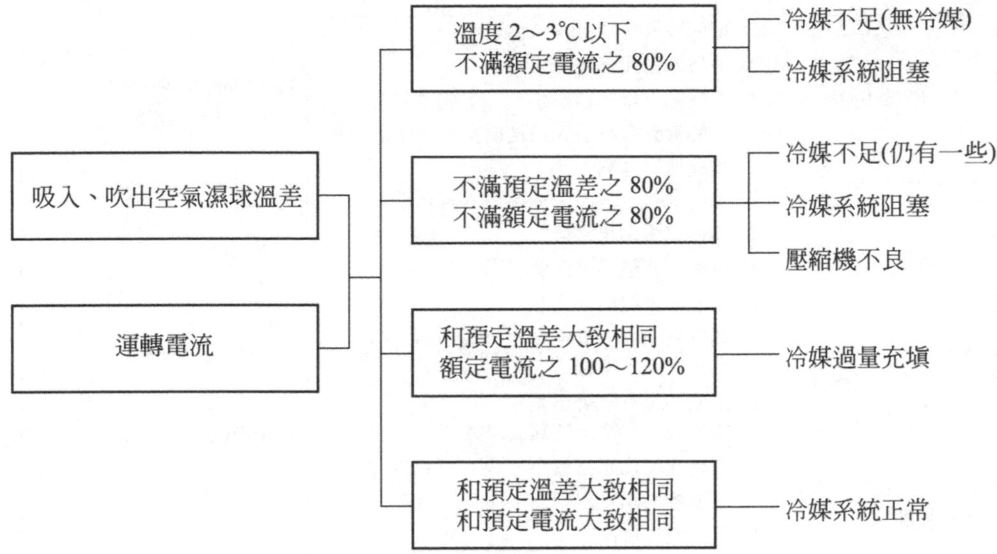


註：預定溫差：依運轉中室內外空氣條件能力線圖求得之值
　　額定電流：規格電流 × 入力比

⑶壓力、溫度和電流診斷表

冷媒系高壓壓力受周圍條件很大的影響，低壓比較安定，故其診斷多利用過熱情形做低壓壓力故障診斷。

| 低壓壓力<br>（和正常值比） | 過熱<br>（和正常值比） | 不良原因 | 電流值 |
|---|---|---|---|
| 高 | 大 | 壓縮不良<br>四方閥不良 | 電流變低 |
| | 正常 | 冷房負荷少 | 電流變低 |
| | | 倒流（冷媒過充填） | 高壓壓力開始運轉時不上昇 |
| 低 | 大 | 冷媒不足（漏冷媒） | 電流值低 |
| | | 阻塞（配管內部） | 電流值低 |

⑷不良狀況處理

<table>
<tr><th colspan="2">不良內容</th><th>症狀</th><th>處置要領</th></tr>
<tr><td colspan="2">冷媒不足</td><td>⑴ 室內吸入、吹出空氣溫差小<br>⑵ 運轉電流比正常值小<br>⑶ 低壓壓力低，過熱小<br>⑷ 毛細管到蒸發器入口結露蒸發器表面乾燥<br>⑸ 壓縮機溫度高</td><td>⑴ 找漏冷媒處修理<br>⑵ 抽真空、充冷媒</td></tr>
<tr><td colspan="2">冷媒量過多</td><td>⑴ 室內吸入、吹出空氣溫差大致正常<br>⑵ 運轉電流比正常值大<br>⑶ 倒流，使壓縮機溫度下降<br>⑷ 貯液器表面結露多<br>⑸ 高壓壓力高、低壓壓力也高</td><td>⑴ 放出冷媒<br>⑵ 抽真空、充冷媒</td></tr>
<tr><td rowspan="3">冷媒阻塞</td><td>低壓回路</td><td>⑴ 和冷媒不足不樣<br>⑵ 阻塞部份有顯著溫差</td><td rowspan="2">⑴ 找阻塞處、修理<br>⑵ 抽真空、充冷媒</td></tr>
<tr><td>高壓迴路</td><td>⑴ 室內吸入、吹出空氣溫差大<br>⑵ 運轉電流比正常值小一些<br>⑶ 高壓壓力和吐出管溫度高<br>⑷ 壓縮機溫度高</td></tr>
<tr><td>壓縮不良</td><td>⑴ 室內吸入、吹出空氣溫差小<br>⑵ 運轉電流比正常值小<br>⑶ 高壓壓力不上昇，低壓壓力高<br>⑷ 吐出管溫度下降、吸入管溫度上昇</td><td>⑴ 壓縮機更換<br>⑵ 抽真空、充冷媒</td></tr>
</table>

**5.** 故障代碼 ( 以大金為例，按下取消鍵 5 秒可顯示故障代碼 )

| 室內機 | 項目 | 可能原因 |
|---|---|---|
| A1 | 室內機 PC 板異常 | －室內機 PC 板不良<br>－連接器連接不良 |
| A5 | 凍結保護控制或高壓控制 | －空氣過濾網阻塞<br>－熱交換器灰塵<br>－短路，導致運轉停止<br>－室內機熱交換器熱敏電阻器不良，導致偵測錯誤<br>－室內機控制 PC 板不良 |
| A6 | 風扇馬達或相關的異常 | －風扇馬達連接線路接觸不良或脫落<br>－風扇馬達不良<br>－室內機控制 PC 板不良<br>－電壓不正確 |
| AH | 閃流組件故障 | －因閃流組件電擊部分的灰塵或水滴所造成的短路<br>－閃流組件的線束有刮痕或破壞<br>－閃流組件 PC 板不良 |

(續前表)

| 室內機 | 項目 | 可能原因 |
| --- | --- | --- |
| C4 | 熱交換器溫度(熱敏電阻器異常) | 一連接器連接不良<br>一熱敏電阻器不良<br>一 PC 板不良 |
| C7 | 前面板開啟 / 關閉故障 | 一減速馬達故障<br>一前面板機構故障或劣化<br>一限位開關故障 |
| C9 | 室溫熱敏電阻器異常 | 一連接器連接不良<br>一熱敏電阻器不良<br>一 PC 板不良 |
| CC | 溫濕度感應器故障 | 一連接器的連接不當<br>一室內控制 PC 板不良<br>一溫濕感應器 PC 板不良 |
| E1 | 室外機 PC 板異常 | 一外部因素導致微電腦控制失效<br>• 噪音<br>• 瞬間電壓降<br>• 瞬間停電等<br>一室外機 PC 板不良<br>一 PC 板之間線束斷裂 |
| E5 | 壓縮機過載 | 一冷媒不足<br>一四通閥故障<br>一室外機 PC 板不良<br>一水氣混入現場的配管<br>一電子膨脹閥不良<br>一截止閥不良 |
| E6 | 壓縮機鎖住 | 一壓縮機鎖住<br>一壓縮機線束斷開 |
| E7 | DC 風扇鎖住 | 一風扇馬達故障<br>一風扇馬達與 PC 板之間的線束或連接器斷開，或者接觸不良<br>一異物滯留在風扇中 |
| E8 | 輸入過電流偵測 | 一壓縮機故障，導致過電流<br>一功率電晶體不良，導致過電流<br>一室外機 PC 板不良，導致過電流<br>一短路，導致過電流 |
| EA | 四通閥異常 | 一連接器接觸不良<br>一熱敏電阻器不良<br>一室外機 PC 板不良<br>一四通閥線圈或線束不良<br>一四通閥不良<br>一冷媒中混入異物<br>一氣體不足 |

(續前表)

| 室內機 | 項目 | 可能原因 |
|---|---|---|
| F3 | 排氣管溫度控制 | －冷媒不足<br>－四通閥故障<br>－排氣管熱敏電阻器不良(熱交換器或室外氣溫熱敏電阻器不良)<br>－室外機 PC 板不良<br>－水氣混入現場的配管<br>－電子膨脹閥不良<br>－截止閥不良 |
| F6 | 冷氣時的高壓控制 | －安裝空間不足<br>－室外機風扇故障<br>－電子膨脹閥控制故障<br>－除霜熱敏電阻器故障<br>－室外機 PC 板故障<br>－截止閥故障<br>－熱交換器髒污 |
| H0 | 壓縮機系統感測器異常 | － PC 板不良<br>－線束斷裂或連接不良 |
| H1 | 阻風門故障 | －因結霜造成的阻風門運轉故障<br>－因異物造成阻風門運轉故障<br>－限位開關故障(包含連接不當)<br>－阻風門馬達不良 |
| H6 | 位置感應器異常 | －壓縮機繼電器電纜斷開<br>－壓縮機不良<br>－室外機 PC 板不良<br>－截止閥關閉<br>－輸入電壓超出規格 |
| H8 | DC 電壓 / 電流感測器異常 | 室外機 PC 板不良 |
| H8 | CT 或相關之異常 (42 級) | －功率電晶體不良<br>－內部配線斷裂或接觸不良<br>－電抗器不良<br>－室外機 PC 板不良 |
| H9 | 室外氣體熱敏電阻或相關異常 | －連接器接觸不良<br>－熱敏電阻器不良<br>－室外機 PC 板不良<br>－在出現 J3 錯誤之情況下為冷凝器熱敏電阻器不良(室外機熱交換器熱敏電阻器處於冷氣模式，或室內機熱交換器熱敏電阻器處於暖器模式) |
| J3 | 熱敏電阻器或相關之異常 | 排氣管溫度熱敏電阻異常 |
| J6 | 熱敏電阻器或相關之異常 | 室外熱交換器溫度熱敏電阻異常 |

(續前表)

| 室內機 | 項目 | 可能原因 |
|---|---|---|
| J8 | 熱敏電阻器或相關之異常 | 液管熱敏電阻異常 |
| J9 | 熱敏電阻器或相關之異常 | 氣管熱敏電阻異常 |
| L3 | 電箱溫度上昇 | －由於室外機風扇不良，導致散熱片溫度上昇<br>－由於短路，導致散熱片溫度上昇<br>－散熱片熱敏電阻器不良<br>－連接器接觸不良<br>－室外機 PC 板不良 |
| L4 | 散熱片溫度上昇 | －室外機風扇不良，導致散熱片溫度上昇<br>－短路，導致散熱片溫度上昇<br>－散熱片熱敏電阻器不良<br>－連接器接觸不良<br>－室外機 PC 板不良<br>－在更換室外機 PC 板後，未在散熱片上適當地塗抹矽滑脂 |
| L5 | 輸出過電流偵測 | －功率電晶體不良<br>－內部配線錯誤<br>－ PC 板不良<br>－截止閥關閉<br>－壓縮機故障 |
| P4 | 熱敏電阻器或相關之異常 | －散熱片熱敏電阻器異常 |
| P9 | 風扇馬達系統故障 / 風扇鎖住 | －加濕風扇的馬達不良<br>－繼電器線束損傷或是連接器鬆脫<br>－室外機 PC 板不良而造成風扇速度偵測故障 |
| PA | 加濕氣配線故障 | －加熱器的燈絲損傷<br>－加熱器的線束損傷<br>－室外溫度的熱敏電阻偵測到溫度異常<br>－加濕風扇排出口的熱敏電阻偵測到溫度異常<br>－主繼電器損壞<br>－電熱保險絲熔斷　加熱器的控制零件損壞<br>－電壓過低 |
| PH | 加濕風扇出口熱敏電阻故障 / 加熱器溫度異常 | －加濕熱敏電阻短路或線路毀損<br>－連接器未連接<br>－加熱器功率過高<br>－熱敏電阻的溫度偵測錯誤<br>－轉子馬達不良<br>－加濕風扇馬達不良<br>－加熱器的控制零件不良<br>－加濕風扇不良 |
| U7 | 室外機 PC 板的信號傳輸錯誤 | －室外機 PC 板不良<br>－ PC 板間的線束未連接或有損傷 |

（續前表）

| 室內機 | 項目 | 可能原因 |
|---|---|---|
| U0 | 冷媒不足 | －制冷劑不足（制冷劑洩漏）<br>－制冷劑熱交換器偏流<br>－壓縮機的壓縮性能不佳<br>－截止閥未打開<br>－電子膨脹閥不良 |
| U2 | 偵測到過電壓 | －電源電壓異常、瞬間停電<br>－過電流偵測器不良或 DC 電壓偵測迴路不良<br>－ PAM 控制零件故障 |
| U4 | 室內機與室外機之間信號傳輸錯誤 | －接線錯誤<br>－室外機或室內機 PC 板損壞<br>－電源波形干擾 |
| UA | 室內機與室外機之間的電壓未規定 | －連接至錯誤的機型<br>－安裝了不當的室內機 PC 板<br>－室內機 PC 板不良<br>－安裝了不當的室外機 PC 板或 PC 板不良 |
| | 軟管長度設定未完成 | －沒有設定軟管長度 |

**故障診斷流程**

許多系統方面的問題，往往要從各種不同的原因綜合歸納後做出正確判斷並不容易，常需要長久的經驗累積才能做到，為使問題簡化而不會盲目摸索，按照診斷要領及診斷流程來操作，即能迅速達成。

**1.** 診斷要領

⑴從使用者收集詳細資料，了解問題如何發生，使用的狀況以及是否外在的因素與該問題有牽連。

⑵著眼於整個系統，而不是專注意局部枝節。

⑶運轉機器並加以觀察，最好以電壓表、電流表、溫度計、壓力錶來協助觀察。

⑷首先檢核顯而易見的可能原因，例如首先檢核電壓、保險絲端子或不良的開關、附件等，複雜的修理工作擺在最後。

⑸診斷問題切忌急躁。

**2.** 診斷流程

⑴不啟動

⑵壓縮機起動後立即停止

⑶運轉正常但冷度不足

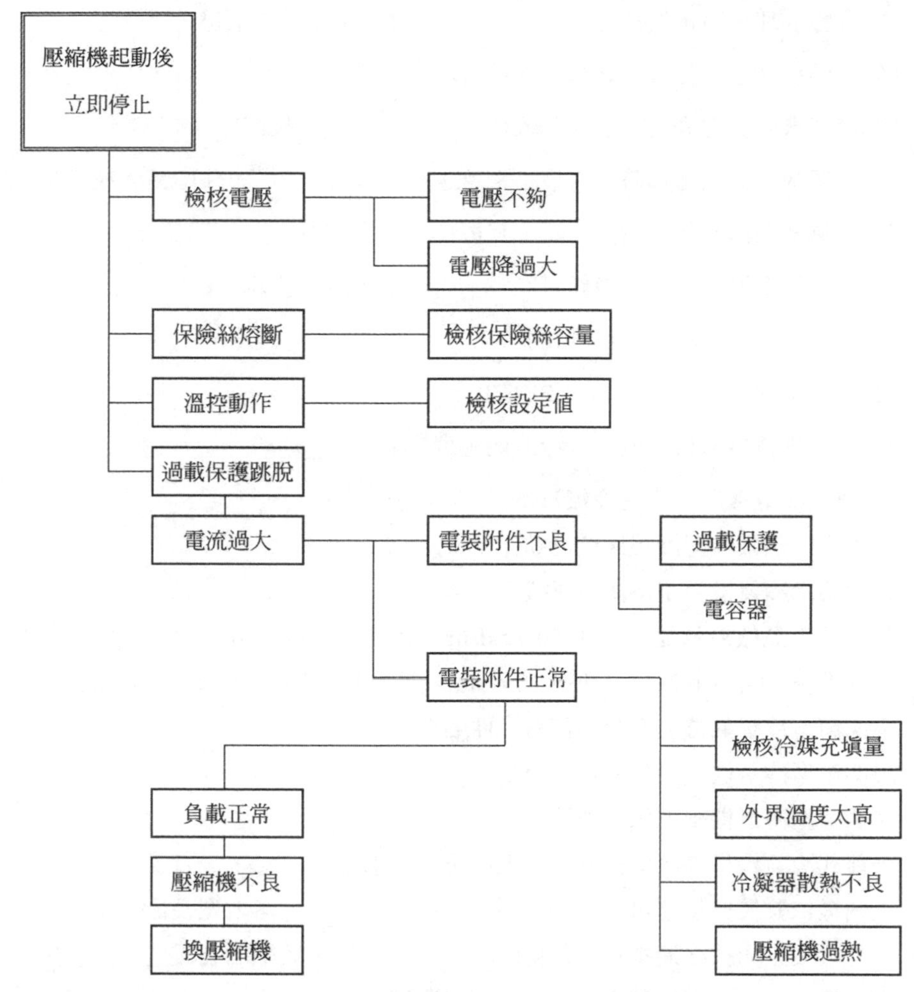


## 習題 7

***7.1*** 填充題

(1) 窗型冷氣機目前皆採用①________壓縮機。

(2) 窗型冷暖氣機之控制電路元件有壓縮機、風扇馬達、②________、③________、運轉電容器、啟動電容器、④________、⑤________及四路閥等。

(3) 選擇開關依操作方式之不同可分為⑥________及⑦________。

(4) 窗型暖氣機依熱源之不同可分為⑧________及⑨________。

(5) 一般家庭住宅，每坪所需要之冷房能力約⑩________ kcal/hr。

⑹ 客廳 6 坪，需選擇冷氣能力⑪________ BTU/H 之冷氣機。

⑺ 左側橫吹之冷氣機安裝時，應裝於房子之⑫________。

⑻ 冷氣機安裝之高度，最好距離地面⑬________公尺。

⑼ 冷氣機背面受阻擋時，其最小距離應在⑭________公分以上以免散熱不良。

⑽ 冷氣機側面回風口受阻擋時，其最小距離應在⑮________公分以上。

⑾ 冷氣機安裝時，應向後傾斜⑯________度，以利排水。

⑿ 冷氣機之接地線，直徑應在⑰________以上。

⒀ 1 kcal/hr 等於⑱________ BTU/H。

⒁ 為了維持冷氣機之效率，冷氣機應實施⑲________。

⒂ 窗型冷氣機所使用之冷媒為⑳________。

**7.2** 繪圖說明熱泵窗型冷暖氣機之動作？

**7.3** 說明滴水冷氣機與不滴水冷氣機？

**7.4** 某窗型冷氣機冷氣能力為 3550 kcal/hr，其 EER 值為 2.11 kcal/w-hr，求冷氣機之耗電量？若冷氣機每日使用 10 小時，每月使用 30 日，求每月耗電量？

**7.5** 說明窗型冷暖氣機之系統及電路元件名稱？

**7.6** 說明窗型冷氣機安裝位置之選擇？

**7.7** 說明窗型冷氣機維持保養方法？

**7.8.** 分離式冷氣機是將冷氣機分為二大部份一為㉑________，一為㉒________。

**7.9** 室內機依其裝置位置可分為㉓________，㉔________落地型及嵌入型。

**7.10** 室外機與室內機之連接管，較粗的為㉕________，較細的為㉖________。

**7.11.** 室外機之冷媒充填管為㉗________側修理管。

**7.12** 室外機之吸氣管上裝有㉘________及㉙________。

**7.13** 冷媒系統之保護開關有㉚________及低壓開關。

**7.14** 冷媒配管時，應特別注意不可讓㉛________及㉜________進入系統內部。

**7.15** 配管接頭打開後應在 5 分鐘內接合完成，而後即刻㉝________，以排除管內之㉞

㉞________。

**7.16** 排氣由㉟________之逆止接頭灌氣態冷媒，此時壓縮機㊱________。

**7.17** 補充冷媒時，壓縮機㊲________，由㊳________灌充氣態冷媒。

**7.18** 迴轉式壓縮機機殼內部為㊴________壓力，往復式壓縮機機內部為㊵________壓力。

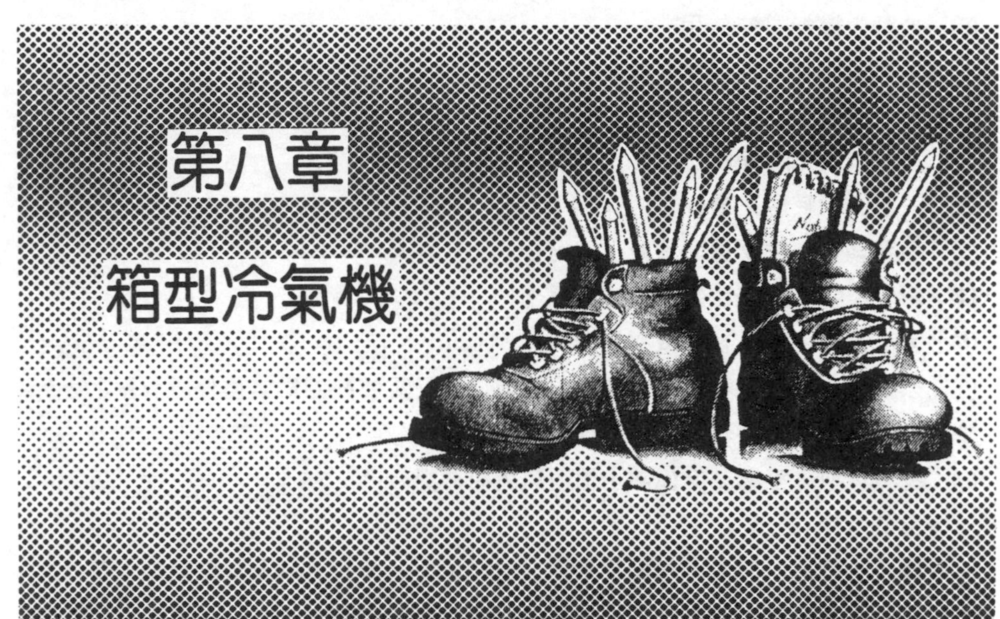


## 8.1 認識箱型冷氣機

### 8.1-1 箱型冷氣機之基本認識

**1.** 何謂空氣調節

所謂空氣調節是以機械控制室內溫度，濕度、空氣的清潔度及流動狀態，具備以上功能的機械裝置叫做空氣調節裝置。

**2.** 箱型冷氣機的四個功能

(1) 調節溫度：冷卻或加熱室內空氣。

(2) 調節濕度：除濕或加濕室內空氣。

(3) 清淨空氣：以過濾、換氣或分離方式，清除室內空氣中的塵埃及雜質。

(4) 氣流分佈：以送風機促使空氣流動與分佈，使空氣循環至室內各角落。

**3.** 箱型冷氣機的特點

(1) 安裝容易，安裝所需時間短。

(2) 設計費便宜。

(3) 大量生產，品質安定。

(4) 操作簡單。

(5) 安裝所需的空間小。

(6) 冷暖氣機能同等使用。

(7) 可做爲恒溫、恒濕裝置使用。

**4. 箱型冷氣機裝置之適用範圍**

(1) 一般既設之建築物。

(2) 一般工期較短之場合。

(3) 新建築物，但冷房面積較小的場合。

(4) 新建築物，但無法裝設風管的場合。

(5) 無法設置中央系統機械室的場合。

(6) 須空氣調節之各室，但運轉時間相異，或以區域控制爲其條件而計劃之場合。

(7) 各室之濕度條件不同，且須自由調節之場合。

(8) 雖爲大型建築物，但僅部份需空氣調節之場合。

**5. 機種的選擇**

選擇冷氣機前，應先考慮使用目的、房間大小、安裝地點及有無冷却水等條件，才能切合需要，發揮冷氣機的最大效果。

**6. 如何選擇水冷式或氣冷式**

(1) 水源（自來水或地下水）充足時應選用水冷式，並可配合冷却水塔使用。

(2) 水源不足或配管有問題時應選用氣冷式。如圖 8.1 所示。

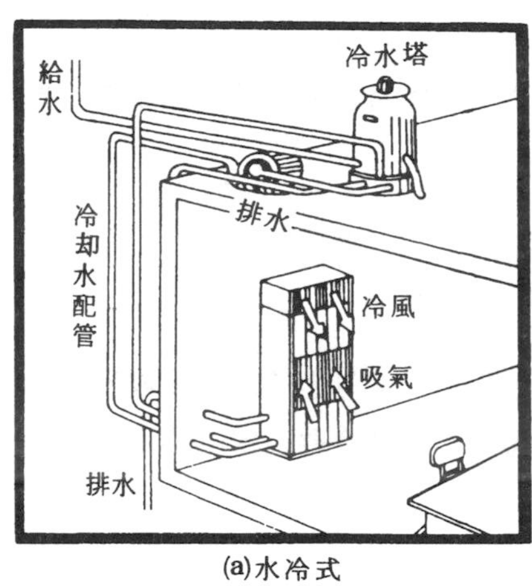


(a)水冷式

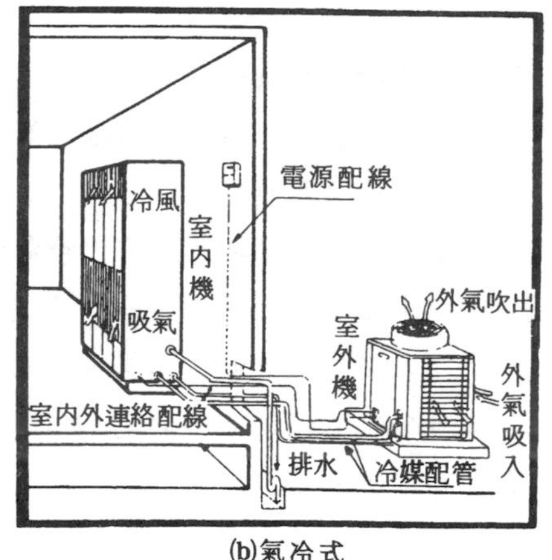


(b)氣冷式

圖 8.1 水冷式及氣冷式箱型冷氣機

**7. 最適當的室內條件**

使用冷氣機的目的是提供最適合我們生活的溫度及濕度，並非越冷越好，室內與室外溫度差愈大時，反而有害，最好的溫度差在5°C～7°C爲宜。室內空氣最適當的條件如下：

夏季：溫度26°C～27°C DBT，相對濕度50～60%RH。

冬季：溫度20°C DBT左右，相對濕度45～50%RH。

**8.** 水冷式與氣冷式箱型冷氣機之比較

| | 水冷式 | 氣冷式 |
|---|---|---|
| 1.散熱媒介 | 水，不可缺水 | 空氣，缺水亦可 |
| 2.消耗電力 | 1.0kW/RT較省電 | 1.5kW/RT較耗電 |
| 3.保養問題 | 一週一次，較麻煩 | 一年一次，較簡單 |
| 4.設備費用 | 包含水泵、水塔較貴 | 包含室外機，較便宜 |
| 5.噪音程度 | 壓縮機在室內，噪音稍大 | 壓縮機在室外，噪音稍小 |
| 6.環境汚染 | 冷却水塔汚染環境 | 空氣汚染較小 |

由上表比較分析，雖然氣冷式的優點比水冷式多，但水冷式比氣冷式更省電，因此市面上乃以使用水冷式者多。

## 8.1-2 冷房負荷

冷房由於使用之場所不一樣，因此每坪所需之冷房負荷亦不相同，表8.1爲每坪所需之冷房負荷概估表。

表8.1　每坪所需冷房負荷概估表

| 使用場所 | 住宅 | 辦公室 | 學校 | 戲院 | 餐廳 | 工場 |
|---|---|---|---|---|---|---|
| kcal/hr-坪 | 400～500 | 500～600 | 600～700 | 700～800 | 800～900 | 900～1000 |

冷房負荷設計之步驟如下：

**1.** 設計條件之選定

(1) 室外條件

(2) 室內條件。

(3) 換氣率。

**2.** 冷房負荷計算

(1) 玻璃之輻射熱：顯熱

(2) 傳導熱

① 玻璃熱負荷　　：顯熱

② 牆壁熱負荷　　：顯熱

③ 屋頂熱負荷　　：顯熱

④ 地板熱負荷　　：顯熱

⑤ 天花板熱負荷　：顯熱

⑥ 隔牆熱負荷　　：顯熱

(3) 洩漏空氣熱負荷　：顯熱＋潛熱

(4) 人員熱負荷　　　：顯熱＋潛熱

(5) 電燈、電器熱負荷：顯熱

(6) 其他熱負荷　　　：顯熱＋潛熱

(7) 換氣熱負荷　　　：顯熱＋潛熱

**3.** 求所需冷凍噸

(1) 統計總熱負荷。

(2) 計算所需冷凍噸。1美國冷凍噸 1USRT＝3024kcal/hr 。

## 8.1-3 箱型冷氣機之規格與特性

**1.** 冷氣能力

(1) 水冷式之冷氣能力是依據 CNS 規格冷氣條件，吸入空氣乾球溫度 27°C DBT、濕球溫度 19.5°C WBT，冷卻水入口溫度 30°C，出口溫度 35°C 運轉時之數值。

(2) 氣冷式之冷氣能力是依據 CNS 規格冷氣條件，室內吸入空氣乾球溫度 27°C DBT、濕球溫度 19.5°C WBT，室外吸入空氣乾球溫度 35°C 時運轉之數值。

(3) 箱型冷氣的冷氣能力從 3RT 至 30RT，每一USRT之冷氣能力爲 3024 kcal/hr 。

**2.** 電氣特性與耗電量

(1) 水冷式冷氣機之耗電量每一冷凍噸約消耗 1kW之電力，亦即 1kW/RT，水冷式箱型冷氣機之耗電包含壓縮機、送風機、冷却水泵浦、冷却水塔等之消耗電力。以 5RT 水冷式箱型冷氣機爲例其電氣特性如下：

① 全入力 5.0kW 。

② 運轉電流 14.4A 。

③ 電源AC 3$\phi$ 220V 60Hz 。

④ 壓縮機2極3.75kW。

⑤ 送風機4極0.35kW。

⑥ 冷却水泵浦2極0.75kW。

⑦ 冷却水塔8極0.13kW。

(2) 氣冷式冷氣機之耗電量每一冷凍噸約消耗1.3～1.5kW之電力，亦即1.3～1.5kW/RT，包含壓縮機、送風機及散熱風扇之電力消耗，以5RT氣冷式箱型冷氣機爲例其電氣特性如下：

① 全入力6.4kW。

② 運轉電流18.5A 。

③ 電源AC3$\phi$220V60Hz 。

④ 壓縮機2極3.75kW。

⑤ 送風機8極0.13kW。

⑥ 室外機散熱風扇。

**3.** 冷氣標準送風量

每一冷凍噸之冷氣送風量約10CMM（$m^3$/min），美制冷氣機風量稍大約400CFM（$ft^3$/min）或11CMM，日制冷氣機之風量稍小約9CMM。例如日立5RT箱型冷氣機之風量約爲44CMM，每冷凍噸之風量約44/5＝8.8CMM。

**4.** 冷却水循環量

由前述冷凍循環系統之散熱能力約爲冷氣能力之1.2～1.3倍，因此冷氣能力爲一美國冷凍噸1USRT爲3024kcal/hr，則其散熱能力爲一美國散熱噸1USCT應爲3900kcal/hr 。

(1) 使用冷却水塔循環水時，一散熱噸所需之冷却水循環量：

已知散熱能力1USCT＝3900kcal/hr或15600BTU/hr，冷却水出入口溫度差爲5°C或9°F 。

由公式$H=M \cdot S \cdot \Delta T$

① 冷却水循環量$M=\dfrac{3900}{5}=780$ kg/hr-USCT

或$H=\text{CMM}\times 1000\times 60\times \Delta T$°C　（kcal/hr）

$$\text{CMM}=\frac{3900}{1000\times 60\times 5}=0.013 \qquad (\text{m}^3/\text{min-USCT})$$

② 冷却水循環量$M=\dfrac{15600}{9}=1733.3$ （lb/hr-USCT）

或$H=\text{GPM}\times 8.33\times 60\times \Delta T°\text{F}$ （BTU/hr）

$\text{GPM}=\dfrac{15600}{8.33\times 60\times 9}=3.46$ （gal/min-USCT）

③ 冷却水循環量之單位爲

CMM（$m^3$/min）＝1000 × 60 kg/hr ＝ 60000 kg/hr

GPM（gal/min）＝8.33 × 60 lb/hr ＝ 500 lb/hr

⑵ 使用地下水時，一散熱噸所需之冷却水循環量：

已知地下水溫度18°C，冷凝器出口水溫35°C，出入口水溫度差約35－18＝17°C或30.6°F。

① 地下水循環量$M=\dfrac{3900}{17}\fallingdotseq 230$ （kg/hr-USCT）

（公制）$\text{CMM}=\dfrac{3900}{1000\times 60\times 17}=0.0038$ （$m^3$/min-USCT）

② 地下水循環量$M=\dfrac{15600}{30.6}\fallingdotseq 510$ （lb/hr-USCT）

（英制）$\text{GPM}=\dfrac{15600}{8.33\times 60\times 30.6}=1.02$ （gal/min-USCT）

表 8.2 每一散熱噸所需之冷却水循環量

| 冷却水循環量 | | kg/hr | CMM | lb/hr | GPM |
|---|---|---|---|---|---|
| 冷却塔 | $\Delta T$：5°C | 780 | 0.013 | － | － |
| 循環水 | $\Delta T$：9°F | － | － | 1733 | 3.46 |
| 地下水 | $\Delta T$：17°C | 230 | 0.0038 | － | － |
| 水温18°C | $\Delta T$：30.6°F | － | － | 510 | 1.02 |

# 8.2 箱型冷氣機之結構

## 8.2-1 箱型冷氣機之內部結構

**1.** 水冷式超薄型冷氣機（如圖8.2）

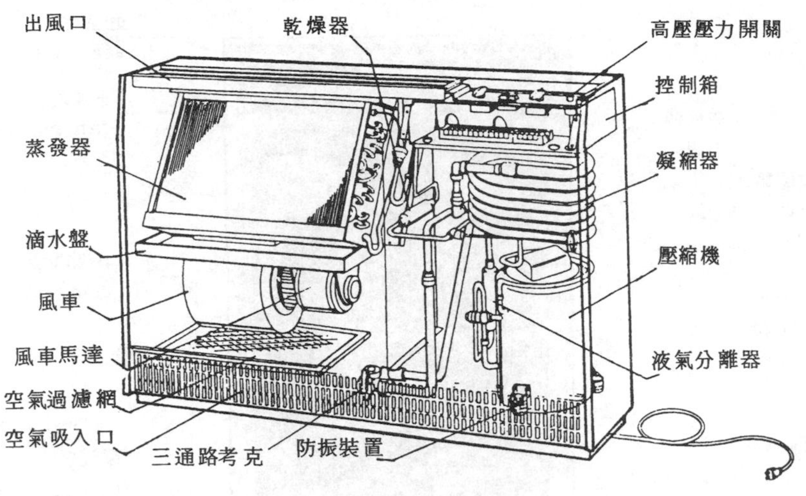


圖8.2　水冷式超薄型冷氣機

## 2. 水冷式箱型冷氣機（如圖8.3、圖8.4）

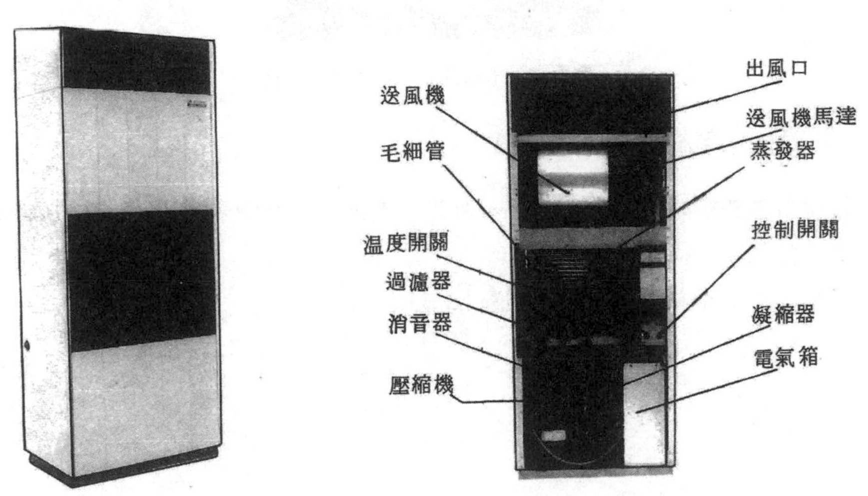


圖8.3　水冷式箱型冷氣機結構(一)

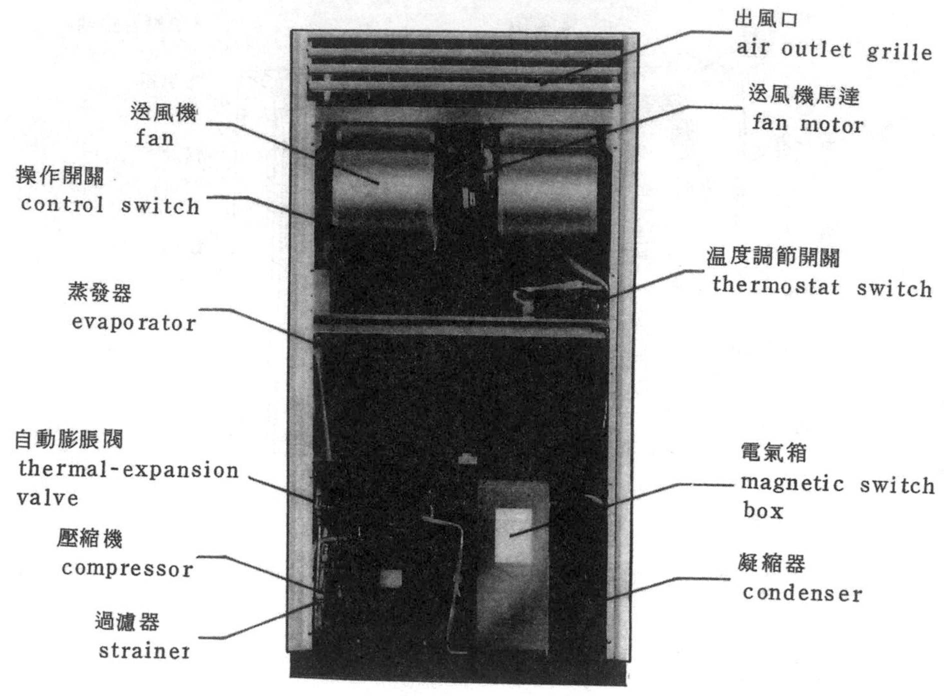


圖 8.4　水冷式箱型冷氣機結構(一)

## 8.2-2　箱型冷氣機空氣循環方式

箱型冷氣機空氣循環有回氣口、新鮮空氣吸入口及空氣吹出口。以頂端空氣吹出方式可分為：

1. 標準型：頂端有吹出柵口，如圖 8.5 所示。

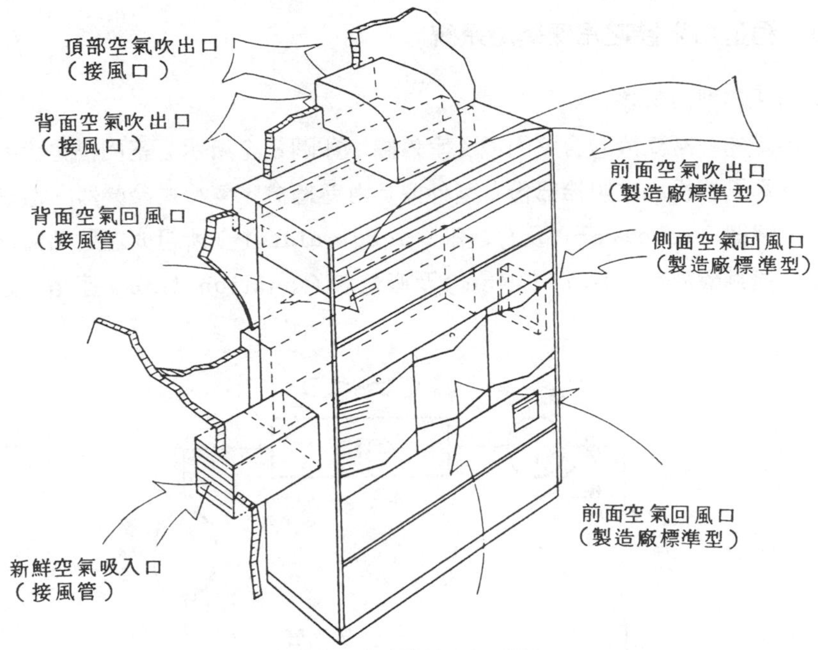


圖 8.5　冷氣機頂端有吹出柵口充氣箱之空氣循環

**2.** 風管型：吹出口需接風管，如圖 8.6 所示。

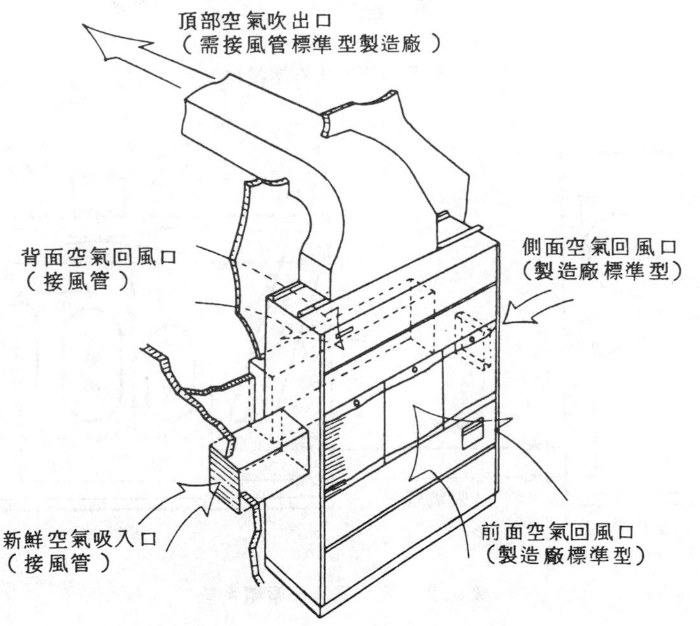


圖 8.6　風管型箱型冷氣機之空氣循環

## 8.2-3 箱型冷氣機之冷凍循環系統

**1.** 氣冷式箱型冷氣機

氣冷式箱型冷氣機包含室內機及室外機，如圖8.7所示。室內機是由毛細管、蒸發器及送風機組成之製冷部份，室外機是由壓縮機、氣冷式冷凝器、散熱風扇及馬達、儲液器（receiver）及分液器（accumulator）所組成之散熱部份。室內機與室外機靠輸液管（liquid line）及吸氣管（suction line）連結，如圖8.8所示。

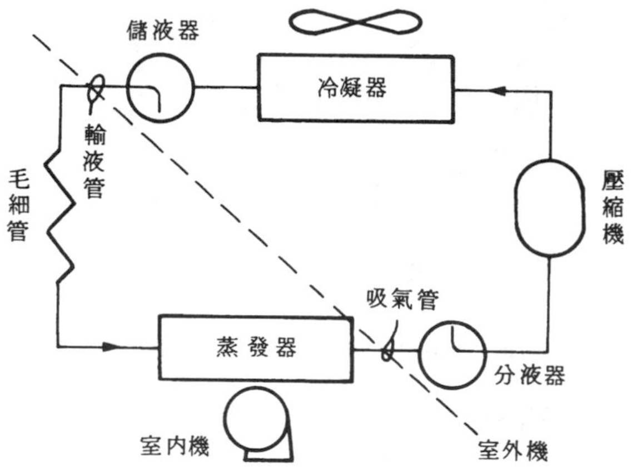


圖8.7 氣冷式冷凍循環圖

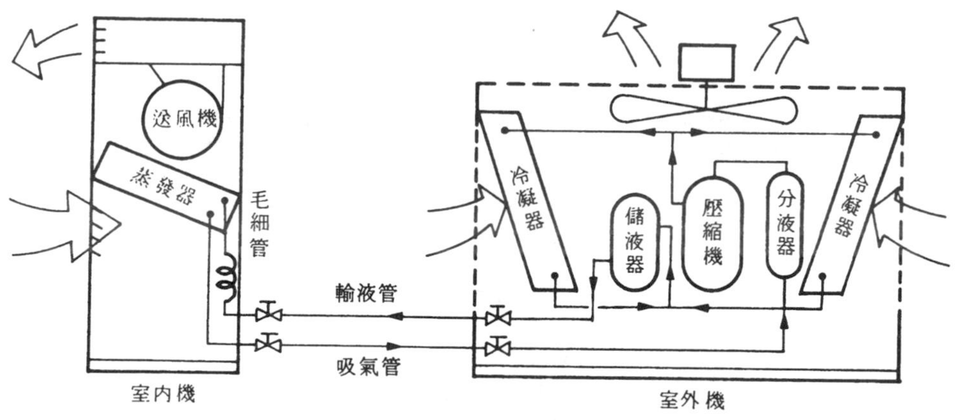


圖8.8 氣冷式冷凍循環系統

## 2. 水冷式箱型冷氣機

冷凝器以水冷却者稱爲水冷式，水冷式之散熱效果比氣冷式好而且省電，因此空調工程乃大量使用水冷式箱型冷氣機。如圖 8.9 所示。

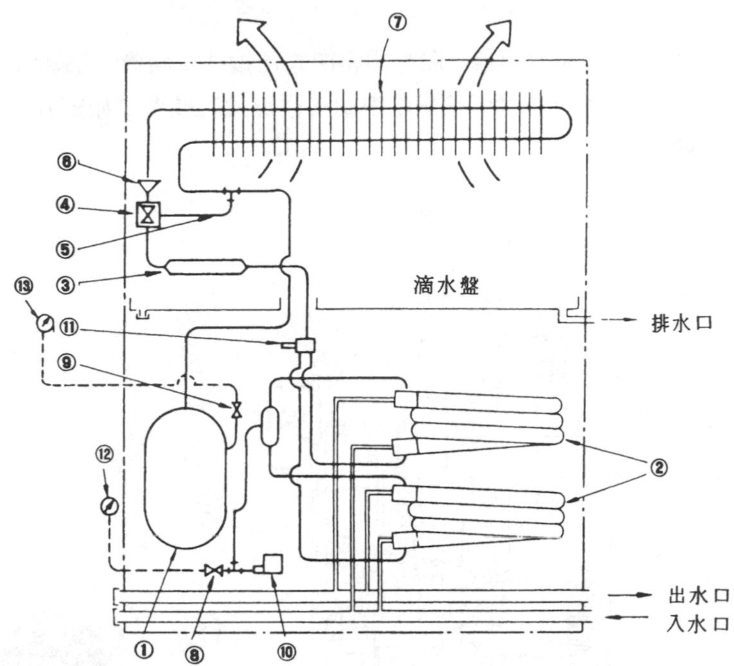


①密閉式壓縮機
②雙套管式冷凝器
③過濾乾燥器
④膨脹閥、外部均壓式
⑤均壓管
⑥冷媒分配器
⑦蒸發器
⑧高壓側操作用近接接頭
⑨低壓側操作用近接接頭
⑩高壓安全保護開關
⑪可熔塞
⑫高壓側壓力錶
⑬低壓側壓力錶

圖 8.9　水冷式箱型冷氣機冷凍循環系統

## 3. 冷媒及運轉特性

表 8.3　箱型冷氣運轉特性

| 冷媒R-22 | 溫　度 | ℃ | 壓　力 | $kg/cm^2g$ |
|---|---|---|---|---|
| 冷　氣 | 蒸發溫度 | 5 | 低壓壓力 | 4.95 |
| 水冷式 | 凝結溫度 | 40 | 高壓壓力 | 14.609 |
| 氣冷式 | 凝結溫度 | 50 | 高壓壓力 | 18.782 |
| 靜　止 | 常　溫 | 30 | 平衡壓力 | 11.123 |

箱型冷氣機所使用之冷媒為R-22（$CHClF_2$），其運轉特性如表8.3所示。

## 8.3 箱型冷氣機冷凍循環系統之元件

### 8.3-1 壓縮機

10冷凍噸以下之箱型冷氣機一般使用密閉式往復式壓縮機，如圖8.10所示。15冷凍噸以上之箱型冷氣機通常使用半密閉式往復式壓縮機，如圖8.11所示。

**1.** 密閉式壓縮機

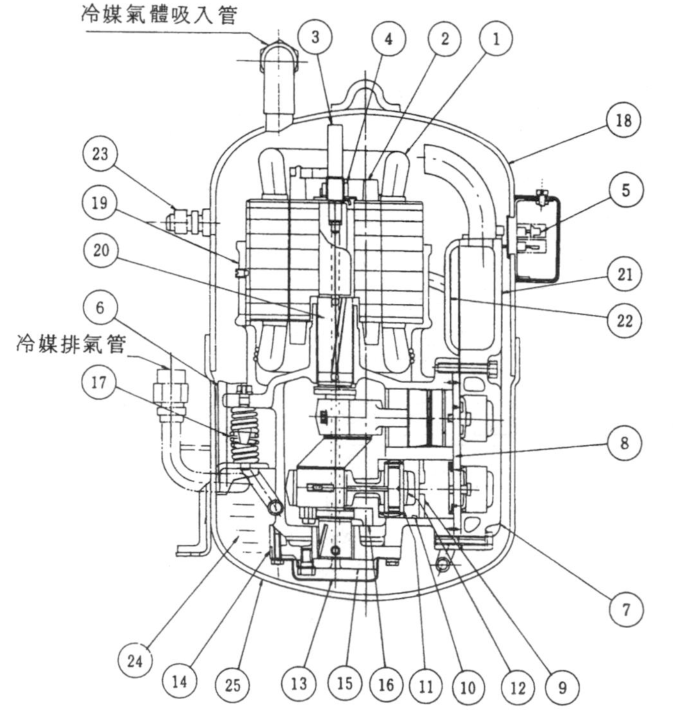

①馬達定子
②馬達轉子
③轉子固定螺絲
④轉子固定螺姆
⑤密閉的馬達線頭端子
⑥冷媒輸送管總成
⑦汽缸蓋
⑧汽缸總成
⑨活塞
⑩活塞環
⑪活塞銷
⑫連桿
⑬油過濾器
⑭底蓋
⑮推入式軸承
⑯平衡用配重
⑰內防震彈簧
⑱壓縮機上部外殼
⑲馬達托架
⑳曲柄軸
㉑吸氣管消音器
㉒吸氣管消音器蓋
㉓近接接頭
㉔冷凍機油
㉕壓縮機底部外殼

圖8.10 密閉式往復式壓縮機

**2.** 半密閉式壓縮機

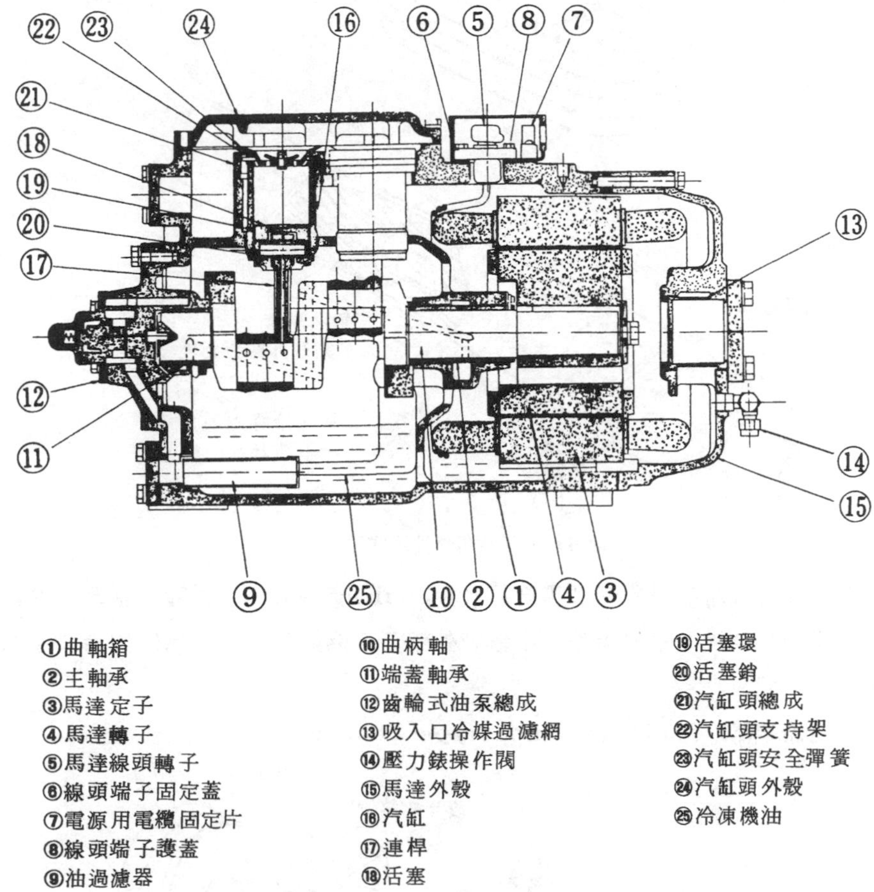


圖 8.11　半密閉式往復式壓縮機

## 8.3-2　冷凝器

冷凝器的作用是將高壓高溫的過熱氣態冷媒（super gas）凝結爲高壓常溫的過冷卻液態冷媒（sub-cooling liquid）。

冷凝器依散熱媒介之不同可分爲氣冷式冷凝器（air cooled condenser）及水冷式冷凝器（water cooled condenser）。

水冷式冷凝器依其熱交換方式之不同又分爲雙套管盤管式冷凝器，如圖8.12所示，及臥式殼管式冷凝器，如圖8.13所示。

**1.** 雙套管盤管式冷凝器（coiled double tube condenser）

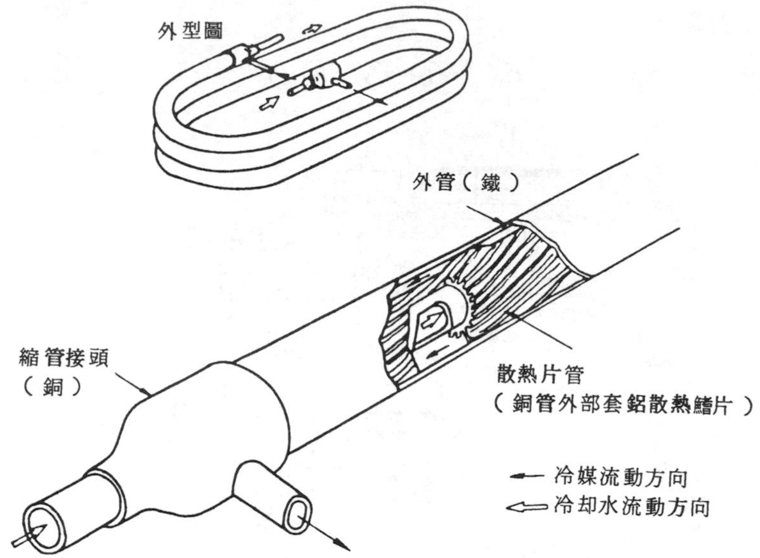


圖 8.12　雙套管盤管式冷凝器

雙套管盤管式冷凝器內管循環冷卻水(cooling water)外管循環R-22冷媒,外管爲了增加冷媒之散熱面積,在銅管外部套入鋁散熱鰭片。冷媒與冷却水採逆流熱交換之方式。

**2.** 殼管式冷凝器(shell and tube type condenser)

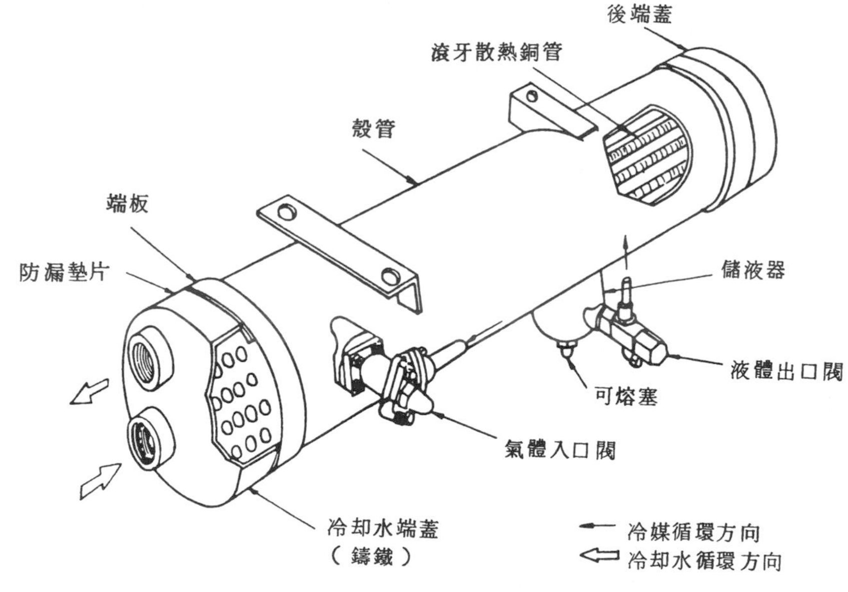


圖 8.13　殼管式冷凝器

殼管式冷凝器為了增加冷媒側之散熱面積採用滾牙散熱銅管（roller fin tube），銅管內側循環冷却水，滾牙之銅管外側循環冷媒。冷媒與冷却水乃為逆流熱交換方式，熱氣冷媒由上部進入冷凝器，過冷液冷媒由下部液體出口閥離開冷凝器，冷却水由下部進入，熱水由上部出水。

為了防止冷凝器因散熱不良或因廠房失火引起之高壓氣體爆炸，一般在冷凝器底部之液體出口閥處應裝一可熔塞（fusible plug），當冷凝器出口之液體冷媒溫度超過70°C以上時，可熔塞自行熔解，防止爆炸。

**3.** 冷凝器逆流熱交換的過程

冷媒與冷却水在冷凝器內部均採取逆流熱交換方式，如圖8.14所示。冷媒由高壓高溫的過熱氣體冷媒與冷却水逆流熱交換，冷却為高壓常溫的過冷却液體冷媒，所謂逆流熱交換即冷媒上進下出，冷却水下進上出。

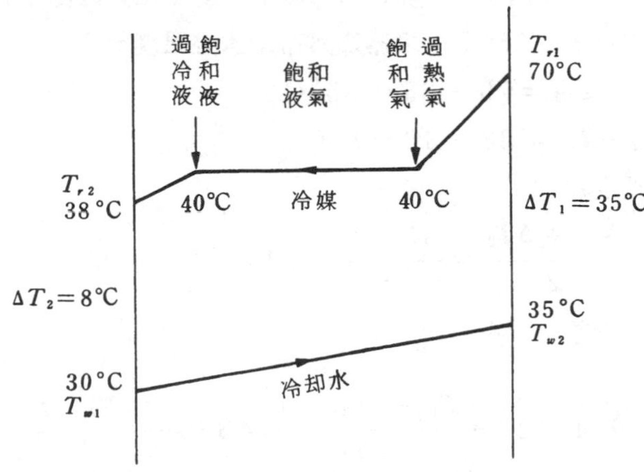


圖8.14　逆流熱交換過程

**4.** 冷媒與冷却水逆流熱交換溫度差的求法

(1) 算數平均溫度差MTD（mathematic temperature different）

$$\mathrm{MTD} = \frac{\Delta T_1 + \Delta T_2}{2} \tag{8.1}$$

$$\Delta T_1 = T_{r1} - T_{w2}$$

$$\Delta T_2 = T_{r2} - T_{w1}$$

式中$T_{r1}$、$T_{r2}$：冷媒入口及出口溫度

$T_{w1}$、$T_{w2}$：冷却水入口及出口溫度

⑵ 對數平均溫度差LTD（logarithm temperature different）

$$\mathrm{LTD}=\frac{\Delta T_1-\Delta T_2}{\log e\,\dfrac{\Delta T_1}{\Delta T_2}}=\frac{\Delta T_1-\Delta T_2}{2.3\log_{10}\dfrac{\Delta T_1}{\Delta T_2}}$$

$$=0.4342\,\frac{\Delta T_1-\Delta T_2}{\log_{10}\dfrac{\Delta T_1}{\Delta T_2}} \tag{8.2}$$

$\Delta T_1=T_{r1}-T_{w2}$

$\Delta T_2=T_{r2}-T_{w1}$

---

**【例題8.1】** 如圖8.14所示，冷媒入口溫度70°C，出口溫度38°C，冷卻水入口水溫30°C，出口水溫35°C，求冷媒與冷卻水之溫度差？

**解**：⑴ $\Delta T_1=T_{r1}-T_{w2}=70-35=35°C$

$\Delta T_2=T_{r2}-T_{w1}=38-30=8°C$

⑵算數平均溫度差

$$\mathrm{MTD}=\frac{\Delta T_1+\Delta T_2}{2}=\frac{35+8}{2}=21.5°C$$

⑶對數平均溫度差

$$\mathrm{LTD}=0.4342\,\frac{\Delta T_1-\Delta T_2}{\log_{10}\dfrac{\Delta T_1}{\Delta T_2}}=0.4342\,\frac{35-8}{\log_{10}\dfrac{35}{8}}$$

$$=0.4342\,\frac{27}{\log_{10}4.375}=0.4342\,\frac{27}{0.64}=18.3°C$$

---

## 8.3-3 冷媒控制器

箱型冷氣機所使用之冷媒控制器有毛細管及溫度式自動膨脹閥二種。溫度式膨脹閥又可分爲內部均壓式自動膨脹閥，如圖8.15、圖8.16所示，及外部均壓式自動膨脹閥，如圖8.17、圖8.18所示。

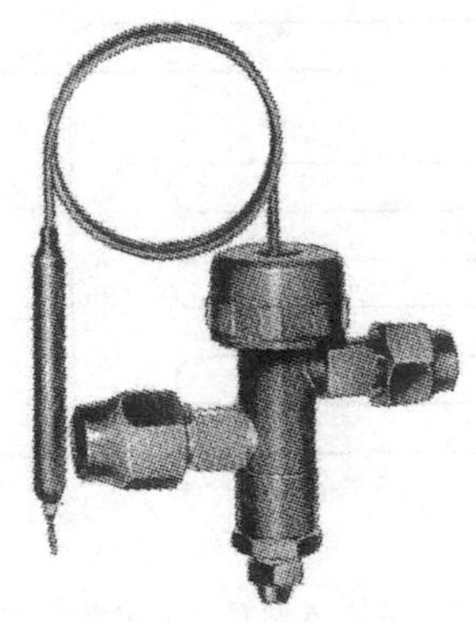

圖 8.15 內部均壓式膨脹閥

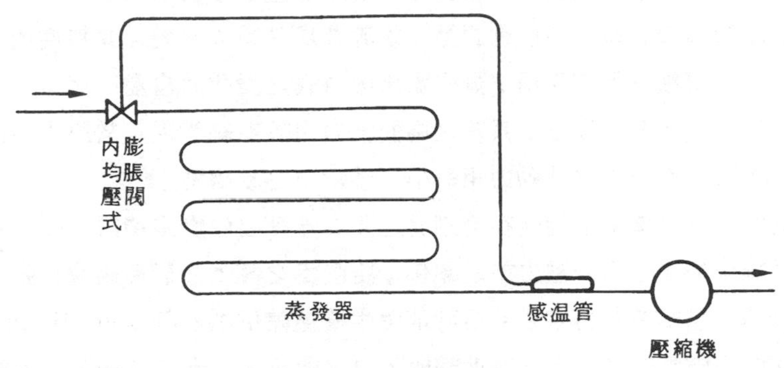


圖 8.16 內均壓式膨脹閥之安裝

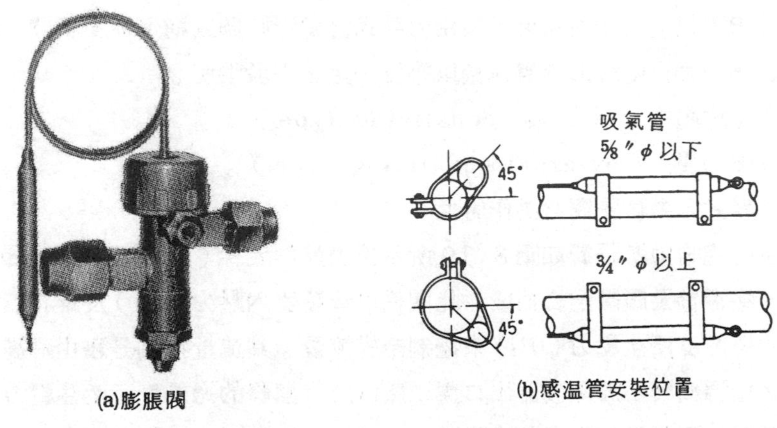


圖 8.17 外部均壓式膨脹閥

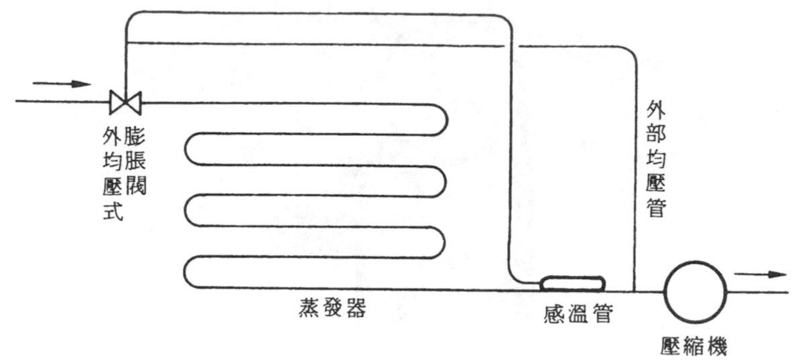


圖 8.18 外均壓式膨脹閥之安裝

**1.** 毛細管（capilluary tube）

目前 5RT 以下之箱型冷氣機皆採用毛細管控制，成本低，故障少為其優點，但無法隨冷房負載之變化而自動調節冷媒流量為其最大缺點。其特性如下：

(1) 僅具有降壓及限流作用，無法隨冷房負載之變化而自動節流。

(2) 系統停機後 3～5 分，系統之高低壓力由於毛細管而趨於壓力平衡，因此壓縮機再啓動所需之啓動力矩較小，壓縮機容易啓動。

(3) 毛細管容易堵塞，因此在毛細管之入口端應裝乾燥過濾器（strainer）。

(4) 系統停機後，由於壓力差之關係，冷凝器之高壓液態冷媒會自動流向低壓蒸發器，當壓縮機再啓動時很可能發生液壓縮俗稱液錘作用（liquid hummer）而損毀壓縮機，因此在壓縮機入口之吸氣管上應加裝一液氣分離器（accumulator）或稱分液器。

**2.** 溫度式自動膨脹閥（thermostatic expansion valve）

7.5RT以上之箱型冷氣機採用溫度式自動膨脹閥或稱恒溫膨脹閥，它能隨冷房負荷之變化而自動調節冷媒流量以維持一定之蒸發溫度。

(1) 內部均壓式（internal equalizing type）。

(2) 外部均壓式（external equalizing type）。

(3) 溫度式自動膨脹閥之動作特性

溫度式自動膨脹閥如圖 8.19 所示係由動作元件（power element）、毛細管、感溫筒及閥體配合而成。此閥係由蒸發器內壓力（$P_2$）及維持蒸發器末端恒定的過熱度所生壓力（$P_1$）來控制冷媒流量。其流量控制是藉由附屬在毛細管末端之感溫筒緊貼於蒸發器出口處，感測冷媒氣體的過熱度所產生壓力（$P_1$）而推動閥門，當超過預定過熱度即 $P_1 > (P_2 + P_3)$ 時，膨脹閥開大，讓冷媒多量通過，反之當 $P_1 < (P_2 + P_3)$ 時關小膨脹閥，如此使蒸發器內之冷媒得以適當

的調節。此式膨脹閥是目前應用最廣的冷媒控制器，被大型冷凍機或商用中大型空調系統上所普遍採用。

① 如圖 8.19 之(a)所示，當系統在正常運轉中，保持 $P_1 = (P_2 + P_3)$ 閥針開在適當位置，自閥針流出之液體噴成霧狀，在蒸發器中迅速蒸發吸熱，此時①點及②點溫度均為 5°C，③點位置為 10°C。過熱度即 $T_3 - T_2 = 10 - 5 = 5°C$。

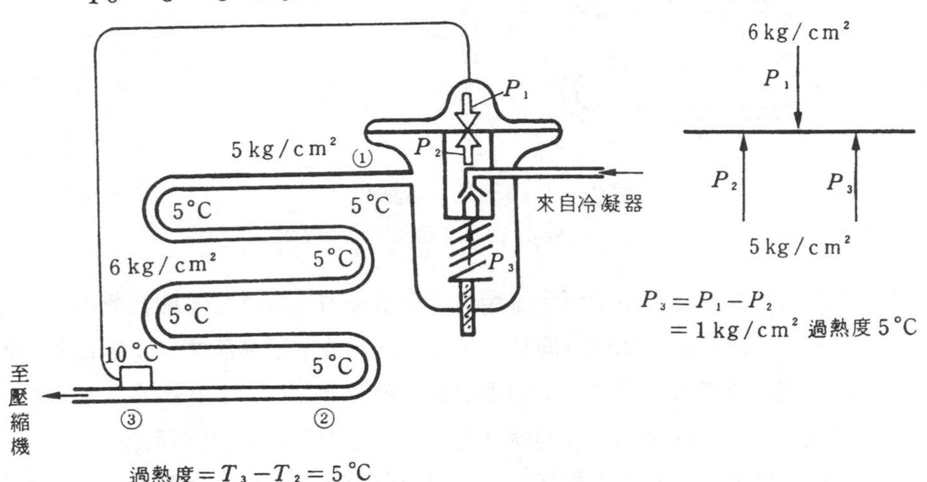


(a) $P_1 = P_2 + P_3$ 閥適度開啓

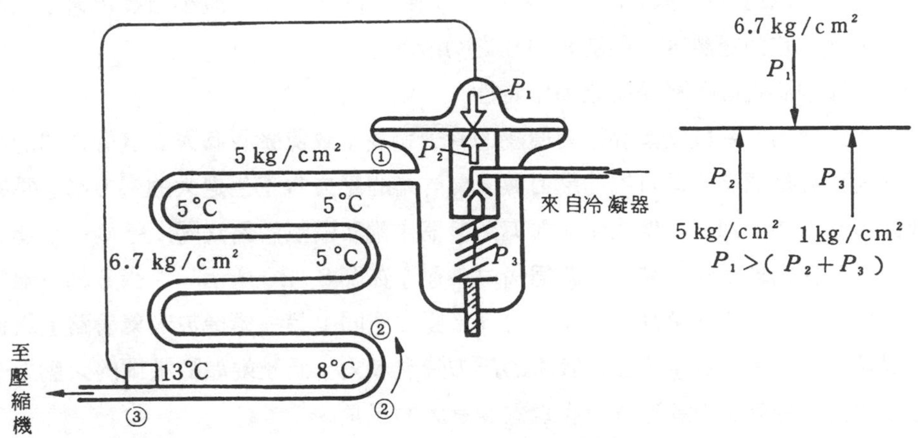


(b) $P_1 > (P_2 + P_3)$ 閥開大

圖 8.19　溫度式自動膨脹閥之動作分析

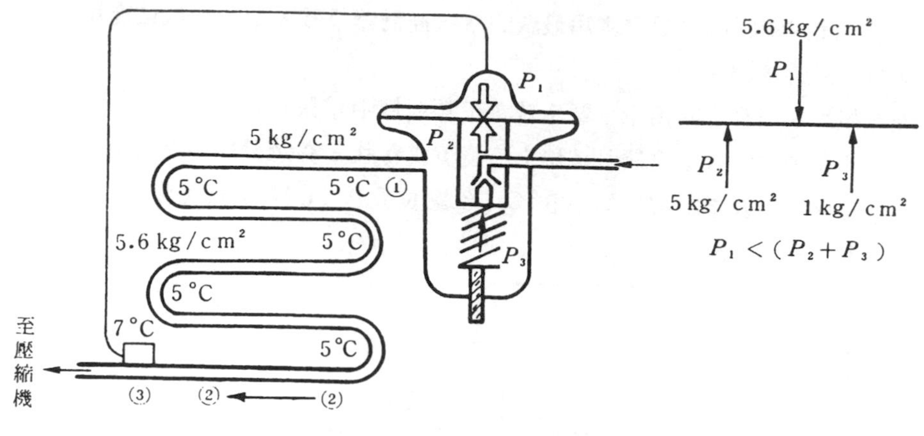


(c) $P_1 < (P_2 + P_3)$ 閥關小

圖 8.19 （續）

② 若冷凍負載溫度升高，蒸發器中爲蒸發所需的冷媒不足，即冷媒很快蒸發完畢，造成②點往①點方向移，③點溫度增高，過熱度增加，感溫筒內冷媒因過熱溫度升高而膨脹，壓力增大，導致 $P_1 > (P_2 + P_3)$，使閥口開大讓較多的冷媒流過，以應負載之需要，如圖 8.19 之(b)所示。

③ 若冷凍負載溫度較正常爲低時，即表示蒸發器內之液體冷媒有許多尚未蒸發的現象，使②點往③點方向移，導致③點溫度下降，壓力減低，$P_1$ 降低 $P_2$ 自然變高，則 $P_1 < (P_2 + P_3)$ 使閥口關小，以減小冷媒流量，而保持一定的過熱度，如圖 8.19 之(c)所示。

(4) 外部均壓式自動膨脹閥之動作特性

在大型冷凍系統之蒸發器因環繞的管子過長，致使膨脹閥與吸氣管之間的距離加大，於是蒸發器進口端的壓力與吸氣管端的壓力常產生過大的壓力降。爲補救此項壓力降，乃在溫度式膨脹閥與蒸發器末端即吸氣管路之間，連接一平衡管，此管又稱爲均壓管。其大小約爲¼吋外徑，如圖 8.20 所示。平衡管的一端通於感溫系統之氣箱或膜片之相反面之 $P_2$ 壓力空間，另一端接於吸氣管路上靠近感溫筒之處，因此無論蒸發器管路的壓力降有多大，低壓端如膨脹閥內之壓力，可始終保持相等。不致形成冷媒過熱度過大的現象。

如圖 8.21 所示，一蒸發器入口壓力 $P_2 = 5\,kg/cm^2$，蒸發器出口壓力爲 $4.5\,kg/cm^2$，②點之溫度爲 3°C，③點之溫度爲 8°C，使得感溫筒壓力爲 $P_1 = 5.5\,kg/cm^2$，因此 $P_1 < P_2 + P_3$，導致閥口關小，造成冷媒不足的現象。此時若接上一平衡管即可改善，如圖 8.22 所示，$P_2 = 4.5\,kg/cm^2$，$P_1 =$

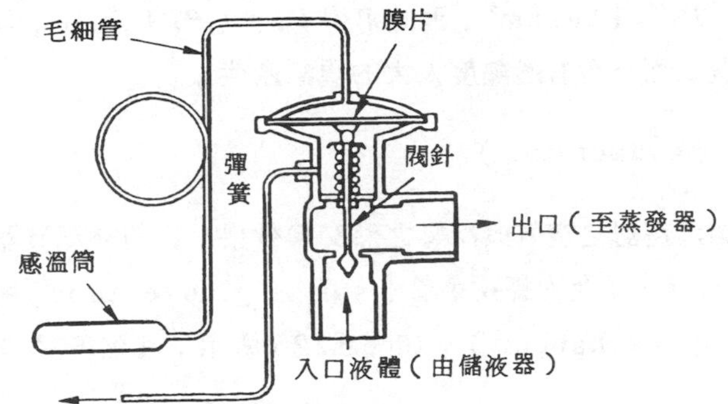


圖 8.20　外部均壓式自動膨脹閥

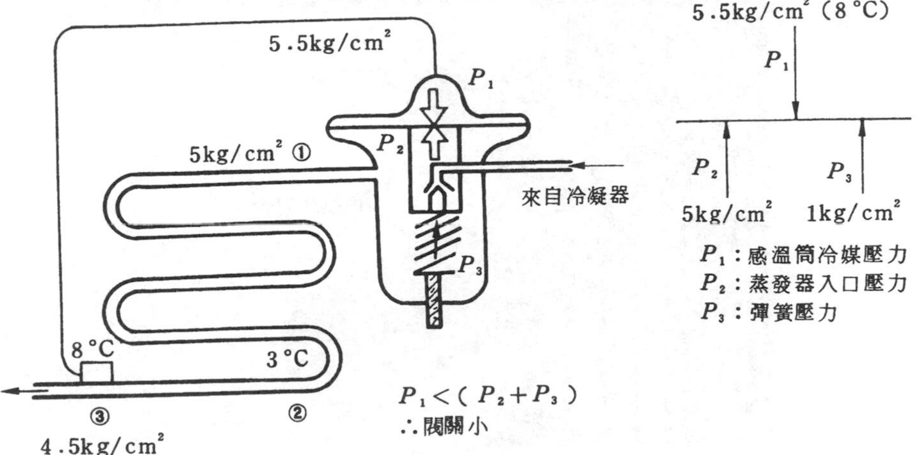


圖 8.21　自動膨脹閥蒸發器壓力降太大時閥關小

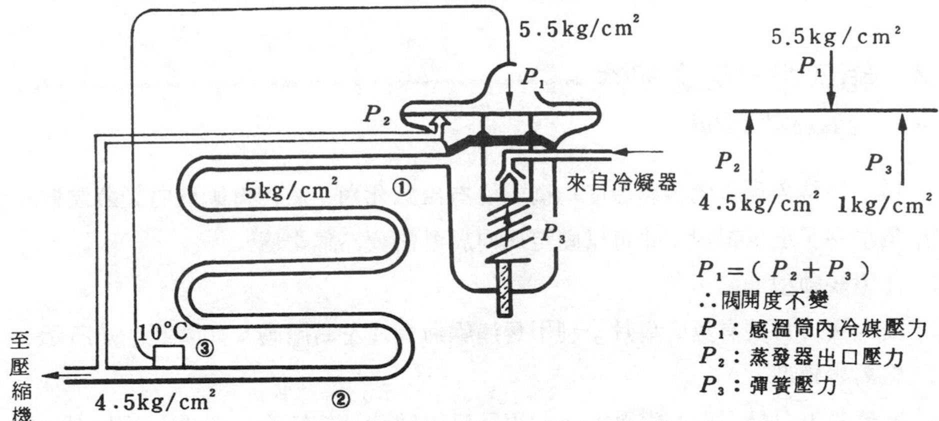


圖 8.22　外部均壓式膨脹閥超熱度之控制

5.5 kg/cm$^2$，$P_3=1$ kg/cm$^2$，因此可得 $P_1=(P_2+P_3)$，其結果可維持冷媒於一定之流量，而不會有過熱度太大的現象產生。

### 8.3-4 蒸發器（evaporator）

爲了提高通過蒸發器之空氣與冷媒之熱交換效果，目前之蒸發器已採用旋風散熱片（super slit fin）及內螺紋銅管（spiral groove tube）所組成之高效率熱交換器（heating exchanger），如圖8.23所示，其熱交換效果比傳統提高了48％。

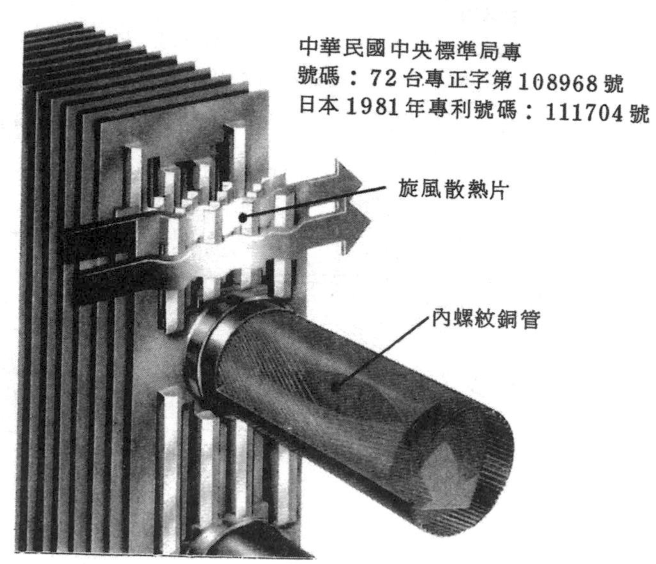


圖8.23 由內螺紋銅管及旋風散熱片所組成之蒸發器

## 8.4 箱型冷氣機之配件

### 8.4-1 自動風向調節

爲了保持冷房室內各處溫度均衡，沒有冷氣死角，使用自動風向調節裝置，可使冷氣左右、上下掃射，也可以固定風向於最需要冷氣之處。

**1.** 馬達驅動型

冷氣吹出口裝有垂直葉片，利用馬達驅動葉片左右擺動，如圖8.24所示。

**2.** 風扇驅動型

冷氣吹出口裝有偏心導風板，利用風扇驅動葉片旋轉，可產生上下左右吹氣之效果，如圖8.25所示。

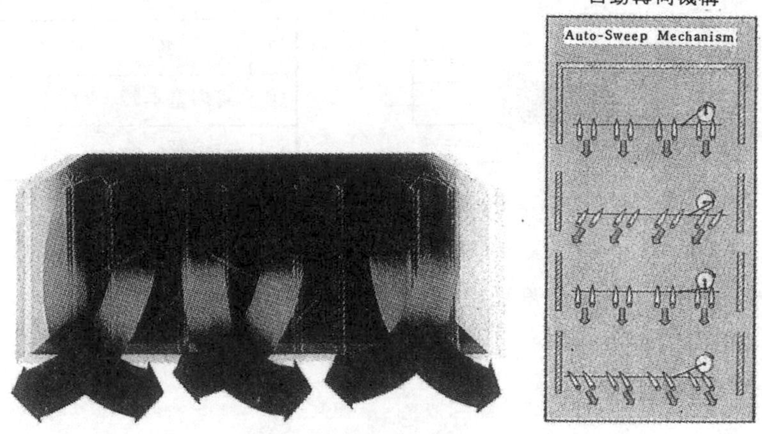


圖 8.24　馬達驅動型自動風向調節

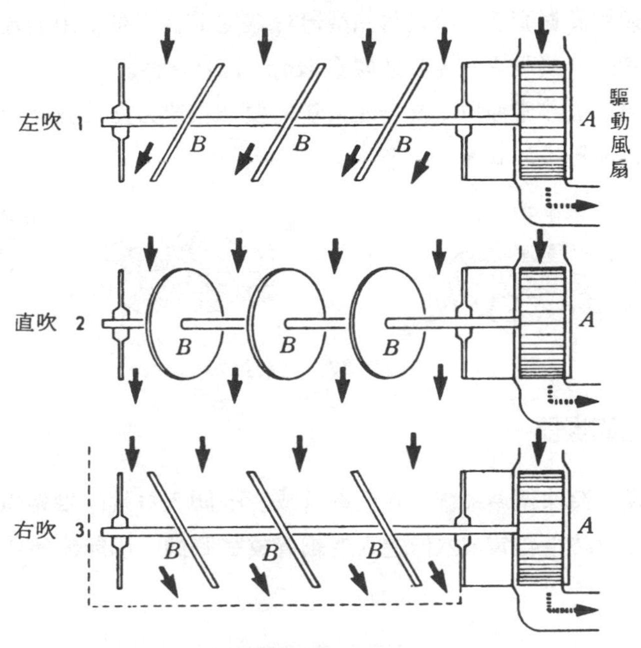


圖 8.25　風扇驅動型自動風向調節

## 8.4-2 可熔塞

可熔塞如圖 8.26 所示是利用可熔解合金灌入塞頭中，當冷凝器出口之液體冷媒溫度超過 70°C 以上時，系統內部之冷媒壓力即超過其安全限度，此時可熔塞自行熔解，異常高壓之冷媒隨卽噴出，可預防冷凍系統之爆炸。

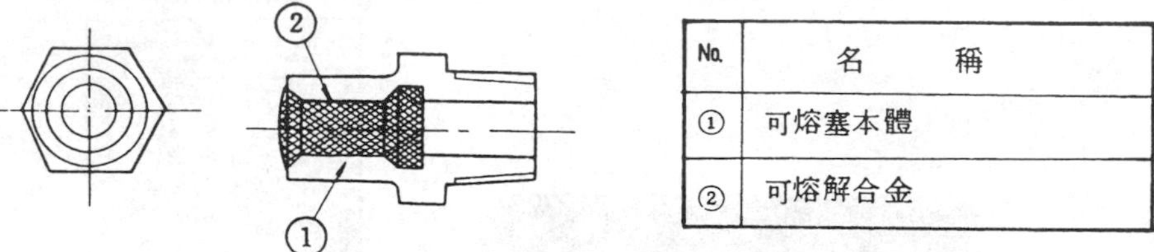


| No. | 名　　稱 |
|---|---|
| ① | 可熔塞本體 |
| ② | 可熔解合金 |

圖 8.26　可熔塞

一般冷凝器出口冷媒溫度超出 70°C 以上的原因有：

(1) 外部失火。

(2) 冷凝器散熱不良。

## 8.4-3 近接接頭

近接接頭用於雙套管式冷凝器箱型冷氣機之高低壓側，用於冷凍系統處理之用，以代替殼管式冷凝器之三通修理閥（stop valve）。

近接接頭用法非常簡單，當冷凍系統需要連接壓力錶或眞空泵時，祇要打開封閉螺帽，即可連接，如圖 8.27 所示。

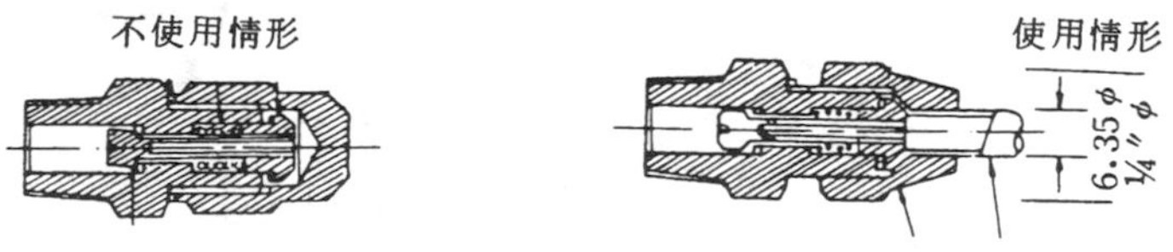


圖 8.27　近接接頭

## 8.4-4 過濾乾燥器

氟系冷媒之冷凍循環系統，在毛細管或膨脹閥入口端得接過濾乾燥器，如圖 8.28 所示。以防止雜質或水份進入毛細管或膨脹閥，引起雜質或水份堵塞。

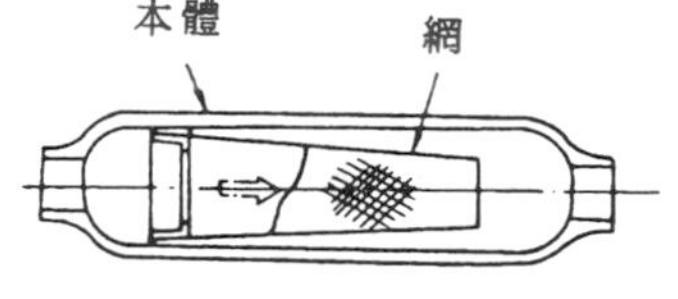


圖 8.28　過濾乾燥器

## 8.4-5 送風機

箱型冷氣機採用離心式送風機，俗稱 sirocco fan。如圖 8.29 所示。

圖 8.29　離心式送風機

(1) 送風機驅動方式，如圖 8.30 所示

① 直接驅動。

② 皮帶驅動。

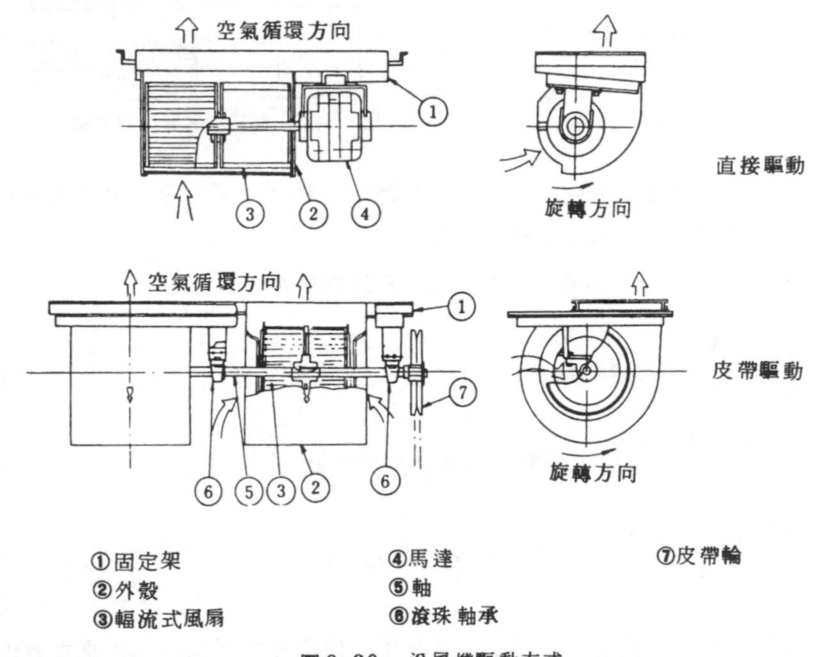


圖 8.30　送風機驅動方式

(2) 箱型冷氣機改變送風機轉速之方法

為了改變風量之大小及風管型冷氣機所需之靜壓，改變轉速，可以改變風量及靜壓，改變轉速方法有下列幾種：

① 調整可調式皮帶輪之間隙，亦即改變皮帶輪之直徑，可改變機外靜壓 ±10%，如圖 8.31 所示。

② 改變馬達或送風機皮帶輪之大小。

③ 將風扇馬達以 $Y$ - △ 切換變速。

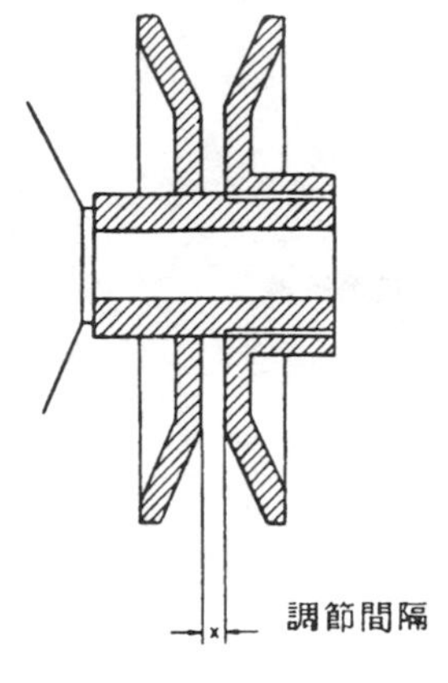


圖 8.31　日立可調式皮帶輪

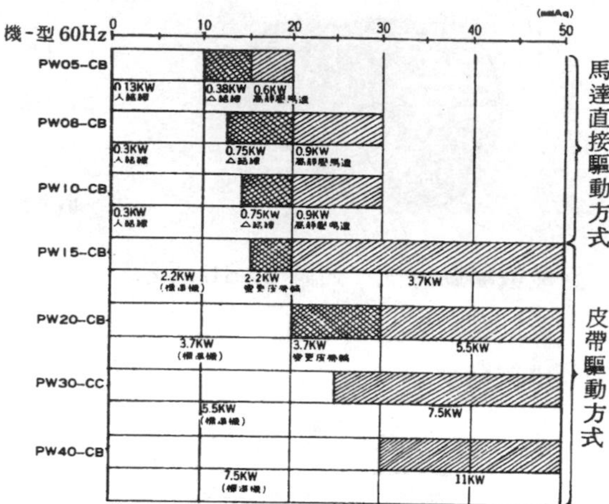


圖 8.32　東元冷氣靜壓變更範圍

④　將風扇馬達極數變化，如 4 極／6 極或 6 極／8 極變化，極數愈少轉速愈快，反之，極數愈多，轉速愈慢。

(3)　風量 $Q$、靜壓 Pst 與轉速 $N$ 及馬力 HP 之關係如下：

①　$$\frac{Q_1}{Q_2}=\frac{N_1}{N_2}$$ ：風量與轉速成正比。　(8.3)

②　$$\frac{\mathrm{Pst}_1}{\mathrm{Pst}_2}=\left(\frac{N_1}{N_2}\right)^2$$ ：靜壓與轉速平方成正比。　(8.4)

③　$$\frac{\mathrm{HP}_1}{\mathrm{HP}_2}=\left(\frac{N_1}{N_2}\right)^3$$ ：馬力與轉速立方成正比。　(8.5)

由上式可知轉速提高的結果靜壓是提高了，但馬達所需馬力亦提高立方倍，應注意更換較大之馬力，如圖 8.32 所示。

# 8.5　水冷式箱型冷氣機冷却水配管方式

## 8.5-1　冷却水配管工程

**1.**　水冷式箱型冷氣機之輔助設備

台灣由於地層下陷之關係，政府已明令禁止抽取地下水，因此水冷式箱型冷氣機大都使用自來水之冷却循環水，所需設備包括：

(1)　水冷式箱型冷氣機（water cooled packaged type air conditioner）。

(2) 冷却水泵浦（cooling water pump）。

(3) 冷却水塔（cooling tower）。

**2.** 配管方法

(1) 冷却水塔位置高於冷氣機，如圖8.33所示。

(2) 冷却水塔位置低於冷氣機，如圖8.34所示。

冷却水塔位置低於冷氣機時，應在水泵浦出口處加裝一逆止閥，防止停機時水之溢流而失水。

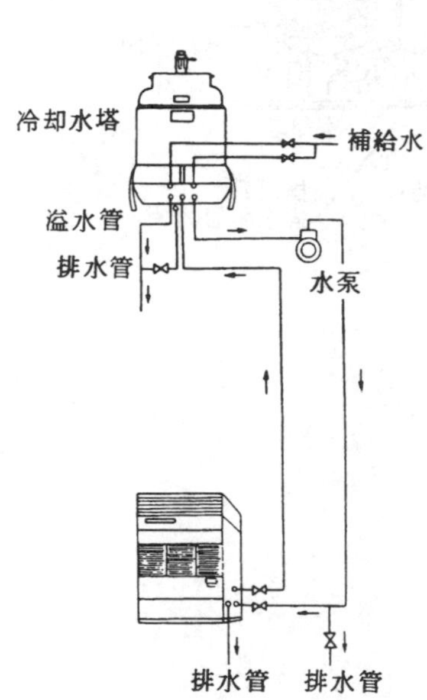


圖8.33　冷却水塔位置高於冷氣機之配管方法

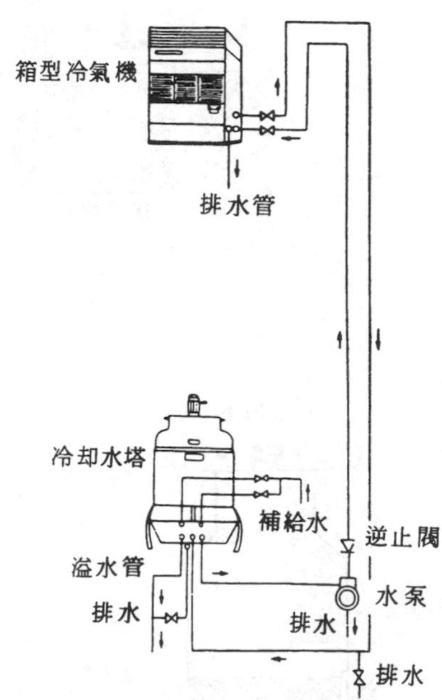


圖8.34　冷却水塔位置低於冷氣機之配管方法

**3.** 配管實例

(1) 實際配管，如圖8.35、圖8.36所示。

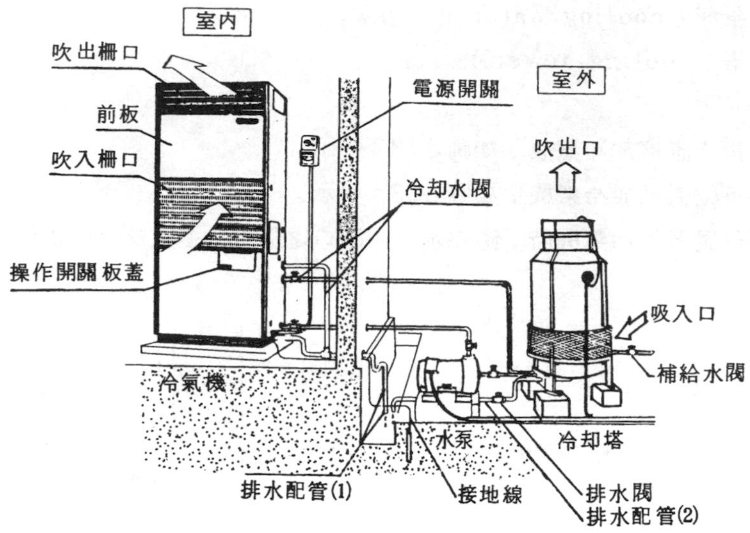


圖 8.35　實際配管圖

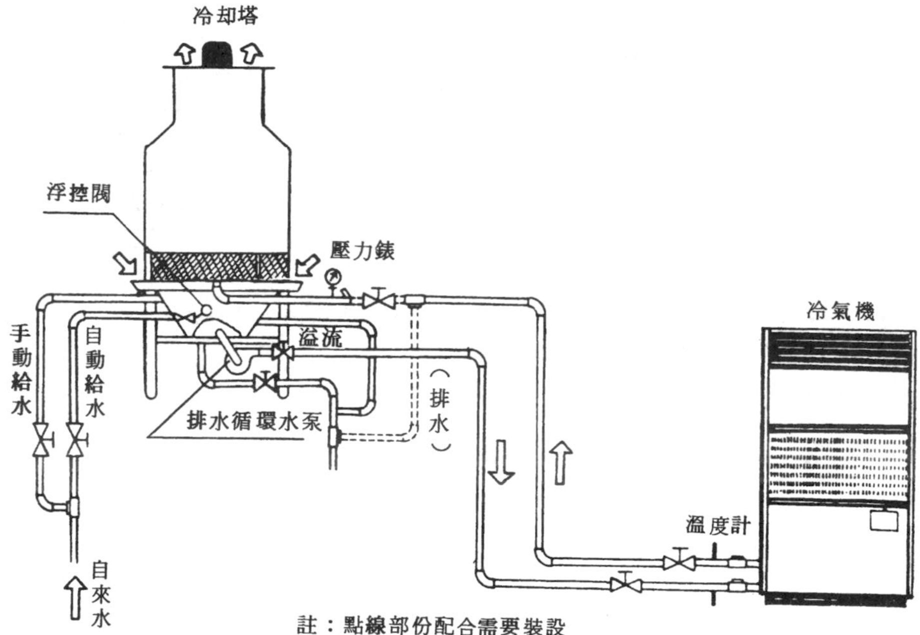


圖 8.36　冷却水配管

(2) 冷凝器出入口配管方法

① 在寒帶地區的冬季裡，冷凝器內的水如不排除，冷凝器內的水會因結冰而有脹破冷却水管的危險。關閉冷却水出入口配管上的水出入口閥之後，取下排水塞，使水從兩個塞口完全流出，如圖8.37所示。

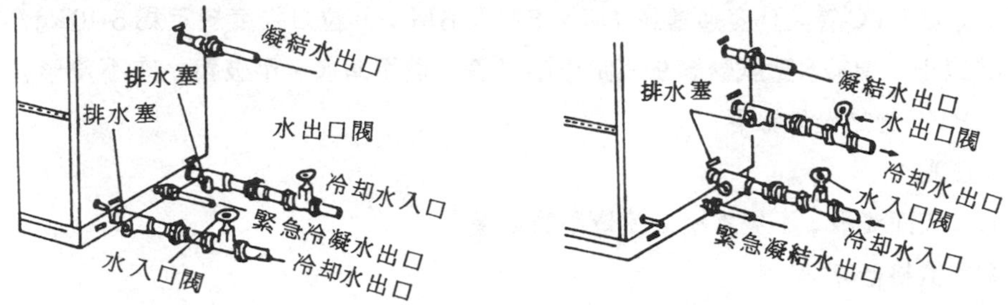


圖8.37 冷凝器出入口配管方法

② 在冷凝器出入水管之最底部接一三通，開口端以閘型水閥或塞頭封閉，如圖8.38所示。可用於排除冷却水系統內之泥垢及便於以化學洗淨劑清洗冷凝器。

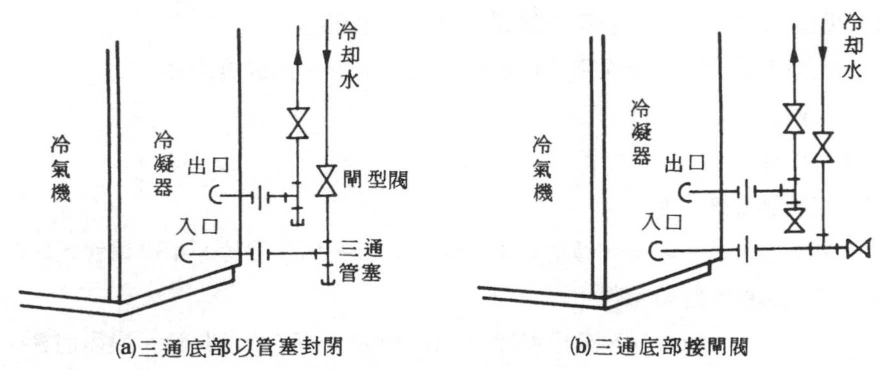


圖8.38 冷凝器出入水口配管方法

## 8.5-2 配管材料及配件

**1.** 直 管

(1) 鋼管（steel pipe）

冷氣用鋼管均採用鍍鋅無縫鋼管（galvanized steel pipe）簡寫為GIP。

(2) 塑膠管（plastic pipe）

冷氣配管用塑膠管以聚氯乙烯管（poly vinyl-chloride pipe）用途最廣

，簡稱爲PVC管。

PVC管以氯及電石爲原料，加適量之安定劑、顏料、滑劑等，用射出成型機製造適用於溫度70°C以下，－15°C以上之配管，此種PVC管，依其管厚度之不同分爲*A*級及*B*級管兩種。

每支PVC管之長度通常爲4M、5M及6M，其拉力強度規定爲500kg/cm²以上，對於水壓試驗應依規定標準試驗，須不漏水、不破裂，亦不變形。

PVC管之優劣如下：

優點：

① 表面光滑，不生水垢，流量不受影響。

② 價格低廉。

③ 施工搬運容易。

④ 耐酸，不受腐蝕及電蝕等。

缺點：

① 對衝擊之抗力較差。

② 耐熱性差，不適用於70°C以上之處。

③ 因膨脹係數大，不適用於暴露部份易於老化。

④ 與鋼管接合時必須採用特種由令，如鐵塑由令或銅塑由令。

**2.** 管件及配件

(1) 鋼管管件

① 鋼管製螺紋管件

有管接、柱型短管、錘型短管、桶型短管、90°彎管、45°彎管、U管等。

② 螺紋式展性鑄鐵管件

有肘管（elbow）、公母肘管、45°肘管、45°公母肘管、異徑肘管、異徑公母肘管、T型接頭、公母T、異徑T、異徑公母T、偏心異徑T、Y型接頭、45°Y、90°Y、異徑90°Y、十字接頭、異徑十字、揷座（socket）、公母揷座、偏心異徑揷座、彎管（bend）、公母彎管、公牙管、45°彎管、45°公母彎管、U管（return bend）。套管節（union）、短管頭（nipple）、異徑短管頭（大小頭）、襯套（bushing）、鎖緊螺帽（lock nut）、管帽（cap）、管塞（plug）。

(2) 塑膠管件

使用水壓在10kg/cm²以下之給水用硬質聚氯乙烯管（PVC管）管件，其管徑在100mm以下者全部用射出成型製品，125mm以上者，採用熱壓成型製品，其種類有：T字接頭、十字接頭、彎管、縮管、短管、管帽及管塞，接合方式以臼口及平口爲多，其接合劑應使用維尼爾硬質膠合劑（vinyl adhesive for rigid，PVC）。

(3) 配管另件

冷卻水配管常用的另件有：截流活門或閘門閥（gate valve）、止水閥或球型閥（stop valve或glove valve）、浮球閥（float valve）、逆止閥（check valve）。

## 8.5-3 冷却水塔（cooling tower）

**1.** 冷却水塔之結構

冷却水塔如圖8.39所示，是利用水之蒸發潛熱而將熱水冷却爲冷水之冷却水循環裝置，因此其散熱能力受濕球溫度影響。

冷却水塔頂端爲一散熱風扇及馬達，中間爲一熱水散水頭如圖8.40(a)所示，噴下之熱水靠蜂巢型散熱片與空氣逆流熱交換如圖8.40(b)所示，底部爲一水槽，其配管有六支，包含冷却水出口及入口管，自動補給水管及手動緊急補給水管、溢

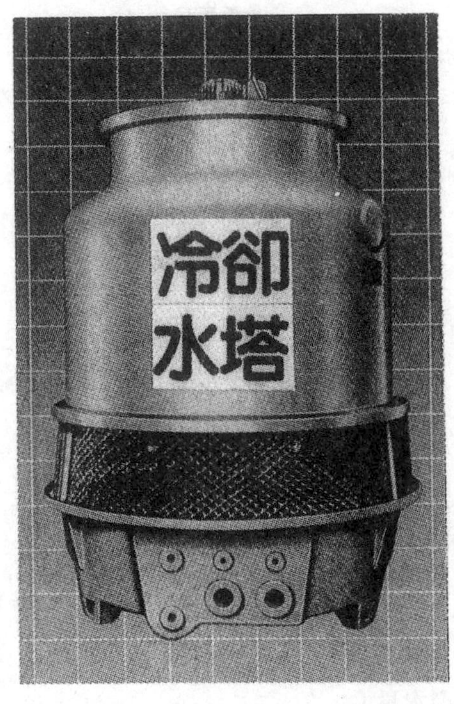


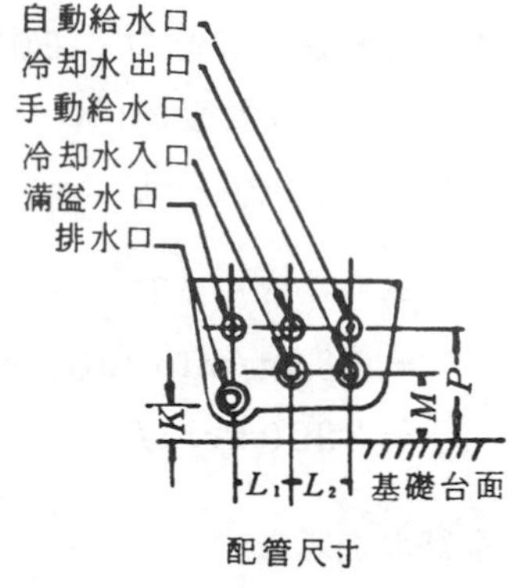


配管尺寸

圖8.39　冷却水塔

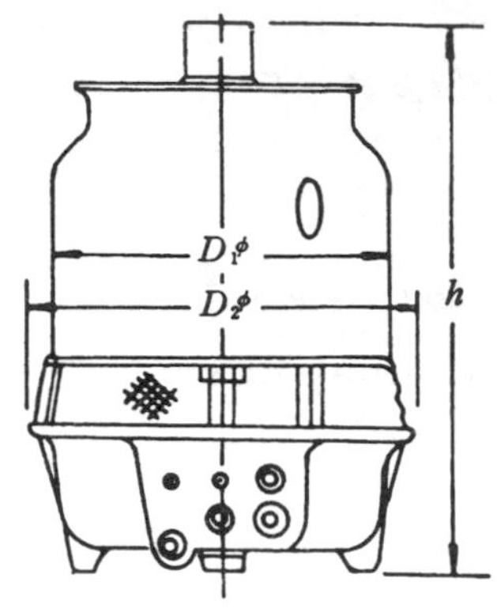


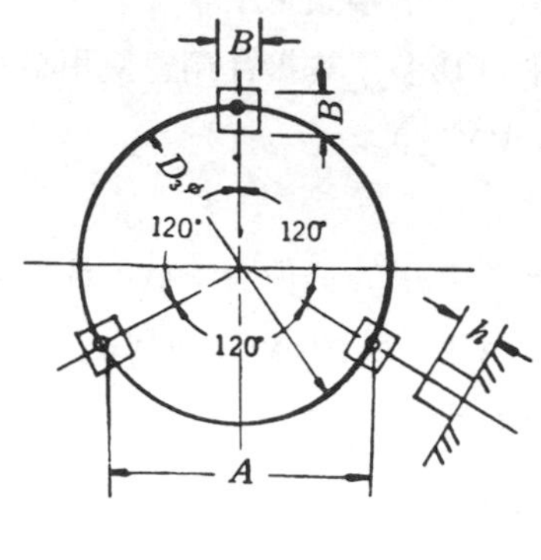


基礎尺寸

(a)散水頭

(b)散熱片

圖 8.40 冷却水塔內部元件

水管及排水管。

冷却水塔之冷却水與空氣乃爲逆流熱交換，散水頭由上往下噴水，空氣由下往上排風。

**2.** 冷却水塔機種之選擇

(1) 冷却噸或散熱噸（cooling ton）

1 冷却噸之冷却能力是在循環水量 13 ℓ/min-RT，入口水溫 37°C（100°F），出口水溫 32°C（90°F），外氣濕球溫度 27°C WB 條件下計算。1 冷却噸爲 3900kcal/hr。（請參考表 8.4）

$$H = M \cdot S \cdot \Delta T \qquad \text{冷却水 } 1\ell = 1\text{kg}$$
$$= 13\text{kg/min} \times 60\text{min/hr} \times 1 \times (37-32)^\circ\text{C}$$
$$= 3900\text{ kcal/hr}$$

(2) 冷却水循環量

① 溫度差 5°C時，每冷却噸所需循環水量 $L$

表 8.4　冷却水塔能力換算表

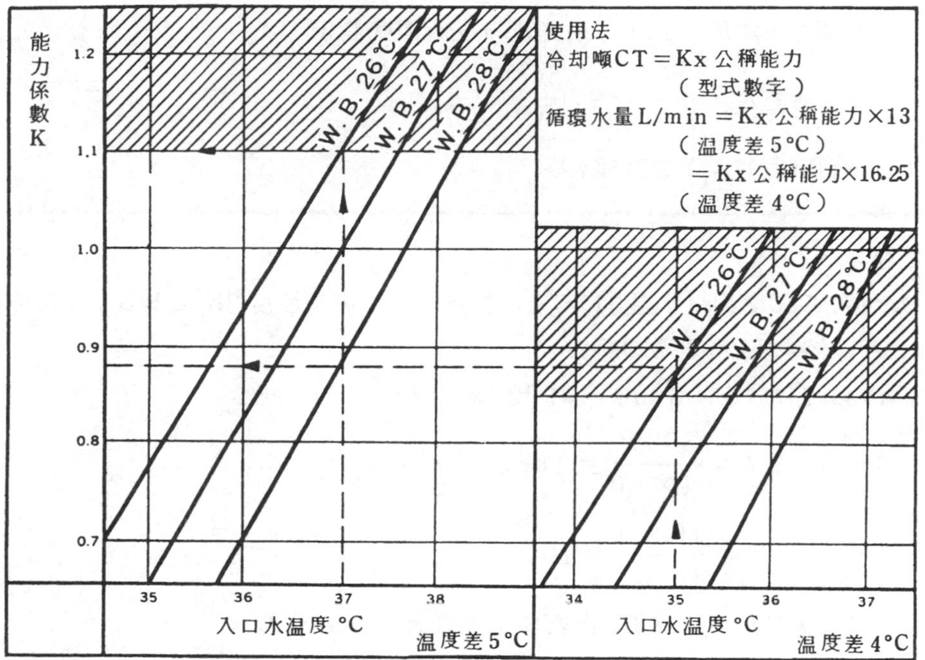


$$L=\frac{3900}{5\times 60}=13\text{kg/min}=13\,\ell/\text{min}=780\,\ell/\text{hr}$$

② 溫度差 4°C 時，每冷却噸所需循環水量 $L$

$$L=\frac{3900}{4\times 60}=16.25\,\text{kg/min}=16.25\,\ell/\text{min}=975\,\ell/\text{hr}$$

(3) 冷却水塔容量之選用，如表 8.4 所示。

---

**【例題 8.2】**

入口水溫 37°C，出口水溫 32°C，溫度差 5°C，濕球溫度 26°C WB，冷凍能力 10RT，求冷却水塔之冷却噸？

解：①冷却能力 $10\times 3900=39000\text{kcal/hr}$

②循環水量 $L=\dfrac{39000}{5\times 60}=130\ \ell/\text{min}$

③ 冷卻噸 $CT = \dfrac{130}{13} = 10CT$

④ 能力係數 $K = 1.1$（由表 8.4 左圖溫度差 5°C）

⑤ 公稱能力 $= \dfrac{10}{1.1} = 9.09$

應選用 10CT 之冷卻水塔

---

**【例題 8.3】**

入口水溫 35°C，出口水溫 31°C，溫度差 4°C。濕球溫度 26°C WB，冷凍能力 10RT，求冷卻水塔之冷卻噸？

**解：**①冷卻能力 $10 \times 3900 = 39000$ kcal/hr

②循環水量 $L = \dfrac{39000}{4 \times 60} = 162.5\ \ell/\text{min}$

③冷卻噸 $CT = \dfrac{162.5}{16.25} = 10CT$

④能力係數 $K = 0.88$（由表 8.4 右圖溫度差 4°C）

⑤公稱能力 $= \dfrac{10}{0.88} = 11.36$

應選用 15CT 之冷卻水塔

---

**3.** 冷卻水塔安裝時應注意事項

(1) 場地之選擇

① 通風良好及水源配管方便的地方。

② 避免裝於煤煙油煙及灰塵多的地方，如煙囪旁邊或排油煙機排氣口附近。

③ 避免裝於有腐蝕性氣體（如亞硫酸氣）發生的地方。

④ 應遠離鍋爐室、廚房等較熱的地方。

(2) 安裝及置放要領

① 水塔之吸入口及吹出口與周圍阻礙物之間至少應保持 1M 以上之距離。

② 應水平放置不能傾斜，以免散水不均而影響冷卻效果，如圖 8.41(a)所示。

③ 基礎螺絲應栓緊。

(3) 配 管

① 配管大小應照規格尺寸安裝，過小則影響效果，過大則浪費材料。

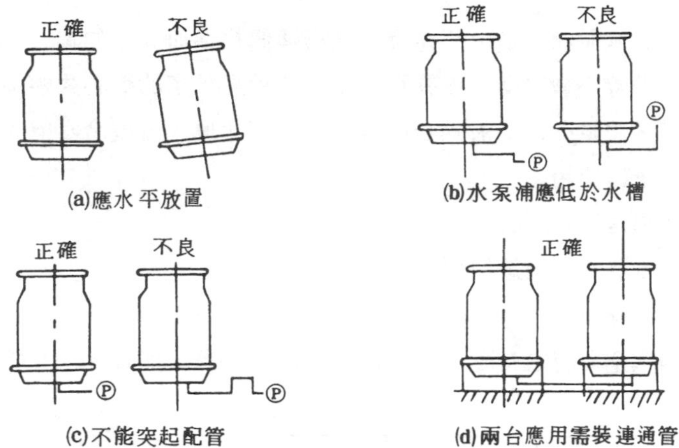


圖 8.41　冷却水塔安裝方法

② 循環水泵安裝位置應低於水槽，如圖 8.41 (b)所示。

③ 循環水泵吸入側與水塔間之配管應避免有高於水槽之突起配管，如圖 8.41 (c)所示。

④ 4 吋（10 公分）以上循環水出入口接管處宜用防震軟管（高壓橡膠管等）卽可防止水泵，及管路的震動傳至水塔，又可避免因配管不正而使水槽破裂。

⑤ 冷却水塔，兩台以上並用，而只使用一台水泵時，基礎台必須同高，且水槽須另配裝一連通管如圖 8.41 (d)所示。

## 8.5-4 冷却水泵浦

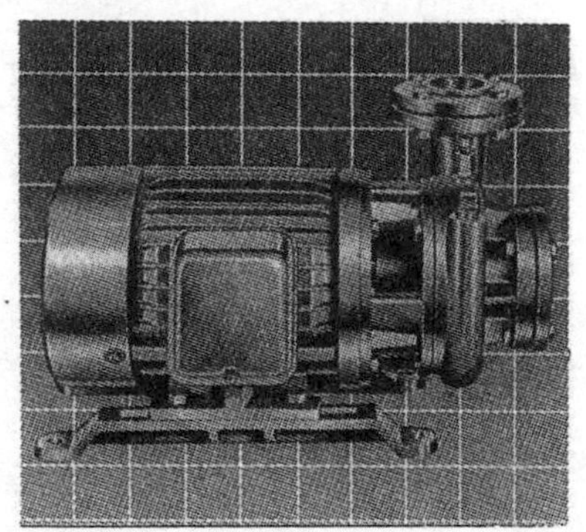

圖 8.42　冷却水泵浦

**1. 結 構**

無聲同軸冷却水泵浦，是由馬達及抽水機連體構造而成，如圖8.43、圖8.44所示，運轉時不會震動，沒有噪音，並使用高效率的離心式轉輪，能發揮和多段抽水機一樣的卓越效能，最適合建築物、高樓大廈、各型冷暖氣系統，以及一般工業上、農業上的使用。

**2.** 冷却水泵機種選用之方法

(1) 決定冷却水所需循環量$M^3$/min。

(2) 決定吐出揚程M。

(3) 由吐出量與全揚程之交點，即可決定所需之機種，如圖8.45所示。

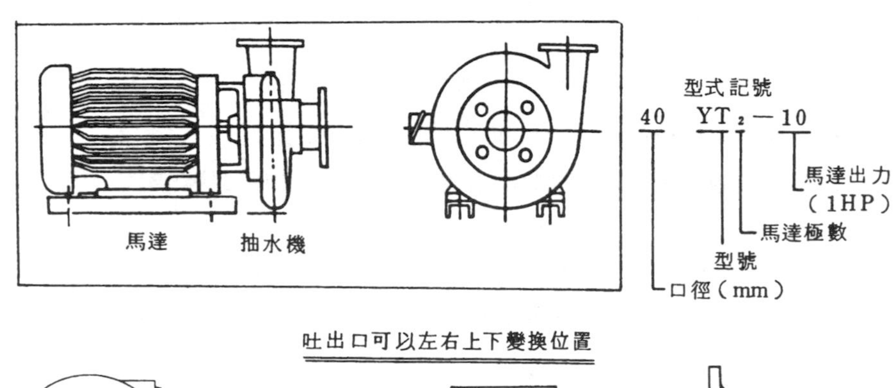


吐出口可以左右上下變換位置

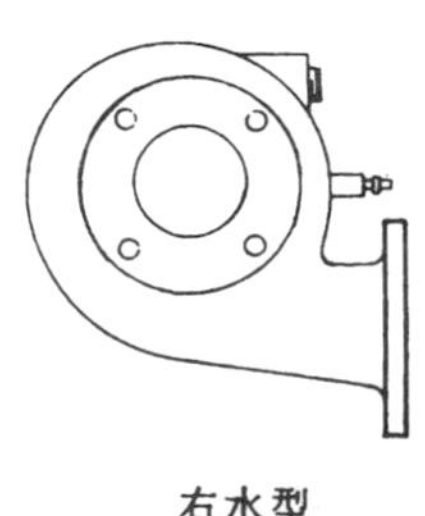

右水型

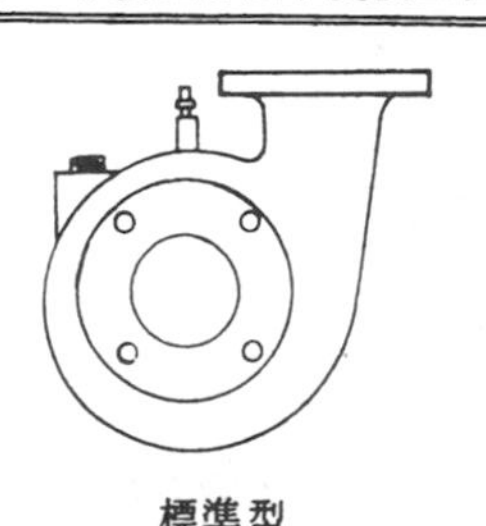

標準型

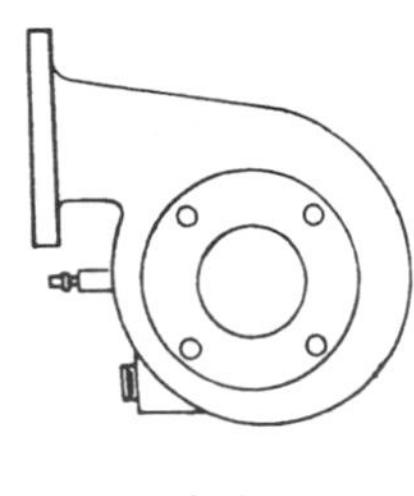

左水型

圖8.43 同軸冷却水泵浦與吐出口

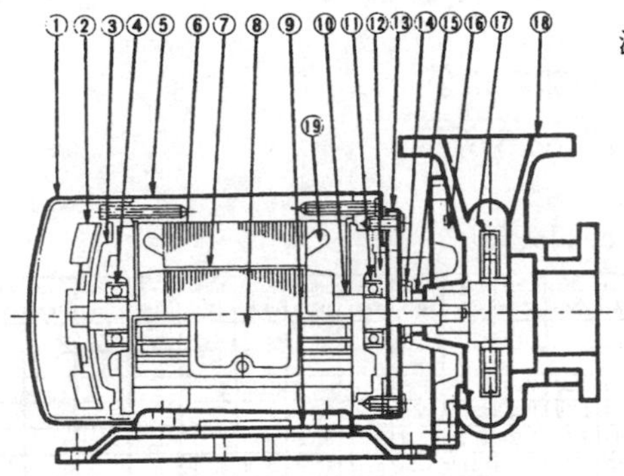


注意事項：

1. 水機裝置前絕不可接電做轉動試驗，因即使數秒鐘，亦足以損壞專爲水潤滑設計之防洩圈部份。
2. 電壓週波及電源容量狀況等，如果逆回轉運轉，非但不能發揮正規性能又容易超過負荷致成故障的原因。
3. 出水量：$m^3$/min 或 U.S.GPM．吐出側容器壓力 $kg/cm^2$。
4. 總揚程：吸入揚程與吐出揚程相加等於總揚程。

| 符號 MARK | 名稱 Description |
|---|---|
| 1 | 全密式保護蓋 Close system protection cover |
| 2 | 全密式風扇 Close system fan |
| 3 | 馬達後蓋 Motor rear cover |
| 4 | 後球軸承 Rear bearing |
| 5 | 馬達外殼 Motor case |
| 6 | 矽鋼片 Silicon steel shim |
| 7 | 馬達廻轉子 Motor rotator |
| 8 | 出入口蓋 Exit & Entrance cover |
| 9 | 底盤腳 Bottom plate support |
| 10 | 馬達水機軸心 Pump Mandrel |
| 11 | 前球軸承 Front bearing |
| 12 | 馬達前蓋 Motor front cover |
| 13 | 螺絲 Bolt |
| 14 | 炭精 Carbon brush |
| 15 | 護水圈 Packing for water proof |
| 16 | 泵殼蓋 Pump case cover |
| 17 | 葉輪 Blader |
| 18 | 泵殼 Pump case |
| 19 | 馬達線圈 Motor coil |

圖 8.44　同軸水泵浦

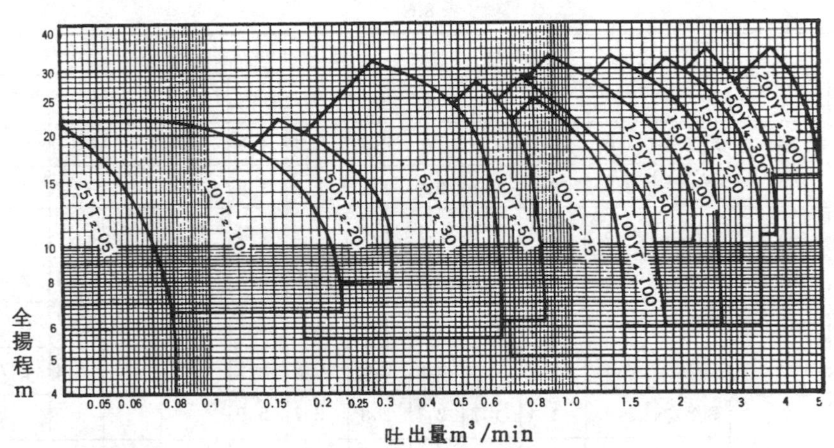


圖 8.45　冷却水泵浦性能曲線

## 3. 抽水機口徑與出水量之關係

| 口　吋 | (1½") | (2") | (2½") | (3") | (4") | (5") | (6") | (7") | (8") | 10 | 12 | 16 | 16 | 20 | 24 | 32 | 40 |
|---|---|---|---|---|---|---|---|---|---|---|---|---|---|---|---|---|---|
| 徑 (mm) | 40 | 50 | 70 | 80 | 100 | 130 | 160 | 180 | 200 | 260 | 300 | 400 | 400 | 500 | 600 | 800 | 1000 |
| 水量($m^3$/min) | 0.13 | 0.23 | 0.42 | 0.56 | 1.1 | 1.7 | 2.5 | 3.6 | 4.8 | 7.5 | 11.0 | 21 | 21 | 33 | 47 | 84 | 130 |

## 4. 揚　程

(1) 總揚程：爲吸入揚程與吐出揚程相加之和。

① 水管直管部份之揚程損失，如表8.5所示。

表 8.5

● 水管（長度100m）因摩擦造成的揚程（m）損失表：

| 水量m³/分(ℓ/分) | mm | 吋 | 0.010 (10) | 0.016 (16) | 0.025 (25) | 0.04 (40) | 0.063 (63) | 0.080 (80) | 0.100 (100) | 0.125 (125) | 0.160 (160) | 0.200 (200) | 0.250 (250) | 0.315 (315) | 0.400 (400) | 0.500 (500) | 0.630 (630) | 1.000 (1000) | 1.250 (1250) | 1.400 (1400) | 1.600 (1600) | 1.800 (1800) | 2.000 (2000) |
|---|---|---|---|---|---|---|---|---|---|---|---|---|---|---|---|---|---|---|---|---|---|---|---|
| 管徑 | 25 | 1 | 1.05 | 2.42 | 5.35 | 12.5 | 28.0 | 43.2 | | | | | | | | | | | | | | | |
| | 32 | 1¼ | | | 1.38 | 3.30 | 7.73 | 12.0 | 18.2 | 27.5 | 43.5 | | | | | | | | | | | | |
| | 40 | 1½ | | | | 1.57 | 3.62 | 5.68 | 8.68 | 13.2 | 21.0 | 32.0 | 48.0 | | | | | | | | | | |
| | 50 | 2 | | | | | 1.29 | 2.00 | 3.00 | 4.55 | 7.19 | 10.9 | 17.8 | 25.2 | 39.5 | | | | | | | | |
| | 65 | 2½ | | | | | | | 1.02 | 1.55 | 2.45 | 3.68 | 5.59 | 8.57 | 13.3 | 20.3 | 31.8 | | | | | | |
| | 80 | 3 | | | | | | | | | 1.03 | 1.54 | 2.31 | 3.12 | 5.50 | 8.33 | 12.8 | 29.8 | 45.1 | | | | |
| | 100 | 4 | | | | | | | | | | | | 0.90 | 1.37 | 2.07 | 3.26 | 7.48 | 11.4 | 14.0 | 18.0 | 22.4 | 27.3 |

| 水量m³/分 | mm | 吋 | 0.63 | 1.0 | 1.25 | 1.40 | 1.60 | 1.80 | 2.00 | 2.24 | 2.50 | 2.80 | 3.15 | 3.55 | 4.00 | 5.00 | 6.30 | 8.00 | 10.00 | 12.50 | 16.00 | 20.00 | 25.00 |
|---|---|---|---|---|---|---|---|---|---|---|---|---|---|---|---|---|---|---|---|---|---|---|---|
| 管徑 | 100 | 4 | 3.26 | 7.48 | 11.4 | 14.0 | 18.0 | 22.4 | 27.3 | 33.8 | | | | | | | | | | | | | |
| | 125 | 5 | 1.08 | 2.50 | 3.79 | 4.67 | 5.93 | 7.40 | 9.00 | 11.1 | 13.6 | 16.8 | 20.9 | 26.0 | 32.3 | | | | | | | | |
| | 150 | 6 | | 1.04 | 1.57 | 1.94 | 2.48 | 3.08 | 3.75 | 4.65 | 5.66 | 7.00 | 8.65 | 10.08 | 13.4 | 20.5 | 31.5 | | | | | | |
| | 200 | 8 | | | | | 0.62 | 0.77 | 0.93 | 1.13 | 1.41 | 1.72 | 2.13 | 2.65 | 3.29 | 4.94 | 7.50 | 11.7 | 17.4 | 26.4 | | | |
| | 250 | 10 | | | | | | | 0.32 | 0.39 | 0.48 | 0.59 | 0.73 | 0.91 | 1.13 | 1.71 | 2.60 | 4.01 | 6.00 | 9.15 | 14.5 | 21.9 | |
| | 300 | 12 | | | | | | | | | | | | 0.36 | 0.45 | 0.68 | 1.03 | 1.62 | 2.50 | 3.80 | 6.03 | 9.28 | 14.2 |
| | 350 | 14 | | | | | | | | | | | | | | 0.31 | 0.47 | 0.75 | 1.14 | 1.75 | 2.82 | 4.35 | 6.69 |

② 管接頭之等值長度，如表8.6所示。

表 8.6

| 名稱 | 略圖 | 型式 | 管徑（mm） | | | | | | | | | | | |
|---|---|---|---|---|---|---|---|---|---|---|---|---|---|---|
| | | | 25 | 32 | 40 | 50 | 65 | 80 | 100 | 125 | 150 | 200 | 250 | 300 |
| 90° 短彎頭 | | 焊接式 | 1.6 | 2.0 | 2.3 | 2.6 | 2.9 | 3.4 | 4.0 | | | | | |
| | | 螺絲式 | 0.5 | 0.6 | 0.7 | 0.9 | 1.1 | 1.3 | 1.8 | 2.2 | 2.7 | 3.7 | 4.3 | 5.2 |
| 90° 長彎頭 | | 焊接式 | 0.8 | 1.0 | 1.0 | 1.1 | 1.11 | 1.2 | 1.4 | | | | | |
| | | 螺絲式 | 0.5 | 0.6 | 0.7 | 0.8 | 0.9 | 1.0 | 1.3 | 1.5 | 1.7 | 2.1 | 2.4 | 2.7 |
| 45° 彎頭 | | 焊接式 | 0.4 | 0.5 | 0.7 | 0.8 | 1.0 | 1.2 | 1.7 | | | | | |
| | | 螺絲式 | 0.3 | 0.4 | 0.4 | 0.5 | 0.6 | 0.8 | 1.1 | 1.4 | 1.7 | 2.4 | 2.7 | 3.3 |
| 三通接頭 | | 焊接式 | 1.0 | 1.4 | 1.7 | 2.4 | 2.8 | 3.7 | 5.0 | | | | | |
| | | 螺絲式 | 0.3 | 0.4 | 0.5 | 0.6 | 0.6 | 0.7 | 0.9 | 1.0 | 1.2 | 1.4 | 1.6 | 1.8 |
| 三通接頭 | | 焊接式 | 2.0 | 2.8 | 3.0 | 3.7 | 4.0 | 5.2 | 6.4 | | | | | |
| | | 螺絲式 | 1.0 | 1.3 | 1.6 | 2.0 | 2.3 | 2.9 | 3.7 | 4.6 | 5.5 | 7.3 | 9.1 | 10.3 |
| 180° 彎頭 | | 焊接式 | 1.6 | 2.0 | 2.3 | 2.6 | 2.8 | 3.4 | 4.0 | | | | | |
| | | 螺絲式 | 0.5 | 0.6 | 0.7 | 0.9 | 1.1 | 1.3 | 1.8 | 2.2 | 2.7 | 3.8 | 4.3 | 5.2 |
| 套合接頭 | | 焊接式 | 0.09 | 0.1 | 0.1 | 0.1 | 0.1 | 0.1 | 0.2 | | | | | |
| 半開關 | | 焊接式 | 8.8 | 11.3 | 12.8 | 16.5 | 18.9 | 24.1 | 33.5 | | | | | |
| | | 螺絲式 | 13.7 | 16.5 | 18.0 | 21.3 | 23.5 | 28.6 | 36.5 | 45.6 | 57.8 | 79.1 | 94.5 | |

表8.6　（續）

| | | | | | | | | | | | | | | |
|---|---|---|---|---|---|---|---|---|---|---|---|---|---|---|
| 全開關 | | 焊接式 | 0.3 | 0.3 | 0.4 | 0.5 | 0.5 | 0.6 | 0.8 | | | | | |
| | | 螺絲式 | | | 0.8 | 0.8 | 0.9 | 0.9 | 1.0 | 1.0 | 1.0 | 1.0 | 1.0 | 1.0 |
| 彎頭閥門 | | 焊接式 | 5.2 | 5.5 | 5.5 | 5.5 | 5.5 | 5.5 | 5.5 | | | | | |
| | | 螺絲式 | 5.2 | 5.5 | 5.5 | 6.4 | 6.7 | 8.5 | 11.6 | 15.2 | 19.2 | 27.4 | 36.6 | 42.6 |
| 逆止閥門 | | 焊接式 | 3.4 | 4.0 | 4.6 | 5.8 | 6.7 | 8.2 | 11.6 | | | | | |
| | | 螺絲式 | 2.3 | 3.1 | 3.7 | 5.2 | 6.4 | 8.2 | 11.6 | 15.2 | 19.2 | 27.4 | 36.6 | 42.7 |

**5.** 冷却水泵浦、水量、揚程與馬力之關係

(1) 英　制

$$HP=\frac{GPM\times 8.33\,(lb/gal)\times Hd\,(ft)}{\eta_m\times 33000\,(ft\text{-}lb/min)}$$

$$=\frac{GPM\times Hd}{3960\times\eta_m} \tag{8.6}$$

式中，1HP＝33000ft-lb/min＝550ft-lb/sec

水量GPM：gal/min　　1GPM＝8.33lb/min

揚程Hd：ft　　機械效率：$\eta_m$

(2) 公　制

$$HP=\frac{CMM\times 1000\,(kg/M^3)\times Hd\,(m)}{\eta_m\times 4500\,(kg\text{-}m/min)}$$

$$=\frac{CMM\times Hd}{4.5\times\eta_m} \tag{8.7}$$

式中，1HP＝4500kg-m/min＝75kg-m/sec

水量CMM：$m^3$/min　　1CMM＝1000kg/min

揚程Hd：m　　機械效率：$\eta_m$

**6.** 設計例

7.5RT冷氣機，水管：1½″$\phi$，水量：6.0$M^3$/hr，冷凝器水頭損失5.0

m，求：①揚程；②馬力數、機種。

**解**：(1)直管長度

$$(1+5+12+4)\times 2=44\text{m}$$

(2)彎頭等值長度

①$1\frac{1}{2}''\phi$ 彎頭數8只。

②90° 長彎頭螺絲式之等值長度0.7m。

③彎頭總等值長度 $8\times 0.7=5.6\text{m}$。

(3)閘門凡而等值長度

①$1\frac{1}{2}''\phi$（40mm）閘門凡而4只。

②$1\frac{1}{2}''\phi$（40mm）閘門凡而等值長度0.8m。

③閘門凡而總等值長度 $4\times 0.8=3.2\text{m}$。

(4)總等值長度

$$44+5.6+3.2=52.8\text{m}$$

(5)水管每100m長度因摩擦造成之揚程損失 $\dfrac{8.68}{100}$。

查表：管徑 $1\frac{1}{2}''\phi$（40mm$\phi$），水量 $6.0\text{m}^3/\text{hr}=0.1\text{m}^3/\text{min}$

水管的揚程損失 $=52.8\times\dfrac{8.68}{100}=4.58\text{m}$

(6)冷凝器水頭損失5.0m。

(7)總揚程損失

$$4.58+5.0=9.58\text{m}$$

(8)水量 $6.0\text{m}^3/\text{hr}=0.1\text{m}^3/\text{min}$。

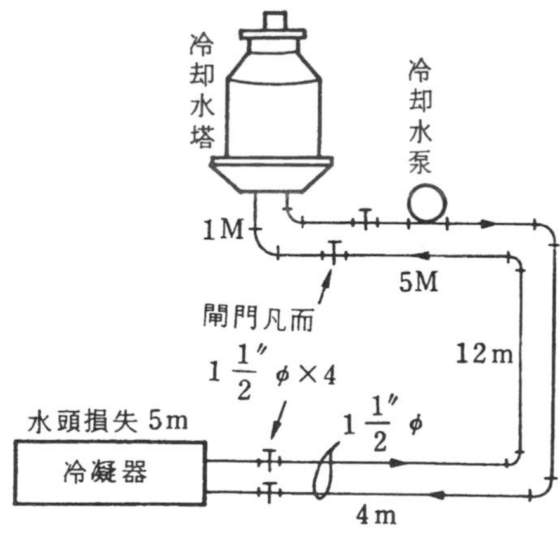


圖 8.46 冷卻水配管圖

⑼馬力數與機種之選定

查抽水機性能曲線表，選用 40 $YT_2$-10 抽水機。

⑽由公式 8.7 計算馬力數

$$HP=\frac{CMM\times Hd}{4.5\times\eta_m}=\frac{0.1\times9.58}{4.5\times0.75}=0.28\ HP$$

機械效率　$\eta_m$：0.75

## 8.6 箱型冷氣機之控制電路

### 8.6-1 箱型冷氣機之控制元件

**1.** 壓縮機內部過熱保護器

⑴ 主電路過熱保護器，如圖 8.47(a)所示。

⑵ 控制電路過熱保護器，如圖 8.47(b)所示。

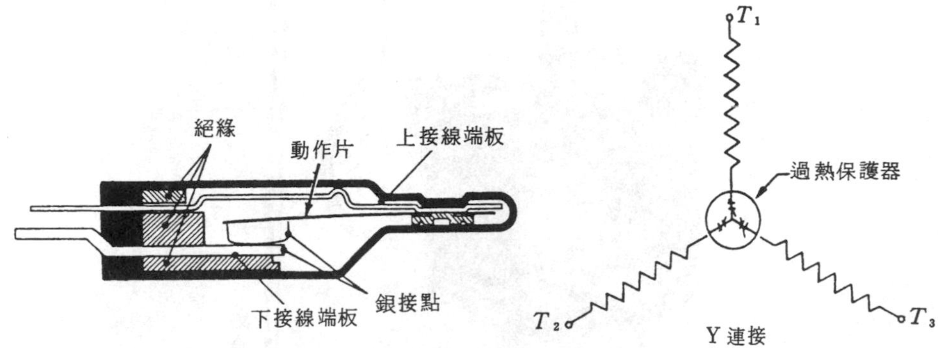


圖 8.47　壓縮機內部過熱保護器

**2.** 高壓保護開關

高壓開關如圖 8.48 所示，係保護壓縮機及冷凍系統之高壓側因操作不當或散

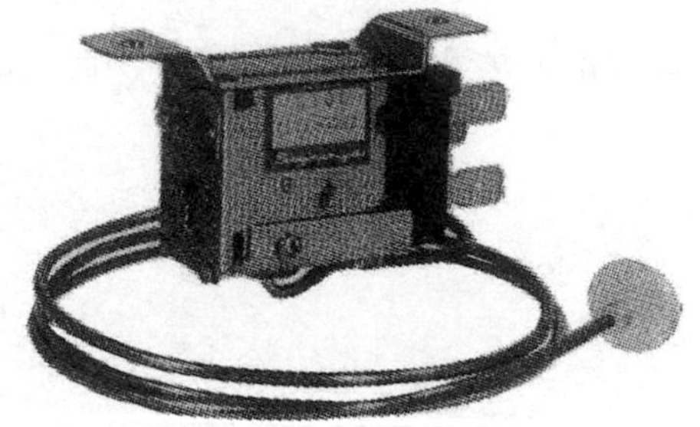

圖 8.48　高壓保護開關

表 8.7 高壓保護開關截斷壓力設定值

| R-22 冷媒 | 正常運轉高壓壓力 | 高壓開關截斷壓力 |
|---|---|---|
| 水冷式 | 14.5～15.0 $kg/cm^2g$ | 19 $kg/cm^2g$ cut out |
| 氣冷式 | 17.5～18.0 $kg/cm^2g$ | 21 $kg/cm^2g$ cut out |

熱不良產生之異常高壓時，如表8.7所示。截斷壓縮機電路，預防發生壓縮機爆炸。

**3.** 溫度開關

溫度開關利用感溫管置於冷氣機之回風口以控制室內回風溫度，如圖 8.49 所示。夏天理想舒爽省電之室內溫度爲25～27°C DBT，太冷了室內外溫度差太大，反而得到冷氣病。

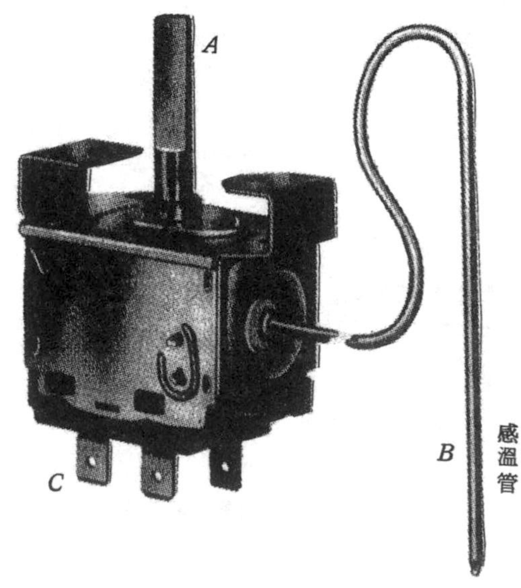


圖 8.49 溫度開關

**4.** 選擇開關

選擇開關具有選擇停止、送風、冷氣、暖氣等功能。如圖 8.50、圖 8.51 所示。

(1) 三段式。

(2) 五段式。

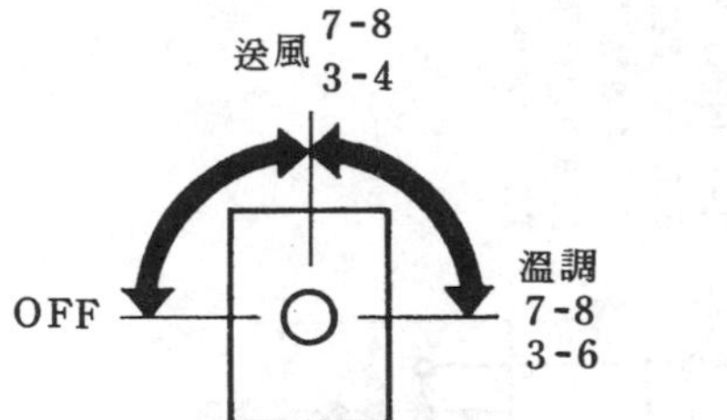


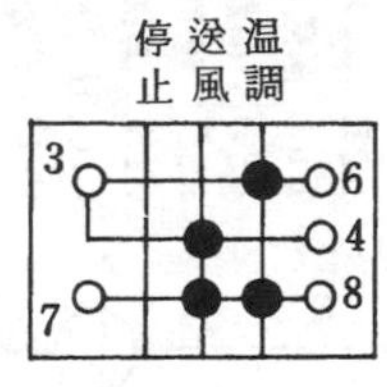


圖 8.50　三段式迴轉開關

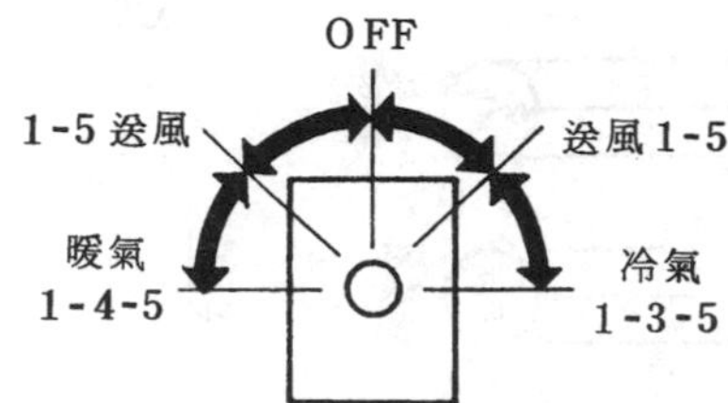


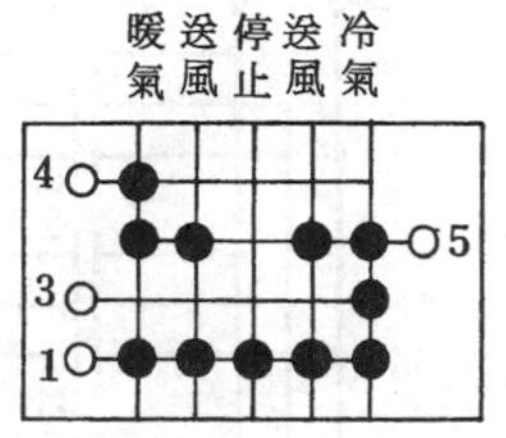


圖 8.51　五段式迴轉開關

## 8.6-2 箱型冷暖氣機之控制電路

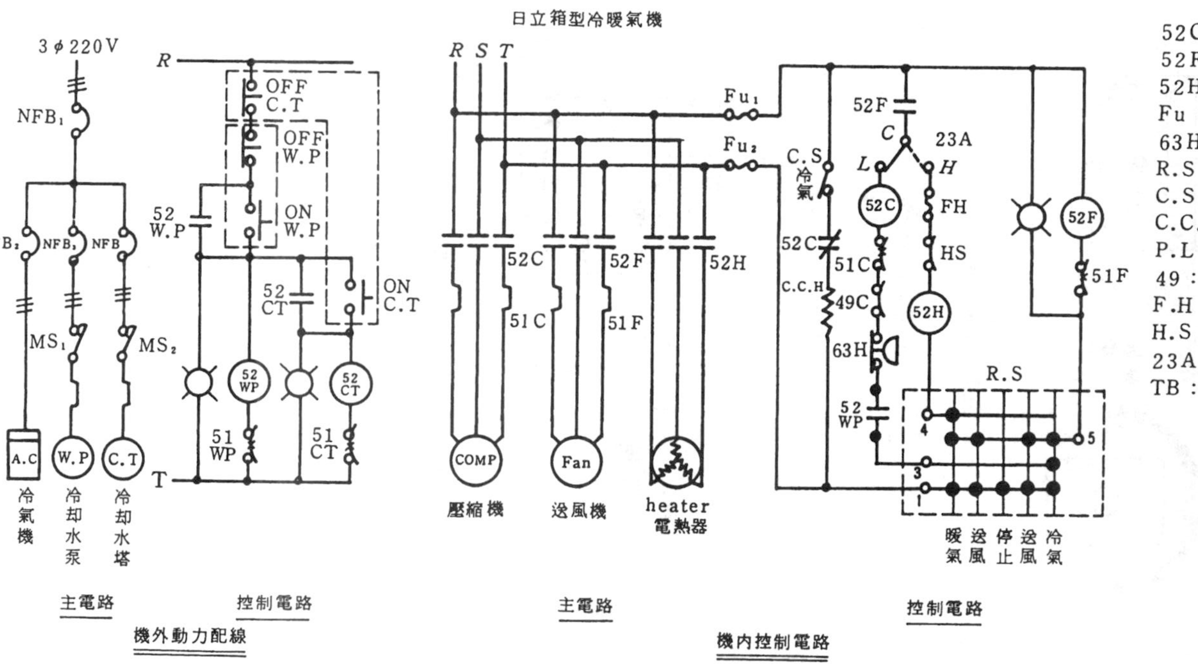


52C：壓縮機電磁開關
52F：送風機電磁開關
52H：電熱器電磁接觸器
Fu：保險絲
63H：高壓開關
R.S：迴轉開關
C.S：選擇開關
C.C.H：曲軸加熱器
P.L：指示燈
49：內部過熱保護器
F.H：溫度保險絲
H.S：過熱保護器
23A：溫度開關
TB：接線端子板

圖 8.52 箱型冷氣機控制電路

## 8.6-3 箱型冷氣機之機外動力配線

機外配線是指冷氣機本體以外的配線，配線前應考慮和注意下列事項：

1. 冷氣機、冷卻水泵，冷卻水塔之電氣特性，如電源電壓、相數及運轉電流。
2. 依據電氣特性，選擇決定總開關、分路開關、電磁開關及分段開關之容量依電力公司規定，得採用經國家檢驗合格正字標記之電氣設備。
3. 依據電氣特性，決定各段導線之線徑。
4. 冷氣機旁應設開關箱，內含總開關 $NFB_1$，各分路開關 $NFB_2$、$NFB_3$、$NFB_4$，及冷却水泵，冷却水塔用電磁開關 $MS_1$，$MS_2$ 各一只，如圖 8.53 所示。
5. 於室外冷却水塔及冷却水泵附近適當地點設一室外分段開關箱，內裝閘刀開關（或無熔絲開關）$KS_1$，$KS_2$ 各一只，當需要保養、修理或清洗冷却水塔或冷却水泵時，可由此操作分段開關，提供服務人員操作上的方便及安全上的保障。
6. 全部電線之接續得按工業配線規則實施，線頭應焊錫或用壓着端子以導線用壓着工具壓接。

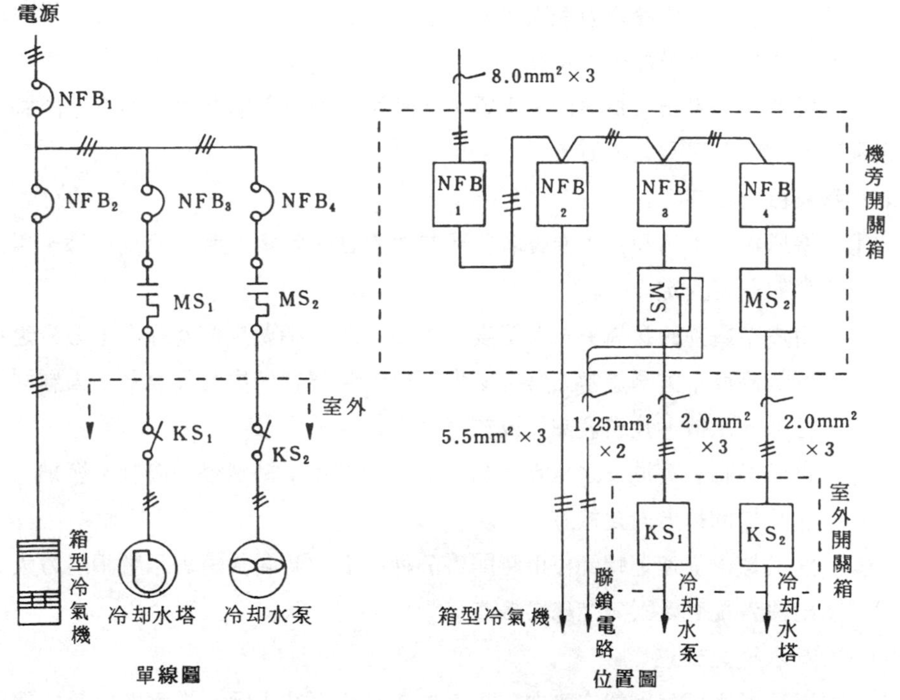


圖 8.53　水冷式箱型冷氣機動力配線圖

**7.** 冷却水泵得聯鎖控制冷氣機，以提高冷氣機之安全度，當水泵未運轉時，冷氣壓縮機將不能啓動運轉。

**8.** 聯鎖方法，將水泵用電磁開關之輔助常開接點，串聯接於冷氣機之聯鎖接線端子卽可。

## 8.7 箱型冷氣機之開機、試車與調整

### 8.7-1 冷氣機試運轉

**1.** 試運轉前之檢查

(1) 拆除冷氣機運送專用螺絲（shipping bolts）

運送螺絲的作用在於保護冷氣機於運送過程中，壓縮機的鎖緊固定之用。運轉前應將其拆除，使壓縮機恢復原有防震作用。

(2) 電源電壓之檢查

檢查電源電壓是否正確 3$\phi$ 220V，不得太高或太低，正常允許±5％，亦卽 208V/230V 之間皆可使用。

(3) 配線檢查

配電線各線頭之鎖緊及配電線容量之檢查。

(4) 冷凝器冷却水及配管之檢查

冷凝器冷却水出入口方向、水質、水壓及配管是否有漏水之檢查，冷却水循環泵運轉方向及異音之檢查等。

(5) 送風機之檢查

① 送風機用手轉動檢查有否摩擦或其他異音、軸承、送風機皮帶輪、馬達皮帶輪是否固定。

② 用皮帶驅動的送風機皮帶緊度之檢查，以手指壓皮帶允許有 1 公分之垂直下陷高度，方爲適當之緊度，太緊則產生磨耗、振動及燥音，太鬆則產生打滑、摩擦、皮帶發熱、及皮帶焦臭。

③ 送風機軸承黃油量之檢查及加注，黃油不足，軸承容易磨耗、發熱。

④ 送風機回轉方向之檢查。

⑤ 送風機由全速運轉到停止時間需 7 秒以上，時間太短表示磨損阻力大。

(6) 壓縮機各配管及固定螺絲之檢查。

(7) 冷却水塔之檢查

檢查冷却水塔送風機之轉向，空氣之流動由下往上吸。散水頭之轉向需與送風機之轉向相同，而且散水頭之旋轉速度符合銘板上的轉速，否則應當調節水量

或調節散水管噴水角度以改變其轉速。

**2.** 在標準條件下運轉之高壓壓力及低壓壓力

高壓側壓力隨水溫及水量而變化，低壓側壓力隨室內溫度、濕度及風量而變化。

低壓側壓力亦可調整膨脹閥的開度而變化，但膨脹閥一般在於冷氣製造廠已調整好，可不必調整。

在規定之標準風量下，室內溫度27°C DBT，相對濕度50％RH之條件下，高壓壓力及低壓壓力之標準值如表8.8所示。

表8.8　冷氣機運轉壓力

| 機　　種 | 低壓壓力 | | 高壓壓力 | |
|---|---|---|---|---|
| | $kg/cm^2g$ | psig | $kg/cm^2g$ | psig |
| 日立RP-314 | 4.6 | 65.4 | 15.5 | 221 |
| 日立RP-514.514L | 4.5 | 63.9 | 15.2 | 216 |
| 日立RP-764.764L | 4.1 | 58.3 | 15.2 | 216 |
| 日立RP-1014.1014L | 4.3 | 61.2 | 15.6 | 222 |
| 日立RP-1514.1514L | 4.1 | 58.3 | 15.2 | 216 |

註：1. L型冷氣機是指風管型出風口，無百葉出風口。
2. 標準運轉條件是指，在規定運轉風量時，室內溫度27℃ DBT，相對濕度50％RH。

**3.** 在一般使用情況下之高壓壓力及低壓壓力

水冷式箱型冷氣機使用R-22冷媒，在一般情況下：

(1) 蒸發溫度5°C時之低壓壓力為$5.0kg/cm^2g$。

(2) 凝結溫度40°C時之高壓壓力為$14.6kg/cm^2g$。

**4.** 通過蒸發器空氣溫度的測定

在空氣吸入口及吐出口用乾濕球溫度計及風速計測量出入口空氣之乾球溫度，濕球溫度，風速並計算其風量，一般空氣出入口溫度差約8°C（14.4°F）～11°C（19.8°F）。

**5.** 運轉電壓及電流的測定

運轉中應特別注意電壓及電流，三相電壓應在額定電壓±5％以內。運轉電流應在銘板所記之運轉電流值（running current）。

電磁開關過載保護器（thermal relay）之調整及閘刀開關保險絲容量之檢查

亦應特別注意。

**6.** 冷媒量之檢查

規定之冷媒如冷氣機規格表所示，簡單的檢查方法，壓縮機在運轉中，吐出側的排氣管溫度很高，接近於手不能摸的溫度約60°C～70°C左右，而且冷凝器表面，由上到下有明顯的溫度差。

**7.** 冷媒洩漏檢查

冷氣機運送途中，由於搬運及震動關係，很可能發生洩漏冷媒的情況，冷氣機運轉後，應用檢漏器檢漏。

**8.** 最終檢查

(1) 首先取下綜合壓力錶之高低壓連接管，蓋回封閉用袋型螺帽，並檢漏，取出機械室或滴水盤內所有的工具、儀錶，回復所有的蓋板。

(2) 用中性清潔劑擦拭冷氣機內部及外表全部的污痕或手摸過的污痕。

(3) 調節出風口柵之吹出氣方向及角度。

## 8.7-2 自動保護開關之檢查

通常高低壓保護開關如圖8.54所示，在冷氣製造生產工廠已經予以調整而且

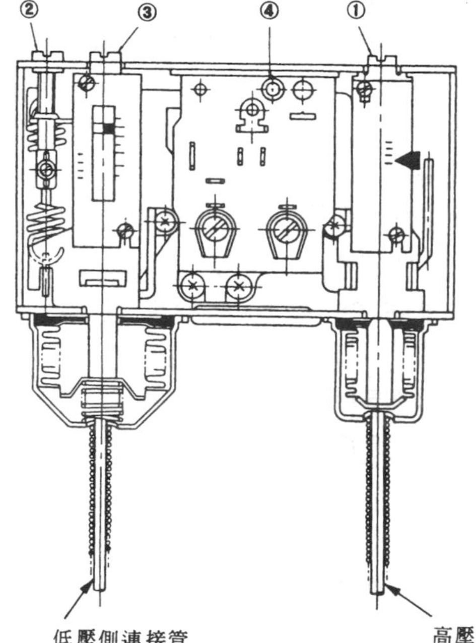

| 記 號 | 名 稱 |
|---|---|
| ① | 高壓側壓力調整螺絲 |
| ② | 低壓側壓力閉路調整螺絲 cut-in |
| ③ | 低壓側壓力開路調整螺絲 cut-out |
| ④ | 復歸按鈕 |

圖 8.54 高低壓保護開關

試驗檢查，但冷氣機試運轉時，有再度檢查其動作正確性的必要。

**1.** 高壓保護開關之檢查

高壓保護開關檢查方法如下，冷氣機在正常運轉時，慢慢旋緊冷却水控制閥，冷却水量減少，系統泵升(pump up)，則高壓壓力上升，至壓力開關之截斷點(cut-out) 19kg/cm²g，壓縮機應停止運轉。要再運轉時，應將歸復鈕(reset)壓下歸復。高壓保護開關試驗後應將冷却水閥再完全開啓。

**2.** 低壓保護開關之檢查

低壓側壓力保護開關試驗方法如下：先將冷凝器液體出口閥或壓縮機吸氣閥關閉，系統泵降(pump down)，2～3分後，低壓壓力開關動作，壓縮機停止，當冷凝器液體出口閥再打開後，低壓壓力上升，開關自動歸復。低壓開關之設定值爲3.2kg/cm²g cut-out。其動作特性：

截斷壓力＝截入壓力－動作壓力差

cut-out＝ cut-in － diff

## 8.7-3　箱型冷氣機開機步驟

**1.** 試運轉前之檢查

(1) 檢查電源電壓。

(2) 配線檢查。

**2.** 檢查輔助設備

(1) 冷却水泵浦之檢查

① 檢查冷却水循環泵浦之運轉電流、運轉方向及異音。

② 檢查冷凝器冷却水出入口方向，水質、水壓及配管是否漏水。

(2) 冷却水塔之檢查

① 檢查冷却水塔送風機馬達之運轉電流，送風機之轉向，空氣之流動應爲下吸上排。

② 檢查散水頭之轉向，需與送風機轉向相同，而且散水頭之轉速，需符合銘板上之轉速，否則應調整散水管之噴水角度或調節水量。一般有四根散水管之散水頭轉速約10～12rpm。

(3) 冷氣送風機之檢查

① 檢查送風機之運轉電流，運轉方向及異音之檢查。

② 測量送風機之風速及風量，風速可由風車型風速計測量回風口及送風口之

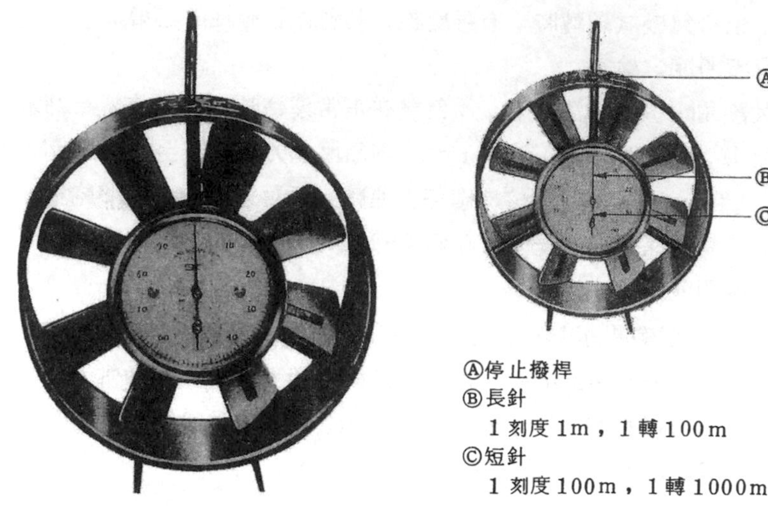


圖 8.55　風車型風速計

平均風速。如圖 8.55 所示。

**3.** 啓動運轉壓縮機

(1) 檢查運轉電壓及運轉電流。

① 三相電壓應平衡，若不平衡應不超過 2 %。

② 電壓降起動時不超過 10 %，滿載電流時不超過 2 %。

③ 運轉電流應在銘板記載之滿載額定電流值以內。

(2) 檢查系統運轉之高壓壓力及低壓壓力。

(3) 通過蒸發器出入口空氣溫度之測定。

① 入口空氣乾濕球溫度測量。

② 出口空氣乾濕球溫度測量。

③ 測量乾濕球溫度應使用通風型乾濕球溫度計，如圖 8.56 所示。

**4.** 自動保護開關之檢查

(1) 高壓開關泵升動作試驗。

① 高壓開關設定 $19kg/cm^2g$ cut-out。

② 慢慢旋緊冷却水控制閥、系統泵升（pump-up），則高壓壓力逐漸上升，至高壓開關之設定值，壓縮機應停止運轉，否則應即刻停機，調整降低設定值。

③ 高壓開關動作後，應將冷却水閥完全開啓，再將復歸鈕（ reset ）重新復歸。

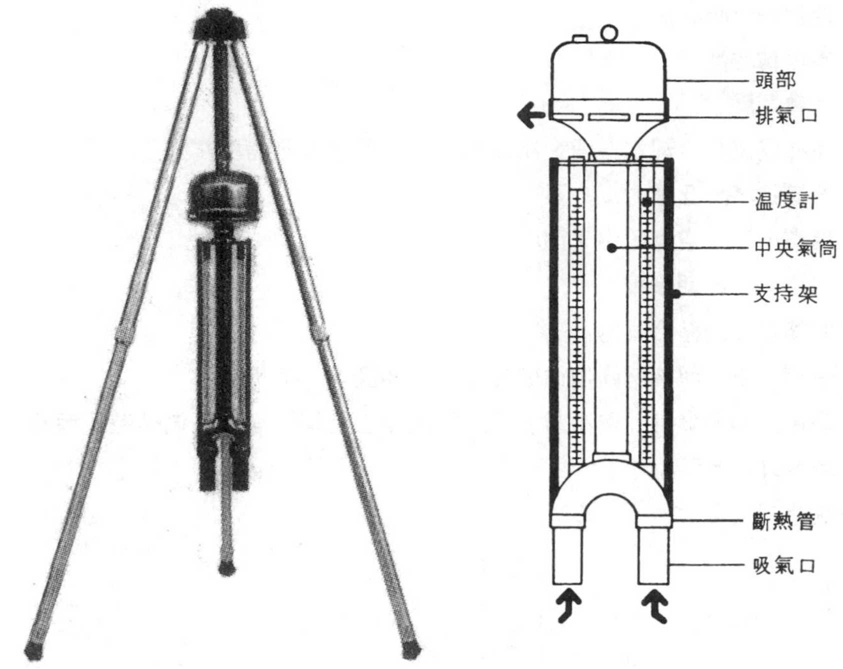


圖 8.56　通風型乾濕球溫度計

(2) 過載保護器（ thermal relay ）之調整

① 過載保護器之容量應調整在馬達之額定滿載電流。

② 包括冷却水泵浦、冷却水塔、送風機及壓縮機馬達之調整。

# 8.8　箱型冷氣機之定期保養與系統處理

## 8.8-1　箱型冷氣機之定期保養

**1.** 週定期保養

(1) 清洗冷却水塔

① 刷洗冷却水塔底部水槽，清除水垢及青苔。

② 換水。

③ 清洗出水口水過濾網。

④ 調整散水頭之轉速。

(2) 清洗冷氣機

① 清洗回風口空氣過濾網。

② 擦拭冷氣機回風柵板及送風柵板。

③ 擦拭冷氣機外殼。

(3) 檢查運轉特性

① 運轉電壓。

② 運轉電流（冷却水泵浦、冷却水塔、送風機及壓縮機馬達）。

③ 系統運轉高低壓力。

④ 冷氣出入口空氣乾濕球溫度。

**2.** 年度開機前之定期保養

(1) 强制循環式洗淨冷凝器

① 使用化學洗淨液槽强制循環洗淨法，如圖 8.57 所示。

② 利用冷却水泵浦，與冷却水塔同時洗淨之化學洗淨劑强制循環洗淨法，如圖 8.58 所示。

(2) 清洗冷却水塔

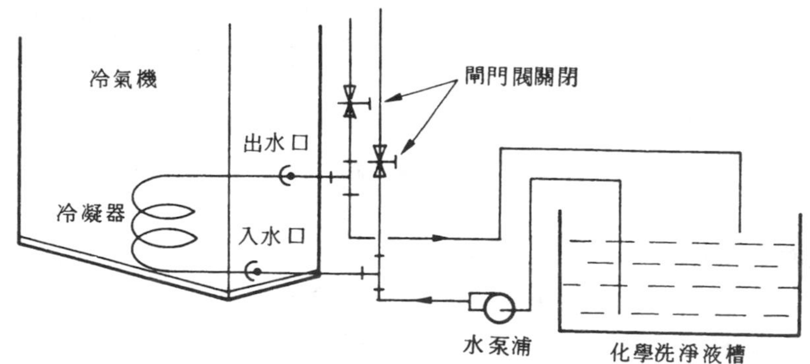


圖 8.57 化學洗淨液槽強制循環冷凝器洗淨法

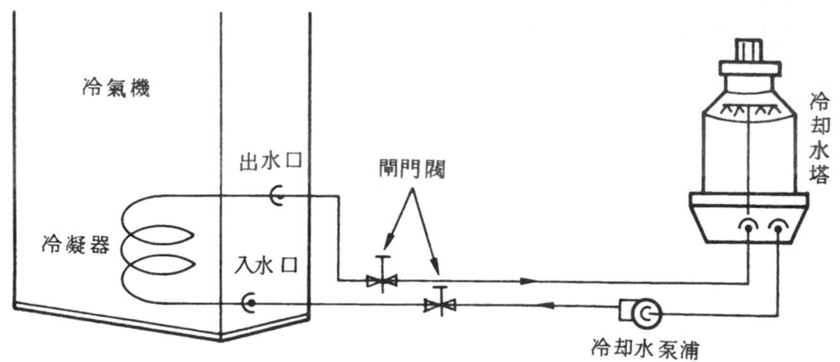


圖 8.58 冷却水泵浦直接強制循環冷凝器洗淨法

① 清洗並調整散水頭之散水管。

② 水槽之刷洗及換水。

③ 清洗水槽水過濾器。

(3) 冷氣機之保養

① 檢查配電線路。

② 檢查送風機及調查皮帶輪緊度。

③ 送風機軸承加黃油。

④ 清洗空氣過濾網。

⑤ 以強力噴霧機噴洗蒸發器。

(4) 冷氣機開機試運轉

① 啓動冷卻水泵浦，檢查轉向、水量、異音、及運轉電流。

② 啓動冷卻水塔，檢查轉向、散水頭轉速及運轉電流。

③ 啓動冷氣送風機，檢查送風機轉向、風量、異音及運轉電流。

④ 啓動冷氣壓縮機，檢查運轉高低壓力、運轉電流、及冷氣出入口空氣溫度。

⑤ 檢查冷媒管路系統冷媒是否洩漏，管路是否與金屬摩擦產生異音。

⑥ 擦拭外殼及面板。

**3.** 長期停機之定期保養

冷天，長期不使用冷氣機，停機前應先做定期保養。

(1) 冷卻水管路系統之保養

① 以化學洗淨劑，利用冷卻水泵浦，強制循環洗淨冷卻水系統。

② 換水、排水。

③ 爲了防止冬天氣溫太低而冷卻水結冰，可由冷凝器冷卻水入口之排水閥打開，排除冷卻水系統之全部冷卻水。

④ 關閉補給水閥。

(2) 冷氣機之保養

① 清洗過濾網。

② 清洗蒸發器之散熱鋁片。

③ 清洗冷氣機滴水盤。

④ 啓動送風機、風乾蒸發器及水盤。

⑤ 擦拭外殼、面板及回風柵板、送風柵板。

⑥ 停機並關閉電源開關。

## 8.8-2 化學洗淨

**1.** 冷凝器用化學洗淨劑

(1) 洗淨劑之功能

冷氣機的冷却循環水中，水垢的主要成份為氧化鐵、硫酸鈣、碳酸鎂、氧化銅等，其他的沈積物有灰塵、微生物、藻類、苔類和區域性汚染物質。

因為上項雜質日積月累的附着於冷却水系統的散熱片、管線及冷凝器之管壁上，導致散熱不良、熱傳不佳，使得冷氣不夠冷或高壓升高，發生跳機現象。

化學洗淨劑具有强勁的洗淨能力，有效的清除冷却水系統中的障礙，維護冷氣機正常運轉，達到省電、節約能源高EER的效果。

(2) 洗淨劑之分類

① 粉粒狀洗淨劑：包括硝酸系洗淨劑及磷酸系洗淨劑。

② 液狀洗淨劑：

| 成份說明： | | 操作說明： | |
|---|---|---|---|
| 無機酸 | 35% | 溫度 | 60°C以下 |
| 有機酸 | 15% | 循環速度 | 每秒2公尺以上 |
| 腐蝕抑制劑 | 10% | 循環壓力 | $1 kg/cm^2$以上 |
| 界面活性劑 | 5% | 時間 | 1小時 |
| 其他 | 35% | 腐蝕控制 | $Fe^{+++}+Cu^{++}<1000ppm$ |

(3) 注意事項

① 儲運疊放時，請勿超過兩層，以免壓破桶。

② 避免置於曝曬和高溫處。

③ 本劑如與皮膚衣服接觸，則以清水冲洗乾淨。

④ 本劑為水溶性、無毒、水垢洗滌劑，不可食用。

(4) 洗淨順序

① 水洗：冷却系統用清水洗淨5～10分。

② 洗淨：洗淨時間如下頁表所示。

③ 水洗：化學洗淨後通清水清洗約5～10分。

(5) 洗淨劑濃度與洗淨時間

| 洗淨方法 | 洗淨劑濃度（洗淨劑與水之比） | 洗淨液溫度 | 流量 | 所需時間 |
|---|---|---|---|---|
| 重力式 | 原液（1＋0） | 常溫 | | 約30分 |
| | 50%水溶液（1+1） | 常溫 | | 約1小時 |
| 強制循環式（使用化學洗淨液槽） | 33%水溶液（1+2） | 常溫 | 約10～20 l/min 以上 | 約1小時 |
| 強制循環式（與冷却水塔同時洗淨） | 10%水溶液（1+9） | 常溫 | 約10～20 l/min 以上 | 約2小時 |

**2.** 蒸發器鋁散熱鰭管洗淨劑

(1) 蒸發器鋁散熱鰭管之洗淨法

① 蒸氣或高壓水冲洗法。

② 化學洗淨法。

(2) 使用方法

① 停機。

② 將洗潔劑均勻噴入管排內。

③ 等3～5分鐘，待氣泡膨脹完成。

④ 用清水冲洗乾淨。

⑤ 每公升大約清淨2～3冷凍噸之鋁散熱鰭管排。

## 8.8-3 系統處理

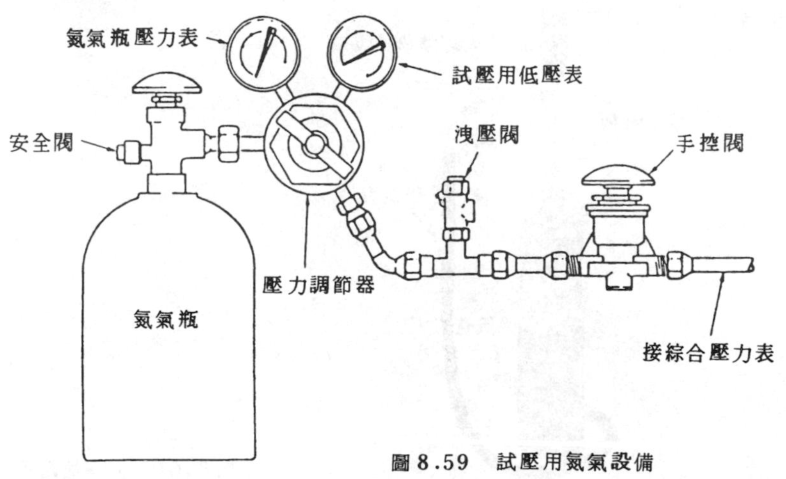


圖8.59　試壓用氮氣設備

**1.** 系統處理所需之設備

(1) 氮氣設備，如圖 8.59所示。

(2) 綜合壓力表，如圖8.60所示。

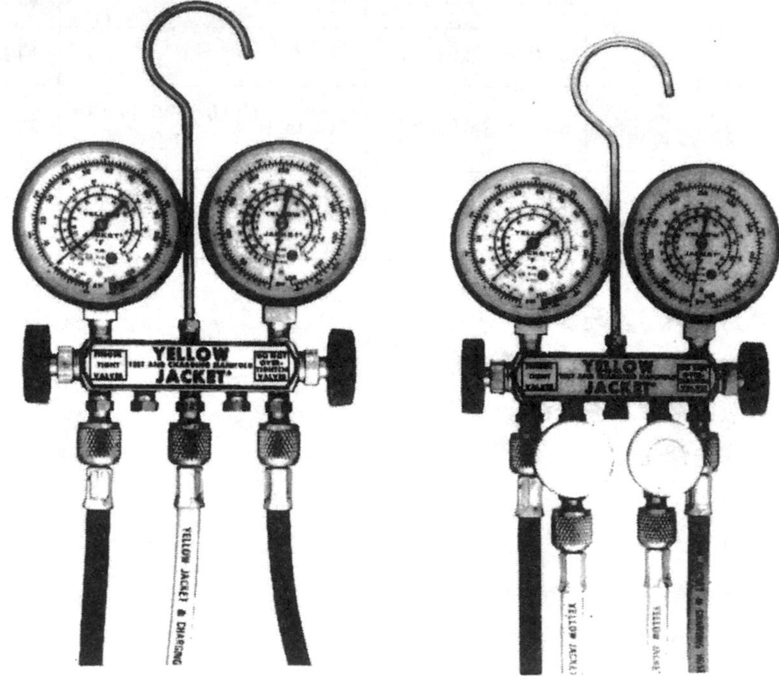


(a) 2 閥式　　(b) 4 閥式

圖 8.60　綜合壓力表

(3) 檢漏器

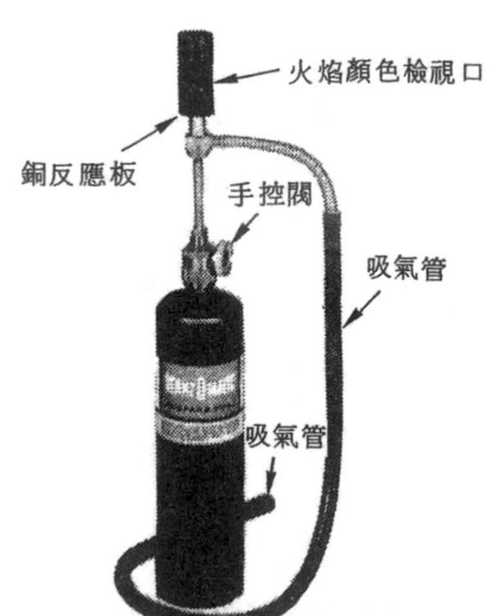


圖 8.61　火焰檢漏器

① 火焰檢漏器，如圖 8.61 所示。

② 電子檢漏器，如圖 8.62 所示。

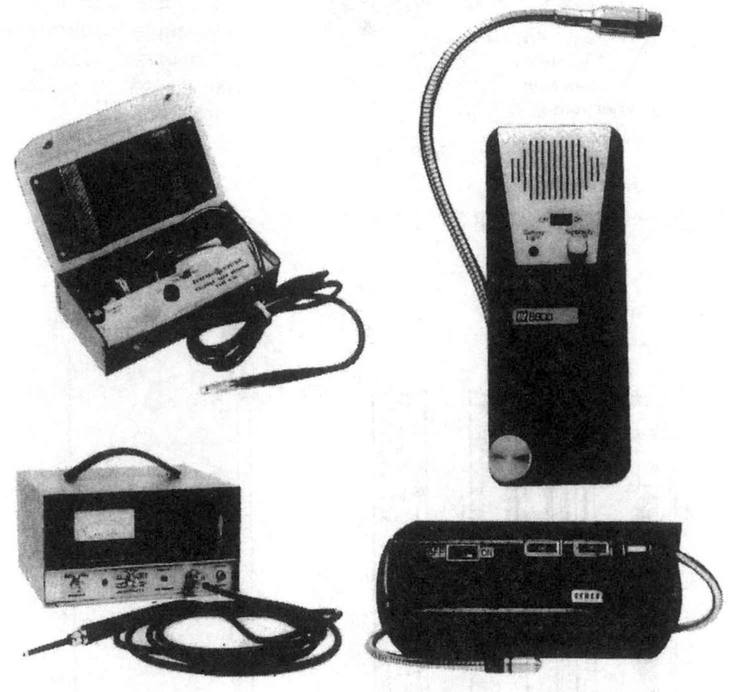

圖 8.62　電子檢漏器

(4) 眞空指示計

① 電子眞空計，如圖 8.63 所示。

圖 8.63　電子眞空計

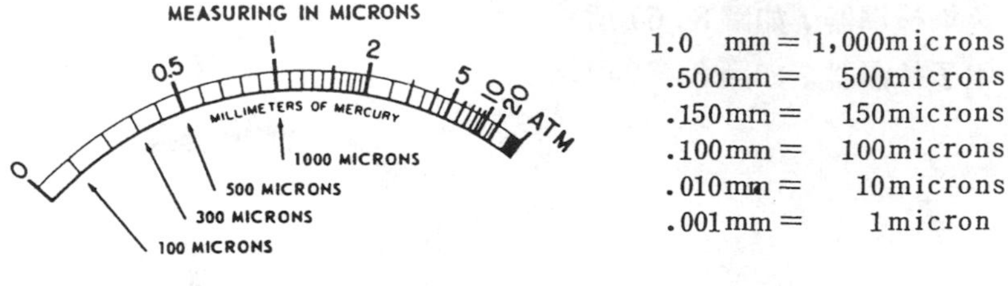


圖 8.63 （續）

② U型水銀眞空計，如圖8.64、圖8.65所示。

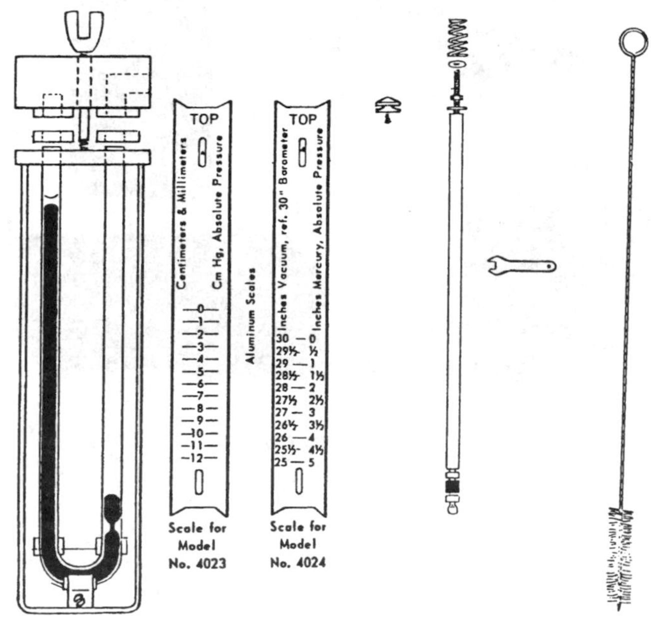


圖 8.64 U型水銀計

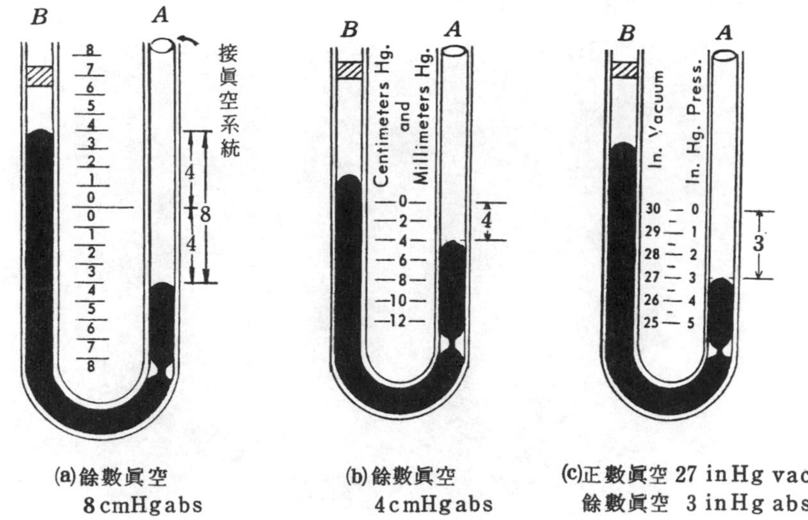


圖 8.65 U 型水銀眞空計眞空讀數

(5) 眞空泵浦，如圖 8.66 所示。

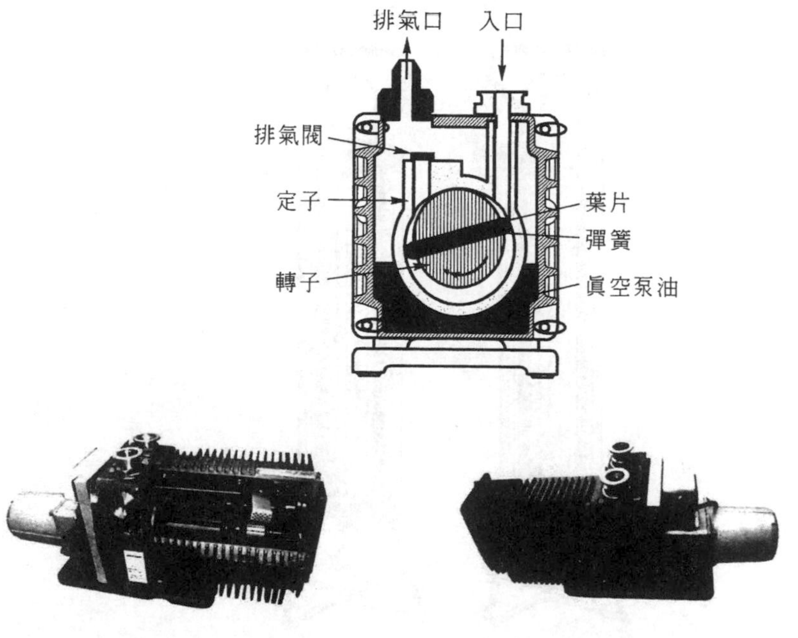


圖 8.66 眞空泵浦

(6) 夾式電表，如圖 8.67 所示。

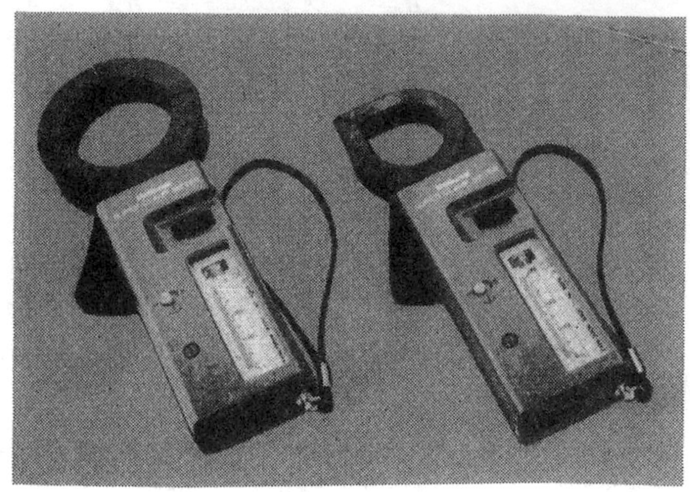

圖 8.67 夾式電表

(7) 有計量儀之冷媒鋼瓶，如圖 8.68 所示。

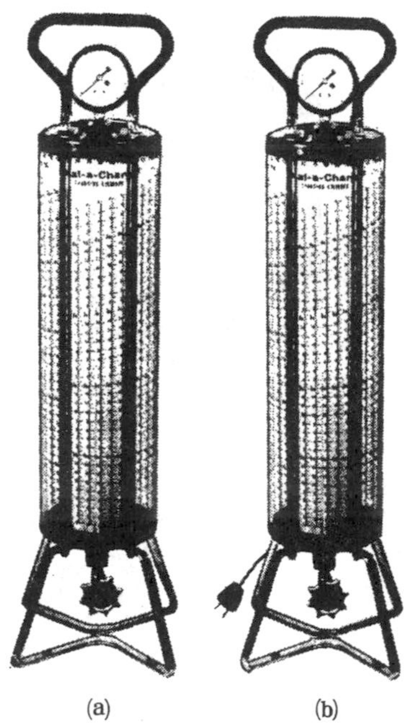

(a) (b)

圖 8.68 有計量儀之冷媒鋼瓶

**2.** 系統處理

(1) 系統試壓

① 試壓氣體：氮氣$N_2$或乾燥空氣。

② 試壓壓力

| R-22 | 靜止壓力 | | 運轉壓力(水冷式) | | 運轉壓力(氣冷式) | | 試壓壓力 kg/cm² g | |
|---|---|---|---|---|---|---|---|---|
| | °C | kg/cm² g | °C | kg/cm² g | °C | kg/cm² g | 水冷式 | 氣冷式 |
| 低壓側 | 35 | 12.785 | 5 | 4.92 | 5 | 4.92 | 15 | 15 |
| 高壓側 | 35 | 12.785 | 40 | 14.609 | 50 | 18.782 | 20 | 25 |

(2) 系統探漏

① 肥皂水探漏。

② 火焰檢漏器探漏。

③ 電子檢漏器探漏。

(3) 系統抽眞空

① 使用眞空泵浦掃盪抽眞空。

② 眞空指示計有U型水銀眞空計或電子眞空計。

(4) 系統灌充冷媒～系統在眞空狀況下（壓縮壓不運轉）。

① 臥式殼管式冷凝器由高壓出液閥灌充液態冷媒。

② 雙套管盤管式冷凝器由高壓側接頭以氣態冷媒破空。

(5) 系統補充冷媒～系統冷媒不足狀況（壓縮機運轉），壓縮機在運轉狀況下，由低壓端補充氣態冷媒。

**3.** 冷媒的補給及灌充

冷凍循環內冷媒量不足時，蒸發器出口氣體冷媒的過熱度會比吸入空氣溫度高，此時通過膨脹閥的冷媒會產生咻咻叫的聲音，此種情況，冷却能力顯著降低，假如冷媒更少則完全沒有冷却能力，此時高壓及低壓壓力皆低，低壓開關動作，壓縮機停止運轉，因此需要灌充冷媒。

(1) 雙套管盤管式冷凝器有近接接頭的氣態冷媒灌充法。

① 按圖 8.69 連接眞空泵浦、冷媒瓶及系統高低壓側近接接頭。

② 關閉冷媒瓶閥，打開眞空泵浦吸入閥，啓動眞空泵浦，由高低壓兩側同時系統抽眞空至 75 cmHg Vac 以上之眞空度。

③ 關閉眞空泵吸氣閥，停止眞空泵浦，打開冷媒瓶閥，氣態冷媒由高壓側破

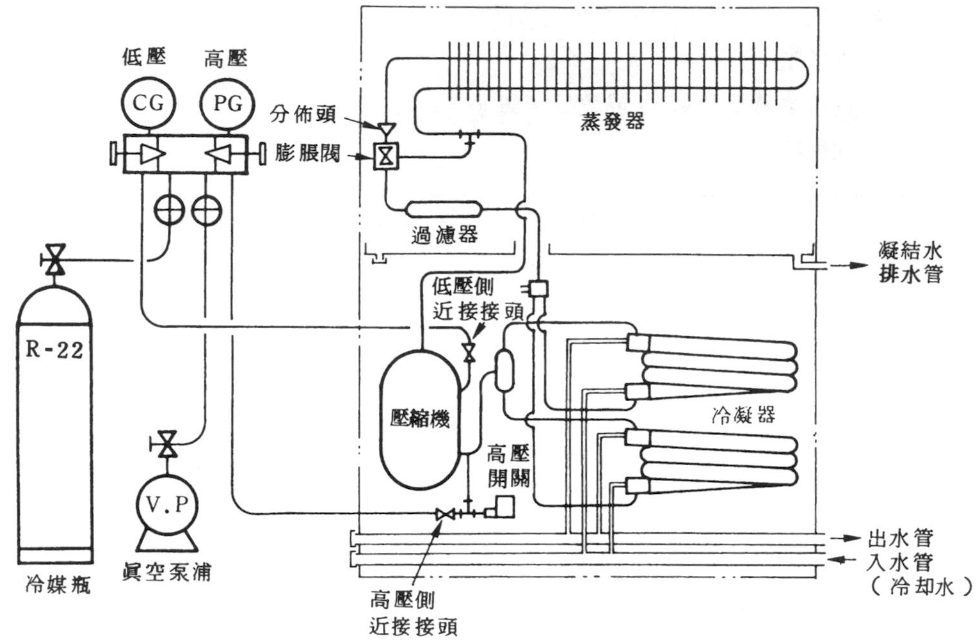


圖 8.69　氣態冷媒灌充法

空至低壓表指示 0.5kg/cm²g（7 psig），停止充冷媒。

④ 重覆上述步驟 2～3 次操作，稱爲掃盪抽眞空。

⑤ 系統在靜止而且眞空狀態下，由高壓側破空灌氣態冷媒，再由高低壓側同時灌充氣態冷媒至壓力平衡爲止。

⑥ 啓動壓縮機，繼續由低壓側補充氣態冷媒，至冷媒適量爲止。

⑵ 殼管式冷凝器有液體出口閥的液態冷凝灌充法，如圖 8.70 所示。

① 液體出口閥打後位，取下¼″ φ 接頭螺帽連接冷媒灌充軟管至冷媒瓶閥接頭。

② 冷凝器出口閥軟管接頭稍旋鬆，冷媒瓶閥稍開，排除軟管內部空氣而後再旋緊冷凝器閥接頭。

③ 冷媒瓶放在磅稱上倒置，冷媒瓶閥全開，冷凝器液體出口閥打前位，壓力開關捷路。

④ 啓動運轉壓縮機、液態冷媒由出液閥經輸液管、膨脹閥灌入冷媒系統，灌充量可由磅稱，或冷媒充塡瓶指示出來。

⑤ 關閉冷媒瓶閥，冷凝器出口閥打後位，冷媒停止補給，拆除壓力開關之捷路線。

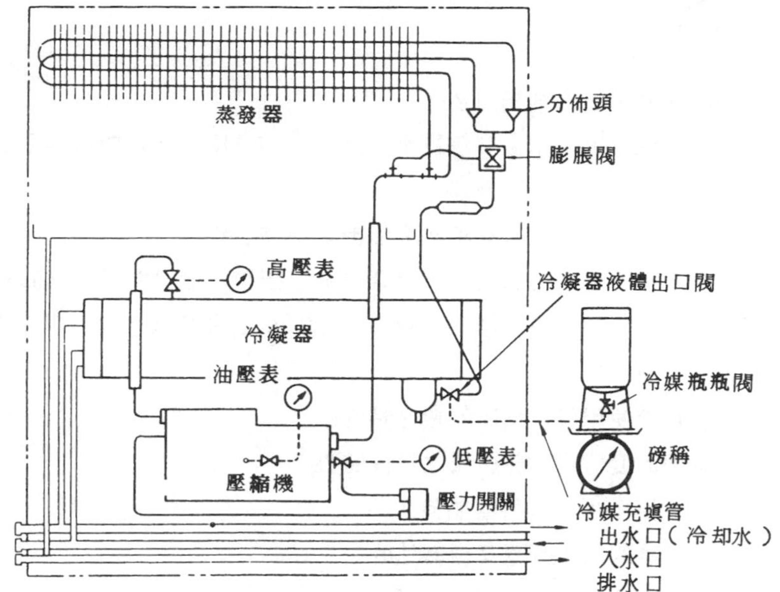


圖8.70　液態冷媒灌充法

⑥ 壓縮機繼續運轉用手摸冷凝器外殼，上部及下部有明顯的溫度差。

⑦ 冷媒仍不足時，改由低壓端補充氣態冷媒。

⑧ 冷媒灌充完成，冷凝器出口閥打後位，拆除軟管，接頭用螺帽封閉。

**注意**：補給中冷媒瓶內冷媒減少，灌充困難，可用電熱或熱水加熱冷媒瓶，絕對不能用火加熱。

**4.** 冷媒灌充量之判斷

⑴ 運轉電流判斷：壓縮機之運轉電流，絕對不能超過滿載之額定電流（FLA）。

⑵ 運轉壓力判斷

① 蒸發溫度 5°C 時之低壓壓力 4.92 kg/cm²g。

② 凝結溫度 40°C 時之高壓壓力 14.6 kg/cm²g。

⑶ 冷媒灌充重量判斷

① 由磅稱指示灌充重量。

② 由有計量儀之冷媒瓶判斷冷媒灌充重量。

⑷ 溫度判斷：冷氣機出入口空氣溫度差約 8～11°C。

# 習題8

8.1 說明冷房負荷計算的項目？

8.2 水冷式冷凝器出入水溫度差為4°C時，求10RT冷氣機所需要的冷却水循環量？

8.3 繪表說明水冷式及氣冷式箱型冷氣機之運轉特性？

8.4 水冷式冷凝器，冷却水入口水溫32°C，出口水溫36°C，入口高壓過熱氣冷媒72°C，出口高壓過冷却液冷媒40°C，求冷却水與冷媒熱交換之算數及對數平均溫度差？

8.5 試述毛細管使用於箱型冷氣機之特性？

8.6 繪圖說明溫度式自動膨脹閥之動作特性？

8.7 可熔塞有何作用，其特性如何？

8.8 說明箱型冷氣機改變送風機轉速的方法？

8.9 繪圖說明水冷式箱型冷氣機冷却水配管的方法？

8.10 說明箱型冷氣機有那些冷凍系統元件？

8.11 說明箱型冷氣機有那些控制電路元件？

8.12 說明箱型冷氣機開機步驟？

8.13 說明箱型冷氣機定期保養之項目？

8.14 說明箱型冷氣機冷媒灌充量判斷的方法？

8.15 說明箱型冷氣機系統處理所需之設備？

中央空調系統依容量之大小可分爲15冷凍噸以下之小型中央空調系統及20冷凍噸以上之大型中央空調系統。

## 9.1 小型中央空調系統之認識

### 9.1-1 小型中央空調系統之特點

一般大型中央空調系統只限於同一大廈共同使用同一冷氣系統之場所使用，而小型中央空調系統却可滿足同一大廈需要分戶使用冷氣系統，或需要獨立使用冷氣系統之一般家庭、商場、辦公處所使用。

**1.** 小型中央空調系統之分類

小型中央空調系統之容量一般在3～15冷凍噸，由熱交換方法之不同，可分爲：

⑴ 水冷式冰水機組（self-contained water cooled chilling units）。

⑵ 氣冷式冰水機組（self-contained air cooled chilling units）。

**2.** 小型中央空調系統之優點

⑴ 分戶獨立之冷氣系統

因冷氣系統獨立，不與其他用戶發生關係，時下的集合式住宅或辦公大樓一般採用冷却水塔公用，或冰水系統共用，不但需負擔公共電費、保養費，還不能隨意開機、停機。而小型中央系統可克服上述缺點，而達到最佳使用狀況。

⑵ 節約能源，小主機大用途

若全戶需要7.5噸，則只需安裝4～5噸即可靈活運用，因房間同一時間全部需要使用冷氣的時間不多，而且不一定在尖峯負荷時刻使用，所以主機不必爲全負載的100％，如此，設備費較省，運轉費用也低。

⑶ 可爲直接膨脹式或間接膨脹式冰水系統

直接膨脹式係將氣冷式冷凝主機安裝於室外，經冷媒銅管將冷媒輸入室內各個送風機（fan coil unit）或空調箱（air handling unit），冰水系統係將一部置放於陽台、庭院或屋頂的冰水主機，及一組分佈於室內各廳房的冰水管道（chilling water piping）及數個室內送風機（fan coil unit），由室外主機直接製造出低溫冰水，經由冰水泵（chilling water pump）導入室內冰水管道，再由送風機或空調箱將冷氣輸送到全家每個房間或辦公室每個角落。

## 9.1-2 氣冷式小型中央空調系統冰水機組

**1.** 圓型氣冷式冰水機組，參考圖9.1所示

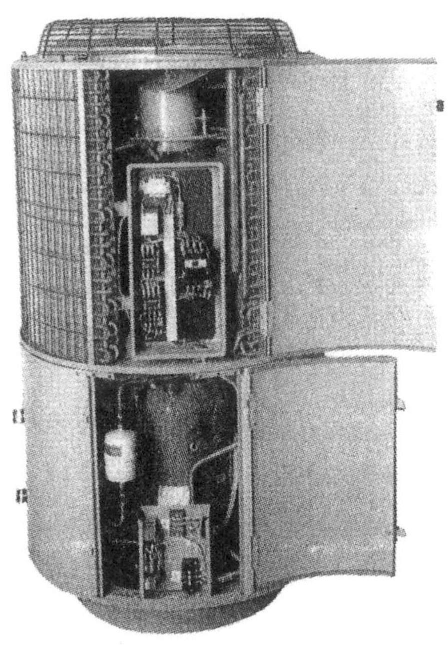

圖9.1 圓型氣冷式冰水機組

台利牌圓型氣冷式小型中央空調系統冰水機組規格表

| 項目 \ 型號 | | TAPCR-030A | TAPCR-040A | TAPCR-050A | TAPCR-030B | TAPCR-040A | TAPCR-050A |
|---|---|---|---|---|---|---|---|
| 冷房能力 | Kcal,HR | 8,100 | 10,300 | 13,100 | 8,100 | 10,300 | 13,100 |
| | BTU,HR | 32,000 | 41,000 | 52,000 | 32,000 | 41,000 | 52,000 |
| 電源 | | 1 φ - 220V - 60 Hz | | | 3 φ - 220V - 60 Hz | | |
| 額定電流 (A) | | 26.6 | 32 | 37.3 | 14.5 | 17.5 | 20.8 |
| 啓動電流 (A) | | 103 | 132 | 179 | 72 | 103 | 135 |
| 消耗電力 (kW) | | 5.27 | 6.47 | 7.47 | 5.07 | 6.27 | 7.17 |
| 壓縮機 | | 全密閉高效率壓縮機 | | | | | |
| 冷凝風扇 (kW) | | 0.3 | | | | | |
| 水泵 (kW) | | 0.37 | | | | | |
| 冷媒種類 | | R-22 | | | | | |
| 保護裝置 | | 壓縮機過載保護器、過電流繼電器、延時繼電器、高低壓開關、溫度開關、防凍開關 | | | | | |
| 冷凍油 | 型號 | 3GS | | | | | |
| | 充填量 ℓ | 1.3 | 1.9 | 1.9 | 1.3 | 1.9 | 1.9 |
| 重量 (kg) | | 160 | 172 | 175 | 160 | 175 | 175 |
| 外型尺寸 (mm) | 直徑 φ | 750 | 750 | 750 | 750 | 750 | 750 |
| | 高度 H | 1200 | 1338 | 1440 | 1200 | 1338 | 1440 |
| | 長度 L | | | | | | |
| | 寬度 W | | | | | | |
| 外觀 | | 圓形 | | | | | |
| 進管 φ (mm) | | 25A | | | | | |
| *配線線徑 mm² | | 8 | 14 | 14 | 5.5 | 5.5 | 8 |
| *無熔絲開關 | | 2P 50AF 40AT | 2P 50AF 40AT | 2P 50AF 50AT | 3P 30AF 20AT | 3P 30AF 30AT | 3P 30AF 30AT |

備註：1.冷房能力之條件爲環境溫度35°C及出水溫度7.5°C時。
2.*務必使用推薦值以上線徑，正字標誌產品，此二項不含於產品內。

**2. 薄型氣冷式冰水機組，參考圖 9.2 所示**

圖 9.2 薄型氣冷式冰水機組

| 項目 | 型號 | TAPCL-050A | TAPCL-050B | TAPCL-075B | TAPCL-100B |
|---|---|---|---|---|---|
| 冷房能力 | Kcal,HR | 13,100 | 15,100 | 22,200 | 30,000 |
| | BTU,HR | 52,000 | 60,200 | 88,100 | 122,200 |
| 電源 | | 1 φ - 220V - 60 Hz | 3 φ - 220V - 60Hz | 3 φ - 220V - 60 Hz | 3 φ - 220V - 60Hz |
| 額定電流 (A) | | 37.3 | 20.8 | 35.9 | 25.2 × 2 |
| 啓動電流 (A) | | 179 | 135 | 227 | 153 × 2 |
| 消耗電力 (kW) | | 7.47 | 7.17 | 11.65 | 8.38 × 2 |
| 壓縮機 | | 全密閉式高效率壓縮機 | | | |
| 風扇馬達出力 (kW) | | 0.3 | 0.3 | 0.5 | 0.3 × 2 |
| 冷媒種類 | | R-22 | R-22 | R-22 | R-22 |
| 保護裝置 | | 過電流繼電器、高低壓開關、溫度開關、防凍開關 | | | |
| 冷凍油 | 型號 | 3GS | 3GS | 4GS | 4GS |
| | 充塡量 ℓ | 1.9 | 1.9 | 2.1 | 2.1 × 2 |
| 重量 (kg) | | 190 | 195 | 350 | 430 |
| 外型尺寸 (mm) | 高度 H | 1750 | 1750 | 1850 | 1800 |
| | 寬度 W | 950 | 950 | 1250 | 1550 |
| | 深度 D | 460 | 460 | 530 | 825 |
| 外觀 | | 長方型（側吹式） | 長方型（側吹式） | 長方型（側吹式） | 長方型（上吹式） |
| 進出水管 φ(mm) | | 32A | 32A | 40A | 40A |
| * 配線線徑 mm² | | 14 | 8 | 14 | 22 |
| * 無熔絲開關 | | 2P 50AF 50AT | 3P 30AF 30AT | 3P 50AF 50AT | 3P 100AF 60AT |

備註：1. 冷房能力之條件爲環境溫度 35°C 及出水溫度 7.5°C 時。
2. * 勿必使用推薦值以上之線徑，正字標誌產品。

**3.** 氣冷式小型中央空調系統冰水機組內部結構

氣冷式小型中央空調系統冰水機組之冷凍循環系統包含壓縮機、氣冷式冷凝器、膨脹閥及冰水器四大主件，並有乾燥器及高低壓近接閥接頭等配件，如圖9.3所示。冰水泵浦將冰水回水打入冰水器熱交換，製造低溫冰水，循環至室內送風機組產生冷房效果。本系統裝有高低壓開關保護壓縮機、防凍開關防止冰水器結冰、防凍開關應裝於冰水器之出水口。溫度開關裝於冰水回水口控制壓縮機，以節約能源。

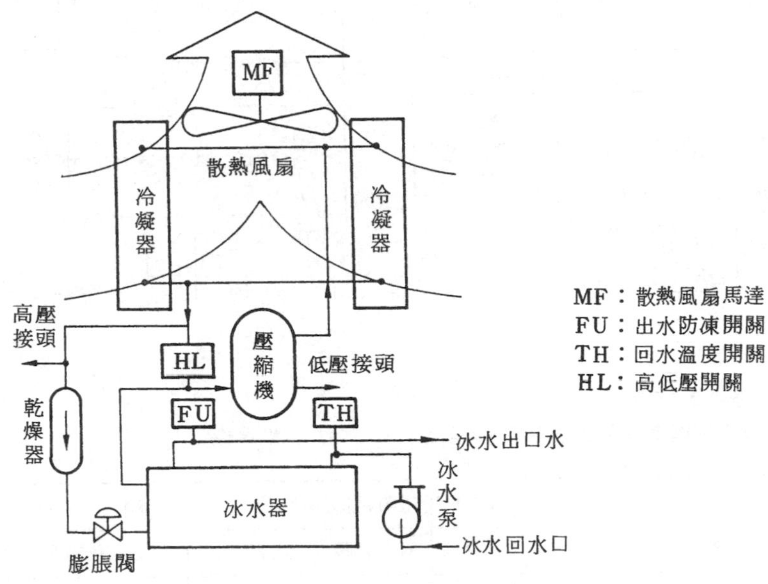


圖 9.3　氣冷式冰水機組內部結構

## 4. 控制線路圖，請參考圖9.4、圖9.5所示

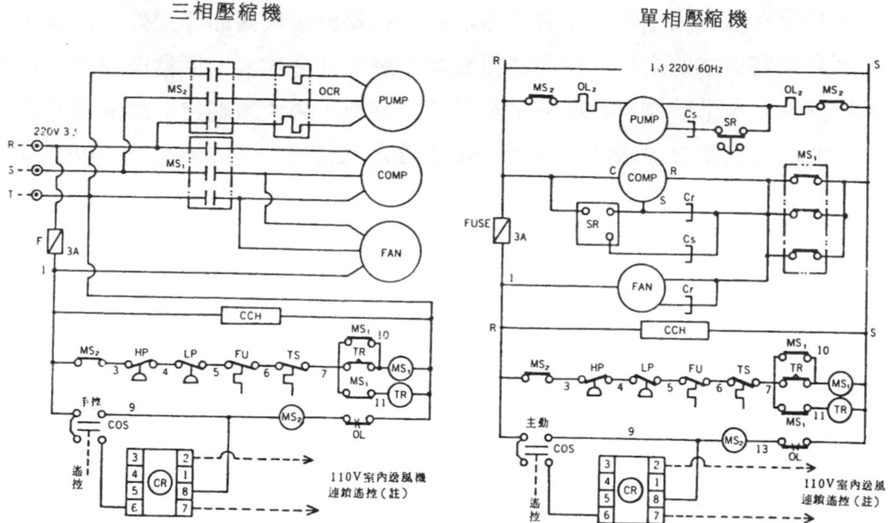


註： 1.繼電器（CR）使用110V（標準型）。

2.如不以室內送風機之選擇開關當遙控時，請與工廠連絡。

| PUMP | 水泵 | CCH | 曲軸箱加熱器 | TS | 溫度開關 |
|---|---|---|---|---|---|
| COMP | 壓縮機 | HP | 高壓開關 | CR | 繼電器（遙控用） |
| FAN | 冷凝風扇 | OL | 電磁開關過載保護 | — | 工廠接線 |
| $MS_1$ | 電磁接觸器（COMP） | LP | 低壓開關 | ··· | 現場接線 |
| $MS_2$ | 電磁開關（PUMP） | FU | 防凍開關 | SR | 起動繼電器 |
| OCR | 過電流繼電器（PUMP） | COS | 選擇開關（手動遙控） | Cr | 運轉電容器 |
| F | 保險絲 | TR | 時控開關 | Cs | 起動電容器 |

圖 9.4　台利牌氣冷式冰水機組控制線路(一)

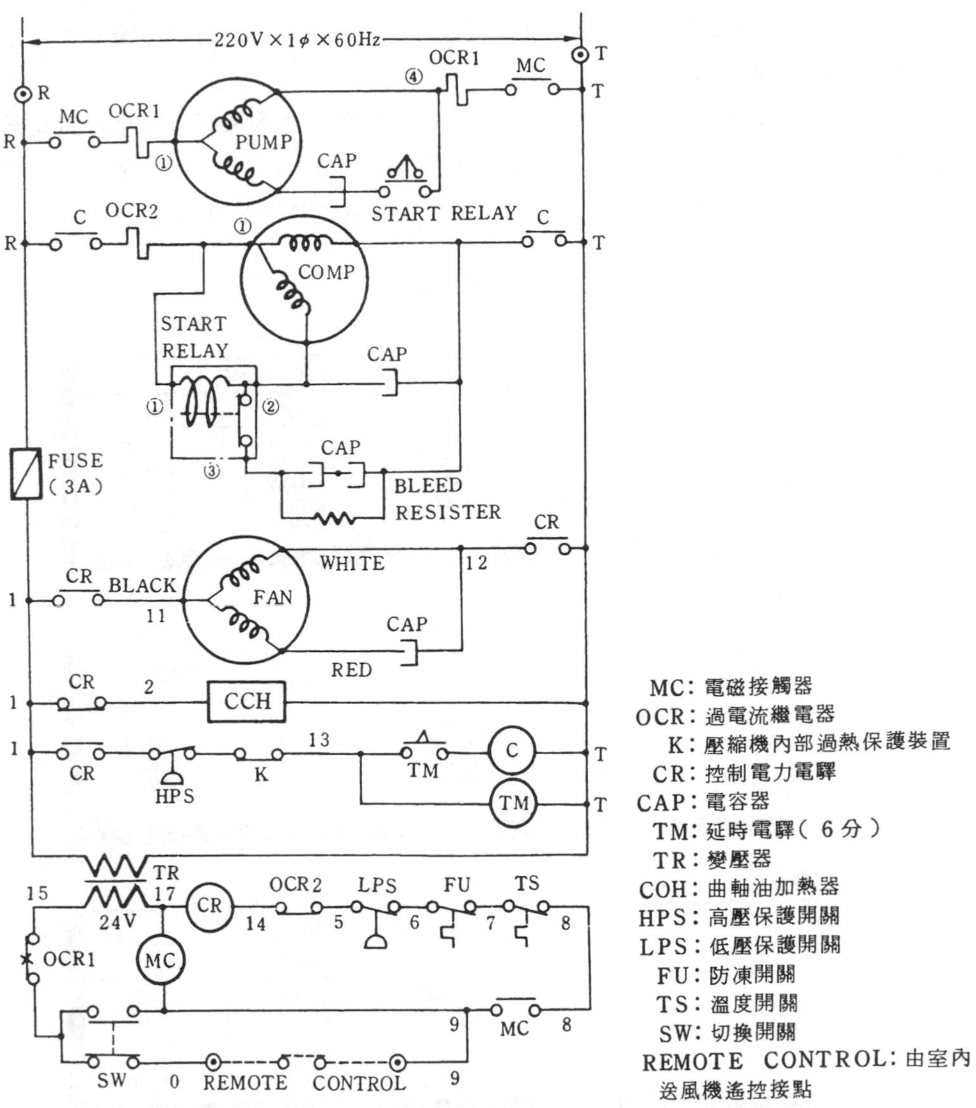


圖 9.5　台利牌控制線路圖(二)，低壓 24V 遙控

**5.** 氣冷式冰水機組之冷氣能力

冷氣能力受冷凝溫度及蒸發溫度的影響，冷凝溫度愈高及蒸發溫度愈低則冷氣能力相對減少，反之，冷凝溫度愈低及蒸發溫度上升則冷氣能力提高。冷氣能力之單位爲Kcal/hr 或 BTUH 。

例如表9.1所示，TAPC 030公稱3RT之氣冷式冰水機組，當冷凝溫度爲130°F，蒸發溫度爲35°F時，其冷氣能力只有32000BTUH，而當凝結溫度降爲110°F，蒸發溫度提升爲50°F時，其冷氣能力提高爲52500BTUH。

表9.1　性能表

**TAPC 030**

B.T.U.H

| 冷凝溫度 COND. TEMP. °F | 飽和蒸發溫度 SUC. TEMP. °F | | | |
|---|---|---|---|---|
| | 35° | 40° | 45° | 50° |
| 110° | 38500 | 43000 | 47500 | 52500 |
| 115° | 37000 | 41500 | 46000 | 50500 |
| 120° | 35000 | 39500 | 44000 | 48500 |
| 125° | 33000 | 37500 | 42000 | 46500 |
| 130° | 32000 | 36000 | 40000 | 44000 |

**TAPC 040**

| 冷凝溫度 COND. TEMP. °F | 飽和蒸發溫度 SUC. TEMP. °F | | | |
|---|---|---|---|---|
| | 35° | 40° | 45° | 50° |
| 110° | 50000 | 57000 | 65000 | 73000 |
| 115° | 47000 | 54000 | 62000 | 70000 |
| 120° | 45000 | 51000 | 59000 | 67000 |
| 125° | 42000 | 48000 | 57000 | 64000 |
| 130° | 39000 | 46000 | 53000 | 61000 |

**TAPC 050**

| 冷凝溫度 COND. TEMP. °F | 飽和蒸發溫度 SUC. TEMP. °F | | | |
|---|---|---|---|---|
| | 35° | 40° | 45° | 50° |
| 110° | 61000 | 73000 | 75000 | 82000 |
| 115° | 57000 | 64000 | 72000 | 79000 |
| 120° | 55000 | 62000 | 68000 | 75000 |
| 125° | 52000 | 58000 | 65000 | 72000 |
| 130° | 50000 | 56000 | 62000 | 69000 |

**6.** 氣冷式冰水機組之優點

氣冷式小型中央空調主機可搭配空調箱及小型室內送風機使用。適用於家庭，辦公室、旅館餐廳等場所使用。

(1) 獨立整體：將冰水泵浦精巧的裝置在主機內，使冷卻系統、冷媒系統和冰水系統連成一體。

(2) 安裝容易：在廠灌妥冷媒並試車完畢，運抵現場後接通冰水管路及電源卽可操作運轉。

(3) 馬蹄形冷凝器，採用無縫銅管及純鋁鰭片製成，純鋁鰭片經過陽極處理，不怕風吹雨打，永遠保持最佳散熱效果。大自然空氣由機身周側吸入，頂端排出。免裝冷却水塔，無斷水煩惱，尤其適合缺水地區使用。

薄型機組採用側吹或上吹空氣散熱方式，冷却效果甚佳，無斷水之煩惱。

(4) 美觀耐用：外殼係防銹鋼板壓製而成，無銹蝕之慮，色彩高雅，美觀大方、堅固耐用。

(5) 寧靜無聲：壓縮機、冰水泵浦附有防震橡皮座，減少震動，風扇馬達經特殊設計，大型軸流式扇葉，低速旋轉，向上排風。另有整體防震及消音設備，故運轉時聲音極低。

(6) 壽命特長：全密閉壓縮機，設有溫度保護開關、超載繼電器、高低壓安全開關、過濾乾燥器等裝置。冰水泵浦及風扇馬達之軸承具有永久潤滑及過熱保護設備，能保持機器運轉正常。並具有延時控制裝置，能在安全時間內使壓縮機再啓動，不致因啓閉過於頻繁而受損，壽命特長。

(7) 用電極省：具有防凍及冰水溫度控制省電裝置，當冷水達到設定溫度時，能自動停止壓縮機運轉，而冷房效果不變，節省耗電並防止冷水凍結。

(8) 具有感溫膨脹閥，能自動調節冷媒流量，使主機發揮最高效率及最經濟之運轉。

(9) 使用方便：具油加熱器裝置，能使冷凍油與冷媒分離，保持潤滑效果，可隨時啓動壓縮機。

(10) 操作安全：具有24伏特低壓變電設備，控制電路，絕無觸電意外。

## 9.1-3　水冷式小型中央空調系統冰水機組

**1.** 台利牌規格表，參考表9.2所示。

表 9.2 台利牌水冷式小型中央空調系統冰水機組規格表

| 項目 | 機種 | 單位 | TWPC 005 | TWPC 008 | TWPC 010 | TWPC 012 | TWPC 015 | TWPC 020 | TWPC 025 |
|---|---|---|---|---|---|---|---|---|---|
| 電源 | | | 3φ-220V-60Hz | | | | | | |
| 冷房能力 | | Kcal/n | 15000 | 22500 | 30000 | 36000 | 45000 | 60000 | 72000 |
| 能力調整 | | % | 100/0 | | 100/50/0 | | | | |
| 冰水水量 | | ℓ/mm | 46 | 70 | 92 | 115 | 140 | 184 | 230 |
| 冷却水量 | | ℓ/mm | 50 | 75 | 100 | 120 | 150 | 200 | 240 |
| 壓縮機 | 形式 | | 全密閉往復式（美國或日本製造） | | | | | | |
| 壓縮機 | 運轉電流 | A | 19 | 30 | 40(20×2) | 54(27×2) | 64(32×2) | 70(35×2) | 98(49×2) |
| 壓縮機 | 消耗電流 | kW | 5.9 | 99.3 | 13.6(6.8×2) | 18(9×2) | 21.4(10.7×2) | 27.4(13.7×2) | 32.6(16.3×2) |
| 壓縮機 | 起動電流 | A | 106 | 165 | 126(106+20) | 174(147+27) | 199(167+32) | 242(207+35) | 316(267+49) |
| 壓縮機 | 電動機輸出 | kW | 3.75 | 5.5 | 7.5(3.75×2) | 9(4.5×2) | 11(5.5×2) | 15(7.5×2) | 18(9×2) |
| 凝結器型式 | | | 管殼式 | | | | | | |
| 冰水器型式 | | | 乾式、管殼式 | | | | | | |
| 冷媒控制 | | | 感溫膨脹閥 | | | | | | |
| 起動方式 | | | 直接起動 | | | | | | |
| 保護裝置 | | | 高壓保護開關、低壓保護開關、防凍開關、過載繼電器、限時繼電器、可熔栓 | | | | | | |
| 冷媒 | | | R-22 | | | | | | |
| 冷凍機油 | | | SUNISO-4GS | | | | | | |
| 外形尺寸 | A | mm | 1210 | 1350 | 1300 | 1400 | 1500 | 1500 | 1500 |
| 外形尺寸 | B | mm | 800 | 1050 | 1050 | 1280 | 1500 | 1600 | 1600 |
| 外形尺寸 | C | mm | 500 | | | 525 | | | |
| 連接管徑 | 冷却水出入口 | in | 1¼B | | 1½B | | | 2B | |
| 連接管徑 | 冰水出入口 | in | 1¼B | | 1½B | | | 2B | |
| 連接管徑 | 排水口 | in | 1B | | | | | | |
| 重量 | | kg | 280 | 330 | 385 | 435 | 520 | 680 | 735 |

註：以上能力在下列條件時爲準：
冰水入口溫度 13°C，出口溫度 8°C；冷却水入口溫度 32°C，出口溫度 37°C。

**2.** 結構圖，如圖 9.6 所示。

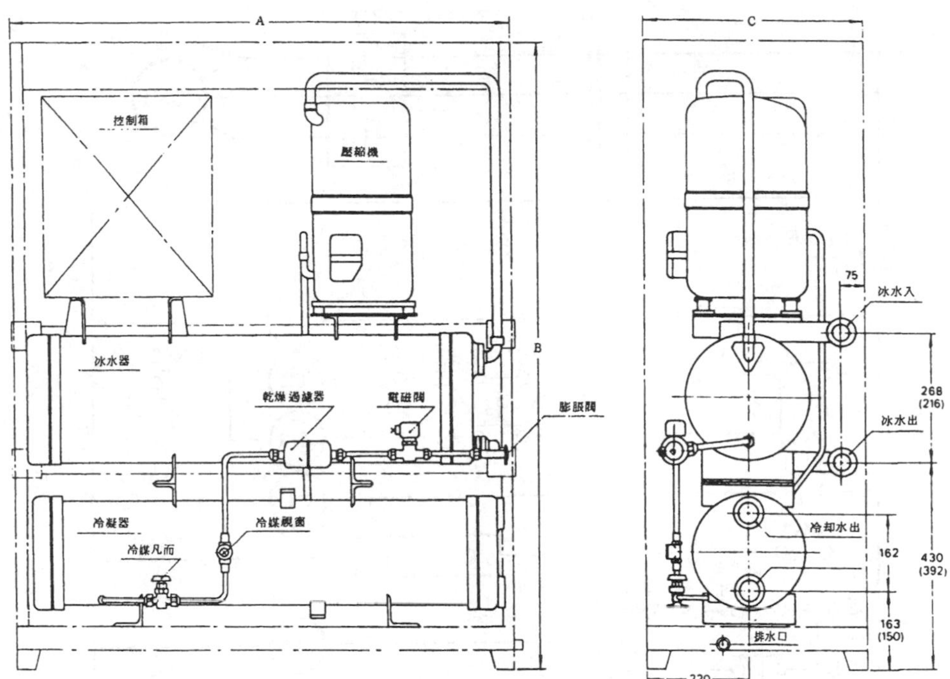


圖 9.6　水冷式小型中央空調系統冰水機組

**3.** 小型中央空調系統水冷式冰水機組控制線路，如圖 9.7 所示。

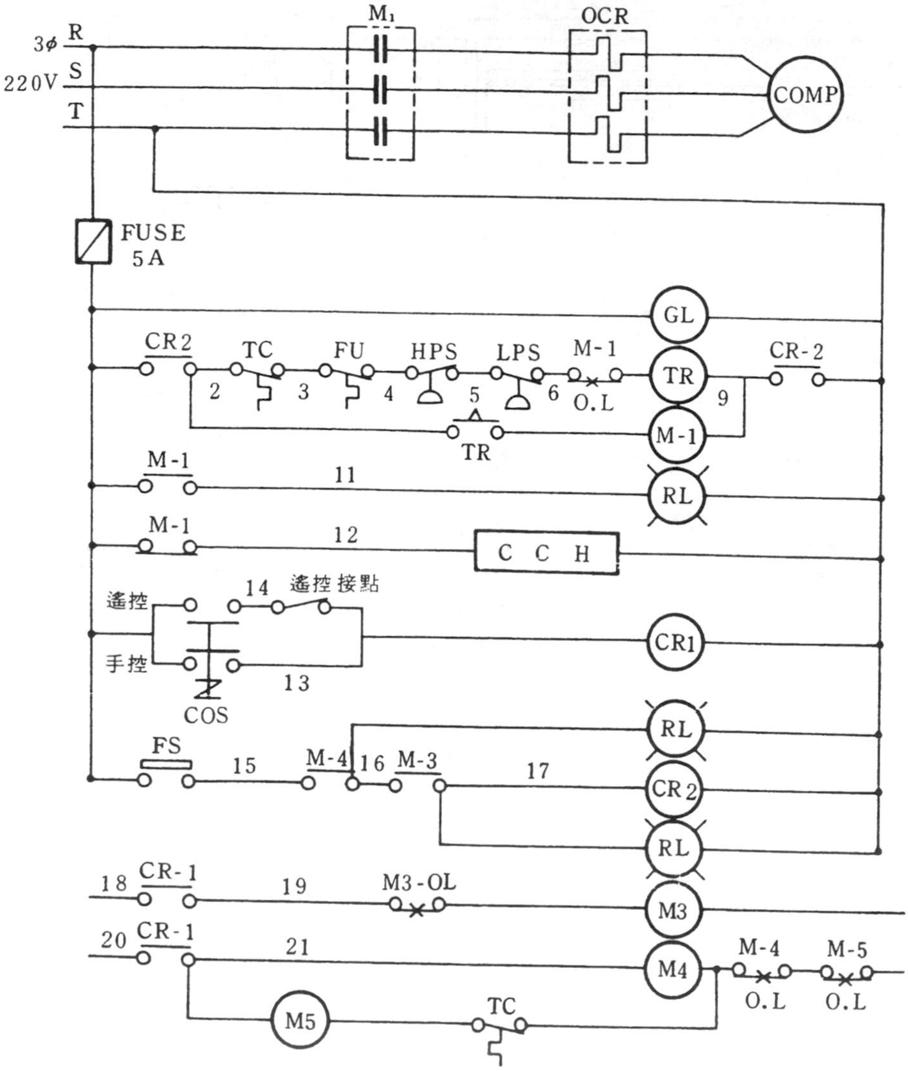

| | | | | | |
|---|---|---|---|---|---|
| FU | Freeze up switch | 防凍開關 | M | Mag. Contactor | 電磁開關 |
| GL | Green Light | 綠指示燈 | RL | Red Light | 紅指示燈 |
| TC | Temperature Control | 溫度控制開關 | CCH | Comp Crankcase | 壓縮機曲軸加熱器 |
| FS | Flow Switch | 流動開關 | OL | Over Load | 過載保護器 |
| HPS | High Pressure Switch | 高壓保護開關 | — | Unit Wiring | 配線路 |
| LPS | Low Pressure Switch | 低壓保護開關 | M1 | Comp. Mag. | 壓縮機電磁開關 |
| OCR | Over Current | 過電流保護開關 | M3 | C.H.WP. | 冰水循環泵 |
| TR | Timing Relay | 延時繼電器 | M4 | C.O.WP. | 冷却水循環泵 |
| CR | Control Relay | 電力電驛 | M5 | Cooling Tower | 冷却水塔 |

圖 9.7 小型中央空調系統水冷式冰水機組控制圖

# 9.2 小型中央空調系統冰水機組按裝、試車與保養

## 9.2-1 水冷式小型中央空調系統冰水機組水管管路系統

**1.** 水管路系統種類

(1) 冰水管路系統（chilled water piping system）。

(2) 冷却水管路系統（condensing water piping system）。

(3) 排水管路系統（drainaged piping system）。

(4) 膨脹水管路系統（expansion water piping system）。

**2.** 水管路之水流循環過程

(1) 冰水管路系統

由冰水泵（chilling water pump）將冰水回水泵送至冰水器（chiller）冷却爲低溫冰水，再循環至室內送風機（fan coil unit）或空調機（air handling）熱交換，在回水管之垂直管頂端接一膨脹水箱（expansion water tank），其主要作用，爲冰水之熱脹冷縮膨脹作用及補給水供給之用。如此構成一循環。

(2) 冷却水管路系統

水冷式冷凝器（water cooled condenser）必需由冷却水泵（cooling

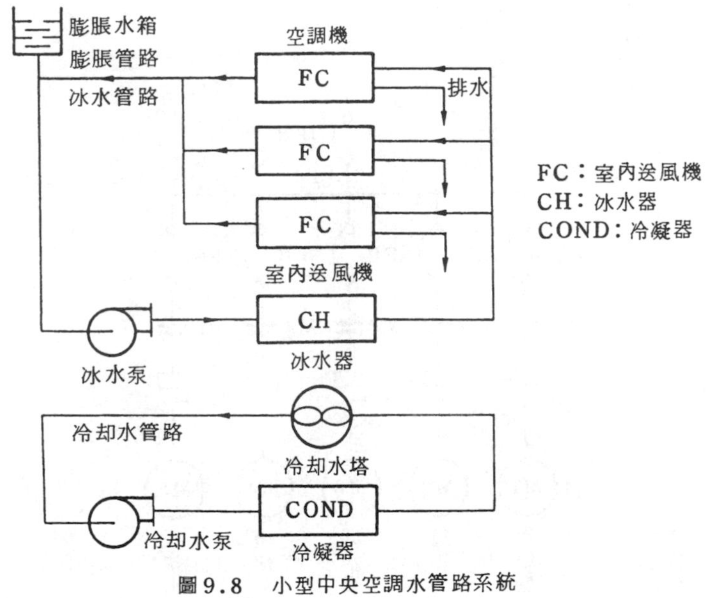


圖 9.8　小型中央空調水管路系統

water pump）輸送冷卻水至冷凝器（condenser）以便冷卻冷凝器，亦即使用冷卻水泵輸送冷卻水到冰水主機（chilling unit）之冷凝器完成熱交換，再將冷凝器排出之熱水送到冷卻水塔（cooling tower）散熱，熱水與空氣逆流熱交換後，冷卻爲常溫之冷卻水，如此循環，可節省大量之冷卻水，如圖9.8所示。

## 9.2-2　水冷式小型中央空調系統冰水機組機外動力配線

**1.** 主電路

水冷式小型中央空調系統之主電路，如圖9.9所示。包含壓縮機、冰水泵浦、冷卻水泵浦及冷卻水塔由無熔絲開關NFB及電磁開關個別控制。

**2.** 開機順序

(1) 冷卻水泵浦。

(2) 冷卻水塔。

(3) 冰水泵浦。

(4) 壓縮機。

**3.** 停機順序

(1) 壓縮機。

(2) 冰水泵浦。

(3) 冷卻水塔。

(4) 冷卻水泵浦。

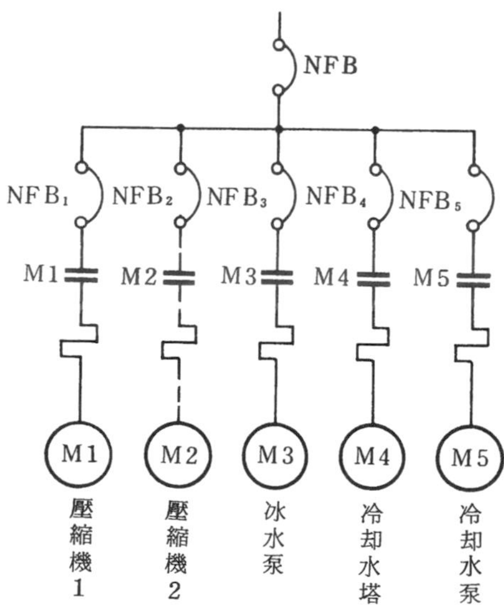


圖9.9　水冷式小型中央空調系統主電路

## 9.2-3　氣冷式小型中央空調系統冰水機組安裝工程

**1.** 機器設備安裝工程

(1) 主機以混凝土基礎底座或鐵架固定，但須注意防震處理。

(2) 主機安裝位置，底部應留30公分吸氣空間，頂部留120公分排氣空間，保養門前應留有90公分之保養空間，如圖9.10所示。

(3) 室內送風機。吊掛式以膨脹螺絲或預埋螺絲固定之。

(4) 配電盤應置於主機邊，且利於配線操作，安裝置需考慮高度及安全，以免孩童不慎觸及。

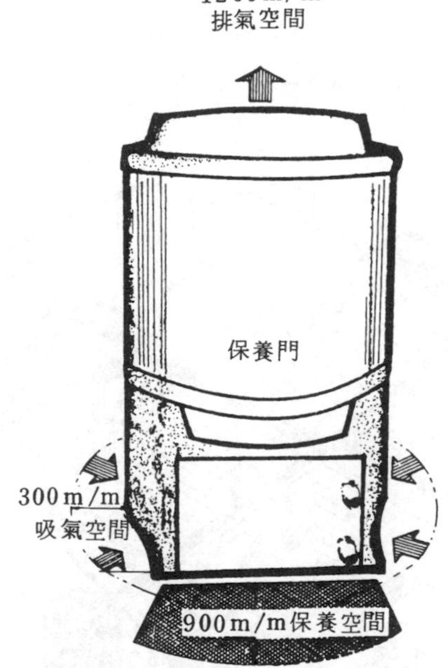


圖9.10　安裝正確位置

**2.** 冰水管配管工程，如圖9.11

(1) 冰水管採用正字標記GIP或PVC之B級管。

(2) 冰水管保溫材料採用世紀隆或阿姆斯壯之1″厚度保溫管保溫。

(3) 吊架應用角鐵U型吊環，並以膨脹螺絲固定。

(4) 排水管須用正字標記PVC管。

(5) 冰水管路所需之凡而一律用青銅閘型閥（gate valve），以減少阻力。

(6) 膨脹水箱，具有排氣、補給水及熱脹冷縮之膨脹作用，應配合現場美觀及冰水系統循環良好易於排氣情況安裝，如圖9.12所示。

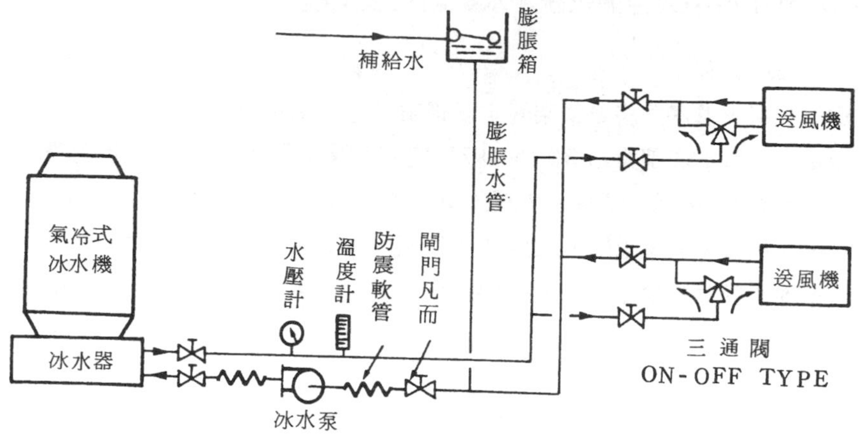


圖 9.11　氣冷式冰水機組之配管工程

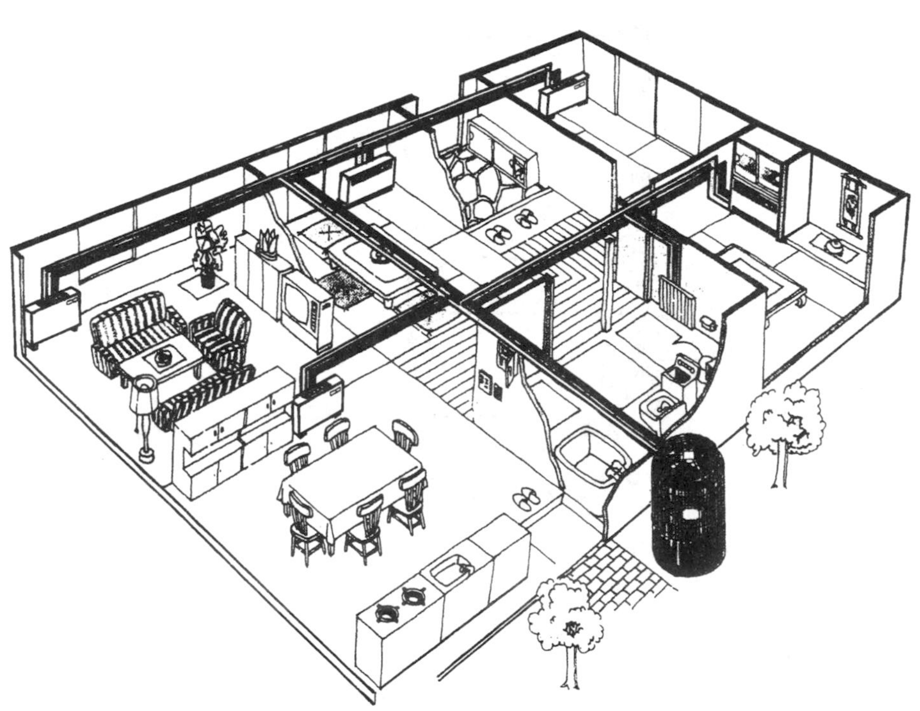

圖 9.12　氣冷式冰水機組配置實例

(7) 冰水管配置後須試水壓至 $6\,kg/cm^2$ 以上，且應詳細檢查各接頭有無漏水之現象，至不漏水方可進行保溫。

(8) 室內送風機安裝前，應先行送電試運轉風扇馬達，正常運轉再行吊掛安裝，避免吊掛後又拆卸檢修之困擾。

**3.** 配電工程

(1) 室外主機

氣冷式冰水機組之主控制電路包含：

① 冰水泵浦。

② 氣冷式冷凝器散熱風扇。

③ 壓縮機。

(2) 配線注意事項

① 冰水主機旁必須設機旁電源開關箱，電源開關所用之無熔絲開關或電磁開關必須使用國家正字標記產品。

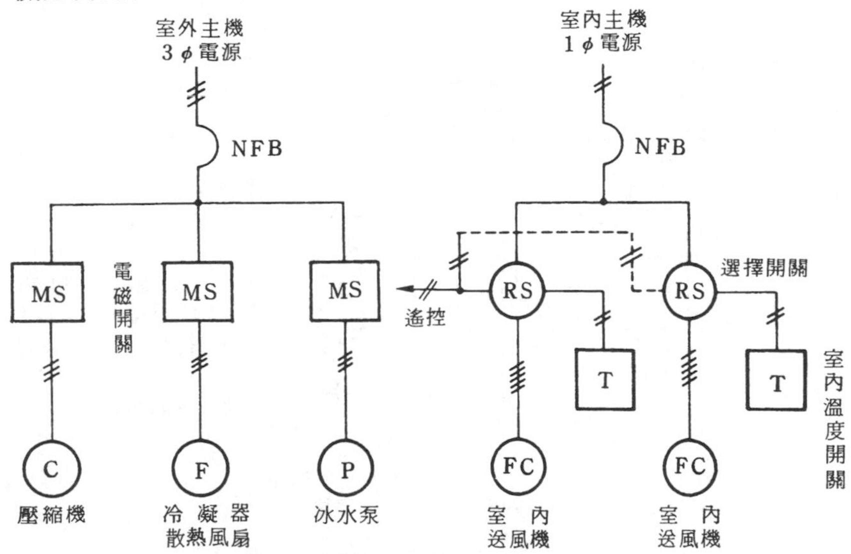


圖 9.13 氣冷式冰水機組單線配電圖

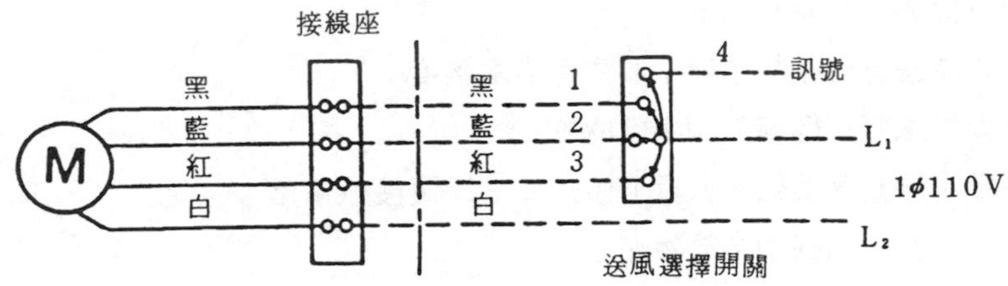


圖 9.14 室內送風機配線圖

② 室內送風機配電用1.25 $mm^2$ 軟線共分五色，如數台並聯，則按實際需要加大線徑，送風機之總電源側宜用分段無熔絲開關控制，如圖9.14所示。

③ 全部PVC絞線之接頭，應採用壓接端子以壓接工具鉗壓接。

**4.** 室內送風機節約能源控制法，如圖9.15

(1) 由RS開關選擇室內送風機强、中、弱風及溫調位置。

(2) 若選擇溫調位置，則經冷暖切換開關CS及室內溫度開關TH之控制而開啓或關閉三通自動控制閥SV，開啓時冰水或熱水通過熱交換盤管，SV關閉時，則由旁路管通過。

(3) 當SV送電（ON位置）時，R亦動作，利用"a"接點與主機之遙控（remote control）接點並聯，達到遙控主機運轉之作用。

(4) 若有數組室內送風機，則只要把遙控"a"接點全部並聯即可。任何一台室內機動作，則主機動作，全部室內機停機後，主機才停機。

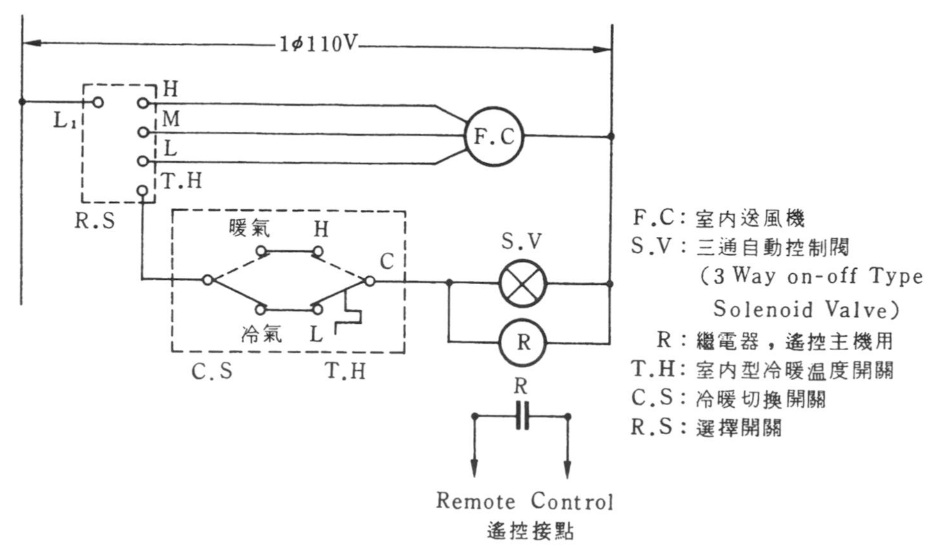


圖9.15　室內送風機節約能源控制法

**5.** 安裝與保養應注意事項

(1) 安裝時機身應保持平直，並注意排水斜度。

(2) 裝接排水管不得高於滴水盤位置。

(3) 機身四週應保留維護人員工作空間，以便機械修護。

(4) 機身上及周圍請勿堆放物品。

(5) 出風口及回風口請勿堵塞。

(6) 為排放空氣及避免水壓過高，請加裝膨脹水箱。

**6.** 開機、試車

(1) 冰水管路系統由膨脹水箱注水，並注意系統排氣。

(2) 檢查電源電壓，三相是否平衡。

(3) 水泵試運轉，檢查馬達轉向是否正常，由水泵排氣口排氣，檢查水壓及水流是否正常。

(4) 檢查室內送風機選擇開關及送風馬達運轉情況。

(5) 檢查試驗聯鎖控制系統，遙控系統是否正常。

(6) 主機試運轉，檢查氣冷式冷凝器散熱風扇馬達轉向運轉電流。

(7) 測試壓縮機運轉電流，運轉高壓壓力及低壓壓力是否正常。

(8) 測試室內冷度。

## 習題9

**9.1** 小型中央空調系統有何優點？

**9.2** 說明氣冷式冰水機組之冷氣能力受何種因素之影響？

**9.3** 說明水管管路系統之分類。

**9.4** 說明水冷式小型中央空調系統冰水機組開機順序？

**9.5** 說明小型中央空調系統開機、試車之步驟？

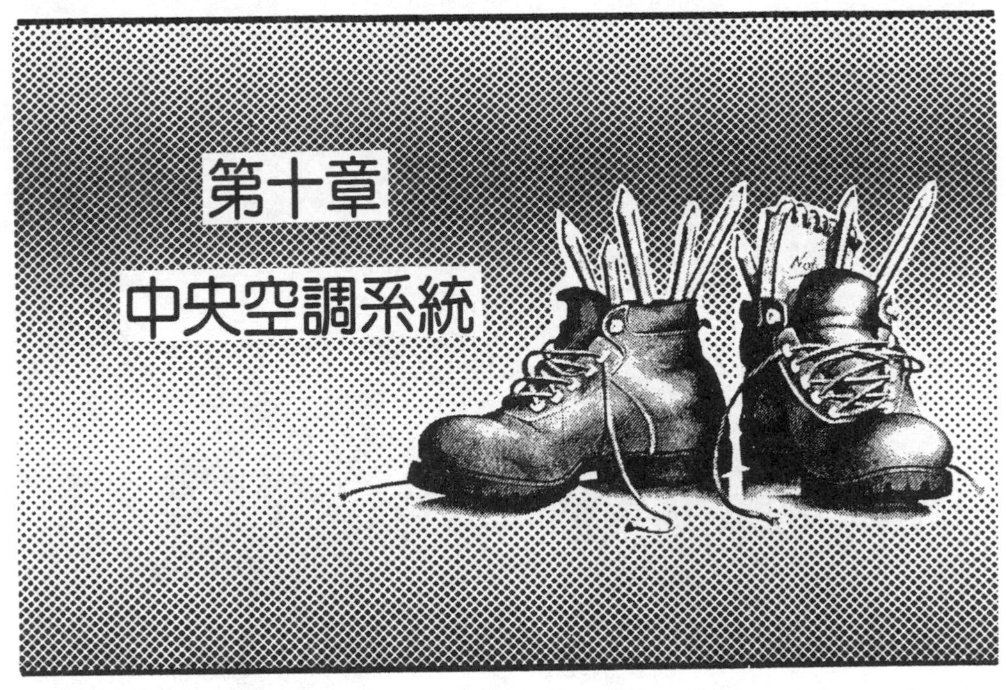


中央空調系統依壓縮方式可分為往復式冰水機組、螺旋式冰水機組及離心式冰水機組。

## 10.1 中央空調系統往復式冰水機組

### 10.1-1 往復式冰水機組（reciprocating chilling unit）

**1.** 往復式壓縮機之分類

(a)半開放式壓縮機

(b)開放式壓縮機

圖 10.1 往復式壓縮機

冰水機組往復式壓縮機依其結構分類，可分為開放式壓縮機與半開放式壓縮機，如上圖 10.1 所示。

(1)開放式往復式壓縮機，如圖 10.2。

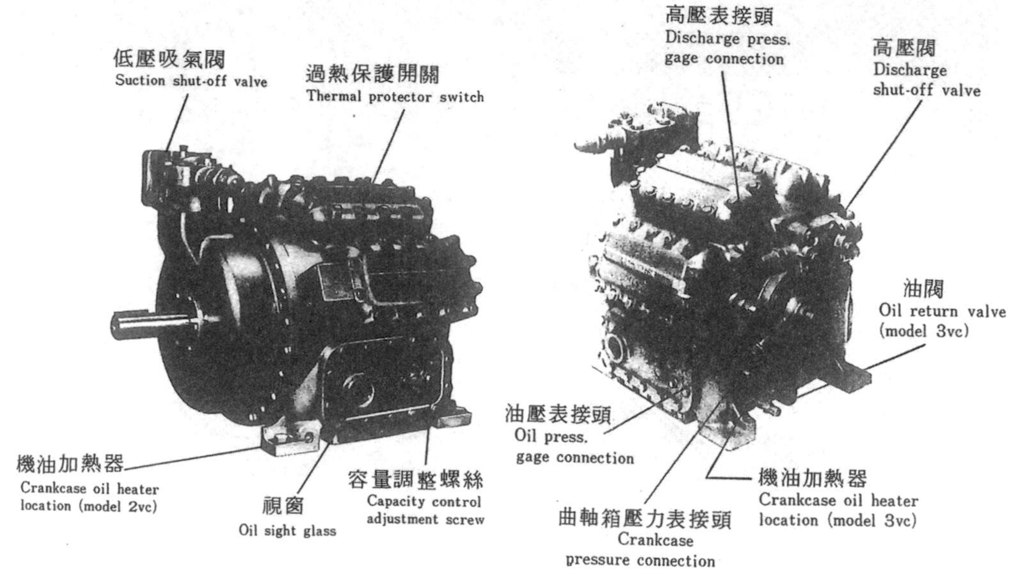


圖 10.2 開放式往復式壓縮機

(2)半開放式往復式壓縮機，如圖 10.3。

圖 10.3 半開放式往復式壓縮機

## 2. 壓縮機組（compression unit）

壓縮機組如圖 10.4，為一壓縮機與一馬達，由一疊盤式可撓性聯軸器連接組合而成，固定在同一基架上，此外尚有一控制儀表板與聯軸器防護罩。儀表板附有高低壓表、油壓表、高低壓安全開關及油壓保護開關，壓縮機採用開放式或半密式往復式壓縮機，並採強制供油系統完成潤滑作用。馬達為三相感應馬達，低起動力矩，均應作Y-△起動，半密閉式採用部份繞組起動，額定電壓分為220 V、380 V或440 V，三相60 Hz電源。

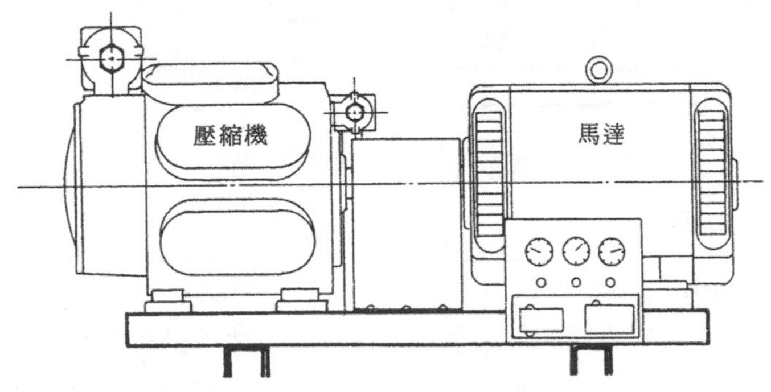


圖 10.4　壓縮機組

(1)馬達：三相感應馬達，依起動力矩，可作Y-△起動，電源為三相220 V、380 V或440 V、60 Hz。

(2)儀表盤（instrument panel）：包括高低壓開關及表閥（high low pressure switch & gauge），油壓保護開關及表閥（oil pressure switch & gauge）。

**3.** 冷凝機組（condensing unit）

冷凝機組為一壓縮機組另加一固定在其下方的冷凝器組合而成，並附有一減震彈簧基座，冷凝器一般為鋼製外殼直管水冷式，工作壓力，冷媒側耐壓為350 psi，水管側耐壓為150 psi。

(1)開放式冷凝機組，如圖10.5。

圖 10.5　開放式冷凝機組

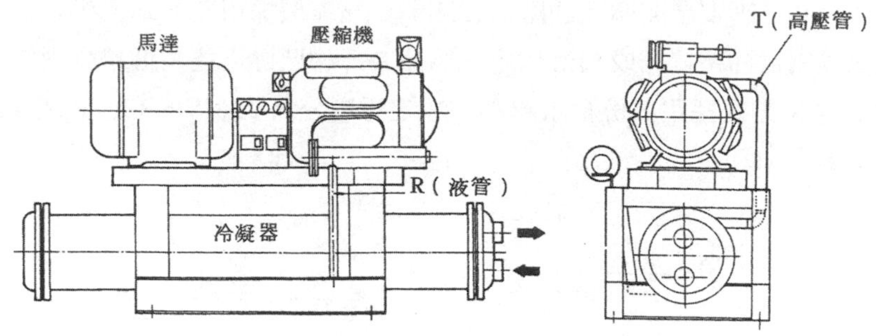


圖 10.5 開放式冷凝機組(續)

(2)半開放式冷凝機組。

**4.** 冰水機組(chilling unit)

冰水機組為一冷凝機組另加一冰水器組合而成，冰水器為直接膨脹式，冷媒流於銅管之內，冰水流於銅管之外，鋼製圓筒外殼內應加隔檔板，使冰水上下往復進行，以作有效之熱交換，達到製造冰水之目的，筒身外加絕熱材料以避免熱損失。

(1)開放式冰水機組，如圖 10.6。

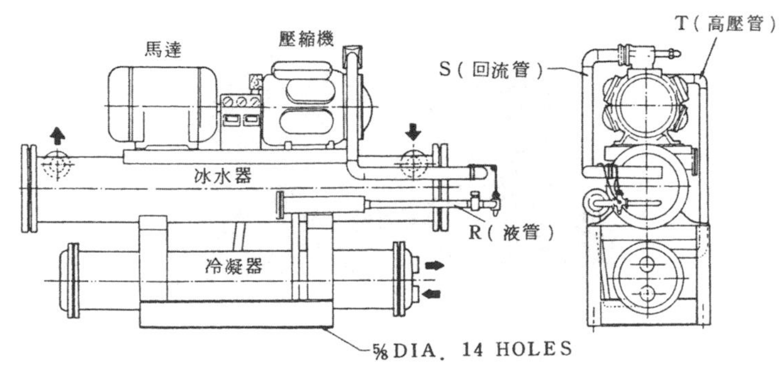


圖 10.6 開放式冰水機組

⑵半開放式冰水機組，如圖 10.7。

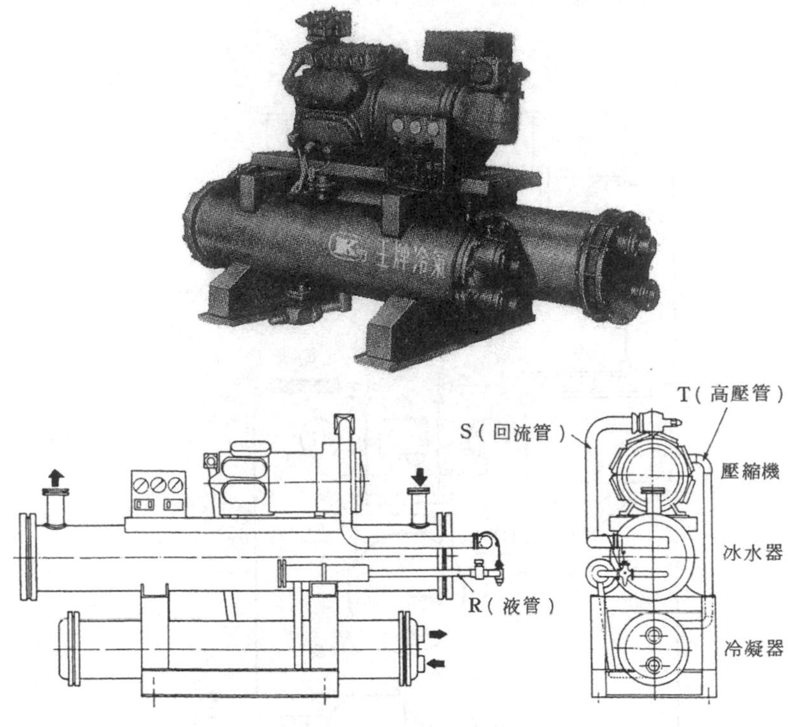


圖 10.7　半開放式冰水機組

⑶各廠牌冰水機組，如圖 10.8。

圖 10.8　日立冰水機組

## 10.1-2 往復式冰水機組冷凍循環系統

往復式冰水機組冷凍循環系統，如圖 10.9。

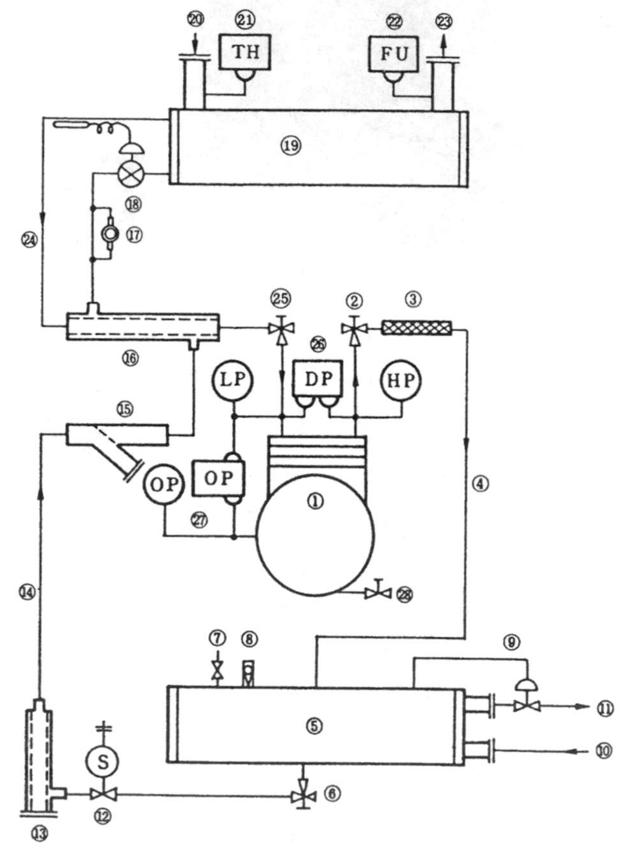


| ①壓縮機 | ②高壓排氣閥 | ③防震軟管 | ④排氣管 | ⑤冷凝器 |
|---|---|---|---|---|
| ⑥出液閥 | ⑦排氣閥 | ⑧安全閥 | ⑨水量調節閥 | ⑩冷卻水入水管 |
| ⑪冷卻水出水管 | ⑫電磁止閥 | ⑬乾燥器 | ⑭輸液管 | ⑮過濾器 |
| ⑯熱交換器 | ⑰濕度視窗 | ⑱膨脹閥 | ⑲冰水器 | ⑳冰水入水管 |
| ㉑溫度開關 | ㉒防凍開關 | ㉓冰水出水管 | ㉔吸氣管 | ㉕低壓吸氣閥 |
| ㉖高低壓開關 | ㉗油壓開關 | ㉘油　閥 | | |

圖 10.9　往復式冰水機組冷凍循環系統

## 10.1-3 往復式冰水機組水管配管系統

往復式冰水機組水管配管系統，如圖 10.10 所示。

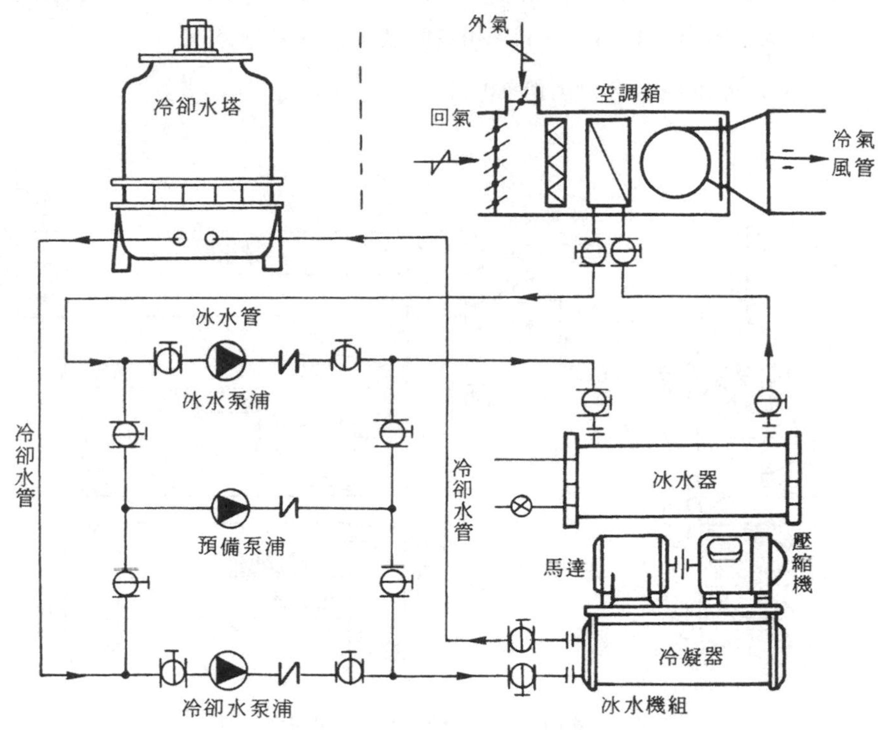


圖 10.10　往復式冰水機組水管配管系統

**1.** 冷卻水管路系統（cooling water system）

冷卻水經由冷卻水泵（cooling water pump）經冷凝器熱交換為溫水，送至室外冷卻水塔冷卻後再循環使用。

**2.** 冰水管路系統（chilling water system）

由空調室回來之冰水（chilling water）經由冰水泵（chilling water pump）送至冰水器（chiller）熱交換，製造低溫冰水，再送至空調室之空調箱（air handling）或室內送風機組（fan coil unit）產生冷氣由風管送出。

**3.** 循環水泵浦（water pump）

循環水泵浦，除了冰水泵浦及冷卻水泵浦之外，還有預備泵浦，供冰水泵浦或冷卻水泵浦故障時切換使用。

## 10.1-4 冰水機組主要機件設備

**1.** 特性及各部名稱

往復式冰水機組之容量在 20 噸至 100 噸，分立式及臥式兩種。立式適用於佔地面積小，而有足夠高度之機房，臥式適用於較矮而較寬之機房。

⑴立式往復式冰水機組，參考圖 10.11。

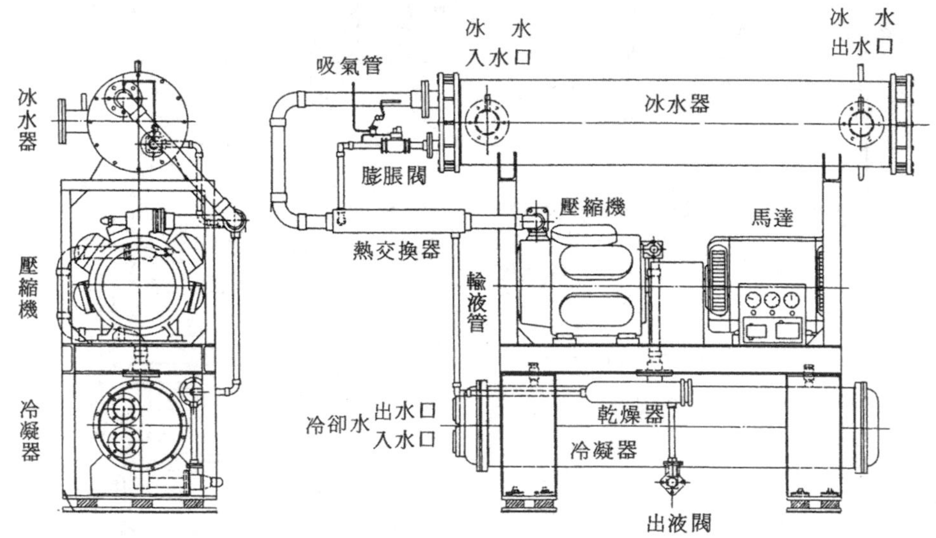


圖 10.11 立式往復式冰水機組

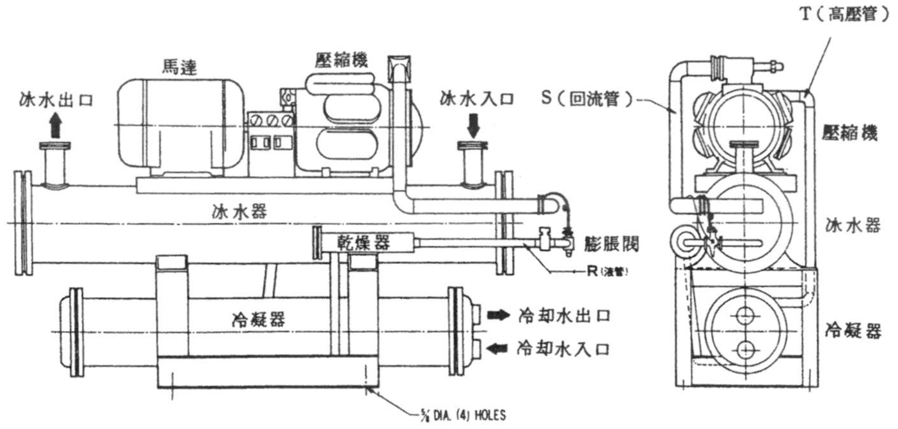


圖 10.12 中興立式往復式冰水機組（壓縮機置放頂部）

⑵臥式往復式冰水機組，請參考圖 10.13。

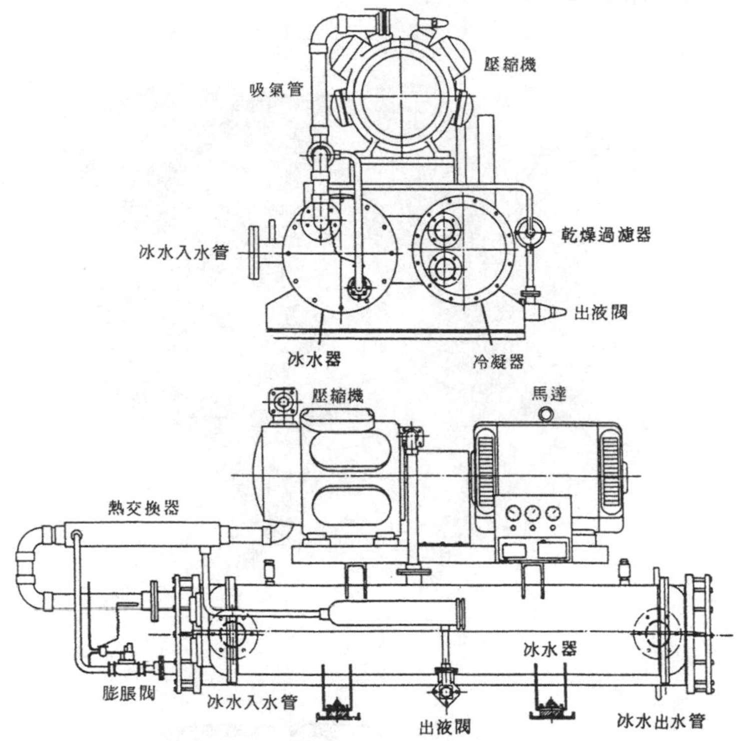


圖 10.13　臥式往復式冰水機組

## 2. 壓縮機

(1)開放式往復式壓縮機，如圖 10.14。

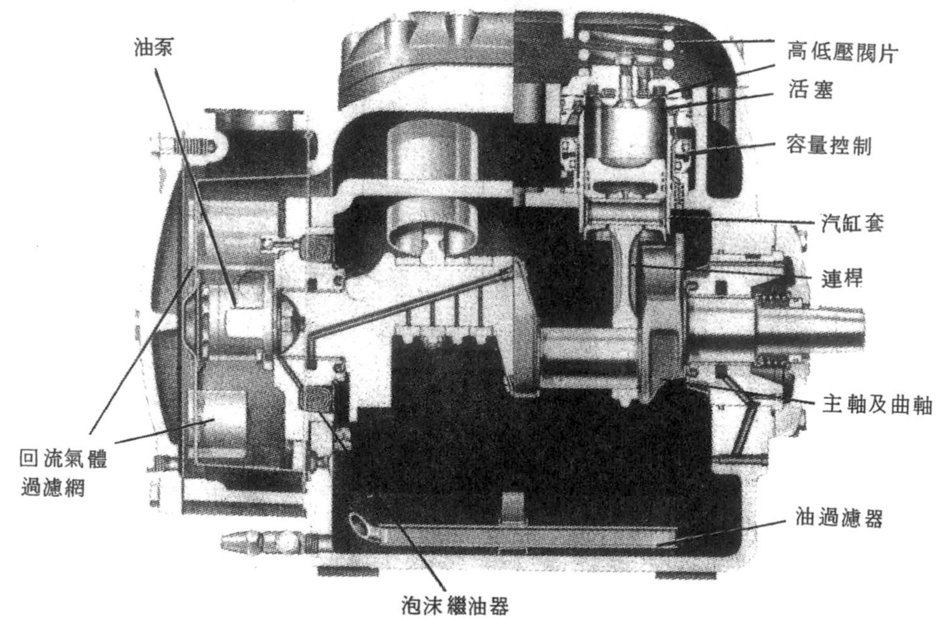


圖 10.14 開放式往復式壓縮機剖面圖

⑵半開放式往復式壓縮機，如圖 10.15。

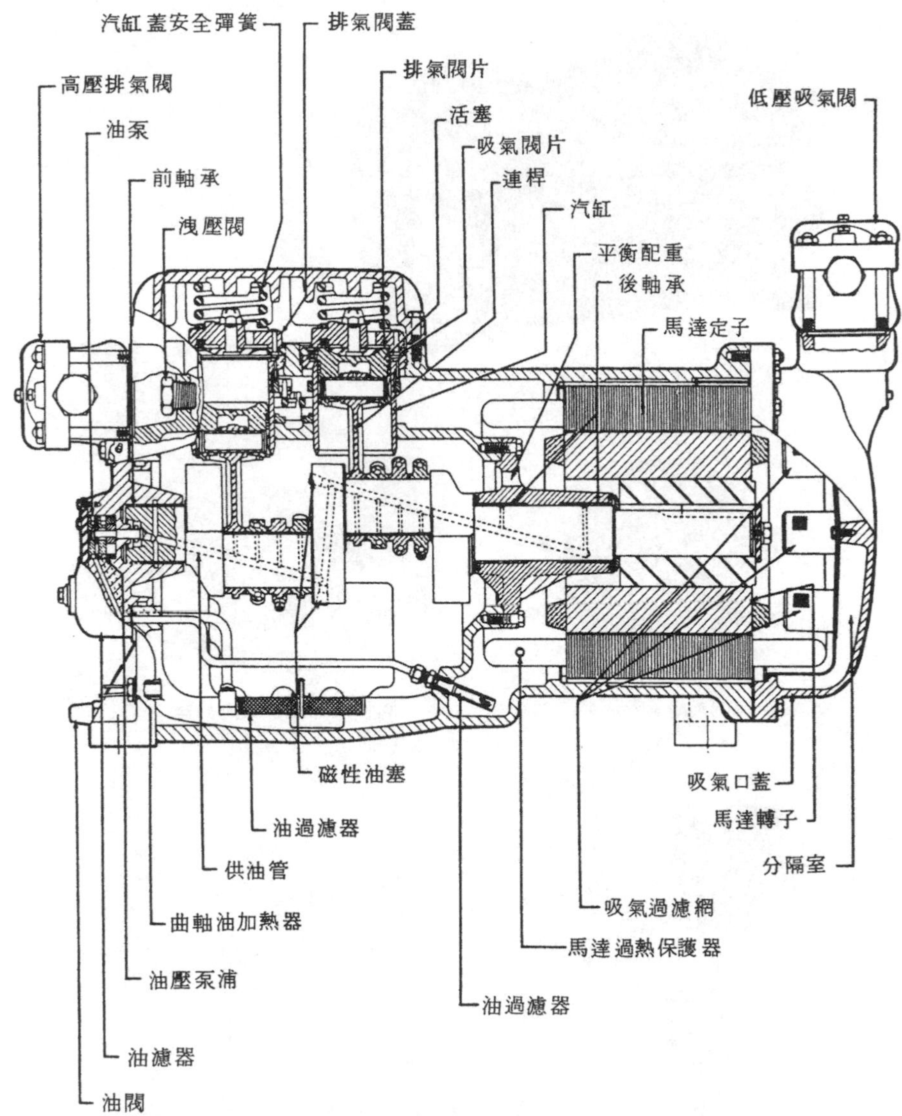


圖 10.15　半開放式往復式壓縮機剖面圖

(3)半開放往復式壓縮機之元件，如圖 10.16。

(a)半開放往復式壓縮機

(b)前軸承及油泵

(c)吸氣端蓋板及過濾器

(d)汽缸及活塞

(e)主軸及曲軸

圖 10.16 半開放往復式壓縮機之元件

**3.** 冷凝器

⑴殼管式冷凝器，如圖 10.17。

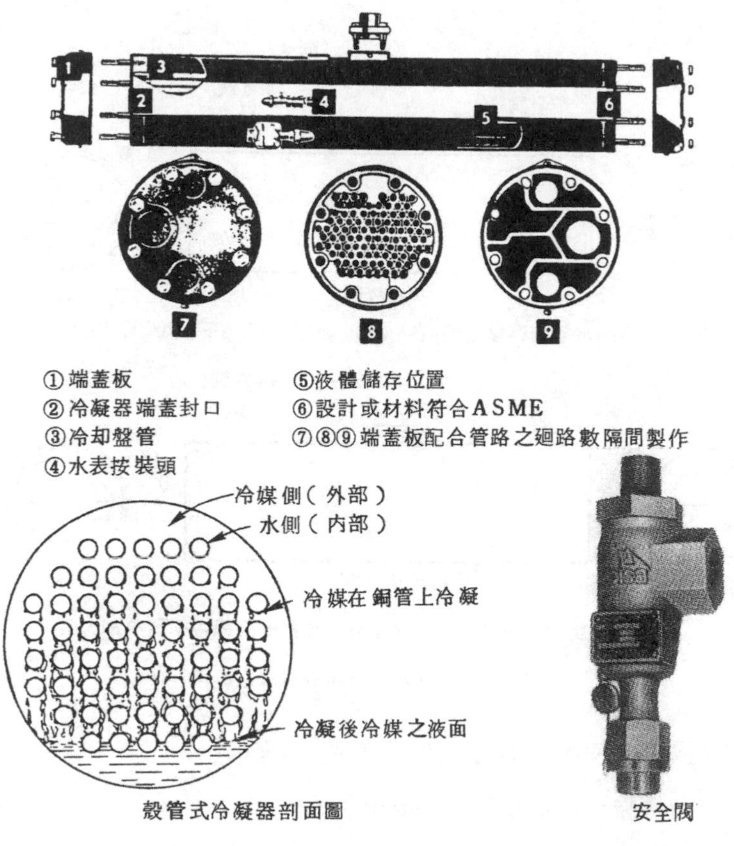


圖 10.17　殼管式冷凝器及安全閥

⑵散熱管

使用無縫銅管，外部滾牙為低鰭狀散熱管，稱為滾牙銅管（roller fin tube）。如圖 10.18。

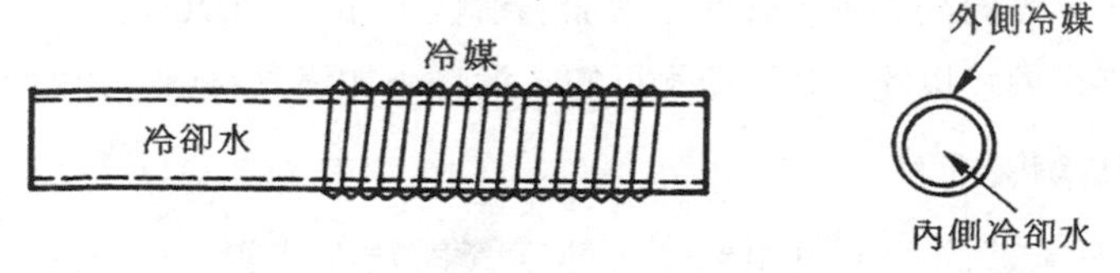


圖 10.18　滾牙銅管

(3)端板——銅管與端板靠脹管方式結合。

(4)端蓋——鑄鐵製端蓋，可拆除改變配管方向，有三個水管配管孔，可配成 2 pass 適合於冷卻塔循環水，可配成 4 pass 適合於地下水之冷卻方式，如圖 10.19。

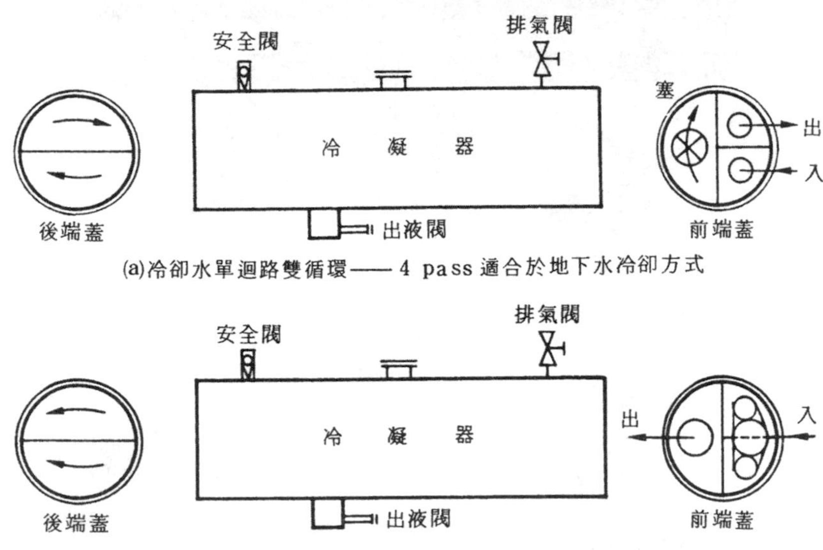


圖 10.19 冷凝器內部冷卻水之循環

(5)高壓安全閥——使冷卻器內壓力保持在安全範圍。

(6)排氣閥——排除冷凝器頂端之不凝縮氣體。

(7)出液閥——可將冷媒收集在冷凝器內。

(8)工作壓力設計——冷媒側（鋼筒身）耐壓 350 psi。
水管側（銅筒）耐壓 150 psi。

**4.** 冰水器

為直接膨脹式其外殼為鋼製圓筒，如圖 10.20(a) 所示，內置星形鋁散熱銅管，冷媒流於銅管內，水流於銅筒外，圓筒之內加隔檔板，如圖 10.20(b) 所示，使水上下往復進行有效之熱交換，以達成製造冷水目的，銅身外加絕熱材料，以避免熱損失。

(1)外殼——為鋼製筒身。

(2)散熱管——無縫筒管，內加星形散熱鋁管稱為內鰭管（inner fin tube）。如圖 10.20(c)。

(3)端板——銅管與端板為脹管方式結合。

⑷端蓋——內加隔板使冷媒分成多路循環流動，以保持冷凍油之回流，端蓋可拆除，並可於任一端按裝冷媒管。

⑸工作壓力設計——冷媒側（銅管）耐壓 200 psi。
水管側（鋼銅身）耐壓 150 psi。

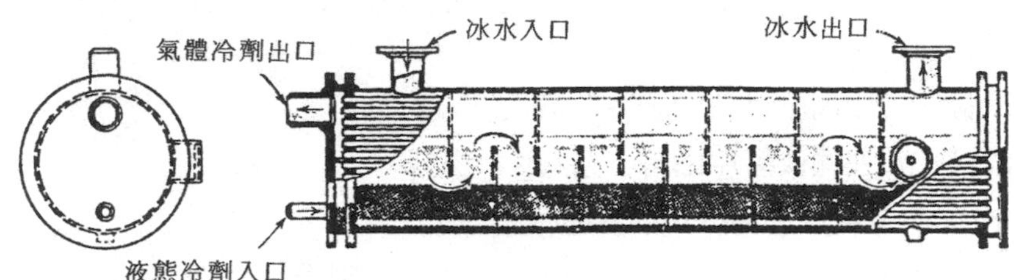


(a)乾式圓筒直管式冰水器

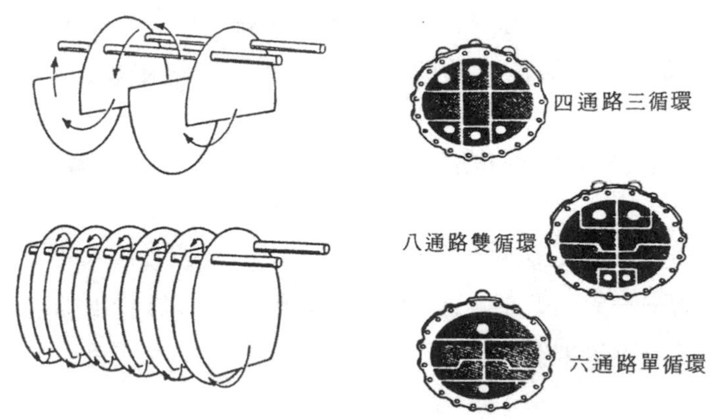


(b)圓筒隔板安置情形

(c)內鰭管

圖 10.20　冰水器之結構

**5.** 基架

以槽鐵焊接而成，並加角牽板以增加強度，機件裝配之安排分立式及臥式兩種，以適合不同之機房場合，底座置彈簧承墊，使振動減至最少。

**6.** 管路系統

⑴回流管——管路中裝有熱交換器，能防止液體回流，管路外加絕緣熱材料，能避免熱損失及冒汗。

⑵高壓管——由高壓排氣閥之冷凝器入口。

⑶輸液管——在輸液管中配有下列零件：

① 冷媒灌充閥——便於充灌冷媒。

② 冷媒過濾器——保持系統之清潔，維持系統性能，如圖 10.21。

③ 乾燥器——吸收冷媒中之水份，如圖 10.22。

④ 濕度視窗——觀察系統之冷媒量及指示系統之乾濕程度，如圖 10.23。

⑤ 電磁止閥——系統停止時關閉液管，防止冷媒繼續流入冰水器，如圖 10.24。

⑥ 膨脹閥——為恆溫式外部均壓膨脹閥，可自動調節冷媒之膨脹量，如圖 10.25。

⑦ 熱交換器——提高冷凍效果，如圖 10.26。

⑧ 防震軟管——於高低壓管路中裝有一段軟管，以減少震動之傳遞及防止管路因震動而破裂，如圖 10.27。

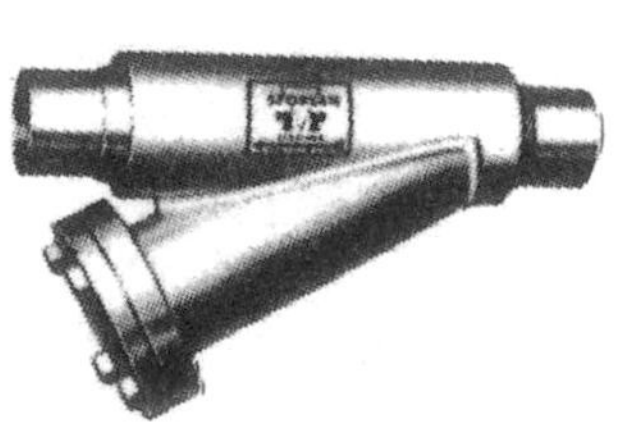
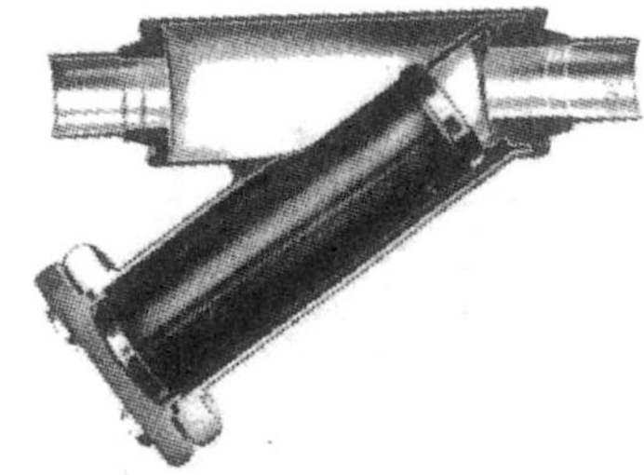

圖 10.21 冷媒過濾器

圖 10.22 冷媒乾燥器

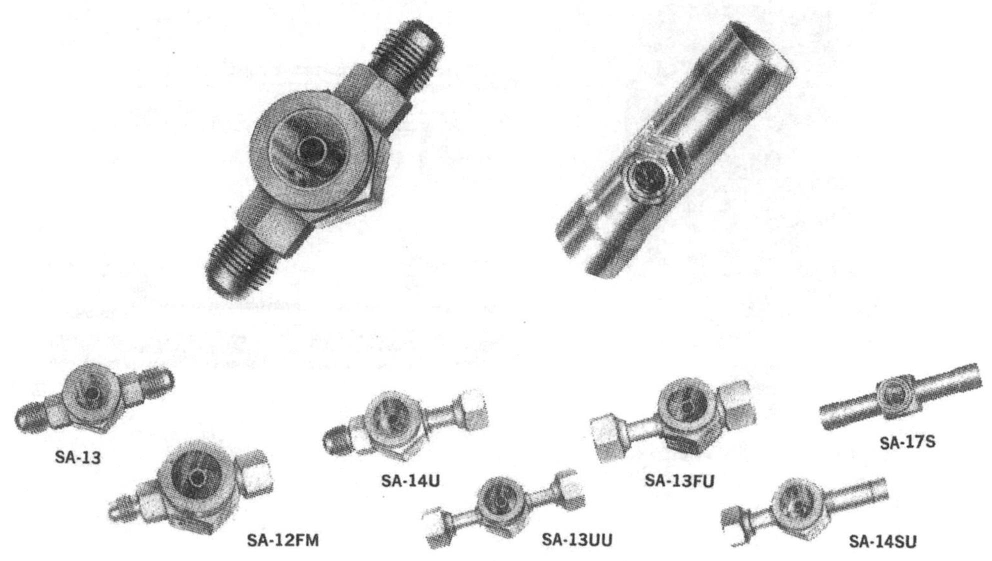


圖 10.23　濕度視窗

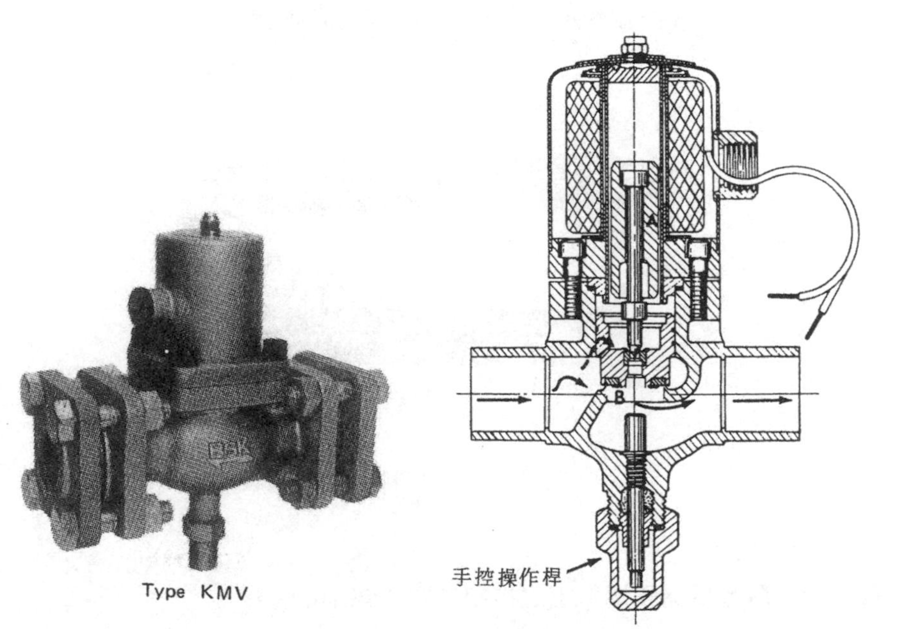


圖 10.24　電磁止閥

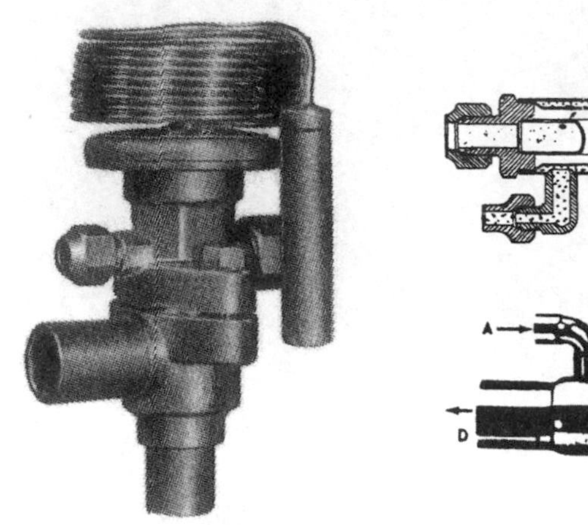

圖 10.25 外均壓式膨脹閥

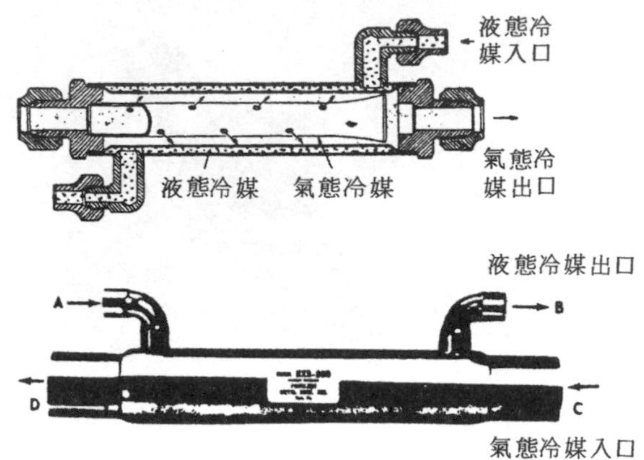


圖 10.26 熱交換器

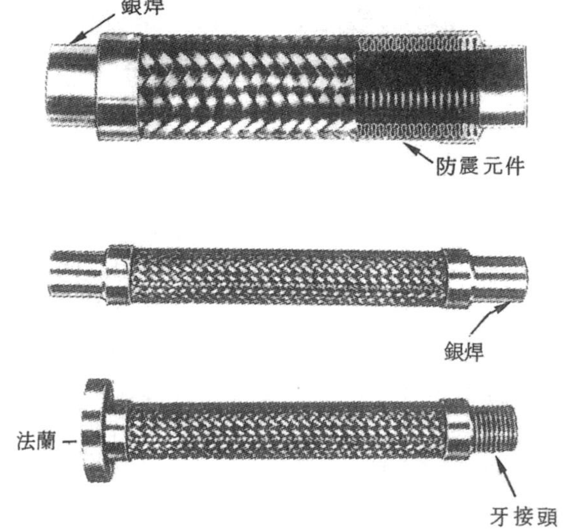


圖 10.27 防震軟管

**7.** 控制裝置

(1)儀表板（聯軸器保護罩）上之控制裝置如圖 10.28。

① 手動回復式高低壓保護開關，如圖 10.29。

② 手動回復式油壓保護開關，如圖 10.30。

③ 裝有關斷閥的高壓表、油壓表及低壓表。

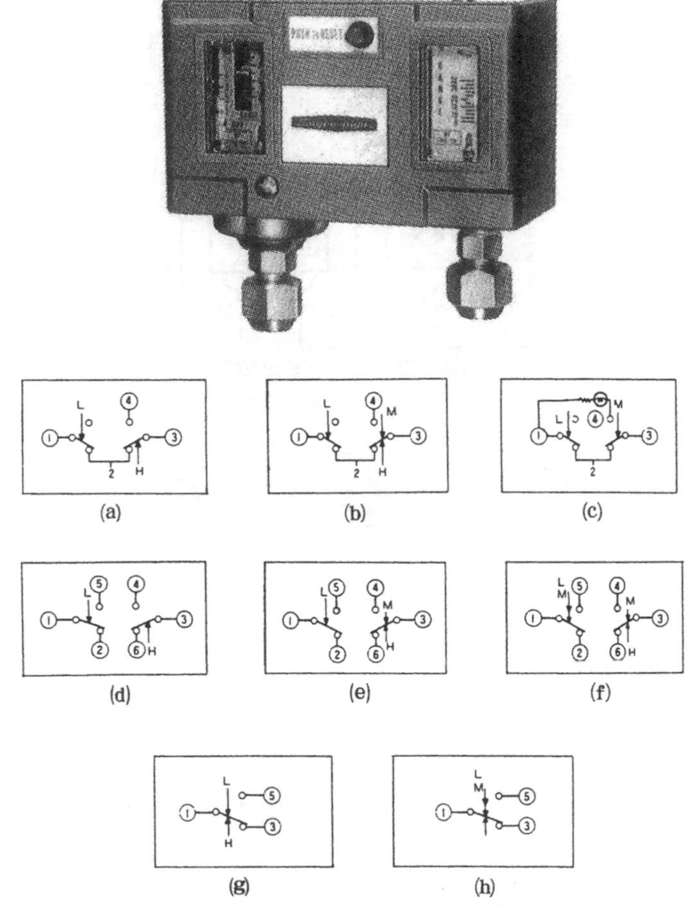


圖 10.28　高低壓開關及控制接點

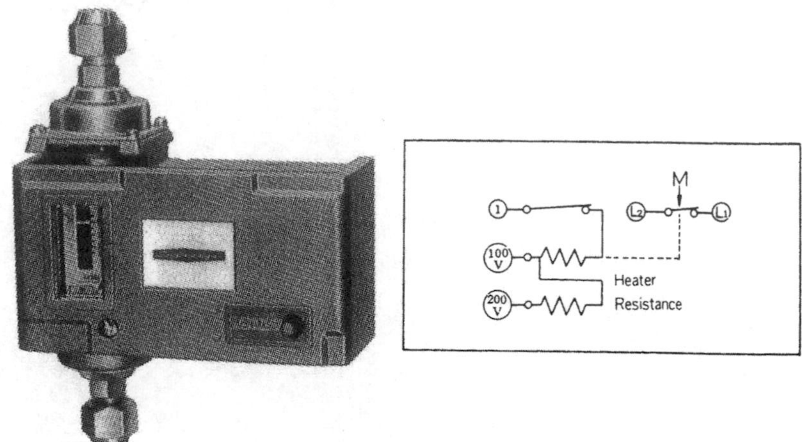


圖 10.29　油壓開關及內部結線

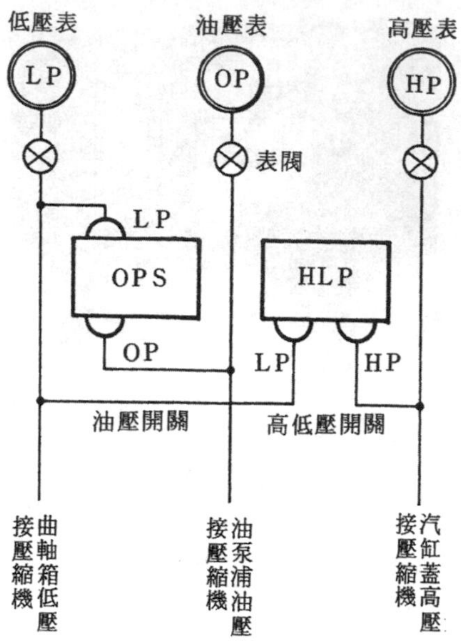


圖 10.30　儀表板上之控制裝置

⑵現場按裝之控制裝置

① 各種 ON - OFF 按鈕開關。

② 非回復式泵乾繼電器（non-recycle pump down relay）。

③ 自動回復低壓開關。

④ 感溫棒裝在冰水器出口側底部之手動回復式防凍開關，如圖 10.31(b)。

⑤ 感溫棒裝在冰水器入口側之回水溫度開關，如圖 10.31(a)。

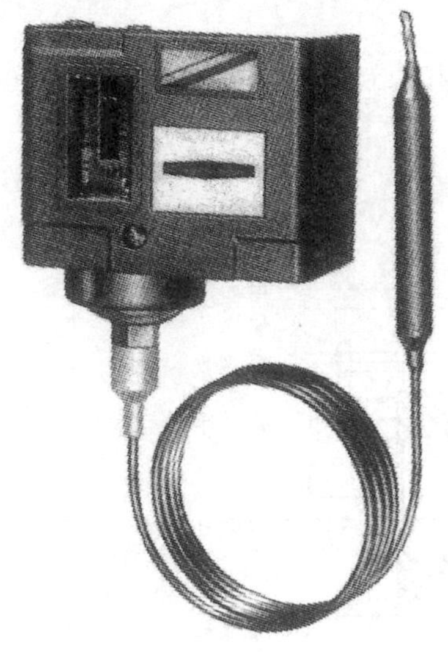

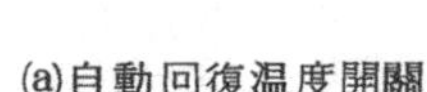

(a)自動回復溫度開關

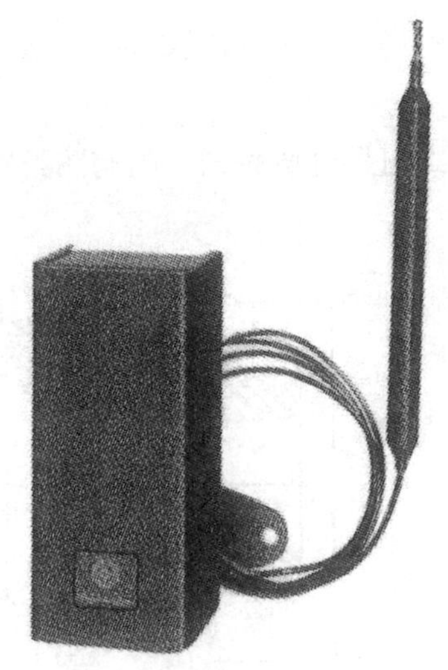

(b)手動回復防凍開關

圖 10.31　溫度及防凍開關

**8.** 控制系統

該系統分為兩組，一組為起動及運轉控制開關，一組為測定儀表及保護開關，裝於控制箱中。

(1)控制開關——包括無熔絲開關、電磁開關。

(2)測定儀表——包括油壓表、高壓表、低壓表、水壓表。

(3)保護開關——包括高低壓開關、油壓開關、防凍開關、溫度開關、加熱器及繼電器。

**9.** 壓縮機組件

⑴馬達——三相感應電動機 Y-△起動，電源為 3$\phi$200 V、380 V、440 V、60 Hz。

⑵疊盤式可撓性聯軸器，附有防護罩，如圖 10.32。

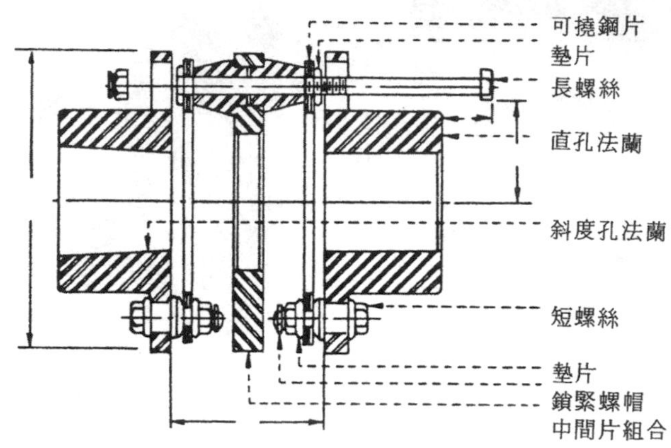

圖 10.32　聯軸器

**10.** 選擇件

⑴水量調節閥，如圖 10.33。

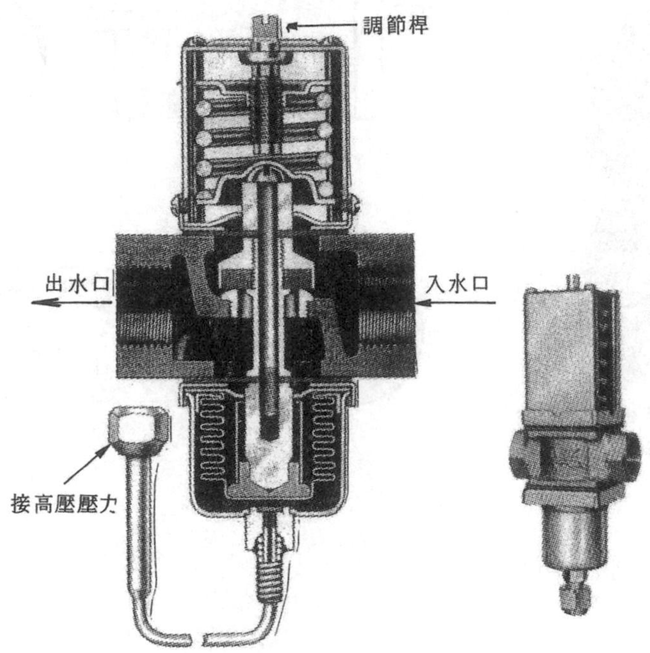


(a)壓力式水量調節閥

(b)溫度式水量調節閥

圖 10.33　水量調節閥

⑵消聲器，如圖 10.34。

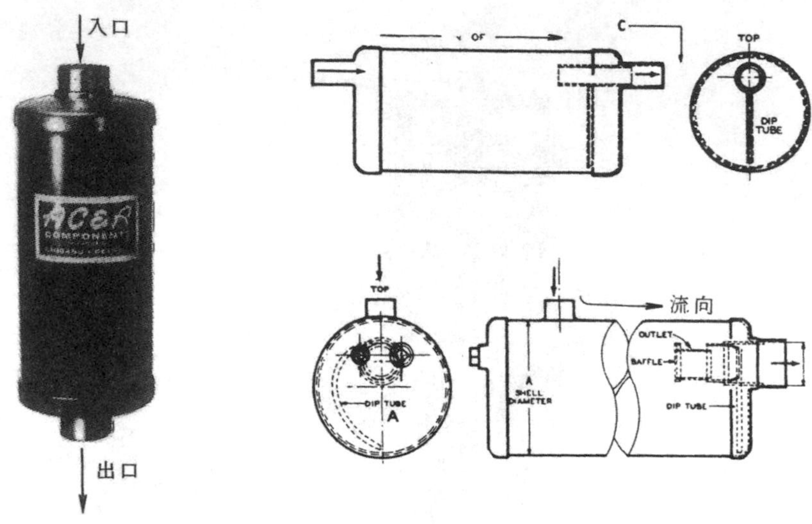


圖 10.34　消聲器

⑶油分離器，如圖 10.35。

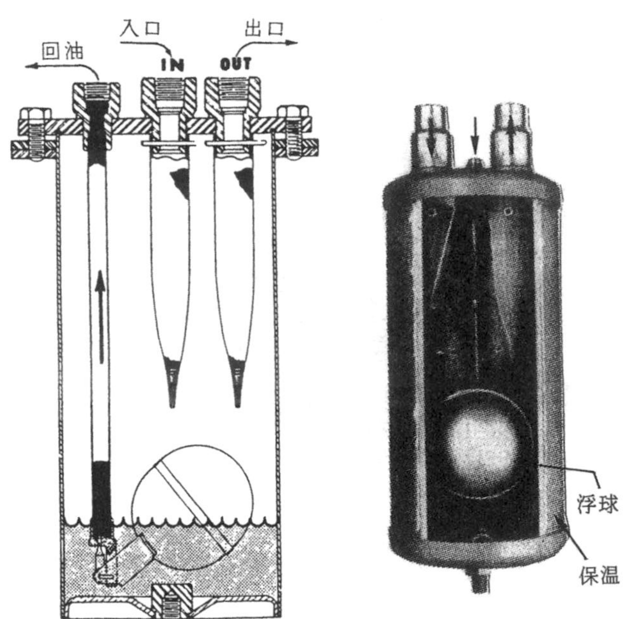


圖 10.35　油分離器

(4)乾燥器之傍通閥，如圖 10.36。

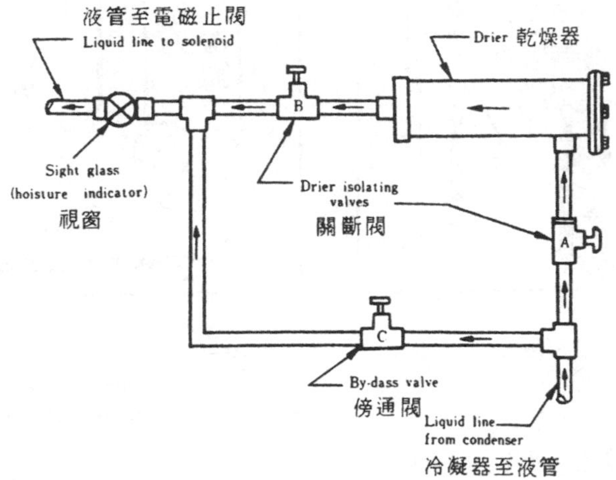


圖 10.36　乾燥器傍通路

## 10.2　往復式冰水機組控制電路

### 10.2-1　往復式冰水機組壓縮機之啓動方式

**1.** 半開放式壓縮機部份繞組啟動法（partial winding starter）

部份繞組啟動法又稱分層啟動法，馬達線圈為兩組獨立之 Y 連接線圈，由第一組 Y 連接繞組啟動，0.1 ～ 0.3 秒後，第二組 Y 連接繞組加入運轉，因此其啟動電流為直接啟動電流之 1/2。

(1)馬達接線，請參考圖 10.37、10.38、10.39、10.40。

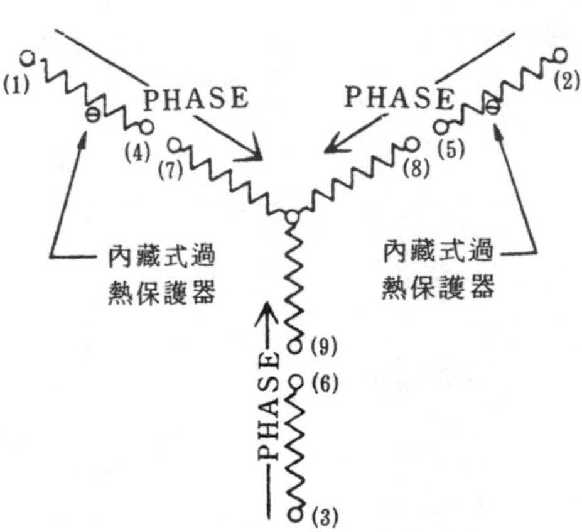


圖 10.37　三相馬達三相繞組及線頭相關位置

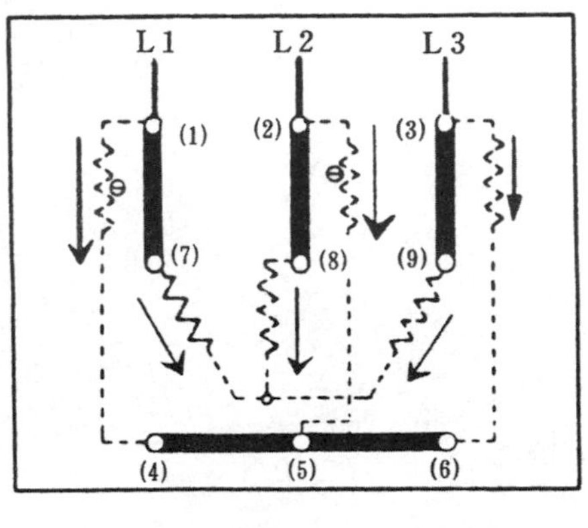


圖 10.38　208/240 V 全壓啟動馬達結線法～用一電磁接觸器

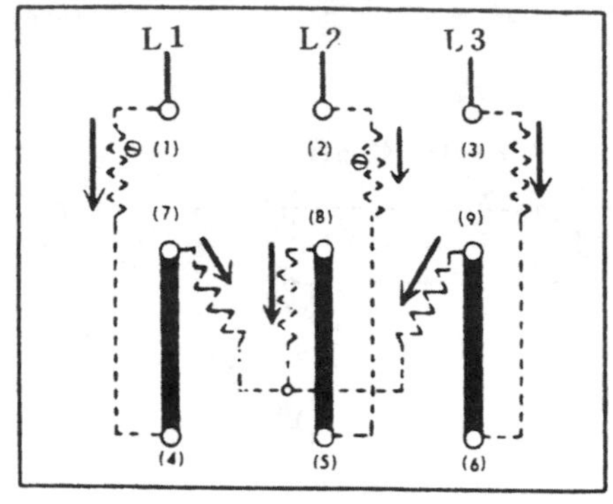


圖 10.39 440/480 V 全壓啟動馬達結線法～用一電磁接觸器

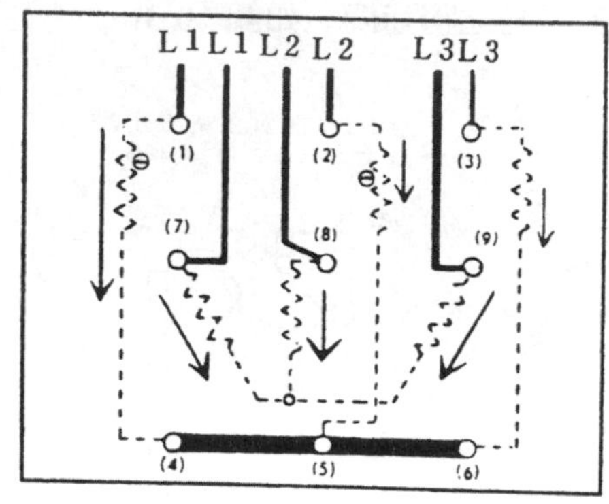


圖 10.40 208/240 V 電源馬達結線法
(a) 用兩電磁接觸器——全壓啟動法
(b) 用兩電磁接觸器——分層啟動法

⑵分層啟動接線法，如圖 10.41。

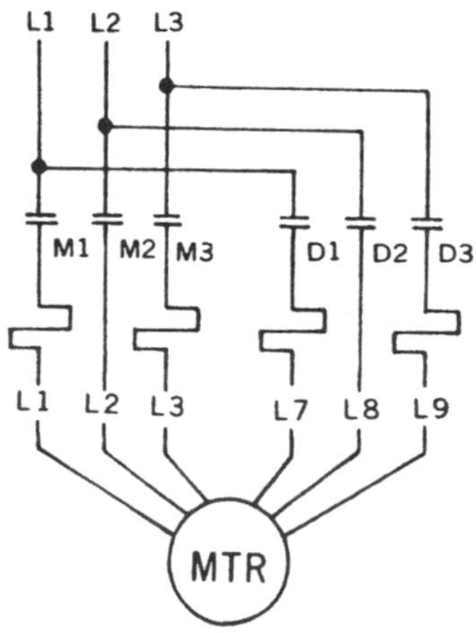


圖 10.41 主線路接線法

(3)控制電路，如圖 10.42。

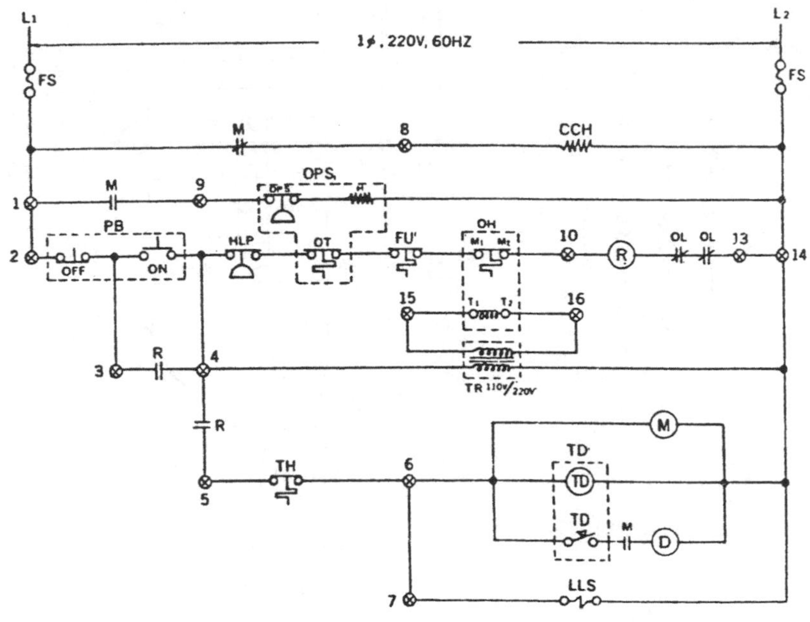


| CCH | 曲軸箱油加熱器 | TH | 回水溫度開關 |
|---|---|---|---|
| OPS | 油壓開關壓力差接點 | TD | 延　時　開　關 |
| H | 油壓開關電熱器 | R | 繼　電　器 |
| OT | 油壓開關溫度接點 | M | 壓縮機電磁開關 |
| HLP | 高低壓開關 | D | 壓縮機電磁開關 |
| FU | 冰水防凍開關 | PB | 按　鈕　開　關 |
| OH | 壓縮機過熱保護 | FS | 控制電路保險絲 |

圖 10.42　壓縮機分層啟動控制電路

**2. 開放式壓縮機 Y- △啟動法**

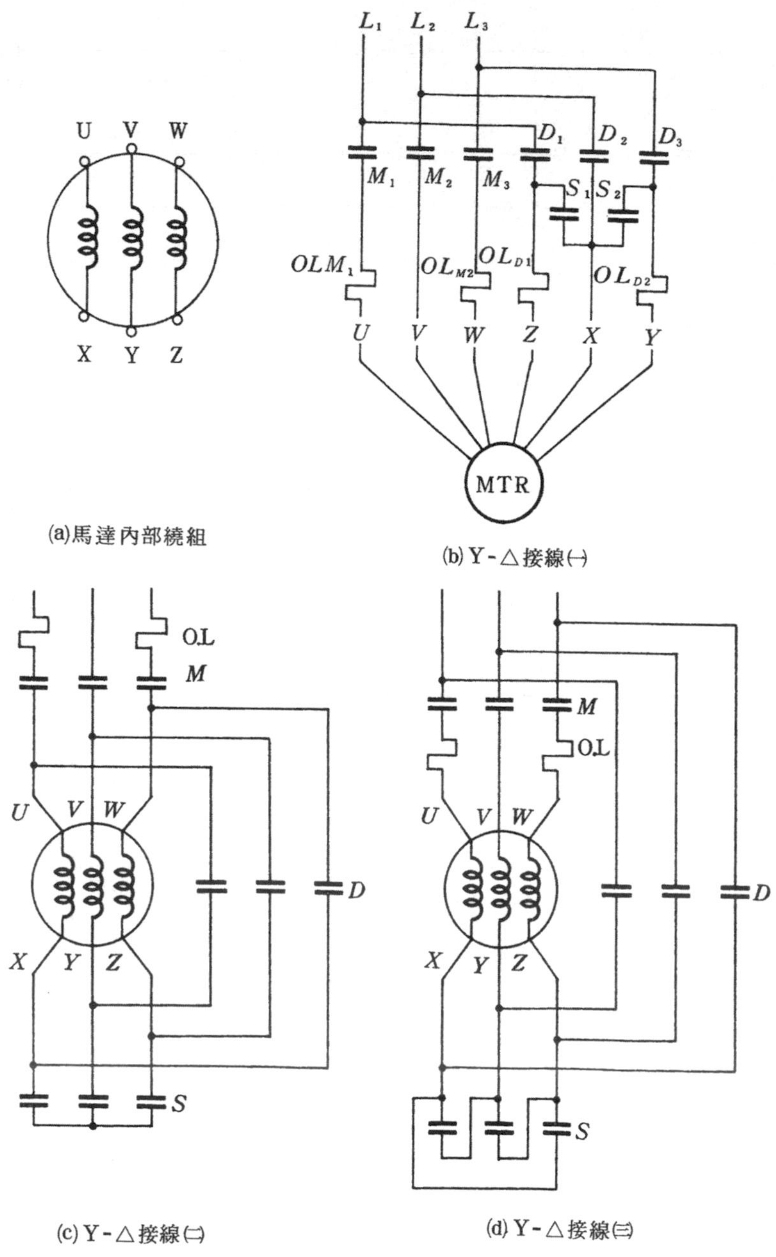


圖 10.43 Y- △啟動法

⑵控制電路，參考圖 10.44、10.45。

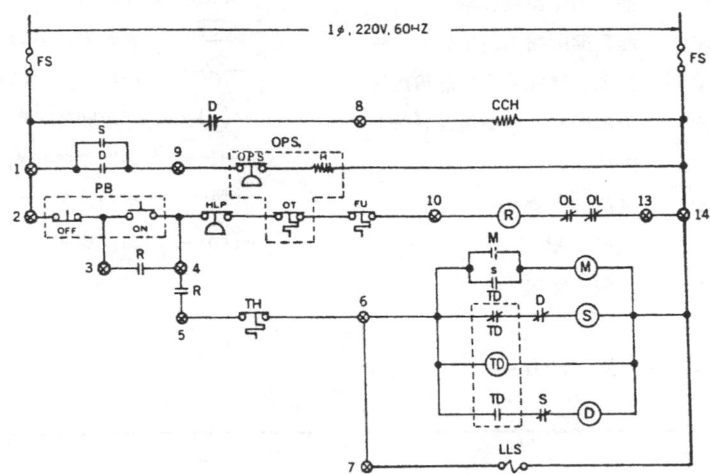


圖 10.44　冰水機組 Y- △啟動法控制電路 ( 一 )

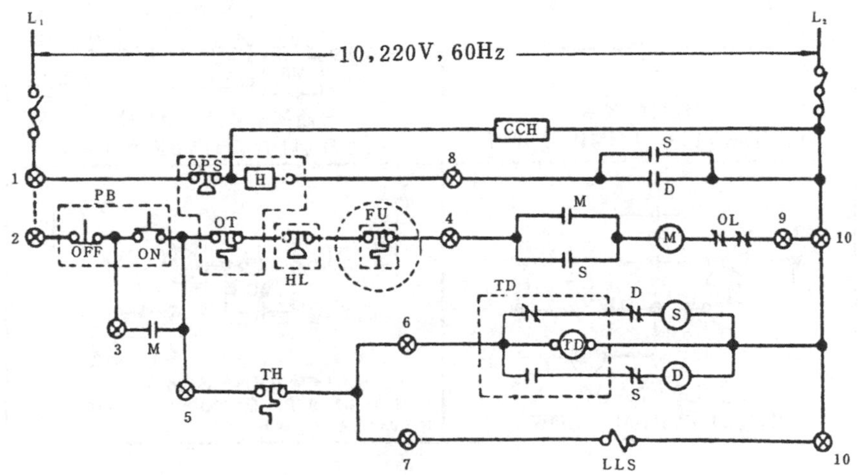


圖 10.45　冰水機組 Y- △啟動法控制電路 ( 二 )

| 符號 | 說明 |
|---|---|
| TH | 溫度開關 |
| OT | 油壓開關溫控接點 |
| OPS | 油壓開關壓力差接點 |
| HL | 高低壓開關（手動復歸操作） |
| LP | 低壓開關（自動復歸操作） |
| FU | 防凍開關 |
| TD | 延時繼電器 |
| LLS | 電磁止閥 |
| OL | 過載斷路器 |
| | 保險絲 |
| H | 電熱器 |
| CCH | 曲軸箱加熱器 |
| | 接線板上之接點 |
| | 電磁開關或繼電器線圈 |
| | 輔助常開接點 |
| | 輔助常閉接點 |
| PD | 非回復式泵乾繼電器 |

3. 附加裝置電路，如圖 10.46。

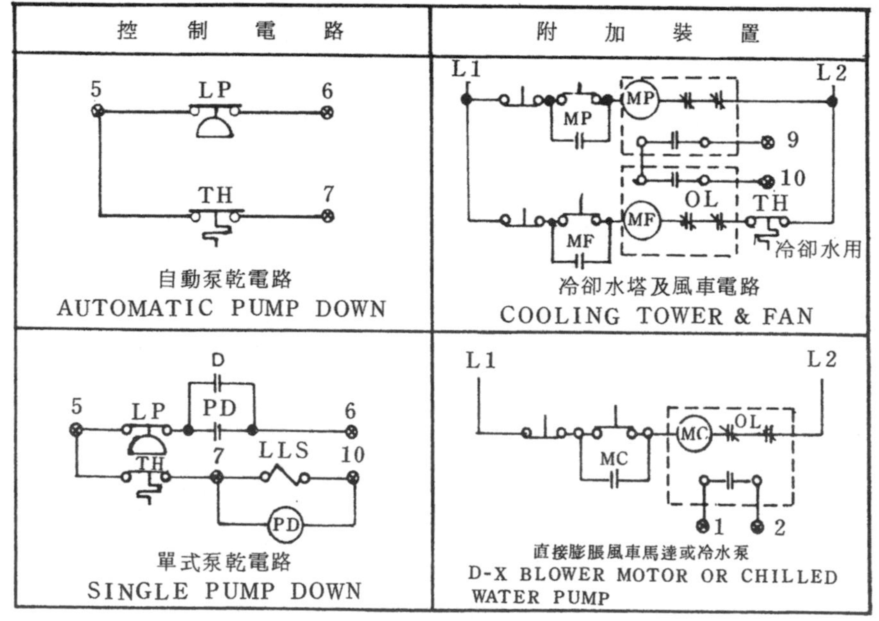


圖 10.46 冰水機組附加裝置電路

## 10.2-2 往復式冰水機組主控制電路

1. 冰水機組與輔助設備

(1)空調箱（air handling）。

(2)冷卻水泵浦（cooling water pump）。

(3)冰水泵浦（chilling water pump）。

⑷預備泵浦（spare water pump）。

⑸冷卻水塔（cooling tower）。

⑹壓縮機（compressor）。

**2.** 主電路，如圖 10.47。

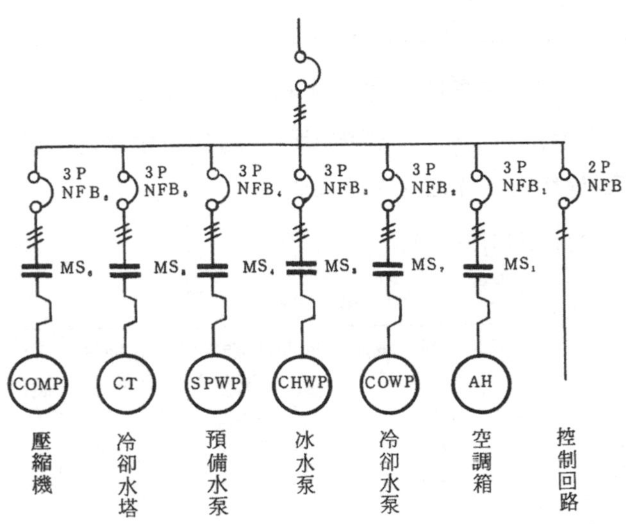


圖 10.47　往復式冰水機組主控制電路

## 10.2-3 配線工程

**1.** 配線法規

所有配線都必須符合電力公司有關法規與附則。

**2.** 機外配線要領

⑴冰水機組的控制電路應裝一適當大小的電源開關或斷電器。

⑵冰水機之機外配線容量大小及各控制零件之容量須遵照配線圖之規定。

⑶無熔絲開關之規格如附表 10.1，當馬力較低且選用之無熔絲開關跳脫容量未達 15 AT 者，一律使用 15 AT 規格品。

表 10.1 無熔線開關（NFB）規格表

| 極數（P） | 框架容量 AF | 跳脫容量 AT | 啟斷容量 KA | | |
|---|---|---|---|---|---|
| | | | 220V | 380V | 600V |
| 1P、2P 或 3P | 50 | 15、20、30、50 | 5、7.5、10<br>15 20 | 5、7.5、10<br>15 20 | 5、7.5、10<br>15 20 |
| 2P 或 3P | 100 | 75 100 | 〃 | 〃 | 〃 |
| 2P 或 3P | 225 | 125、150、175<br>200 225 | 〃 | 〃 | 〃 |

(4)無熔絲開關之啟斷容量應採用全容量保護方式選定。

(5)動力分路過電流保護之額定值應依屋內線路裝置規格之有關規定而選定，但以不低於電動機額定電流之 1.5 倍為準。

(6)電動機額定電流值如附表 10.2 所示。

表 10.2 電動機額定電流表

| 電動機容量 | 3$\phi$220 V 額定電流 | 3$\phi$380 V 額定電流 | 3$\phi$440 V 額定電流 |
|---|---|---|---|
| 1HP | 3.5A | 2A | 1.8A |
| 2HP | 6.5A | 3.8A | 3.2A |
| 3HP | 9A | 5.2A | 4.5A |
| 5HP | 15A | 8.7A | 7.5A |
| 7.5HP | 20A | 11.6A | 10A |
| 10HP | 27A | 15.6A | 13A |
| 15HP | 39A | 22.6A | 20A |
| 20HP | 50A | 29A | 25A |
| 25HP | 64A | 37A | 32A |
| 30HP | 78A | 45A | 39A |
| 35HP | 91A | 53A | 46A |
| 40HP | 100A | 58A | 50A |
| 50HP | 125A | 72A | 63A |

(7)導線之安全電流及導線管與管內導線關係如附表 10.3 所示。

表 10.3　導線安全電流及導線管與管內導線關係表

| 線徑大小 | 同一管內導線數 3 條以下之安全電流導線管徑（吋） | | | |
|---|---|---|---|---|
| | 非金屬管工程 | 金屬管工程 | 管內 2 條 | 管內 3 條 |
| 1.6 mm φ | 15A | 15A | 1/2″ | 1/2″ |
| 2.0 mm φ | 19A | 20A | 1/2″ | 1/2″ |
| 2 $mm^2$ | 15A | 15A | 1/2″ | 1/2″ |
| 3.5 $mm^2$ | 19A | 20A | 1/2″ | 1/2″ |
| 5.5 $mm^2$ | 25A | 30A | 1/2″ | 1/2″ |
| 8 $mm^2$ | 33A | 38A | 3/4″ | 3/4″ |
| 14 $mm^2$ | 50A | 55A | 3/4″ | 1″ |
| 22 $mm^2$ | 60A | 70A | 1″ | 1″ |
| 30 $mm^2$ | 75A | 85A | 1 1/4″ | 1 1/4″ |
| 38 $mm^2$ | 85A | 100A | 1 1/4″ | 1 1/4″ |
| 50 $mm^2$ | 100A | 120A | 1 1/4″ | 1 1/2″ |
| 60 $mm^2$ | 115A | 140A | 1 1/2″ | 1 1/2″ |
| 80 $mm^2$ | 140A | 160A | 2″ | 2″ |
| 100 $mm^2$ | 160A | 190A | 2″ | 2″ |

(8)電源開關除了在緊急事故或長期封機時使用外，平常一律使用控制箱上的按鈕開關。

(9)為了節約能源，有效管制冷氣機的使用不致浪費，台灣電力公司規定，中央系統空調機，機外配線應裝置冷氣專用瓦時計。

(10)機外配線包括冷氣機專用瓦時計、總開關、機旁開關。

**3.** 一般配線注意事項

(1) 當線路接好通電前，應先檢查所接線路是否正確，有無短路情形。

(2) 檢查電源線端的電壓，三相電壓相差不可超過 2%，如不平衡時，較高電流數的電源線應接至電磁開關之過載保護器。

(3) 線路接好後，最好能加記標籤，以便檢修時，拆後再接。

(4)冷氣機所使用之電線，其安全電流必須在全負載電流以上。同時其電壓降在全負載電流時，應不超過 2%，起動時不超過 10% 為限。

$$\frac{V_1 - V_3}{V_1} \times 100\% < 2\%$$ 滿載時電壓降應小於 2%

$$\frac{V_1 - V_2}{V_1} \times 100\% < 10\%$$ 啟動時電壓降應小於 10%

$V_1$：停機時電源電壓　$V_3$：運轉時的電壓　$V_2$：起動時電壓

**4.** 電源之連接及馬達之轉向

感應馬達是隨著旋轉磁場轉動的，因此三相電源的端子連接不對時馬達會反轉，冰水機組在試車時必須將電源連接後查看轉向是否正確。

半密閉式壓縮機轉向是看不到的，但其正轉與反轉均無妨，要注意的是水泵及風扇馬達之轉向，如果轉向不對，可將三條電線中之任意兩條互換即可。

**5.** 過載保護裝置

由電磁開關控制之馬達均附有過載保護器，通常均為手動復歸式，其容量必須符合馬達之容量，故需特別注意容量之調整，其調整容量應為馬達之額定電流值。

**6.** 曲軸箱加熱器（crank case heater）

當關機後壓縮機逐漸冷卻，液體冷媒會聚集在曲軸箱內，再度開機時，曲軸箱機油會起泡，故須加一曲軸箱加熱器以防止之。當壓縮機控制線路斷路後，曲軸加熱器便自動接上電源。因此，電源開關除了在緊急事故或長期停機時切斷外，平常一律使用控制箱上的按鈕開關。

**7.** 泵乾（pump down）

為了輔助曲軸箱加熱器，防止壓縮機短暫停機時，液體冷媒聚集在曲軸箱內，最好再增加一泵乾電路。泵乾電路有自動泵乾與單式泵乾電路。單式泵乾電路尚須加一自動回復低壓開關，與一非再循環繼電器（non recycling pump down relay）。如裝置自動泵乾電路，則泵乾用自動回復低壓開關之切入點，必須盡可能的定得高，以免增加不必要的停動次數，造成頻繁啟動循環（short cycling）。至於這兩種電路低壓安全開關之截斷點，須設定在比泵乾電路低壓開關之控制截斷點低 5 psi，如此當低壓冷媒減少時，便會將壓縮機自動停止。無論增加任一型式的泵乾電路都會延長壓縮機之使用壽命，但冰水機組不宜用自動泵乾電路控制，以免冰水器結冰。

**8.** 運轉注意事項

(1)當安全裝置自動將運轉中之機器停止時，絕不可在沒找出故障原因與排除故障前，重行開機。

(2)低水溫度控制及低出風溫度控制可引起壓縮機之頻繁停動（short cycling），而導致曲軸箱失油，應設法使壓縮機至少連續運轉 7 ～ 8 分鐘。

## 10.2-4 系統處理

**1.** 系統試壓

(1)每一機組在工廠配管完成後，都充以加壓的乾燥空氣或氮氣，假如壓縮機高低壓修理閥與冷凝器出液閥均保持封閉狀況，且壓力錶指示壓力不低於 20 psi 時，可不必試壓，如壓力低於 20 psi 時，則需進行試壓工作。

(2)工具與裝備

① 高壓乾燥氮氣。
② 氮氣壓力調節閥。
③ 綜合壓力錶組與連接管。
④ 用來產生泡沫之肥皂水。
⑤ 塗肥皂水的毛刷或海綿。
⑥ 木鎚。
⑦ 冷媒瓶。
⑧ 電子檢漏器或檢漏燈。

(3)試壓壓力：依據 ASA 法規，所定之試壓大小如下：

| 冷媒 | 高壓側 | 低壓側 |
| --- | --- | --- |
| R-12 | 235 psig | 150 psig |
| R-22 | 300 psig | 150 psig |

為了獲得更高安全度，在工廠，每一壓縮機高壓端試壓 400 psig，低壓端試壓 230 psig。試壓時決不可超過這一界限壓力，否則將會導致機件損壞或人員之傷害。

(4)試壓：如圖 10.48，試壓所用之氣體，可用乾燥空氣或氮氣，不可使用氧氣、乙炔氣或二氧化碳，因氧氣遇油，將會爆炸，乙炔氣在離開乙炔瓶後受到高壓會爆炸，二氧化碳遇水成酸，會腐蝕金屬。試壓前，先將氮氣瓶裝上壓力調節閥，並用連接管接於壓縮機之回流關斷閥之接頭上，由於試壓部位之不同，有下列幾種操作方法。

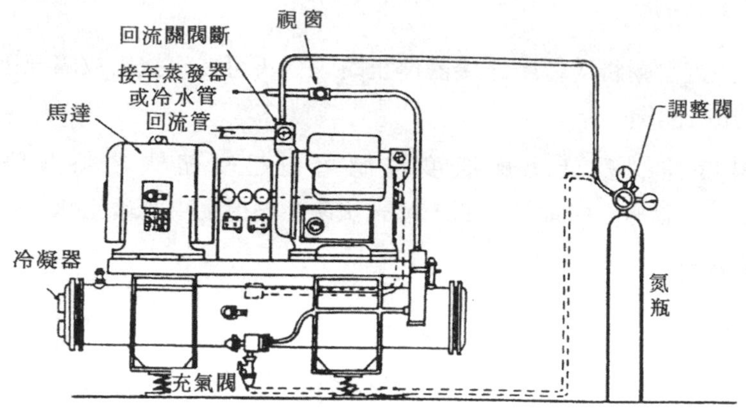


圖 10.48 系統試壓

① 全部整個系統試壓：將氮氣連接管，接於壓縮機回流關斷閥之接頭上，再將壓縮機回流關斷閥半開（打中位），出液閥打開，輸液管電磁閥及排氣關斷閥皆打開。

② 系統低壓側試壓：將氮氣連接管接於壓縮機回流關斷閥之接頭，關閉冷凝器出液閥及壓縮機排氣關斷閥（打前位），而後再將壓縮機回流關斷閥半開（打中位）即可。

③ 系統高壓側試壓：將氮氣連接管接於輸液管上之冷媒充氣閥之接頭上，關閉輸液管電磁閥及壓縮機排氣關斷閥（打前位）。

④ 壓縮機試壓：將氮氣連接管接於壓縮機回流關斷閥之接頭上，壓縮機排氣閥及回流關斷閥皆關閉（打前位）。

(5) 檢漏（肥皂水檢漏）：當壓力錶達指定之試壓壓力時，先關閉壓縮機上氮氣連接管的操作閥，其次關閉氮氣瓶瓶閥。將肥皂水以海綿或毛刷塗在冷媒管系統之每一接頭上，並用木鎚輕敲，勿用力過度，以免敲扁銅管或彎頭，這樣輕敲，可查出通常須經使用一段時間後，才會出現漏縫的不良接頭。此項檢漏，應依一定次序檢查，以免遺漏。發現有漏氣的地方，即在該處作一記號，以便重新補焊。但應注意，須將系統壓力解壓放除後才可進行焊接工作，否則衝出的高壓氣體會傷及操作人員。

(6) 最後檢漏（檢漏器檢漏）：以肥皂水目視檢漏，往往不易查出很小的漏縫，可將系統灌充部份冷媒後，提高系統壓力，再以火焰檢漏器或電子檢漏器檢漏，步驟如下：

① 系統經肥皂泡沫檢漏沒有漏縫後，將系統氮氣壓力降到 50 psig，關閉氮氣瓶及接頭閥門。

② 移開氮氣瓶，換上冷媒瓶，將系統壓力用冷媒升到 70 psig，再關閉冷媒瓶及連接管接頭閥門。

③ 移開冷媒瓶，換上氮氣瓶，用氮氣將系統升壓至 150 psig，關閉氮氣瓶閥及氮氣連接管閥門。

④ 用火焰檢漏器或電子檢漏器檢漏。

⑤ 將漏縫做上記號，待全部檢漏完畢，將系統排氣解壓，重新補焊，重焊後，再重覆上述檢漏步驟。

(7) 站壓：當系統檢漏結束後，最好讓系統在壓力保持下站壓一晚上之時間，只要溫度變化不大，一個合格不漏的系統，壓力應保持不變，或僅有極微之變化。

站壓前，應先關閉連接氮氣瓶之連接管上的操作閥，關閉氮氣瓶閥後，應拆除氮氣瓶，以防高壓氣體漸漸滲入系統中，影響站壓試驗結果，或系統壓力升至危險限度。

站壓開始，應記錄當時的室內溫度，及壓力錶指示，至第二天（12 小時後）再記錄其溫度及壓力，其壓力變化值應保持不變，或僅有極微之變化，每 10 ℉之溫度升降，壓力約有 3 psig 之升降變化。

**2.** 系統抽真空

(1) 系統抽真空的主要目的，是抽除系統中的水份，系統中含有水份為導致系統故障的最大原因，它會導致膨脹閥結冰之堵塞，冷凍油結成油垢，鍍銅及浸蝕等不良狀況，去濕的最好方法就是抽真空。

(2) 設備：抽真空去濕所必須的裝備有（如圖 10.49）：

① 真空泵：其抽真空能力至少能抽至 2.5 mmHg 以下之真空泵，一般採用迴轉式真空泵。絕不可利用壓縮機本身當作真空泵用，否則將引起壓縮機缺油或密閉式壓縮機電線絕緣破壞。

② 真空壓力指示計：普通綜合壓力錶組之高低壓錶並不能指示系統實際的真空度，應使用 U 型水銀計、電子真空計或絕對壓力真空計，以便測量真空的程度。

③ 抽真空用連接管：最小需 3/8″以上之高壓軟管，供抽真空連接管用。

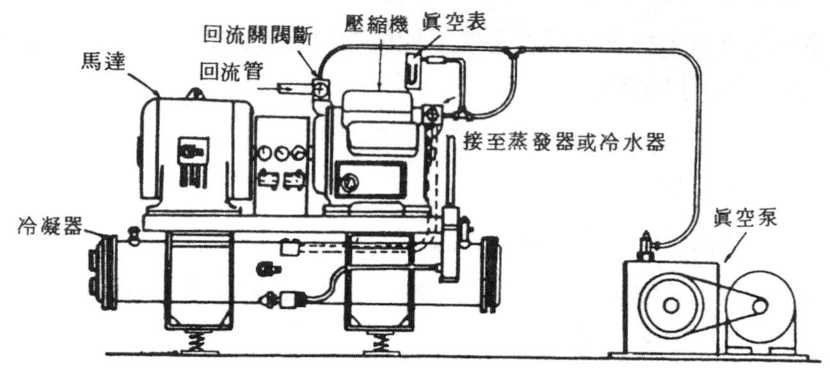


圖 10.49　系統抽真空去濕

⑶解壓：抽真空以前，應先排除系統內之高壓氮氣，排除時可由冷凝器出液閥打開排氣解壓。

⑷操作步驟：

① 抽真空應由系統之高壓及低壓兩端同時抽。

② 將真空泵用高壓軟管，接至系統高壓排氣閥及低壓回流關斷閥之接頭上，並於分歧管上接一真空壓力指示計，而且維持系統周圍溫度在 60 ℉以上。

③ 檢查系統欲抽真空部份的所有閥門是否都已開啟，再啟動真空泵。

④ 空調系統抽真空至 2.5 mmHg 以下（0.1 mmHg 以下），冷凍低溫系統應抽真空至 0.5 mmHg 以下。因為空調的蒸發溫度為 5℃，而冷凍的蒸發溫度在 0℃以下至－ 60℃之間。

⑤ 破空：在離真空泵最遠的一端如冷凝器出液閥，連接經降壓後之試壓氮氣，並徐徐注入氮氣，俗稱破空，應注意注入氮氣的速度，壓力要低，速度要慢，否則會損壞真空泵及真空壓力計，而後將與真空泵之連接管鬆脫，以便排出乾燥氮氣至壓力達 0 psig。

⑥ 掃盪抽真空：氮氣破空排氣後，以真空泵抽真空至 2.5 mmHg 以下，再以冷媒破空，加至 1 psig 而後又抽真空，如此操作數次，俗稱掃盪抽真空，如此可使系統內水份含量，稀釋至最少程度。

**3.** 灌冷媒

(1)灌液態冷媒

① 灌液態冷媒，壓縮機應在靜止中而且冷凝器內部壓力為真空時，才可灌充液態冷媒至冷凝器，如圖 10.50。

② 首先，系統經上述抽真空後，連接冷媒瓶與冷凝器出液閥間之冷媒灌充軟管，但出液閥（或充氣閥）之接頭不要旋緊，利用冷媒排除管內空氣，再旋緊接頭，應打開冷媒充氣閥。

③ 先秤冷媒瓶總重量，而後打開冷媒瓶液體閥，或將冷媒瓶倒置 45° 斜度防止雜質灌入系統內部，而後以液態加入系統。

④ 為了防止冷媒瓶內有水份或雜質，可在冷媒灌充管上串接一牙接頭式乾燥過濾器。

⑤ 要檢查冷媒量時，可關閉冷媒充氣閥，而後將冷凝器出液閥打開（打後位），啟動壓縮機等運轉穩定後（即高、低壓力不再變化）觀察液管視窗，滿載運轉時，冷媒量應加至視窗不生氣泡為止。

⑥ 當滿載運轉，視窗無氣泡後，便不可再多加冷媒，否則會導致大量消耗冷卻水，浪費功率，甚至液體冷媒回流至壓縮機，俗稱液壓縮，而損毀壓縮機或馬達燒燬。

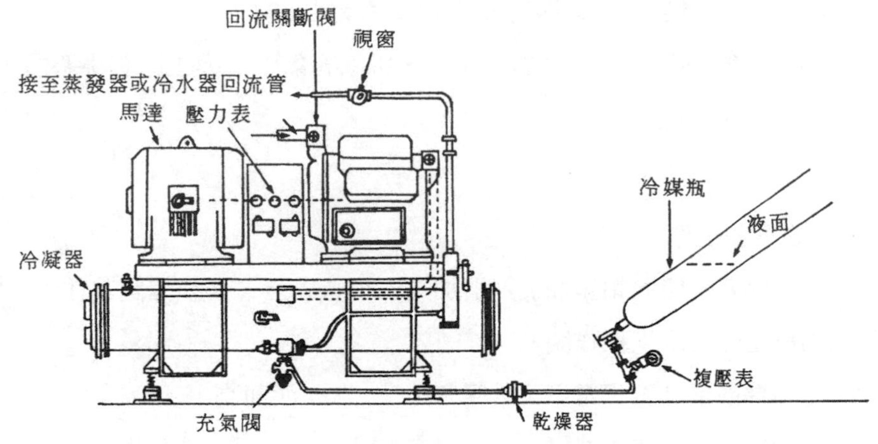


圖 10.50　壓縮機靜止中，灌充液態冷媒

⑵運轉中由低壓端灌充氣態冷媒

少量冷媒之補充可在壓縮機運轉中由低壓回流關斷閥以氣態冷媒加入，此時冷媒瓶須直立，並且操作冷媒瓶氣體閥，如圖 10.51。

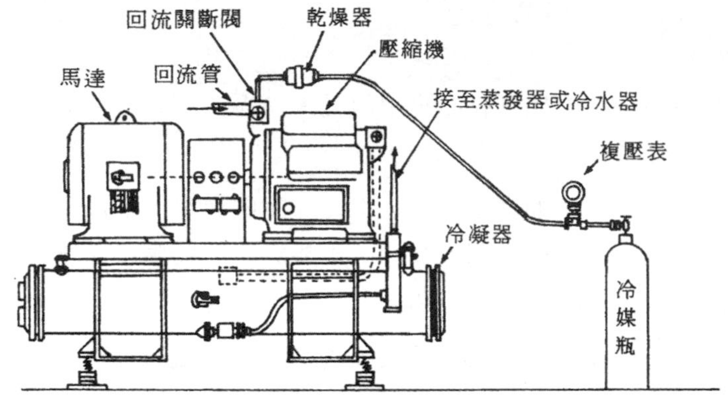


圖 10.51 運轉中由低壓端灌充氣態冷媒

① 將壓縮機回流關斷閥關閉（打後位），取下塞頭。

② 接充氣管至回流關斷閥取下塞頭處，另一端接有複壓表及乾燥器，並接至正立冷媒瓶。

③ 排除冷媒充氣管內空氣。

④ 冷媒瓶必須直立放置，而且打開氣體瓶閥，以免液體冷媒吸入壓縮機，產生液壓縮。

⑤ 將回流關斷閥打至中位，照正確方法開機。

⑥ 檢視輸液管視窗，當氣泡消失後，關閉冷媒瓶閥。

⑦ 關閉壓縮機回流關斷閥（打後位），拆除充氣管，換上原有小塞頭。

⑧ 檢查曲軸箱油面。

## 10.2-5 開機操作

**1.** 開車前之準備工作

⑴接上電源開關，使曲軸箱油加熱器加溫三小時以上，必須確認其作用正常。

⑵打開系統全部之冷媒操作閥。

⑶檢查壓縮機油量是否正常（正常應有 1/2 ～ 3/4 液面高）。

⑷打開冷卻水系統全部水管止閥。

⑸檢查全部安全控制線路是否正常。

⑹檢查聯軸器，其固定螺絲有否鬆動。

⑺檢查調整全部控制與安全開關。

⑻檢查電壓是否正常，三相不平衡電壓須在 2% 以內。

⑼啟動所有輔助設備，是否運轉正常（冷卻水泵、冷卻塔風扇、冰水泵及空調箱風車等）。

⑽檢查冷卻水及冰水循環水水壓是否適當。

**2.** 一般開車程序

⑴啟動空氣調節箱（air handling unit）風車。

⑵啟動冷卻水塔（cooling tower）冷卻風扇。

⑶啟動冷卻水泵（cooling water pump）馬達。

⑷啟動冰水泵（chilling water pump）馬達。

⑸啟動壓縮機（compressor）馬達。

**3.** 開車後之檢查項目

⑴觀察油壓表及低壓表的指示，並將油壓表的指數減去低壓表的指數，所得的差為淨油壓，應在 30 psi 至 60 psi，如壓力太低，將導致壓縮機不能起載，如太高，則不能完全卸載，在冷啟動時，淨油壓可能較高，但當正常運轉後，淨油壓應降至 30 psi 至 60 psi 之間。

⑵檢查各安全開關

① 高壓控制開關：減小或關閉冷凝器的冷卻水，將使高壓壓力增高，當達到預定的安全控制高壓時，壓縮機應自動停車。如未停，則立刻將主機停車，調整降低控制設定點再開車，如仍然無法控制，則連至儀錶的控制線路必有阻礙存在，否則即為高壓開關本身有問題。等一切須改正的都做好後，再依上述步驟試驗至操作正常為止，高壓開關跳脫後需要手動回復者，必須先按回復（reset）鈕，再重行運轉。

② 低壓控制開關：慢慢關閉壓縮機回流關斷閥，如低壓已降至預定設定壓力，低壓控制開關仍未將壓縮機停止，則須打開回流關斷閥，並停止壓縮機運轉，檢查控制系統，故障原因或許是開關本身毛病，也可能是連至儀錶的

控制線路有問題，如正常動作的話，壓縮機再行運轉前，手動回復式者，須先按回復鈕，自動回復式者，則無回復鈕可按。

③ 油壓安全開關：將油壓開關外蓋打開，利用絕緣跨接線（jumper）將差壓動作接點 $T_1$ 及 $T_2$ 端點短路，電熱器開始加熱約 120 秒或稍長些時間，溫度接點應斷路，而使壓縮機停止運轉，如壓縮機仍不停運轉，則油壓開關本身便有問題，此時須停止運轉，換上另一油壓開關，等壓縮機一停，立刻觀察跳脫作用的彈簧，如此可了解差壓接點是否正常，如正常，則須按回復鈕，壓縮機才能再啟動，試驗完畢後，應拆除 $T_1$、$T_2$ 跨接線蓋回外蓋。

⑶ 不停觀察油視窗之油面。原因是混在冷媒內循環的冷凍油常會陷留在冷媒管路系統內，而導致油面降低，如發現油面低於 1/3 位置時，應注意，如繼續降低時，應即停車檢查故障原因並改正之，尤其開車之第一天內，更應經常注意。

⑷ 檢查電流表是否正常。

⑸ 電壓表指示不得較無載電壓低 3%。

⑹ 壓縮機汽缸蓋之溫度約 60℃（140 ℉），不得超握 160 ℉（71.1℃），高壓排氣管不得超過 275 ℉（135℃），如超過時，應立即停車檢查故障。

⑺ 長期開車後，由液管冷媒視窗觀察有無氣泡發生，如有此情況，可不必停車，準備檢漏及補充冷媒。

⑻ 注意回流管是否結霜現象，應即檢查原因，並予以修正，壓縮機若有結霜時，應即停車檢查。

⑼ 壓力錶由於壓力脈動產生的不停擺動，尤其高壓錶會減短壽命，可將壓力錶錶閥關閉或只啟開一點，如此可增加壓力錶壽命。

**4.** 一般停車程序

⑴ 停止壓縮機。

⑵ 停止冰水循環水泵。

⑶ 壓縮機停止運轉後兩分鐘，停止冷卻水循環水泵。

⑷ 停止冷卻水塔之冷卻風扇馬達。

⑸ 停止空氣調節機之風車馬達。

⑹ 長期停車時，所有電源無熔絲開關均置於 OFF 位置。

## 10.2-6 維護檢查與預防保養

**1.** 保養人員必備儀表

(1)綜合壓力錶組及附件。

(2)夾式電表。

(3)三用電表。

(4)乾溫球溫度計。

(5)風速計。

(6)絕緣電阻計。

**2.** 保養人員必備工具

(1)冷媒瓶。

(2)活動扳手。

(3)梅花扳手。

(4)套筒扳手。

(5)六角扳手。

(6)起子。

(7)鉗子。

(8)銼刀。

(9)手弓鋸。

(10)鐵鎚。

(11)電鑽。

(12)攻螺絲工具。

(13)刀子。

(14)銅管處理工具。

(15)切管工具。

(16)尺。

**3.** 檢查與保養項目

表 10.4 為預防保養實施項目檢查表，其保養項目主要者應每日填寫開車記錄表，其餘保養項目分每週、每月、半年及一年各保養檢查一次者。

表 10.4 預防保養實施項目檢查表

| 檢查項目 | 內容 | 建議實施週期 | | | | |
|---|---|---|---|---|---|---|
| | | 每日 | 每週 | 每月 | 半年 | 一年 |
| 1. | 依開車步驟實施每日保養工作。 | 填寫開車記錄表 | | | | |
| 2. | 記錄油壓表指數，並求得淨油壓。 | | | | | |
| 3. | 記錄馬達電源電壓。 | | | | | |
| 4. | 記錄馬達電源電流。 | | | | | |
| 5. | 檢查壓縮機油面。 | | | | | |
| 6. | 檢視回流管氣體溫度。 | | ○ | | | |
| 7. | 連續運轉 30 分鐘以後，作全系統檢查（冷卻系統及電路系統）。 | | ○ | | | |
| 8. | 檢查壓縮機軸封口位置於停車時有無漏油，若有漏油現象，先記錄一週內漏油量多少，並應重新檢漏並加油。 | | ○ | | | |
| 9. | 檢查液媒視窗，若有氣泡，須加冷媒並檢漏。 | | ○ | | | |
| 10. | 檢查空氣過濾器，髒時，必須清潔或更換。 | | ○ | | | |
| 11. | 檢查馬達、水泵及風車軸之潤滑油。 | | | ○ | | |
| 12. | 檢查皮帶之張力及位置，用姆指以通常壓力壓下時可下降約 1/2 吋至 1 吋為正常。 | | | ○ | | |
| 13. | 檢查水泵及冷卻水塔之運轉情況有積垢時，須作水處理。 | | | ○ | | |
| 14. | 檢查皮帶輪及軸套是否緊靠軸上，若鬆弛時，必須加緊，並重新校準。 | | | ○ | | |
| 15. | 冷卻水塔式冷卻系統排除原有冷卻水，並重新加水。 | | | ○ | | |
| 16. | 氣冷式冷凝器檢查風扇情況，加油及清潔。 | | | ○ | | |
| 17. | 採用肥皂沫探漏作全系統探漏檢查。 | | | ○ | | |
| 18. | 檢查可撓性聯軸器。 | | | ○ | | |
| 19. | 檢查安全控制器是否正常。 | | | ○ | | |
| 20. | 檢查所有啟動器與控制線路接點。 | | | ○ | | |
| 21. | 檢視冷媒濕度指示器。 | | | ○ | | |
| 22. | 檢視壓縮機曲軸相油之情況。 | | | | ○ | |
| 23. | 檢視壓縮機轉動部份磨損情形。 | | | | | ○ |
| 24. | 清洗冷凝器水管。 | | | | | ○ |
| 25. | 冷卻水塔、水泵須全部清洗，洗後刷表面，並應噴漆。 | | | | | ○ |
| 26. | 磨損過巨之皮帶應予更換。 | | | | | ○ |
| 27. | 詳細檢查風管及風門。 | | | | | ○ |
| 28. | 檢查排水管有無溢漏之現象。 | | | | | ○ |
| 29. | 檢查電路系統絕緣電阻。 | | | | | ○ |
| 30. | 校正電壓表、電流表、高壓表、低壓表及油壓表。 | | | | | ○ |

## 10.2-7 預防保養實施方法

**1.** 壓縮機泵乾

當須打開壓縮機修理時，首先應將壓縮機泵乾，並關閉通往系統其他部份的管路，泵乾步驟如下：

⑴用一短跨接線將低壓開關之二接線端子短路，或用一起子將低壓開關的彈簧負荷連桿頂住，以保持開關繼續接通，這樣可防止壓縮機在冷媒未清除前由於壓力降低而自動停車。

⑵壓縮機運轉時，慢慢地關閉壓縮機回流關斷閥。

⑶低壓降低至 2 psig 時，停止壓縮機運轉。注意，不可泵至 2 psig 以下，否則當打開壓縮機時，由於曲軸箱已呈真空會導致水份及污物進入曲軸箱，曲軸箱壓力較低，會產生過多的油泡沫，使得油泵失去作用，故當壓力降低至 2 psig 前，由於油壓低，油壓開關也許會自動停止壓縮機運轉，當此情形發生後，必須等幾分鐘，直到開關內的電熱器冷卻後，才會回復作用，但必須手動歸復回復鈕。

⑷低壓降至 2 psig，停止壓縮機運轉後，必須等幾分鐘以便使冷媒由曲軸箱內的油分離出來，此時低壓將會稍加，可再開動壓縮機，再泵乾至 2 psig。

⑸當壓力再泵至 2 psig 時，更多的冷媒可泵至冷凝器。

⑹重覆上述步驟，直到低壓保持 2 psig 不再上升為止，如第一次關閉後，低壓上升很快，即表示排氣關斷閥有漏氣現象，應盡快關閉高壓關斷閥。

⑺如一切正常，且低壓能保持 2 psig，便關閉排氣關斷閥，停止壓縮機移去低壓開關上的起子或短接線。

**2.** 冷媒回收

當冷媒灌充過量，或需將冷媒收回冷媒瓶，可按下列步驟：

⑴將空冷媒瓶連接於液管充氣閥，並排除連接管內的空氣。

⑵將空冷媒瓶置於水槽中或以冰塊冷卻，如此可使冷媒降低壓力，容易液化，冷媒容易由系統回收瓶內。

⑶起動壓縮機，打開冷媒瓶閥，慢慢打開液管充氣閥，則冷媒流回冷媒瓶。

⑷如為抽除過多的冷媒，應注意高壓表，待壓力恢復正常後，立刻關閉冷媒充氣閥。

(5)取下充氣管，並將充氣閥加蓋。

(6)檢查壓縮機曲軸箱油面。

(7)回收之冷媒充入冷媒瓶量不可過多，只能灌入其液態冷媒容量之 80%，否則容易爆炸。

**3.** 加冷媒

運轉中，發現冷媒不足，可由低壓端補充氣態冷媒，方法如前所述。

**4.** 壓縮機加冷凍機油

只要油面能出現在油視窗上，壓縮機曲軸箱內的油量均已足夠，然而其中一部份冷凍機油可隨著冷媒循環而留在系統中其他分件或管路中，無法流回壓縮機，使得曲軸箱油面因而降低，此時壓縮機便需加油，加油方法如下：

(1)先將壓縮機泵乾，由於曲軸箱內壓力降低，可減輕加油泵的負荷。

(2)將加油管連於壓縮機充油閥，另一端接於加油泵，壓縮機充油閥接頭不必旋緊。

(3)啟動加油泵，以排除加油管內空氣，直至油出現於充油閥時，再旋緊加油管接頭。

(4)開啟充油閥，使油進入油箱，冷凍油最好先經一乾燥器再進入壓縮機。

(5)當油面達於視窗 1/2 ~ 3/4 高度時，停止加油泵，油量不可超過此油面限度。

(6)關閉充油閥，移開加油管，並在充油閥上裝上密合墊圈及閥桿帽蓋。

(7)打開壓縮機關斷閥。

(8)啟動壓縮機，觀察視窗油面是否合於正常高度。

**5.** 壓縮機排油

當曲軸箱油面高於視窗頂部時過多的油量必須排除，其方法如下：

(1)泵乾壓縮機至 2 psig。

(2)慢慢開啟排油塞，使油流入油桶。由於流出之冷凍油中含有冷媒，會起泡沫，以致使油溢出油桶，操作時，必須注意。

(3)當油面達於視窗規定之 1/2 ~ 3/4 高度時，塞上排油塞。

(4)打開壓縮機關斷閥，啟動壓縮機，並觀察曲軸箱油面是否正常。

**6.** 不凝縮氣體的排除

(1) 不凝縮氣體的判斷

如系統中存有不凝縮氣體如空氣等，會導致高壓過高、降低容量、增加功率消耗等。判斷不凝縮氣體方法如下：

① 停止系統運轉，直到全系統達於同一溫度。

② 測量冷凝器壓力，因為有不凝結氣體一定存留於冷凝器內，測量外氣溫度，必查出該溫度時之冷媒飽和壓力。

③ 若冷凝器壓力超過同溫度時冷媒飽和壓 10 psig 以上，表示有不凝結氣體存於系統內，應設法排除。

④ 例如系統使用 R-22 冷媒，系統溫度為 85 ℉，冷凝器壓力為 175 psig，由 R-22 冷媒特性比查出 85 ℉時 R-22 的飽和壓力為 157.2 psig，與冷凝器壓力差 17.8 psig，高於 10 psig，表示系統內有不凝結氣體。

(2) 不凝結氣體排除的方法

① 關閉冷凝器出液閥，運轉壓縮機，使冷媒泵集於冷凝器。

② 停止壓縮機後，關閉壓縮機排氣關斷閥。

③ 冷卻水泵繼續循環，水量調節閥全開，使冷卻水繼續冷卻冷凝器，盡可能使冷凝器內的冷媒液化，相當於降低冷媒的壓力，提高不凝結氣體的分壓力。

④ 微開冷凝器頂端的排氣閥（purge valve）並即關閉。

⑤ 每隔數分鐘排氣一次，數次後，不凝結氣體可完全排出。

⑥ 排氣完成後，將系統回復原狀，檢查高壓壓力及輸液管視窗冷媒及曲軸箱視窗油面。

**7.** 冷氣機長期停用的長期封機法

中央空調系統，往往有數個月不必使用，此時，系統應泵乾並將冷媒封存於冷凝器或儲液器（receiver）中，如此可使管路及壓縮機不必承受壓力負荷，減少冷媒洩漏之可能。封機方法如下：

(1) 關閉冷凝器出液閥。

(2) 以手操作打開輸液管上的電磁閥。

(3) 將低壓開關以跨接線短路。

⑷按開關步驟，啟動壓縮機，如此可將冷媒自輸液管、蒸發器及回流管泵回冷凝器。

⑸低壓降低至 2 psig 時，停止壓縮機運轉。

⑹壓縮機停止後，溶於冷凍油內之冷媒及蒸發管內的冷媒會使低壓上升，應重覆泵乾數次，直至低壓保持 2 psig 為止。

⑺低壓最少應保持 1 ～ 2 psig，防止封機後，空氣及水份自漏縫滲入系統。

⑻冷凝器以及其高壓管路，必須檢漏，以免冷媒損失。

⑼如有凍結的可能，則須關閉冷凝器冷卻水出入水閥，並排除全部冷卻水。

⑽回復液管電磁閥至正常位置，並移除低壓開關上之跨接線。

⑾關閉系統動力電源總開關及各分路開關，並懸掛警告標示。

**8.** 長期封機後之開機法

所有的年度預防保養工作都可在冬季長期封機期間進行。如此可確保將來機器運轉時的穩定與高效率。經長期封機後的開機步驟如下：

⑴開啟所有的冷卻水及冰水止水閘閥。

⑵轉動壓縮機軸 3 ～ 5 轉，檢查聯軸器螺絲是否旋緊。

⑶開啟冷卻水補給水閥，冷卻水塔充滿規定水量。

⑷打開壓縮機排氣關斷閥，及回流關斷閥。

⑸檢查液管電磁閥及膨脹閥是否正常。

⑹將電源總開關接通，使曲軸加熱器作用 1 小時以上。

⑺開啟冷凝器出液閥，使冷媒進入液管內。

⑻用火焰檢漏器或電子檢漏器做系統檢漏。

⑼按開機順序，啟動各輔助設備及壓縮機。

⑽運轉 15 ～ 20 分後，檢查壓縮機曲軸箱油面，液管視窗冷媒流量，有否氣泡及高壓、油壓、低壓壓力。

**9.** 冰水器冰水回水溫度開關之動作試驗

⑴啟動壓縮機。

⑵準備水一桶，將精密溫度計一支浸入，將碎冰塊放入水中攪動，調節至回水溫度開關設定之切斷溫度。

(3)將冰水溫度開關之感溫棒浸入水中，其控制開關應斷路，壓縮機停止運轉。

(4)然後將水溫設法升高到切入溫度，開關應自動跳回接合，壓縮機再行啟動。

(5)如溫度計與溫度開關動作值有高低出入，將溫度開關調整螺絲略作調整，以配合之。

(6)試驗完畢，將感溫棒裝回冰水入口處之固定位置。

**10.** 冰水器防凍開關動作試驗

冰水低於 0℃則結成冰，假若冰水器溫度降低至冰點以下，則由於冰之膨脹，將使冰水器炸裂，因此在冰水器冰水出口底部應裝一防凍開關（freezing up switch），當冰水器出口水溫降至 3℃～ 5℃時，則壓縮機應自動停機。

防凍開關之動作試驗與溫度開關相同，此種防凍開關只能自動跳開，不能自動復歸，故應用手按回復鈕，才能使開關回復通路。

**11.** 膨脹閥感溫棒動作試驗

(1)停止壓縮機。

(2)將膨脹閥自回流管取下。

(3)將感溫棒放入冰水中。

(4)啟動壓縮機。

(5)再將感溫棒取出置於手掌中，自然加溫，檢查回流管之溫度變化，此時回流溫度降低表示有液態冷媒大量通過膨脹閥，感溫棒所推動之零件動作正常。

(6)應注意液體冷媒回流時間不宜太長，否則將產生液錘作用（liquid hummer），俗稱液壓縮。

**12.** 更換冷媒管路上之零件

(1)將冷媒封存於冷凝器中，低壓泵乾 2 psig。

(2)取下故障零件，並將兩端管路加封，以免雜質進入。

(3)換裝新零件後，微開冷媒關斷閥，利用冷媒氣體，排除該段管路及新零件內所存空氣。

(4)排氣後利用冷媒氣體升高該段壓力後，將制止閥關閉並檢漏。

(5)打開制止閥，重新開車。

**13.** 更換及檢修過濾乾燥器

⑴過濾器或乾燥器於運轉中，因冷媒系統有雜質而發生濾網堵塞時，出液管會比入液管溫度低，情況更嚴重者，出汗或結霜。

⑵更換及檢修過濾乾燥器方法，如更換冷媒管路上零件。

**14.** 檢修壓縮機軸封

⑴將壓縮機回流關斷閥關閉，裝上複壓表。

⑵啟動壓縮機，至低壓達 2 psig 時，即停車應即刻關閉壓縮機排氣關斷閥（皆打至前位）。

⑶取下聯軸器及軸封蓋，輕輕將軸封圈滑出機軸，此時機軸表面應先徹底清潔，而後用乾燥羚皮擦拭封圈平面，若不平滑即須更換，若甚平滑，只須塗以冷凍油後，重新將各零件照原位裝回，應校直聯軸器。

⑷微開回流關斷閥，利用冷媒氣體，排除壓縮機油箱內氣體。

⑸開啟壓縮機排氣及回流關斷閥，並開機。

⑹運轉正常後，檢漏若仍漏，則須更換新品。

**15.** 檢修壓縮機上的閥片

⑴先裝上複壓表後再關閉回流關斷閥。

⑵啟動壓縮機至複壓表指示為 2 psig 時，即停止壓縮機，重覆數次，至複壓表維持 2 psig 不變為止，關閉排氣閥。

⑶以對角順序，放鬆氣缸蓋螺絲，開啟氣缸蓋，操作時不能將螺絲全部卸下，至少留二支螺絲然後用鎚子輕敲氣缸蓋，兩邊螺絲交替退出，取下氣缸蓋。

⑷氣缸蓋取出時，閥片位置有冷媒氣泡冒出，須以最快速度換好閥片。

⑸裝上氣缸蓋。

⑹排除壓縮機內空氣。

① 無真空泵使用時，可微開回流關斷閥，以排除內存空氣，重覆數次，至壓縮機內無空氣為止。

② 正確方法係接上真空泵抽真空達要求之真空度後，微開回流關斷閥至壓縮機內壓力達 2 psig，迅速拆除真空泵。

⑺打開回流關斷閥及排氣關斷閥後開車，當正常運轉時，檢查各接頭有否漏氣。

## 10.2-8 故障分析

⑴操作人員應盡可能地將機器各部門了解清楚，以便在機器發生故障時，可立即找出原因，解決問題，不致使機器因故障而停止運轉，只要能正確判斷故障原因所在，則不論大小問題，都可節省不少處理時間。

在未參考下列故障分析表前，須先考慮下列問題：

① 系統冷媒是否足夠或過量。

② 系統熱負荷有無超過設計限度。

③ 蒸發器工作是否正常，溫度是否正常。

④ 電源是否夠負荷。

⑤ 冷卻水量是否足夠，溫度是否正常。

⑥ 所有輔助機件設備，操作是否正常。

⑦ 膨脹閥是否正常。

⑧ 安全控制裝置有無損壞，所設定之控制值是否離正常工作值太近。

⑵ 考慮上述各問題後，如故障仍然存在，可參閱表 10.5 故障分析。

表 10.5　故障分析表

| 現象 | 可能原因 | 改正方法 |
| --- | --- | --- |
| 1. 壓縮機不轉 | ⑴電源開關分離。 | ⑴檢查後關上。 |
| | ⑵保險絲燒斷。 | ⑵檢查線路與馬達線圈有無短線或接地以及有無過載，改正後換上保險絲。 |
| | ⑶超載繼電器跳動或斷路。 | ⑶依照開啟馬達超載繼電器步驟操作。 |
| | ⑷啟動器故障。 | ⑷檢修或更換。 |
| | ⑸油壓開關、高低壓開關、超載保護開關、互連控制開關跳脫。 | ⑸檢明原因重按「回復鈕」。 |
| | ⑹溫度開關切斷之定溫過高。 | ⑹檢查蒸發器溫度，在不使結冰的情況下，降低溫度開關的定溫點。 |
| | ⑺液管電磁閥不能開啟。 | ⑺檢修或更換。 |
| | ⑻馬達電源線路問題。 | ⑻檢查馬達線路有無斷路、短路情形後，修理或更換新線。 |
| | ⑼馬達燒燬。 | ⑼檢修或更換。 |
| | ⑽電路鬆脫。 | ⑽檢查所有線路接線，旋緊接點螺釘。 |
| | ⑾電壓過低。 | ⑾查明，如係電壓過低，通知電力公司升高，若為接觸不良檢修之。 |
| | ⑿壓縮機內部咬死。 | ⑿檢修或更換。 |
| | ⒀防凍開關跳開（冷水機用）。 | ⒀檢查跳開原因，校正後以手按回復鈕。 |

表 10.5 故障分析表(續)

| 現象 | 可能原因 | 改正方法 |
|---|---|---|
| 2. 壓縮機有雜音或振動 | (1)冷媒充溢曲軸箱。<br>(2)壓縮機間隙不當。<br>(3)管路支持不當。<br>(4)排氣衝擊。<br>(5)減震不當。<br>(6)聯軸器鬆動或裝置不當。<br>(7)缺油。 | (1)檢查膨脹閥流量與定流點。<br>(2)部份磨損檢修或更換。<br>(3)重新安裝、增加或減少吊架。<br>(4)在排氣管路加裝消音器。<br>(5)檢查減震器。<br>(6)旋緊螺帽或重新校正。<br>(7)檢查油面後並加油。 |
| 3. 高壓過高 | (1)冷卻水量過多或水溫過高。<br>(2)冷卻水塔失效。<br>(3)冷凝器積垢過多。<br>(4)冷媒系統中存有空氣或不凝結氣體。<br>(5)冷媒充量過多。<br>(6)排氣關斷閥部份關閉。<br>(7)冷凝器容量不夠。<br>(8)壓力表失靈。<br>(9)氣冷式冷凝器部份風扇故障。 | (1)重新調整水量調整閥或增加供水量。<br>(2)加水清潔噴嘴，檢修或更換。<br>(3)清洗。<br>(4)排除氣體。<br>(5)排除過多量。<br>(6)全開關斷閥。<br>(7)查看冷凝器容量表。<br>(8)檢修或更換。<br>(9)檢修。 |
| 4. 高壓過低 | (1)冷凝器溫度調節錯誤。<br>(2)回流關斷閥部份關閉。<br>(3)冷媒不足。<br>(4)活塞環磨損。<br>(5)低壓過低。<br>(6)壓縮機起載運轉。<br>(7)壓縮機卸載運轉。<br>(8)排氣旁通閥漏氣（未裝時不查）。<br>(9)壓力表失靈。 | (1)查看冷凝器控制操作有無不當，如水量是否過多等。<br>(2)全開關斷閥。<br>(3)檢漏並加冷媒。<br>(4)換新。<br>(5)參閱低壓過低檢修法。<br>(6)壓縮機不能起載檢修法。<br>(7)查看冷凝器容量表。<br>(8)檢修或更換。<br>(9)校正或更換。 |
| 5. 低壓過高 | (1)負荷過大。<br>(2)膨脹閥給冷媒過多。<br>(3)壓縮機卸載運轉。<br>(4)活塞環磨損，回流閥環磨損或破裂。<br>(5)壓縮機太小，蒸發器容量過大。<br>(6)壓力表失靈。 | (1)降低負荷或增加設備。<br>(2)檢修感溫棒，調整過熱度及流量。<br>(3)參閱壓縮機不能起載檢修法。<br>(4)換修。<br>(5)檢查容量。<br>(6)校正或更換。 |

表 10.5　故障分析表(續)

| 現象 | 可能原因 | 改正方法 |
|---|---|---|
| 6. 低壓過低 | (1)冷媒不足。<br>(2)蒸發器有污物或結冰。<br>(3)液管濾篩及乾燥器堵塞。<br>(4)回流管濾篩堵塞。<br>(5)膨脹閥失效。<br>①調整不當。<br>②堵塞。<br>③失靈。<br>(6)冷凝溫度過低。<br>(7)壓縮機不能卸載。<br>(8)蒸發器風扇或冷水器水泵停止。<br>(9)低壓開關或溫度調節器失靈或接點黏住。<br>(10)蒸發器入水溫度過低。<br>(11)壓縮機回流關斷閥未全開。<br>(12)低壓表失靈。 | (1)檢漏修理並加冷媒。<br>(2)清潔，除霜。<br>(3)清潔或更換乾燥劑。<br>(4)清潔。<br>(5)<br>①重新調整。<br>②清潔。<br>③檢修或更換。<br>(6)檢查並重調整冷凝溫度。<br>(7)參閱壓縮機無法卸載檢修步驟。<br>(8)檢查，增加聯鎖。<br>(9)檢修或更換。<br>(10)調整水量調節閥。<br>(11)全開關斷閥。<br>(12)校正或更換。 |
| 7. 壓縮機無法卸載 | (1)油壓與低壓之差高於 65 psi。<br>(2)容量控制孔堵塞。<br>(3)容量控制器損壞。<br>(4)卸載機構失效，卸載頂銷磨損。<br>(5)輔助卸載控制機構失效。 | (1)清潔油泵放洩閥。<br>(2)清潔。<br>(3)更換。<br>(4)更換氣缸襯套卸載裝置。<br>(5)修理或更換。 |
| 8. 壓縮機無法起載 | (1)油壓與低壓之差不夠 30 psi。<br>(2)油量控制伸縮囊損壞。<br>(3)容量控制損壞。<br>(4)卸載機組損壞。<br>(5)輔助卸載控制機構損壞。 | (1)參閱油壓過低檢修步驟。<br>(2)更換。<br>(3)更換。<br>(4)更換氣缸襯套卸載裝置。<br>(5)修理或更換。 |
| 9. 壓縮機起載卸載間隔太短 | (1)膨脹閥號數過大，以致使低壓波動過大。<br>(2)控制油壓異常。 | (1)查閱膨脹閥表。<br>(2)檢查壓縮機油面、泡沫以及油泵放洩閥。 |

表 10.5 故障分析表(續)

| 現象 | 可能原因 | 改正方法 |
|---|---|---|
| 10. 油壓太低甚至沒有 | (1)油泵反向齒輪位置錯誤。 | (1)反轉壓縮機運轉方向。 |
| | (2)油泵放洩閥損壞。 | (2)檢修或更換。 |
| | (3)油泵箱破壞。 | (3)更換油泵組。 |
| | (4)油壓表失靈。 | (4)檢修或更換,使用完成立刻關閉儀表閥。 |
| | (5)低壓安全開關失靈。 | (5)檢修或更換。 |
| | (6)回油管濾篩堵塞。 | (6)清潔。 |
| | (7)容量控制與卸載機間的控制油管破裂。 | (7)檢修。 |
| | (8)曲軸箱油內液態冷媒過多。 | (8)動用油溫器將膨脹閥定在較高的過熱點,檢視液管電磁閥的作用。 |
| | (9)油泵磨損。 | (9)更換。 |
| | (10)軸承磨損。 | (10)更換。 |
| | (11)卸載機組磨損。 | (11)更換氣缸襯墊卸載組。 |
| | (12)油面過低。 | (12)加油,其方法參閱失油檢修法。 |
| | (13)回油濾篩管接合鬆動。 | (13)檢視後旋緊。 |
| | (14)泵殼密合墊裝置不當。 | (14)檢視,所有油泵殼面的洞,均須加密合墊。 |
| 11. 壓縮機失油 | (1)回流管端的回油濾篩堵塞。 | (1)更換。 |
| | (2)冷媒不足。 | (2)檢漏,修理並加冷媒。 |
| | (3)壓縮環漏油。 | (3)檢修。 |
| | (4)直升管流速太低。 | (4)檢視直升管,並改正。 |
| | (5)油留於管路或蒸發器內。 | (5)檢視管路斜度,與冷媒流速。 |
| | (6)卸載機組漏油。 | (6)更換氣缸襯墊卸載組。 |
| 12. 馬達超載繼電器跳脫 | (1)超載繼電器失靈。 | (1)檢修或更換。 |
| | (2)高負載時電壓太低。 | (2)檢視供電壓以及線路電壓降,通知電力公司提高電壓。 |
| | (3)一保險絲燒燬而致單相運轉。 | (3)更換保險絲。 |
| | (4)馬達電源線接地或斷線。 | (4)檢修或更換。 |
| | (5)壓縮機卡住。 | (5)檢修。 |
| | (6)主線接頭鬆脫。 | (6)檢查所有接頭並旋緊。 |
| | (7)馬達過負荷。 | (7)查看馬達製造廠商容量表以選用合適之馬達。 |
| | (8)冷凝溫度過高。 | (8)參閱高壓過高檢修法。 |
| | (9)由於供電線路接錯,而致馬達單相運轉或電壓不平衡。 | (9)檢視供電電壓,並通知電力公司修理,在未修好前,不可啟動馬達。 |
| | (10)超載繼電器周圍溫度過高。 | (10)供給冷卻方法,或用風扇冷卻。 |
| | (11)分層起動,第二繞組未作用。 | (11)檢修或更換起動器或延時繼電器。 |
| | (12)超載繼電器容量不足。 | (12)更換。 |
| | (13)超載繼電器調整不當。 | (13)重新調整。 |

表 10.5　故障分析表(續)

| 現象 | 可能原因 | 改正方法 |
|---|---|---|
| 13. 壓縮機運轉時間過長或停車時繼續運轉 | ⑴冷負荷過大：<br>①新鮮空氣通風過多。<br>②風（水）管保溫不良。<br>⑵溫度調節器調整過低。<br>⑶控制零件接點不分離或失靈。<br>⑷電磁閥失靈手動開啟。<br>⑸冷媒過多。<br>⑹冷媒過少。<br>⑺起動開關失靈。<br>⑻起動器接點不分離。<br>⑼控制電路短路。 | ⑴<br>①檢修。<br>②檢修。<br>⑵重新調整。<br>⑶檢修或更換。<br>⑷檢修或恢復自動控制。<br>⑸排除過多冷媒。<br>⑹檢漏及加冷媒。<br>⑺檢修或更換。<br>⑻檢修或更換。<br>⑼檢修故障零件。 |
| 14. 壓縮機短時循環運轉（間歇運轉時間過於短促） | ⑴起動器間歇接觸。<br>⑵高低壓開關、溫度調節器調整錯誤或失靈。<br>⑶馬達故障。<br>⑷電磁閥未全開。<br>⑸膨脹閥失靈。<br>⑹蒸發器空氣流量減少。<br>①空氣過濾器積垢。<br>②送風機皮帶鬆或斷。<br>⑺電磁閥內部漏氣。<br>⑻冷凝器失效。<br>⑼冷媒充量過多或存有不凝結氣體。<br>⑽冷卻水量不足或水溫過高或水壓不足。<br>⑾水量調節閥堵塞或不起作用。<br>⑿水管堵塞。<br>⒀冷卻水塔失效。<br>①缺水。<br>②噴嘴堵塞。<br>③水泵不轉。<br>④風扇不轉。<br>⒁冷媒不足。<br>⒂液管濾篩或乾燥器堵塞。 | ⑴檢修或更換。<br>⑵重新調整或更換。<br>⑶檢修或更換。<br>⑷電路原因檢修，零件故障檢修或更換。<br>⑸檢修或更換。<br>⑹<br>①清洗。<br>②拉緊或換新。<br>⑺檢修或更換。<br>⑻清洗。<br>⑼排除過多冷媒或不凝結氣體。<br>⑽加強供應冷卻水。<br>⑾檢修或更換。<br>⑿清洗。<br>⒀<br>①加水。<br>②清潔噴嘴。<br>③檢修或更換。<br>④檢修或更換。<br>⒁檢漏及加冷媒。<br>⒂清潔或換乾燥劑。 |
| 15. 開車時油泡沫太多 | ⑴曲軸箱內液體冷媒過多。<br>⑵曲軸箱油加熱器，停車時無作用。 | ⑴調整冷媒流量。<br>設法防止液體冷媒回流如加熱交換器、蓄液器等。<br>⑵檢查加熱器。<br>檢查加熱器之電路。 |

## 10.3 螺旋式冰水機組

### 10.3-1 螺旋式壓縮機（screw compressor）

螺旋式壓縮機的構造如圖 10.52。

圖 10.52 漢鐘螺旋式壓縮機解剖圖

**1.** 螺旋式壓縮機之動作原理

(1)螺旋轉子

螺旋式壓縮機是由一對公螺旋及母螺旋組合而成。公螺旋為驅動轉子，母螺旋為被驅動轉子，公螺旋與母螺旋轉子同時嚙合運轉，以得到均勻、無脈衝的氣體流動，參考圖 10.53。

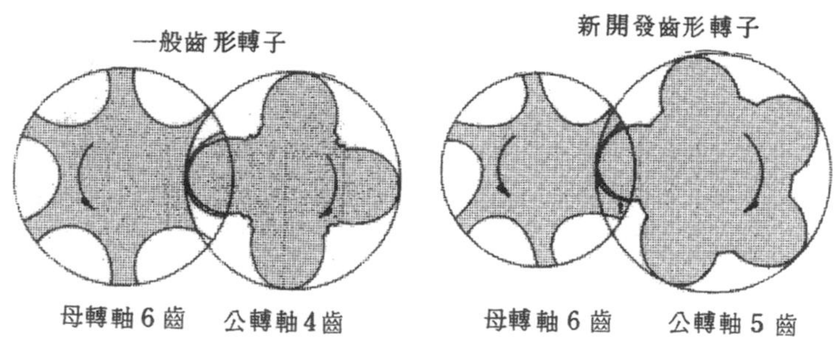


圖 10.53 螺旋斷面

(2)壓縮原理，參考圖 10.54。

圖 10.54 漢鐘螺旋式壓縮機之壓縮原理

① 吸氣過程：當一公螺旋轉子之齒與母螺旋轉子之溝槽由嚙合狀態分離時，其時造成一個中空之空間，而使低壓冷媒氣體由吸入口吸入。如圖 10.60(a) 所示，當轉子繼續運轉，齒溝間之空間繼續增大，且冷媒氣體繼續流入壓縮機，當齒溝間充滿冷媒氣之空間離開吸入口時，所有齒間空間充滿冷媒氣體。

② 壓縮過程：當轉子繼續迴轉時，齒溝空間中之冷媒氣體被沿壓縮機室周緣帶動，更進一步的迴轉，使另一公螺旋齒與充滿冷媒氣體之母螺紋於進氣側嚙合，齒溝間先滿氣體的空間即對進氣側封閉隔離，並逐漸減少氣體空間，而向排氣側壓縮冷媒氣體，如圖 10.55(b) 所示。

③ 排氣過程：當壓縮至設計定妥之固定壓縮比（Vi）之點時，排氣口未加封閉，則壓縮氣體即由公螺旋與母螺旋溝之進一步嚙合而排出於高壓側，如圖 10.55(c) 所示，當一對螺旋之嚙合點沿軸向由進氣側向排熱側移動時，次一吹氣過程隨即開始，且沿以上所述工作過程連續工作，壓縮功能於是達成。於壓縮過程中，公螺旋可視同往復式壓縮機之活塞，母螺旋可視同往復式壓縮機之汽缸。

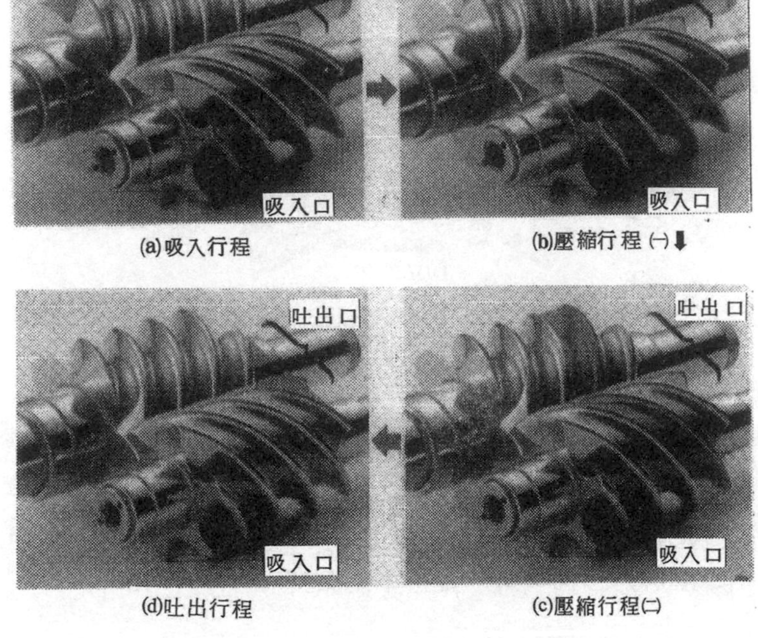


圖 10.55　日立螺旋式壓縮機壓縮原理

**2.　螺旋式壓縮機之種類**

⑴密閉式螺旋式壓縮機，如圖 10.56(a) 所示。

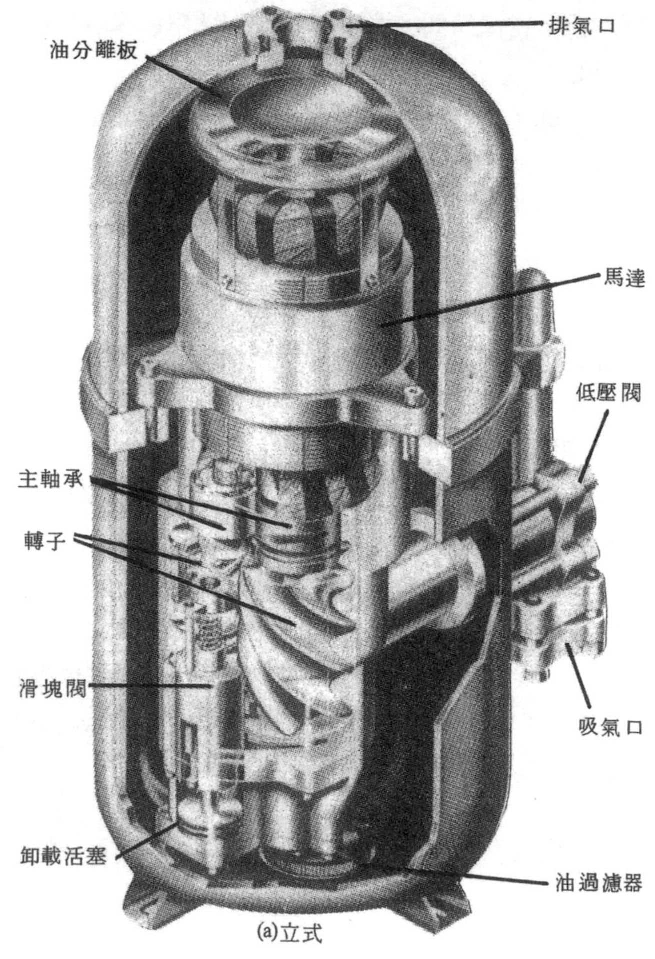


圖 10.56　密閉式螺旋式壓縮機

⑵半密閉式螺旋式壓縮機，如圖 10.57(b) 所示。

螺旋式壓縮機的電動機及轉子之壓縮機動作，皆採用回轉運動轉變為直線運動，因此，螺旋壓縮機的結構非常簡單，不作無謂的動作，得以減少震動與噪音。

① 由於電動機裝在壓縮機內，所以能遮蔽聲音，又由於吸入氣體之冷卻效果，使電動機更為小型化，並且不需保養。

② 沒有軸封裝置，所以不需保養軸封，無慮漏氣。

③ 由於利用壓縮機內部高壓與低壓力差給予潤滑油，故無需油泵幫浦。

④ 由於不需要油幫浦驅動用之電動機、傳動用之聯結器、油壓調整閥等，因而不會發生故障。

⑤ 油分離器裝在壓縮機的排氣室內，形成很精巧的裝置。

⑥ 沒有油冷卻器，無需油冷卻用水之配管。又沒有油冷卻之放熱，故能減少能源的浪費。

圖 10.57　日立半密閉式螺旋式壓縮機

(3)開放式螺旋式壓縮機，如圖 10.58。

主要功能：

① 利用雙螺旋或單螺旋迴轉壓縮機來使冷媒提高壓力，達到壓縮的作用。

② 利用滑塊閥（slide valve）的移動操作，傍通冷媒氣，達到容量控制的作用。

③ 馬達直接傳動螺旋，轉速較低，運轉安穩，運轉聲音低，頻率低。

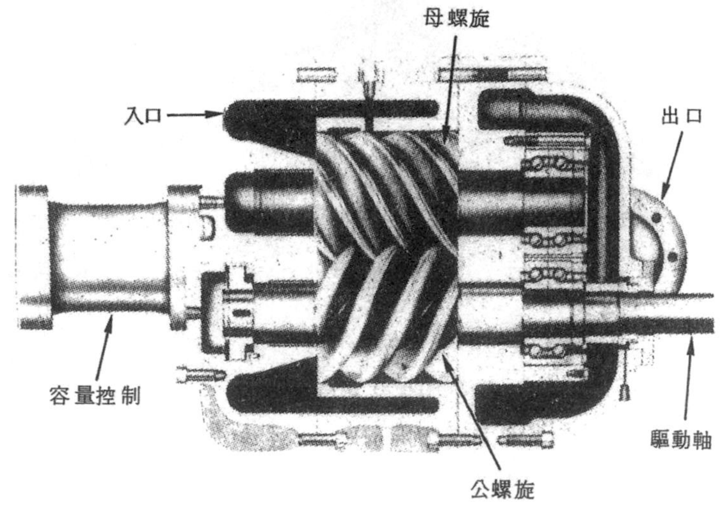


圖 10.58 開放式螺旋式壓縮機

特點：

① 不會磨損，由於二組螺旋永不接觸，其間會用一層油膜作為金屬間的潤滑，確保螺旋完整。

② 機械構造簡單，僅有七個轉動點。

③ 迴轉式動作，屬維持單一方向迴轉式動作，具一定力矩，正位移，在廣泛動作中不會產生振動。

④ 節約能源，利用滑塊閥（slide valve）自動控制主機容量由 10% 到 100%，輸出和負載相配合。

⑤ 使用範圍廣泛，無論氣冷式、水冷式、蒸發式冷卻皆可適用。

## 3. 螺旋式壓縮機容量控制

⑴卸載機構，如圖 10.59。

⑵卸載位移容積變化，如圖 10.60。

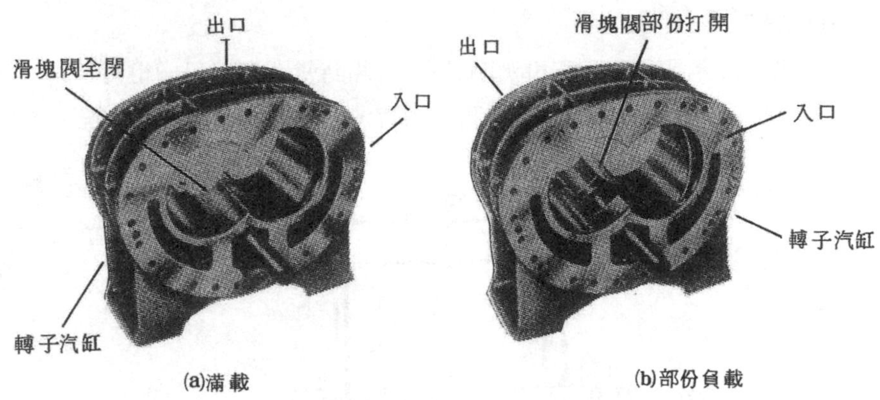


圖 10.59　卸載機構

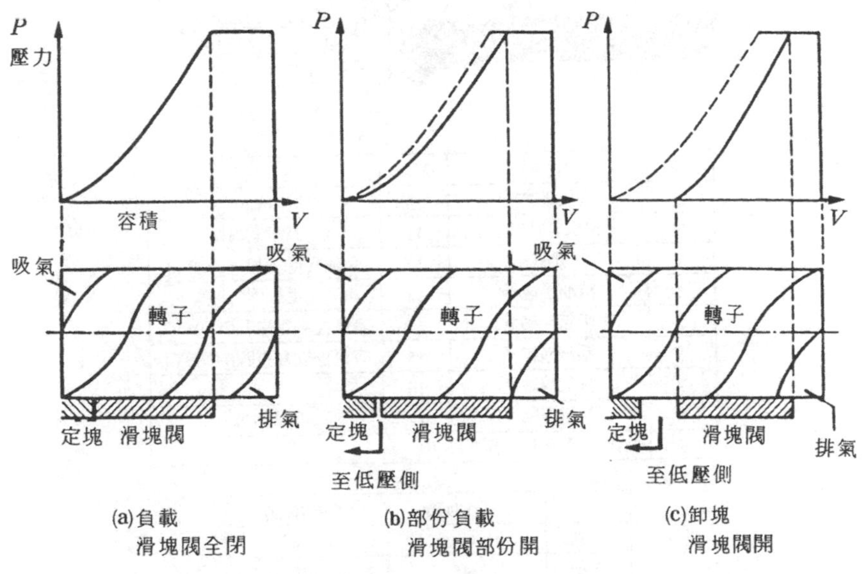


圖 10.60　卸載位移容積變化圖

### (3)卸載系統

卸載系統可分為連續式（或稱無段式）容量調整及四段式容量調整。連續式容量調整系統如圖 10.61，由二個電磁閥控制潤滑油推動容量調整活塞進行加載、卸載。容量調整活塞可停留在任何位置，其中 14 號電磁閥控制加載、15 號電磁閥控制卸載。

連續式容調系統所使用的電磁閥，一組為常閉型，另一組為常開型，此種設計主要為防止壓縮機緊急停機後再啟動時，壓縮機仍可在洩載狀況下順利啟動。

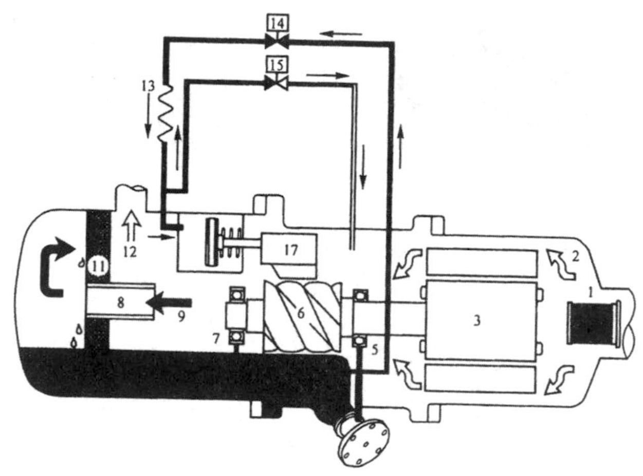


| 項次 | 內 容 | 項次 | 內 容 |
|---|---|---|---|
| 1 | 進氣濾清器 | 10 | 冷凍機油 |
| 2 | 冷媒氣體(低壓) | 11 | 油分離器濾網 |
| 3 | 馬達 | 12 | 冷媒氣體(高壓，不含油) |
| 4 | 機油過濾器 | 13 | 毛細管 |
| 5 | 吸氣端軸承 | 14 | 容量控制電磁閥(NO)SV2 |
| 6 | 壓縮機轉子 | 15 | 容量控制電磁閥(NC)SV1 |
| 7 | 排氣端軸承 | 16 | |
| 8 | 排氣管 | 17 | 容調滑塊 |
| 9 | 冷媒氣體(高壓，含油) | | |

| | SV1(NC) | SV2(NO) |
|---|---|---|
| 啓動 | on | on/off |
| 增加 | off | off |
| 減少 | on | on |
| 穩定 | off | on |

圖 10.61　漢鐘螺旋機連續式容量調整系統圖

四段式容量調整系統不同於連續式，其容量調整活塞只能在四個位置停留，分別是 25%、50%、75% 及 100% 的負載。

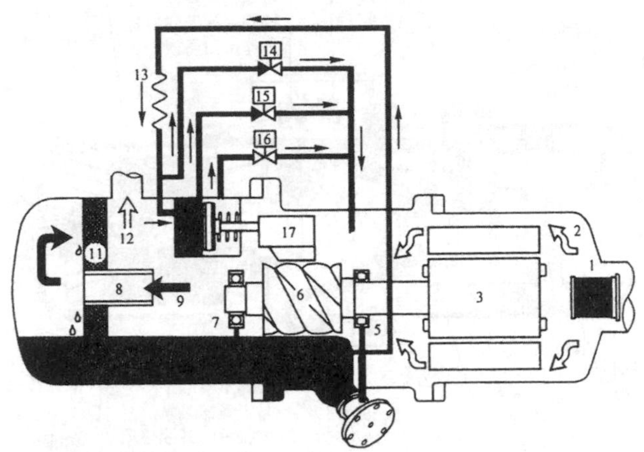


| 項次 | 內　容 | 項次 | 內　容 |
|---|---|---|---|
| 1 | 進氣濾清器 | 10 | 冷凍機油 |
| 2 | 冷媒氣體(低壓) | 11 | 油分離器濾網 |
| 3 | 馬達 | 12 | 冷媒氣體(高壓，不含油) |
| 4 | 機油過濾器 | 13 | 毛細管 |
| 5 | 吸氣端軸承 | 14 | 容量控制電磁閥(啓動用)SV1 |
| 6 | 壓縮機轉子 | 15 | 容量控制電磁閥(50%用)SV3 |
| 7 | 排氣端軸承 | 16 | 容量控制電磁閥(75%用)SV2 |
| 8 | 排氣管 | 17 | 容調滑塊 |
| 9 | 冷媒氣體(高壓，含油) | | |

| | SV1 | SV2 | SV3 |
|---|---|---|---|
| 100% | off | off | off |
| 75% | off | on | off |
| 50% | off | off | on |
| 25%(啓動) | on | off | off |

圖 10.62　漢鐘螺旋機四段式容量調整系統圖

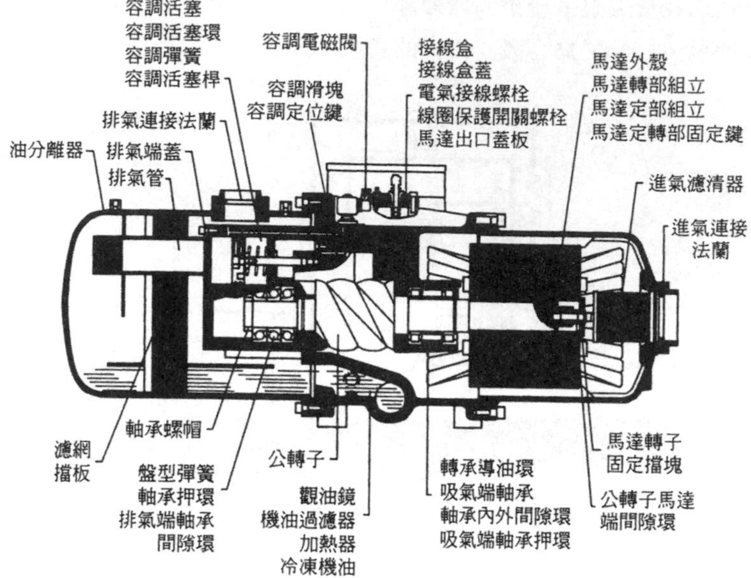
容調活塞
容調活塞環
容調彈簧
容調活塞桿
容調電磁閥
容調滑塊
容調定位鍵
接線盒
接線盒蓋
電氣接線螺栓
線圈保護開關螺栓
馬達出口蓋板
馬達外殼
馬達轉部組立
馬達定部組立
馬達定轉部固定鍵
排氣連接法蘭
油分離器
排氣端蓋
排氣管
進氣濾清器
進氣連接
法蘭
濾網
擋板
軸承螺帽
盤型彈簧
軸承押環
排氣端軸承
間隙環
公轉子
觀油鏡
機油過濾器
加熱器
冷凍機油
轉承導油環
吸氣端軸承
軸承內外間隙環
吸氣端軸承押環
馬達轉子
固定擋塊
公轉子馬達
端間隙環

圖 10.63　漢鐘螺旋式壓縮機內部結構圖

## 10.3-2 螺旋式冰水機組

**1.** 螺旋式冰水機組系統，如圖 10.64。

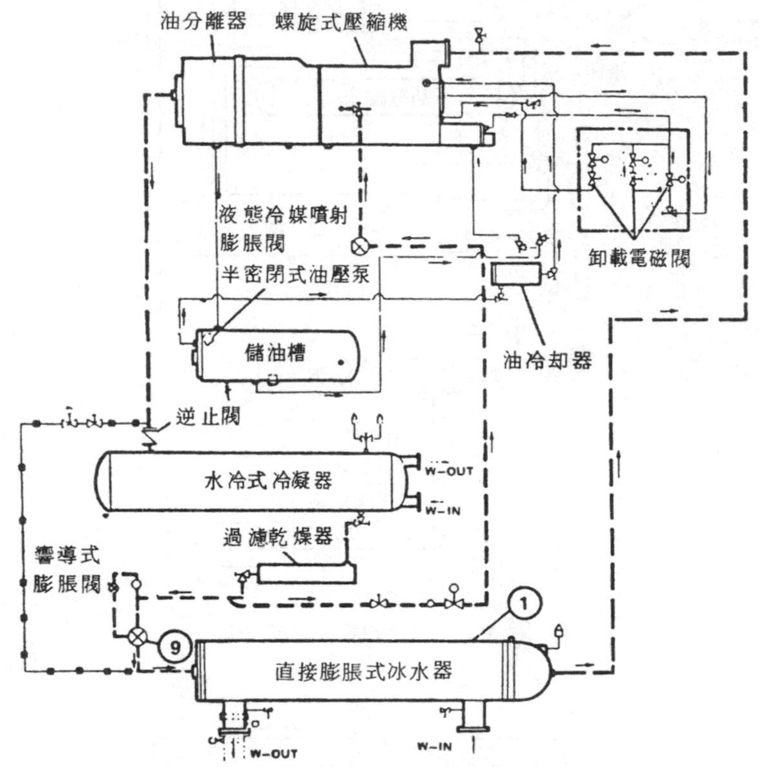


| 符號 | 說明 | 符號 | 說明 |
|---|---|---|---|
| — — — | 冷媒管 | | 電磁閥 |
| ——— | 油管 | | 逆止閥 |
| | 傍路熱氣 | | 視窗 |
| | 安全閥 | | 膨脹閥 |
| | 手動閥 | | 響導式膨脹閥 |
| | 角形閥 | | |

圖 10.64　半密閉式螺旋式冰水機組

**2.** 開放式螺旋式冰水機組，如圖 10.65、10.66。

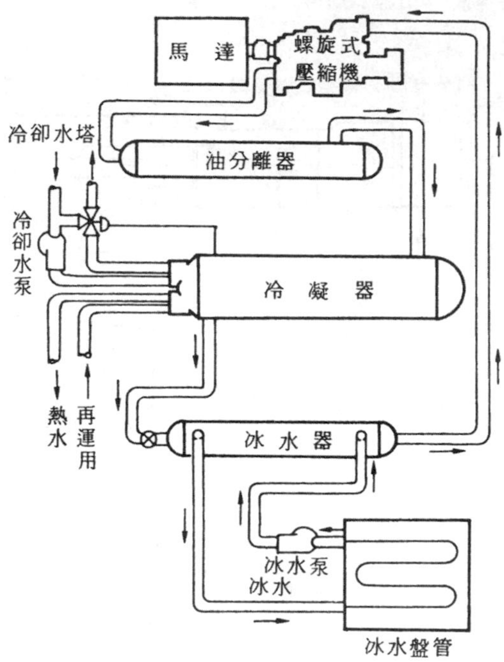


圖 10.65 冰水機組－間接冷卻

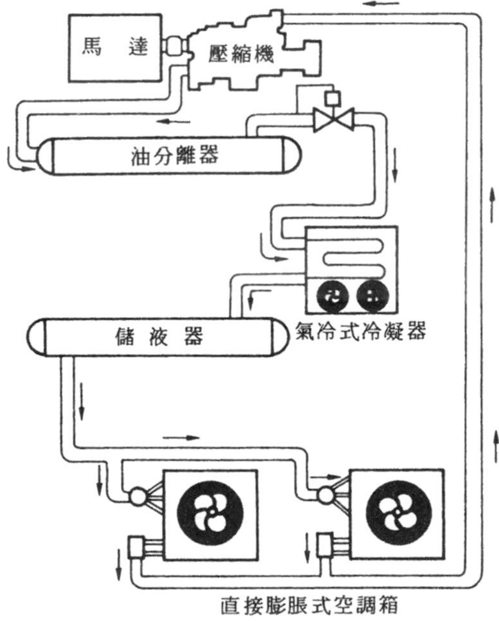


圖 10.66 冷凝機組－直接冷卻

### 10.3-3 壓縮機配管與冷卻方式

1. 有液體噴射冷卻系統之高溫壓縮機組，如圖 10.67。

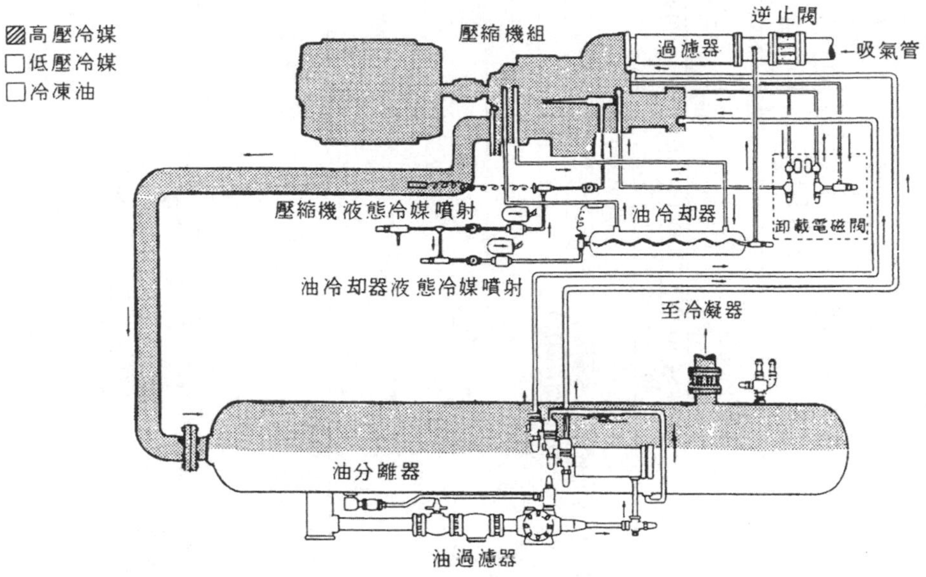


圖 10.67　有液體噴射系統之高溫壓縮機組

2. 無液體噴射冷卻系統之低溫壓縮機組，如圖 10.68。

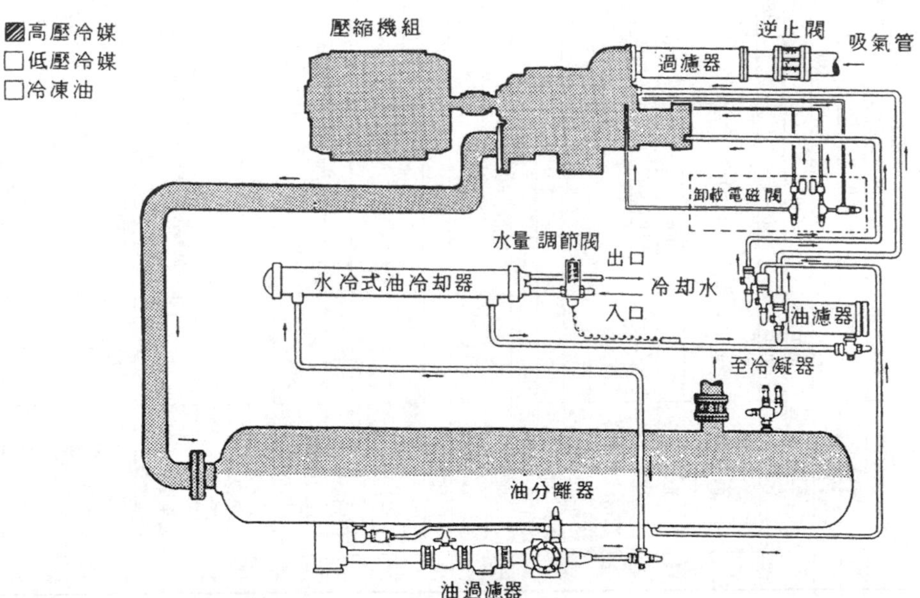


圖 10.68　無液體噴射冷卻系統之低溫壓縮機組

表 10.6 日立螺旋式冰水機組規格

| 項目 | 單位 | RCU-4001S | RCU-5001S | RCU-6001S | RCU-8001S | RCU-10001S | RCU-12001S |
|---|---|---|---|---|---|---|---|
| 冷卻能力 | kCal/h | 120,000 | 150,000 | 180,000 | 240,000 | 300,000 | 360,000 |
| 熱容量 | kCal/h | 144,000 | 180,000 | 216,000 | 288,000 | 360,000 | 432,000 |
| 容量控制 | % | 100，75，50，0 | | | 100，87.5，75，62.5，50，25，0 | | |
| 外觀尺寸 寬度 | mm | 2,060 | 2,240 | 2,240 | 3,450 | 3,450 | 3,450 |
| 外觀尺寸 深度 | mm | 922 | 987 | 987 | 840 | 840 | 840 |
| 外觀尺寸 高度 | mm | 1,250 | 1,250 | 1,250 | 2,020 | 2,100 | 2,120 |
| 壓縮機 形式 | | 4001 SC-H | 5001 SC-H | 6001 SC-H | 4001 SC-Hx2 | 5001 SC-Hx2 | 6001 SC-Hx2 |
| 壓縮機 馬達 | kW（HP） | 30（40） | 37（50） | 45（60） | 30（40）× 2 | 37（50）× 2 | 45（60）× 2 |
| 壓縮機 潤滑油加熱器 | | 100W | | | 100W × 2 | | |
| 凝縮器形式 | | 橫形殼管式（使用低鰭螺紋紫銅管） | | | | | |
| 冷水器形式 | | 橫形殼管式（使用內藏星形鋁條銅管） | | | | | |
| 冷媒控制裝置 | | 溫度式自動膨脹閥 | | | | | |
| 冷媒 種類 | | R-22 | | | | | |
| 冷媒 封入量 | kg | 16 | 19 | 24 | 16 × 2 | 19 × 2 | 24 × 2 |
| 潤滑油 種類 | | SR30 | | | | | |
| 潤滑油 封入量 | *l* | 6 | 7 | | 6 × 2 | 7 × 2 | |
| 啟動系統 | | Y- △啟動 | | | | | |
| 運轉調整 運轉開關 | | 旋轉開關（壓縮機的運轉、停止） | | | | | |
| 運轉調整 指示燈 | | 綠燈…正常　紅燈…異常 | | | 白燈…電源　綠燈…正常　紅燈…異常 | | |
| 運轉調整 壓力錶 | | 低壓 × 1　高壓 × 1 | | | 低壓 × 2　高壓 × 2 | | |
| 安全裝置 | | 高低壓開關，防止逆轉繼電器，防凍開關；過電流繼電器，安全塞，給油保護溫度開關，內藏溫度開關。（安全閥 RCU-5001S，6001S，10001S，12001S） | | | | | |
| 電氣特性 全入力 | kW | 37.5 | 44.0 | 53.7 | 75.0 | 88.0 | 107.4 |
| 電氣特性 運轉電流 | A | 115 | 135 | 163 | 230 | 270 | 326 |
| 電氣特性 功率因素 | % | 85.5 | 85.5 | 86.5 | 85.5 | 85.5 | 86.5 |
| 電氣特性 起動電流 | A | 210 | 235 | 270 | 325 | 370 | 433 |
| 配管尺寸 凝縮器 入口 | FPT | 2 1/2 | 3 | | 116 $\phi$ ID（附法蘭） | | 142 $\phi$ ID（附法蘭） |
| 配管尺寸 凝縮器 出口 | FPT | 2 1/2 | 3 | | 116 $\phi$ ID（附法蘭） | | 142 $\phi$ ID（附法蘭） |
| 配管尺寸 冷水器 入口 | FPT | 116 $\phi$ ID（附法蘭） | | | | 142 $\phi$ ID（附法蘭） | |
| 配管尺寸 冷水器 出口 | FPT | 116 $\phi$ ID（附法蘭） | | | | 142 $\phi$ ID（附法蘭） | |

### 10.3-4 螺旋式冰水機組規格

日立螺旋式冰水機組規格，如上頁表 10.6 所示。

### 10.3-5 大樓採用不同型式中央系統冰水機之優劣比較

**1.** 小噸位多台冷水機（如螺旋式）

⑴每樓一台主機，可依實際需要分別獨立使用、方便、省電。

⑵無噪音、無震動，可省略昂貴、麻煩的防震工程，確保室內安寧。

⑶主機小，且分置於各層樓，不佔寶貴的空間。

⑷多台主機可互為預備機，若一台故障，其他可照常運轉，不影響整棟大樓之空調，且可交替使用，延長壽命。

⑸壓縮機構造簡單，零件少，不容易故障，即使故障亦可立即修復或換新。

⑹保養維護或換新方便而便宜。

**2.** 大噸位單台冷水機（如離心式）

⑴整棟大樓共用一台主機，若各樓需要冷氣的時間不一致，則容易造成浪費與困難。

⑵震動大、噪音大，若防震工程不良，則影響整棟大樓的寧靜。

⑶大型主機必須置於防震、隔音良好的機房，所佔集合面積太大，浪費地下室很大的空間。

⑷因價格高昂，一般沒有加裝預備機，萬一故障則整棟大樓冷氣停止，無計可施。

⑸由於價格昂貴，廠商無法庫存零件，若需要更換壓縮機得臨時進口，至少耗費 3 個月以上。

⑹按裝後試車，若發現工程或主機有問題即無法徹底修改。

⑺保養與為護費用昂貴。

基於上述原因，目前歐美與日本的大噸位主機已漸為小噸位主機所取代。

# 10.4 離心式冰水機組

## 10.4-1 離心式壓縮機

### 1. 離心式壓縮機之分類

⑴密閉型（hermetic type），如圖 10.69。

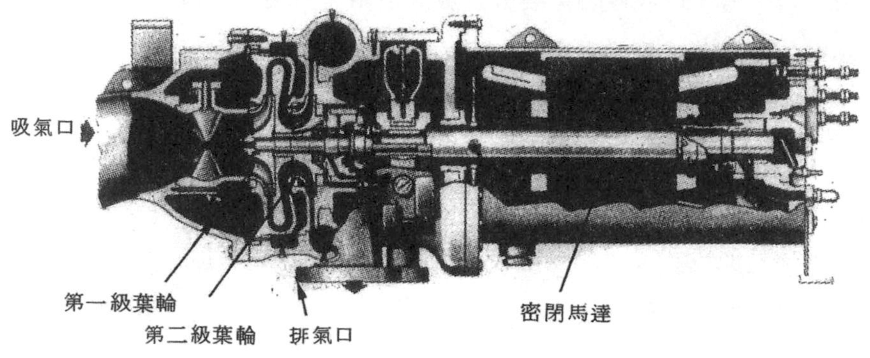


圖 10.69 密閉式離心式壓縮機

⑵開放型（open type），如圖 10.70。

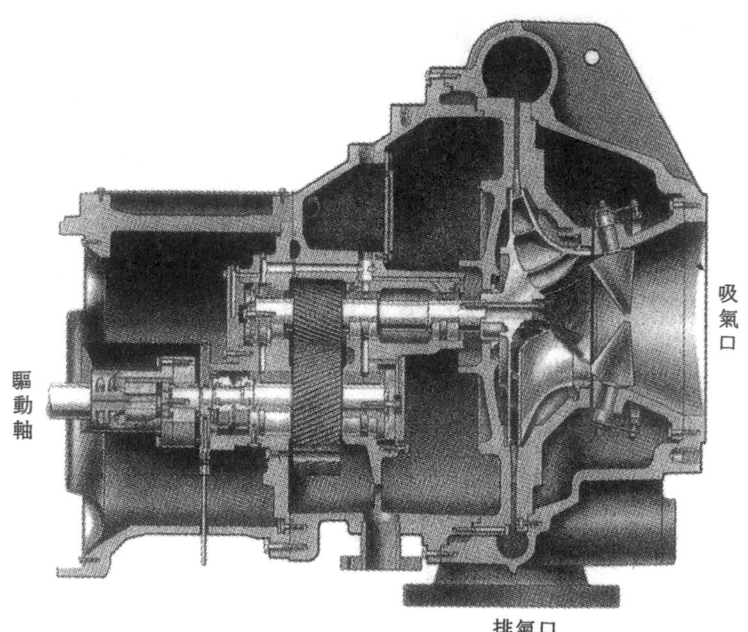


圖 10.70 開放型離心式壓縮機

**2.** 離心式壓縮機之驅動方式

⑴直接驅動方式，如圖 10.71、10.72。

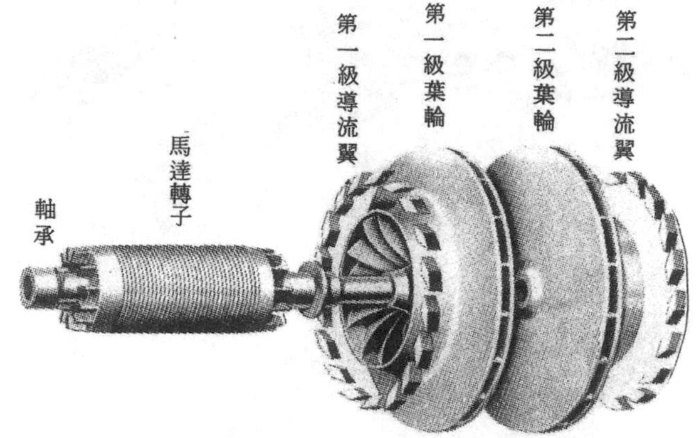


圖 10.71　直接驅動方式

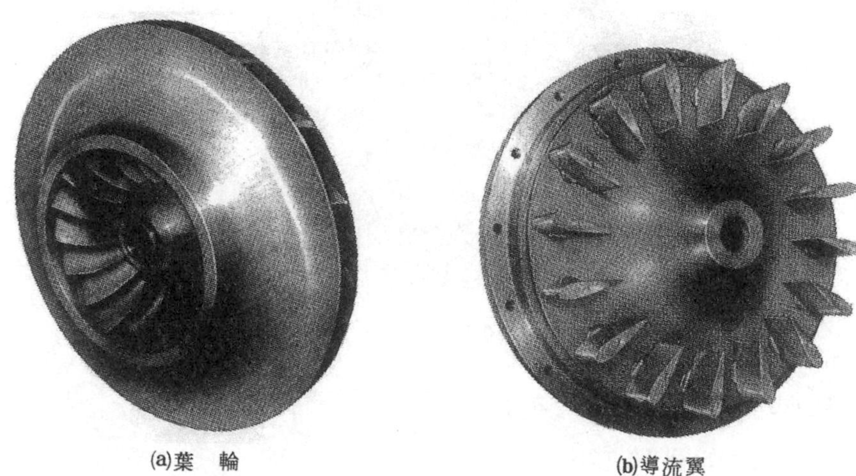


圖 10.72　葉輪及導流翼

⑵加速齒輪驅動方式，如圖 10.73、10.74。

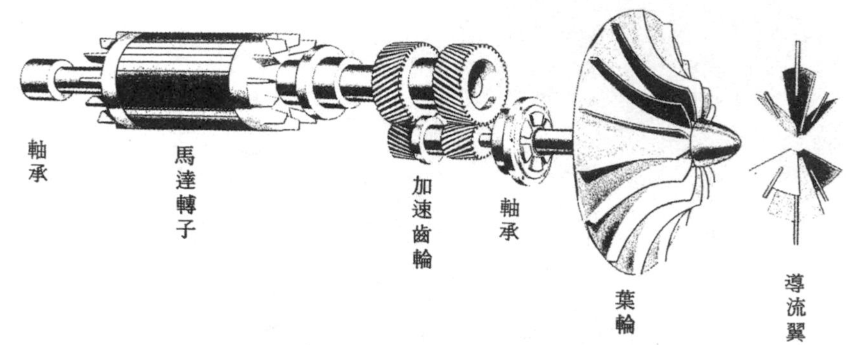


圖 10.73　齒輪驅動方式

圖 10.74　導流翼

3. 離心式壓縮機依壓縮之段數可分

⑴單級壓縮式：如圖 10.75。

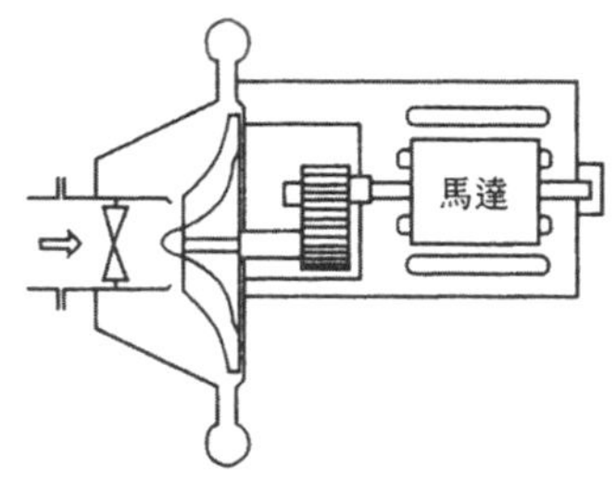


圖 10.75　單段壓縮式

⑵二級壓縮式：如圖 10.76。

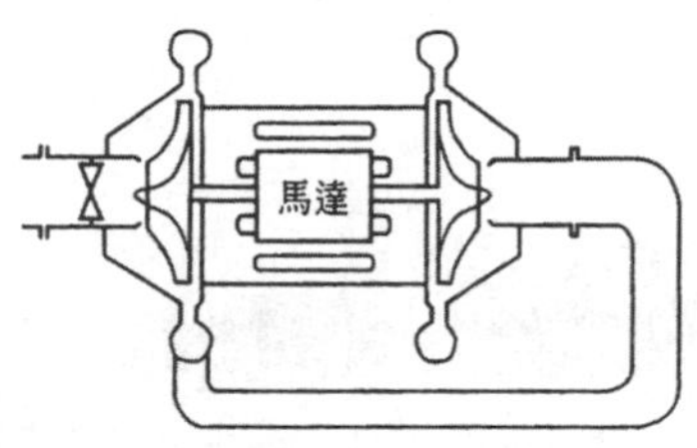


圖 10.76　二段壓縮式

⑶多級壓縮式：如圖 10.77。

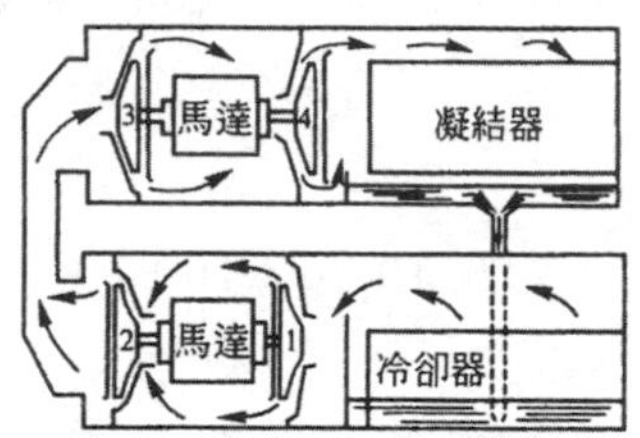


圖 10.77　多段壓縮式

**4.** 離心式壓縮機依使用的冷媒不同可分

⑴R-11：已禁用於新機組，僅用於維修。

⑵R-12：已禁用於新機組，僅用於維修。

⑶R-123：Trane 用以替代 R-11。

⑷R-134a：目前使用較多的冷媒。

**5.** 依增速裝置區分

60 Hz 的電源對於 2 極的電動機，其同步轉速只有 3600 rpm，對動軛須上萬轉才能建立壓力頭的離心機是不夠的，必須以外加機械的方式提高轉速，方法有二：其一是馬達連接大齒輪，而驅動小齒輪達到增速目的，如圖 10.73。其二為游星齒輪式增速裝置如圖 10.78。馬達驅動內齒齒輪，而太陽齒輪連接葉輪而達到增速的目的。此種裝置可使動力平衡傳達，軸承不會承受過大的推力，但缺點是造價高且噪音大。

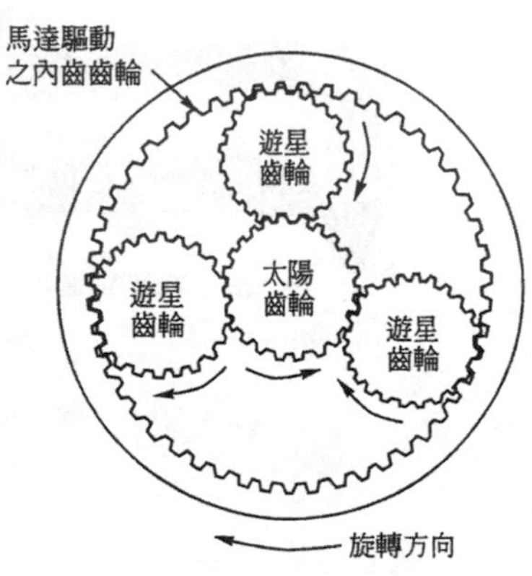


圖 10.78　游星齒輪式增速齒輪

**6.** 依同一機組的壓縮機個數區分

(1)單壓縮機。

(2)多壓縮機，如圖 10.79。

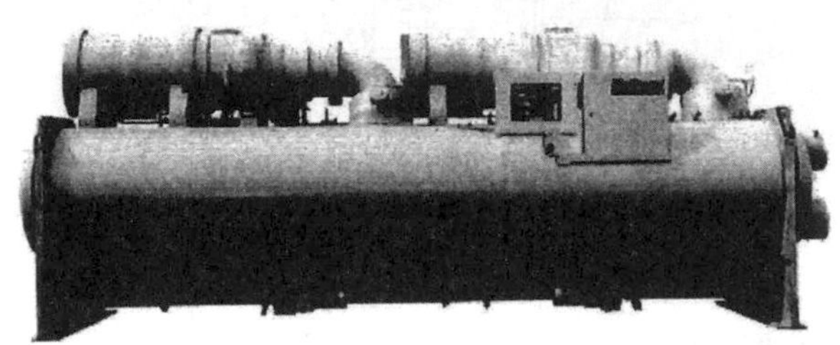

圖 10.79 McQuay 雙壓縮機冰水機組

## 10.4-2 離心式冰水機組

**1.** Airtemp 離心式冰水機組，如圖 10.80、10.81。

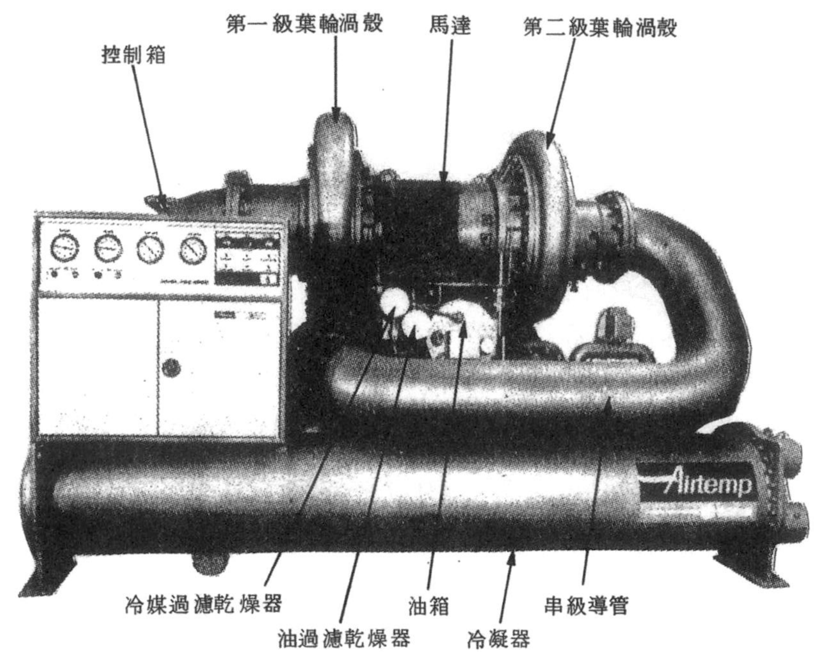


圖 10.80 Airtemp 離心式冰水機組

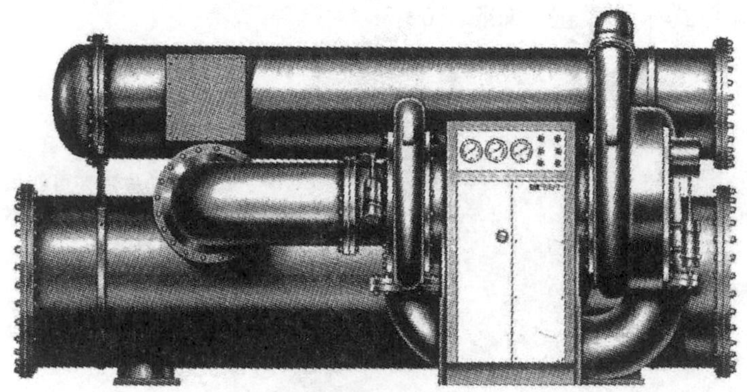

圖 10.81　Airtemp 離心式冰水機組

**2.** TRANE 離心式冰水機組，如圖 10.82。

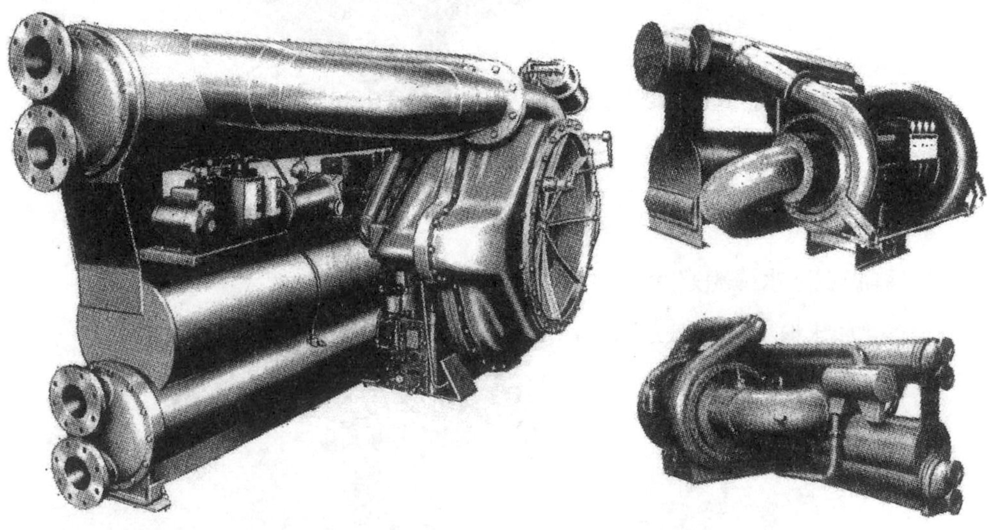

圖 10.82　TRANE 離心式冰水機組

**3.** YORK 離心式冰水機組，如圖 10.83。

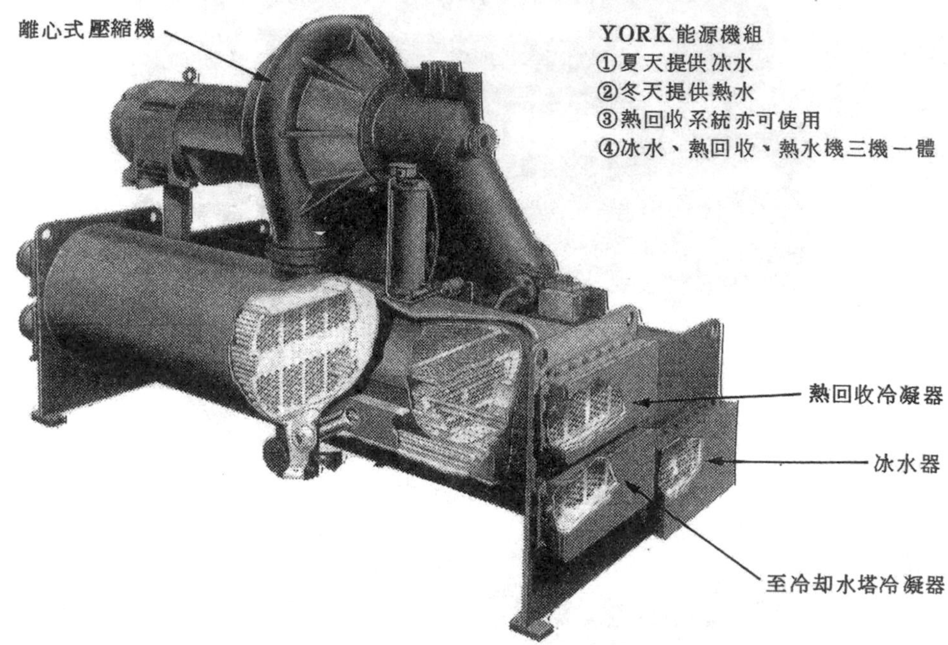


圖 10.83　YORK 離心式能源機組

## 10.4-3　離心式冰水機組之結構

離心式冰水機組之結構，如圖 10.84。

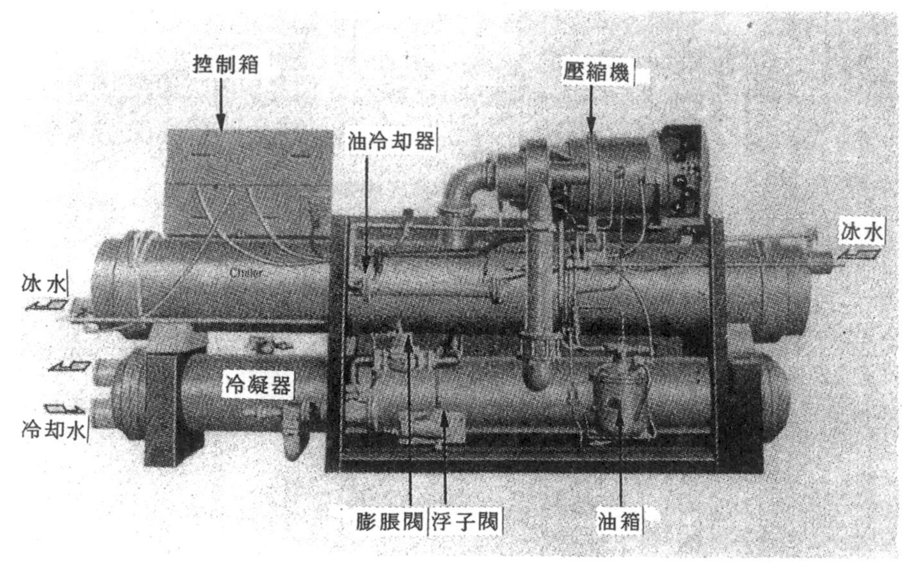


圖 10.84　國光離心式冰水機組

## 1. 壓縮機

⑴國光壓縮機，如圖 10.85。

全密式壓縮機馬達……爲最堅固耐用之鼠籠式馬達，可用於50或60周率的電源除了以液體冷媒有效地冷却外，並配有過熱保護開關加以保護。

單體葉輪軸心之設計可承受最大軸心扭力。

油過濾器……裝有百萬分之十細目之過濾網以清除油中異物，在油出口處裝有逆流止閥，故在更換油過濾芯時亦不必泵乾系統，手續簡易。

自動調整形分佈器，配合導流翼之開度，使得在任何負載情形下（10～100%）皆能運轉無聲。

雙速形液壓式導流翼控制活塞……通常以正常速度控制導流翼之位置（隨冰水出口溫度控制）但若低壓太低或電流限制器作用時將會迅速關閉導流翼。

單頭式馬達軸心配合經表面硬化處理的斜齒輪將動力平滑傳達於葉輪。

緊急給油裝置在不正常停電時緊急給油潤滑之用，以確保壓縮機之安全。

用以控制容量之導流翼是以改變導流翼方向之方式，來控制冷媒流量，以減少氣態冷媒之壓降損失。

覆蓋形鋁合金葉輪經精密鑄造加工而成，爲高效率且無噪音的葉輪，以自動對正軸心之方式固定於單體堅固之軸心。

國光MTE單段離心式高效率壓縮機，配合唯一內裝，雙速液壓式容量控制系統。

圖 10.85　國光壓縮機

⑵TRANE 直接驅動，3600 rpm 二級式離心式壓縮機，如圖 10.86。

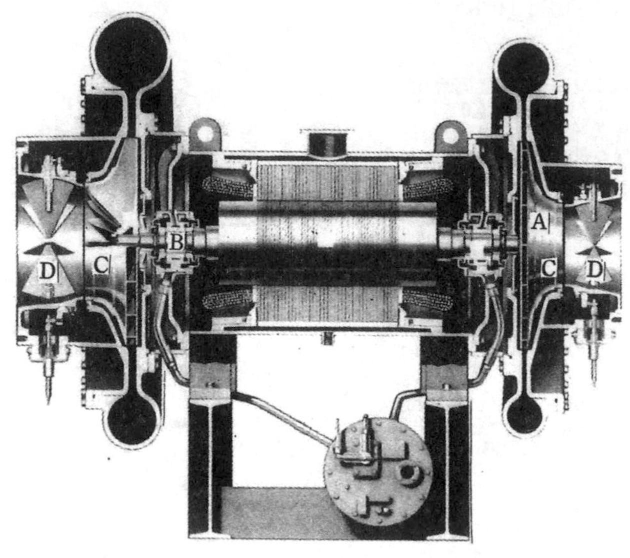


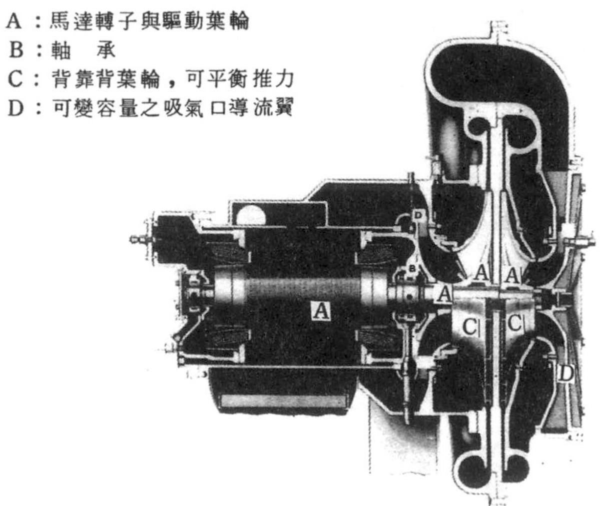


圖 10.86　TRANE 直接驅動二級式壓縮機

(3) Airtemp 密閉式壓縮機，如圖 10.87、10.88。

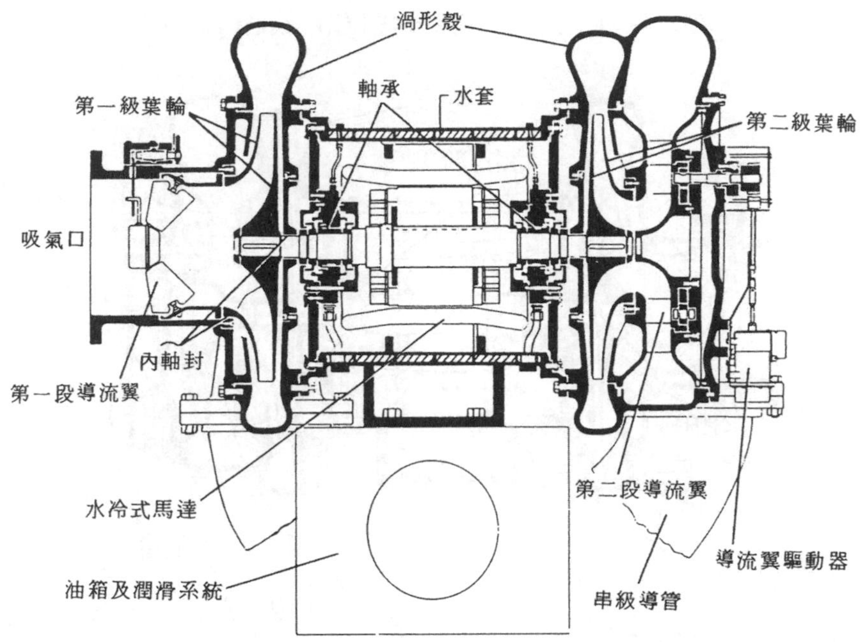


圖 10.87　Airtemp 壓縮機

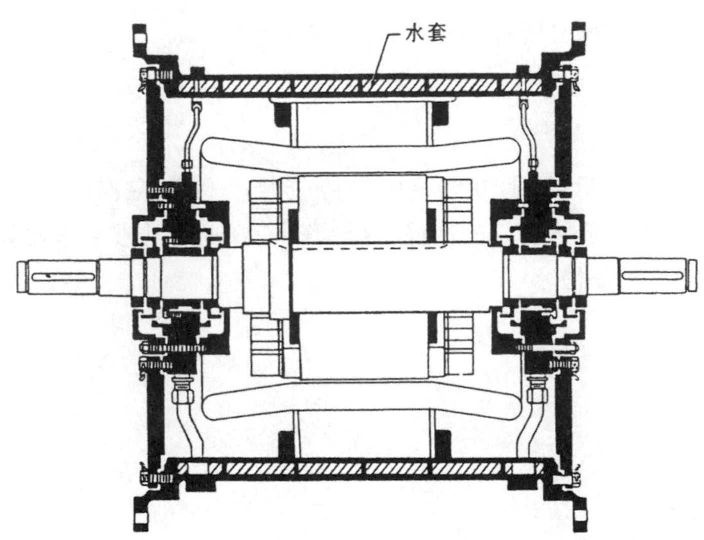


圖 10.88　水冷式密閉型馬達

⑷離心式壓縮機（centrifugal compressor）

利用葉輪高速迴轉，將氣體冷媒吸入，由於離心力作用，使冷媒氣體線速度增大，進而將速度轉換為壓力能，達到壓縮作用，如圖 10.89。

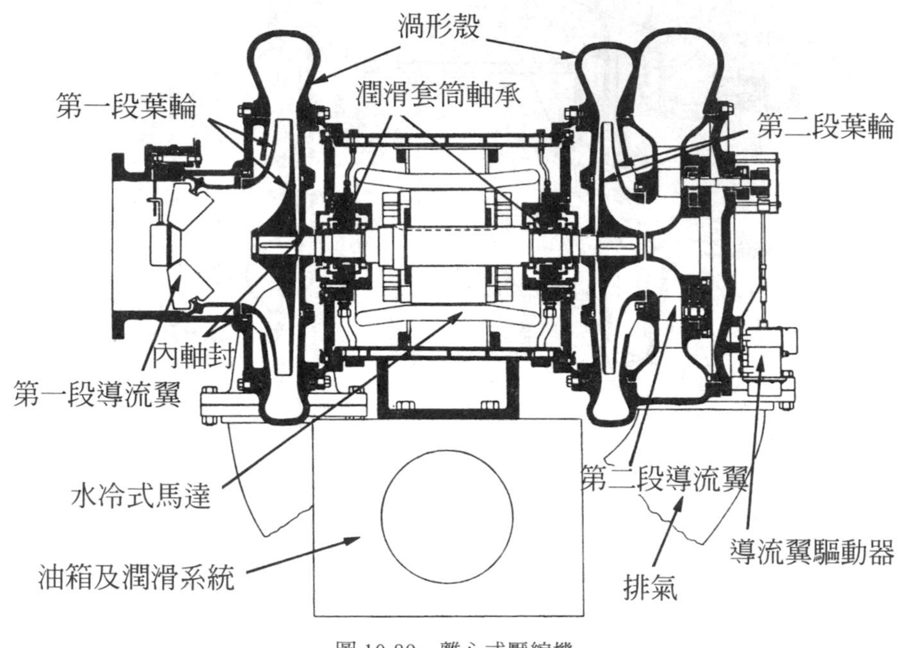


圖 10.89　離心式壓縮機

離心式壓縮機又依軸承不同可分為兩大類：

① 傳統滾珠滾柱軸承

② 磁浮軸承

其中磁浮軸承如圖 10.90。由於傳統離心機與磁浮離心式壓縮機（圖 10.91）皆用於大容量的冷凍空調系統，故兩者常被拿來比較。相較於傳統離心式壓縮機。

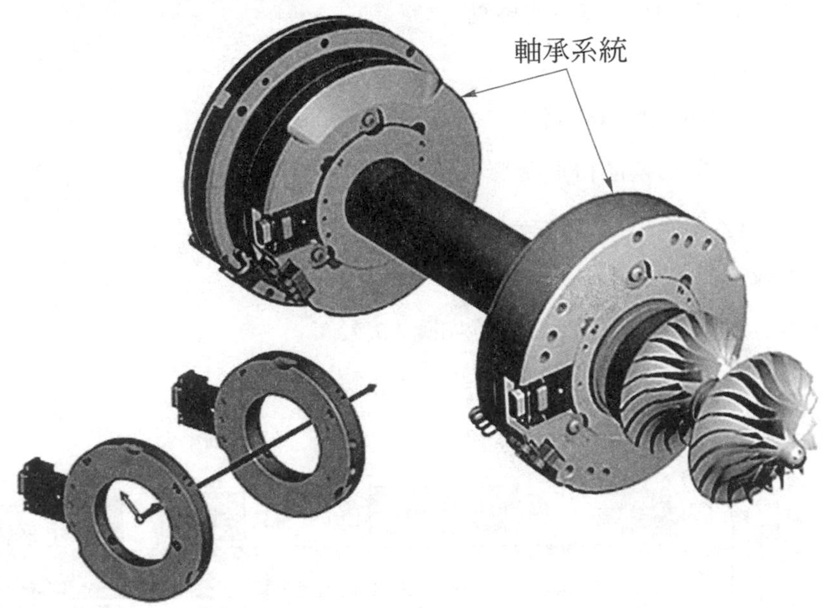


圖 10.90　磁浮軸承

圖 10.91　磁浮離心式壓縮機

磁浮離心式壓縮機具有下述優點：

① 啟動電流低

② 因不用加油故無換油問題

③ 熱交換器無油膜使得熱傳導效率高

④ 無摩擦、低震動、低噪音，因此變頻容量調節容易

缺點：成本高。

磁浮離心式壓縮機各項元件配置如圖 10.92。

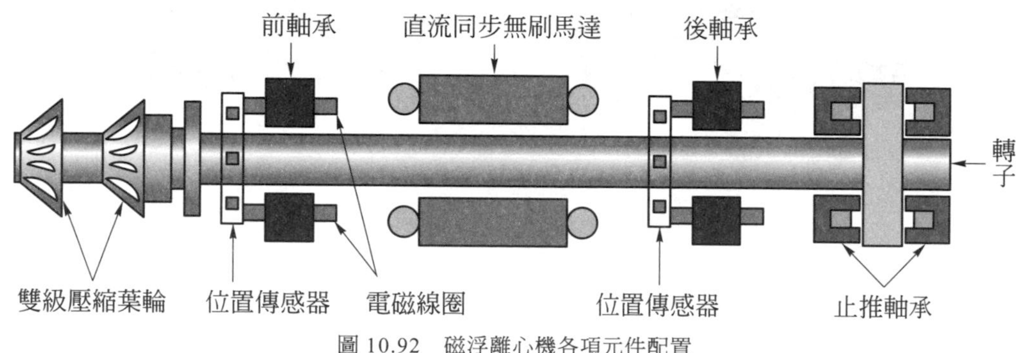


圖 10.92　磁浮離心機各項元件配置

⑸螺旋式壓縮機（screw compressor）

螺旋式壓縮機依容量改變的不同，可分為四段式容量控制與無段式控制：

① 四段式容量控制

使用三個電磁閥將潤滑油灌入容量調整汽缸內，使容量調整滑塊停留在不同位置以進行 25%、50%、75%、100% 等容量的改變，如圖 10.93。

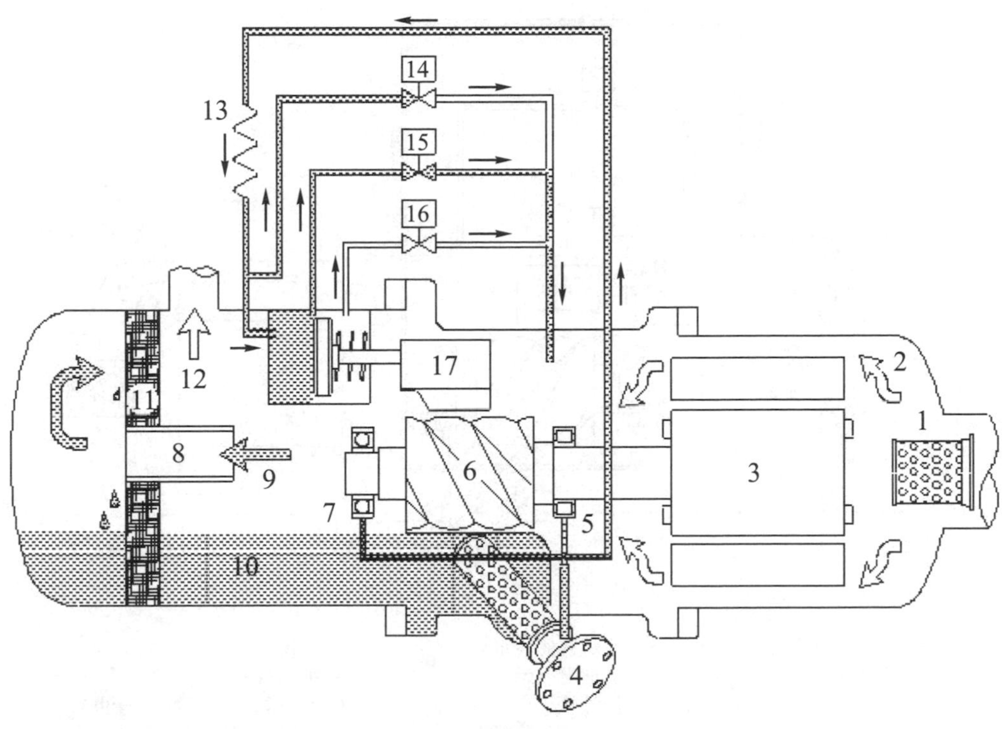


1. 進氣濾清器
2. 冷媒氣體（低壓）
3. 馬達
4. 機油過濾器
5. 吸氣端軸承
6. 壓縮機轉子
7. 排氣端軸承
8. 排氣管
9. 冷媒氣體（高壓，含油）
10. 冷凍機油
11. 油分離器濾網
12. 冷媒氣體(高壓)
13. 毛細管
14. 容量 25%
15. 容量 50%
16. 容量 75%
17. 容量控制閥

圖 10.93　四段式容量調整電磁閥控制容量調整滑塊的位置

② 無段式容量控制

調整是利用兩個電磁閥，一個加載用，讓滑塊往右移動。一個卸載用，讓滑塊往左移動。兩個電磁閥都不通電，滑塊就停留在原位。無段式的容量調整特色是滑塊可以在任何位置停留，對應不同的負載比例，如圖 10.94。

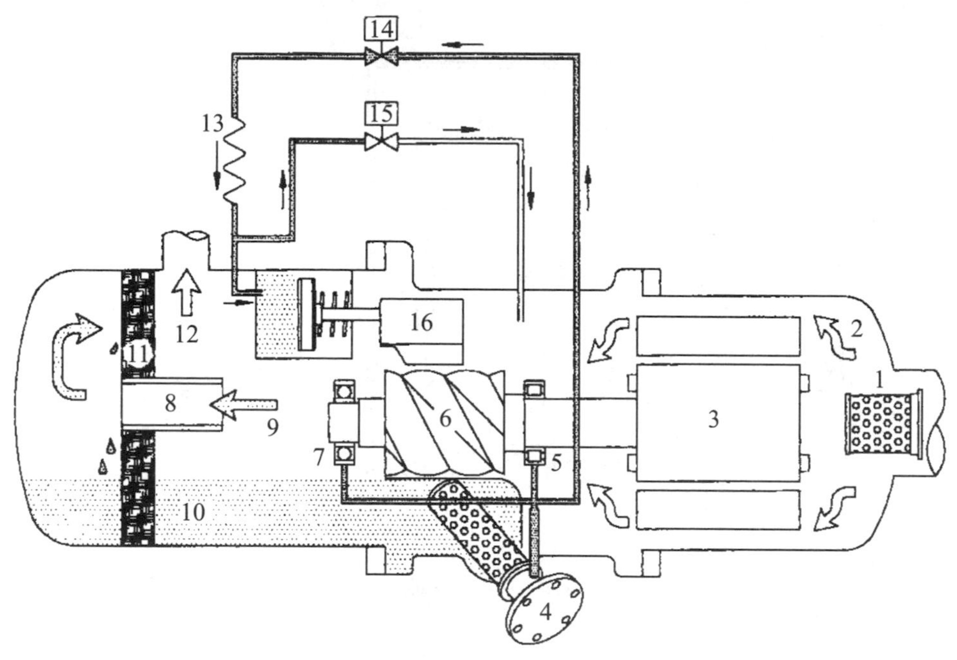


| | | |
|---|---|---|
| 1. 進氣濾清器 | 2. 冷媒氣體（低壓） | 3. 馬達 |
| 4. 機油過濾器 | 5. 吸氣端軸承 | 6. 壓縮機轉子 |
| 7. 排氣端軸承 | 8. 排氣管 | 9. 冷媒氣體（高壓，含油） |
| 10. 冷凍機油 | 11. 油分離器濾網 | 12. 冷媒氣體 ( 高壓 ) |
| 13. 毛細管 | 14. 容量 25% | 15. 容量 50% |
| 16. 容量 75% | 17. 容量控制閥 | |

圖 10.94 無段式容量調整電磁閥控制容量調整滑塊的位置

**2.** 熱交換器（heat exchangers），如圖 10.95。

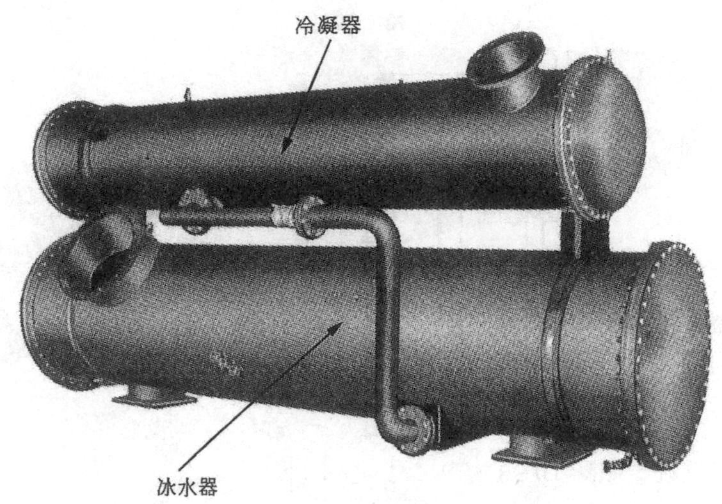


圖 10.95　熱交換器

(1)冷凝器：為了提高冷凝器之熱交換效果，其散熱銅管，如圖 10.96。

① 管內水側為內螺紋銅管。

② 管外冷媒側為滾牙銅管。

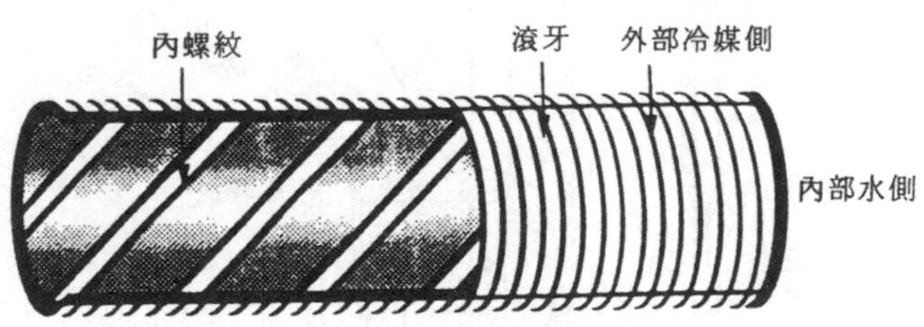


圖 10.96　冷凝器散熱銅管

(2)冰水器，如圖 10.97。

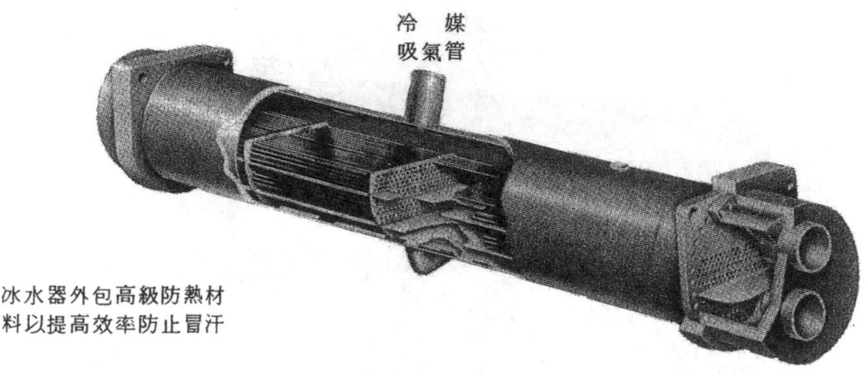


圖 10.97 滿液式冰水器

**3.** 冷媒管路系統，如圖 10.98。

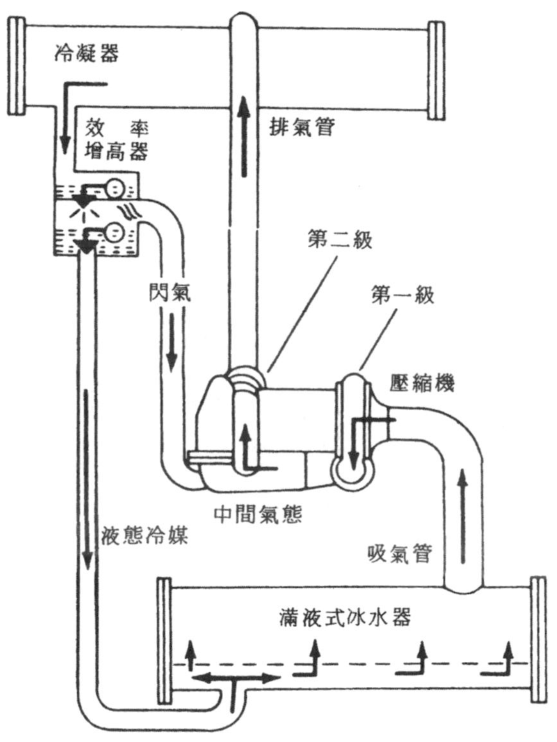


圖 10.98 離心式冰水機組冷媒管路系統

**4.** 節熱效率增高器（power saving economizer），如圖 10.99。

在多級系統中，為避免蒸發時產生的閃氣（flash gas）跟隨液體冷媒進入蒸發器，造成不必要的動力消耗而設的液氣分離裝置（因閃氣已無冷凍效果）。

圖 10.99　節熱效率增高器

效率增高器之特點：

(1)閃氣冷媒直接進入第二級壓縮機。

(2)減少電力之浪費。

(3)無任何可動之元件，不故障。

(4)功能可靠，無需特別注意。

**5.** 潤滑系統（lubrication system）

獨立全密式油泵供給恆溫恆壓之潤滑油至所有之軸承潤滑油，同時作為液壓容量控制系統之油源油泵，在壓縮機起動前及停止後的一定時間內自動起動與停止。油壓油溫的自動安全控制目的在於保護壓縮機於安全運轉限度內運轉。

潤滑過後之油集中在齒輪箱底，經回油管流回油泵，油中所含微量之冷媒流至油箱時，經油分離器自動分離而送回冷媒系統。

從油泵送出之油，經由油冷卻器冷卻後再送至壓縮機及控制系統，所有軸承皆採用加壓強制潤滑方式，齒輪則使用油霧潤滑方式，以提高其冷卻與潤滑之效果。

油壓式容量控制系統使導流翼之開度隨冰水溫度作自動調整，保持冰水溫度於一定，如有不正常的停電時，則備有緊急給油系統以便在油泵停止後繼續給油潤滑，確保壓縮機之壽命，如圖 10.100。

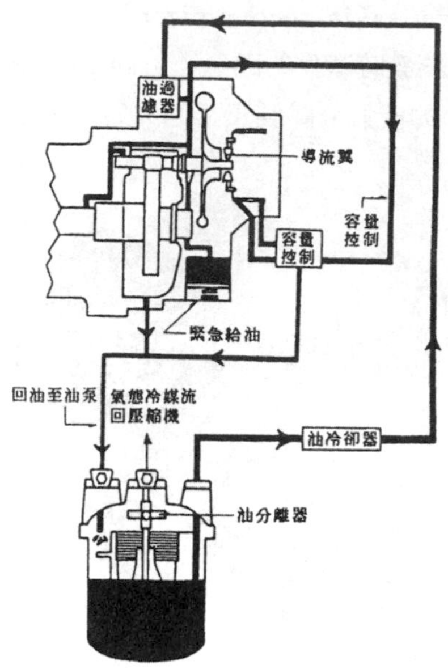


圖 10.100　(a) 國光離心式冰水機組潤滑系統

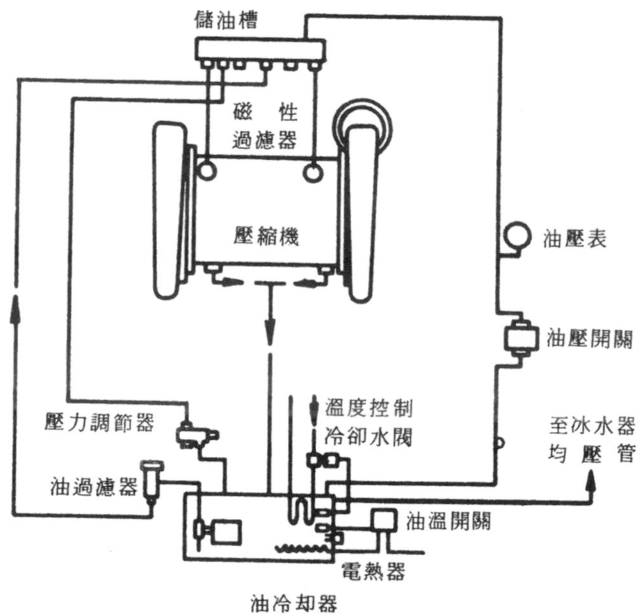


圖 10.100　(b) 潤滑系統

**6.** 釋氣系統（purge system）

R-11 離心式冰水機組有些部份運轉於真空中，空氣及水氣難免滲入系統中，如果讓其聚積，這些不凝結氣體將增加凝結壓力，此將造成電力浪費，減少冷卻容量及造成壓縮機之湧浪（surge）現象。釋氣系統可將系統中之不凝結氣體及水份釋放出來，如圖 10.101。在 R-134a 等正壓系統則不需釋氣系統。

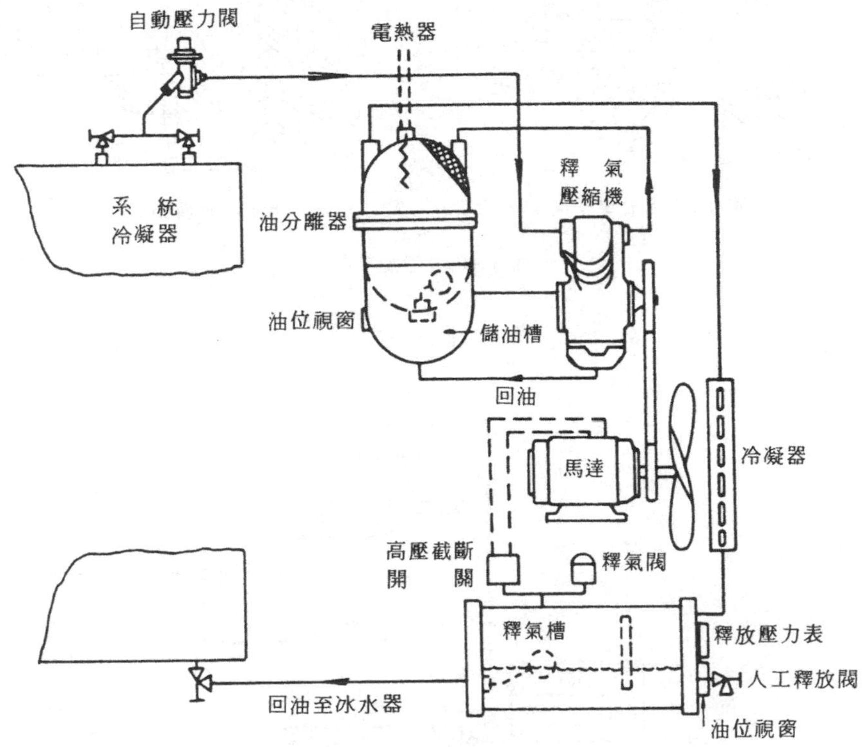


圖 10.101 Airtemp 釋氣系統

**7.** 容量控制系統（capacity control）

使用雙速油壓容量控制系統之離心機，因無軸封，控制馬達及其連桿等故絕不故障。壓縮機之容量以導流翼隨冰水出水溫度而自動調整控制，當油流入或流出空間 B 時，使活塞 A 向軸方向移動，圖 10.102(a) 所示導流翼全開之情形。

活塞 A 之另一重要功用為，當壓縮機之容量減少時，除了將導流翼關小外，同時推動活動分佈器 C 使分佈器之通路減小，而使之能與壓縮冷媒量配合，故在小容量時亦可運轉無聲。

容量控制器除上述作用外，在啟動時自動使壓縮機卸載，運轉時隨電子式電流限制器之信號及低壓控制信號，自動調整導流翼位置以確保壓縮機之正常運轉。

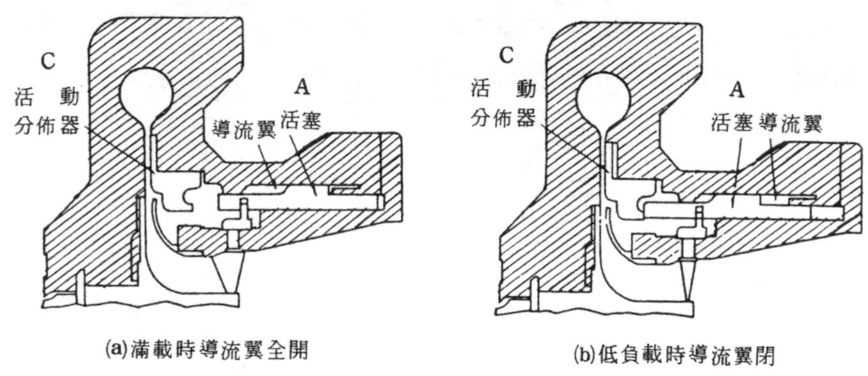


圖 10.102 容量控制

**8.** 水管路系統（water system），如圖 10.103。

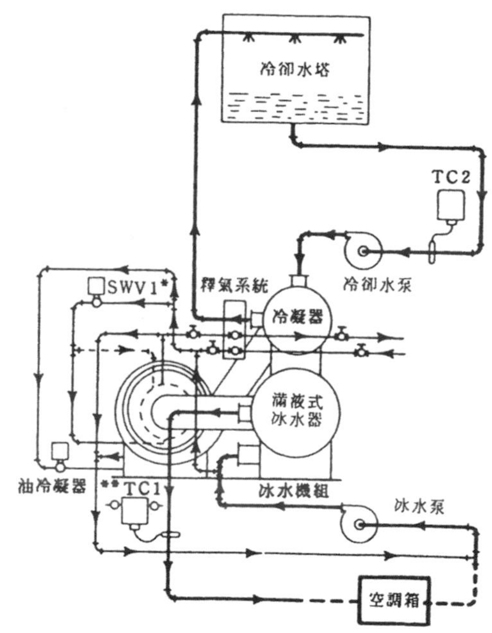


圖 10.103 水管路系統

**9.** 配線與按裝

⑴冰水系統，如圖 10.104。

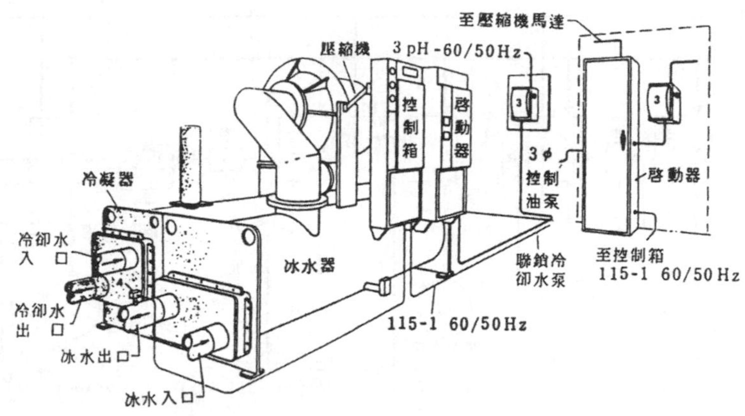


圖 10.104　YORK 冰水系統

⑵熱回收、冰水系統，如圖 10.105。

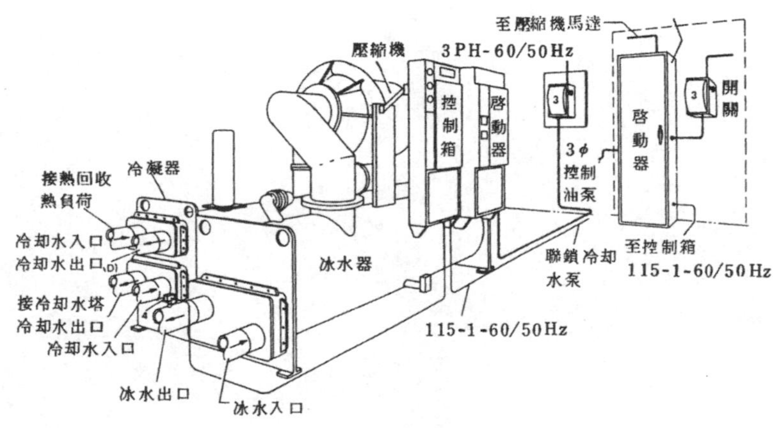


圖 10.105　YORK 熱回收、冰水系統

**10.** 控制系統（control system），如圖 10.106、10.107。

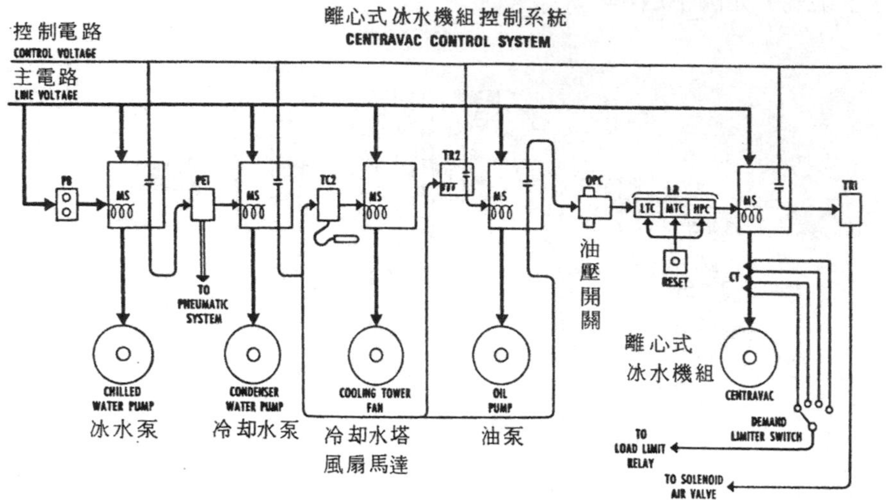


圖 10.106　Trane 離心式冰水機組控制系統

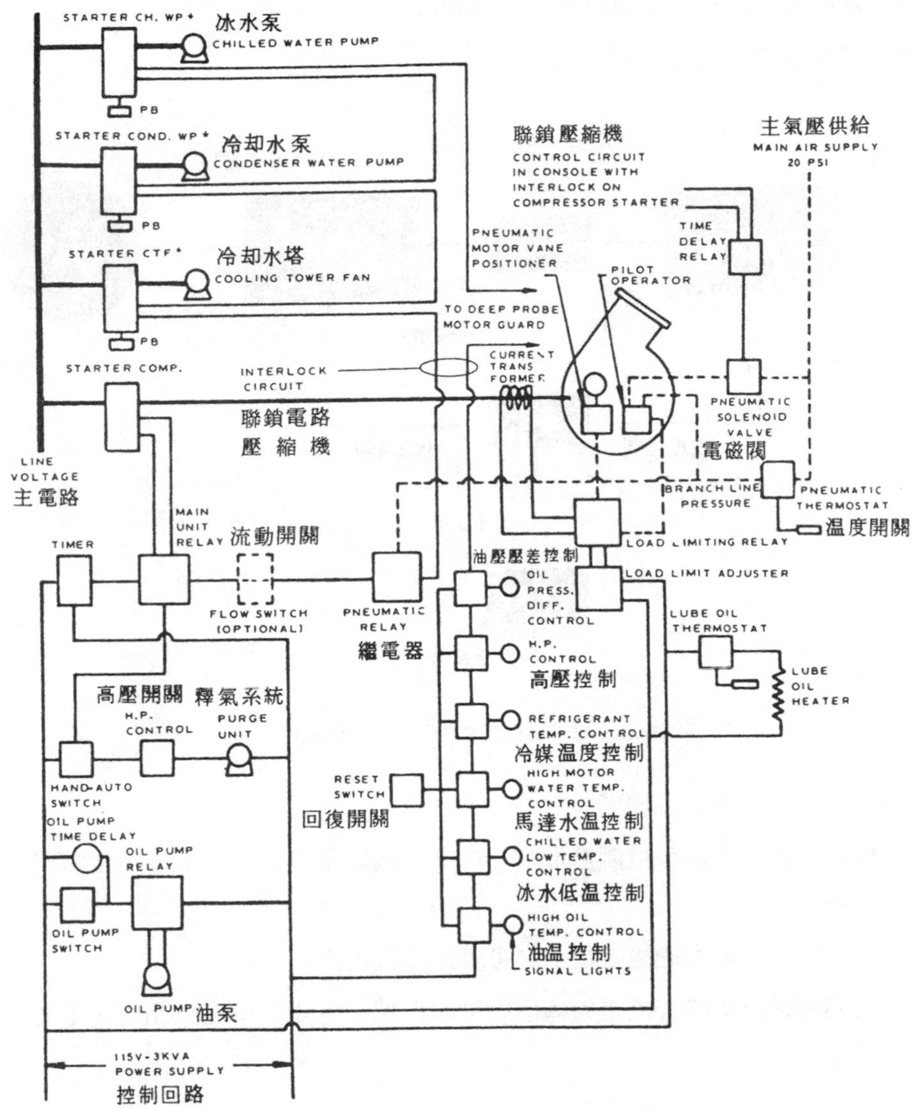


圖 10.107　Airtemp 離心式冰水機組控制系統

## 10.4-4 離心式調變系統（turbo-modulator）

**1.** 離心機調變系統動作原理，如圖 10.108。

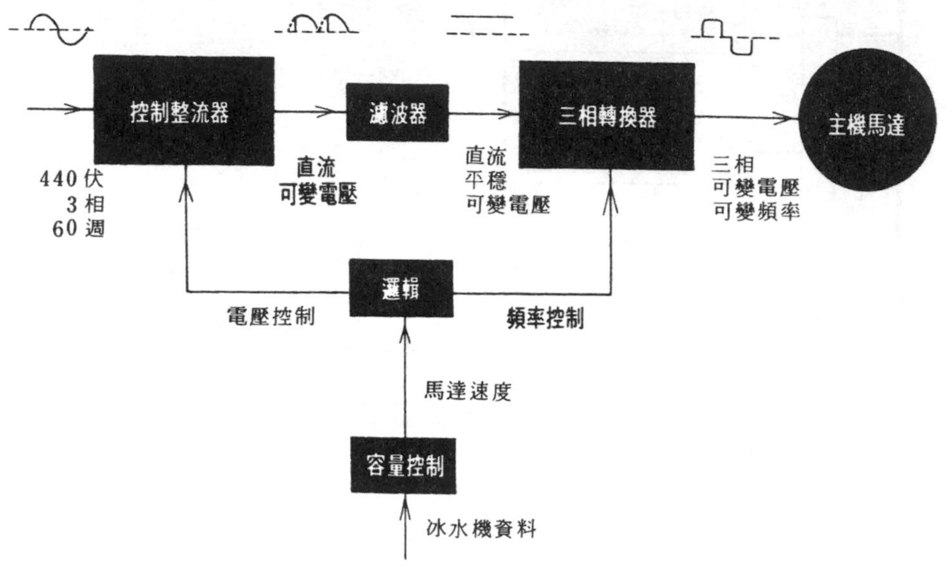


圖 10.108 離心機調變系統之動作原理

(1)440 伏 3 相 60 週電源經過

① 控制整流段：由矽控制整流器（SCR）截取所需電力波並成可變電壓之直流電力。

② 濾波段：將電力過濾為穩定之可變電壓直流電力。

③ 三相轉換段：將直流電力轉換成可變電壓，可變頻率之三相交流電力，輸入主機馬達。

(2)控制電路依冰水主機運轉資料輸入。

① 容量控制：以電腦算出壓縮機最高效率之馬達速度。

② 邏輯，將馬達速度控制信號，分析為電壓及頻率控制信號，以觸發矽控整流器及控制轉換器之轉換頻率。

**2.** 容量控制系統

專利中之 YORK 容量控制系統，是調變系統的"主腦"，其將由遍佈主機之感應器傳來之信號分析，而計算出最佳馬達速度及最佳吸導翼位置，以隨時匹配壓縮機之容量控制，茲圖解如圖 10.109。

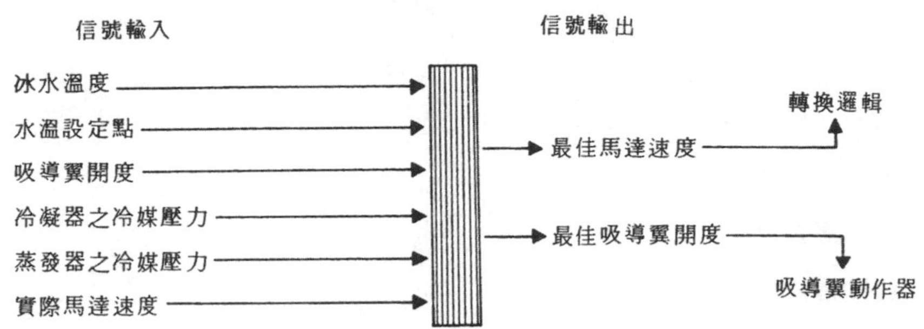


圖 10.109　容量控制流程

基本上當主機負荷下降時，吸導翼全開而馬達速度隨之而降，當降至壓縮機無法建立系統所需之揚程時，再使用吸導翼，其程序圖解如圖 10.110。

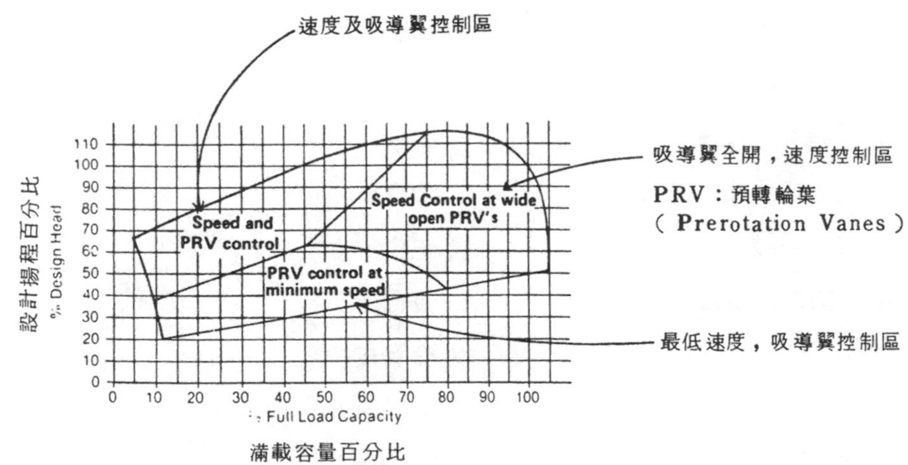


圖 10.110　容量控制特性曲線

**3.** 離心機調變系統規範

| | |
|---|---|
| (1)輸入電源 | 440 / 460 / 480 伏－ 3 相－ 60 週 |
| (2)最大馬力 | 400 |
| (3)儀器 | |
| ① 安培表 | 包含 |
| ② 電壓表 | 包含 |
| ③ 功率（kW）表 | 包含 |
| ④ 數位頻率表 | 包含 |
| ⑤ 冰水溫控制 | 包含 |
| ⑥ 馬達電流限制 | 包含 |
| ⑦ 運轉計時表 | 包含 |
| (4)安全裝置及診斷設備 | |
| ① 電子式過載保護與指示燈 | 包含 |
| ② 電流失誤保護與指示燈 | 包含 |
| ③ 電力中斷指示燈 | 包含 |
| ④ 高溫保護與指示燈 | 包含 |
| ⑤ 暫態電壓保護 | 包含 |
| ⑥ 輸入相位感應保護 | 包含 |
| ⑦ 欠相保護 | 包含 |
| ⑧ 診斷測試旋鈕 | 包含 |
| (5)冷卻 | 冷風式 |
| (6)啟動電流 | 不超過馬達 FLA / RLA |

**4.** 離心機調變系統之運用，參考圖 10.111、10.112。

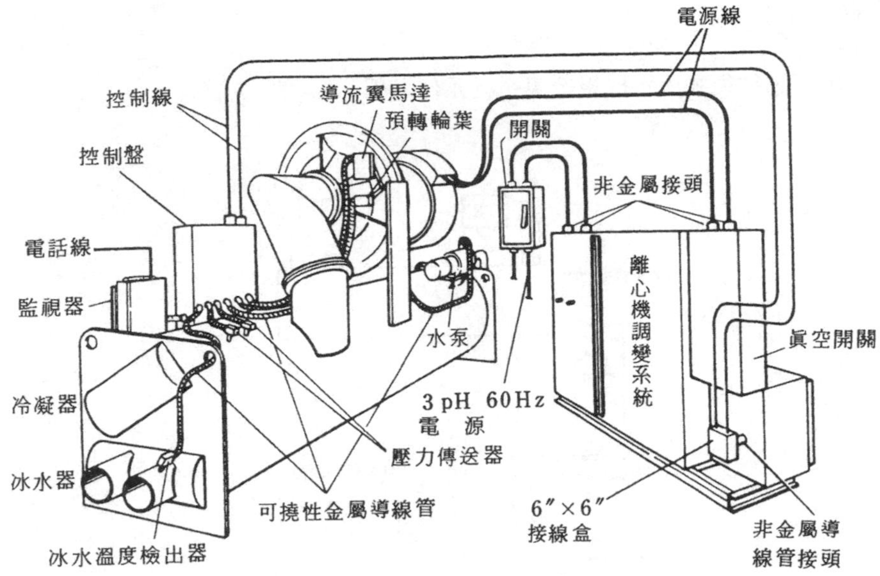


圖 10.111　YORK 冰水機

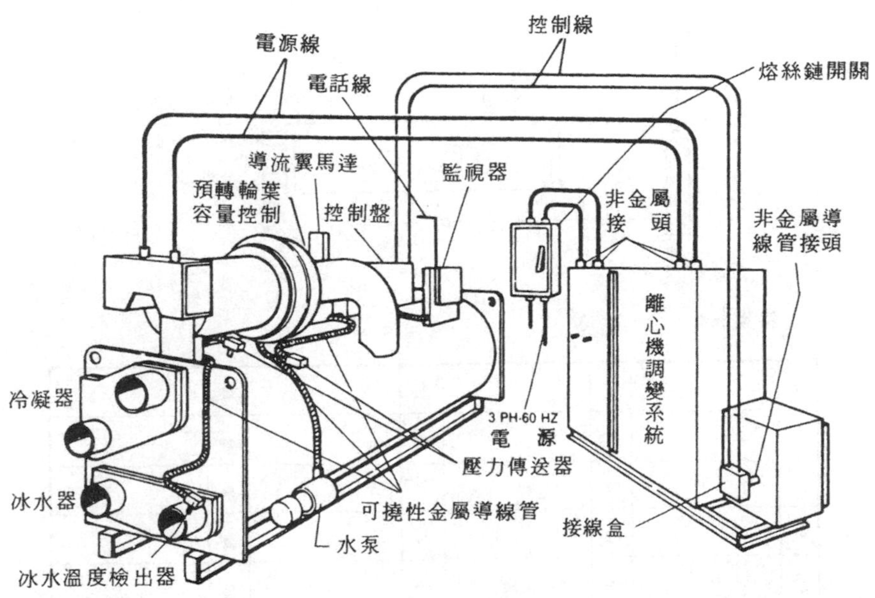


圖 10.112　Trane 冰水機

# 習題 10

***10.1*** 寫出下圖往復式冰水機組冷凍系統元件名稱。

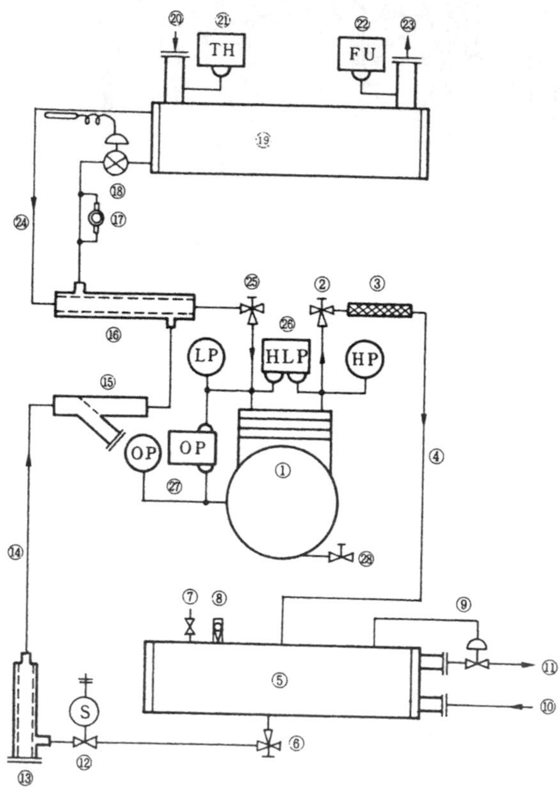


答案卡：

| ① | | ⑧ | | ⑮ | | ㉒ | |
|---|---|---|---|---|---|---|---|
| ② | | ⑨ | | ⑯ | | ㉓ | |
| ③ | | ⑩ | | ⑰ | | ㉔ | |
| ④ | | ⑪ | | ⑱ | | ㉕ | |
| ⑤ | | ⑫ | | ⑲ | | ㉖ | |
| ⑥ | | ⑬ | | ⑳ | | ㉗ | |
| ⑦ | | ⑭ | | ㉑ | | ㉘ | |

**10.2** 寫出下圖往復式冰水機組管路系統各元件名稱。

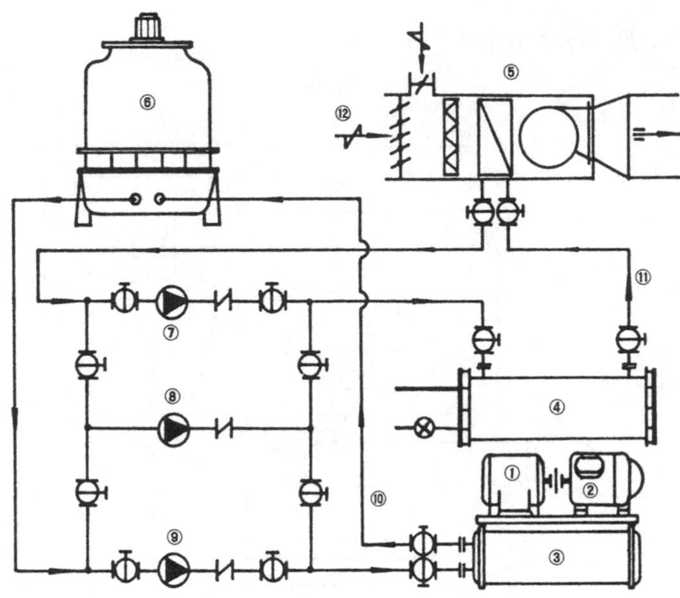


答案卡

| | | | |
|---|---|---|---|
| ① | | ⑦ | |
| ② | | ⑧ | |
| ③ | | ⑨ | |
| ④ | | ⑩ | |
| ⑤ | | ⑪ | |
| ⑥ | | ⑫ | |

**10.3** 寫出下圖螺旋式冰水機組各元件名稱。

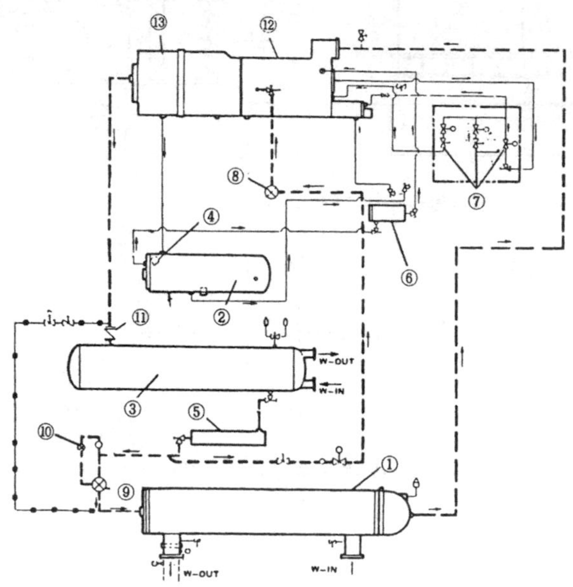


答案卡

| | | | |
|---|---|---|---|
| ① | | ⑧ | |
| ② | | ⑨ | |
| ③ | | ⑩ | |
| ④ | | ⑪ | |
| ⑤ | | ⑫ | |
| ⑥ | | ⑬ | |
| ⑦ | | | |

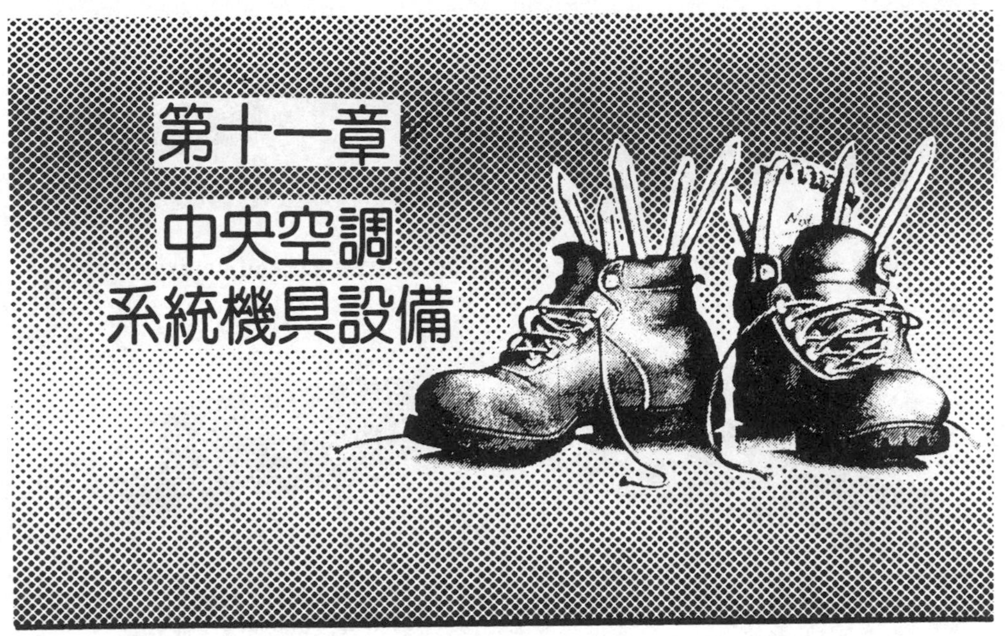


中央空調系統機具設備有室內送風機組、空氣調節箱、冷卻水泵浦、冰水泵浦及冷卻水塔。

## 11.1 室內送風機組

室內送風機組（fan coil unit）有些冷氣廠商直譯爲送風盤管機組，有些簡譯爲室內機組，某些廠商稱爲室內空氣調節機（room air conditioner）。其作用是將冰水器製造的低溫冰水或鍋爐產生之熱水送進盤管（coil），空氣經由送風機（fan）之強迫循環，進行熱交換而產生冷氣或暖氣。室內送風機組英文簡寫爲FCU或FC。

### 11.1-1 室內送風機之種類

(1) 落地式（floor type），如圖11.1(a)所示。

(2) 落地隱藏式（floor recessed type），如圖11.1(b)所示。

(3) 吊掛式（ceiling type），如圖11.1(c)所示。

(4) 吊掛隱藏式（ceiling recessed type），如圖11.1(d)所示。

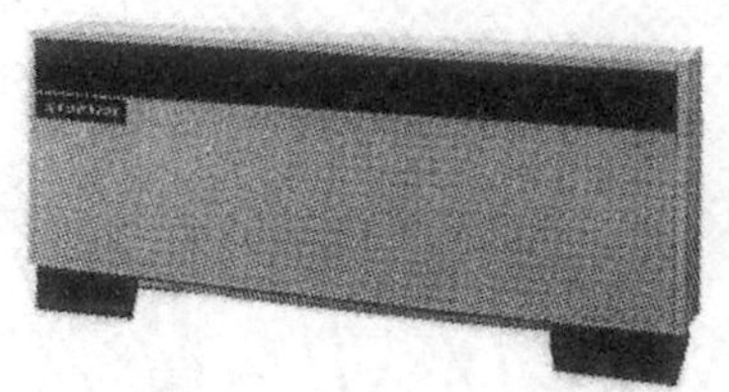

floor type 落地式室內送風機

(a)

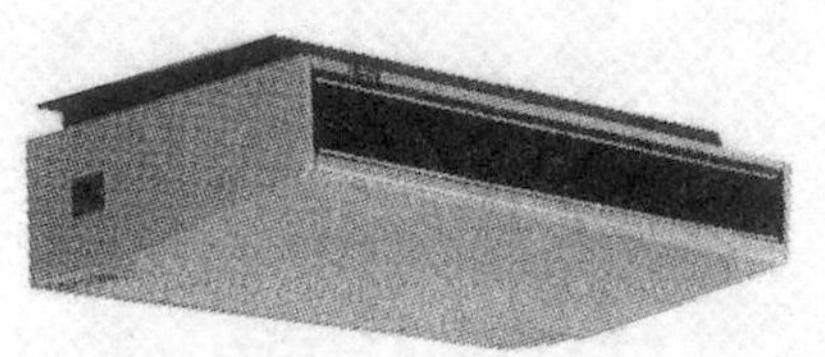

吊掛式室內送風機 ceiling type

(c)

落地隱藏式室內送風機
floor recessed type

(b)

吊掛隱藏式室內送風機
ceiling recessed type

(d)

圖 11.1 室內送風機

## 11.1-2 室內送風機之規格

室內送風機規格，參考表11.1所示。

室內送風機一冷凍噸之標準風量約為400CFM，因此機種TRAC 400之冷氣能力為12350BTUH，其風量最大560CFM，最少350CFM，平均風量約400～450CFM。

## 11.1-3 室內送風機之結構

室內送風機之結構，如圖11.2所示。

(1) 盤管：採用高純度無縫紫銅管及鋁質波浪形散熱鰭片，經過高壓液體脹管而成，鰭片與銅管間完全緊密結合，熱傳導效果最佳。

(2) 接管頭：進出水管口採用外六角內牙接頭，並將兩頭間以鋼板固定，安裝時不致因施工扭斷銅管發生漏水。

(3) 機身：高級鋼板製作，內外經鍍鋅處理或烤漆防銹，內襯保溫材料絕緣，不生冷凝水滴。

(4) 馬達：採用特殊防震無噪音馬達，功率高，耗電省，軸心經冷軋加硬剛性強絕不變形，連續運轉，不生故障。

(5) 風車：離心式多翼雙吸風車，經過動力平衡校正，氣流柔順，寧靜無聲。

(6) 接水盆：鋼板壓製而成，表面防銹處理內塗柏油防水，排水斜度適當，並延伸至閘閥位置，無漏水之慮。

(7) 變速控制：按鍵式四段三速開關，落地型裝於機身上，吊掛型可供嵌入室內適當位置，只要輕輕一按，就可分出快、中、慢三種不同風速，操作極為方

表11.1　室內送風機規格

| 項目＼機種 | | | TRAC 300 | TRAC 400 | TRAC 600 | TRAC 800 | TRAC 1000 | TRAC 1200 |
|---|---|---|---|---|---|---|---|---|
| 盤管 | 型式 | | 銅管鋁鰭片 | | | | | |
| | 表面積（$FT^2$） | | 1.01 | 1.4 | 1.85 | 2.47 | 2.84 | 3.39 |
| | 能量(BTUH) | 冷氣 | 9,750 | 12,350 | 19,900 | 24,070 | 32,250 | 38,000 |
| | | 暖氣 | 18,500 | 28,200 | 41,200 | 57,800 | 70,000 | 84,830 |
| | 水量（GPM） | | 2.0 | 3.0 | 4.0 | 5.0 | 7.0 | 8.0 |
| | 水壓試驗（PSI） | | 200 | | | | | |
| | 氣密試驗（PSI） | | 150 | | | | | |
| | 排氣考克（in） | | 管牙⅛ | | | | | |
| | 水壓降（FT） | | 2.8 | 4.5 | 10 | 16 | 7.5 | 9.0 |
| 風車 | 型式 | | 多翼離心式雙吸口 | | | | | |
| | 風量(CFM) | 最高 | 410 | 560 | 790 | 960 | 1150 | 1350 |
| | | 高低 | 280 | 350 | 550 | 660 | 810 | 940 |
| | 靜壓（IWG） | | 1/8 | 1/8 | 1/8 | 3/32 | 3/32 | 3/32 |
| | 風車數量（DC） | | 1 | 2 | 2 | 2 | 3 | 4 |
| 馬達 | 型式 | | 電容器起動式 | | | | | |
| | 周率（Hz） | | 60 | | | | | |
| | 電壓（V） | | 單相110 | | | | | |
| | 電流（A） | | 0.38 | 0.39 | 0.53 | 0.68 | 1.08 | 1.09 |
| | 功率（W） | | 43 | 44 | 59 | 74 | 116 | 118 |
| | 控制方式 | | 按鍵選擇開關，四段三速控制 | | | | | |
| 配管 | 冷熱水出入口（in） | | ¾″B | | | | | |
| | 排水（in） | | ¾″B | | | | | |
| 運轉重量（kg） | | | 18.3 | 23.6 | 26.2 | 31.9 | 42.1 | 50.4 |

註：①表列冷氣能量之室內條件為80°F DB，67°F WB，入口水溫45°F出口水溫55°F時之能力。
②表列暖氣能量之室內條件為70°F DB，60°F WB，入口水溫180°F出口水溫160°F時之能力。
③表列風量以1公尺風管為準，如採用線型出風口或較長風管，請選用高靜壓室內送風機。

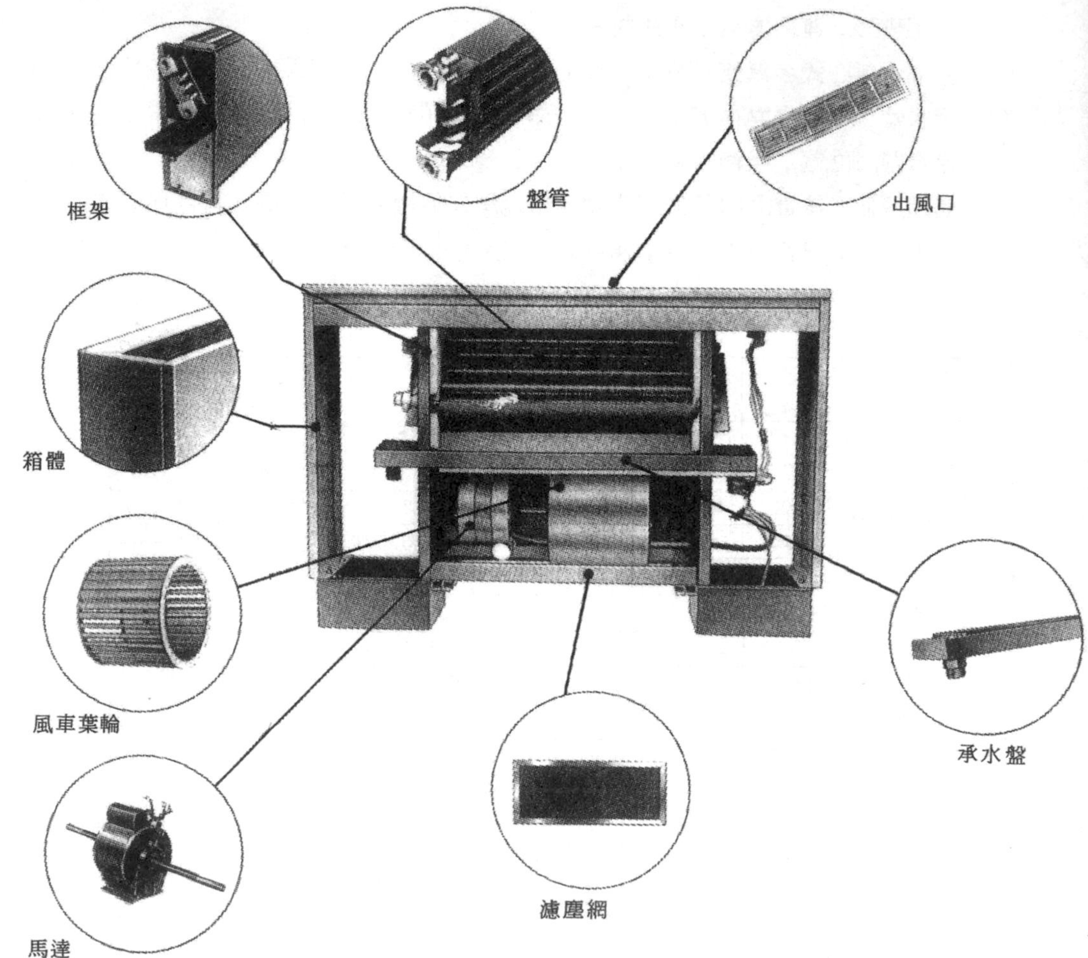


圖 11.2 室內送風機之結構

便。

(8) 特製化學濾塵片，濾塵率極高，能保持室內空氣清潔、維護身體健康，且裝卸容易，自己可以清洗，可長期使用。

## 11.1-4 送風機馬達接線

送風機馬達接線圖，如圖11.3所示。

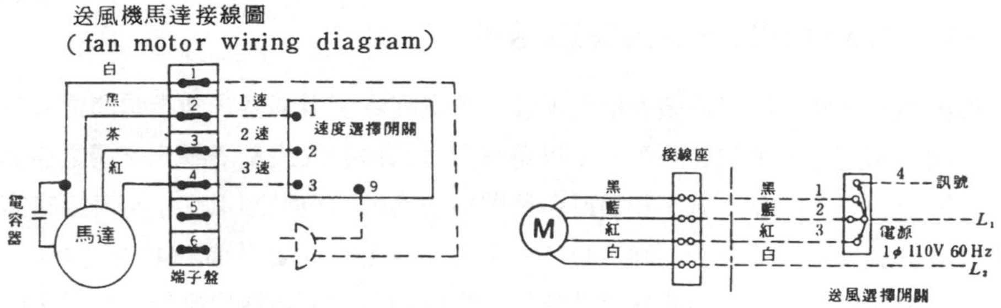

送風機馬達接線圖
(fan motor wiring diagram)

白 黑 茶 紅 電容器 馬達 端子盤 1速 2速 3速 速度選擇開關 接線座 黑 藍 紅 白 訊號 電源 1φ 110V 60 Hz $L_1$ $L_2$ 送風選擇開關

圖 11.3　送風機接線圖

## 11.1-5　送風機組配管方式

(1)　落地式室內送風機，如圖 11.4 所示。

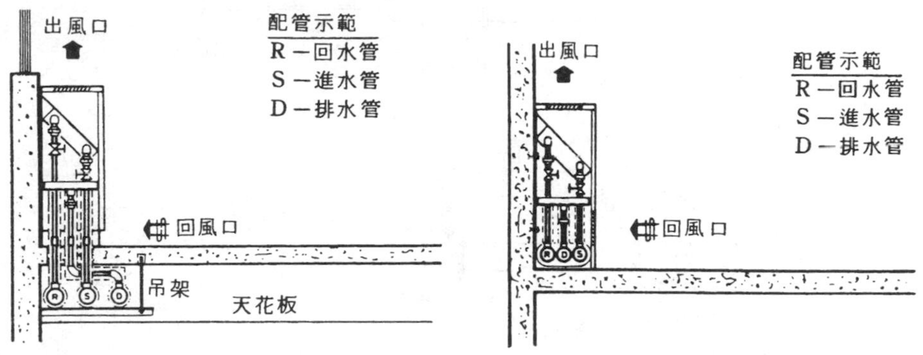


圖 11.4　落地式送風機配管法

(2)　吊掛式室內送風機，如圖 11.5 所示。

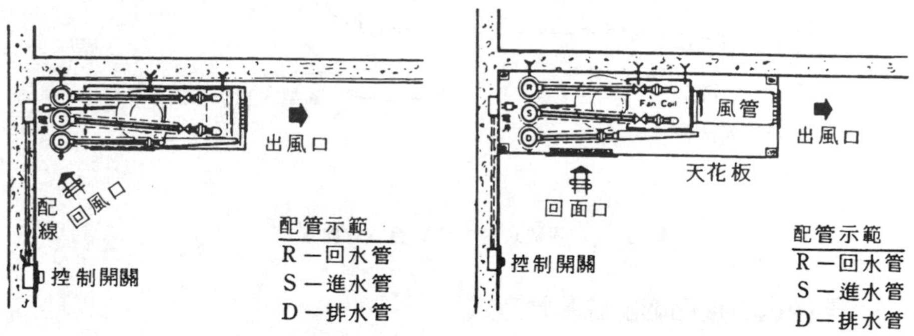


圖 11.5　吊掛式送風機配管式

## 11.1-6 吊掛隱蔽式室內送風機組之風管

吊掛隱蔽式室內送風機須裝接送風管，若空調場所與隔壁未空調房間之天花板上方空間相連通，亦應加裝回風管，以免室內送風機吸入大量隔壁未空調之空氣而影響冷房能力。天花板上方不相通或各房間均空調則可免裝回風管，可直接在室內送風機後側裝置回風口花板。回風口花板之尺寸為12″×24″或24″×24″。拆修或保養送風機時，可利用回風口花板的空間以利服務人員進出保養，如圖11.6所示。

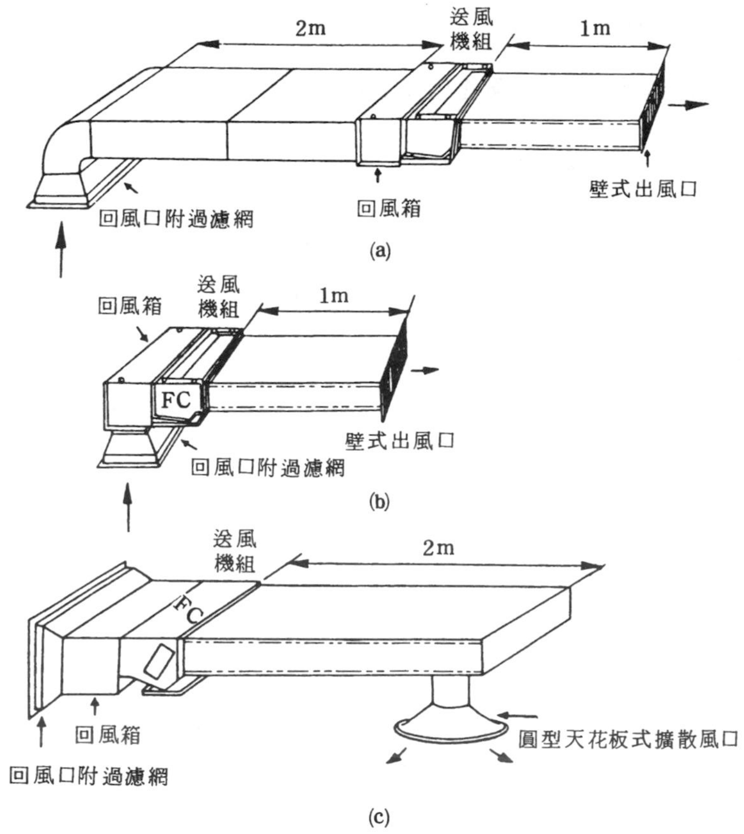


圖11.6 隱藏式室內送風機風管與風口

## 11.1-7 室內送風機節約能源配管方式

空調空間之冷房負荷（cooling load）均以尖峯負荷（peak load）計算，選用之室內送風機FC亦按尖峯負荷條件安裝，因此冷房在尖峯時刻可發揮預期之舒爽空氣條件，但在非尖峯時刻，則空調空間將發生過冷之現象，不但感覺不舒爽，而且得到冷氣病，並且由於過冷將使空調系統浪費大量之能源。

中央空調系統要節約能源最有效、直接之方法，係將熱交換器冷却盤管(cooling coil)之冰水流量按空調空間之需要，予以流量控制及溫度控制。

小型室內送風機為節約能源採用之三通自動控制閥為二段式(ON-OFF type)，如圖11.7所示。當溫度控制器"ON"時，如圖11.9所示。三通閥門往左邊盤管開路，右邊旁路管閉路，因此冰水全部通過冷却盤管熱交換，製造冷氣，當溫度控制器"OFF"時，三通閥門斷路，如圖11.8所示。閥門回復原位，亦即往左邊盤管之管路閉路，往右邊旁路管之管路開路，全部冰水由旁路管流向回水管，以便控制室內舒爽溫度條件，而且節省能源。

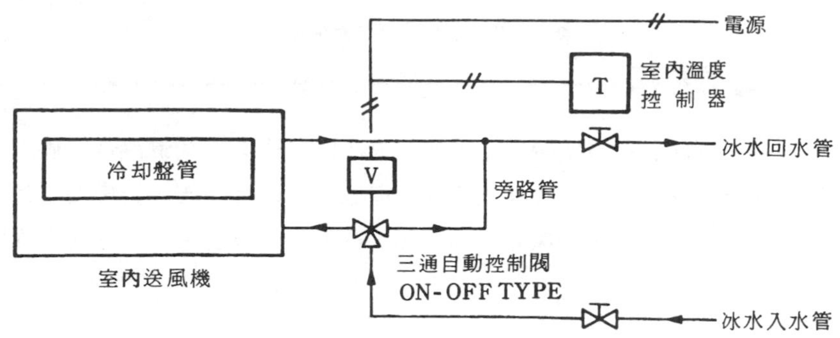


圖 11.7　二段式三通自動控制閥，控制室內送風機

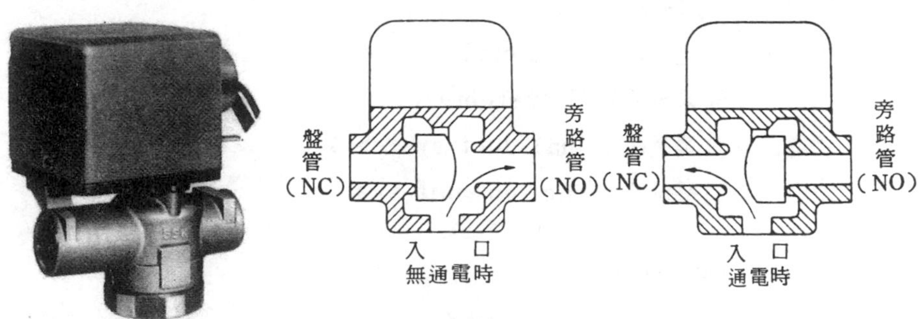


圖 11.8　三通閥

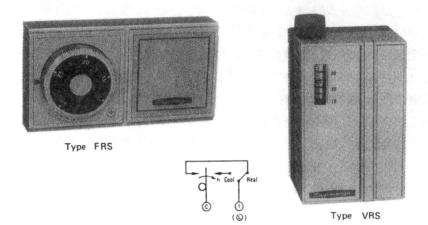

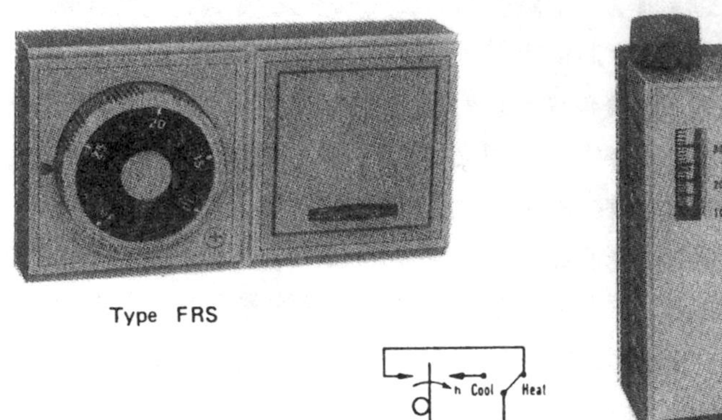


圖 11.9 室內溫度控制開關

## 11.2 空氣調節箱

空氣調節箱 AH 簡稱為空調箱，主要組成部份包括：①空氣混合裝置；②空氣清淨裝置；③熱交換裝置；④送風裝置等。這些元件組合在同一機體內，搬運至現場安裝位置，定位後再裝配送風管、回風管、新鮮外氣風管、冰水管、熱水管與電源、控制線路等。

### 11.2-1 空氣調節箱之使用場合

(1) 單導風管空調系統（single duct system）
  ① 定風量系統（CAV system）。
  ② 可變風量系統（VAV system）。
(2) 雙導風管空調系統（dual duct system）。
(3) 誘導式空調系統（induction unit system）。

### 11.2-2 空氣調節箱之結構

空氣調節箱之結構，如圖 11.10 所示。

(1) 外箱與機架（case and frame）。
(2) 水盤（drain pan）。
(3) 盤管（coil）。

盤管依流體之種類可分為直接膨脹型（DX type）冷媒盤管及間接膨脹型冰水盤管，熱水盤管或蒸氣盤管，參考圖 11.11 所示。

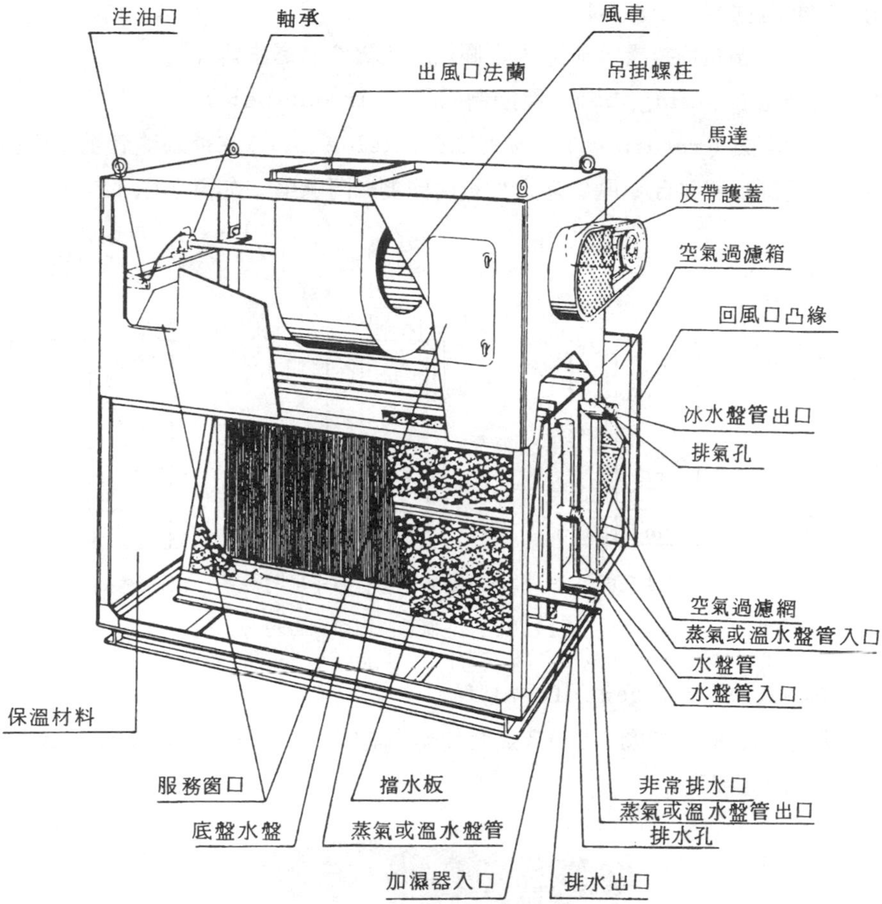

注油口
軸承
風車
出風口法蘭
吊掛螺柱
馬達
皮帶護蓋
空氣過濾箱
回風口凸緣
冰水盤管出口
排氣孔
空氣過濾網
蒸氣或溫水盤管入口
水盤管
水盤管入口
保溫材料
服務窗口
擋水板
非常排水口
蒸氣或溫水盤管出口
排水孔
底盤水盤
蒸氣或溫水盤管
加濕器入口
排水出口

圖11.10　空調箱之結構

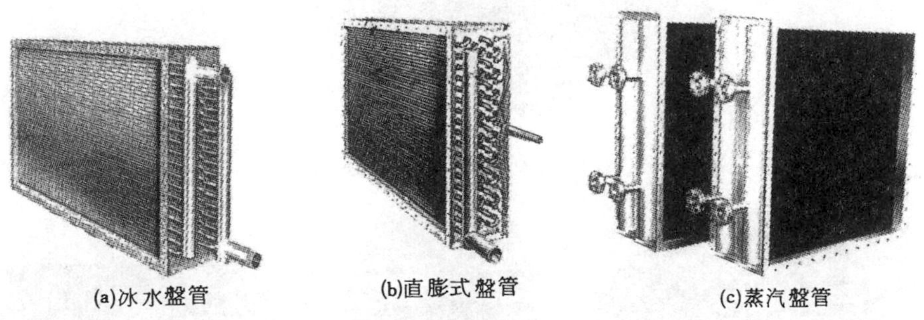

(a)冰水盤管　(b)直膨式盤管　(c)蒸汽盤管

圖11.11　空調箱之盤管

(4) 空氣過濾器（air filter）

一般空調箱均裝設可清洗式金屬或尼龍網空氣過濾器。

(5) 混合箱（mixing box）與控制風門（air damper）

室內回氣（return air）與外氣（outside air）在進入盤管前，先在混合箱內依設計比例混合，風量之大小可由控制風門調整，如圖 11.12 所示。

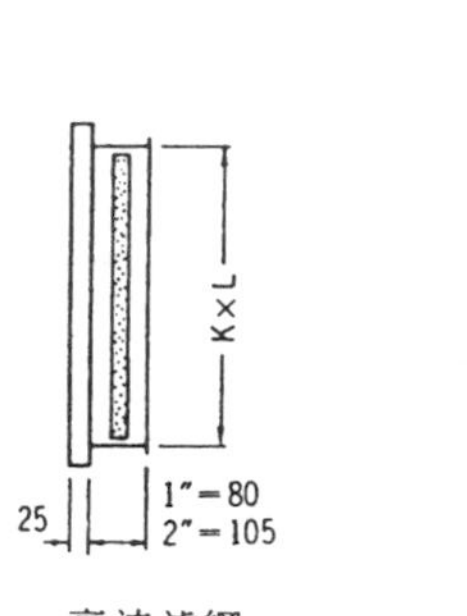

高速濾網

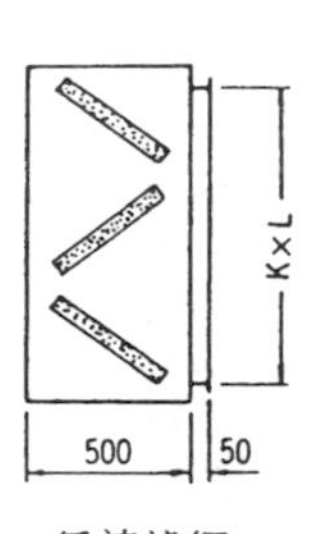

低速濾網

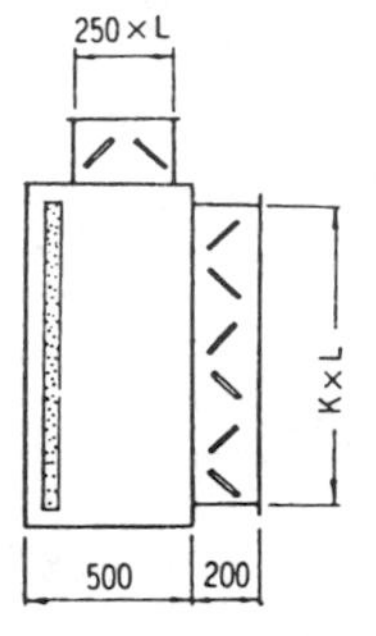

高速濾網＋混合箱＋風門

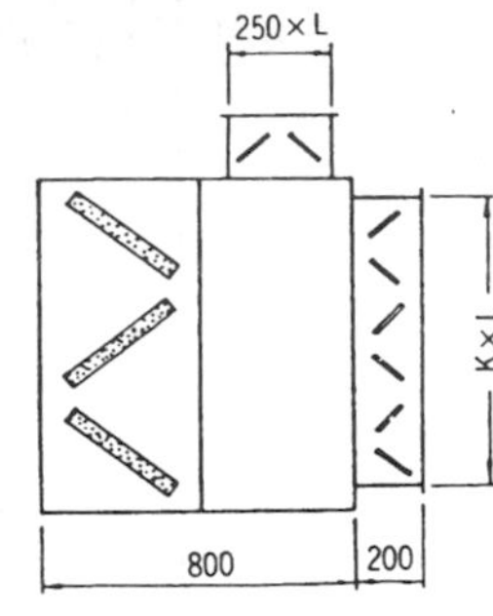

低速濾網＋混合箱＋風門

圖 11.12 空氣過濾箱與混合箱

(6) 離心式送風機（centrifugal fan）

離心式送風機如圖 11.13 之葉片均爲前曲式（forward curve type），如圖 11.14 所示。

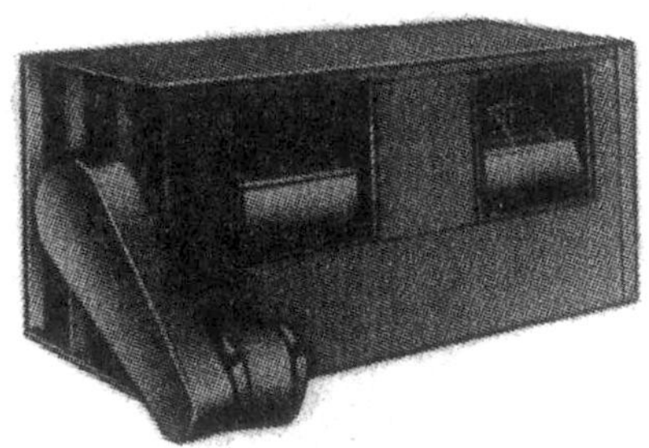

圖 11.13 空調箱離心式送風機

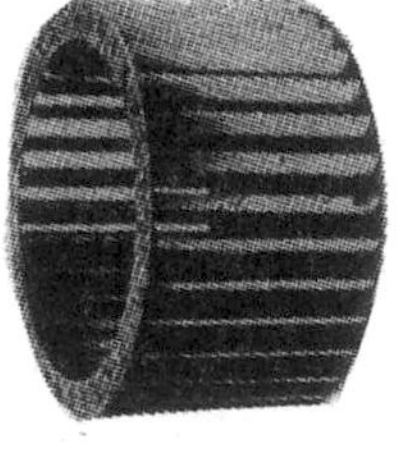

圖 11.14 離心式前曲式葉片

## 11.2-3 空調箱之型式與組合

**1.** 空調箱之型式

(1) 立式空調箱，如圖 11.15 所示。

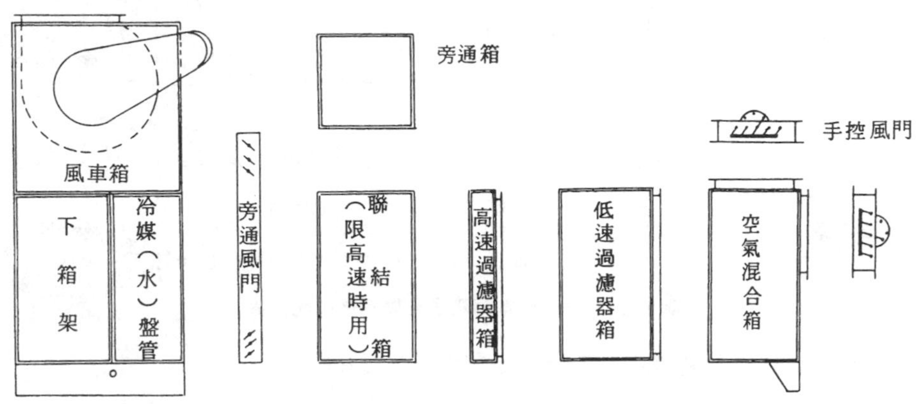


圖 11.15 立式空調箱組合件

(2) 臥式空調箱，如圖 11.16 所示。

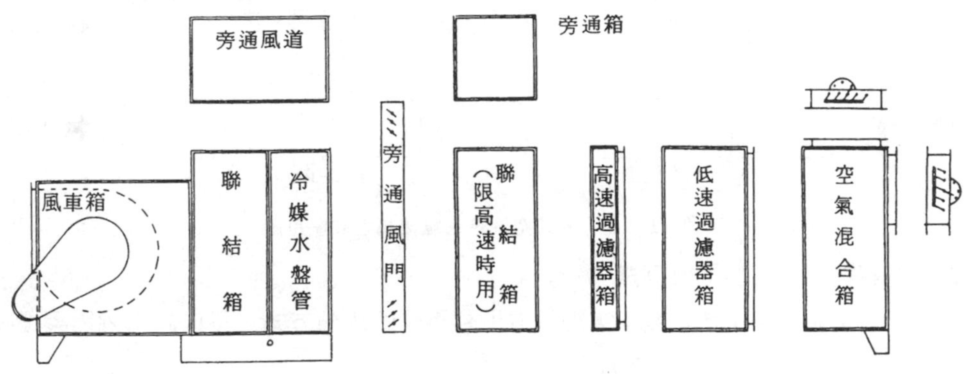


圖 11.16　臥式空調箱組合件

**2.** 空調箱送風機馬達配置

空調箱送風機馬達依現場需要有下列不同裝配位置。

(1) 立式空調箱送風機馬達之配置，如圖 11.17 所示。

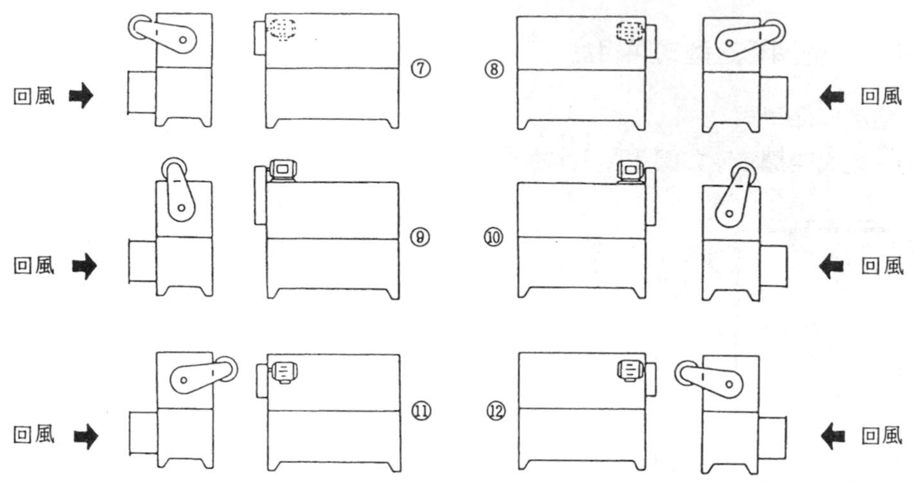


圖 11.17 立式空調箱送風機馬達裝配位置

(2) 臥式空調箱送風機馬達之配置，如圖 11.18 所示。

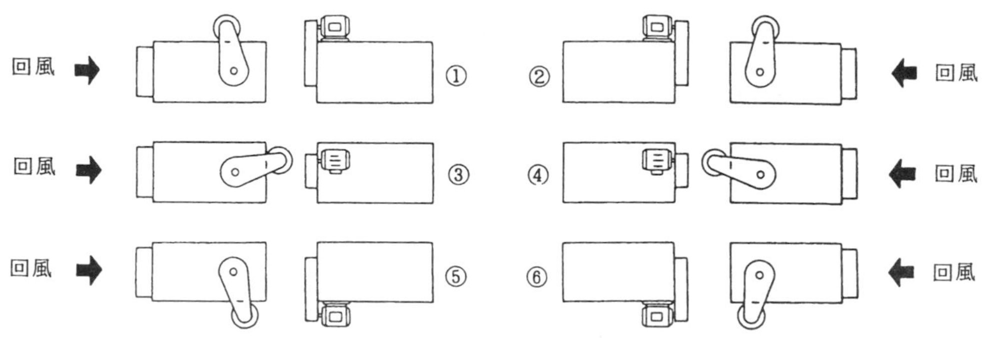


圖 11.18 臥式空調箱送風機馬達裝配位置

**3.** 空調箱之排列裝置與選擇

為求適應現場工地安裝，空調箱有下列不同的排列方式，可依據下列因素選擇，參考圖 11.19、圖 11.20 所示。

(1) 風車出風方向。

(2) 風車及馬達安裝方向。

(3) 盤管進水與排水接管方向。

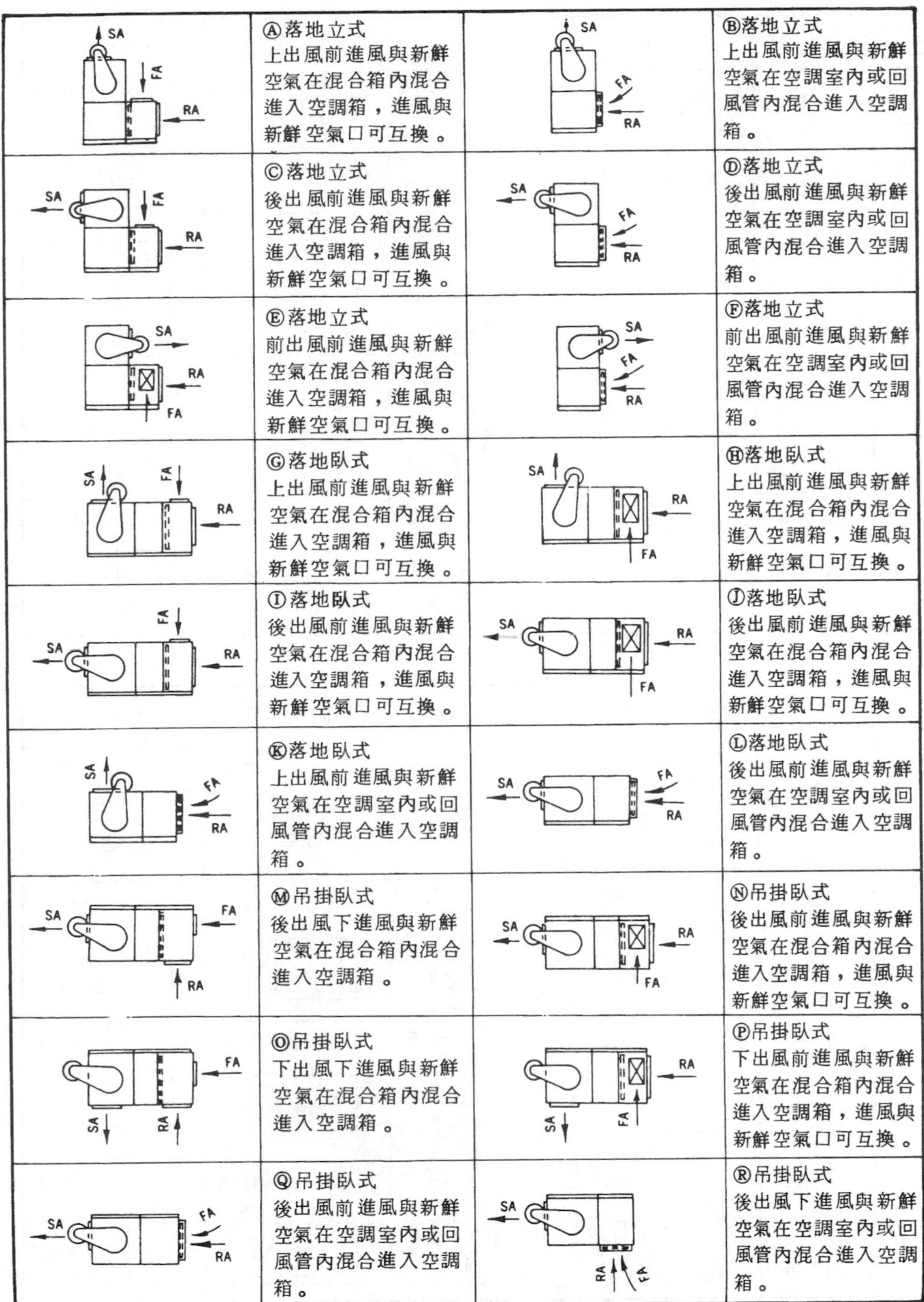

| | | | |
|---|---|---|---|
| | Ⓐ落地立式<br>上出風前進風與新鮮空氣在混合箱內混合進入空調箱，進風與新鮮空氣口可互換。 | | Ⓑ落地立式<br>上出風前進風與新鮮空氣在空調室內或回風管內混合進入空調箱。 |
| | Ⓒ落地立式<br>後出風前進風與新鮮空氣在混合箱內混合進入空調箱，進風與新鮮空氣口可互換。 | | Ⓓ落地立式<br>後出風前進風與新鮮空氣在空調室內或回風管內混合進入空調箱。 |
| | Ⓔ落地立式<br>前出風前進風與新鮮空氣在混合箱內混合進入空調箱，進風與新鮮空氣口可互換。 | | Ⓕ落地立式<br>前出風前進風與新鮮空氣在空調室內或回風管內混合進入空調箱。 |
| | Ⓖ落地臥式<br>上出風前進風與新鮮空氣在混合箱內混合進入空調箱，進風與新鮮空氣口可互換。 | | Ⓗ落地臥式<br>上出風前進風與新鮮空氣在混合箱內混合進入空調箱，進風與新鮮空氣口可互換。 |
| | Ⓘ落地臥式<br>後出風前進風與新鮮空氣在混合箱內混合進入空調箱，進風與新鮮空氣口可互換。 | | Ⓙ落地臥式<br>後出風前進風與新鮮空氣在混合箱內混合進入空調箱，進風與新鮮空氣口可互換。 |
| | Ⓚ落地臥式<br>上出風前進風與新鮮空氣在空調室內或回風管內混合進入空調箱。 | | Ⓛ落地臥式<br>後出風前進風與新鮮空氣在空調室內或回風管內混合進入空調箱。 |
| | Ⓜ吊掛臥式<br>後出風下進風與新鮮空氣在混合箱內混合進入空調箱。 | | Ⓝ吊掛臥式<br>後出風前進風與新鮮空氣在混合箱內混合進入空調箱，進風與新鮮空氣口可互換。 |
| | Ⓞ吊掛臥式<br>下出風下進風與新鮮空氣在混合箱內混合進入空調箱。 | | Ⓟ吊掛臥式<br>下出風前進風與新鮮空氣在混合箱內混合進入空調箱，進風與新鮮空氣口可互換。 |
| | Ⓠ吊掛臥式<br>後出風前進風與新鮮空氣在空調室內或回風管內混合進入空調箱。 | | Ⓡ吊掛臥式<br>後出風下進風與新鮮空氣在空調室內或回風管內混合進入空調箱。 |

圖 11.19　空調箱之選擇

| 型式 | 濾網＼出風方向 | 後側上出風 | 前側上出風 | 前側平出風 | 後側平出風 |
|---|---|---|---|---|---|
| 立式 | 高速濾網 | 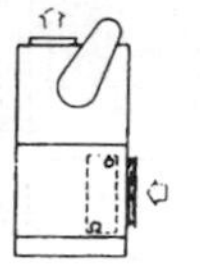 V11 | 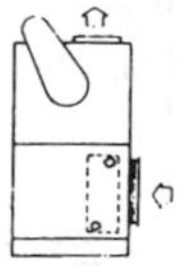 V12 | 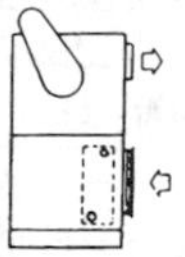 V13 | 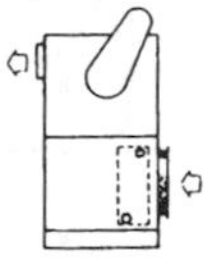 V14 |
| | 低速濾網 | 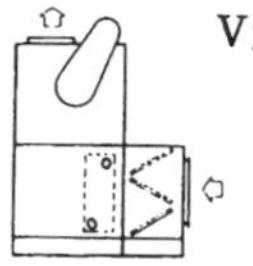 V21 | 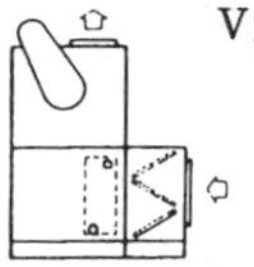 V22 | 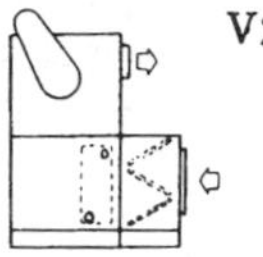 V23 | 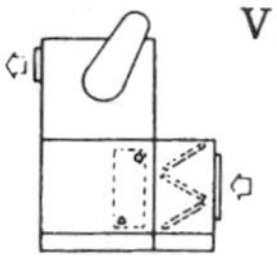 V24 |
| | 高速濾網＋混合箱 | 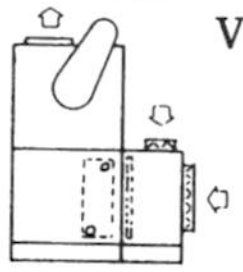 V31 | 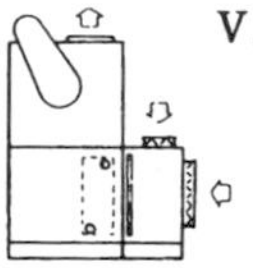 V32 | 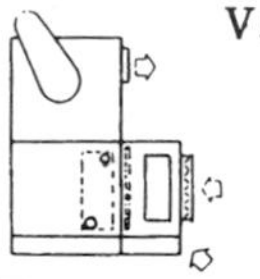 V33 | 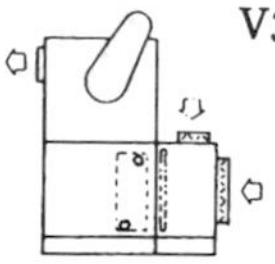 V34 |
| | 低速濾網＋混合箱 | 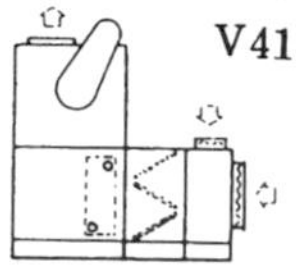 V41 | 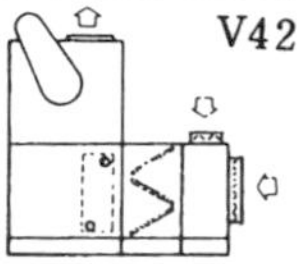 V42 | 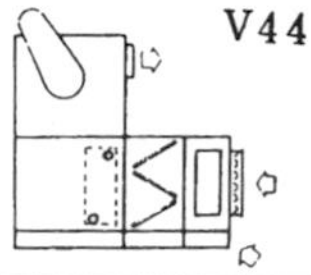 V44 | 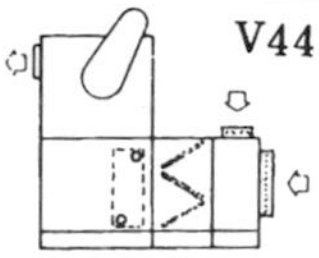 V44 |

| 型式 | 濾網＼出風方向 | 後側上出風 | 前側上出風 | 前側平出風 | 後側平出風 |
|---|---|---|---|---|---|
| 臥式 | 高速濾網 | 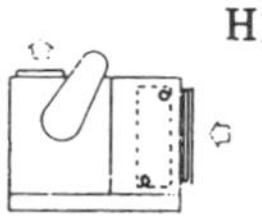 H11 | 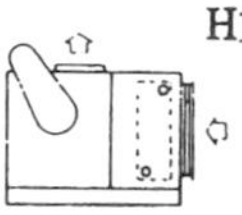 H12 | 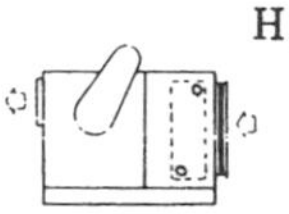 H13 | 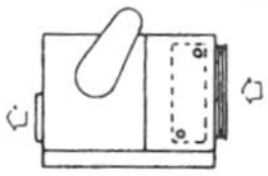 H14 |
| | 低速濾網 | 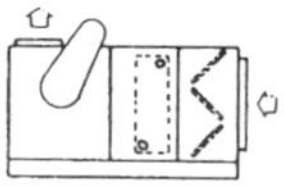 H21 | 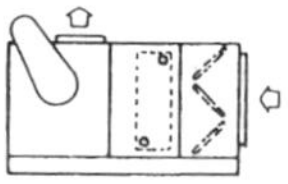 H22 | 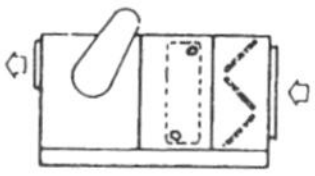 H23 | 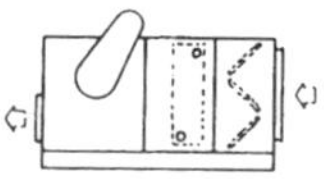 H24 |
| | 高速濾網＋混合箱 | 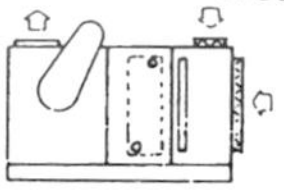 H31 | 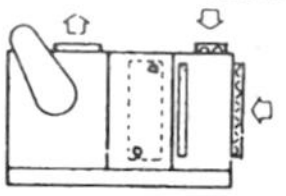 H32 | 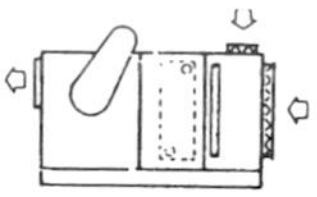 H33 | 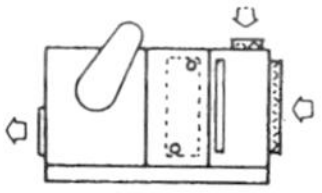 H34 |
| | 低速濾網＋混合箱 | 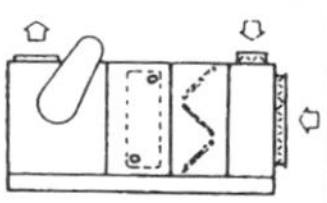 H41 | 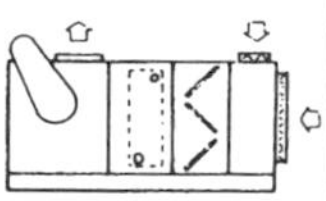 H42 | 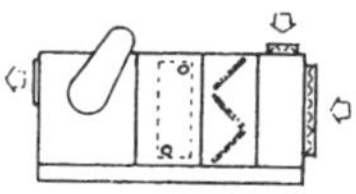 H43 | 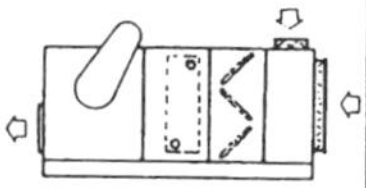 H44 |

圖11.20　空調箱外形、濾網及出風方向之選擇

## 11.2-4 選定空調箱所需之條件

選定空調箱所需之條件：

(1) 風量。

(2) 機外靜壓。

表11.2　空氣調節箱訂貨規範

| 項目 | | 規範 |
|---|---|---|
| 型號 | | |
| 型式 | | 立式　臥式　吊式 |
| 機配型置 | | 馬達位置出回風方向接管方向 |
| 風車組 | 風量 | (　)CFM(　)CMM(　)CMH |
| | 靜壓 | (　)INWG(　)MMWG｜型式｜單級/雙級｜多翼式/翼截式/直翼式 |
| | 馬達 | HP　φ　V　Hz　E　級結緣 |
| 冷却盤管 | 冷却能力 | (　)MBH(　)KCAL/HR |
| | 冰水溫度 | 進水溫度　°F　出水溫度　°F　冰水流量　GPM |
| | 進風溫度 | °FDB　°FWB |
| | 離風溫度 | °FDB　°FWB　相對濕度RH　% |
| | 尺寸規定 | 排　片/吋(表面積　平方呎) |
| | 表面風速 | FPM以下 |
| 再熱盤管 | 加熱能力 | (　)MBH　(　)KCAL/HR |
| | 進水溫度 | 蒸氣盤管/熱水盤管　進水(氣)溫度 |
| | 流量 | 蒸氣壓力(　)psi　熱水流量(　)GPM |
| | 尺寸規定 | 排　片/吋　(表面積　平方呎) |
| 過濾網 | 材質 | 塑膠泡棉/鋁質/尼龍/袋型/高效率(HEAP) |
| | 型式 | 低速型　平面型 |
| 其他規定 | | 混合箱：　擋水板： |
| | | 機體板厚材質：　塗裝顏色指定 |
| | | 水盤板厚材質： |
| | | 保溫材質： |
| | | 外型尺寸限制：長　mm　寬　mm　高　mm |

(3) 冷氣能量。

(4) 暖氣能量。

(5) 空氣條件。

(6) 冷水條件(水溫、水量)。

(7) 熱水條件(水溫、水量)。

(8) 蒸氣條件(壓力、溫度流量)。

(9) 空氣濾淸器種類。

(10) 加濕能力。

(11) 加濕方法及條件。

(12) 安裝條件。

(13) 其他特殊需求。

訂製空調箱之規範(ordering information)可參考表11.2所示。

## 11.2-5 空調箱之安裝與保養

**1.** 安裝時應注意事項

(1) 搬運時請勿以堆高機插入底盤,以免損壞滴水盤。

(2) 安裝時機身應保持平直,並注意排水斜度。

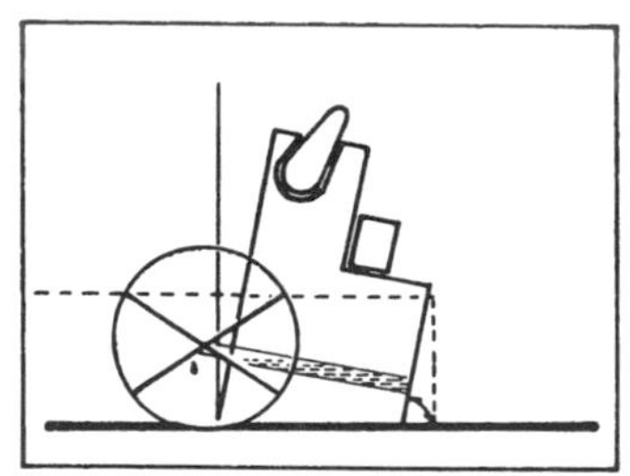

⑶ 連接水管處應保留維護人員工作之空間，以便裝卸過濾網及機械修護。

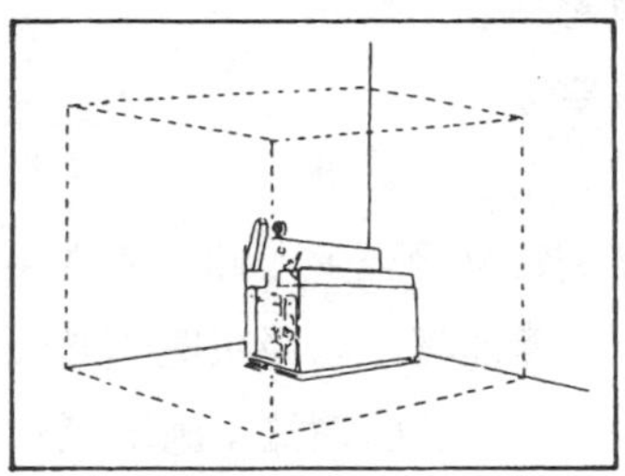

⑷ 裝接排水管不得高過滴水盤位置。

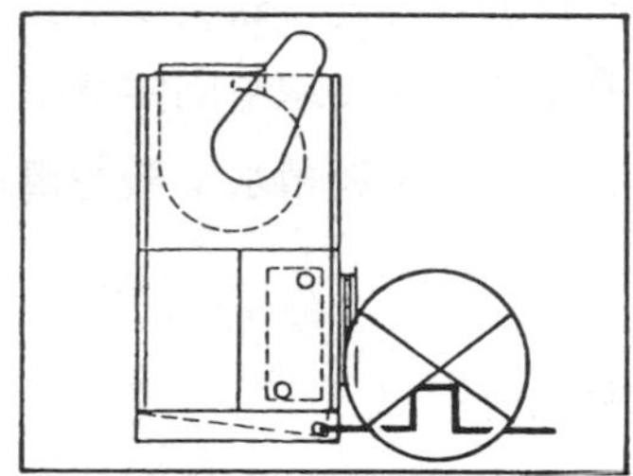

⑸ 出風口與風管啣接處宜採用帆布軟管。

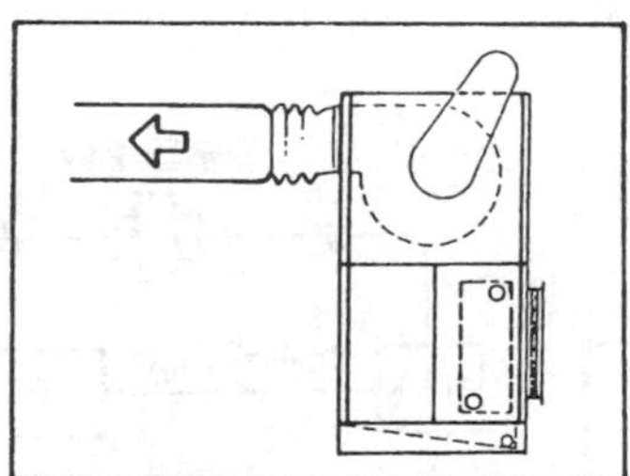

⑹ 機房應加鎖，禁止閒雜人員或兒童進入。

**2.** 平時保養應注意事項

(1) 空調箱上及周圍勿堆放物品。

(2) 出風口及回風口請勿堵塞。

(3) 機房內應保持乾燥清潔。

(4) 在正常使用下空氣過濾網每兩週至少應卸下清洗一次。

(5) 冷房清掃時，宜停止空調箱運轉，以免灰塵隨著回風而堵塞過濾網。

(6) 傳動皮帶每兩週應檢查一次，若已鬆弛，應即調整。（皮帶張力用姆指以通常壓力壓下時可下降約¾″至1″為正常）

(7) 傳動皮帶磨損過鉅時應立即全部更換。

(8) 開機前應檢查皮帶輪固定栓或螺絲是否鬆脫，並鎖緊之。

(9) 軸承每月應添加黃油一次，並檢查軸承座固定螺絲是否鬆脫，應鎖緊之。

(10) 冬季停用時應作全面檢查，排除水盤積水，機身重新油漆一次，夏季開機前同樣須作全面檢查。

## 11.2-6 空氣調節箱節約能源配管方式

空氣調節箱之配管為求節約能源與提高空調空間之舒爽度，一般皆採用由比例式溫度控制器如圖 11.22，所控制之三通比例式溫度控制閥，隨負荷之變化自動調節冰水流量，如圖 11.21 所示。

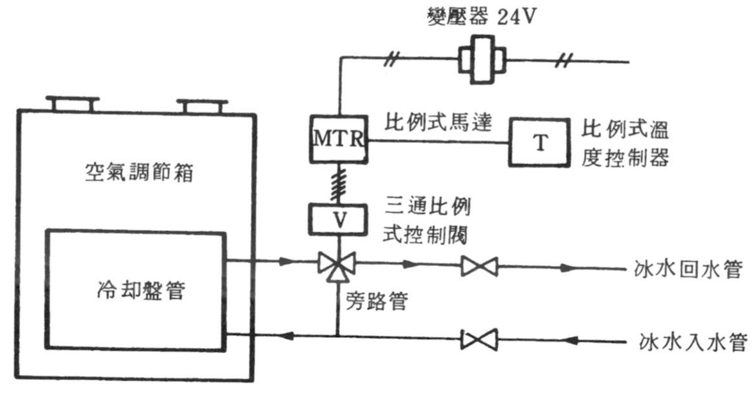


圖 11.21 空調箱節約能源配管方式

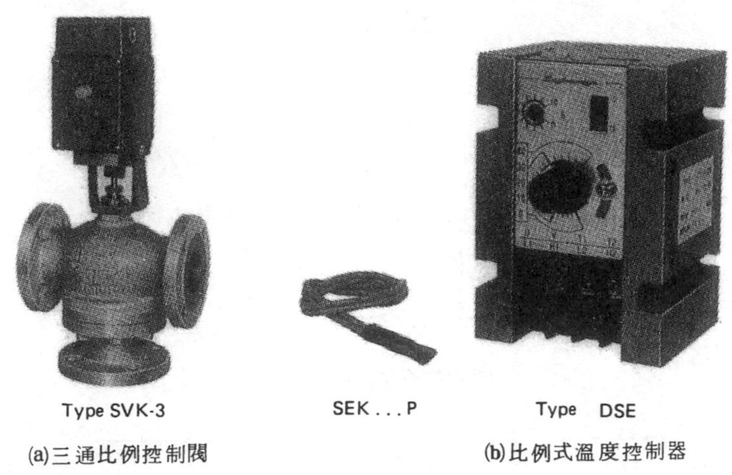


(a)三通比例控制閥　　(b)比例式溫度控制器

圖 11.22　比例式控制器

## 11.3 冷却水塔

冷却水塔利用循環水作媒介，將空調系統中凝結器所帶出之熱量排放至大氣中進行熱交換，將低水溫後冷却水可供再循環使用，以節省大量的冷却用水。

### 11.3-1 冷却水塔的種類

**1.** 冷却水塔依通風方式可概分爲自然通風式及强迫通風式兩種

(1) 自然通風式冷却水塔

① 大氣通風式，如圖 11.23(a)所示。

② 雙曲線型通風式，如圖 11.23(b)、(c)所示。

③ 風車輔助式，如圖 11.23(d)、(e)所示。

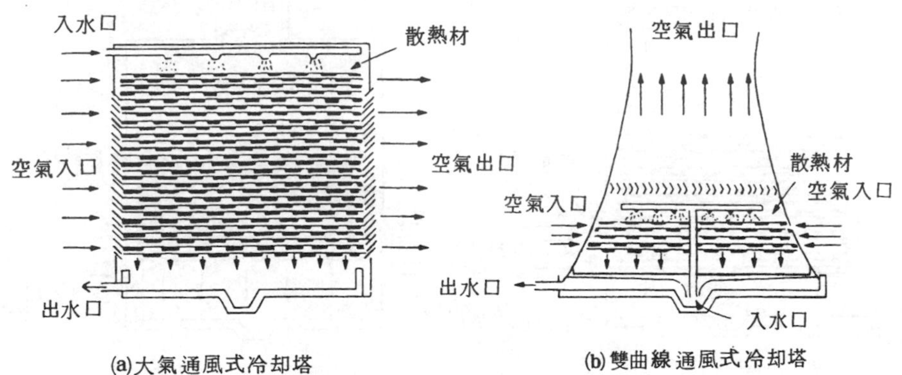


(a)大氣通風式冷却塔　　(b)雙曲線通風式冷却塔

圖 11.23　自然通風式冷却水塔

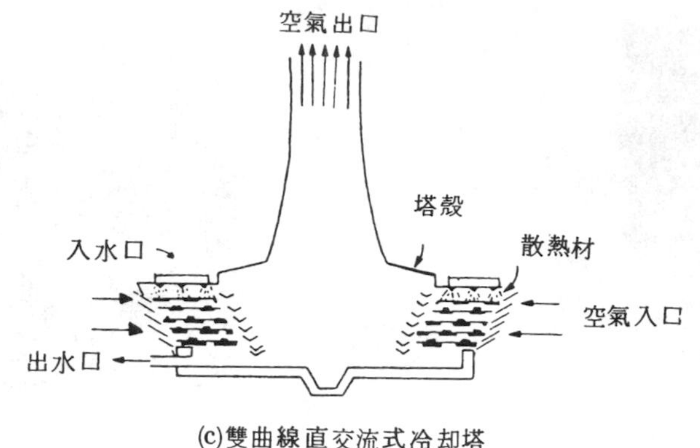

(c)雙曲線直交流式冷却塔

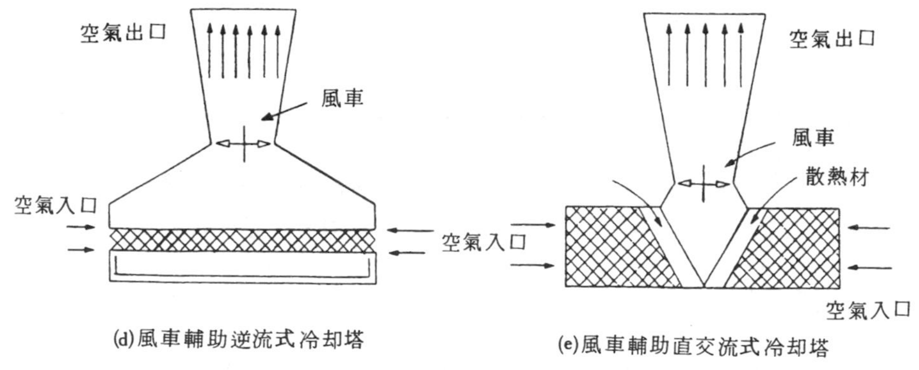

(d)風車輔助逆流式冷却塔

(e)風車輔助直交流式冷却塔

圖 11.23　自然通風式冷却水塔(續)

## ⑵　強迫通風式冷却水塔

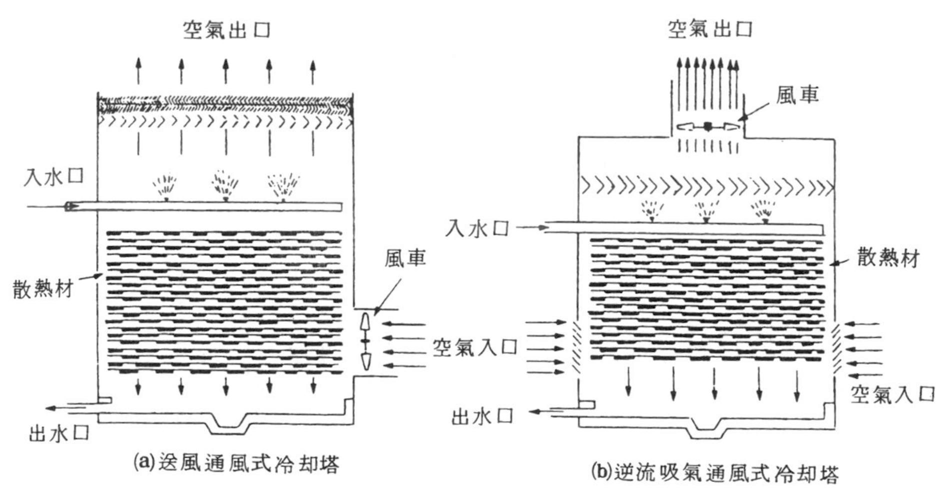

(a)送風通風式冷却塔

(b)逆流吸氣通風式冷却塔

圖 11.24　強迫通風式冷却水塔

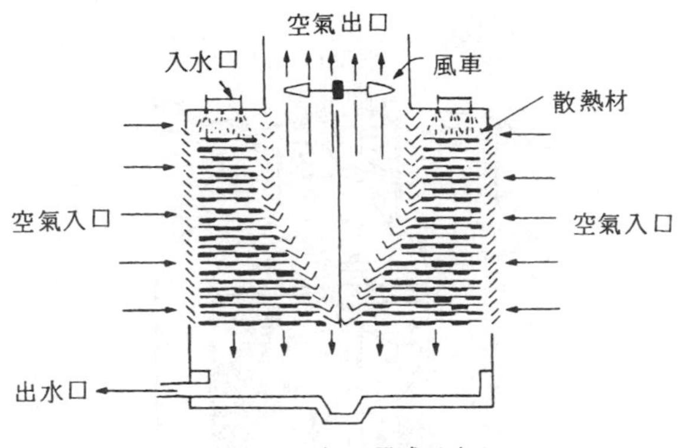


(c)直交流吸氣通風式冷却塔

圖 11.24　強迫通風式冷却水塔（續）

① 送氣通風式

送風機裝於水塔底部，將自然冷空氣強迫送入水塔與熱水熱交換，如圖 11.24(a)所示。

② 吸氣通風式

送風機裝於水塔頂部，冷空氣由底部吸入，熱空氣由頂部送風機排出，如圖 11.24(b)、(c)所示。

## 11.3-2 冷却水塔之構造

冷却水塔之構造，如圖 11.25 及圖 11.27 所示。

(1) 馬　達

採用 6 極或 8 極低轉速馬達，減低運轉噪音。

(2) 風　扇

採用葉片軸流式低噪音風扇，葉片以塑鋼或鋁合金鑄造。

(3) 自動旋轉散水頭

(4) 噴水管

利用水在噴水管噴出所產生之反作用力驅動散水頭自動旋轉。

(5) 進水中心管

由冷凝器排出之溫水由進水管徑中心管連接至散水頭。

(6) 散熱層

採用蜂巢式 PVC 硬質薄片，經縐紋或波浪斜槽處理，提高冷却水與空氣的接觸面積，增加熱交換時間與散熱效果。

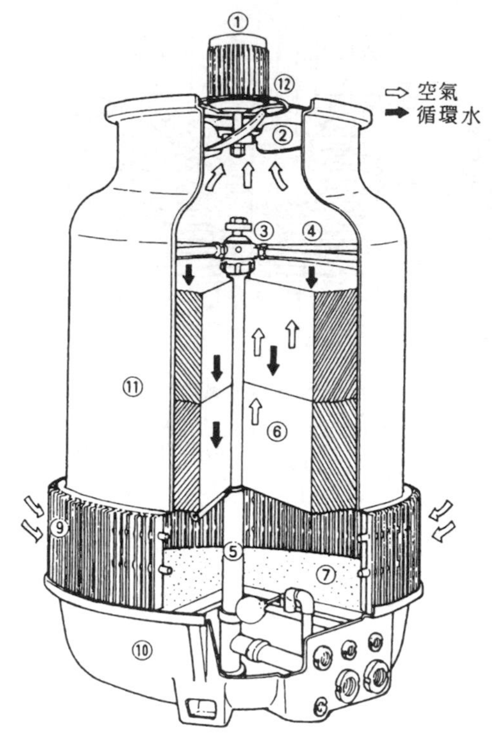


圖 11.25　冷却水塔之構造

⑺ 消音材

防止水滴飛濺所產生之噪音。

⑻ 進氣網

以PVC製成格狀，防止外物進入水槽。

⑼ 導風板

防止外氣風速太大時進風產生亂流或吸氣不良現象，並可降低噪音，防止水塔內之水滴濺出。

⑽ 蓄水槽或水盤。

⑾ 殼　體。

⑿ 馬達支架。

⒀ 水塔支架。

⒁ 水槽與出入水管配管接頭。

⒂ 馬達驅動減速裝置。

⒃ 出風口消音筒如圖11·26所示。

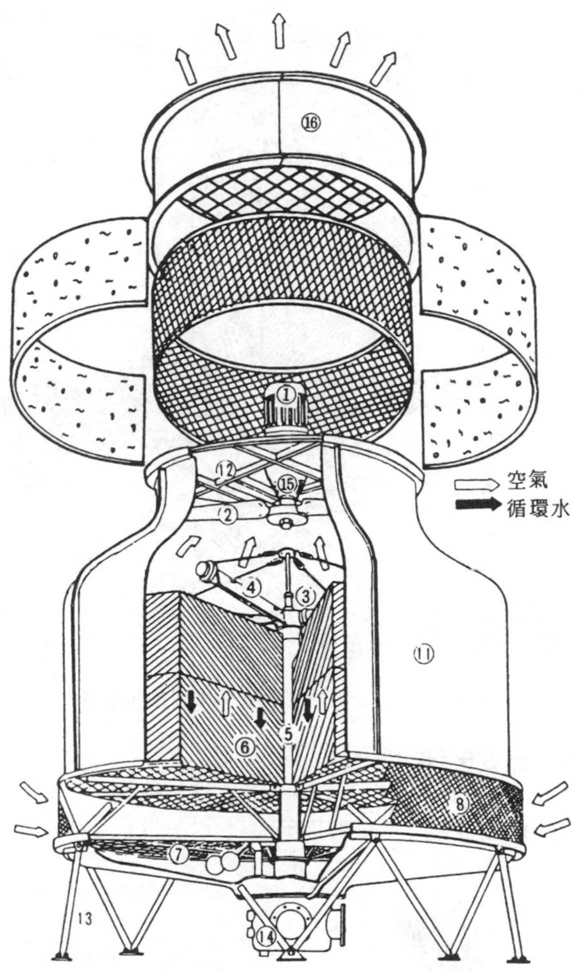


**圖11.26**　有消音裝置之大型冷却水塔

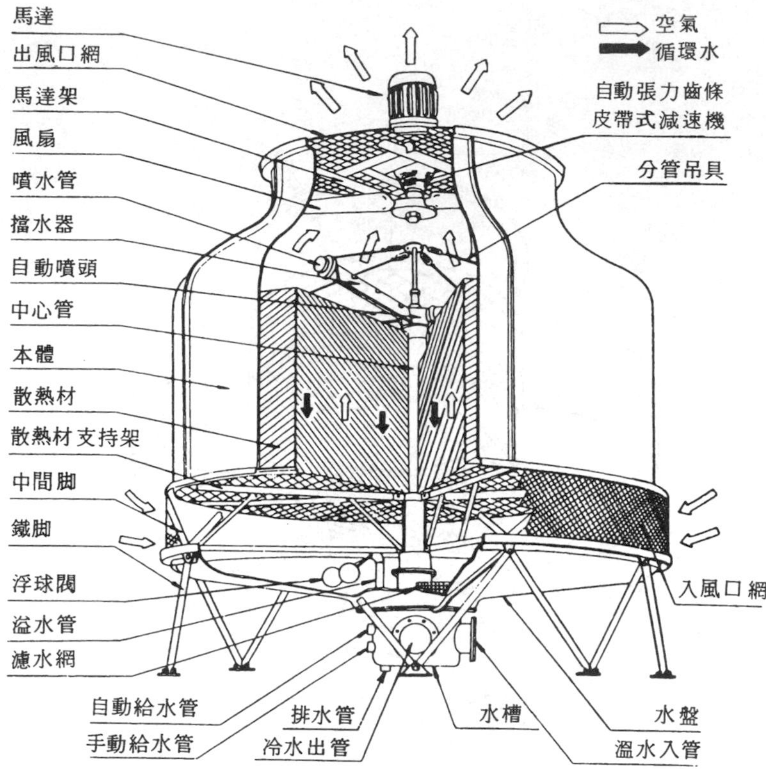


圖11.27 200～1000噸大型冷却水塔

## 11.3-3 冷却水塔主要配件

冷却水塔主要配件，如圖11.28所示。

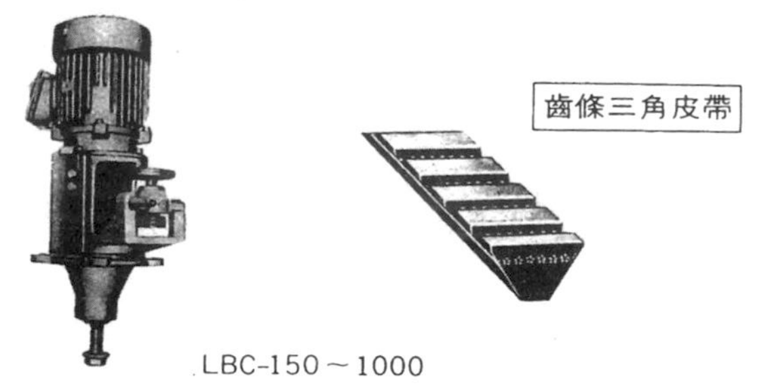


(a)自動張力齒條皮帶式減速機

圖11.28 冷却水塔主要配件

LBC-3～350　　　LBC-400～1000

(b)玻璃纖維強化塑膠本體

(c)P.V.C散熱材

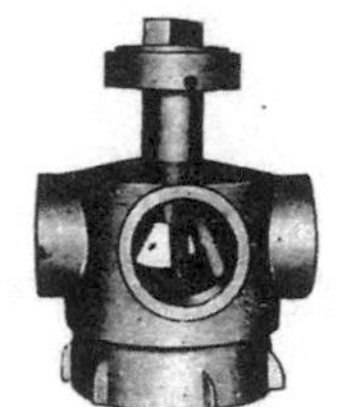

(d)自動旋轉式噴頭

(e)專用風扇冷却塔

圖11.28　（續）

## 11.3-4 冷却水塔安裝注意事項

**1.** 場地之選擇

(1) 屋頂或空氣暢流的地方最適宜裝置冷却塔。

(2) 避免裝於煤煙及灰塵多的地方。

(3) 避免裝於有腐蝕性氣體發生的地方，如煙囪旁邊或溫泉地區。

(4) 遠離鍋爐、厨房等較熱的地方。

**2.** 安裝方向及置放要領

(1) 只要注意容易配管卽可。

(2) 置放時應平放，不能傾斜，以免散水不均而影響冷却效果。

(3) 基礎螺絲應鎖緊。

**3.** 配　管

(1) 循環水出入水管之配管向下爲佳，避免突高之配管，且不能有高於底部貯水槽之配管。

(2) 配管之大小應照塔底之接管尺寸裝接。

(3) 循環水泵應低裝於正常操作時下部貯水槽之水位以下。

(4) 冷水塔兩台以上並用，而只使用一台水泵時，水槽須另配裝一連通管，使兩水塔水位同高。

(5) 4英吋（10公分）以上之循環水出入口接管處，宜用防震軟管如高壓橡膠管，即可防止管路及水塔之震動，又可避免因配管不正而引起水槽破裂之損失。

**4.** 其他事項

(1) 安裝完畢時應檢查有無工具或其他不要物品置放塔內或排風口。

(2) 注意配管或水槽有無漏水。

(3) 供水水源低於冷却塔時或水壓不夠供水時，須另裝一台水泵或另裝一較高之補給水槽以供補給用水。

## 11.3-5 冷却水塔之選定與計算

選擇冷却水塔時，應考慮外氣濕球溫度、循環水量、冷却水出入口溫度差及散熱量之大小。參考表11.3所示。

冷却水塔所需排除之散熱量 $Q_c$ 爲蒸發器或冰水器所吸收之冷房能力 $Q_r$ 和壓縮機所產生壓縮熱 $Q_w$ 的和

$$Q_c = Q_r + Q_w = 1.25\,Q_r \qquad (11.1)$$

通常氟系冷媒（freon）空調系統之冷却水塔散熱能力爲空調主機吸熱能力的125％。

| 項目 | 符號 | 單位 |
|---|---|---|
| 1. 外氣濕球溫度 | WBT | °C（°F） |
| 2. 循環水量 | L | LPM（GPM） |
| 3. 冷水溫度 | CWT | °C（°F） |
| 4. 熱水溫度 | HWT | °C（°F） |
| 5. 熱負荷 | Q | Kcal/HR（BTU/HR） |
| 6. 容許噪音 | | dB |
| 7. 電源 | | Cycle × Voltage |
| 8. 場所位置 | | |
| 9. 水質 | | |

表11.3 冷却水塔循環水量和溫度選定表

▲標準設計

單位（Unit）：ℓ/min

| WB | 27°C | | | | 28°C | | | 29°C | | | 30°C | | | 31°C | | |
|---|---|---|---|---|---|---|---|---|---|---|---|---|---|---|---|---|
| 溫度差 | 5 | | | | 5 | | | 5 | | | 5 | | | 5 | | |
| 溫度 °C / 型號 | 38 ~ 33 | 37 ~ 32 | 36 ~ 31 | 35 ~ 30 | 38 ~ 33 | 37 ~ 32 | 36 ~ 31 | 39 ~ 34 | 38 ~ 33 | 37 ~ 32 | 40 ~ 35 | 39 ~ 34 | 38 ~ 33 | 41 ~ 36 | 40 ~ 35 | 39 ~ 34 |
| LBC3 | 47 | 39 | 30 | 23 | 40 | 32 | 25 | 42 | 34 | 26 | 50 | 38 | 29 | 53 | 39 | 29 |
| 5 | 78 | 65 | 53 | 40 | 67 | 55 | 43 | 70 | 57 | 45 | 72 | 59 | 46 | 74 | 61 | 46 |
| 8 | 121 | 104 | 84 | 67 | 107 | 90 | 70 | 112 | 90 | 74 | 116 | 90 | 77 | 120 | 90 | 80 |
| 10 | 155 | 130 | 107 | 85 | 135 | 112 | 90 | 140 | 115 | 93 | 151 | 120 | 94 | 158 | 121 | 96 |
| 15 | 235 | 195 | 158 | 125 | 204 | 170 | 135 | 210 | 175 | 142 | 222 | 170 | 143 | 231 | 170 | 149 |
| 20 | 305 | 260 | 218 | 170 | 270 | 225 | 180 | 285 | 235 | 190 | 295 | 230 | 183 | 300 | 230 | 183 |
| 25 | 388 | 325 | 265 | 190 | 338 | 283 | 223 | 355 | 290 | 231 | 360 | 280 | 220 | 355 | 280 | 220 |
| 30 | 455 | 390 | 325 | 210 | 405 | 340 | 270 | 420 | 350 | 285 | 440 | 350 | 285 | 455 | 350 | 285 |
| 40 | 613 | 520 | 440 | 360 | 545 | 450 | 370 | 570 | 470 | 383 | 490 | 475 | 380 | 610 | 480 | 380 |
| 50 | 760 | 650 | 550 | 415 | 670 | 570 | 450 | 700 | 595 | 480 | 720 | 605 | 500 | 740 | 615 | 520 |
| 60 | 940 | 780 | 675 | 525 | 820 | 700 | 560 | 865 | 725 | 590 | 895 | 720 | 620 | 930 | 720 | 650 |
| 70 | 975 | 910 | 770 | 630 | 930 | 810 | 660 | 950 | 840 | 680 | 960 | 840 | 680 | 970 | 835 | 690 |
| 80 | 1040 | 1040 | 870 | 710 | 1040 | 920 | 740 | 1040 | 960 | 775 | 1040 | 1000 | 770 | 1040 | 940 | 770 |
| 100 | 1560 | 1300 | 1120 | 880 | 1400 | 1170 | 920 | 1450 | 1220 | 970 | 1490 | 1250 | 1010 | 1550 | 1300 | 1040 |
| 125 | 1890 | 1625 | 1360 | 1070 | 1700 | 1430 | 1130 | 1770 | 1470 | 1180 | 1785 | 1530 | 1250 | 1830 | 1570 | 1300 |
| 150 | 2290 | 1950 | 1630 | 1290 | 2050 | 1730 | 1350 | 2160 | 1760 | 1450 | 2150 | 1810 | 1510 | 2200 | 1850 | 1570 |
| 175 | 2650 | 2275 | 1920 | 1510 | 2390 | 2020 | 1600 | 2490 | 2080 | 1680 | 2565 | 2130 | 1790 | 2650 | 2140 | 1860 |
| 200 | 3000 | 2600 | 2170 | 1720 | 2690 | 2280 | 1830 | 2830 | 2360 | 1930 | 2850 | 2410 | 2010 | 2900 | 2450 | 2090 |
| 225 | 3580 | 2925 | 2530 | 1990 | 3180 | 2670 | 2100 | 3330 | 2750 | 2200 | 3225 | 2700 | 2230 | 3300 | 2800 | 2330 |
| 250 | 3900 | 3250 | 2820 | 2200 | 3500 | 2950 | 2320 | 3680 | 3050 | 2450 | 3760 | 3030 | 2530 | 3920 | 3040 | 2610 |
| 300 | 4730 | 3900 | 3380 | 2640 | 4250 | 3510 | 2800 | 4400 | 3620 | 2930 | 4300 | 3650 | 2950 | 4400 | 3800 | 3020 |
| 350 | 5320 | 4550 | 3800 | 2990 | 4800 | 4000 | 3200 | 4970 | 4120 | 3400 | 5050 | 4100 | 3520 | 5200 | 4100 | 3610 |
| 400 | 6230 | 5200 | 4490 | 3520 | 5600 | 4700 | 3700 | 5850 | 4900 | 3900 | 6150 | 5200 | 4300 | 6400 | 5400 | 4500 |
| 500 | 7450 | 6500 | 5550 | 4550 | 6750 | 5800 | 4800 | 7050 | 6000 | 5000 | 7300 | 6150 | 5150 | 7550 | 6250 | 5250 |
| 600 | 9080 | 7800 | 6430 | 5070 | 8000 | 6750 | 5350 | 8450 | 7000 | 5500 | 8850 | 7500 | 5950 | 9150 | 7800 | 5950 |
| 700 | 10400 | 9100 | 7700 | 6300 | 9400 | 8100 | 6600 | 9850 | 8400 | 6950 | 10150 | 8600 | 7250 | 10450 | 8700 | 7550 |
| 800 | 12100 | 10400 | 8620 | 6860 | 10800 | 9000 | 7200 | 11200 | 9300 | 7500 | 11700 | 9700 | 8050 | 12100 | 9800 | 8250 |
| 1000 | 14900 | 13000 | 11100 | 8970 | 13500 | 11600 | 9400 | 14100 | 12000 | 10000 | 14600 | 12300 | 10400 | 15100 | 12500 | 10800 |

註：1.台灣特殊地區最高外氣濕度（WB）指示標：宜蘭地區WB 29.5°C，泰山、林口WB 30°C，台中、彰化地區WB 30°C，高雄地區WB 29°C，屏東地區WB 31°C。

2.外氣濕球溫度（WB）之高低直接影響到冷却水塔出口水溫（Outlet），選定時應視外氣濕球溫度（WB）之變化來決定冷却塔型號。

當冷房能力爲一美國冷凍噸 1USRT＝3024Kcal/hr，則冷却水塔之散熱能力爲一美國散熱噸 1USCT＝3900Kcal/hr。

**1.** 冷却水塔散熱能力

$$Q_c = G_w \cdot C_w \cdot \Delta t_w \qquad (11.2)$$

$Q_c$：散熱能力Kcal/hr 或BTUH

$G_w$：冷却水循環量 kg/hr 或 lb/hr

1CMM＝1000kg/min或1000 l/min或60000kg/hr

1GPM＝8.33lb/min或500lb/hr

$\Delta t_w$：冷却水出入口溫度差°C或°F

標準設計溫度差爲5°C，一般爲4°C～6°C溫度差。

$C_w$：水比熱爲1

**2.** 冷却水循環量

$$G_w = \frac{Q_c}{\Delta t_w} \qquad (11.3)$$

(1) 當冷却水出入口溫度差 $\Delta t_w$ 爲 5°C時，一散熱噸所需之冷却水循環量爲

$$Q_w = \frac{Q_c}{\Delta t_w} = \frac{3900}{5} = 780 \text{ kg/hr} = 780 \text{ l/hr}$$

$$= \frac{780}{1000} = 0.78 \text{ m}^3\text{/hr} \quad (\text{CMH})$$

$$= \frac{0.78}{60} = 0.013 \text{ m}^3\text{/min} \quad (\text{CMM})$$

(2) 當冷却水出入口溫度差 $\Delta t_w$ 爲 4°C時，一散熱噸所需之冷却水循環量爲

$$G_w = \frac{Q_c}{\Delta t_w} = \frac{3900}{4} = 975 \text{ kg/hr} = 975 \text{ l/hr}$$

$$= \frac{975}{1000} = 0.975 \text{ m}^3\text{/hr} \quad (\text{CMH})$$

$$= \frac{0.975}{60} = 0.01625 \text{ m}^3\text{/min} \quad (\text{CMM})$$

3. 外氣濕球溫度對散熱能力之影響

(1) 外氣愈乾燥，則濕球溫度愈低，冷却水塔之蒸發水量愈大，因而所吸收之蒸發潛熱愈大，散熱能力大。

(2) 外氣愈潮濕，則濕球溫度愈高，冷却水塔之蒸發水量減少，因而所產生之蒸發潛熱愈少，散熱能力小。

$$Q_c = G_w \cdot C_w \cdot \Delta t_w \tag{11.4-1}$$

$$Q_c = G_L \cdot L + G_a \cdot \Delta i_a \tag{11.4-2}$$

$$G_w \cdot C_w \cdot \Delta t_w = G_L \cdot L + G_a \cdot \Delta i_a \tag{11.4-3}$$

$Q_c$：散熱能力 kcal/hr

$G_w$：冷却水循環量 kg/hr

$C_w$：水比熱爲 1.0

$\Delta t_w$：冷却水出入口溫度差 °C

$G_L$：冷却水塔蒸發水量 kg/hr

$L$：水蒸發潛熱

水在 30°C ～ 35°C 之蒸發潛熱約 580kcal/kg

$G_a$：冷却水塔空氣循環量 kg/hr

$\Delta i_a$：冷却水塔出入口空氣焓差 kcal/kg

4. 冷却水循環量與空氣循環量之比值

$$\mu = \frac{G_w}{G_a} \tag{11.5}$$

$\mu$：水與空氣流量之比值，平均爲 1.0，一般約爲 0.8 ～ 1.4

$G_w$：冷却水循環量 kg/hr

$G_a$：冷却空氣循環量 kg/hr

## 11.4 循環水泵浦

### 11.4-1 循環水泵浦之功用

1. 冰水循環水泵浦（chilling water pump）

冰水循環泵浦用於密閉式冰水循環系統（chilling water system），如圖 11.29所示。將來自室內空調箱（air handling）或室內送風機組（fan coil unit）之冰水回水送至冰水器（chiller）製造低溫冰水約 8°C ～ 11°C，再循環

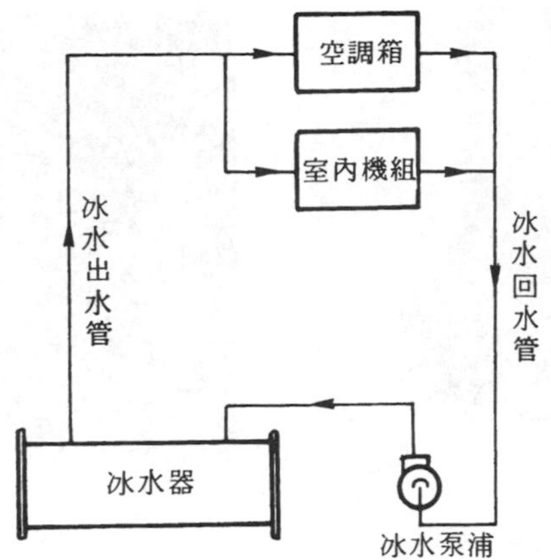


圖 11.29　密閉式冰水循環系統

至室內空調箱或送風機組之冷却盤管（cooling coil）熱交換，產生冷氣。

**2.** 冷却水循環水泵浦（cooling water pump）

冷却水泵浦用於開放式冷却水系統（cooling water system）如圖 11.30 所示，將常溫冷却水（cooling waten）送進冷凝器（condenser）熱交換變爲溫水，約 35°C～37°C，再循環至冷却水塔（cooling tower）冷却後再循環使用。

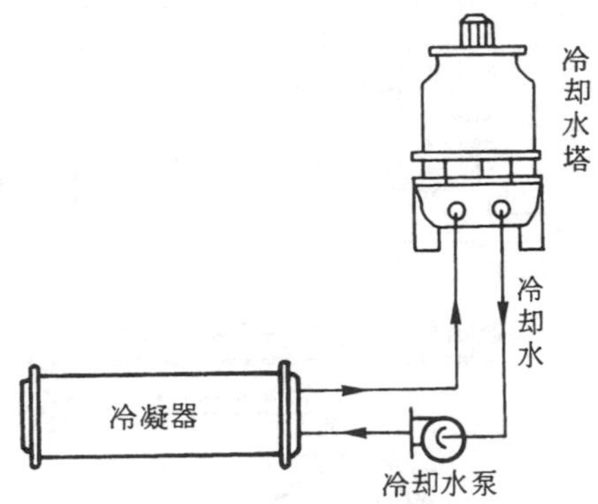


圖 11.30　開放式冷却水循環系統

## 11.4-2　循環水泵浦之種類

**1.** 渦流式同軸抽水機，如圖 11.31

(1) 結　構

(a)立　式

(b)臥　式

圖 11.31　渦流式回軸抽水機

渦流式同軸水泵浦，是由馬達及渦流離心式葉片水泵連體構造而成，運轉時不會震動，噪音小。而且可以改變吐出口方向，減少揚程之管路摩擦損耗，如圖 11.32 所示。

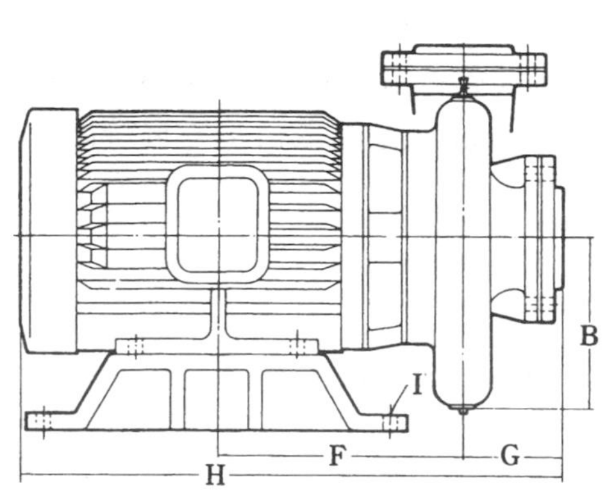


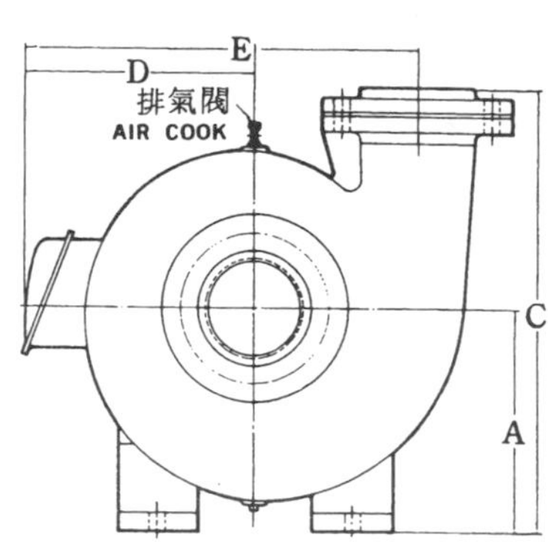


吐出口可以左右上下變換位置

右水型

標準型

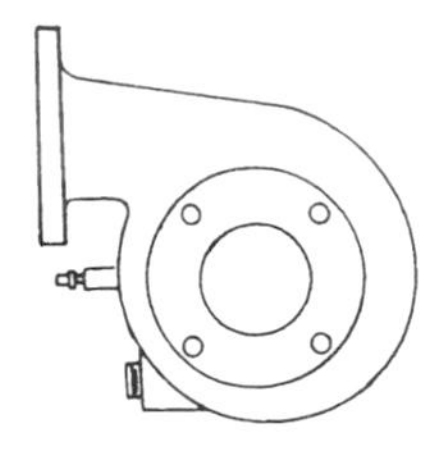

左水型

圖 11.32　渦流式回軸抽水機吐出口方向

⑵ 特　點

① 用　途

一般抽水、送水、各型冷氣系統、工業用水系統、循環水系統等使用。

② 結　構

同軸直接式結構，不易摩損、耐用，體型小，全密閉三相二極馬達，效率高，水量大，無噪音。

③ 保　養

不銹鋼軸心，內臟式軸封，不漏水，免加油，容易保養，節省保養費用。

④ 安　裝

所佔面積小，無論在傾斜面，垂直面，甚至屋頂或狹窄地方均可自由安裝，如圖11.33所示。

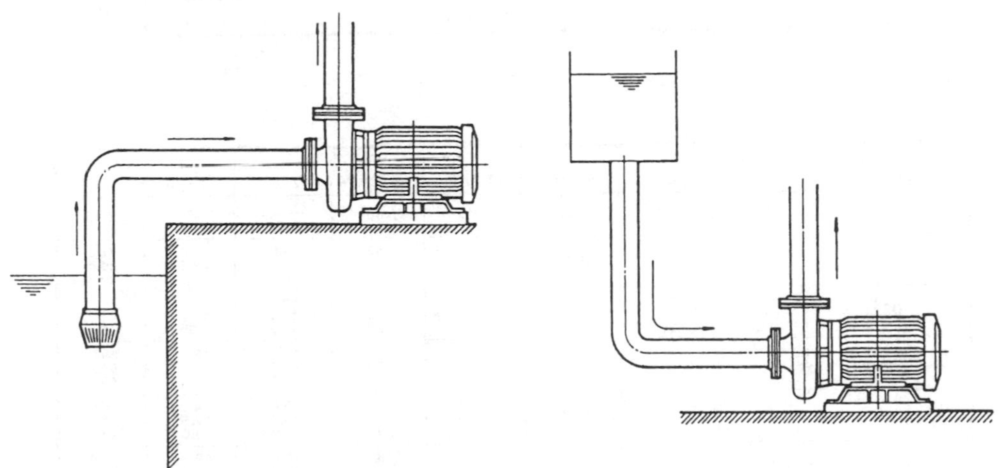

圖 11.33　渦流式同軸抽水機之安裝

⑶ 性能曲線表（performance chart）

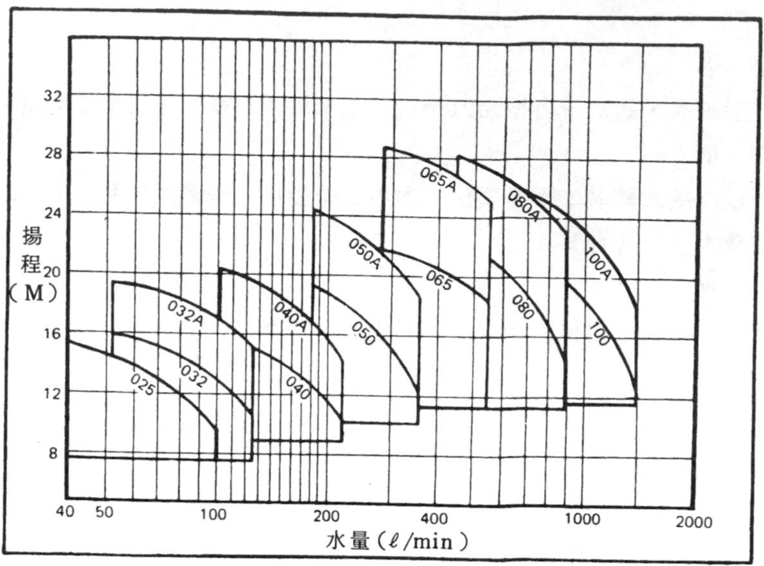


(4) 規範(specifications)

| 型　式<br>MODEL | 管　徑<br>PIPE SIZE | | 馬達馬力<br>MOTOR RATING | | 水　量<br>CAPACITY | | 揚　程<br>PUMP HEAD | |
|---|---|---|---|---|---|---|---|---|
| LSP–H | mm | in | KW | HP | ℓ/min | U.S.<br>G.P.M. | M | FT |
| ~025 | 25 | 1 | 0.4 | ½ | 40<br>70<br>100 | 10.6<br>18.5<br>26.4 | 14.5<br>12.0<br>9.0 | 47.6<br>39.4<br>29.5 |
| ~032 | 32 | 1¼ | 0.4 | ½ | 50<br>90<br>125 | 13.2<br>23.8<br>33.0 | 15.0<br>12.5<br>9.5 | 49.2<br>41.0<br>31.2 |
| ~032A | | | 0.75 | 1 | 50<br>90<br>125 | 13.2<br>23.8<br>33.0 | 18.0<br>16.5<br>14.0 | 59.0<br>54.1<br>45.9 |
| ~040 | 40 | 1½ | 0.75 | 1 | 125<br>170<br>220 | 33.0<br>45.0<br>58.0 | 14.0<br>12.5<br>9.0 | 45.9<br>41.0<br>29.5 |
| ~040A | | | 1.5 | 2 | 100<br>160<br>220 | 26.4<br>42.3<br>58.0 | 19.5<br>17.0<br>13.0 | 64.0<br>55.8<br>42.7 |
| ~050 | 50 | 2 | 1.5 | 2 | 180<br>270<br>360 | 47.6<br>71.3<br>95.0 | 18.5<br>15.0<br>11.0 | 60.7<br>49.2<br>36.1 |
| ~050A | | | 2.2 | 3 | 180<br>270<br>360 | 47.6<br>71.3<br>95.0 | 23.5<br>21.0<br>17.5 | 77.1<br>68.9<br>57.4 |
| ~065 | 65 | 2½ | 2.2 | 3 | 280<br>420<br>560 | 74.0<br>111.0<br>148.0 | 21.0<br>19.5<br>17.0 | 68.9<br>64.0<br>55.8 |
| ~065A | | | 3.7 | 5 | 280<br>420<br>560 | 74.0<br>111.0<br>148.0 | 27.5<br>26.0<br>24.0 | 90.2<br>85.3<br>78.7 |
| ~080 | 80 | 3 | 3.7 | 5 | 560<br>730<br>900 | 148.0<br>192.9<br>237.8 | 20.5<br>17.5<br>13.0 | 67.3<br>57.4<br>42.7 |
| ~080A | | | 5.5 | 7½ | 450<br>670<br>900 | 118.9<br>177.0<br>237.8 | 27.5<br>25.0<br>22.0 | 90.2<br>82.0<br>72.2 |
| ~100 | 1CC | 4 | 5.5 | 7½ | 900<br>1150<br>1400 | 237.8<br>303.8<br>369.9 | 19.0<br>16.0<br>10.5 | 62.3<br>52.5<br>34.5 |
| ~100A | | | 7.5 | 10 | 900<br>1150<br>1400 | 237.8<br>303.8<br>369.9 | 23.5<br>20.5<br>16.5 | 77.1<br>67.3<br>54.1 |

**2.** 透平式抽水機（turbing pump）

⑴ 用　途

工廠給水、自來水、冷却水、高樓給水、灌溉用水、土木工程等使用。

⑵ 構造，如圖11.34、圖11.35所示。

① 進水口為水平軸向，吐出口為垂直向上，100m/m以下吸入口徑比吐出口徑大，以提高吸入性能。

② 渦卷殼由强力軸架支持，內裝二個到三個深溝型球軸承，軸承間距特長，以獲最大負荷。

③ 葉輪上鈷有平衡孔，以維軸推力之平衡。

④ 葉輪需由平衡試驗機做平衡試驗。

⑤ 標準材質，泵殼為鑄鐵，葉輪為青銅，軸心為中碳鋼。

⑥ 特殊材質，接液部份可為不銹鋼或鑄鋼，避免生銹。

⑶ 性能，參考表11.4所示。

**3.** 循環水泵浦之選定

⑴ 決定循環水量

循環水量之單位有：

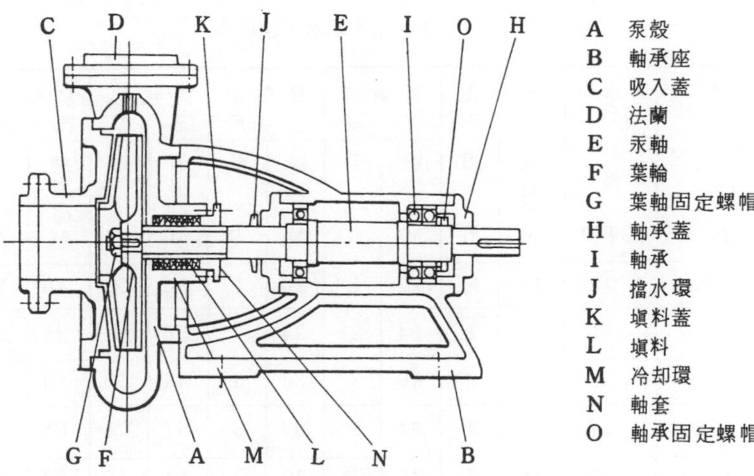


圖11.34　透平式抽水機

形式：多段透平式抽水機
口徑：1″～6″
容量：0.11～2m³/min
揚程：20M～200M
用途：高樓、高地、鍋爐、等工業給水

圖 11.35　透平式抽水機

表 11.4　透平式水泵性能表

| 口徑 | 回轉/分 R/M | 水量 GPM | 單軸型一段 | | 單軸型二段 | | 雙軸型二段 | | 雙軸型三段 | | 雙軸型四段 | | 雙軸型五段 | |
|---|---|---|---|---|---|---|---|---|---|---|---|---|---|---|
| | | | 總揚程 M | 馬力 | 總揚程 M | 馬力 | 總揚程 M | 馬力 | 總揚程 M | 馬力 | 總揚程 M | 馬力 | 總揚程 M | 馬力 |
| 1″ | 1750 | 17 | 10 | ½ | 20 | 1 | 20 | 1 | 30 | 2 | 40 | 3 | 50 | 3 |
| 1½″ | 1750 | 26 | 12 | 1 | 24 | 2 | 24 | 2 | 36 | 3 | 48 | 5 | 60 | 5 |
| 2″ | 1750 | 52 | 15 | 2 | 30 | 3 | 30 | 3 | 45 | 5 | 60 | 7½ | 75 | 10 |
| 2½″ | 1750 | 79 | 17 | 3 | 34 | 5 | 34 | 5 | 51 | 7½ | 68 | 10 | 85 | 12½ |
| 3″ | 1750 | 132 | 18 | 5 | 36 | 7½ | 36 | 7½ | 54 | 15 | 72 | 20 | 90 | 25 |
| 4″ | 1750 | 237 | 20 | 7½ | 40 | 15 | 40 | 15 | 60 | 22½ | 80 | 30 | 100 | 37½ |
| 5″ | 1750 | 396 | 22 | 10 | 44 | 20 | 44 | 20 | 66 | 30 | 88 | 45 | 110 | 60 |
| 6″ | 1750 | 500 | 25 | 20 | 50 | 40 | 50 | 40 | 75 | 60 | 100 | 80 | 125 | 100 |

① CMM＝1000kg/min＝1000ℓ/min＝噸／分

② GPM＝介侖／分＝8.33 lb/min＝500 lb/hr

⑵ 決定總揚程

揚程單位有m或 ft 。

⑶ 由水量與揚程，可決定水泵之機種、直徑、馬力。

**4.** 循環水泵浦馬力之計算

⑴ 公制計算馬力數

$$HP=\frac{CMM\times 1000\times H_d}{4500\times \eta_m}=\frac{CMM\times H_d}{4.5\times \eta_m} \tag{11.6}$$

1 HP＝4500 kg-m/min

CMM：水量 $m^3$/min　　　　1CMM＝1000kg/min

$H_d$：揚程 m

$\eta_m$：機械效率

⑵ 英制計算馬力數

$$HP=\frac{GPM\times 8.33\times H_d}{33000\times \eta_m}=\frac{GPM\times H_d}{3960\times \eta_m} \tag{11.7}$$

1 HP＝33000 ft-lb/min

GPM：水量 gal/min　　　　1GPM＝8.33 lb/min

$H_d$：揚程 ft

$\eta_m$：機械效率

## 11.4-3 橡皮膨脹接頭

**1.** 橡皮膨脹接頭之作用

⑴ 減少震動

減少循環水泵之震動及流體配管之震動，達到防震效果。

⑵ 降低噪音的傳遞。

⑶ 補償由側面產生之扭轉力及傾斜度所引起之位移。

⑷ 補償由軸向擠壓或張力所引起之位移。

**2.** 使用場合

⑴ 空氣調節系統（air conditioning system）。

⑵　循環水管路（circulating water lines）。

⑶　水泵浦之吸入管及吐出管（pumps-suction and discharge）。

**3. 種　類**

⑴　單球接頭（single sphere connectors），如圖11.36、圖11.37。

圖11.36　單球橡皮膨脹接頭

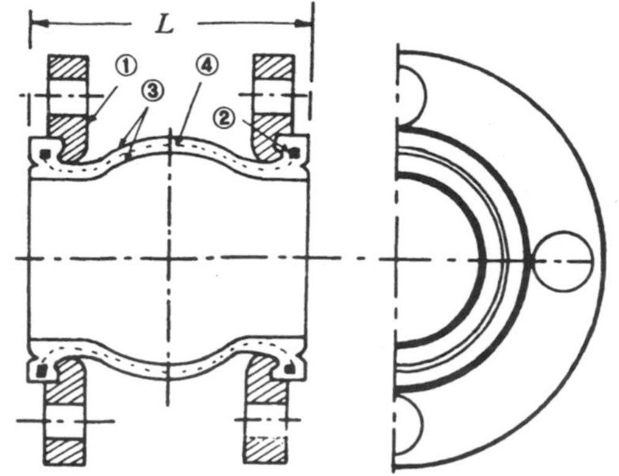


| | |
|---|---|
| ① | 法蘭凸緣 |
| ② | 鋼環 |
| ③ | 合成橡膠 |
| ④ | 尼龍絲胎 |

圖11.37　單球接頭結構

⑵　雙球接頭（twin sphere connectors），如圖11.38、圖11.39。

圖11.38　雙球接頭

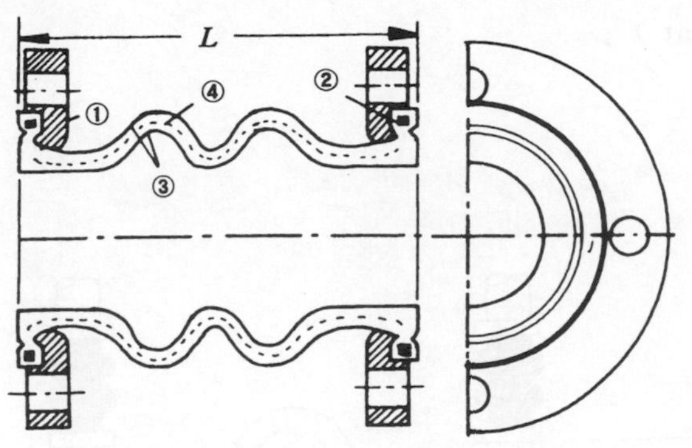


| | |
|---|---|
| ① | 法蘭凸緣 |
| ② | 鋼環 |
| ③ | 合成橡膠 |
| ④ | 尼龍絲胎 |

圖11.39　雙球接頭結構

**4.** 橡皮膨脹接頭可承受之位移（acceptance of motion），如圖11.40。

(1) 擠壓（compression）。

(2) 角度偏移（angular deflection）。

(3) 橫向位移（transverse movement）。

(4) 延伸拉力（elongation）。

(5) 震動（vibration）。

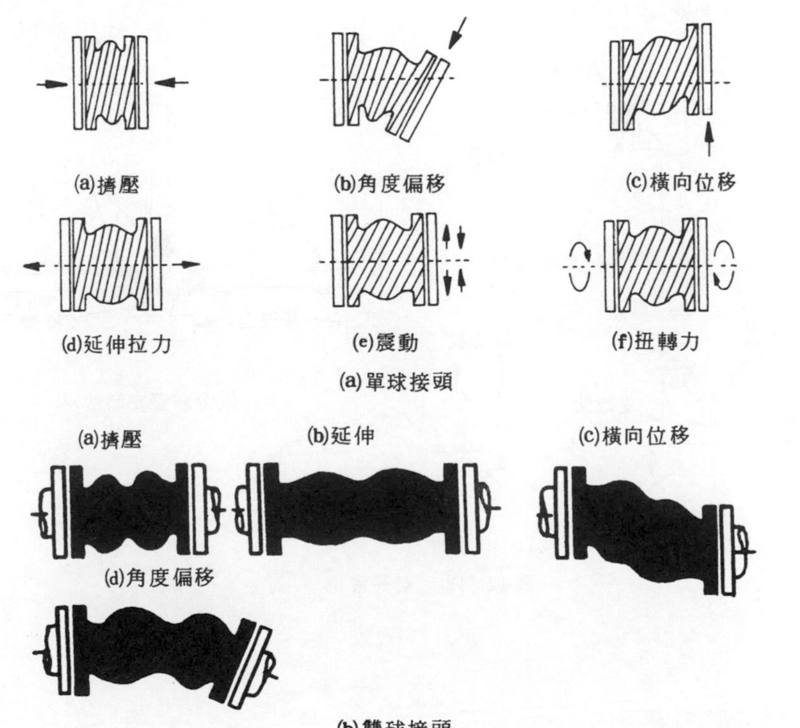


圖11.40　橡皮膨脹接頭可承受之位移

(6) 扭轉力（torsional movement）。

5. 安裝位置，如圖 11.41

(1) 直管。

(2) 泵浦出入口。

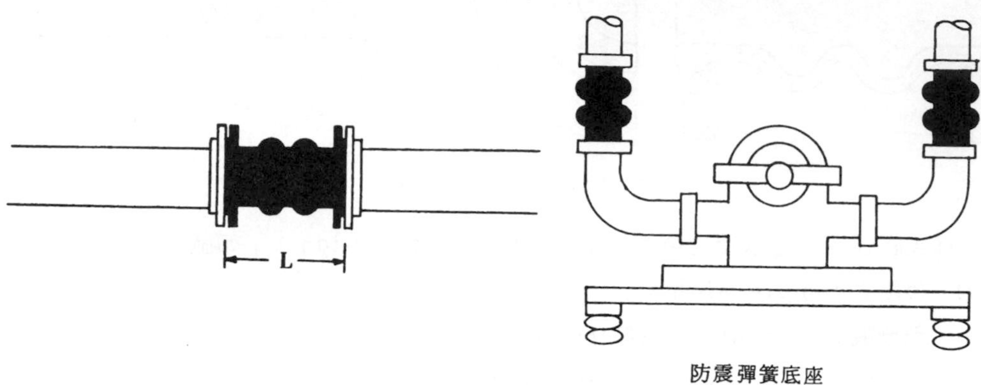


圖 11.41 橡皮膨脹接頭安裝位置

6. 安裝實例，如圖 11.42

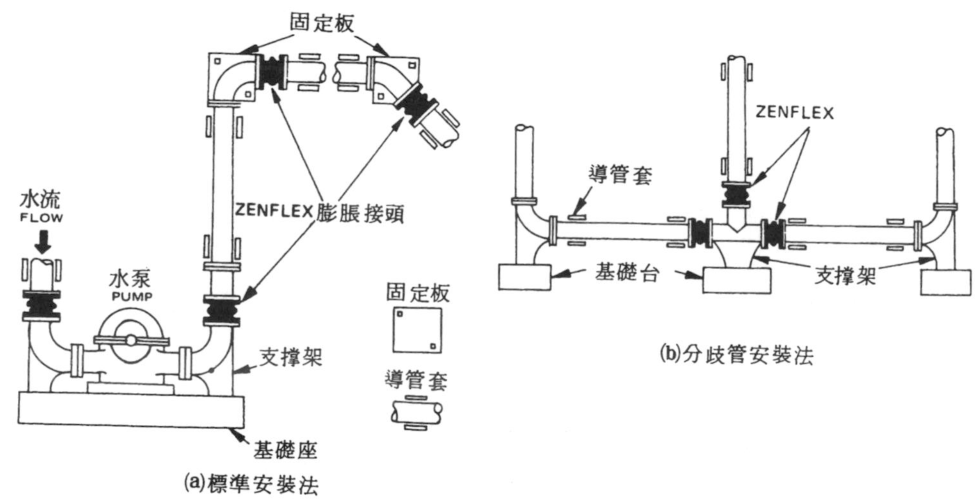


圖 11.42 安裝實例

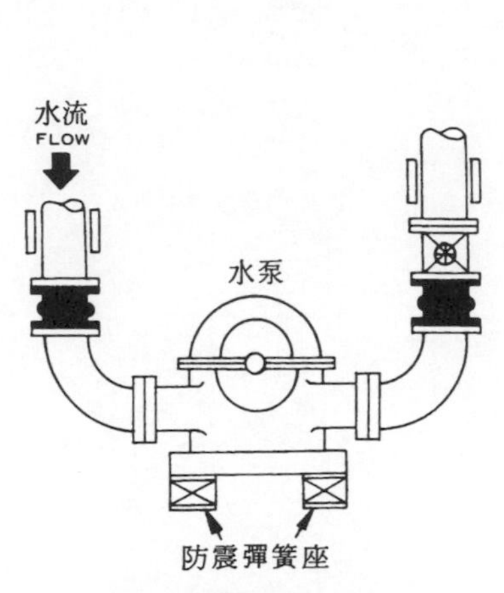


(c)使用防震彈簧座之水泵標準安裝法

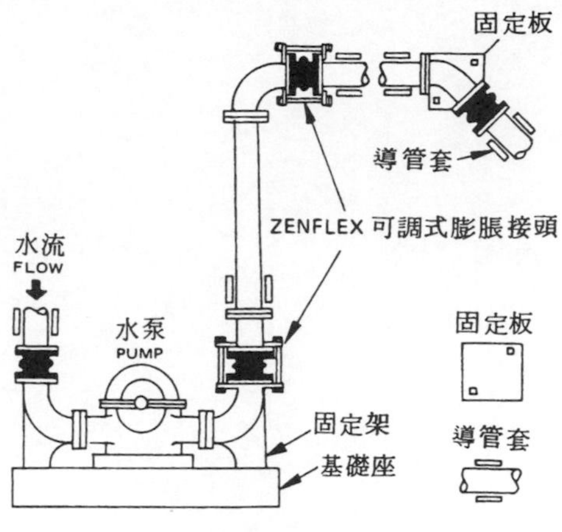


(d)使用可調式接頭於有限的支撐或固定場合

圖 11.42　（續）

## 習題11

**11.1** 空調箱使用之場合？

**11.2** 空調箱有那些元件？

**11.3** 說明使用空調箱平時保養應注意事項？

**11.4** 選擇冷卻水塔應考慮何種因素？

**11.5** 試述循環水泵浦之功用？

**11.6** 有一冷卻水系統，冷卻水循環量 1.5 CMM，揚程 13m，水泵浦機械效率 $\eta_m = 0.85$，求所需馬力數？

**11.7** 說明球型橡皮膨脹接頭之作用？

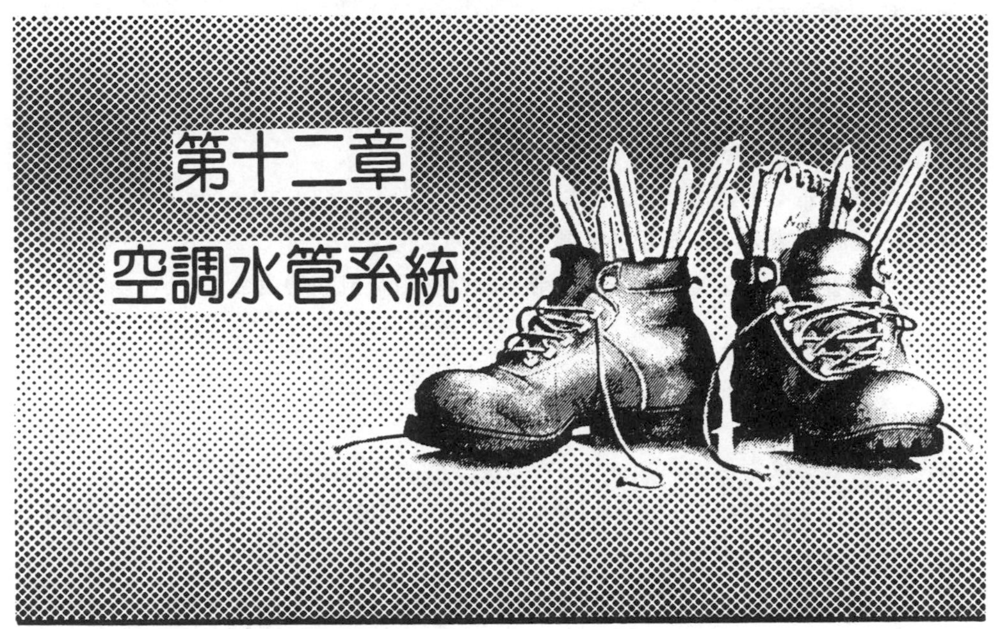


## 12.1 配管材料及配件

### 12.1-1 直管

**1.** 鋼管（steel pipe）

冷氣用鋼管均採用鍍鋅無縫鋼管（galvanized steel pipe）簡寫為GIP。

**2.** 塑膠管（plastic pipe）

冷氣配管用塑膠管以聚氯乙烯管（poly vinyl-chloride pipe）用途最廣，簡稱為PVC管。

PVC管以氯及電石為原料，加適量之安定劑、顏料、滑劑等，用射出成型機製造適用於溫度70°C以下，－15°C以上之配管，此種PVC管，依其管厚度之不同分為$A$級及$B$級管兩種。

每支PVC管之長度通常為4M、5M及6M，其拉力強度規定為500kg/cm²以上，對於水壓試驗應依規定標準試驗，須不漏水、不破裂，亦不變形。

**3.** PVC管之優劣如下：

優點：

(1) 表面光滑，不生水垢，流量不受影響。

(2) 價格低廉。

(3) 施工搬運容易。

(4) 耐酸，不受腐蝕及電蝕等。

缺點：

(1) 對衝擊之抗力較差。

(2) 耐熱性差，不適用於70°C以上之處。

(3) 因膨脹係數大，不適用於暴露部份易於老化。

(4) 與鋼管接合時必須採用特種由令，如鐵塑由令或銅塑由令。

## 12.1-2 管件及配件

**1.** 鋼管管件

(1) 鋼管製螺紋管件

有管接、柱型短管、錘型短管、桶型短管、90°彎管、45°彎管、U管等。

(2) 螺紋式展性鑄鐵管件

有肘管(elbow)、公母肘管、45°肘管、45°公母肘管、異徑肘管、異徑公母肘管、T型接頭、公母T、異徑T、異徑公母T、偏心異徑T、Y型接頭、45°Y、90°Y、異徑90°Y、十字接頭、異徑十字、插座(socket)、公母插座、偏心異徑插座、彎管(bend)、公母彎管、公牙管、45°彎管、45°公母彎管、U管(return bend)。套管節(union)、短管頭(nipple)、異徑短管頭(大小頭)、襯套(bushing)、鎖緊螺帽(lock nut)、管帽(cap)、管塞(plug)。

**2.** 塑膠管件

使用水壓在10kg/cm$^2$以下之給水用硬質聚氯乙烯管(PVC管)管件，其管徑在100mm以下者全部用射出成型製品，125mm以上者，採用熱壓成型製品，其種類有：T字接頭、十字接頭、彎管、縮管、短管、管帽及管塞，接合方式以臼口及平口爲多，其接合劑應使用維尼爾硬質膠合劑(vinyl adhesive for rigid PVC)。

**3.** 配管另件

冷却水配管常用的另件有：截流活門或閘門閥(gate valve)、止水閥或球型閥(stop valve或glove valve)、浮球閥(float valve)、逆止閥(check valve)。

### 12.1-3　PVC管標準尺度及重量

PVC管之標準尺度及重量，如表12.1所示。

表12.1　PVC管之標準尺度及重量

| 標稱管徑 (mm) | 平均外徑 (mm) | A級管 | | | B級管 | | |
|---|---|---|---|---|---|---|---|
| | | 厚度 (mm) | 近似內徑 (mm) | 參考重量 (kg/m) | 厚度 (mm) | 近似內徑 (mm) | 參考重量 (kg/m) |
| 10 | 15 | 1.5 | 12 | 0.091 | 2.5 | 10 | 0.140 |
| 13 | 18 | 2.0 | 14 | 0.144 | 2.5 | 13 | 0.174 |
| 16 | 22 | 2.0 | 18 | 0.180 | 3.0 | 16 | 0.256 |
| 20 | 26 | 2.0 | 22 | 0.261 | 3.0 | 20 | 0.310 |
| 25 | 32 | 2.0 | 28 | 0.269 | 3.5 | 25 | 0.448 |
| 28 | 34 | 2.0 | 30 | 0.287 | 3.0 | 28 | 0.418 |
| 30 | 38 | 2.0 | 34 | 0.323 | 3.5 | 31 | 0.542 |
| 35 | 42 | 2.0 | 38 | 0.359 | 3.5 | 35 | 0.605 |
| 40 | 48 | 2.0 | 44 | 0.413 | 4.0 | 40 | 0.791 |
| 50 | 60 | 2.0 | 56 | 0.521 | 4.5 | 51 | 1.120 |
| 65 | 76 | 2.5 | 71 | 0.825 | 4.5 | 67 | 1.450 |
| 80 | 89 | 3.0 | 83 | 1.159 | 5.5 | 78 | 2.060 |
| 100 | 114 | 3.5 | 107 | 1.737 | 7.0 | 100 | 3.370 |
| 125 | 140 | 4.5 | 131 | 2.739 | 7.5 | 125 | 4.460 |
| 150 | 165 | 5.5 | 154 | 3.941 | 8.5 | 148 | 5.980 |
| 200 | 216 | 7.0 | 202 | 6.572 | 10.0 | 196 | 9.250 |
| 250 | 267 | 8.5 | 250 | 9.870 | 11.0 | 245 | 12.700 |
| 300 | 318 | 10.0 | 298 | 13.835 | 13.0 | 292 | 17.800 |
| 350 | 370 | 11.0 | 348 | 17.730 | 16.0 | 338 | 25.400 |
| 400 | 420 | 12.0 | 396 | 21.700 | 18.0 | 384 | 32.200 |

## 12.2　水配管系統

### 12.2-1　水配管系統之分類

**1.** 放流型（once-thru）及循環型（recirculating）

(1) 放流型

所謂放流型一般係指冷却水通過冷凝器熱交換後隨即排除，不再繼續循環使用，利用地下水、河水、海水等皆屬放流型，如輪船上之空調設備、抽取海水冷卻冷凝器後隨即排放，稱爲放流型系統。

⑵ 循環型

循環型是冷卻水經冷凝器熱交換後不排放，經冷卻水塔散熱後，冷卻水再循環使用。目前空調設備皆採用循環型冷卻水系統。

**2.** 開放系統（open system）及密閉系統（closed system）

⑴ 開放系統

冷卻水及冰水系統在循環過程中，曾流入一與大氣接觸之裝置中，謂之開放式系統，例如使用冷卻水塔之冷卻水系統及空氣洗滌器冰水系統，其中冷卻水塔與空氣洗滌器均與大氣接觸稱爲開放系統，如圖12.1所示。

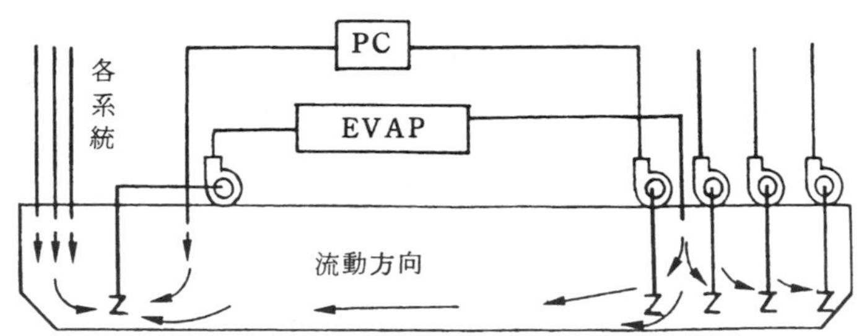


圖12.1 開放式系統

⑵ 密閉式系統

冰水在循環過程中，不與大氣接觸，稱爲密閉式系統，如圖12.2所示。

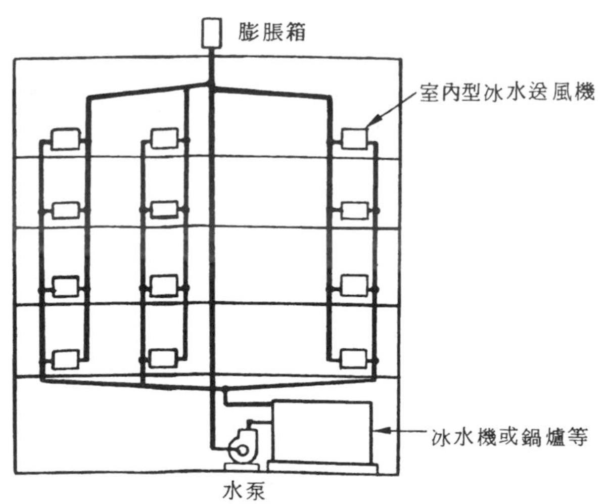


圖12.2 密閉式系統

### 12.2-2　回水的方式

回水管的裝配方式有：

(1)　逆向返回管（reverse return piping）。

(2)　直接返回管（direct return piping）。

(3)　直接回升與逆向返回幹管（reverse return head with direct return risers）。

**1.** 逆向返回配管方式

逆向返回配管方式，如圖12.3所示，大都使用於密閉系統，當每一熱交換盤管之摩擦損失大約相等時採用逆向返回配管方式，使每一盤管或機組之進出水配管長度都畫等，摩擦損失亦相等，不需另作水量平衡。

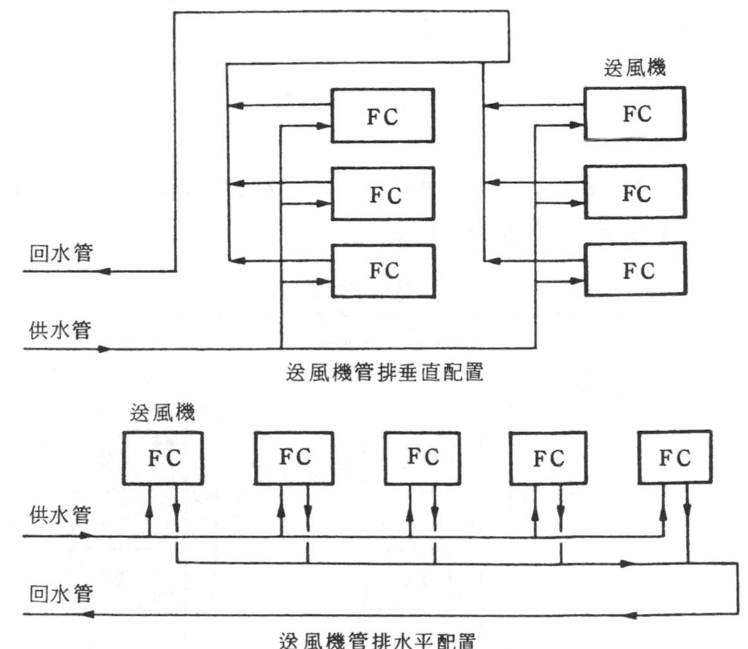


圖12.3　逆向返回配管方式

**2.** 直接返回配管方式

直接返回配管方式，如圖12.4所示，由於摩擦損失不同，水量分配不均，須藉水量平衡考克或球型閘調整平衡水量，其優點為配管長度短，成本較低。

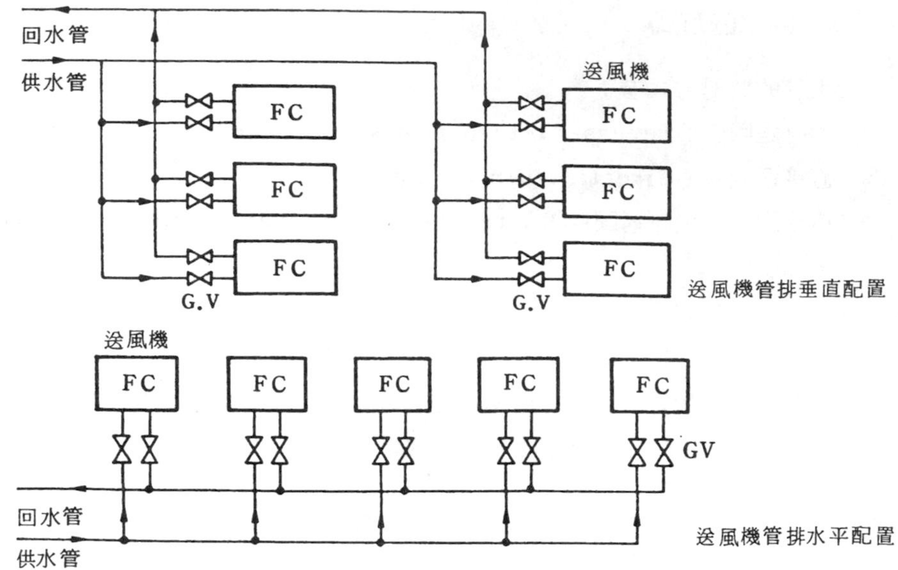


圖 12.4　直接回水管配管系統

**3.** 直接回升與逆向返回幹管系統

在不同高度之機組採用直接回升配管方式，而其幹管採用逆向返回配管方式，兼具直接回水與逆向返回之優點。如圖 12.5 所示。

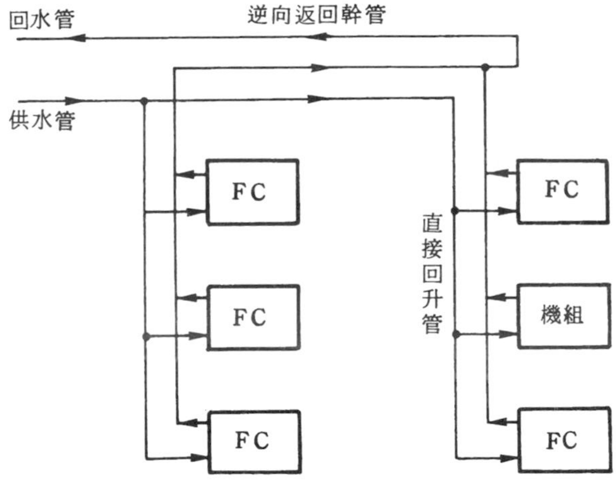


圖 12.5　直接回升與逆向返回配管

# 12.3 水管設計

## 12.3-1 配管之摩擦損失

表 12.2　水管（長度 100m）因摩擦造成的揚程（m）損失表

m/100m

| 水量mm³/分(ℓ/分) | | | 0.010 | 0.016 | 0.025 | 0.04 | 0.063 | 0.080 | 0.100 | 0.125 | 0.160 | 0.200 | 0.250 | 0.315 | 0.400 | 0.500 | 0.630 | 1.000 | 1.250 | 1.400 | 1.600 | 1.800 | 2.000 |
|---|---|---|---|---|---|---|---|---|---|---|---|---|---|---|---|---|---|---|---|---|---|---|---|
| | mm | 吋 | (10) | (16) | (25) | (40) | (63) | (80) | (100) | (125) | (160) | (200) | (250) | (315) | (400) | (500) | (630) | (1000) | (1250) | (1400) | (1600) | (1800) | (2000) |
| 管 | 25 | 1 | 1.05 | 2.42 | 5.35 | 12.5 | 28.0 | 43.2 | | | | | | | | | | | | | | | |
| | 32 | 1½ | | | 1.38 | 3.30 | 7.73 | 12.0 | 18.2 | 27.5 | 43.5 | | | | | | | | | | | | |
| | 40 | 1½ | | | | 1.57 | 3.62 | 5.68 | 8.68 | 13.2 | 21.0 | 32.0 | 48.0 | | | | | | | | | | |
| | 50 | 2 | | | | | 1.29 | 2.00 | 3.00 | 4.55 | 7.19 | 10.9 | 17.8 | 25.2 | 39.5 | | | | | | | | |
| | 65 | 2½ | | | | | | | 1.02 | 1.55 | 2.45 | 3.68 | 5.59 | 8.57 | 13.3 | 20.3 | 31.8 | | | | | | |
| 徑 | 80 | 3 | | | | | | | | | 1.03 | 1.54 | 2.31 | 3.12 | 5.50 | 8.33 | 12.8 | 29.8 | 45.1 | | | | |
| | 100 | 4 | | | | | | | | | | | | 0.90 | 1.37 | 2.07 | 3.26 | 7.48 | 11.4 | 14.0 | 18.0 | 22.4 | 27.3 |

| 水量 m³/分 | | | 0.63 | 1.0 | 1.25 | 1.40 | 1.60 | 1.80 | 2.00 | 2.24 | 2.50 | 2.80 | 3.15 | 3.55 | 4.00 | 5.00 | 6.30 | 8.00 | 10.00 | 12.00 | 16.00 | 20.00 | 25.00 |
|---|---|---|---|---|---|---|---|---|---|---|---|---|---|---|---|---|---|---|---|---|---|---|---|
| | mm | 吋 | | | | | | | | | | | | | | | | | | | | | |
| 管 | 100 | 4 | 3.26 | 7.48 | 11.4 | 14.0 | 18.0 | 22.4 | 27.3 | 33.8 | | | | | | | | | | | | | |
| | 125 | 5 | 1.08 | 2.50 | 3.79 | 4.67 | 5.93 | 7.40 | 9.00 | 11.1 | 13.6 | 16.8 | 20.9 | 26.0 | 32.3 | | | | | | | | |
| | 150 | 6 | | 1.04 | 1.57 | 1.94 | 2.48 | 3.08 | 3.75 | 4.65 | 5.66 | 7.00 | 8.65 | 10.08 | 13.4 | 20.5 | 31.5 | | | | | | |
| | 200 | 8 | | | | | 0.62 | 0.77 | 0.93 | 1.13 | 1.41 | 1.72 | 2.13 | 2.65 | 3.29 | 4.94 | 7.50 | 11.7 | 17.4 | 26.4 | | | |
| | 250 | 10 | | | | | | | 0.32 | 0.39 | 0.48 | 0.59 | 0.73 | 0.91 | 1.13 | 1.71 | 2.60 | 4.01 | 6.00 | 9.15 | 14.5 | 21.9 | |
| 徑 | 300 | 12 | | | | | | | | | | | | 0.36 | 0.45 | 0.68 | 1.03 | 1.62 | 2.50 | 3.80 | 6.03 | 9.28 | 14.2 |
| | 350 | 14 | | | | | | | | | | | | | | 0.31 | 0.47 | 0.75 | 1.14 | 1.75 | 2.82 | 4.35 | 6.69 |

流體在管內流動，必有摩擦損失，直管之摩擦損失大小與下列因數有關：

(1) 水流速（water velocity）。

(2) 管徑（pipe diameter）。

(3) 管內壁之粗糙度（interior surface roughness）。

(4) 配管長度（pipe length）。

**1.** 水管直管部份因摩擦之揚程損失，如表12.2所示。

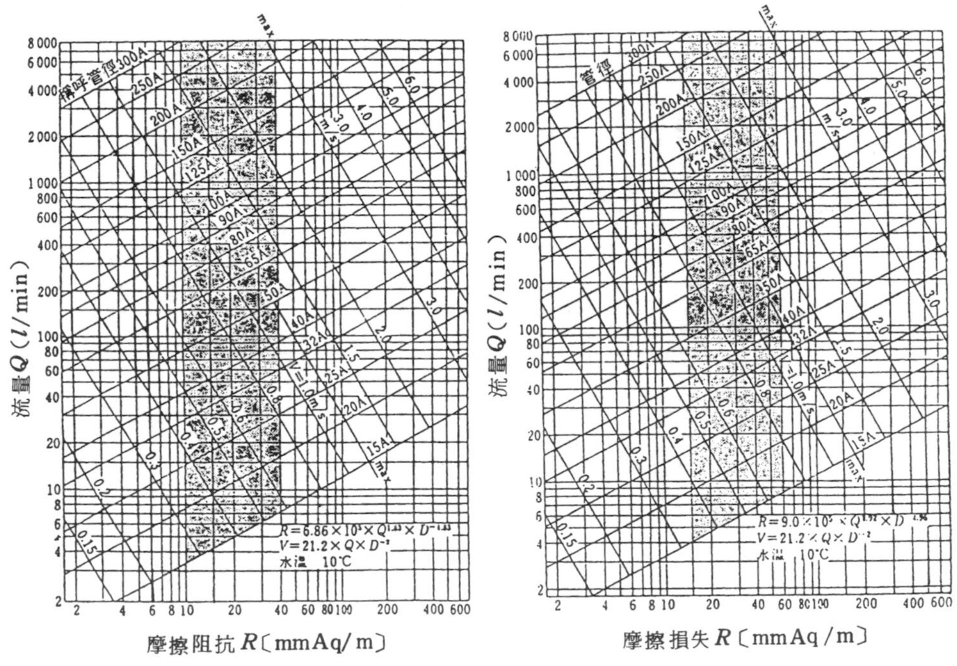


圖12.6 密閉式配管系統摩擦損失圖

圖12.7 開放式配管系統摩擦損失圖

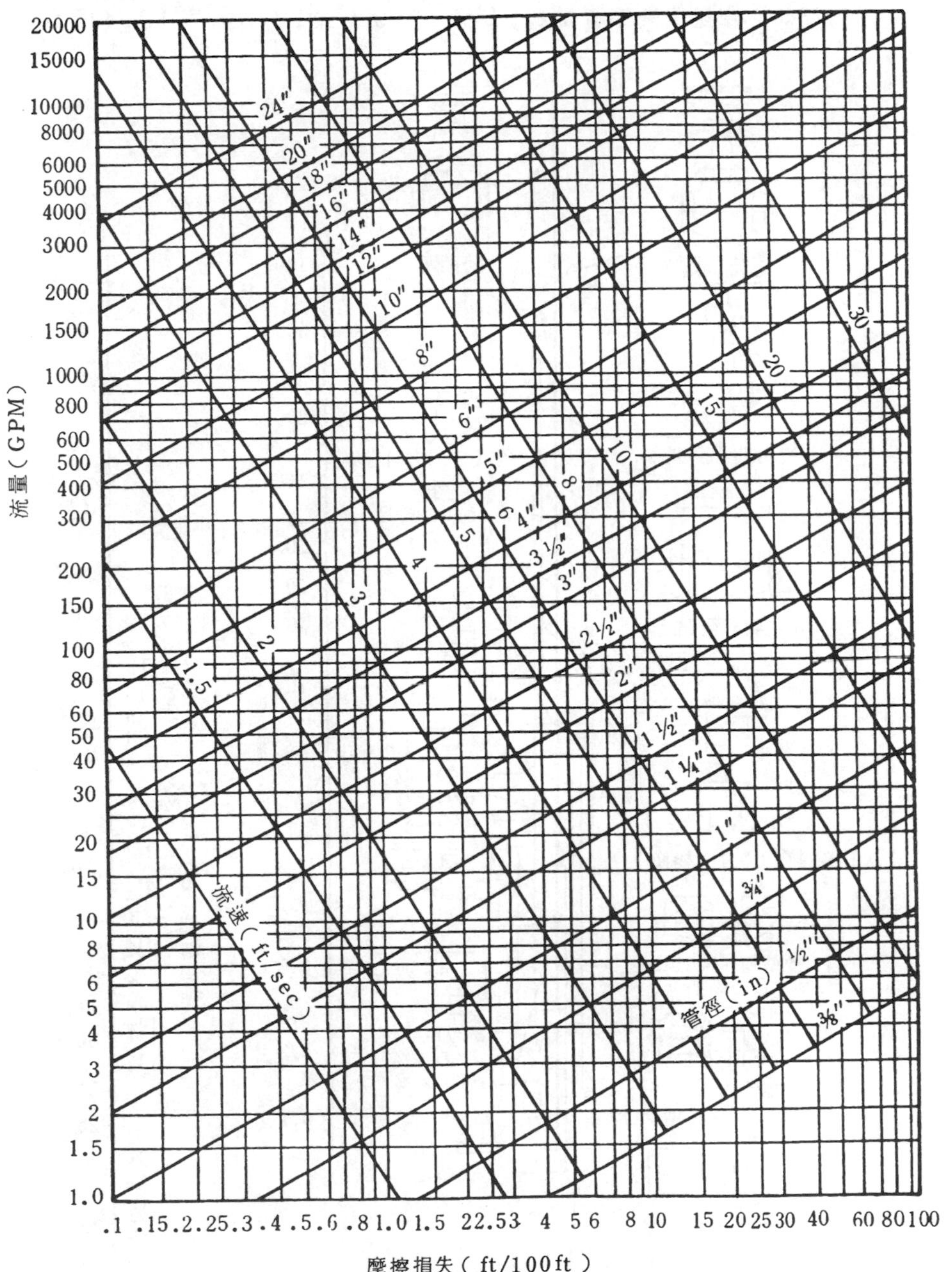


圖 12.8　開放式配管系統摩擦損失圖（英制）

**2.** 水管配件之摩擦損失等值長度，如圖12.9、表12.3、表12.4所示。

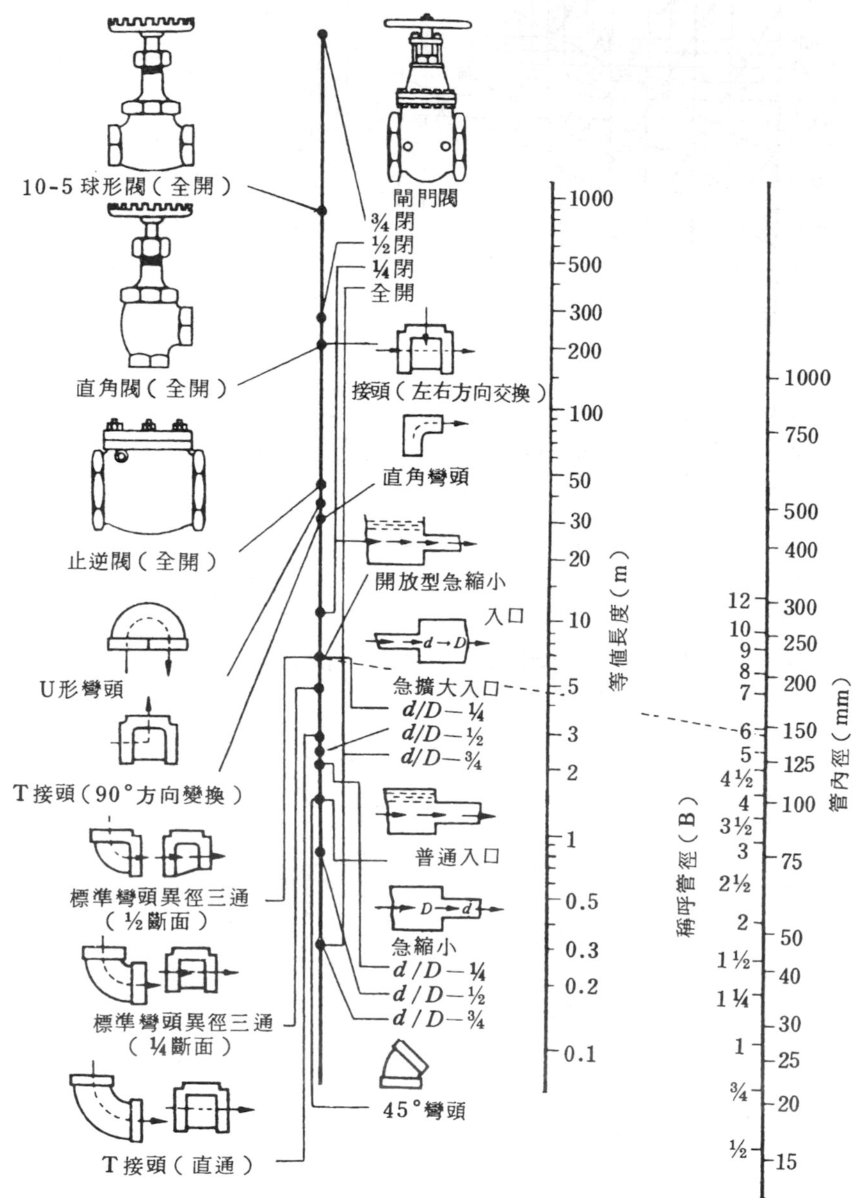


圖12.9 水管配件之摩擦損失等值長度

表12.3　簡易水配管摩擦損失計算表

| 管徑 SGP | 水量 $l$/min | 每米的損失水頭 | | 直管長度 m | | 90° 彎頭 | | 90° T (1) | | 90° T (2) | | 閘門閥 | | 球形閥 | | 直角閥 | | 逆止閥 | | 管路的全損失水頭 $mH_2O$ |
|---|---|---|---|---|---|---|---|---|---|---|---|---|---|---|---|---|---|---|---|---|
| ¾B (20A) | 10<br>12<br>14<br>16<br>18<br>20 | 0.025<br>0.033<br>0.038<br>0.060<br>0.075<br>0.090 | × | □ | + | 0.75 × □個 | + | 1.2 × □個 | + | 0.24 × □個 | + | 0.15 × □個 | + | 6 × □個 | + | 3.6 × □個 | + | 3.8 × □個 | = | □ |
| 1B (25A) | 20<br>24<br>28<br>32<br>36<br>40 | 0.027<br>0.038<br>0.050<br>0.065<br>0.080<br>0.100 | × | □ | + | 0.9 × □個 | + | 1.5 × □個 | + | 0.27 × □個 | + | 0.18 × □個 | + | 7.5 × □個 | + | 4.5 × □個 | + | 4.6 × □個 | = | □ |
| 1¼B (32A) | 40<br>45<br>50<br>55<br>60<br>65<br>70<br>75<br>80 | 0.026<br>0.033<br>0.040<br>0.048<br>0.056<br>0.065<br>0.074<br>0.085<br>0.095 | × | □ | + | 1.2 × □個 | + | 1.8 × □個 | + | 0.36 × □個 | + | 0.24 × □個 | + | 10.5 × □個 | + | 5.4 × □個 | + | 5.3 × □個 | = | □ |
| 1½B (40A) | 60<br>70<br>80<br>90<br>100<br>110<br>120 | 0.026<br>0.036<br>0.044<br>0.055<br>0.067<br>0.080<br>0.094 | × | □ | + | 1.5 × □個 | + | 2.1 × □個 | + | 0.45 × □個 | + | 0.3 × □個 | + | 13.5 × □個 | + | 6.6 × □個 | + | 6 × □個 | = | □ |
| 2B (50A) | 110<br>130<br>150<br>170<br>190<br>210<br>230 | 0.024<br>0.033<br>0.043<br>0.054<br>0.067<br>0.080<br>0.095 | × | □ | + | 2.1 × □個 | + | 3 × □個 | + | 0.6 × □個 | + | 0.39 × □個 | + | 16.5 × □個 | + | 8.4 × □個 | + | 7 × □個 | = | □ |
| 2½B (65A) | 200<br>240<br>280<br>320<br>360<br>400<br>440<br>480 | 0.021<br>0.029<br>0.038<br>0.049<br>0.060<br>0.074<br>0.088<br>0.105 | × | □ | + | 2.4 × □個 | + | 3.6 × □個 | + | 0.75 × □個 | + | 0.48 × □個 | + | 19.5 × □個 | + | 10.2 × □個 | + | 8 × □個 | = | □ |

表 12.3 （續）

| 管徑 SGP | 水量 $l$/min | 每米的損失水頭 | | 直管長度 m | | 90° 彎管 | | 90° T | | 90° T | | 閘門閥 | | 球形閥 | | 直角閥 | | 逆止閥 | | 管路的全損失水頭 $mH_2O$ |
|---|---|---|---|---|---|---|---|---|---|---|---|---|---|---|---|---|---|---|---|---|
| 3 B (75 A) | 300<br>350<br>400<br>450<br>500<br>550<br>600<br>650<br>700<br>750 | 0.019<br>0.025<br>0.032<br>0.040<br>0.048<br>0.058<br>0.068<br>0.080<br>0.090<br>0.105 | × | □ | + | 3 × □個 | + | 4.5 × □個 | + | 0.9 × □個 | + | 0.63 × □個 | + | 24 × □個 | + | 12 × □個 | + | 9 × □個 | = | □ |
| 3½ B (80 A) | 500<br>600<br>700<br>800<br>900<br>1,000<br>1,100 | 0.024<br>0.035<br>0.046<br>0.059<br>0.074<br>0.088<br>0.108 | × | □ | + | 3.6 × □個 | + | 5.4 × □個 | + | 1.08 × □個 | + | 0.72 × □個 | + | 30 × □個 | + | 15 × □個 | + | 10 × □個 | = | □ |
| 4 B (100A) | 700<br>800<br>900<br>1,000<br>1,100<br>1,200<br>1,300<br>1,400<br>1,500 | 0.024<br>0.030<br>0.038<br>0.045<br>0.054<br>0.064<br>0.074<br>0.085<br>0.096 | × | □ | + | 4.2 × □個 | + | 6.3 × □個 | + | 1.2 × □個 | + | 0.81 × □個 | + | 37.5 × □個 | + | 16.5 × □個 | + | 11 × □個 | = | □ |
| 5 B (125A) | 1,200<br>1,400<br>1,600<br>1,800<br>2,000<br>2,200<br>2,400<br>2,600 | 0.022<br>0.030<br>0.038<br>0.048<br>0.058<br>0.069<br>0.082<br>0.095 | × | □ | + | 5.1 × □個 | + | 7.5 × □個 | + | 1.5 × □個 | + | 0.99 × □個 | + | 42 × □個 | + | 21 × □個 | + | 13 × □個 | = | □ |
| 6 B (150A) | 2,000<br>2,200<br>2,400<br>2,600<br>2,800<br>3,000<br>3,200<br>3,400<br>3,600<br>3,800<br>4,000<br>4,200 | 0.024<br>0.029<br>0.034<br>0.040<br>0.046<br>0.052<br>0.058<br>0.066<br>0.073<br>0.081<br>0.088<br>0.097 | × | □ | + | 6 × □個 | + | 9 × □個 | + | 1.8 × □個 | + | 1.2 × □個 | + | 49.5 × □個 | + | 24 × □個 | + | 14 × □個 | = | □ |

表12.4　管接頭等於直管長度折算表（m）

| 名稱 | 略圖 | 型式 | 管徑（mm） | | | | | | | | | | | |
|---|---|---|---|---|---|---|---|---|---|---|---|---|---|---|
| | | | 25 | 32 | 40 | 50 | 65 | 80 | 100 | 125 | 150 | 200 | 250 | 300 |
| 90°短彎頭 | | 焊接式 | 1.6 | 2.0 | 2.3 | 2.6 | 2.9 | 3.4 | 4.0 | | | | | |
| | | 螺絲式 | 0.5 | 0.6 | 0.7 | 0.9 | 1.1 | 1.3 | 1.8 | 2.2 | 2.7 | 3.7 | 4.3 | 5.2 |
| 90°長彎頭 | | 焊接式 | 0.8 | 1.0 | 1.0 | 1.1 | 1.11 | 1.2 | 1.4 | | | | | |
| | | 螺絲式 | 0.5 | 0.6 | 0.7 | 0.8 | 0.9 | 1.0 | 1.3 | 1.5 | 1.7 | 2.1 | 2.4 | 2.7 |
| 45°彎頭 | | 焊接式 | 0.4 | 0.5 | 0.7 | 0.8 | 1.0 | 1.2 | 1.7 | | | | | |
| | | 螺絲式 | 0.3 | 0.4 | 0.4 | 0.5 | 0.6 | 0.8 | 1.1 | 1.4 | 1.7 | 2.4 | 2.7 | 3.3 |
| 三通接頭 | | 焊接式 | 1.0 | 1.4 | 1.7 | 2.4 | 2.8 | 3.7 | 5.0 | | | | | |
| | | 螺絲式 | 0.3 | 0.4 | 0.5 | 0.6 | 0.6 | 0.7 | 0.9 | 1.0 | 1.2 | 1.4 | 1.6 | 1.8 |
| 三通接頭 | | 焊接式 | 2.0 | 2.8 | 3.0 | 3.7 | 4.0 | 5.2 | 6.4 | | | | | |
| | | 螺絲式 | 1.0 | 1.3 | 1.6 | 2.0 | 2.3 | 2.9 | 3.7 | 4.6 | 5.5 | 7.3 | 9.1 | 10.3 |
| 180°彎頭 | | 焊接式 | 1.6 | 2.0 | 2.3 | 2.6 | 2.8 | 3.4 | 4.0 | | | | | |
| | | 螺絲式 | 0.5 | 0.6 | 0.7 | 0.9 | 1.1 | 1.3 | 1.8 | 2.2 | 2.7 | 3.8 | 4.3 | 5.2 |
| 套合接頭 | | 焊接式 | 0.09 | 0.1 | 0.1 | 0.1 | 0.1 | 0.1 | 0.2 | | | | | |
| 半開閥 | | 焊接式 | 8.8 | 11.3 | 12.8 | 16.5 | 18.9 | 24.1 | 33.5 | | | | | |
| | | 螺絲式 | 13.7 | 16.5 | 18.0 | 21.3 | 23.5 | 28.6 | 36.5 | 45.6 | 57.8 | 79.1 | 94.5 | |
| 全開閥 | | 焊接式 | 0.3 | 0.3 | 0.4 | 0.5 | 0.5 | 0.6 | 0.8 | | | | | |
| | | 螺絲式 | | | 0.8 | 0.8 | 0.9 | 0.9 | 1.0 | 1.0 | 1.0 | 1.0 | 1.0 | 1.0 |
| 彎頭閥門 | | 焊接式 | 5.2 | 5.5 | 5,5 | 5,5 | 5,5 | 5,5 | 5,5 | | | | | |
| | | 螺絲式 | 5.2 | 5.5 | 5,5 | 6.4 | 6.7 | 8.5 | 11.6 | 15.2 | 19.2 | 27,4 | 36,6 | 42.6 |
| 逆止閥門 | | 焊接式 | 3.4 | 4.0 | 4.6 | 5.8 | 6.7 | 8.2 | 11.6 | | | | | |
| | | 螺絲式 | 2.3 | 3.1 | 3,7 | 5.2 | 6.4 | 8.2 | 11.6 | 15,2 | 19,2 | 27.4 | 36.6 | 42.7 |

## 12.3-2　水管管徑之選定

水管管徑之選定可由圖12.6、圖12.7、圖12.8摩擦損失圖，由流量及流速決定其管徑。

選用較大管徑，摩擦損失小，流速較低，但配管成本增加，若選用較小管徑，則配管成本減少，但運轉費用增加。水管流速大小應依下列二因素作選擇，如表12.5所示。

表12.4 水管流速

| 配管項目 | 流速範圍(m/sec) |
|---|---|
| 泵浦出口 | 2.4～3.7 |
| 泵浦入口 | 1.2～2.1 |
| 排水管 | 1.2～2.1 |
| 集流管 | 1.2～4.6 |
| 垂直管 | 0.9～3.0 |
| 一般配管 | 1.5～3.0 |

| 使用時數(hr) | 最大流速(m/sec) |
|---|---|
| 1500 | 3.7 |
| 2000 | 3.5 |
| 3000 | 3.4 |
| 4000 | 3.0 |
| 6000 | 2.7 |
| 8000 | 2.4 |

(1) 配管預定使用年限。

(2) 腐蝕影響。

---

**【例題 12.1】**

某一水冷式冷却水系統，冷却水循環量 6.0 $m^3$/hr，若最大流速不得超過 1.2m/sec，試求配管直徑？

**解**：(1)冷却水量 6.0 $m^3$/hr = 6000kg/hr = 100ℓ/min。

(2)查圖 12.7 開放式配管系統摩擦損失圖，流量 100ℓ/min，流速 1.2m/sec時，選用管徑 40A之配管，亦即 40mmϕ 之水管，其摩擦損失為 60 mmAq/m。

---

**【例題 12.2】**

某冷却水系統，冷却水流量 80GPM，流速不超過 5.0ft/sec，求配管直徑？

**解**：查圖 12.8，流量 80GPM，若選用管徑 2½″ϕ 水管時，流速 5.2ft/sec，超過5ft/sec之規定，若選用 3″ϕ 之配管時，流速為 3.5ft/sec，摩擦損失為 1.5ft/100ft。因此選用 3″ϕ 之配管。

---

## 12.3-3 水泵浦馬力數之計算

水泵馬力數可由下列公式計算求得：

**1.** $$\text{馬力數} = \frac{\text{水量(GPM)} \times \text{總揚程}(F_t)}{3960 \times \text{效率}(\eta_m)} \qquad (12.1)$$

式中 1 GPM＝8.33 lb/min

1 HP＝33,000 ft-lb/min

$$HP=\frac{GPM\times 8.33\times F_t}{33,000\times \eta_m}=\frac{GPM\times F_t}{3960\times \eta_m}$$

$\eta_m$：機械效率

**2.** 馬力數＝$\dfrac{水量（CMM）\times 總揚程（M）}{4.5\times 效率（\eta_m）}$　　(*12.2*)

式中 1 CMM＝1000 kg/min

1 HP＝4545 kg-m/min

$$HP=\frac{CMM\times 1000\times M}{4545\times \eta_m}=\frac{CMM\times M}{4.5\times \eta_m}$$

---

**【例題 12.3】**

有一冷卻水系統，冷卻水循環量 6.0 $m^3$/hr，冷凝器水頭損失 5 m，求管徑及泵浦所需馬力數？參考圖 12.10 所示。

**解**：(1)水量 6.0 $m^3$/hr＝6000 kg/hr＝0.1 $m^3$/min＝100 ℓ/min。

(2)水管流速由表 12.5，選用 1.25 m/sec。

(3)管徑，由圖 12.7 可得流量 100 ℓ/min，流速 1.25 m/sec 時配管管徑為 40A，亦即 1½″φ。

(4)摩擦損失為 67 mmAq/m，或 0.067 mAq/m。

(5)揚程損失：由表 12.3 計算等值長度

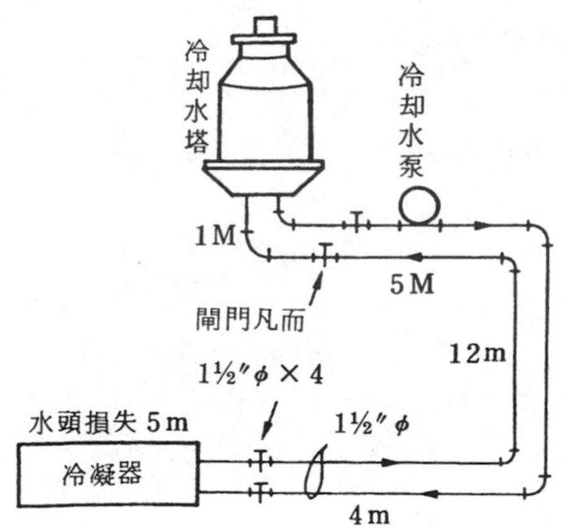


圖 12.10　冷卻水配管圖

①直管長度（4＋12＋5＋1）×2＝44m。

②40A 90° 彎頭 1.5m×6＝9.0m。

③40A閘門閥 0.3m×4＝1.2m。

④總計管路損失等值長度爲44＋9.0＋1.2＝54.2m。

⑤水管揚程損失

54.2m×0.067m/m＝3.63m

⑥冷凝器水頭損失5m。

⑦總揚程損失

3.63＋5＝8.63m

(6)水泵浦馬力數：由公式12.2

$$HP=\frac{\text{水量(CMM)}\times\text{總揚程(M)}}{4.5\times\text{效率}(\eta_m)}$$

已知水量 $6.0m^3/hr=0.1m^3/m=0.1$ CMM

總揚程8.63m

效　率 $\eta_m$ 假設0.7

$$\text{則}HP=\frac{0.1\times8.63}{4.5\times0.7}=0.274\ HP$$

## 12.4 機器周圍之配管

機器周圍之配管，如圖12.11所示。

**1.** 水泵浦用途分類

(1) 冰水泵浦（chilling water pump）。

(2) 預備泵浦（spare water pump）。

(3) 冷却水泵浦（cooling water pump）。

**2.** 冰水管路系統

冰水泵浦→冰水器→空調箱盤管

**3.** 冷却水管路系統

冷却水泵浦→冷凝器→冷却水塔

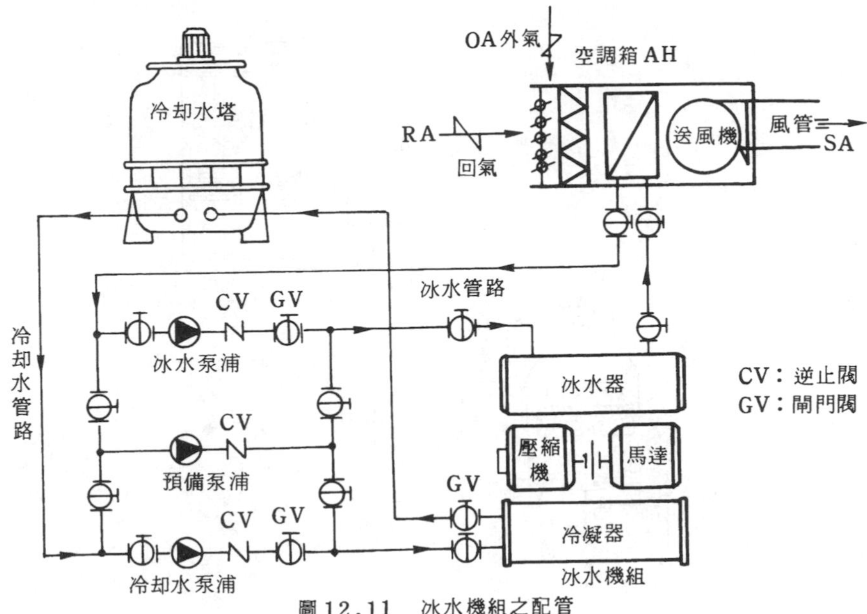


圖 12.11 冰水機組之配管

## 12.4-1 冷却水管路系統

冷却水管路系統可分為：

(1) 主幹管

① 冷却水入水管。

② 冷却水出水管。

(2) 補給水管

① 自動補給水－由浮球閥控制。

② 手動補給水－由閘門閥手動控制。

(3) 排水管

① 污水排水管。

② 溢水排水管。

**1.** 一台冷氣機使用一台冷却水塔之配管

(1) 冷氣機高於冷却水塔之配管，在冷却水泵浦之一端應加裝逆止閥，防止停機時冷却水之流失，如圖 12.12 所示。

(2) 冷氣機低於冷却水塔之配管，則無需加裝逆止閥，但需在管路最低位置預留一排水閥，以利排污或排水，如圖 12.13 所示。

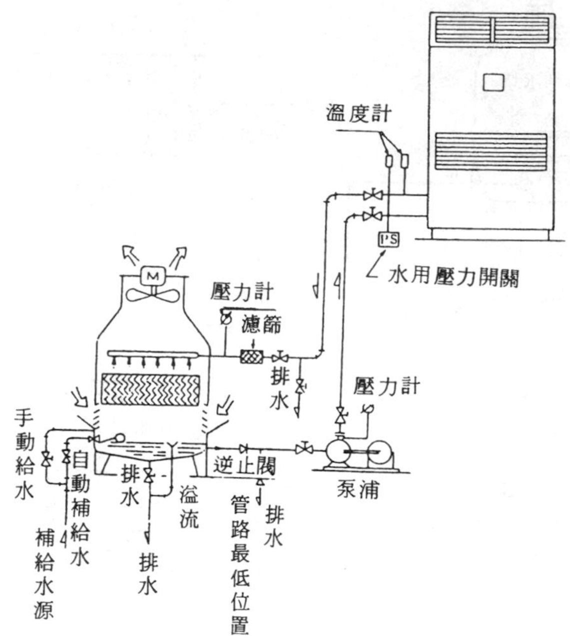


圖 12.12 冷氣機高於冷卻水塔之配管

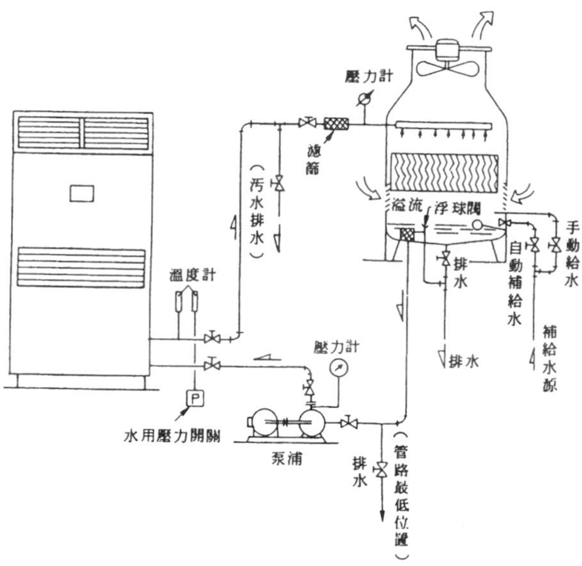


圖 12.13 冷氣機低於冷卻水塔之配管

**2.** 多台冷氣機共用一台冷卻水塔之配管，如圖 12.14。多台冷氣機共用一台冷卻水塔之配管可使用：

(1) 直接返回配管方式

如圖 12.4 直接返回配管方式，爲了得到適量之冷卻水量分配量，除了改變管徑之外，並應於每一台冷氣機之冷卻水出入管上加裝閘門閥以控制水量。

(2) 逆向返回配管方式

如圖 12.3 逆向返回配管方式，可獲得適量之冷卻水，但成本較高，水泵浦所需馬力數也較大。

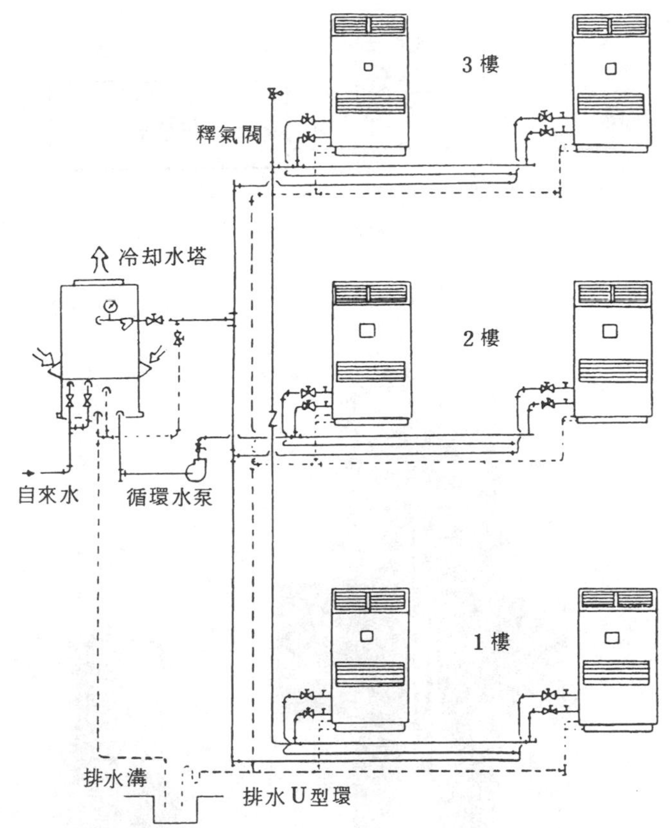


圖 12.14 多台冷氣機共用一台冷卻水塔之配管

**3.** 定溫出水之冷卻水配管

冷凝器散熱不良，會導致高壓過高，散熱太好，亦導致高壓過低；低壓也低，兩者冷凍效果皆低，因此採用冷凝器定溫出水之配管以維持一定之凝結壓力。

(1) 冷卻水溫度控制法

利用冷却水溫度開關控制冷却水塔之風扇馬達，當水溫高於 30°C以上時，冷却水塔風扇馬達運轉，當水溫低於 30°C以下時，冷却水塔風扇馬達停止，

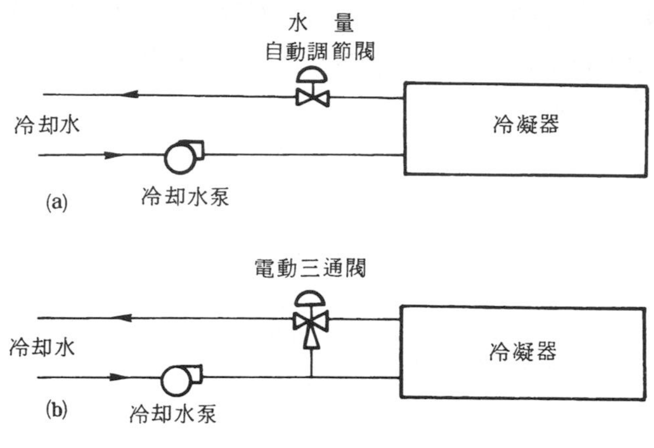


圖 12.15 定溫出水冷却水配管

(2) 冷却水循環量控制法，如圖 12.15(a)。

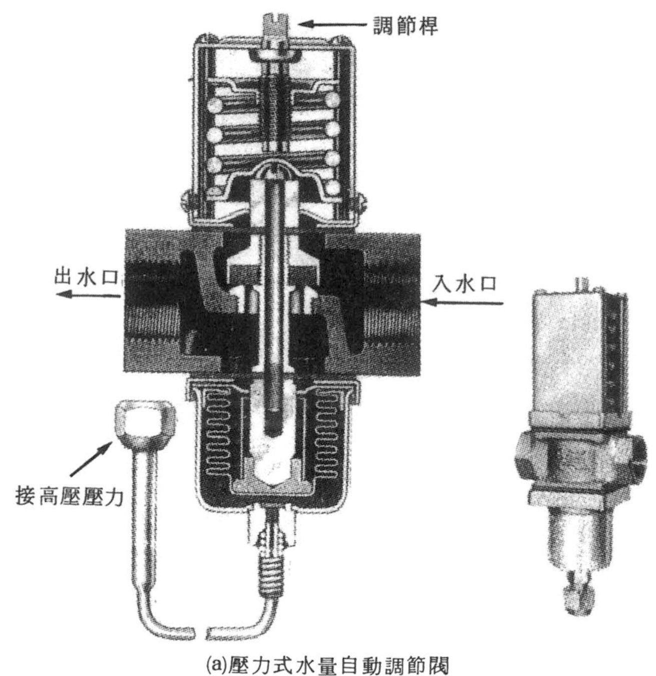


(a)壓力式水量自動調節閥

圖 12.16 水量調節閥

(b)溫度式水量自動調節閥

圖 12.16　（續）

在冷凝器之冷卻水出水管裝一水量自動調節閥，控制冷卻水循環量可維持一定之凝結壓力、水量自動調節閥有：

① 壓力式水量自動調節閥：利用凝結壓力控制水量，如圖 12.16(a)。

② 溫度式水量自動調節閥：利用凝結溫度控制水量，如圖 12.16(b)。

(3) 冷卻水旁路控制法如圖 12.15(b)。

利用電動三通閥控制旁通及進入冷凝器冷卻水量，維持一定凝結壓力。

## 12.4-2 冰水管路系統

冰水管路系統是由冰水泵浦、冰水器、空調箱或室內送風機組及膨脹箱配合冰水管路組成之系統，它是一密閉系統，由於管內循環冰水，因此全部之配管及配件均需保溫，如圖 12.17 所示。

**1.** 冰水管路工事設計注意事項

(1) 應儘量減少水在管路中之摩擦損失（friction loss），摩擦損失小，則水泵之總揚程降低致使水泵馬達之馬力數減小，可節省能源。減少水管路摩擦損失之要領如下：

① 配合冰水器，空調機或室內送風機之水管直徑，正確選擇管路之管徑，選擇管徑時，應事先決定循環水流量(GPM)，取用適當之摩擦損失係數，通常取用之摩擦損失爲每一百呎壓降 5 ～ 10 呎，如此由水管摩擦損失圖

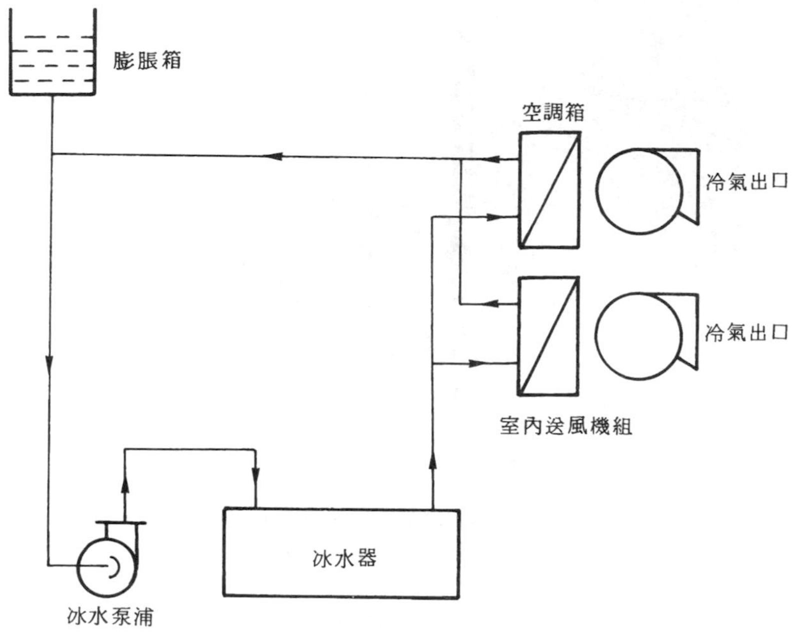


圖 12.17　冰水管路系統

即可選擇正確之管徑。

② 管路之長度應短，更應減少總揚程之長度，因爲總揚程長度爲水配管之直管長度加上水管配件摩擦損耗之等效長度之總和。

③ 儘量避免阻碍物之彎頭及注意三通水流之流向，如圖 12.18 所示。

④ 儘量減少管路水管配件。

(2) 多台空調箱或小型送風機之冰水管路應特別注意不同高度及不同輸送長度之冰水流量分配，較經濟之配管方式爲直接回水管配管方式，但應在空調箱或小型送風機之出入水管裝閘型閥 GV，以便控制不同之壓力降，控制正確之冰水流量。

(3) 中央空調系統，一台主機使用多台室內送風機其冰水管路應注意回水管的佈置，儘可能按逆回水管方式（reverse return piping）連接，使各室內送風機因水管之摩擦損失相等，而獲得適當之水量，可使空調空間各處之溫度達設計之舒爽條件。

(4) 冰水管路內之空氣應全部排出，否則影響循環水量，更甚者，管內積空氣，啓動水泵後將全無冰水循環，而燒燬冰水泵之軸封及馬達。因而影響冰水器之熱交換效果，一般冰水管路出氣之位置，在冰水管路全系統之最高點以膨

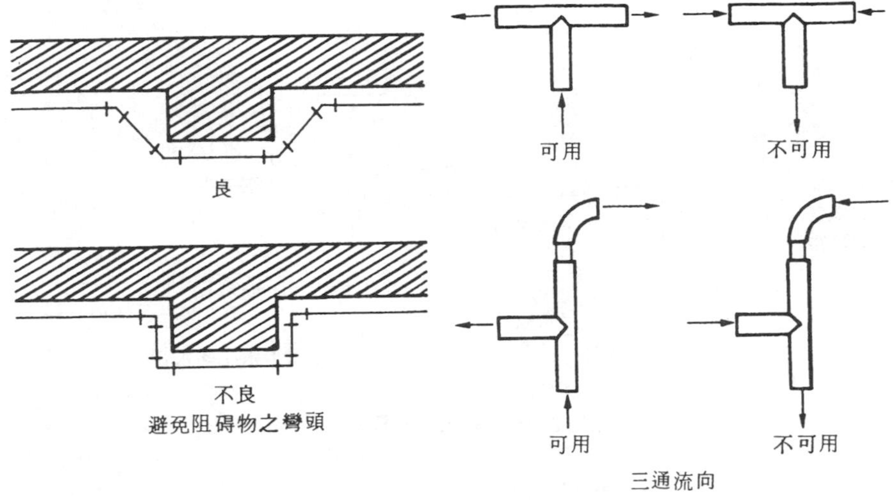


圖 12.18　阻碍物及三通之正確處理方法

脹水管連接膨脹水箱，以便排出冰水管路內之空氣，最好在垂直回水管之頂當，置一放大三通，使空氣分離排出。

(5) 冰水管路之安裝必須確實，並在安裝完成後未保溫前，必須徹底做好試壓查漏之工作，而後才能保溫，否則施工不良或其他因素，在冷氣運轉之後發生漏水現象，不但將增加冰水主機運轉時間，水泵之揚程減少，影響空調空間之冷度，增加補給水量，並且影響水管之保溫效果，嚴重浪費能源。而且影響天花板之美觀，甚至需重新更換天花板。

一般試壓方法採用水壓試驗，至少試壓 6kg/cm² 以上，維持一小時以上水壓不降低，並且不漏水為原則，試壓之步驟可按工地之情況或時機而定，可採用局部分段分次法或一次全部試壓之方式進行，假若發現有漏水或滲漏之處，則需徹底重新換裝。

## 12.4-3　膨脹水箱之配管

密閉式冰水管路系統通常皆需裝置膨脹水箱（expansion tank），如圖 12.19所示，開放型膨脹水箱與大氣接觸，配管應裝在回流管之最高點，如圖 12.20所示，在此位置，膨脹水箱之壓力高於配管內水之壓力，可避免空氣流入系統。

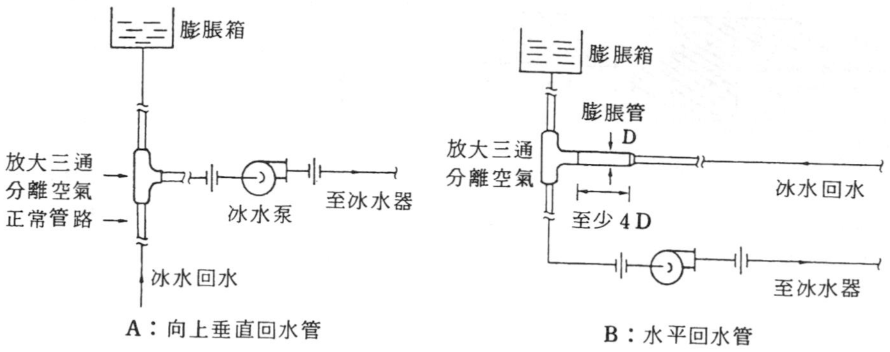


圖 12.19 膨脹水箱管路

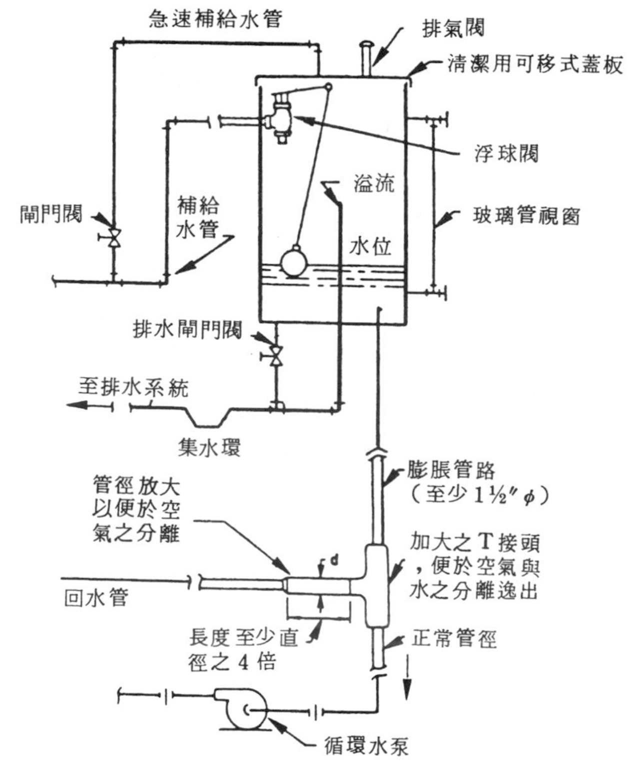


圖 12.20 開放式膨脹水箱之配管

## 12.4-4 冰水管路之保溫

**1.** 保溫之作用

冰水管路保溫之目的係避免外氣熱之侵入，及防止管外表面溫度低於周圍空氣之露點溫度而產生管表面之結露滴水現象，因此必須在管外加保溫材料，若冰水管路未加保溫，保溫材料選擇不良或保溫施工不良，則將引起外熱侵入，增加冰水主機之負荷，不但增長冰水主機運轉時間，浪費能源，而且造成下列缺點：

(1) 影響保溫材料的絕緣效能。
(2) 冰水管路外表遭受污染。
(3) 空調空間溫濕度不正確。
(4) 建築物天花板受滴水而污染。

**2.** 保溫材料應具備之基本性質

(1) 隔熱性：熱傳導係數小。
(2) 耐溫性能：在使用的溫度範圍內，物性不起變化。
(3) 耐候性：歷經環境氣候的變化仍能長期保持性能。
(4) 難燃性：不自燃、不易燃燒。
(5) 耐藥性：應能具備耐油、耐酸鹼及耐其他化學藥品。
(6) 防水性：吸水率愈低愈佳。
(7) 防震，具彈性：不易受外力破壞，確保密接效果。
(8) 易加工：容易裁切，接合且在加工後仍能保有原有性能。

**3.** 常用之保溫材料

(1) PS 聚苯乙烯發泡類保溫材料：保利龍（polylon）。
(2) PU 聚氨甲酸乙酯發泡：軟質及硬質泡棉。
(3) NBR 橡膠發泡：世紀龍等（centrylon）。
(4) PE 聚乙烯發泡：互豪龍等。
(5) 玻璃棉（fiber glass）。

**4.** 保溫膠帶之施工方式

保溫膠帶對於狹窄地方之配管、接頭和包套複雜部份，提供簡速的方法。保溫膠帶使用簡單，當膠帶以螺旋狀包在管子或接頭的四週時，只要撕去離型紙，再加壓牢固即可，如圖 12.21 所示。

**5.** 阿姆斯壯及世紀龍之保溫施工法

小型中央空調系統冰水管路由於主機容量較小，冰水管路也較小，故一般採用

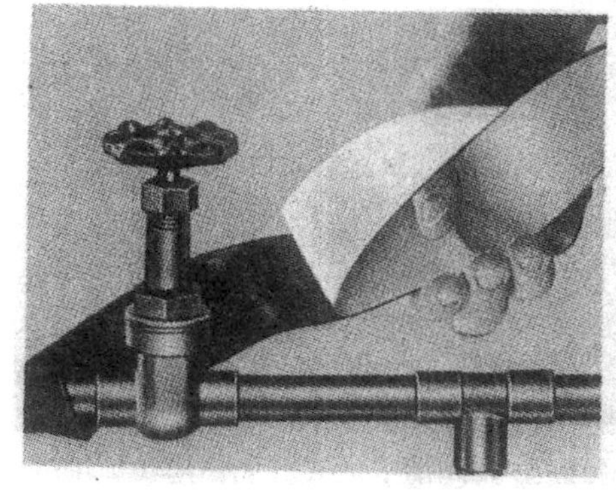

圖 12.21 保溫膠帶之施工方式

世紀龍或阿姆斯壯保溫，如圖 12.22 所示，而且其保溫過程也較簡單，其保溫施工重點如下：

(1) 使用保溫材料時，管路必須清潔、乾燥，而且沒有加熱。

(2) 不要壓縮保溫材料，假若壓縮，則保溫材料會失去部份保溫效果，在冰水保溫管表面會產生冷凝水。

(3) 在管路上有吊架的地方，保溫管必須用軟木支持。

(4) 不得以塑膠帶捆緊於保溫管上，更不能拉長保溫材料。

(5) 保溫管不能用手撕開，應用刀片切開；切口才會平整。

(6) 膠水塗抹必須均勻，塗膠後要等 10～20 分，必須等到接合表面之膠水乾到以手摩起來不黏手，才可以加壓貼合。

(7) 不要將保溫管緊密排列，配管間應留間隙，使空氣可自由對流，可防止冰水保溫管面產生冷凝水。

(8) 彎頭、三通、凡而以及接頭應以重疊保溫法施工，重疊保溫之長度至少 1 英吋。

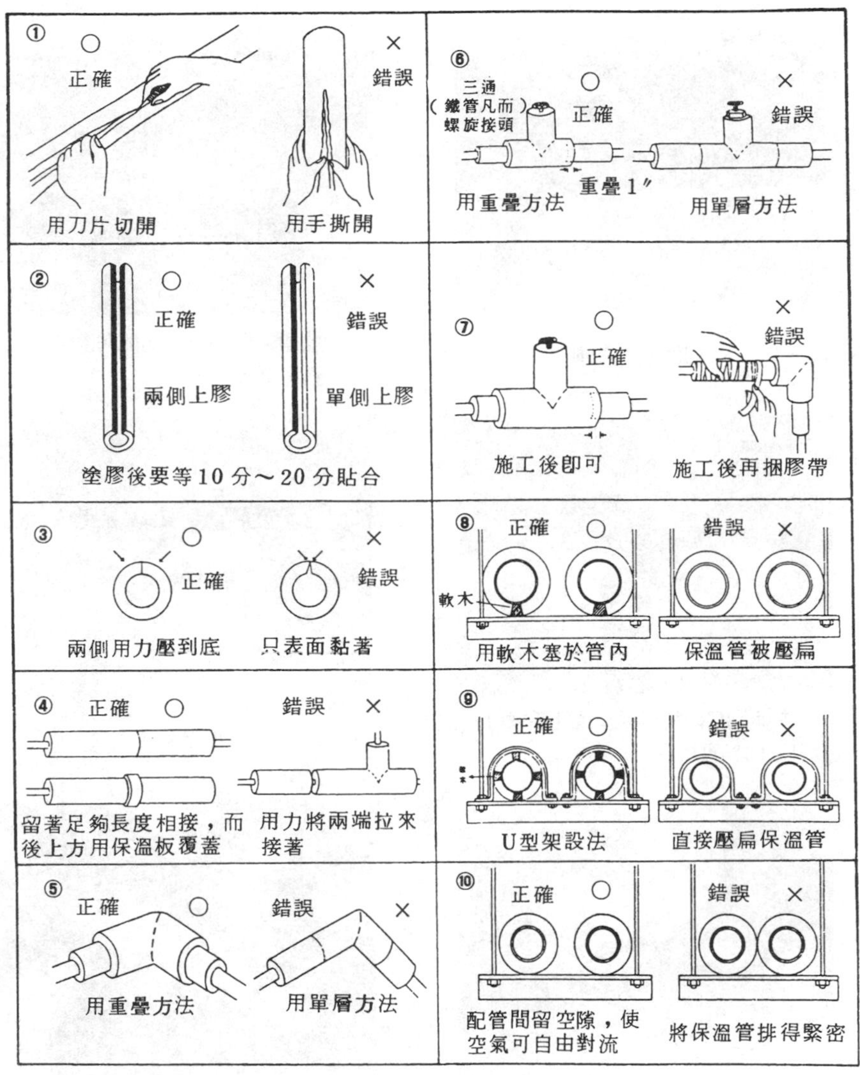


圖12.22　世紀龍及阿姆壯保溫施工法

**6.** 泡棉類保溫管之施工方式，如圖12.23

如用於新設管路，可將保溫管先行套入再行裝配，接頭、彎頭、三通、凡而，可利用碎料裁剪，再用膠黏合。

如用於既設管路，須將保溫管裁開再以接著劑黏合。

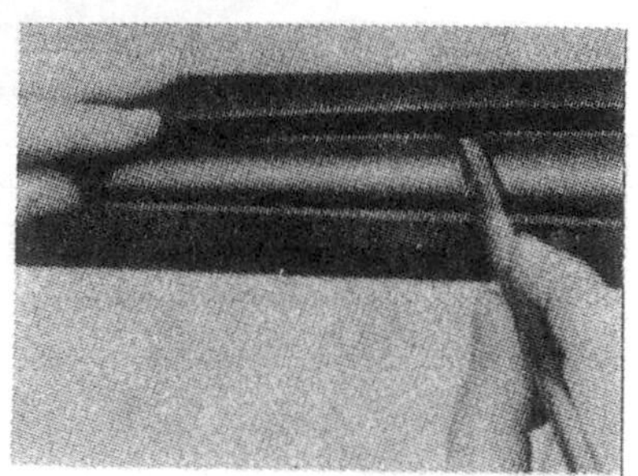

切面塗上粘劑

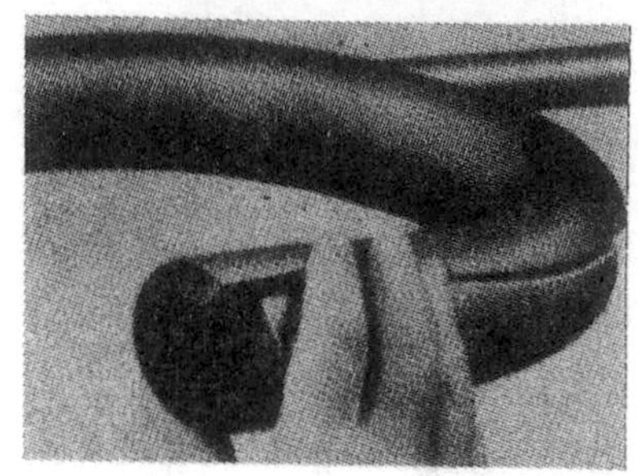

當管路已裝好，切開保溫管，
再行套入

三通利用碎料以模板或徒手裁剪
成45° 再粘合

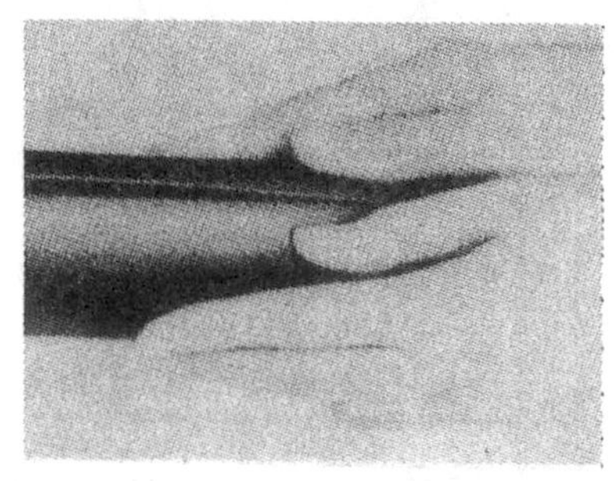

加壓貼合

凡而與彎頭組合圖

三通組合圖

圖 12.23 泡棉保溫管施工方式

**7.** 普利龍類保溫材料之施工方式

普利龍及 PU 等成型保溫管之施工原則，如圖 12.24 所示：

(1) 施工前保溫之管路及接頭彎頭等應清潔乾燥，並加塗防銹塗料及水壓試驗等安全檢查。

(2) 保溫管超過 1½″ 之厚度時以使用雙層套管較理想。內層保溫管不可黏牢於管路。表面僅以鐵絲或膠帶束緊卽可。保溫管各層接縫處應相互錯開避免連成一線以保持保溫效果。

(3) 保溫管外表不論室內室外可用3吋或4吋寬0.25m/m厚PVC膠帶搭疊1吋。室外保溫管外層另加鐵皮鋁皮或防水帆布等以防潮濕。地下管路應外包0.5m/m柏油PVC膠帶。

(4) 伸縮縫之安裝：管路在70°C以上或－18°C以下不論直立或水平每隔45呎應留一伸縮縫並塡滿silicon軟膠如使用雙層套管時因內層管與管路之間及內層管各末端不相膠著故外層管不必再留伸縮縫又管路之45呎間距內有接頭或開關時此段內之伸縮縫卽可省去。

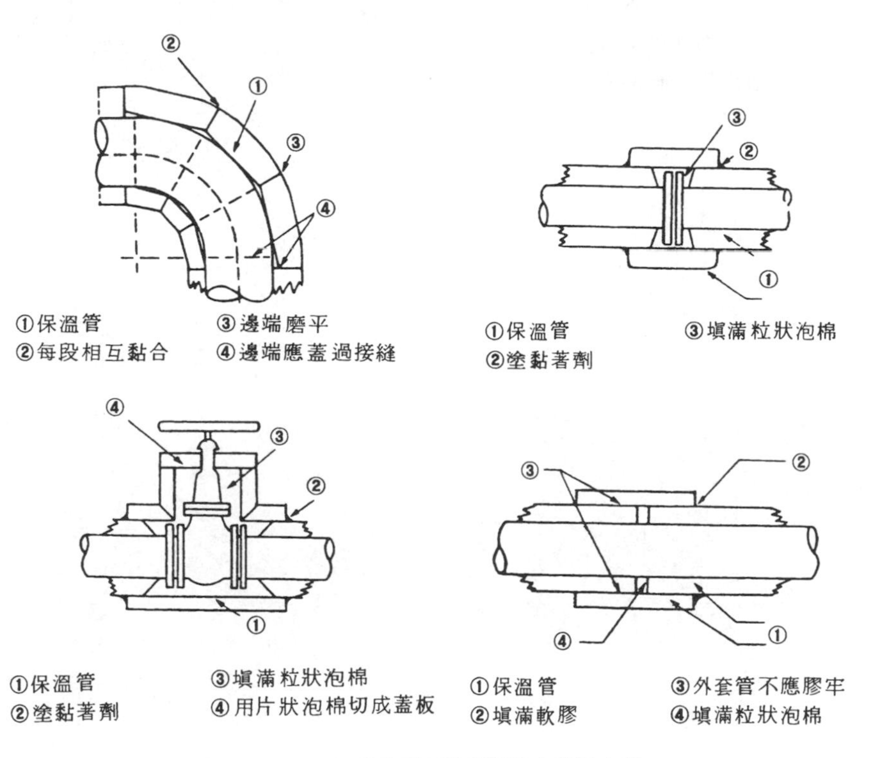


圖12.24　普利龍類硬質保溫管之保溫方式

## 習題12

12.1 試述水配管系統之分類？

12.2 試述回水管之裝配方式有那幾種？

12.3 某冷卻系統，冷卻水循環量150 GPM，水流速不得超過5FPS，求管徑及摩擦損失？（使用圖12.8）

12.4 某冷卻系統，冷卻水循環量200GPM，揚程35$F_t$，若機械效率$\eta_m$＝0.75，求水泵浦所需馬力數？

12.5 說明冷卻水管路系統水管之分類？

12.6 說明定溫出水之冷卻水配管方式？

12.7 說明冰水管路保溫之作用？

12.8 說明常用之保溫材料？

# 讀者回函卡

掃 QRcode 線上填寫 ▶▶▶

姓名：＿＿＿＿＿ 生日：西元＿＿＿年＿＿月＿＿日 性別：□男 □女

電話：（ ）＿＿＿＿＿ 手機：＿＿＿＿＿

e-mail：（必填）＿＿＿＿＿＿＿＿＿＿＿＿＿＿

註：數字零，請用 Φ 表示，數字 1 與英文 L 請另註明並書寫端正，謝謝。

通訊處：□□□□□＿＿＿＿＿＿＿＿＿＿＿＿＿

學歷：□高中・職 □專科 □大學 □碩士 □博士

職業：□工程師 □教師 □學生 □軍・公 □其他

學校／公司：＿＿＿＿＿＿＿＿ 科系／部門：＿＿＿＿＿＿

・需求書類：

□A. 電子 □B. 電機 □C. 資訊 □D. 機械 □E. 汽車 □F. 工管 □G. 土木 □H. 化工

□I. 設計 □J. 商管 □K. 日文 □L. 美容 □M. 休閒 □N. 餐飲 □O. 其他

・本次購買圖書為：＿＿＿＿＿＿＿＿＿ 書號：＿＿＿＿＿＿

・您對本書的評價：

封面設計：□非常滿意 □滿意 □尚可 □需改善，請說明＿＿＿＿＿＿

內容表達：□非常滿意 □滿意 □尚可 □需改善，請說明＿＿＿＿＿＿

版面編排：□非常滿意 □滿意 □尚可 □需改善，請說明＿＿＿＿＿＿

印刷品質：□非常滿意 □滿意 □尚可 □需改善，請說明＿＿＿＿＿＿

書籍定價：□非常滿意 □滿意 □尚可 □需改善，請說明＿＿＿＿＿＿

整體評價：請說明＿＿＿＿＿＿＿＿＿＿＿＿＿＿＿＿＿

・您在何處購買本書？

□書局 □網路書店 □書展 □團購 □其他＿＿＿＿＿＿＿＿＿

・您購買本書的原因？（可複選）

□個人需要 □公司採購 □親友推薦 □老師指定用書 □其他＿＿＿＿＿

・您希望全華以何種方式提供出版訊息及特惠活動？

□電子報 □DM □廣告（媒體名稱＿＿＿＿＿＿＿＿＿＿＿＿）

・您是否上過全華網路書店？（www.opentech.com.tw）

□是 □否 您的建議＿＿＿＿＿＿＿＿＿＿＿＿＿＿＿＿＿

・您希望全華出版哪方面書籍？＿＿＿＿＿＿＿＿＿＿＿＿＿＿

・您希望全華加強哪些服務？＿＿＿＿＿＿＿＿＿＿＿＿＿＿＿

感謝您提供寶貴意見，全華將秉持服務的熱忱，出版更多好書，以饗讀者。

填寫日期：　　/　　/

2020.09 修訂

親愛的讀者：

感謝您對全華圖書的支持與愛護，雖然我們很慎重的處理每一本書，但恐仍有疏漏之處，若您發現本書有任何錯誤，請填寫於勘誤表內寄回，我們將於再版時修正，您的批評與指教是我們進步的原動力，謝謝！

全華圖書　敬上

## 勘　誤　表

| 書　號 | | 書　名 | | 作　者 | |
|---|---|---|---|---|---|
| 頁　數 | 行　數 | 錯誤或不當之詞句 | | 建議修改之詞句 | |
| | | | | | |
| | | | | | |
| | | | | | |
| | | | | | |
| | | | | | |
| | | | | | |
| | | | | | |
| | | | | | |
| | | | | | |

我有話要說：（其它之批評與建議，如封面、編排、內容、印刷品質等・・・）